信息学奥赛
高分训练
秘笈 基础篇

瞿有甜 　　　　　主 编

诸一行 金 波 　　副主编

王 鸣 孙奕鸣 陆亚文 编 著

清华大学出版社

北京

内 容 简 介

本书是 NOIP 算法竞赛的入门教材,重点介绍算法设计竞赛的相关知识体系,将 C/C++语言、算法和解题有机地结合在一起,注重理论与实践相结合,着重培养学生的计算思维能力。

本书内容涵盖了 NOIP 竞赛普及组和提高组所需掌握的绝大部分知识点、常见的算法分析设计及实现技巧和方法,主要内容包括计算机的基础知识,算法描述、设计工具,C/C++程序设计语言,数据结构及其相关基础算法,算法设计技术基础,数论、概率论及组合数学基础等。本书以历年相关竞赛常见考试题型及题例作为例题解析和习题。书中的绝大部分代码规范、简洁、易懂,不仅能帮助读者理解信息技术中的算法原理,在掌握各类经典算法的同时还能学会很多实用的编程技巧,提高分析解决实际问题的能力。

本书可作为全国青少年信息学奥林匹克联赛(NOIP)初/复赛、全国青少年信息学奥林匹克竞赛(NOI)的教材和指导用书,也可作为有意参加 ACM 国际大学生程序设计竞赛及相关同类算法竞赛的读者的教材和参考用书。

图书在版编目(CIP)数据

信息学奥赛高分训练秘笈.基础篇/瞿有甜主编.—北京:清华大学出版社,2024.3
ISBN 978-7-302-65706-4

Ⅰ.①信… Ⅱ.①瞿… Ⅲ.①程序设计-青少年读物 Ⅳ.①TP311.1-49

中国国家版本馆 CIP 数据核字(2024)第 051074 号

责任编辑:黄 芝 李 燕
封面设计:刘 键
责任校对:申晓焕
责任印制:曹婉颖

出版发行:清华大学出版社
　　　网　　　址:https://www.tup.com.cn,https://www.wqxuetang.com
　　　地　　　址:北京清华大学学研大厦 A 座　　邮　　编:100084
　　　社 总 机:010-83470000　　　　　　　　邮　　购:010-62786544
　　　投稿与读者服务:010-62776969,c-service@tup.tsinghua.edu.cn
　　　质量反馈:010-62772015,zhiliang@tup.tsinghua.edu.cn
　　　课件下载:https://www.tup.com.cn,010-83470236
印 装 者:三河市人民印务有限公司
经　　　销:全国新华书店
开　　　本:185mm×260mm　　印　　张:35　　　　字　　数:855 千字
版　　　次:2024 年 5 月第 1 版　　　　　　　印　　次:2024 年 5 月第 1 次印刷
印　　　数:1～2500
定　　　价:129.00 元

产品编号:098172-01

前　言

全国青少年信息学奥林匹克联赛(以下简称 NOIP)是每年众多信息学竞赛中最权威的比赛,NOIP 是同一时间在全国各个省份同时开展的比赛。只有在省赛中表现十分突出的 NOIP 选手才有机会代表其所在省份参加全国青少年信息学奥林匹克竞赛(NOI),在 NOI 中表现极其优秀的选手,还有机会代表国家参加国际信息学奥林匹克竞赛(IOI),为国争光。

省级联赛分普及组(NOIP-J 或 CSP-J)和提高组(NOIP-S 或 CSP-S),两个组别都有初赛和复赛两个阶段,只有在初赛中成绩优异的学生才有资格参加复赛。为了能够为广大信息学爱好者提供帮助,普及信息学知识,提高信息学竞赛技能和水平,编写组组织了浙江省内一批有丰富信息学竞赛及 ACM 国际大学生程序设计竞赛指导经验的金牌教练、教练员编写了这套《信息学奥赛高分秘笈》辅导资料,期望能为广大读者提供切实有效的帮助。

各学科的奥赛一般都是针对学有余力的同学,会有一定的深度及难度,许多知识体系已超越中学阶段的知识体系范畴。《信息学奥赛高分秘笈》以 NOIP 相关知识点及算法设计技巧为切入点,以 NOIP 历年竞赛题例为抓手,按竞赛形式(初/复赛篇)组织辅导资料的结构。全书紧扣竞赛相关知识体系,同时兼顾对大学阶段学习的引导作用来组织本书内容。全套辅导材料分基础篇、算法篇和实战篇三册,以渐进式方式引导学生分阶段学习。读者可根据基础篇的学习情况来判断自己是否真有兴趣并适合参加该竞赛。另一方面,即便暂时搁置后再继续学习该内容,前期所学知识也有助于大学阶段学习的。本分册为《信息学奥赛高分秘笈》(基础篇),主要包括计算机基础、C/C++程序设计基础、数学基础、数据结构基础、算法设计基础等内容。本书第1、2章由浙江科技学院孙奕鸣老师、杭州科技职业技术学院陆亚文老师编写,第 3 章由浙江传媒学院王鸣老师和浙江广厦建设职业技术大学瞿有甜老师编写,第 4 章由宁波市鄞州中学金波老师编写,第 5 章由瞿有甜老师编写,第 6 章由余姚中学诸一行老师编写。

本书部分资料来源于网络或曾经的信息学竞赛大咖的个人博客、解题报告等,由于时间跨度较长,有些资料难以找到原创作者,在此向这些作者表示衷心的感谢。尽管编者希望努力做到最好,但限于时间仓促及作者的水平等因素,书中不足之处在所难免,恳请读者批评指正。

编　者

2024 年 1 月

目　录

下载源码

第1章 概　　述

1.1　全国青少年信息学奥赛概述

全国青少年信息学奥林匹克系列活动由中国计算机协会(CCF)主办。该赛事旨在向在中学阶段的青少年普及计算机科学知识;给学校的信息技术教育课程提供动力和新的思路;给有才华的学生提供相互交流和学习的机会;通过竞赛和相关的活动培养和选拔优秀的计算机人才。

该赛事提出的背景:1984 年,邓小平指出"计算机的普及要从娃娃做起"。中国计算机学会于 1984 年创办全国青少年信息学奥林匹克竞赛(NOI),这一新的活动形式受到党和政府的关怀,得到社会各界的关注与支持。从此每年举办一次 NOI 活动,吸引越来越多的青少年投身其中。多年来,通过竞赛活动培养和发现了大批计算机爱好者,选拔出了许多优秀的计算机后备人才。

为了在更高层次上推动普及,培养更多的计算机技术优秀人才,竞赛及相关活动遵循开放性原则,任何有条件和兴趣的学校和个人,都可以在业余时间自愿参加。NOI 系列活动包括:全国青少年信息学奥林匹克竞赛、全国青少年信息学奥林匹克网上同步赛、全国青少年信息学奥林匹克联赛(National Olympiad in Informatics in Provinces,NOIP)、全国青少年信息学奥林匹克冬令营、全国青少年信息学奥林匹克选拔赛,以及国际信息学奥林匹克竞赛(International Olympiad in Informatics,IOI)。

1. NOI

自 1984 年至今,NOI 是国内(包括港、澳在内)的省级代表队最高水平的大赛。每年经各省选拔产生 5 名选手(其中一名是女选手),由中国计算机学会在计算机普及度较高的城市组织进行比赛。这一竞赛记个人成绩,同时记团体总分。

NOI 活动期间,同步举办夏令营和 NOI 网上同步赛,给那些程序设计爱好者和高手提供机会。为增加竞赛的竞争性、对抗性和趣味性以及可视化,NOI 组织进行团体对抗,团体对抗赛实质上是程序对抗赛,其成绩纳入总分。

2. NOIP

NOIP 自 1995 年至今,每年由中国计算机学会统一组织。NOIP 在同一时间、不同地点以各省市为单位由特派员组织。全国统一大纲、统一试卷。初、高中或其他中等专业学校的学生可报名参加 NOIP。NOIP 分初赛和复赛两个阶段。初赛考查通用和实用的计算机科学知识,以笔试为主。复赛为程序设计,须在计算机上调试完成。参加初赛者须达到一定分数线后才有资格参加复赛。NOIP 分普及组和提高组两个组别,难度不同,分别面向初中和高中阶段的学生。

3．冬令营

全国青少年信息学奥林匹克冬令营(简称冬令营)自 1995 年起,每年在寒假期间开展为期一周的培训活动。冬令营共 8 天,包括授课、讲座、讨论、测试等。参加冬令营的营员分正式营员和非正式营员。获得 NOI 前 20 名的选手和指导教师为正式营员,非正式营员限量自愿报名参加。冬令营的授课讲师是著名大学的资深教授及已获得国际金牌学生的指导教师。

4．APIO

亚洲与太平洋地区信息学奥赛(Asia Pacific Informatics Olympiad,APIO)于 2007 年创建,该竞赛为区域性的网上准同步赛,是亚洲和太平洋地区每年举办一次的国际性赛事,旨在给青少年提供更多的参加赛事的机会,推动亚太地区的信息学奥林匹克的发展。APIO 于每年 5 月举行,由不同的国家轮流主办。每个参赛团的参赛选手上限为 100 名,其中成绩排在前 6 名的选手作为代表该参赛团的正式选手统计成绩。APIO 中国赛区由中国计算机学会组织参赛,获奖比例参照 IOI。

5．选拔赛

选拔参加 IOI 的中国代表队的竞赛(简称选拔赛)。IOI 的选手是从 NOI 中排名前 20 的选手中选拔出来的,排名前 4 的优胜者将代表中国参加国际竞赛。选拔依据为 NOI 成绩、冬令营成绩、论文和答辩成绩、平时的作业成绩、选拔赛成绩、口试成绩,上述各成绩加权产生最后成绩。

6．IOI

往年均由中国计算机学会组织代表队来代表中国参加国际每年举办一次的 IOI。中国是 IOI 创始国之一。出国参赛会得到中国科学技术协会和国家自然科学基金委员会的资助。自 1989 年开始,我国在 NOI、NOIP、冬令营、选拔赛的基础上,组织参加 IOI。

1.2　CCF 非专业级软件能力认证考试概述

CCF 非专业级软件能力认证(Certified Software Professional Junior/Senior,CSP-J/S)创办于 2019 年,是由 CCF 统一组织的评价计算机非专业人士算法和编程能力的活动。在同一时间、不同地点以各省市为单位由 CCF 授权的省认证组织单位和总负责人组织。全国统一大纲、统一认证题目,任何人均可报名参加。

CSP-J/S 分两个级别进行,分别为 CSP-J(入门级 Junior)和 CSP-S(提高级 Senior),两个级别难度不同,均涉及算法和编程。CSP-J/S 分第一轮和第二轮两个阶段。第一轮考查通用和实用的计算机科学知识,以笔试为主,部分省市以机试方式认证。第二轮为程序设计,须在计算机上调试完成。第一轮认证成绩优异者进入第二轮认证,第二轮认证结束后,CCF 将根据 CSP-J/S 各组的认证成绩和给定的分数线,颁发认证证书。CSP-J/S 成绩优异者可参加 NOI 省级选拔,省级选拔成绩优异者可参加 NOI。

1.3　全国青少年信息学奥赛考试大纲

全国青少年信息学奥林匹克联赛(NOIP)是全国青少年信息学奥林匹克竞赛(NOI)系列活动中的一个重要组成部分,旨在向中学生普及计算机基础知识,培养计算机科学和工程领域的后备人才。普及的重点是根据中学生的特点,培养学生学习计算机的兴趣,使得他们对信息技术的一些核心内容有更多的了解,提高他们创造性地运用程序设计知识解决实际问题的能力。

对学生的能力培养将注重以下的几方面。

(1)想象力与创造力。

(2)对问题的理解和分析能力。

(3)数学能力和逻辑思维能力。

(4)对客观问题和主观思维的口头和书面表达能力。

(5)人文精神,包括与人的沟通能力、团队精神与合作能力、恒心和毅力、审美能力等。

1．竞赛形式

NOIP分两个等级组:普及组和提高组。每组竞赛分两轮:初赛和复赛。

初赛形式为笔试,侧重考查学生的计算机基础知识和编程的基本能力,并对知识面的广度进行测试。初赛为资格测试,本省初赛成绩排在本赛区前15%的学生进入复赛。

复赛形式为上机编程,着重考查学生对问题的分析理解能力、数学抽象能力、编程语言的能力和编程技巧、想象力和创造性等。各省NOIP的奖项在复赛优胜者中产生。

比赛中使用的程序设计语言如下。

初赛:C++。

复赛:C++。

每年复赛结束后,各省必须在指定时间内将本省一等奖候选人的有关情况、源程序和可执行程序报送国家科学技术委员会。经复审和评测后,由中国计算机学会报送中国科学技术协会和教育部备案。中国计算机学会对各省获NOIP二等奖和三等奖的分数线或比例提出指导性意见,各省可按照成绩确定获奖名单。

2．试题形式

每次NOIP的试题有4套:普及组初赛题A1、普及组复赛题A2、提高组初赛题B1和提高组复赛题B2。其中,A1和B1类型基本相同,A2和B2类型基本相同,但题目不完全相同,提高组难度高于普及组。

初赛全部为笔试,满分为100分。试题由以下4部分组成。

(1)选择题:共20题,每题1.5分,共计30分。

每题有5个备选答案,前10题为单选题(即每题有且只有一个正确答案,选对得分),后10题为不定项选择题(即每题有1~5个正确答案,只有全部选对才得分)。普及组20个都是单选题。

(2)问题求解题:共2题,每题5分,共计10分。

试题给出一个叙述较为简单的问题,要求学生对问题进行分析,找到一个合适的算法,并推算出问题的解。考生给出的答案与标准答案相同则得分;否则不得分。

(3) 程序阅读理解题:共4题,每题8分,共计32分。

题目给出一段程序(不一定有关于程序功能的说明),考生通过阅读理解该段程序给出程序的输出。输出与标准答案一致则得分;否则不得分。

(4) 程序完善题:共2题,每题14分,共计28分。

题目给出一段关于程序功能的文字说明,然后给出一段程序代码,在代码中略去了若干语句或语句的一部分,并在这些位置给出空格,要求考生根据程序的功能说明和代码的上下文填出被略去的语句。填对则得分;否则不得分。

复赛的题型和考试形式与NOI类似,全部为上机编程题,但难度比NOI低。题目包括4道题,每题100分,共计400分。每一试题包括:题目、问题描述、输入输出要求、样例描述及相关说明。测试时,测试程序为每道题提供了10~20组测试数据,考生程序每答对一组得10分,累计分即为该道题的得分。

其中普及组一场比赛共4道题,每题100分,共计400分,考试时间为3.5小时;提高组自2011年起由一试改为两试,分由两天进行。每场竞赛试题由原来的4题改为3题,每场考试时间为3.5小时。

从2016年开始,每年NOIP复赛普及组、提高组都将各有两题从NOI题库中选出。题面可能会变化,解法保持不变。

自2017年来,由于参赛人数增多,NOIP复赛规模的规则进行了调整,包括:每个省赛区可以设立多于两个的复赛考点(但必须在同一个城市),初赛进入复赛的比例和规模由各省赛区自行决定,在条件许可的情况下,鼓励更多选手参赛;复赛获奖比例将基本保持不变,全国一等奖获奖比例约为复赛参赛选手的20%。

3. 试题范围

(1) 初赛的考试内容与基本要求见表1-1。

表1-1 初赛的考试内容与基本要求

内　容	基　本　要　求
计算机的基本常识	(1) 计算机和信息社会(信息社会的主要特征、计算机的主要特征、数字通信网络的主要特征、数字化); (2) 信息输入输出的基本原理(信息交换环境、文字图形多媒体信息的输入输出方式); (3) 信息的表示与处理(信息编码、微处理部件 MPU、内存储结构、指令、程序和存储程序原理、程序的三种基本控制结构); (4) 信息的存储、组织与管理(存储介质、存储器结构、文件管理、数据库管理); (5) 信息系统组成及互联网的基本知识(计算机构成原理、槽和端口的部件间可扩展互连方式、层次式的互连结构、互联网络、TCP/IP、HTTP、Web 应用的主要方式和特点); (6) 人机交互界面的基本概念(窗口系统、人和计算机交流信息的途径(文本及交互操作)); (7) 信息技术的新发展、新特点、新应用等

内　　容	基　本　要　求
计算机的基本操作	(1) Windows 和 Linux 的基本知识和常用操作； (2) 互联网的基本使用常识(网上浏览、搜索和查询等)； (3) 常用工具软件的使用(文字编辑、电子邮件收发等)
程序设计的基本知识	**1. 数据结构** (1) 程序语言中的基本数据类型(字符、整数、长整、浮点)； (2) 浮点运算中的精度和数值比较； (3) 一维和二维数组(串)与线性表； (4) 结构类型(C++)。 **2. 程序设计** (1) 结构化程序设计的基本概念； (2) 阅读理解程序的基本能力； (3) 具有将简单问题抽象成适合计算机解决的模型的基本能力； (4) 具有针对模型设计简单算法的基本能力； (5) 程序流程描述(自然语言/伪码/NS图/其他)； (6) 程序设计语言(C++)。 **3. 基本算法处理** (1) 初等算法(计数、统计、数学运算等)； (2) 排序算法(冒泡法、插入排序、合并排序、快速排序)； (3) 查找(顺序查找、二分法)； (4) 回溯算法

(2) 复赛在初赛内容的基础上增加表 1-2 中的考试内容与基本要求。

表 1-2　复赛增加的考试内容与基本要求

内容	基　本　要　求
数据结构	(1) 指针类型； (2) 多维数组； (3) 线性表，包括栈、队列、单链表、双向链表及循环链表； (4) 树和图； (5) 文件操作(从文本文件中读入数据，并输出到文本文件中)
程序设计	(1) 算法的实现能力； (2) 程序调试的基本能力； (3) 设计测试数据的基本能力； (4) 程序的时间复杂度和空间复杂度的估计
数学与算法处理	(1) 离散数学和组合数学知识的应用(如排列组合、简单图论、数理逻辑)； (2) 分治思想； (3) 模拟法； (4) 贪心法； (5) 简单搜索算法(深度优先、广度优先)、搜索中的剪枝； (6) 动态规划的思想及基本算法

全国青少年信息学奥林匹克竞赛考试大纲会不定期进行修订,考试大纲请以中国计算机学会发布的最新版本大纲为准。

练　习　题

1. 【NOIP2018 普及组】中国计算机学会于(　　)年创办全国青少年信息学奥林匹克竞赛。

   A. 1983　　　　　　　B. 1984　　　　　　　C. 1985　　　　　　　D. 1986

2. 【NOIP2017 普及组】NOI 的中文意思是(　　)。

   A. 中国信息学联赛　　　　　　　　　　B. 全国青少年信息学奥林匹克竞赛

   C. 中国青少年信息学奥林匹克竞赛　　　D. 中国计算机协会

3. 【NOIP2005 普及组】下列活动中不属于信息学奥赛系列活动的是(　　)。

   A. NOIP　　　　　　　B. NOI　　　　　　　C. IOI　　　　　　　D. 冬令营

   E. 程序员等级考试

第2章　计算机基础

2.1　计算机的发展史

1. 第一台电子计算机的诞生

1946 年 2 月 14 日，世界上第一台通用电子数字计算机 ENIAC（Electronic Numerical Integrator and Computer）如图 2-1 所示，在美国宾夕法尼亚大学宣告研制成功。ENIAC 共使用了 18 000 个电子管、1500 个继电器及其他器件，占地面积约 170 平方米，重 30 余吨，计算速度是 5000 次/秒加法或 400 次/秒乘法。

图 2-1　第一台通用电子数字计算机 ENIAC

2. 计算机发展的代次划分

第一代：电子管计算机。

第二代：晶体管计算机。

第三代：中小规模集成电路计算机。

第四代：大规模集成电路和超大规模集成电路计算机。

未来计算机：智能计算机、神经网络计算机、生物计算机等。

3. 计算机的分类

（1）按计算机的用途分类：通用计算机和专用计算机。

（2）按性能分类：巨型机、大型机、中型机、小型机、微机。

（3）按使用分类：服务器、工作站、台式机、笔记本电脑、掌上电脑等。

4. 计算机的特点

（1）处理速度快。

（2）存储容量大，存储时间长久。

（3）计算精确度高。

（4）具有逻辑判断能力。

（5）应用领域广泛。

5．计算机的应用领域

计算机已经广泛地应用在人们的工作和生活中，主要的应用领域包括科学计算、信息处理、过程控制、计算机辅助系统、多媒体技术、计算机通信、人工智能等。

范例分析

1．【NOIP2017普及组】计算机应用的最早领域是（A）。

  A．数值计算   B．人工智能   C．机器人   D．过程控制

2．【NOIP2013提高组】1948年，（D）将热力学中的熵引入信息通信领域，标志着信息论研究的开端。

  A．冯·诺依曼（John von Neumann） B．图灵（Alan Turing）

  C．欧拉（Leonhard Euler）   D．克劳德·香农（Claude Shannon）

3．【NOIP2012提高组】目前计算机芯片（集成电路）制造的主要原料是（A），它是一种可以从沙子中提炼出的物质。

  A．硅   B．铜   C．锗   D．铝

4．【NOIP2011普及组】摩尔定律（Moore's law）是由英特尔创始人之一戈登·摩尔（Gordon Moore）提出的。根据摩尔定律，在过去几十年以及在可预测的未来几年，单块集成电路的集成度大约每（C）个月翻一番。

  A．1   B．6   C．18   D．36

5．【NOIP2009普及组】关于图灵机下面的说法中（D）是正确的。

  A．图灵机是世界上最早的电子计算机

  B．由于大量使用磁带操作，图灵机运行速度很慢

  C．图灵机是英国人图灵发明的，在二战中为破译德军的密码发挥了重要作用

  D．图灵机只是一个理论上的计算模型

6．【NOIP2006提高组】在下面各世界顶级的奖项中，为计算机科学与技术领域作出杰出贡献的科学家设立的奖项是（D）。

  A．沃尔夫奖   B．诺贝尔奖   C．菲尔兹奖   D．图灵奖

  E．南丁格尔奖

2.2 计算机系统的组成

2.2.1 冯·诺依曼体系结构

美籍匈牙利数学家冯·诺依曼于1946年提出存储程序和程序控制原理，把程序本身当作数据来对待，程序和该程序处理的数据用同样的方式存储，并确定了存储程序计算机的五大组成部分和基本工作方法。他的理论为计算机的诞生和发展奠定了理论基础，直到今日，

我们使用的计算机仍然属于"冯·诺依曼机"。

冯·诺依曼理论的要点是：计算机的数制采用二进制；计算机应该按照程序顺序执行。他的这个理论被称为冯·诺依曼体系结构（见图2-2）。

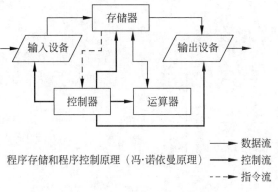

图 2-2 冯·诺依曼体系结构

总线是指计算机各部件进行信息传送和控制的公共通道，根据总线上传输数据的不同可以分以下几种。

（1）数据总线（Data Bus，DBUS）用来在CPU（Central Processing Unit，中央处理器）与各部件之间传输数据信息，是双向传输的总线，传输方向由CPU控制。

（2）地址总线（Address Bus，ABUS）用于传送CPU发出的地址信号，是一条单向传输总线，用于给出CPU所读取或发送的数据的存储单元地址或I/O设备地址。

（3）控制总线（Control Bus，CBUS）用来传送控制信号、时序信号和状态信息等。其中有的是CPU向内存和外设发出的控制信号，有的则是内存或外设向CPU传递的状态信息。控制总线通过各种信号使计算机系统各个部件有条不紊地协调工作。

2.2.2 计算机系统架构与工作原理

一个完整的计算机系统由硬件系统和软件系统构成（见图2-3）。没有软件系统的硬件称为"裸机"，"裸机"是无法直接使用的。

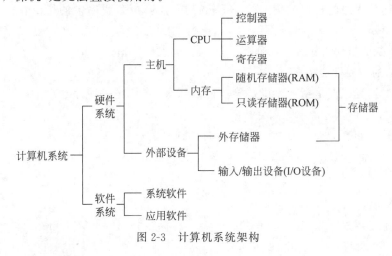

图 2-3 计算机系统架构

2.2.2.1 计算机硬件系统

根据冯·诺依曼体系结构,计算机硬件系统由五大部分组成:控制器、运算器、寄存器、输入设备和输出设备。

1. 中央处理器

1) 中央处理器由控制器、运算器和寄存器组成(见图 2-4)

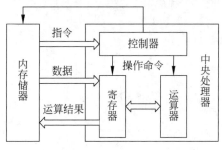

图 2-4 中央处理器的组成

控制器:控制整个计算机的各个部件有条不紊地工作,它的基本功能是从内存取指令和执行指令。

运算器:进行算术运算和逻辑运算。

寄存器:CPU 内部用来存放数据的一些小型存储区域,用来暂时存放参与运算的数据和运算结果。

2) 指令和指令系统

指令是一种采用二进制表示的命令语言,它用来规定计算机执行的操作及操作对象所在的位置。指令系统则是指一个 CPU 能够执行的全部指令。

指令由操作码和操作数两部分组成。

(1) 操作码:用来指明计算机应该执行何种操作的二进制代码。

(2) 操作数:用来指明该操作处理的数据或数据所在存储单元的地址。

指令的执行过程大致如下。

(1) 指令预取:指令预取部件从 Cache(高速缓冲存储器)或存储器中取得一条指令。

(2) 指令译码:指令译码部件从指令预取部件获得指令,并对其进行分析。

(3) 获取操作数:地址转换部件根据指令计算操作数的地址,并根据地址从 Cache 或存储器获取操作数。

(4) 运算:运算器根据操作码的要求,对操作数完成指定操作。

(5) 保存:若有必要,将结果保存到指定的寄存器或内存单元中。

(6) 修改指令地址:为指令预取部件获取下一条指令做好准备。

计算机运行程序的过程就是一条一条执行指令的过程,程序中的指令和需要处理的数据都存放在存储器中,由 CPU 逐条取出并执行它所规定的操作。这就是存储程序和程序控制原理,也是到目前为止几乎所有计算机的基本工作原理。

3) CPU 的主要性能指标

计算机的运算速度是指计算机每秒执行的指令数,它是一项综合性的性能指标。其中 CPU 的主要性能指标包括主频和字长。

(1) CPU 的主频,即 CPU 内核工作的时钟频率。

(2) 字长又称数据宽度,一般由 1 个以上字节组成,是计算机进行数据处理时一次存取、加工和传送的数据长度。

2. 存 储 器

存储器主要用来存储程序及相关数据信息,存储器分为内存储器和外存储器。

1）内存储器

内存储器简称内存，又称主存。内存在计算机中用来存放当前正在执行的程序和数据，内存和 CPU 构成了计算机的主机部分。内存储器是 CPU 可以直接存取数据的存储器，也是计算机程序运行过程中数据存储的最主要的场所，所有数据都通过内存储器和 CPU 进行交换，因此它的性能高低直接影响系统整体性能的发挥。

内存中包含很多存储单元，每个单元可以存放 1 个 8 位的二进制数，也就是 1 字节（Byte，B）。内存中的每个存储单元都有 1 个编号，也就是地址。CPU 存取内存数据时是按照地址进行的，通过地址编号寻找在存储器中的数据单元称为"寻址"。

存储器的容量就是指存储器中包含的字节总数。存储器容量的常用单位有 KB、MB、GB、TB 及 PB 等，它们之间的转换关系如下。

$1KB=1024B(1024=2^{10})$、$1MB=1024KB$、$1GB=1024MB$、$1TB=1024GB$、$1PB=1024TB$

内存储器通常分为以下三类。

（1）RAM（随机存储器）。用户程序和数据使用的存储器，断电后，RAM 中的信息随之丢失。

（2）ROM（只读存储器）。用来存放固定的程序和信息，断电后，ROM 中的信息保持不变。

（3）Cache（高速缓冲存储器）。在 CPU 和内存之间设置的高速小容量存储器，容量比较小但速度比主存高得多。CPU 处理数据时先从外存读入 RAM，再由 RAM 读入 Cache，然后 CPU 直接读取 Cache 进行处理。

2）外存储器

外存储器又称为辅助存储器，相对内存储器来说，它的容量比较大，同时速度也相对较慢。常见的外存储器有软盘、硬盘、闪存和光盘等。

（1）软盘。软盘是可以移动的存储介质，软盘的读写是通过软盘驱动器完成的，软盘驱动器设计能接收可移动式软盘。软盘存取速度慢，容量也小，但可装可卸，携带方便。

（2）硬盘。硬盘分为机械式硬盘和固态硬盘（Solid State Disk 或 Solid State Driver，SSD）。其中机械式硬盘是以磁盘为存储介质的存储器，它是利用磁记录技术在涂有磁记录介质的旋转圆盘上进行数据存储的辅助存储器。固态硬盘，又称固态驱动器，是用固态电子存储芯片阵列制成的硬盘。硬盘存储器具有存储容量大、数据传输率高、存储数据可长期保存等特点。

（3）闪存。闪存是一种特殊的半导体存储设备，一般应用于存储卡和 U 盘。闪存中的数据可以长期保存，即使断电数据也不会丢失。闪存的存取速度介于硬盘和其他外部存储器之间。

（4）光盘。光盘是以光信息作为存储的载体并用来存储数据的存储设备，可以长期存放各种数字信息。光盘只是一个统称，主要分成两类：一类是只读型光盘；另一类是可记录型光盘，包括一次写入型和可重复擦写型。光盘的读写是通过光盘驱动器完成的，其存储容量大，存取速度较快。

3. 输入设备和输出设备

输入和输出的概念是相对于"主机"（CPU 和内存）来说的，数据进入主机则为输入，数据从主机向外传送则为输出。

输入设备是向计算机输入数据和信息的设备。最常见输入设备包括键盘和鼠标,其他如扫描仪、手写笔、麦克风等也都是输入设备。

输出设备是用于把计算机的各种计算结果数据或信息以数字、字符、图像、声音等形式呈现出来的设备。常见的输出设备有显示器和打印机,其他如绘图仪等也是输出设备。

磁盘和磁带等设备既可以向主机输入数据,也可以将主机的数据输出存储,因此这些设备既是输入设备也是输出设备。

2.2.2.2 计算机的主要性能指标

1. 运算速度

计算机的运算速度是衡量计算机性能的一项重要指标,通常所说的计算机运算速度MIPS指每秒处理的百万级的机器语言指令数,是一项综合性的性能指标。

(1)主频。主频即CPU内核工作的时钟频率,主频的快慢很大程度决定了计算机的运算速度。微机一般采用主频来描述运算速度,主频越高,运算速度就越快。主频的单位一般用GHz。

(2)字长。字长又称数据宽度,是计算机进行数据处理时一次存取、加工和传送的数据宽度。字长直接反映了一台计算机的计算精度,同时,字长越大的计算机处理数据的速度就越快。现在常用的字长有32位、64位。

2. 内存储器的性能

(1)内存存取速度,即每次与CPU间处理单位数据的快慢。

(2)内存容量,反映了计算机即时存储信息的能力,内存容量越大,系统功能就越强大,能处理的数据量就越庞大。

3. 输入/输出设备(I/O设备)的速度

I/O设备的速度指CPU与外部设备进行数据交换的速度。随着CPU主频速度的提升,存储器容量的扩大,系统性能的瓶颈越来越多地体现在I/O设备的速度上。主机I/O的速度取决于I/O总线的设计。

2.2.2.3 计算机软件系统

没有安装软件的计算机称为"裸机",裸机是不能工作的。硬件系统提供了软件运行的平台。计算机软件系统(见图2-5)主要分为系统软件和应用软件两大类。

1. 系统软件

系统软件负责管理、控制、维护、开发计算机软、硬件资源,提供给用户一个便利的操作界面和提供编制应用软件的资源环境。

1)操作系统

操作系统(OS)位于整个软件的核心位置,其他系统软件处于操作系统的外层,应用软件则处于计算机软件的最外层。操作系统是计算机系统中最重要的系统软件,它的主要功能是负责管理计算机系统中的硬件资源和软件资源,提高资源利用率,同时为计算机用户提供各种强有力的使用功能和方便的服务界面。只有在操作系统的支持下,计算机系统才能正常运行,如果操作系统遭到破坏,计算机系统就无法正常工作。

操作系统的功能包括:

(1)处理机管理(主要控制和管理CPU的工作)。

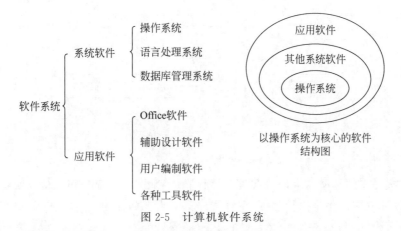

图 2-5　计算机软件系统

（2）存储管理（主要管理内存分配、保护、回收、扩充和地址映射等）。

（3）文件管理（支持文件的存储、检索、修改等操作，解决文件的共享、保密和保护）。

（4）设备管理（主要进行所有 I/O 设备的管理）。

（5）进程管理（也称作业管理，主要进行作业调度和作业控制等）。

常见的操作系统包括 Windows 系列、UNIX 系列、Linux 系列、macOS 系列等。

2）程序设计语言及其处理程序

计算机程序是指一组指示计算机完成特定工作的指令，通常用某种程序设计语言编写，运行于计算机上。程序设计语言通常分为三类：机器语言、汇编语言、高级语言。

（1）机器语言。

机器语言就是由"0"和"1"组成的二进制语言，是计算机唯一能直接识别、直接执行的计算机语言。机器语言依赖于计算机指令系统，不同型号的计算机，其机器语言是不同的，因此存在兼容性问题；机器语言的执行效率高，但是不便于记忆和理解，编写的程序难以修改和维护，因此很少直接使用机器语言编写程序。

（2）汇编语言。

汇编语言是机器语言的进化，它用助记符来表示机器语言中的指令和数据，每一条汇编语言的指令就对应一条机器语言的代码。汇编语言编写的程序不能直接由计算机执行，必须先转换成计算机能直接识别的二进制代码才能执行，汇编语言的执行过程如图 2-6 所示。

图 2-6　汇编语言的执行过程

汇编语言比机器语言简单，但是汇编语言和机器语言都是面向机器的程序设计语言，仍然属于低级语言，与运行的计算机的指令系统相关，程序的可移植性差。

（3）高级语言。

高级语言是一种与硬件结构及指令系统无关，表达方式比较接近自然语言和数学表达式的一种计算机程序设计语言。高级语言描述问题的能力强，通用性、可读性、可维护性都较好；但是高级语言的源程序不能被计算机直接识别，仍然需要转换。转换的方式有两种，分别为编译和解释（见图 2-7）。

编译方式是利用编译程序将高级语言源程序整个编译成等价的、独立的目标程序，然后

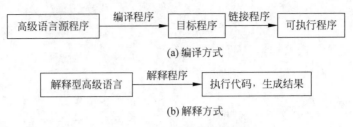

图 2-7　高级语言执行过程

通过链接程序将目标程序链接成可执行程序。

解释方式是将解释型高级语言通过解释程序逐句翻译,翻译一句执行一句,边翻译边执行,不产生目标程序。整个执行过程,解释程序都一直在内存中。

常见的高级语言有 C/C++、Java、C♯、Pascal、Basic 等。

2. 应用软件

应用软件是为了满足用户不同领域、不同问题的应用需求而专门编制的软件。系统软件为应用软件提供了基础和平台,而应用软件通过系统软件的支持可以拓宽计算机系统的应用领域,扩展计算机的功能。

2.2.3　范例分析

1.【CSP-S2019】编译器的功能是(B)。

　　A. 将源程序重新组合

　　B. 将一种语言(通常是高级语言)翻译成另一种语言(通常是低级语言)

　　C. 将低级语言翻译成高级语言

　　D. 将一种编程语言翻译成自然语言

【分析】　机器语言是能被计算机直接识别和运行的语言,高级语言源程序需要经过转换才能被计算机运行。转换的方式有编译和解释。编译器就起到这个转换的作用。

2.【CSP-J2019】一个 32 位整型变量占用(C)字节。

　　A. 32　　　　　　B. 128　　　　　　C. 4　　　　　　D. 8

【分析】　1 字节代表 8 个二进制位(bit),32 位占用 4 字节。

3.【NOIP2018 普及组】以下(D)设备属于输出设备。

　　A. 扫描仪　　　　B. 键盘　　　　　C. 鼠标　　　　　D. 打印机

【分析】　输入和输出都是相对于主机(CPU＋内存)而言的,数据传向主机的称为输入,反之则为输出。因此扫描仪、键盘和鼠标均属于输入设备。

4.【NOIP2018 普及组】1MB 等于(D)。

　　A. 1000 字节　　　　　　　　　　B. 1024 字节

　　C. 1000×1000 字节　　　　　　　D. 1024×1024 字节

【分析】　存储器容量常用单位之间的转换关系为 1KB＝1024Byte(1024＝2^{10}),1MB＝1024KB,1GB＝1024MB,1TB＝1024GB。

5.【NOIP2018 提高组】下列属于解释执行的程序设计语言是(D)。

　　A. C　　　　　　B. C++　　　　　C. Pascal　　　　D. Python

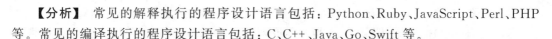

【分析】 常见的解释执行的程序设计语言包括：Python、Ruby、JavaScript、Perl、PHP 等。常见的编译执行的程序设计语言包括：C、C++、Java、Go、Swift 等。

6. 【NOIP2017 普及组】下列不属于面向对象程序设计语言的是(A)。

    A. C   B. C++   C. Java   D. C#

【分析】 常见的非面向对象程序设计语言包括 C、FORTRAN、COBOL、Pascal、Ada 等；常见的面向对象程序设计语言包括 Java、C++、Python、Ruby、Swift 等。

7. 【NOIP2016 普及组】以下不是微软公司出品的是(D)。

    A. PowerPoint   B. Word   C. Excel   D. Acrobat Reader

【分析】 PowerPoint、Word 和 Excel 属于微软公司 Office 软件套件中的软件，Acrobat Reader 是 Adobe 公司的软件产品。

8. 【NOIP2015 提高组】下列说法中正确的是(A)。

    A. CPU 的主要任务是执行数据运算和程序控制

    B. 存储器具有记忆能力，其中的信息任何时候都不会丢失

    C. 两个显示器的屏幕尺寸相同，则它们的分辨率必定相同

    D. 个人用户只能使用 WiFi 的方式连接到 Internet

【分析】 CPU 中包含运算器和控制器，用于控制整个计算机的各个部件有条不紊地工作，并进行算术运算和逻辑运算，故 A 选项正确。随机存储器（内存）断电以后其中的信息就消失了，故 B 选项错误。屏幕分辨率是指屏幕可显示的最高像素数目，屏幕尺寸是指屏幕面积，关于显示器还有一个术语叫"点距"，就是屏幕上像素与像素之间的距离，也就是代表单位面积内像素点数目的一个值。屏幕尺寸和点距都一定时，屏幕的分辨率才一定。当两项中有一项发生变化，那么分辨率就会发生变化，故 C 选项错误。用户连接到 Internet 的方式有很多种，如 ADSL、FTTX+LAN 等方式。

9. 【NOIP2015 普及组】操作系统的作用是(C)。

    A. 把源程序译成目标程序   B. 便于进行数据管理

    C. 控制和管理系统资源   D. 实现硬件之间的连接

【分析】 操作系统是计算机系统中最重要的系统软件，主要功能是负责管理计算机系统中的硬件资源和软件资源，提高资源利用率，同时为计算机用户提供各种强有力的使用功能和方便的服务界面。

10. 【NOIP2012 提高组】目前个人计算机的(B)市场占有率最靠前的厂商包括 Intel、AMD 等公司。

    A. 显示器   B. CPU   C. 内存   D. 鼠标

【分析】 目前 CPU 市场占有率最高的公司是英特尔(Intel)。英特尔是全球领先的半导体制造商之一，其 CPU 市场占有率高达 80% 以上。除英特尔之外，另一家全球知名的 CPU 制造商是 AMD(Advanced Micro Devices)，其在 CPU 市场上的份额正在逐渐增加。此外，还有一些其他的 CPU 制造商，如 ARM、IBM、NVIDIA 等，它们在特定领域有着较高的市场份额和影响力。

11. 【NOIP2012 提高组】寄存器是(D)的重要组成部分。

    A. 硬盘   B. 高速缓存

    C. 内存   D. 中央处理器(CPU)

【分析】 中央处理器(CPU)由运算器、控制器和少量寄存器组成。

12.【NOIP2011提高组】主存储器的存取速度比中央处理器(CPU)的工作速度慢很多,从而使得后者的效率受到影响。而根据局部性原理,CPU所访问的存储单元通常都趋于聚集在一个较小的连续区域中。于是,为了提高系统整体的执行效率,在CPU中引入了(B)。

　　A. 寄存器　　　　　 B. 高速缓存　　　　 C. 闪存　　　　 D. 外存

【分析】 高速缓存Cache是在CPU和内存之间设置的高速小容量存储器,容量比较小但速度比主存高得多。

13.【NOIP2009普及组】关于BIOS,下面说法中正确的是(A)。

　　A. BIOS是计算机基本输入输出系统软件的简称

　　B. BIOS里包含了键盘、鼠标、声卡、显卡、打印机等常用输入/输出设备的驱动程序

　　C. BIOS一般由操作系统厂商来开发完成

　　D. BIOS能提供各种文件复制、删除以及目录维护等文件管理功能

【分析】 BIOS是一种固件程序,它位于计算机的主板上,负责管理计算机硬件的基本输入输出操作。BIOS程序在计算机启动时运行,执行一系列自检程序(POST,Power-On Self Test)以确保硬件设备的正常工作,并为操作系统的启动提供支持。计算机外部设备的驱动程序通常不由BIOS提供。BIOS只包含一些基本的驱动程序,用于支持计算机硬件设备的正常工作。这些驱动程序通常是固件驱动程序,被嵌入在BIOS程序中,并与硬件设备紧密耦合。BIOS由计算机的主板制造商提供。每个计算机主板制造商都有自己的BIOS程序,以满足不同计算机型号的需求。在计算机硬件组装过程中,主板制造商通常会将预先编写好的BIOS程序烧录到BIOS芯片中。

14.【NOIP2009普及组】关于程序设计语言,下面说法中正确的是(C)。

　　A. 加了注释的程序一般会比同样的没有加注释的程序运行速度慢

　　B. 高级语言开发的程序不能使用在低层次的硬件系统(如自控机床)或低端手机上

　　C. 高级语言相对于低级语言更容易实现跨平台的移植

　　D. 以上说法都不正确

【分析】 A)注释不会影响程序的执行速度,编译器在编译源代码时会自动忽略注释;B)虽然高级语言开发的程序不能直接在低层次的硬件系统或低端手机上运行,但是通过编译和优化,仍然可以使其在这些环境中有效的运行;C)高级语言具有更高的抽象层次和更好的可移植性,并提供跨平台的标准库、API和工具集等,使程序移植更方便。

15.【NOIP2008普及组】在以下各项中,(D)不是操作系统软件。

　　A. Solaris　　　　　　　　　　　　 B. Linux

　　C. Windows Vista　　　　　　　　 D. Sybase

【分析】 Sybase是一种数据库管理系统(DBMS)的名称。

16.【NOIP2004提高组】下面部件中对于个人台式计算机的正常运行不是必需的是(C)。

　　A. CPU　　　　 B. 图形卡(显卡)　 C. 光驱　　　　 D. 主板

　　E. 内存

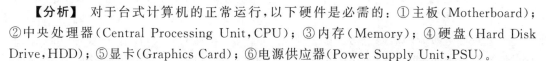

【分析】　对于台式计算机的正常运行，以下硬件是必需的：①主板（Motherboard）；②中央处理器（Central Processing Unit，CPU）；③内存（Memory）；④硬盘（Hard Disk Drive，HDD）；⑤显卡（Graphics Card）；⑥电源供应器（Power Supply Unit，PSU）。

17.【NOIP2003 提高组】下列计算机设备中既是输入设备，又是输出设备的是(B)。

　　A. 键盘　　　　　　B. 触摸屏　　　　　C. 扫描仪　　　　　D. 投影仪

　　E. 数字化仪

【分析】　键盘、扫描仪、数字化仪是输入设备，投影仪是输出设备，而触摸屏既是输入设备也是输出设备。

2.3　数制的概念及相互转换

计算机的基本功能是对数据进行运算和加工处理。计算机中的数据有两种：数值数据和非数值数据（信息），所有数据在计算机中都是用二进制数码表示的。

在计算机科学技术中，除了二进制之外，常用的还有十进制、八进制和十六进制，这些数制都是利用固定的数字符号和统一的规则来计数的方法，也称为进位记数制。

2.3.1　数制的术语

一种进位记数制包含一组数码符号和三个基本因素。

（1）数码：一组用来表示某种数制的符号。例如，十六进制的数码是 0、1、2、3、4、5、6、7、8、9、A、B、C、D、E、F；二进制的数码是 0、1。

（2）基数：指该数制可使用的数码个数。例如，十进制的基数是 10；二进制的基数是 2。

（3）数位：数码在一个数中所处的位置。

（4）权：权是基数的幂，表示数码在不同位置上的数值。

2.3.2　常用的记数制

1. 十进制

十进制是我们日常生活中经常使用的数制。十进制记数制的数码包括 0、1、2、3、4、5、6、7、8、9，基数为 10，位权为 10^n（n 为符号所处的数位）。每个数位计满 10 向高位进一，即"逢十进一"。

2. 二进制

二进制是计算机中使用的数制。二进制记数制的数码包括 0、1，基数为 2，位权为 2^n（n 为符号所处的数位）。每个数位计满 2 向高位进一，即"逢二进一"。

3. 八进制

八进制记数制的数码包括 0、1、2、3、4、5、6、7，基数为 8，位权为 8^n（n 为符号所处的数位）。每个数位计满 8 向高位进一，即"逢八进一"。

4. 十六进制

十六进制记数制的数码包括 0、1、2、3、4、5、6、7、8、9、A、B、C、D、E、F，基数为 16，位权为 16^n（n 为符号所处的数位）。每个数位计满 16 向高位进一，即"逢十六进一"。

2.3.3 数制间的相互转换

不同数制的数据有三种书写方式。

(1) $11101101_{(2)}$，$331_{(8)}$，$35.81_{(10)}$，$FA5_{(16)}$。

(2) $(10110.011)_2$，$(755)_8$，$(139)_{10}$，$(AD6)_{16}$。

(3) 10101001B，789O，3762D，2CE6H(其中的 B、O、D、H 分别表示二进制(Binary)、八进制(Octal)、十进制(Decimal)和十六进制(Hexadecimal))。表 2-1 给出了数据在各种进位制中的表示示例。

表 2-1 数制间的转换

十进制（D）	二进制（B）	八进制（O）	十六进制（H）
0	0	0	0
1	1	1	1
2	10	2	2
3	11	3	3
4	100	4	4
5	101	5	5
6	110	6	6
7	111	7	7
8	1000	10	8
9	1001	11	9
10	1010	12	A 或 a
11	1011	13	B 或 b
12	1100	14	C 或 c
13	1101	15	D 或 d
14	1110	16	E 或 e
15	1111	17	F 或 f

1. 二进制数与十进制数的转换

1) 二进制数转十进制数

二进制数转十进制数采用"按权展开"的方式。

例：$(1011.101)_2 = 1 \times 2^3 + 0 \times 2^2 + 1 \times 2^1 + 1 \times 2^0 + 1 \times 2^{-1} + 0 \times 2^{-2} + 1 \times 2^{-3} = 8 + 0 + 2 + 1 + 1/2 + 0 + 1/8 = (11.625)_{10}$

2) 十进制数转二进制数

整数部分：除以 2 取余数，直到商为 0，余数从右到左排列。

小数部分：乘以 2 取整数，整数从左到右排列。

例：$100.345_{(10)} = 1100100.01011_{(2)}$

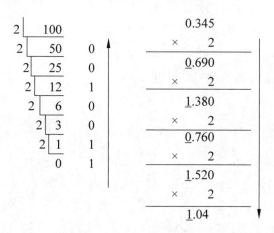

一个有限的十进制小数并非一定能够转换成一个有限的二进制小数,即上述过程中乘积的小数部分可能永远不等于0,可按要求进行到某一精确度为止。

2. 八进制数与十进制数的转换

1)八进制数转十进制数

同样采用"按权展开"的方法。

例:$(2576)_8 = 2 \times 8^3 + 5 \times 8^2 + 7 \times 8^1 + 6 \times 8^0 = (1406)_{10}$

2)十进制数转八进制数

采用与十进制数转二进制数相同的方法。

例:$100_{(10)} = 144_{(8)}$

$$
\begin{array}{r|l}
8 & 100 \\
8 & 12 \quad 4 \\
8 & 1 \quad 4 \\
& 0 \quad 1
\end{array}
$$

3. 十六进制数与十进制数的转换

1)十六进制数转十进制数

同样采用"按权展开"的方法,十六进制非数值的数码先转换为对应的十进制数,如 A 转换为 10,F 转换为 15。

例:$(F.B)_{16} = 15 \times 16^0 + 11 \times 16^{-1} = 15 + 11/16 = (15.6875)_{10}$

2)十进制数转十六进制数

采用与十进制数转二进制数相同的方法。

例:$100_{(10)} = 64_{(16)}$

$$
\begin{array}{r|l}
16 & 100 \\
16 & 6 \quad 4 \\
& 0 \quad 6
\end{array}
$$

4. 二进制数与八进制数的转换

1)二进制数转八进制数

二进制数转换成八进制数的方法是:将二进制数从小数点开始,整数部分从右向左 3

位一组,小数部分从左向右 3 位一组,若不足三位用 0 补足即可。

例:$(1100101110.1101)_2 = (1456.64)_8$

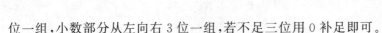

$$\underline{1} \quad \underline{100} \quad \underline{101} \quad \underline{110} . \underline{110} \quad 1 \text{ B}$$
$$\downarrow \quad \downarrow \quad \downarrow \quad \downarrow \quad \downarrow \quad \downarrow$$

补00,变为100

$$1 \quad 4 \quad 5 \quad 6 . 6 \quad 4$$

2)八进制数转二进制数

八进制数转换成二进制数的方法是:以小数点为界,向左或向右每一位八进制数用相应的 3 位二进制数取代,然后将其连在一起即可。若中间位不足 3 位,在前面用 0 补足。

例:$(3216.43)_8 = (11010001110.100011)_2$

$$3 \quad 2 \quad 1 \quad 6. \quad 4 \quad 3$$
$$011 \quad 010 \quad 001 \quad 110. \quad 100 \quad 011$$

5. 二进制数与十六进制数的转换

1)二进制数转十六进制数

二进制数转换成十六进制数的方法是:从小数点开始,整数部分从右向左 4 位一组;小数部分从左向右 4 位一组,不足 4 位用 0 补足,每组对应一位十六进制数即可得到十六进制数。

例:$(1101101110.110101)_2 = (36E.D4)_{16}$

$$\underline{11} \quad \underline{0110} \quad \underline{1110} . \underline{1101} \quad 01 \text{ B}$$
$$\downarrow \quad \downarrow \quad \downarrow \quad \downarrow \quad \downarrow$$

后边补两个0,
变成0100

$$3 \quad 6 \quad E . D \quad 4$$

2)十六进制数转二进制数

十六进制数转换成二进制数的方法是:以小数点为界,向左或向右每一位十六进制数用相应的 4 位二进制数取代,然后将其连在一起即可。

例:$(36E.D4H)_{16} = (1101101110.110101)_2$

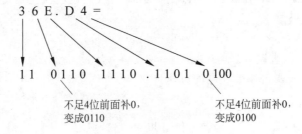

$$3 \ 6 \ E . D \ 4 =$$

$$11 \quad 0110 \quad 1110 . 1101 \quad 0100$$

不足4位前面补0,
变成0110

不足4位前面补0,
变成0100

6. 八进制数与十六进制数的转换

八进制数与十六进制数之间的转换,一般通过二进制数作为桥梁,即先将八进制或十六进制数转换为二进制数,再将二进制数转换成十六进制数或八进制数。

例:$(637.15)_8 = (19F.34)_{16}$

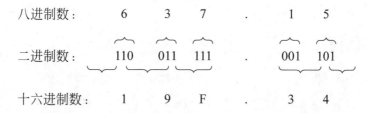

2.3.4　范例分析

1.【NOIP2018 普及组】下列四个不同进制的数中,与其他三项数值上不相等的是(D)。
　　A. (269)16　　　　B. (617)10　　　　C. (1151)8　　　　D. (1001101011)2

【分析】　将四个数均转换为同一种数制进行比较。本题将所有选项"按权展开"转换为十进制数,A 选项为 617,C 选项为 617,D 选项为 619。

2.【NOIP2015 提高组】与二进制小数 0.1 相等的十六进制数是(A)。
　　A. 0.8　　　　　B. 0.4　　　　　C. 0.2　　　　　D. 0.1

【分析】　二进制数转十六进制数的转换方法为从小数点开始,整数部分从右向左 4 位一组;小数部分从左向右 4 位一组,不足四位用 0 补足,每组对应一位十六进制数即可得到十六进制数。故二进制小数 0.1 整数部分为 0000,小数部分为 1000,因此对应的十六进制数为 0.8。

3.【NOIP2014 提高组】二进制数 00100100 和 00010101 的和是(D)。
　　A. 00101000　　B. 001010100　　C. 01000101　　D. 00111001

【分析】　二进制加法是将两个二进制数的对应位置上的数相加,低位"逢二进一"向高位进 1 位,故本题答案为 D。

4.【NOIP2013 提高组】二进制数 11.01 在十进制下是(A)。
　　A. 3.25　　　　B. 4.125　　　　C. 6.25　　　　D. 11.125

【分析】　二进制数转十进制数采用"按权展开"的方式。$(11.01)_2 = 1×2^1 + 1×2^0 + 0×2^{-1} + 1×2^{-2} = 2+1+0+1/4 = (3.25)_{10}$。

5.【NOIP2012 普及组】十六进制数 9A 在(B)进制下是 232。
　　A. 四　　　　　B. 八　　　　　C. 十　　　　　D. 十二

【分析】　将十六进制数 9A 转换为十进制数:$9A = 9×16^1 + 10×16^0 = 144+16 = (154)_{10}$;将十六进制数 9A 转换成二进制数,其一位十六进制数用相应的 4 位二进制数取代,故十六进制数 9A=$(1001\ 1010)_2$;十六进制数 9A 转换成八进制数,先将十六进制数转换为二进制数,再将二进制以 3 位一组(不足 3 位的前面补 0)转换为八进制数,故十六进制数 9A=$(1001\ 1010)_2 = (010\ 011\ 010)_2 = (232)_8$

2.4　数的编码表示

计算机中的信息包括数值、文字、语音、图形和图像。信息必须进行数字化编码后,才能传送、存储和处理。编码是指采用少量的基本符号,按一定的组合原则,表示大量复杂多样的信息。也就是在计算机内部使用"0"和"1"来表示上述的各类信息。

2.4.1 整数的表示

机器数是将符号"数字化"的数,是数字在计算机中的二进制表示形式。机器数有两个特点:一是符号数字化,二是其数的大小受机器字长的限制。其中二进制数最高位用"0"表示正数,"1"表示负数,其余位仍表示数值。

机器数的形式主要有三种:原码、反码、补码。

1. 原码

原码表示方法中,数值用绝对值表示,在数值二进制的最高位(最左边)用"0"和"1"分别表示正数和负数,书写成$[X]_{原}$表示X的原码,如果机器的字长为n,则原码的定义如下:

$$[X]_{原} = \begin{cases} X, & 0 \leqslant X \leqslant 2^{n-1}-1 \\ 2^{n-1}+|X|, & -(2^{n-1}-1) \leqslant X \leqslant 0 \end{cases}$$

例如,当使用2字节来存储一个整数时,十进制数$+67$和-67的原码表示为:

$$[+67]_{原} = 0000000001000011$$
$$[-67]_{原} = 1000000001000011$$

2. 反码

原码表示法比较直观,其数值部分就是该数的绝对值,而且与真值、十进制数的转换十分方便。但是它的加减法运算较复杂,同时原码中的0表示不唯一。为了克服原码运算的缺点,采用机器数的反码表示法。即对正数来说,其反码和原码的形式相同;对负数来说,反码为最左的符号位不变,其原码的数值部分各位变反。用$[X]_{反}$表示X的反码,如果机器的字长为n,则反码的定义如下:

$$[X]_{反} = \begin{cases} X, & 0 \leqslant X \leqslant 2^{n-1}-1 \\ (2^n-1)-|X|, & -(2^{n-1}-1) \leqslant X \leqslant 0 \end{cases}$$

例如,当使用2字节来存储一个整数时,十进制数$+67$和-67的反码表示为:

$$[+67]_{反} = 0000000001000011$$
$$[-67]_{反} = 1111111110111100$$

3. 补码

反码解决了负数加法运算问题,将减法运算转换为加法运算,从而简化运算规则,但是反码中的0仍然表示不唯一。

如果机器数是正数,则该机器数的补码与原码一样;如果机器数是负数,则该机器数的补码是对它的原码(除符号位外)各位取反,并在末位加1而得到的。用$[X]_{补}$表示X的补码。设机器的字长为n,则补码的定义如下:

$$[X]_{补} = \begin{cases} X, & 0 \leqslant X \leqslant 2^{n-1}-1 \\ 2^n-|X|, & -(2^{n-1}-1) \leqslant X < 0 \end{cases}$$

例如,当使用2字节来存储一个整数时,十进制数$+67$和-67的补码表示为:

$$[+67]_{补} = 0000000001000011$$
$$[-67]_{补} = 1111111110111101$$

补码具有反码的优点,同时 0 在补码中的表示是唯一的。还有一个更重要的作用,就是利用高位溢出,将减法运算变成加法。

4. 定点表示法

定点就是小数点固定,固定在有效数位的最前面或最后面。因为位置是固定的,所以可以隐藏。小数点隐含固定在数据最右端的,称定点整数,如 101;小数点隐含固定在数据最左端的,称定点小数,如 0.1001。大多数计算机系统采用补码来表示整数。

2.4.2　实数的表示

与整数采用定点数表示相对应,实数采用浮点表示法。在计算机中一个浮点数由两部分构成:阶码和尾数。阶码是整数,尾数是纯小数。二进制数 M 即可表示为 $M = 2^P \times S$。

P_S	P	S_S	S
阶符	阶码	尾符	尾数

其中,P 是一个二进制整数,S 是二进制小数。这里称 P 为数 M 的阶码,阶码 P 指明了小数点的位置。S 为数 M 的尾数,S 表示了数 M 的全部有效数字。阶符 P_S 表示阶码的正负,尾符 S_S 确定数据的正负。

由于一个实数在计算机内存储时就是由这 4 个数据组合而成的,但是分配给一个实数的内存空间是固定的,因此大多数实数存储在计算机内时并不是精确的。

2.4.3　ASCII 英文编码

ASCII(American Standard Code for Information Interchange,美国信息交换标准代码)主要用于在计算机内处理西文字符。标准 ASCII 码也叫基础 ASCII 码,使用 7 位二进制数($2^7 = 128$ 种)来表示所有的大写和小写字母,数字 0 到 9、标点符号,以及在美式英语中使用的特殊控制字符。ASCII 码存储时占用 1 字节,也就是 8 位,所以标准 ASCII 码最高位为 0。若最高位为 1,则为扩展 ASCII 码(见表 2-2)。

表 2-2　ASCII 码表

字　　　符	ASCII 码(十六进制)	ASCII 码(十进制)	备　　　注
'0'～'9'	30H～39H	48～57	'0'～'9',是连续的,且为升序
'A'～'Z'	41H～5AH	65～90	'A'～'Z',是连续的,且为升序
'a'～'z'	61H～7AH	97～122	'a'～'z',是连续的,且为升序

2.4.4　GB2312 汉字编码

由于计算机使用的键盘是英文键盘,因此汉字在计算机中进行处理需要编码、输入、存储、编辑、输出和传输等操作(见图 2-8)。

1. 汉字外码(输入码)

汉字输入就是将汉字符号输入到计算机中,由于键盘上的键是英文字母或符号,不可能

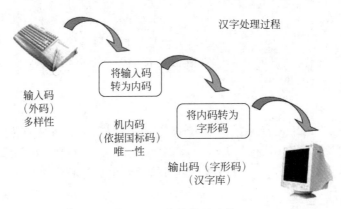

图 2-8   汉字的处理过程

直接输入汉字,人们就设计了许多输入方法,通常是用一串英文字母或符号键对应一个汉字,这一串为每个汉字定义的键的序列就叫作汉字的输入码,或称外码。

例如,输入"汉字",用"智能 ABC"输入法,输入编码是"hanzi",而用"五笔输入法"输入时,输入编码是"icpb"。

2. 汉字交换码(国标码)

计算机内部处理的信息都是用二进制代码表示的,汉字也不例外。汉字交换码是指不同的具有汉字处理功能的计算机系统之间在交换汉字信息时所使用的代码标准。自国家标准 GB2312-80 公布以来,我国一直沿用该标准所规定的国标码作为统一的汉字信息交换码。

低字节(位)		
1位 → 94位		

高字节(区)	1区 9区	非汉字图形符号区
	10区 15区	自定义符号区
	16区 55区	一级汉字(3755个)
	66区 87区	二级汉字(3008个)
	88区 94区	自定义汉字区

图 2-9   区位码

GB2312-80 标准包括了 6763 个汉字,按其使用频率分为一级汉字 3755 个和二级汉字 3008 个。一级汉字按拼音排序,二级汉字按部首排序。此外,该标准还包括标点符号、数种西文字母、图形、数码等符号 682 个。

区位码(见图 2-9)是国标码的另一种表现形式,把国标 GB2312-80 中的汉字、图形符号组成一个 94×94 的方阵,分为 94 个"区",每区包含 94 个"位",其中"区"的序号为 01～94,"位"的序号也是为 01～94。94 个区中的位置总数=94×94=8836 个。

区位码中的区号和位号都是十进制数,区位码与国标码之间的关系如下:

$$国标码首字节=区号(二进制表示)+00100000B$$
$$国标码尾字节=位号(二进制表示)+00100000B$$

例如:根据"文"字的区位码"4636"可计算出它的国标码。

具体计算过程如下:

"文"国标码首字节= 00101110B(区号 46 的二进制表示)+00100000B=01001110B

"文"国标码尾字节= 00100100B(位号 36 的二进制表示)+00100000B=01000100B

因此,"文"国标码表示是 4E44H。

3．汉字机内码

汉字机内码，简称内码，指计算机内部存储、处理加工和传输汉字时所用的由 0 和 1 符号组成的代码。输入码被接收后就由汉字操作系统的输入码转换模块转换为机内码，与所采用的键盘输入法无关。机内码是汉字最基本的编码，不管是什么汉字系统和汉字输入方法，输入的汉字外码到机器内部都要转换成机内码才能被存储和进行各种处理。

因为汉字处理系统要保证中西文的兼容，当系统中同时存在 ASCII 码和汉字国标码时，将会产生二义性。因此，汉字机内码应对国标码加以适当处理和变换。将国标码的两字节的最高位都置为 1 来作为汉字的机内表示，这种汉字编码称为汉字的机内码（一般汉字的机内码使用十六进制数表示）。

汉字机内码的计算方法如下：

$$机内码首字节＝国标码首字节(二进制表示)＋10000000B$$
$$＝国标码首字节(H)＋80H$$
$$＝区码(H)＋20H＋80H＝区码(H)＋A0H$$
$$机内码尾字节＝国标码尾字节(二进制表示)＋10000000B$$
$$＝国标码尾字节(H)＋80H$$
$$＝位码(H)＋20H＋80H＝位码(H)＋A0H$$

例如，由"文"字的国标码为 4E44，可以由上面的方法求得它的机内码是 CEC4H。

4．汉字字形码

汉字字形码又称汉字字模，用于计算机输出汉字，是指在显示器或打印机上输出汉字的字形。汉字字形码通常有两种表示方式：点阵和矢量表示方法。

用点阵表示字形时，汉字字形码指的是这个汉字字形点阵的代码（见图 2-10）。根据输出汉字的要求不同，点阵的多少也不同。简易型汉字为 16×16 点阵，提高型汉字为 24×24 点阵、32×32 点阵、48×48 点阵等。每个点占用一个二进制位的存储空间，点阵规模越大，字形越清晰美观，所占存储空间也越大。一个 16×16 点阵的汉字的字形码占 16×16＝256bits＝32Byte。

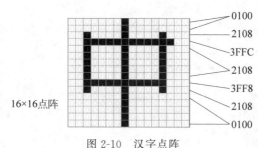

16×16点阵

0100
2108
3FFC
2108
3FF8
2108
0100

图 2-10　汉字点阵

矢量表示方式存储的是汉字字形的轮廓特征，输出汉字时，通过计算机的计算，由汉字字形描述生成所需大小和形状的汉字点阵。矢量化字形与最终文字显示的大小、分辨率无关，可以输出高质量的汉字。

所有汉字字形码的集合总称为汉字字形库，或称汉字字库。只有将汉字机内码转换成描述汉字字形的点阵数据，才能在显示器上显示汉字。

2.4.5　范例分析

1.【NIOP2017 普及组】在 8 位二进制补码中,10101011 表示的数是十进制下的(B)。
  A. 43   B. -85   C. -43   D. -84

【分析】　如果机器数是负数,则该机器数的补码是对它的原码(除符号位外)各位取反,并在末位加 1 而得到的。因此最高位 1 表示该数为负数,将剩余的 0101011(去 1 后)再按位取反后得 1010101,转换为十进制数 85,所以该补码表示的十进制数为-85。

2.【NIOP2011 普及组】字符"A"的 ASCII 码为十六进制数 41,则字符"Z"的 ASCII 码为十六进制的(B)。
  A. 66   B. 5A   C. 50   D. 视具体的计算机而定

【分析】　英文字符的 ASCII 码是升序且连续的,故'Z'的 ASCII 码='A'的 ASCII 码+25=41H+25D=41H+19H=5AH。

3.【NIOP2009 普及组】关于 ASCII,下列说法中正确的是(B)。
  A. ASCII 码就是键盘上所有键的唯一编码
  B. 一个 ASCII 码使用一字节的内存空间就能够存放
  C. 最新扩展的 ASCII 编码方案包含了汉字和其他欧洲语言的编码
  D. ASCII 码是英国人主持制定并推广使用的

【分析】　ASCII(American Standard Code for Information Interchange,美国信息交换标准代码)是一种基于拉丁字母的字符编码标准。它定义了 128 个字符,包括数字、字母、标点符号和控制字符等,每个字符用 7 个二进制位(即一字节)来表示。ASCII 通过对不同的字符进行编码,使得计算机可以识别、存储和处理各种文本字符。ASCII 是英文字符的机内码,不是对键盘上的键的编码,也不是对汉字和其他语言的编码。

4.【NIOP2008 普及组】在 32×32 点阵的"字库"中,汉字"北"与"京"的字模占用的字节数之和是(B)。
  A. 512   B. 256   C. 384   D. 128

【分析】　汉字点阵中每个点占用一个二进制位的存储空间,点阵规模越大,字形越清晰美观,所占存储空间也越大。一个 32×32 点阵的汉字的字形码占 32×32=1024bits=128Byte,故本题两个汉字占用 256 字节。

5.【NIOP2007 提高组】ASCII 码的含义是(B)。
  A. 二-十进制转换码   B. 美国信息交换标准代码
  C. 数字的二进制编码   D. 计算机可处理字符的唯一编码
  E. 常用字符的二进制编码

2.5　多媒体技术

2.5.1　多媒体的基本概念

媒体(Media)是指信息表示和传播的载体,如数值、文字、声音、图形、图像等。媒体可以分为五大类。

（1）感觉媒体：指人的感官能直接接收感觉到的信息载体。例如，自然界的各种声音、图形、图像、气味、温度、计算机系统中的文件、数据和文字等。

（2）表示媒体：将感觉媒体人为地进行构造编排产生的各种编码。例如，语言文字编码、文本数字编码、图像编码等。

（3）表现媒体：用于体现感觉媒体和表示媒体的输入输出设备。例如，键盘、摄像机、光笔、话筒、显示器、打印机等。

（4）存储媒体：用来存放表示媒体，即存放各种信息编码的物理设备。例如，半导体存储器、软磁盘、硬磁盘、磁带和 CD-ROM 等。

（5）传输媒体：用来将媒体从一处传送到另一处的物理载体。例如，双绞线、同轴电缆、光纤等。

多媒体（Multimedia）是一种以交互方式将文本、图形、图像、音频、视频等多种媒体信息经过计算机综合处理后，以单独或合成的形态表现出来的技术和方法。

2.5.2　多媒体数据压缩

在多媒体计算系统中，信息从单一媒体转到多种媒体，若要表示、传输和处理大量数字化了的声音、图片、影像视频信息等，数据量是非常大的。如果不进行处理，计算机系统几乎无法对它进行存取和交换。因此，在多媒体计算机系统中，为了达到令人满意的图像、视频画面质量和听觉效果，必须解决视频、图像、音频信号数据的大容量存储和实时传输问题。解决的方法除了提高计算机本身的性能及通信信道的带宽外，更重要的是对多媒体进行有效的压缩。

数据的压缩实际上是一个编码过程，即把原始的数据进行编码压缩。数据的解压缩是数据压缩的逆过程，即把压缩的编码还原为原始数据。因此数据压缩方法也称为编码方法。数据压缩技术迅速发展，适应各种应用场合的编码方法不断产生。针对多媒体数据冗余类型的不同，相应地有不同的压缩方法。

根据解码后数据与原始数据是否完全一致进行分类，压缩方法可被分为有失真（有损）编码和无失真（无损）编码两大类。有失真压缩法会减少信息量，而损失的信息是不能再恢复的，因此这种压缩法是不可逆的。无失真压缩法去掉或减少数据中的冗余，但这些冗余值是可以重新插入数据中的，因此冗余压缩是可逆的过程。

2.5.3　图形与图像

现实生活中，人们常常将图形和图像混为一谈。图形（Graph）和图像（Image）都是多媒体系统中的可视元素，虽然它们很难区分，但确实不是一回事。

图像是由扫描仪、摄像机等输入设备捕捉实际的画面产生的数字图像，是从现实世界中通过数字化设备获取的，它们称为取样图像、点阵图像和位图图像。它所包含的信息是用像素来度量的，像素是组成一幅图像的最小单元。对图像的描述与分辨率和色彩的颜色种数有关，分辨率与色彩位数越高，占用存储空间就越大，图像越清晰。

图形是指根据几何特性绘制成的矢量图，由直线、圆、矩形、曲线、图表等元素构成，是计算机合成的图像,称为矢量图像。图形任意放大或者缩小后依旧清晰。

图形是人们根据客观事物制作生成的,它不是客观存在的;图像是可以直接通过照相、扫描、摄像得到,也可以通过绘制得到。

2.5.4　动态图形

动态图形(Motion Graphics)指的是"随时间流动而改变形态的图形",简单地说,动态图形可以解释为会动的图形设计,是影像艺术的一种。动态图形融合了平面设计、动画设计和电影语言,它的表现形式丰富多样,能和各种表现形式以及艺术风格混搭。动态图形的主要应用领域集中于节目频道包装、电影电视片头、商业广告、MV、现场舞台屏幕、互动装置等。

动态图形有点像是平面设计与动画片之间的一种产物,动态图形在视觉表现上使用的是基于平面设计的规则,在技术上使用的是动画制作手段。传统的平面设计主要是针对平面媒介的静态视觉表现;而动态图形则是站在平面设计的基础之上去制作一段以动态影像为基础的视觉符号。动画片和动态图形的不同之处就好像平面设计与漫画书,即使同样是在平面媒介上来表现,但不同的是,一个是设计视觉的表现形式,而另一个则是叙事性的运用图像来为内容服务。

动态图形在现时代的媒介中无处不在,可以承载它的媒介数不胜数,几乎任何能使图像运动起来的媒介就有动态图形的存在,动态图形已经逐渐成为我们生活中的一部分。

2.5.5　数字化音频

声音信号是典型的连续信号,不仅在时间上是连续的,在幅度上也是连续的。因此要在计算机中处理音频信息需要先将声音的模拟信号转换成计算机能处理的数字信号。数字化音频就是一种利用数字化手段对声音进行录制、存放、编辑、压缩或播放的技术,它是随着数字信号处理技术、计算机技术、多媒体技术的发展而形成的一种全新的声音处理手段。

音频数字化的步骤如下。

(1) 采样:在时间轴上对信号数字化。按照固定的时间间隔抽取模拟信号的值,采样后就可以使一个时间连续的信息波变为在时间上取值数目有限的离散信号。

(2) 量化:在幅度轴上对信号数字化。就是用有限个幅度值近似还原连续变化的幅度值,把模拟信号的连续幅度变为有限数量的有一定间隔的离散值。

(3) 编码:用二进制数表示每个采样的量化值。

音频数字化中的两个概念:每秒需要采集多少个声音样本,也就是采样频率(f_s);每个声音样本的位数(bit per second,b/s)应该是多少,也就是量化精度(量化级)。

常见音频编码格式如下。

(1) PCM(脉编码调制)编码,主要依据声音波形本身的信息相关性进行数据压缩,代表性的应用是 CD 唱片。

(2) WAV 格式,在 Windows 平台下,基于 PCM 编码的 WAV 是被支持得最好的音频格式,所有音频软件都能完美支持,由于本身可达到较高的音质要求,WAV 也是音乐编辑创作的首选格式,适合保存音乐素材。因此,WAV 被作为了一种中介的格式,常常使用在其他编码的相互转换之中。

（3）WMA 格式，是 Windows Media Audio 编码后的文件格式。WMA 支持流技术，即一边读一边播放，因此 WMA 可以很轻松地实现在线广播。

（4）RA(RealAudio)格式，这种格式可以根据听众的带宽来控制自己的码率，在保证流畅的前提下尽可能提高音质，和 WMA 一样，RA 不但支持边读边放，也同样支持使用特殊协议来隐匿文件的真实网络地址，从而实现只在线播放而不提供下载的方式。

（5）OGG 格式，是一种高质量的音频编码方案，可以在相对较低的数据速率下实现比 MP3 更好的音质。

（6）APE 格式，是一种无损压缩格式。这种格式的压缩比远低于其他格式，但能够做到真正无损，因此获得了不少发烧用户的青睐。

（7）MP3 格式，MPEG Audio Layer-3 的简称，是目前最为普及的有损音频压缩格式。

2.5.6　多媒体创作

多媒体技术就是通过计算机对语言文字、数据、音频、视频等各种信息进行存储和管理，使用户能够通过多种感官跟计算机进行实时信息交流的技术。

多媒体技术的关键特性如下。

（1）集成性，能够对信息进行多通道统一获取、存储、组织与合成。

（2）控制性，多媒体技术是以计算机为中心，综合处理和控制多媒体信息，并按人的要求以多种媒体形式表现出来，同时作用于人的多种感官。

（3）交互性，是多媒体应用有别于传统信息交流媒体的主要特点之一，多媒体技术可以实现人对信息的主动选择和控制。

多媒体创作包括三维动画制作、Flash 动画制作、电子图书制作、教学课件制作、电子相册制作、展会光盘制作、网页制作、多媒体光盘制作、光盘复制、压盘刻盘、盘面设计等。

2.5.7　图像与视频的编码

图像、视频的编码，是指在满足一定质量的条件下，以较少比特数表示图像或视频中所包含信息的技术。由于视频就是连续的图像，因此视频编码与图像编码的方式相似。要了解图像与视频的编码需要了解原始的模拟图像是如何经过处理存储在计算机中的，这个过程我们称为图像数字化。

图像数字化是进行数字图像处理的前提，它是将连续色调的模拟图像经采样量化后转换成数字影像的过程。图像数字化的步骤如下。

1）采样

采样的实质就是用多少点来描述一幅图像，对二维空间上连续的图像在水平和垂直方向上等间距地分割成矩形网状结构所形成的微小方格称为像素点。一幅图像就被采样成有限个像素点构成的集合。采样频率是指一秒内采样的次数，反映了采样点之间的间隔大小。采样频率越高，得到的图像样本越逼真，图像的质量越高，但要求的存储量也越大。

一幅未经压缩的图像数据量（单位为字节）＝图像水平分辨率×图像垂直分辨率×像素深度÷8（像素深度是指表示每个取样点的颜色值所采用的数据位数）。

例如,一幅分辨率 640×480 像素、色深为 24 位未经压缩的图像数据量为 640×480×24÷8＝900 字节。

2) 量化

量化是指要使用多大范围的数值来表示图像采样之后的每一个点。量化的结果是图像能够容纳的颜色总数,它反映了采样的质量。例如,采用 16 位存储一个点,则有 2^{16} ＝65 536 种颜色。所以量化位数越大,表示图像可以拥有更多的颜色,可以产生更细致的图像效果。但也会占用更大的存储空间。

3) 数据压缩

数字化后得到的图像数据量十分巨大,必须采用编码技术来压缩其信息量。编码压缩技术是实现图像传输与存储的关键。由于数字图像中的数据相关性很强,或者说数据的冗余度很大,因此对数字图像进行大幅度压缩是完全可能的。而且,人眼的视觉有一定的局限性,即使压缩前后的图像有一定的失真,只要限制在人眼无法察觉的误差范围之内,也是允许的。

数据压缩可分成两种类型。无损压缩是把压缩以后的数据进行图像还原(即解压缩)时,重建的图像与原始图像完全相同,如行程长度编码(RLC)、哈夫曼(Huffman)编码等。有损压缩是指对压缩后的数据进行图像重建时,重建的图像与原始图像有一定的误差,但这种误差应不影响人们对图像含义的正确理解。常见的有损压缩编码有变换编码和矢量编码等。

JPEG 是一个静止图像数据压缩编码国际标准。JPEG 的适用范围比较广,能处理各种连续色调的彩色或灰度图像,算法复杂度适中,既可用硬件实现,也可用软件实现。JPEG 压缩技术十分先进,可以用有损压缩方式去除冗余的图像数据,但它的压缩比是用户可以控制的。

MPEG 标准是专门针对运动图像和语音压缩制定的国际标准,MPEG 的视频压缩编码技术主要利用了具有运动补偿的帧间压缩编码技术以减小时间冗余度,利用 DCT(离散余弦变换)技术以减小图像的空间冗余度,利用熵编码则在信息表示方面减小了统计冗余度。这几种技术的综合运用,大大增强了视频压缩性能。

目前常见的 MPEG 格式是 MPEG-4(MP4),包含了 MPEG-1 及 MPEG-2 的绝大部分功能及其他格式的长处,并加入及扩充对虚拟现实模型语言(VRML)的支持,面向对象的合成档案(包括音效、视频及 VRML 对象),以及数字版权管理(DRM)及其他互动功能。对于 MP5,现在连很多数码厂商都无法给出一个具体的定义,我们可以把它通俗地理解成能收看电视的 MP4。随着媒体播放器产品的不断发展,MP3、MP4 等下载视听类产品早已无法满足个性化以及在线消费的需要,因此在线直播及下载存储等多功能播放器随之异军突起。MP5 的其核心功能就是利用地面及卫星数字电视通道实现在线数字视频直播收看和下载观看等功能。而 MP6 是一种改变原文件存储读取方式,是通过 LCOS(硅液晶)三色投影仪技术,在传统视频播放器的基础上扩大视频视觉,把传统的播放器便携化、娱乐化,让人们的生活和娱乐更加丰富多彩,是一个科技的变革。

2.5.8 范例分析

1. 【CSP-S2019】下列属于图像文件格式的有(C)。

　　A. WMV　　　　B. MPEG　　　　C. JPEG　　　　D. AVI

【分析】　WMV、MPEG、AVI 均为视频文件格式,JPEG 是一个静止图像数据压缩编码。

2.【NOIP2017 普及组】分辨率为 800×600 像素、16 位色的位图,存储图像信息所需的空间为(A)。

　　A. 937.5KB　　　B. 4218.75KB　　　C. 4320KB　　　　D. 2880KB

【分析】　一幅未经压缩的图像数据量计算(单位为字节):图像数据量＝图像水平分辨率×图像垂直分辨率×像素深度÷8。因此本题图像所需空间＝800×600×16÷8Byte＝960 000Byte÷1024＝937.5KB。

3.【NOIP2003 普及组】下列分辨率的显示器所显示出的图像,最清晰的是(D)。

　　A. 800×600 像素　　　　　　　B. 1024×768 像素

　　C. 640×480 像素　　　　　　　D. 1280×1024 像素

　　E. 800×1000 像素

【分析】　屏幕分辨率是指屏幕可显示的最高像素点数目,故选 D。

2.6　计算机网络

2.6.1　网络发展概述

计算机网络的发展经历了 4 个阶段。

第 1 阶段为以单机为中心的面向多终端的计算机网络。20 世纪 50～60 年代,计算机网络进入以主机为中心,通过计算机实现与远程终端的数据通信。特点是主机不仅负责数据处理还负责通信处理的工作,终端只负责接收显示数据或者为主机提供数据。虽然便于维护和管理,数据一致性好,但主机负荷大,可靠性差,数据传输速率低。

第 2 阶段为多台计算机互连的计算机网络。20 世纪 60 年代中期由若干台计算机相互连接成一个系统,即利用通信线路将多台计算机连接起来,实现了计算机与计算机之间的通信。这一阶段提出分组交换技术,形成 TCP/IP 协议雏形,主机只负责数据处理,而数据通信的部分由分组交换网完成。

第 3 阶段为面向标准化的计算机网络。1984 年 ISO 公布了 OSI(开放系统互联)参考模型,以 ARPAnet(高级研究计划署网络)为基础,形成了 TCP/IP 网络体系结构,使任何厂家生产的计算机都能相互通信,使计算机网络成为一个开放的系统。

第 4 阶段为面向全球互联的计算机网络。20 世纪 90 年代以后,随着数字通信的出现,计算机网络开始向更广阔的领域和更广大的区域扩展,主要特征是综合化、高速化、智能化和全球化。

2.6.2　网络的基本概念

计算机网络就是把地理位置不同,且具有独立功能的多个计算机系统与专用外部设备用通信线路互联起来,配以功能完善的网络软件,实现网络上资源共享的系统。计算机网络的重要意义在于把各种计算机互联起来实现资源共享。

计算机网络的三个要素：独立的计算机、通信线路、网络软件。

2.6.3 网络的分类、组成与功能

1. 网络的组成与功能

计算机网络是一个非常复杂的系统。

从用户角度看,计算机网络可看成一个透明的数据传输机构,网上的用户在访问网络中的资源时不必考虑网络的存在。

从网络逻辑功能角度看,可以将计算机网络分成通信子网与资源子网两部分(见图 2-11)。

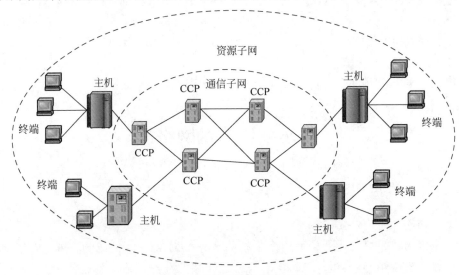

图 2-11 通信子网与资源子网

图 2-11 中,CCP(Common Channel Signaling Point,公共信道信令点)是通信子网中的一个重要组成部分,用于传输信令信息和控制信息。在通信子网中,CCP 通常是一个网络节点或设备,负责接收和发送信令信息,并将其转发到目标节点或设备。

通信子网为网络中心,由网络中的通信控制处理机、其他通信设备、通信线路和只用作信息交换的计算机组成,负责完成网络数据传输和转发等通信处理任务。因特网的通信子网一般由路由器、交换机和通信线路组成。

资源子网处于通信子网的外围,由主机系统、外设、各种软件资源和信息资源等组成,负责全网的数据处理业务,向网络用户提供各种网络资源和网络服务。

主机系统是资源子网的主要组成部分,它通过高速通信线路与通信子网的通信控制处理机相连接。普通计算机用户可通过主机系统连接入网。

2. 网络分类

(1) 按照网络覆盖范围分为局域网(LAN)、城域网(MAN)和广域网(WAN)。

(2) 按照通信速率分为宽带网络和窄带网络。

(3) 按照网络的使用范围分为专用网络和公用网络。

(4) 按照网络传输介质分为有线网络和无线网络。

（5）按照通信传播方式分为广播式网络和点对点网络。

（6）按照网络拓扑结构（设备之间的分布情况以及连接状态）分为星状网络、环状网络、总线型网络、树状网络、网状网络和混合型网络（见图 2-12）。

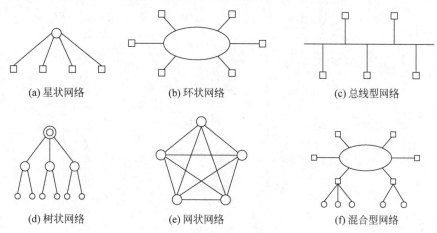

(a) 星状网络　　　　　(b) 环状网络　　　　　(c) 总线型网络

(d) 树状网络　　　　　(e) 网状网络　　　　　(f) 混合型网络

图 2-12　计算机网络的拓扑结构

2.6.4　网络的标准和协议

1．网络协议

计算机网络的建立需要通过制定严格的统一标准来解决网络中要实现的功能。

网络协议是计算机通过网络通信所使用的语言，是为网络通信中的数据交换制定的共同遵守的规则、标准和约定。网络协议是一组形式化的描述，它是计算机网络软硬件开发的依据。只有使用相同的协议（不同协议要经过转换），计算机才能彼此通信。

网络协议的三个要素如下。

（1）语义：用来说明通信双方进行数据交换时所规定的符号含义，这些符号包括控制信息、动作信息和响应信息等。

（2）语法：用来规定数据与控制信息的结构或格式，以及数据出现的顺序。

（3）时序（同步或规则）：对事件发生顺序的详细说明。

语义表示要做什么，语法表示要怎么做，时序表示做的顺序。

2．网络体系结构

网络体系结构是指通信系统的整体设计，为网络硬件、软件、协议、存取控制和拓扑提供标准。换句话说，计算机网络的各个层和各层上使用的全部协议统称为网络系统的体系结构。

1）OSI 参考模型

为了实现计算机网络的标准化，国际标准化组织（ISO）和国际电报电话咨询委员会（CCITT）于 1984 年制定了 OSI 参考模型（见图 2-13），将计算机网络的体系结构分成 7 层，从低到高依次为物理层、数据链路层、网络层、运输层、对话层、表示层和应用层。

OSI 参考模型是一种比较完善的体系结构，每个层次之间的关系比较密切，但又过于密切，存在一些重复，是一种理想化的体系结构，在实际的实施过程中有较大的难度，而事实上现行的工业标准是 TCP/IP 参考模型。

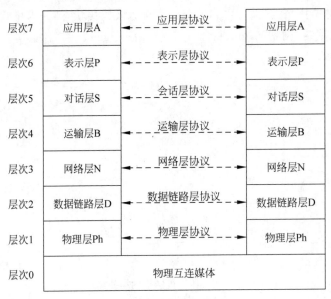

图 2-13　OSI 参考模型

2）TCP/IP 参考模型

基于 TCP/IP 的参考模型(见图 2-14)是以 TCP 和 IP 为核心的一组工业标准协议,是互联网络信息交换、规则、规范的集合体。TCP/IP 参考模型将协议分成 4 个层次,它们分别是网络访问层、网际互联层(主机到主机)、传输层和应用层。

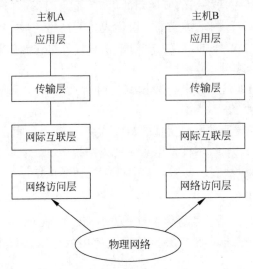

图 2-14　TCP/IP 参考模型

TCP/IP 参考模型中的两个重要协议如下。

（1）TCP(Transmission Control Protocol,传输控制协议)。TCP 规定了对传输信息如何分层、分组和在线路上传输。

（2）IP(Internet Protocol,网际互联网协议)。IP 定义了因特网上计算机之间的路由选择,把各种不同网络的物理地址转换为因特网地址。

2.6.5　网络操作系统

网络操作系统是一种能代替操作系统的软件,是向网络计算机提供服务的特殊的操作系统。借由网络互相传递数据与各种消息,分为服务器(Server)端及客户(Client)端。服务器端的主要功能是管理服务器和网络上的各种资源和网络设备的共用,并控管流量,避免发生瘫痪的可能性;客户端有接收服务器所传递的数据并运用的功能。简单来说,网络操作系统就是对网络上的所有硬件、软件资源进行管理的系统软件,是网络用户与计算机网络之间的接口。网络操作系统的关键是含有网络通信协议,这是计算机网络为网络用户提供各种服务的保证。

网络操作系统的功能如下。

(1) 常规操作系统应具有的功能。

(2) 提供高效、可靠的网络通信能力。

(3) 提供多种网络服务功能,如文件传输服务、电子邮件服务、远程打印服务等。

目前主要的局域网网络操作系统包括 Windows 类网络操作系统、UNIX 网络操作系统、Linux 网络操作系统、NetWare 类网络操作系统。

2.6.6　局域网和广域网

1. 局域网

局域网(Local Area Network,LAN)是将一定区域内的各种计算机、外部设备和数据库连接起来形成计算机通信网,通过专用数据线路与其他地方的局域网或数据库连接而形成的信息处理系统。局域网通过网络传输介质将网络服务器、网络工作站、打印机等网络互联设备连接起来,实现系统管理文件、共享应用软件、共享办公设备等通信服务。局域网为封闭型网络,在一定程度上能防止信息泄露和外部网络攻击,具有较高的安全性。

局域网一般为一个部门或单位所有,建网、维护以及扩展等较容易,系统灵活性高。局域网的主要特点如下。

(1) 覆盖的地理范围较小,只在一个相对独立的局部范围内联,如一栋建筑群内。

(2) 使用专门铺设的传输介质进行联网,数据传输速率高(10Mb/s～10Gb/s)。

(3) 通信延迟时间短,可靠性较高。

(4) 局域网可以支持多种传输介质。

2. 广域网

在一个较大范围内超过集线器所连接的距离时,必须要通过路由器来连接,这种网络的类型称为广域网(Wide Area Network,WAN)。例如,一家公司有 A、B、C、D 等分部,甚至海外分部,把这些分部以专线方式连接起来,即称为广域网。

广域网的数据传输介质主要是电话线或光纤,由 ISP(互联网服务提供商)在企业间做连线,这些线是 ISP 预先铺设的线路,因为工程浩大,维修不易,而且带宽是可以被保证的,故成本上就会比较昂贵。

2.6.7 Internet 基础

Internet(因特网)是一个全球范围的网络,可以认为 Internet 是由许多小的网络(子网)互联而成的一个逻辑网,每个子网中连接着若干台计算机(主机)。Internet 以相互交流信息资源为目的,基于一些共同的协议,并通过网络设备与公共互联网连接,它是一个全球信息资源和资源共享的集合。

1. Internet 概述

1) Internet 的起源

1969 年,美国军方为了自己的计算机网络在受到袭击时,即使部分网络被摧毁,其余部分仍能保持通信联系,便由美国国防部的高级研究计划局(ARPA)建设了一个军用网,叫作"阿帕网"(ARPAnet)。

到 20 世纪 70 年代,ARPAnet 已经有好几十个计算机网络,但是每个网络只能在网络内部的计算机之间互联通信,不同计算机网络之间仍然不能互通。为此,ARPA 又设立了新的研究项目,用一种新的方法将不同的计算机局域网互联,形成"互联网"。美国有 50 余家大学和研究所参与联网,研究人员称之为 Internet work,简称 Internet。在研究实现互联的过程中,1974 年出现了连接分组网络的协议,其中就包括 TCP/IP。TCP/IP 的规范和 Internet 的技术都是公开的,目的就是使任何厂家生产的计算机都能相互通信,使 Internet 成为一个开放的系统,这正是 Internet 得到飞速发展的重要原因。

1982 年,ARPA 接受了 TCP/IP,选定 Internet 为主要的计算机通信系统,并把其他的军用计算机网络都转换到 TCP/IP。1983 年,ARPAnet 分成两部分:一部分军用,称为 MILNET;另一部分仍称 ARPAnet,供民用。

1986 年,美国国家科学基金组织(NSF)将分布在美国各地的 5 个为科研教育服务的超级计算机中心互联,并支持地区网络,形成 NSFnet。1988 年,NSFnet 替代 ARPAnet 成为 Internet 的主干网。

1992 年,几个 Internet 组织合并,成立 Internet 协会(ISOC)。至此为止,这个网络从军用通信网络起步,通过 NSFnet 进而发展成为全国性的学术研究和教育网络,并开始向更广阔的领域和更广大的区域扩展,这是 Internet 发展进程中的第二个重要里程碑。

2) Internet 在中国发展的情况

第一阶段:1986—1993 年,中国的科研部门和高等院校开始研究 Internet 联网技术,这个阶段的网络应用仅限于小范围的电子邮件服务。

第二阶段:1994—1996 年,实现了和 Internet 的 TCP/IP 连接,开通了 Internet 全功能服务。中国被国际上正式承认为有互联网的国家。中国公用计算机互联网(ChinaNet)、中国教育和科研计算机网(CERNet)、中国科学技术网(CSTNET)、中国金桥信息网(ChinaGBN)等多个互联网络项目在全国范围内启动,互联网开始进入人民的生活,并得到了迅速的发展。

第三阶段:1997 年至今是快速增长阶段,国内互联网用户数量基本保持每半年翻一番的增长。

3）Internet 的特点

Internet 的核心是 TCP/IP。它采用客户机/服务器系统（Client/Server System）的工作方式。其中提供资源的计算机称为服务器，使用资源的计算机称为客户机（见图 2-15）。

图 2-15　客户机/服务器系统的工作方式

2. IP 地址和域名

1）IP 地址

IP 地址是 IP 提供的一种统一的地址格式，它为互联网上每一台主机分配一个唯一的逻辑地址。

现在常见的 IP 地址有两类：IPv4 和 IPv6。

IPv4 中的 IP 地址是一个 32 位二进制数，分为 4 个 8 位二进制组。在书写时 8 位一组用十进制整数表示，中间以"."分隔。例如：192.0.2.235。

IPv4 使用 32 位（4 字节）地址，因此地址空间中只有 2^{32} 个地址。不过，一些地址是为特殊用途所保留的，如专用网络（约 1800 万个地址）和多播地址（约 2.7 亿个地址），这减少了可在互联网上路由的地址数量。随着地址不断被分配给最终用户，IPv4 地址枯竭问题也在随之产生，严重制约了互联网的应用和发展。IPv6 的使用，不仅能解决网络地址资源数量的问题，而且也解决了多种接入设备连入互联网的障碍。IPv6 的地址长度为 128 位，是 IPv4 地址长度的 4 倍。同时 IPv6 具有更高的安全性，解决了 IPv4 的一些问题。

设计互联网络时，为便于寻址以及层次化构造网络，每个 IP 地址包括网络 ID 和主机 ID。同一物理网络上的所有主机都使用同一个网络 ID，网络上的一个主机有一个主机 ID 与其对应。Internet 委员会定义了 5 种 IP 地址类型以适合不同容量的网络，即 A 类～E 类。

其中 A、B、C 三类（见表 2-3）由 InternetNIC 在全球范围内统一分配，D、E 类为特殊地址。

表 2-3　IP 地址分配表

类别	最大网络数	IP 地址范围	单个网段最大主机数	私有 IP 地址范围
A	126(2^7-2)	1.0.0.1～127.255.255.254	16777214	10.0.0.0～10.255.255.255
B	16384(2^{14})	128.0.0.1～191.255.255.254	65534	172.16.0.0～172.31.255.255
C	2097152(2^{21})	192.0.0.1～223.255.255.254	254	192.168.0.0～192.168.255.255

2）域名

尽管 IP 地址能够唯一地标记网络上的计算机，但 IP 地址是一长串数字，用户记忆十分不方便，于是设计出了域名，并通过网域名称系统（Domain Name System，DNS）来将域名和 IP 地址相互映射，使人更方便地访问互联网，不用去记住能够被机器直接读取的 IP 地址数串。

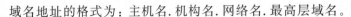

域名地址的格式为：主机名.机构名.网络名.最高层域名。

例如：www.cuz.edu.cn。

这是一种分层的管理模式,加入因特网的各级网络依照域名服务器的命名规则对本网内的计算机命名,并在通信时负责完成域名到各 IP 地址的转换。

域名由两种基本类型组成：以机构性质命名的域和以国家地区代码命名的域。常见的以机构性质命名的域一般由三个子域组成。

一级子域(2 个字母)表示国家或地区,如 cn 表示中国、jp 表示日本等。

二级子域(3 个字母)对应组织或领域,如 edu 表示教育机构、gov 表示政府部门、com 表示商业机构、net 表示网络机构等。

三级子域(3 个字母)代表单位名称,如 cuz 代表浙江传媒学院。

主机名是三级子域所代表的组织的主机(或服务器名),如 www 代表提供 Web 服务的主机。

3. Internet 提供的服务

1) 万维网

万维网(World Wild Web,WWW)是存储在因特网计算机中、数量巨大的文档的集合。这些文档称为页面,它是一种超文本(Hypertext)信息,可以用于描述超媒体(文本、图形、视频、音频等多媒体,称为超媒体)。WWW 上的信息是由彼此关联的文档组成的,而使其连接在一起的是超链接(Hyperlink)。

2) 电子邮件

电子邮件(E-mail)是一种非交互式的利用网络进行文字信息、图形、照片和声音交换的因特网基本服务,是互联网应用最广的服务。用户可以以非常低廉的价格、非常快速的方式,与世界上任何一个角落的网络用户联系。

电子邮件可以是文字、图像、声音等多种形式。同时,用户可以得到大量免费的新闻、专题邮件,并轻松实现信息搜索。电子邮件的存在极大地方便了人与人之间的沟通与交流,促进了社会的发展。

3) 远程登录 Telnet

远程登录服务是基于客户机/服务器模式的服务系统,在 Telnet 协议的支持下,将用户计算机与远程主机连接起来,在远程计算机上运行程序,将相应的屏幕显示传送到本地机器,并将本地的输入送给远程计算机。它由客户软件、服务器软件以及 Telnet 通信协议三部分组成。远程计算机又称为 Telnet 主机或服务器,本地计算机作为 Telnet 客户机来使用,它起到远程主机的一台虚拟终端的作用,通过它用户可以与主机上的其他用户一样共同使用该主机提供的服务和资源。当用户使用 Telnet 登录远程主机时,该用户必须在这个远程主机上拥有合法的账号和相应的密码,否则远程主机将会拒绝登录。

4) 文件传输

文件传输协议(File Transfer Protocol,FTP)是 TCP/IP 组中的协议之一。FTP 包括两个组成部分：其一为 FTP 服务器,其二为 FTP 客户端。其中 FTP 服务器用来存储文件,用户可以使用 FTP 客户端通过 FTP 协议访问位于 FTP 服务器上的资源。在开发网站的时候,通常利用 FTP 把网页或程序传到 Web 服务器上。由于 FTP 的传输效率非常高,在网络上传输大的文件时,一般也采用该协议。

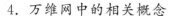

4．万维网中的相关概念

1）HTML

HTML(HyperText Markup Language,超文本标记语言)是一种标识性的语言,用来描述如何将文本界面格式化。它包括一系列标签,通过这些标签可以将网络上的文档格式统一,使用时通过任何纯文本编辑器将标记命令语言写在 HTML 文件中,任何浏览器都能够阅读 HTML 文件并把它构成 Web 页面。

超文本是一种组织信息的方式,它通过超链接方法将文本中的文字、图表与其他信息媒体相关联。这些相互关联的信息媒体可能在同一文本中,也可能是其他文件,或是地理位置相距遥远的某台计算机上的文件。这种组织信息方式将分布在不同位置的信息资源用随机方式进行连接,为人们查找和检索信息提供方便。

2）HTTP

HTTP(HyperText Transmission Protocol,超文本传输协议)是标准的万维网传输协议,是一个简单的请求-响应协议,属于浏览器和 Web 服务器之间的通信协议,建立在 TCP/IP 基础之上,用于传输浏览器到服务器之间的 HTTP 请求和响应。

3）URL

URL(统一资源定位器)是万维网服务程序上用于指定信息位置的表示方法。URL 由协议＋服务器的主机＋路径与文件名三部分组成,如一个 URL 表示为 http://www.noi.cn/index.html。

URL 不仅识别 HTTP 协议的传输,对其他各种不同的常见协议 URL 都能开放识别,例如:

(1) 文件传输(FTP)ftp://xiaodianma@192.168.0.1。

(2) 远程登录(Telnet) telnet://bbs.xiaodianma.com.cn。

(3) 发送电子邮件 mailto：abc@xiaodianma.com。

(4) 本地文件 c:\Windows\desktop\user.txt。

4）浏览器

浏览器是用来检索、展示以及传递 Web 信息资源的应用程序。Web 信息资源由统一资源标识符(Uniform Resource Identifier,URI)所标记,它可以是一个网页、一幅图片、一段视频或者任何在 Web 上所呈现的内容。使用者可以借助超链接通过浏览器浏览互相关联的信息。目前常见的浏览器有 Chrome、FireFox、IE 等。

5．电子邮件

电子邮件是一种用电子手段提供信息交换的通信方式,是互联网应用最广的服务。电子邮件可以是文字、图像、声音等多种形式。用户使用电子邮件服务时必须有一个电子邮件的地址。

电子邮件地址的格式：用户名@全称域名。

例如：noip@cuz.edu.cn。

电子邮件的发送和接收采用的是存储转发的方式。邮件服务器所使用的协议包括以下几种。

1）SMTP

SMTP(Simple Mail Transfer Protocol,简单邮件传输协议)采用客户机/服务器模式,

由传送代理程序(服务方)和用户代理程序(客户方)两个基本程序协同工作完成邮件传递。

2)POP3

POP(Post Office Protocol 3,邮局协议第 3 版本)的作用是将发送者的邮件暂时存放在接收服务器里,等待接收者从服务器上将邮件取走。

3)IMAP4

IMAP4(Internet Message Access Protocol 4,因特网报文访问协议第 4 版本)提供了在远程邮件服务器上管理邮件的手段,它能为用户提供有选择地从邮件服务器接收邮件、基于服务器的信息处理和共享信箱等功能。

POP3 和 IMAP4 仅提供面向用户的邮件收发服务。邮件在因特网上服务方之间的收发还是依靠 SMTP 服务器来完成的。

2.6.8 网络安全性概述

网络安全是指计算机网络系统的硬件、软件及其系统中的数据信息受到保护,不因偶然的或者恶意的原因而遭受到破坏、更改、泄露,系统连续、可靠、正常地运行,网络服务不中断,能正常地实现资源共享功能。网络安全既指计算机网络安全,又指计算机通信网络安全。

1.计算机信息安全

计算机信息系统是指由计算机及其相关的配套设备、设施(含网络)构成的,并按照一定的应用目标和规则对信息进行处理的人机系统。计算机信息系统的基本组成:计算机实体、信息和人。

计算机信息系统面临的威胁包括自然灾害构成的威胁、人为和偶然事故构成的威胁、计算机犯罪的威胁、计算机病毒的威胁。

对计算机信息的人为故意威胁称为攻击。威胁和攻击的对象可分为两类:对实体的威胁和攻击;对信息的威胁和攻击。

对实体的威胁和攻击主要是威胁和攻击计算机及其外部设备和网络。

对信息的威胁和攻击的主要原因有两种:信息泄露和信息破坏。对信息攻击的目的是针对信息保密性、完整性、可用性、可控性的破坏。信息受到的攻击方式分为主动攻击与被动攻击。主动攻击是指篡改信息的攻击,被动攻击是指一切窃密的攻击。

计算机信息实体安全是指为了保证计算机信息系统安全可靠地运行,确保计算机信息系统在对信息进行采集、处理、传输、存储的过程中,不至于受到人为或自然因素的危害,导致信息丢失、泄露或破坏,而对计算机设备、设施、环境人员等采取适当的安全措施。

信息运行安全技术主要包括风险分析、审计跟踪技术、应急技术、容错存储技术。

计算机信息安全技术主要包括加强操作系统的安全保护、加强数据库的安全保护、访问控制和密码技术。

2.计算机网络安全技术

1)网络加密技术

加密就是以某种特殊的算法改变原有的信息数据,使得未授权的用户即使获得了已加密的信息,但因不知解密的方法,仍然无法了解信息的内容。未经加密的原始信息称为明文,加密以后的信息称为密文(见图 2-16)。

加密技术可以分为两类：对称式加密和非对称式加密。

对称式加密就是加密和解密使用同一个密钥,如 DES 加密算法。

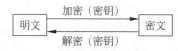

图 2-16　加解密原理示意图

非对称式加密就是加密和解密所使用的不是同一个密钥,通常有两个密钥,称为公钥和密钥,它们必需配对使用,否则不能打开加密文件。公钥是指可以对外公布的,密钥则不能,只能由持有人一个人知道。如 RSA 加密算法、DSA 数字签名算法。

2）身份认证

身份认证技术是在计算机网络中确认操作者身份的过程而产生的有效解决方法。计算机网络世界中用户的身份信息都是用一组特定的数据来表示的,计算机只能识别用户的数字身份,所有对用户的授权也是针对用户数字身份的授权。身份认证技术就是为了验证用户是否存在,并保证用户没有越权访问所申请的资源或数据。作为防护网络的第一道关口,身份认证有着举足轻重的作用。

3）防火墙技术

防火墙技术 FireWall 是一种保护本地系统或网络,抵制外部网络安全威胁,同时提供受限的通过广域网或因特网对外界进行访问的有效方式。防火墙主要是借助硬件和软件的作用于内部和外部网络的环境间产生一种保护的屏障,从而实现对计算机不安全网络因素的阻断。

防火墙并非万能。防火墙不能解决来自内部网络的攻击和安全问题;防火墙的功能越多,对 CPU 和内存的消耗越大,功能越多,检查的越多,速度越慢;防火墙不能解决来自内部网络的攻击和安全问题。防火墙不能避免可接触的人为或自然的破坏等问题存在。

4）Web 中的安全技术

安全套接字层(Secure Socket Layer,SSL)是一种主要用于 Web 的安全传输协议,支持服务通过网络进行通信而不损害安全性。它在客户端和服务器端之间创建一个安全连接,它可以确保在客户机与服务器之间传输的数据仍然是安全与隐秘的。

安全 HTTP 被称为 HTTPS,它是以安全为目标的 HTTP 通道,在 HTTP 的基础上通过传输加密和身份认证保证了传输过程的安全性。HTTP 协议虽然使用范围极为广泛,但是却存在不小的安全缺陷,主要是其数据的明文传送和消息完整性检测的缺乏。而 HTTPS 是由 HTTP 加上 TLS/SSL 协议构建的可进行加密传输、身份认证的网络协议,主要通过数字证书、加密算法、非对称密钥等技术完成互联网数据传输加密,实现互联网传输安全保护。

3．计算机病毒

计算机病毒是指编制或者在计算机程序中插入的破坏计算机功能或数据,影响计算机使用,并能自我复制的一组计算机指令或程序代码。

计算机病毒的分类包括：文件型、引导型、网络型等。

计算机病毒的传播途径包括：移动存储设备、光盘、网络等。

1）计算机病毒的特征

(1) 传染性。计算机病毒的一大特征是传染性,能够通过 U 盘、网络等途径入侵计算

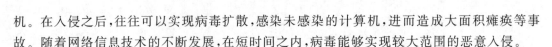

机。在入侵之后,往往可以实现病毒扩散,感染未感染的计算机,进而造成大面积瘫痪等事故。随着网络信息技术的不断发展,在短时间之内,病毒能够实现较大范围的恶意入侵。

(2) 潜伏性和隐蔽性。计算机病毒不易被发现,这是由于计算机病毒具有较强的隐蔽性,其往往以隐含文件或程序代码的方式存在,在普通的病毒查杀中,难以实现及时有效的查杀。

(3) 触发性。病毒只有在满足其特定条件时,才会对计算机产生致命的破坏,计算机或者系统中毒后不会马上反应,病毒会长期隐藏在系统中。

(4) 破坏性。病毒入侵计算机后,往往具有极大的破坏性,能够破坏数据信息,甚至造成大面积的计算机瘫痪,对计算机用户造成较大损失。

2) 计算机病毒的防护

(1) 安装最新的杀毒软件,每天升级杀毒软件病毒库,定时对计算机进行病毒查杀,上网时要开启杀毒软件的全部监控。培养良好的上网习惯。

(2) 不要执行从网络下载后未经杀毒处理的软件等;不要随便浏览或登录陌生的网站,加强自我保护。

(3) 培养信息安全意识,在使用移动存储设备时,尽可能不要共享这些设备。

(4) 将操作系统补丁打全,将应用软件升级到最新版本,避免病毒以网页木马的方式入侵系统或者通过应用软件漏洞进行病毒传播;将受到病毒侵害的计算机尽快隔离,在使用计算机的过程中,若发现计算机上存在病毒或者异常时,应该及时中断网络;当发现计算机网络一直中断或者网络异常时,立即切断网络,以免病毒在网络中传播。

4. 计算机犯罪

计算机犯罪是指各种利用计算机程序及其处理装置进行犯罪或者将计算机信息作为直接侵害目标的犯罪的总称。计算机犯罪一般是指采用窃取、篡改、破坏、销毁计算机系统内部的程序、数据和信息,从而实现犯罪目的。

计算机犯罪的类型包括非法入侵计算机信息系统,利用计算机实施贪污、盗窃、诈骗和金融犯罪等活动,利用计算机传播反动和色情等有害信息,知识产权的侵权,网上经济诈骗,网上诽谤,利用网络进行暴力犯罪、破坏计算机系统等。

2.6.9 范例分析

1.【CSP-J2019】中国的国家顶级域名是(A)。

    A. .cn   B. .ch   C. .chn   D. .china

【分析】 代表国家的子域名一般都是两个字母。

2.【NOIP2018 普及组】广域网的英文缩写是(B)。

    A. LAN   B. WAN   C. MAN   D. LNA

【分析】 局域网英文缩写为 LAN、城域网英文缩写为 MAN、广域网英文缩写为 WAN。

3.【NOIP2017 普及组】下列协议中与电子邮件无关的是(C)。

    A. POP3   B. SMTP   C. WTO   D. IMAP

【分析】 POP3 为邮局协议,SMTP 为简单邮件传输协议,IMAP 为因特网报文访问协议,WTO 是世界贸易组织的缩写。

4.【NOIP2016 普及组】以下不属于无线通信技术的是(D)。

    A. 蓝牙   B. Wi-Fi   C. GPRS   D. 以太网

【分析】 蓝牙是一种短距离无线通信技术,典型传输距离<10 米;Wi-Fi 也是一种近距离无线局域网技术,典型传输距离一般<50 米;GPRS 是一种基于 GSM 系统的无线分组交换技术,提供端到端的、广域的无线 IP 连接;以太网是目前应用最普遍的局域网技术。

5.【NOIP2014 提高组】TCP 属于(B)协议。

    A. 应用层   B. 传输层   C. 网络层   D. 数据链路层

【分析】 TCP 属于 TCP/IP 参考模型的传输层。

6.【NOIP2014 提高组】下列几个 32 位 IP 地址中,书写错误的是(C)。

    A. 162.105.136.27   B. 192.168.0.1

    C. 256.256.129.1   D. 10.0.0.1

【分析】 IPv4 协议中的 IP 地址是一个 32 位二进制数,分为 4 个 8 位二进制组。在书写时 8 位一组用十进制整数表示,中间以.分隔。8 位二进制数能表示的十进制数范围为 0～255,故本题 C 选项错误。

7.【NOIP2012 提高组】(B)是主要用于显示网页服务器或者文件系统的 HTML 文件的内容,是让用户与这些文件交互的一种软件。

    A. 资源管理器   B. 浏览器   C. 电子邮件   D. 编译器

【分析】

A) 资源管理器是 Windows 操作系统用于管理计算机各类设备资源的一个重要工具。

B) 浏览器(Browser)是一种用于浏览万维网(World Wide Web)上网页内容的应用程序。

C) 电子邮件(Electronic Mail,简称 Email)是一种基于互联网的电子通信方式,用于在网络上发送和接收电子信件。

D) 编译器是一种计算机程序,用于将高级语言源代码转换为计算机可以执行的机器语言代码,从而使得程序可以在计算机上运行。

8.【NOIP2009 普及组】关于互联网,下面的说法中正确的是(C)。

    A. 新一代互联网使用的 IPv6 标准是 IPv5 标准的升级与补充

    B. 互联网的入网主机如果有了域名就不再需要 IP 地址

    C. 互联网的基础协议为 TCP/IP

    D. 互联网上所有可下载的软件及数据资源都是可以合法免费使用的

【分析】

A) IPv5 并不是一个正式的、标准化的协议。IPv6 是下一代互联网协议,是 IPv4 的替代品。IPv6 通过扩展 IP 地址空间、增加安全性和可靠性、提高网络性能等方面来优化 IPv4 协议,能够更好地支持新兴的互联网应用,如物联网、云计算等。

B) 域名和 IP 地址之间是一一对应的关系,域名提供了有意义的名称,方便用户使用,而 IP 地址提供了唯一的数字标识,方便计算机之间进行通信和数据交换。

C) 互联网的基础协议是指 TCP/IP 协议,也称为因特网协议。TCP/IP 协议是互联网的基本协议,它定义了互联网通信的规范和标准,使得不同的计算机和设备可以在互联网上进行通信和交换数据。

D) 软件和数据资源都存在版权和使用权限等问题,自然就不会都免费。

9. 【NOIP2008 普及组】TCP/IP 是一组构成互联网基础的网络协议,字面上包括两组协议:传输控制协议(TCP)和网际互联协议(IP)。TCP/IP 把因特网网络系统描述成具有 4 个层次功能的网络模型,其中提供源结点和目的结点之间的信息传输服务,包括寻址和路由器选择等功能的是(B)。

    A. 链路层   B. 网络层   C. 传输层   D. 应用层

    E. 会话层

【分析】

TCP/IP 协议是互联网通信的基础协议,它包括四个层次。①应用层:是最高层的协议,用于定义应用程序和网络之间的接口;②传输层:用于提供端到端的数据传输服务,包括 TCP 和 UDP 协议;③网络层:用于提供网络间的数据传输服务,包括 IP 协议;④数据链路层:用于在物理网络上提供可靠的数据传输服务,包括以太网、Wi-Fi 等协议。寻址和路由的目的是实现数据的通信和传输,因此属于网络层。

10. 【NOIP2006 普及组】在计算机中,防火墙的作用是(B)。

    A. 防止火灾蔓延   B. 防止网络攻击

    C. 防止计算机死机   D. 防止使用者误删除数据

【分析】

防火墙是一种网络安全设备,主要用于保护计算机和网络免受网络攻击和非法访问。其主要作用包括以下几个方面。①访问控制:防火墙可以根据预定义的安全策略,限制网络中的数据传输;②漏洞防范:防火墙可以监视网络流量,并阻止恶意攻击;③网络隔离:防火墙可以将内部网络和外部网络进行隔离,防止内部网络受到来自外部网络的攻击和威胁;④数据过滤:防火墙可以对数据包进行检查和过滤,避免病毒和恶意软件的传播;⑤日志记录:防火墙可以记录网络流量和安全事件,对网络流量和安全事件进行监控和记录,以便管理员及时检测和应对安全威胁。

11. 【NOIP2005 提高组】不能在 Linux 上使用的网页浏览器是(A)。

    A. Internet Explore   B. Netscape

    C. Opera   D. Firefox

    E. Mozilla

【分析】 IE 浏览器是运行在 Windows 操作系统上的,其余几个浏览器均可以跨平台使用。

12. 【NOIP2004 提高组】一台计算机如果要利用电话线上网,就必须配置能够对数字信号和模拟信号进行相互转换的设备,这种设备是(A)。

    A. 调制解调器   B. 路由器   C. 网卡   D. 网关

    E. 网桥

13. 下列网络上常用的缩写对应的中文解释错误的是(D)。

    A. WWW(World Wide Web):万维网

    B. URL(Uniform Resource Locator):统一资源定位器

    C. HTTP(HyperText Transfer Protocol):超文本传输协议

D. FTP(File Transfer Protocol)：快速传输协议

E. TCP(Transfer Control Protocol)：传输控制协议

【分析】 FTP 为文件传输协议。

14. 下列电子邮件地址,正确的是(A)。

A. wang@hotmail.com
B. cai@jcc.pc.tool@rf.edu.jp
C. 162.105.111.22
D. ccf.edu.cn
E. http://www.sina.com

2.7 信息技术的新名词、新概念、新应用

2.7.1 Web 2.0 和博客、微博

1. Web 2.0

Web 2.0 指的是一个利用 Web 的平台,由用户主导而生成的内容互联网产品模式,区别于传统 Web 1.0 由网站主导生成内容、单向信息发布的模式而定义为第二代互联网。Web 2.0 网站的内容通常是由用户发布的,使得用户既是网站内容的浏览者也是网站内容的制造者,为用户提供了更多参与的机会,而 tag(标签)技术将传统网站中的信息分类工作直接交给用户来完成。

Web 2.0 模式下的互联网应用具有以下显著特点：去中心化、开放、共享。

(1) 去中心化：以用户为中心,让用户可以自由地创建和共享内容,并与其他用户进行互动和合作,形成一个去中心化的网络。这种模式使得用户拥有更多的自由和权力,控制网络的方向和发展,同时也促进了网络的创新和发展。

(2) 交互。以兴趣为聚合点的社群,更加注重交互性。

(3) 开放。开放的平台,活跃的用户。

Web 2.0 与 Web 1.0 没有绝对的界限,Web 2.0 的核心不是技术而在于指导思想。Web 2.0 技术可以成为 Web 1.0 网站的工具,一些在 Web 2.0 概念之前诞生的网站本身也具有 Web 2.0 的特性。因此,与其说 Web 2.0 是互联网技术的创新,不如说是互联网思想的革命。

2. 博客

博客,英文名为 Blog,正式名称为网络日记。博客是使用特定的软件,由个人在网络上发布和张贴文章的网站。

博客上的文章通常以网页形式出现,通常具备 RSS(简易信息聚合)订阅功能。博客是网络时代的个人的文摘,是以超链接为入口的网络日记,代表着新的生活、工作和学习方式。一个典型的博客结合了文字、图片等信息,并能让读者以互动的方式留下意见。博客是社会媒体网络的一部分,比较著名的有新浪博客等。

3. 微博

微博是指一种基于用户关系信息分享、传播以及获取的通过关注机制分享简短实时信

息的广播式的社交媒体、网络平台。微博允许用户在任何时间、任何地点通过各种方式接入,以文字、图片、视频等多媒体形式,实现信息的即时分享、传播互动。用户发布的内容较短,一般有字数限制,微博由此得名。用户有很强的自主性、选择性,可以根据自己的兴趣偏好来选择是否"关注"某用户。关注该用户的人数也越多,影响力越大。

目前国内较知名的微博平台有新浪、腾讯、网易、搜狐等。

2.7.2　J2SE/J2EE

Java 2 平台包括标准版(J2SE)、企业版(J2EE)和微缩版(J2ME)三个版本。J2SE 就是 Java 2 的标准版,主要用于桌面应用软件的编程;J2ME 主要应用于嵌入式系统开发,如手机的编程;J2EE 是 Java 2 的企业版,主要用于企业级的分布式网络程序的开发,如电子商务网站。

1. J2SE

J2SE 包含那些构成 Java 语言核心的类。如数据库连接、接口定义、输入/输出、网络编程。J2SE 是 J2EE 的基础,其大量的 JDK 代码库是每个要学习 J2EE 的编程人员必须掌握的。

2. J2EE

J2EE 的全称是 Java 2 platform Enterprise Edition,它是企业级分布式应用程序开发规范,是目前市场上主流的企业级分布式应用平台的解决方案。

J2EE 本身是一个标准,而不是一个现成的产品,它定义了动态 Web 页面功能(Servlet 和 JSP)、商业组件(EJB)、异步消息传输机制(JMS)、名称和目录定位服务(JNDI)、数据库访问(JDBC)、与子系统的连接器(JCA)和安全服务等。J2EE 的优势在于为搭建具有可伸缩性、灵活性、易维护性的企业系统提供了良好的机制。

2.7.3　.NET 平台

.NET 框架(.NET Framework)是由微软开发,一个致力于敏捷软件开发、快速应用开发、平台无关性和网络透明化的软件开发平台。

.NET 框架是一个支持多语言的组件开发和执行环境,提供了一个跨语言的统一编程环境。.NET 框架的目的是便于开发人员更容易地建立 Web 应用程序和 Web 服务,使得因特网上的各应用程序之间可以使用 Web 服务进行沟通。从层次结构来看,.NET 框架包括三个主要组成部分:公共语言运行(Common Language Runtime,CLR)库、服务框架(Services Framework)和上层的两类应用模板——传统的 Windows 应用程序模板(Win Forms)和基于 ASP.NET 的面向 Web 的网络应用程序模板(Web Forms 和 Web Service)。

2.7.4　Web Service

Web Service 是一个平台独立的、低耦合的、自包含的、基于可编程的 Web 的应用程序,可使用开放的 XML(可扩展标记语言,是标准通用标记语言下的一个子集)标准来描述、发布、发现、协调和配置这些应用程序,用于开发分布式的交互操作的应用程序。

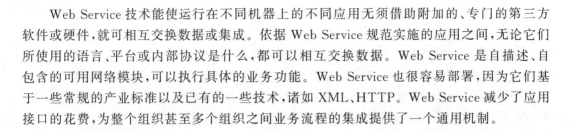

Web Service 技术能使运行在不同机器上的不同应用无须借助附加的、专门的第三方软件或硬件,就可相互交换数据或集成。依据 Web Service 规范实施的应用之间,无论它们所使用的语言、平台或内部协议是什么,都可以相互交换数据。Web Service 是自描述、自包含的可用网络模块,可以执行具体的业务功能。Web Service 也很容易部署,因为它们基于一些常规的产业标准以及已有的一些技术,诸如 XML、HTTP。Web Service 减少了应用接口的花费,为整个组织甚至多个组织之间业务流程的集成提供了一个通用机制。

2.7.5 数据仓库

数据仓库是一个面向主题的、集成的、相对稳定的、反映历史变化的数据集合,用于支持管理决策。数据仓库是决策支持系统和联机分析应用数据源的结构化数据环境,研究和解决从数据库中获取信息的问题。

数据仓库是面向主题的,是按照决策所关心的主题进行组织的。数据仓库中的数据是在对原有分散的数据库数据抽取、清理的基础上经过系统加工、汇总和整理得到的。数据仓库是不可更新的,数据仓库主要是为决策分析提供数据,所涉及的操作主要是数据的查询。数据仓库是在数据库已经大量存在的情况下,为了进一步挖掘数据资源、为了决策需要而产生的,它并不是所谓的大型数据库。数据仓库的方案建设的目的,是为前端查询和分析奠定基础,由于有较大的冗余,所以需要的存储也较大。

2.7.6 数据挖掘

近年来,数据挖掘引起了信息产业界的极大关注,其主要原因是存在大量数据,可以广泛使用,并且需要将这些数据转换成有用的信息和知识。获取的信息和知识可以广泛用于各种应用。简单来说,数据挖掘是从数据库的大量数据中,通过分析每个数据,从中寻找其规律的技术。

数据挖掘是一种决策支持过程,它主要基于人工智能、机器学习、模式识别、统计学、数据库、可视化技术等,高度自动化地分析企业的数据,作出归纳性的推理,从中挖掘出潜在的模式,帮助决策者调整市场策略,减少风险,作出正确的决策。

数据挖掘过程模型步骤主要包括定义问题、建立数据挖掘库、分析数据、准备数据、建立模型、评价模型和实施。目前,数据挖掘的算法主要包括神经网络法、决策树法、遗传算法、粗糙集法、模糊集法、关联规则法等。

2.7.7 XML

随着 Web 应用的不断发展,HTML 的局限性也越来越明显地显现出来,如 HTML 无法描述数据、可读性差、搜索时间长等。1998 年,W3C(World Wide Web Consortium,万维网联盟)公布 XML 1.0 标准。XML 是标准通用标记语言的子集,是一种用于标记电子文件使其具有结构性的标记语言。

标记是指计算机所能理解的信息符号,通过此种标记,计算机之间可以处理各种信息,如文章等。它可以用来标记数据、定义数据类型,是一种允许用户对自己的标记语言进行定义的源语言。它非常适合万维网传输,可提供统一的方法来描述和交换独立于应用程序或供应商的结构化数据。XML最初的设计目的是EDI(电子数据交换),确切地说是为EDI提供一个标准数据格式。

XML具有以下特点。

(1) XML可以从HTML中分离数据。即能够在HTML文件之外将数据存储在XML文档中,这样可以使开发者集中精力使用HTML做好数据的显示和布局,并确保数据改动时不会导致HTML文件也需要改动,从而方便维护页面。

(2) XML可用于交换数据。基于XML可以在不兼容的系统之间交换数据。

(3) XML可应用于B2B(Business-to-Business)中。XML正成为遍布网络的商业系统之间交换信息所使用的主要语言。

(4) 利用XML可以共享数据。XML数据以纯文本格式存储,这使得XML更易读、更便于记录、更便于调试,使不同系统、不同程序之间的数据共享变得更加简单。

(5) XML可以充分利用数据。XML是与软件、硬件和应用程序无关的,数据可以被更多的用户、设备所利用,其他客户端和应用程序可以把XML文档作为数据源来处理。

总之,XML使用一个简单而又灵活的标准格式,为基于Web的应用提供了一个描述数据和交换数据的有效手段。但是,XML并非是用来取代HTML的。HTML着重描述如何将文件显示在浏览器中,而XML着重描述如何将数据以结构化方式表示。

2.7.8 UML

统一建模语言(Unified Modeling Language,UML)是一种为面向对象系统的产品进行说明、可视化和编制文档的一种标准语言。

UML是面向对象设计的建模工具,独立于任何具体程序设计语言。UML的目标是以面向对象图的方式来描述任何类型的系统,具有很宽的应用领域。其中最常用的是建立软件系统的模型,但它同样可以用于描述非软件领域的系统,如机械系统、企业机构或业务过程,以及处理复杂数据的信息系统、具有实时要求的工业系统或工业过程等。总之,UML是一个通用的标准建模语言,从需求规格描述直至系统完成后的测试和维护,适用于系统开发的不同阶段。

在UML系统开发中有以下三个主要的模型。

(1) 功能模型。从用户的角度展示系统的功能,包括用例图。

(2) 对象模型。采用对象、属性、操作、关联等概念展示系统的结构和基础,包括类图、对象图、包图。

(3) 动态模型。展现系统的内部行为,包括序列图、活动图、状态图。

UML中图的种类如下。

(1) 用例图。从用户角度描述系统功能。

(2) 类图。描述系统中类的静态结构。

(3) 对象图。系统中的多个对象在某一时刻的状态。

(4) 状态图。描述状态到状态控制流,常用于动态特性建模。

(5) 活动图。描述业务实现用例的工作流程。

(6) 顺序图。对象之间的动态合作关系,强调对象发送消息的顺序,同时显示对象之间的交互。

（7）协作图。描述对象之间的协助关系。

（8）构件图。一种特殊的 UML 图来描述系统的静态实现视图。

（9）部署图。定义系统中软硬件的物理体系结构。

（10）包图。对构成系统的模型元素进行分组整理的图。

（11）组合结构图。表示类或者构建内部结构的图。

（12）交互概览图。用活动图来表示多个交互之间的控制关系的图。

2.7.9　P2P

P2P（Peer to Peer，对等网络）即对等计算机网络，是一种在对等者（Peer）之间分配任务和工作负载的分布式应用架构，是对等计算模型在应用层形成的一种组网或网络形式。

对等网络是一种网络结构的思想。它与目前网络中占据主导地位的客户端/服务器结构的一个本质区别是，整个网络结构中不存在中心结点（中心服务器）。彼此连接的多台计算机都处于对等的地位，无主从之分。网络中的每一台计算机既能充当网络服务的请求者，又能对其他计算机的请求做出响应，提供资源、服务和内容。通常这些资源和服务包括：信息的共享和交换、计算资源、存储共享、网络共享、打印机共享等。

简单地说，P2P 就是直接将人们联系起来，让人们通过互联网直接交互，使得网络上的沟通变得更容易，可更直接地进行共享和交互。

网络中的资源和服务分散在所有结点上，信息的传输和服务的实现都直接在结点之间进行，可以无须中间环节和服务器的介入，避免了可能的瓶颈。在 P2P 网络中，随着用户的加入，不仅服务的需求增加了，系统整体的资源和服务能力也在同步地扩充，始终能比较容易地满足用户的需要。P2P 架构天生具有耐攻击、高容错的优点。由于服务是分散在各个结点之间进行的，部分结点或网络遭到破坏对其他部分的影响很小。P2P 网络一般在部分结点失效时能够自动调整整体拓扑，保持其他结点的连通性，并允许结点自由地加入和离开。

采用 P2P 架构可以有效地利用互联网中散布的大量普通结点，将计算任务或存储资料分布到所有结点上。利用其中闲置的计算能力或存储空间，达到高性能计算和海量存储的目的。在 P2P 网络中，由于信息的传输分散在各结点之间进行而无须经过某个集中环节，用户的隐私信息被窃听和泄露的可能性大大缩小。P2P 网络环境下由于每个结点既是服务器又是客户机，减少了对传统 C/S 结构服务器计算能力、存储能力的要求，同时因为资源分布在多个结点，更好地实现了整个网络的负载均衡。

当然由于对等网络中的计算机需要同时承担服务器与工作站两方面的任务，这就使原先的单用户计算机被当作多用户计算机来使用。在进行大批量的数据交换时，网络的性能会受到较大的影响。同时还存在网络安全性较差，备份、恢复资源困难等不足。

2.7.10　AOP

AOP（Aspect Oriented Programming，面向切面编程）是指通过预编译方式和运行期间动态代理实现程序功能的统一维护的一种技术。AOP 是 OOP（面向对象编程）的延续，是软件开发中的一个热点，也是 Spring 框架中的一个重要内容，是函数式编程的一种衍生范

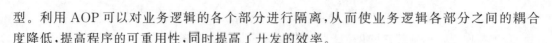

型。利用 AOP 可以对业务逻辑的各个部分进行隔离,从而使业务逻辑各部分之间的耦合度降低,提高程序的可重用性,同时提高了并发的效率。

如果说 OOP 是关注将需求功能划分为不同的并且相对独立、封装良好的类,并让它们有着属于自己的行为,依靠继承和多态等来定义彼此的关系的话,那么 AOP 则是希望能够将通用需求功能从不相关的类当中分离出来,使得很多类共享一个行为,一旦发生变化,不必修改很多类,而只需要修改这个行为即可。AOP 和 OOP 不但不是互相竞争的技术而且彼此还是很好的互补。OOP 主要用于为同一对象层次的公用行为建模。AOP 可以将应用程序的功能性分解为不同的层次,通过切面实现通用的功能性,从而避免了代码的冗余和维护难度的增加,它不是通过嵌入代码的方式实现功能性的。这种层次化的实现方式提高了应用程序的灵活性和可维护性,使得程序更加易于扩展和修改。它会和 OOP 进行互补。

2.7.11　网格计算与普适计算

网格计算是分布式计算的一种,是一门计算机科学。它研究如何把一个需要非常巨大的计算能力才能解决的问题分成许多小的部分,然后把这些部分分配给许多计算机进行处理,最后把这些计算结果综合起来得到最终结果。

普适计算是一个强调和环境融为一体的计算概念,而计算机本身则从人们的视线里消失。在普适计算的模式下,人们能够在任何时间、任何地点,以任何方式进行信息的获取与处理。普适计算是一个涉及研究范围很广的课题,包括分布式计算、移动计算、人机交互、人工智能、嵌入式系统、感知网络以及信息融合等多方面技术的融合。普适计算的目的是建立一个充满计算和通信能力的环境,同时使这个环境与人们逐渐地融合在一起。在这个融合空间中人们可以随时随地、透明地获得数字化服务。

网格计算整合大量异构计算机的闲置资源(如计算资源和磁盘存储等)组成虚拟组织,以解决大规模计算问题。而普适计算是在网络技术和移动计算的基础上发展起来的,其重点在于提供面向客户的、统一的、自适应的网络服务。

2.7.12　云计算与 SaaS

1. 云计算

云计算(Cloud Computing)是分布式计算的一种,指的是通过网络“云”将巨大的数据计算处理程序分解成无数个小程序,然后,通过多部服务器组成的系统处理和分析这些小程序得到结果并返回给用户。云计算早期就是简单的分布式计算,解决任务分发,并进行计算结果的合并。因而,云计算又称为网格计算。通过这项技术,可以在很短的时间内完成对数以万计的数据的处理,从而具备强大的网络服务功能。现阶段所说的云服务已经不单单是一种分布式计算,而是分布式计算、效用计算、负载均衡、并行计算、网络存储、热备份冗杂和虚拟化等计算机技术混合演进并跃升的结果。狭义上讲,云计算就是一种提供资源的网络,使用者可以随时获取“云”上的资源,按需求量使用,并且可以看成是无限扩展的,只要按使用量付费即可。从广义上说,云计算是与信息技术、软件、互联网相关的一种服务,这种计算资源共享池叫作“云”,云计算把许多计算资源集合起来,通过软件实现自动化管理,只需要很少的人参与,就能让资源被快速提供。也就是说,计算能力作为一种商品,可以在互联网上流通。

总之,云计算不是一种全新的网络技术,而是一种全新的网络应用概念,云计算的核心概念就是以互联网为中心,在网站上提供快速且安全的云计算服务与数据存储功能,让每一个使用互联网的人都可以使用网络上的庞大计算资源与数据中心。

目前常见的云计算包括存储云、医疗云、金融云和教育云等。

云计算的特点如下。

(1)虚拟化技术,突破了时间、空间的界限,是云计算最为显著的特点,虚拟化技术包括应用虚拟和资源虚拟两种。

(2)动态可扩展,云计算具有高效的运算能力,在原有服务器基础上增加云计算功能能够使计算速度迅速提高,最终实现动态扩展虚拟化的层次达到对应用进行扩展的目的。

(3)按需部署,云计算平台能够根据用户的需求快速配备计算能力及资源。

(4)可靠性高,单点服务器出现故障可以通过虚拟化技术将分布在不同物理服务器上面的应用进行恢复或利用动态扩展功能部署新的服务器进行计算。

(5)性价比高,用户不再需要昂贵、存储空间大的主机,可以选择相对廉价的 PC 组成云,一方面减少费用,另一方面计算性能不逊于大型主机。

2. SaaS

软件即服务(Software-as-a-Service,SaaS)就是通过网络提供软件服务,是随着互联网技术的发展和应用软件的成熟兴起的一种完全创新的软件应用模式。

传统模式下,厂商通过 License 将软件产品部署到企业内部多个客户终端实现交付。而 SaaS 改变了传统软件服务的提供方式,减少本地部署所需的大量前期投入,突出信息化软件的服务属性,成为目前信息化软件市场的主流交付模式。

从技术方面来看:SaaS 是简单的部署,不需要购买任何硬件,只需要简单注册即可。企业无须再配备 IT 方面的专业技术人员就能满足企业对信息管理的需求。

从投资方面来看:企业只以相对低廉的方式分期投资,不用一次性投资到位,缓解了企业资金不足的压力;不需考虑折旧问题,能及时获得最新的硬件平台及最佳解决方案。

从维护和管理方面来看:由于企业采取租用的方式来获取服务,不需要专门的维护和管理人员,同时 SaaS 能使用户在任何时间、任何地点连接到网络后即可访问系统。

2.7.13 多核技术

随着计算机技术的飞速发展,计算机硬件的性能要求也在不断提高,计算机硬件中的CPU 性能要求也在不断提高。随着摩尔定律的失效,仅提高单核芯片的速度会产生过多热量且无法带来相应的性能改善,工程师们开始研发多核芯片。

多核是指在一枚处理器中集成两个或多个完整的计算引擎(内核)。单芯片多处理器通过在一个芯片上集成多个微处理器核心来提高程序的并行性。每个微处理器核心实质上都是一个相对简单的单线程微处理器或者比较简单的多线程微处理器,这样多个微处理器核心就可以并行地执行程序代码,因而具有了较高的线程级并行性。多核架构能够使软件更出色地运行,并创建一个促进软件编写更趋完善的架构。

2.7.14　大数据

大数据是一种规模大到在获取、存储、管理、分析方面大大超出传统数据库软件工具能力范围的数据集合,具有数据规模海量、数据流转快速、数据类型多样和价值密度低四大特征。

从技术上看,大数据与云计算的关系密不可分。大数据无法用单台的计算机进行处理,必须采用分布式架构。大数据的特色在于对海量数据进行分布式数据挖掘。但它必须依托云计算的分布式处理、分布式数据库和云存储、虚拟化技术。大数据需要特殊的技术,以有效地处理大量的、容忍经过时间内的数据。适用于大数据的技术,包括大规模并行处理数据库、数据挖掘、分布式文件系统、分布式数据库、云计算平台、互联网和可扩展的存储系统。

大数据技术的战略意义不在于掌握庞大的数据信息,而在于对这些含有意义的数据进行专业化处理。如果把大数据比作一种产业,那么这种产业实现盈利的关键在于提高对数据的"加工能力",通过"加工"实现数据的"增值"。

2.7.15　人工智能

人工智能(Artificial Intelligence,AI)是研究、开发用于模拟、延伸和扩展人的智能的理论、方法、技术及应用系统的一门新的技术科学。也就是说,人工智能是研究人类智能活动的规律,构造具有一定智能性的人工系统,研究如何让计算机去完成以往需要人的智力才能胜任的工作,也就是研究如何应用计算机的软硬件来模拟人类某些智能行为的基本理论、方法和技术。

人工智能涉及计算机科学、心理学、哲学和语言学等学科,几乎涉及自然科学和社会科学的所有学科,其范围已远远超出了计算机科学的范畴,人工智能与思维科学的关系是实践和理论的关系,人工智能处于思维科学的技术应用层次,是它的一个应用分支。

人工智能研究的范畴包括自然语言处理、知识表现、智能搜索、推理、规划、机器学习、知识获取、组合调度问题、感知问题、模式识别、逻辑程序设计软计算、不精确和不确定的管理、人工生命、神经网络、复杂系统、遗传算法等。就其本质而言,人工智能是对人的思维的信息过程的模拟。

人工智能已经应用的领域包括机器翻译、智能控制、专家系统、机器人学、语言和图像理解、遗传编程机器人工厂、自动程序设计、航天应用、庞大的信息处理、存储与管理、执行化和生命体无法执行的或复杂或规模庞大的任务等。

随着人工智能和智能机器人的发展,由于人工智能是超前研究,需要用未来的眼光开展科研工作,因此很可能触及伦理底线。作为科学研究可能涉及的敏感问题,需要针对可能产生的冲突及早预防。

2.7.16　范例分析

1.【NOIP2008普及组】Web 2.0 是近年来互联网的热门概念之一,其核心思想是互动与分享。下列网站中,(B)是典型的 Web 2.0 应用。

A. Sina B. Flickr C. Yahoo D. Google

【分析】 Sina、Yahoo 是门户网站，内容以网站自行发布为主，Google 是搜索引擎，它们都属于 Web 1.0；Flickr 是非常流行的线上相片管理和分享应用程序之一，用户可以发布自己的内容并关注其他用户发布的内容，是典型的 Web 2.0。

2.【NOIP2007 普及组】IT 的含义是(B)。

A. 通信技术 B. 信息技术 C. 网络技术 D. 信息学

IT 是信息技术(Information Technology)的缩写，指的是在处理、存储、传输、获取和使用信息方面应用的各种技术和工具。IT 涉及计算机技术、通信技术、电子技术、软件工程等多个领域，包括硬件和软件两个方面。

2.8 逻辑运算

逻辑运算符有 &&(逻辑与)、||(逻辑或)和!(逻辑非)，逻辑操作符用于对操作数执行逻辑操作，逻辑操作符中有 1 个一元操作符，2 个二元操作符。二元操作符的使用语法如下：

操作数 1 op 操作数 2

注意，"操作数 1"或"操作数 2"可以是非常简单的子表达式。op 表示下面的操作符中的某一个操作符：&&、||。

操作符"&&"一般被读作"并且"，操作符"||"一般被读作"或"，在程序中，它们被用于将多个简单的规则、条件或决策等组合起来，来表达复杂的规律、条件或决策等。

一元逻辑操作符的使用语法如下：

!操作数

如果"操作数"的值为非零，则这个表达式的值为 0；如果"操作数"的值为零，则这个表达式的值为 1。

C++中，非零即被视为逻辑上为真，0 被视为逻辑上为假。

表 2-4 给出了逻辑操作的真值表，简单来说，对于逻辑与操作，只有在两个操作数的值都为非零时，结果值为 1，否则结果为 0；对于逻辑或操作，只有在两个操作数的值都为零时，结果值为 0，否则结果值为 1；对于逻辑非操作，只有在操作数的值为零时，结果值为 1，否则结果值为 0。

表 2-4　逻辑操作符的真值表

A	B	A&&B	A||B	!A
1	1	1	1	0
1	0	0	1	0
0	1	0	1	1
0	0	0	0	1

由逻辑操作符所形成的运算表达式的类型是 int。逻辑操作的结果只能是 1 或 0。

逻辑运算中有很多有趣的短路规律。例如：

(1) 在一个 && 表达式中,若 && 的左端为 0,则不必再计算右端,因为该表达式的值肯定为 0。把它记为:

0&&a == 0 (其中 a 只是占位符,a 可能是表达式,而 a 在此不会被运行计算)

(2) 在一个‖表达式中,若‖的一端为 1,则不必计算另一端,该‖表达式的值必为 1。把它记为:

1‖a == 1 (其中 a 只是占位符,a 可能是表达式,而 a 在此不会被运行计算)

诸如此类关于表达式值的规律有如下一些:

0‖a == a   1&&a == a
1‖a == 1   0&&a == 0
a‖!a == 1   0&&!a == 0
a‖a = a   a&&a == a
!(a‖b) == !a&&!b   !(a&&b) == !a‖!b   !(!a) == a

下面我们给出几个例子。

【例 2-1】 !a && b‖c。

将该表达式按操作符的优先级加上括号,形成下面等价的表达式:

((((!a)&&b)‖c)

该表达式也表示了各个逻辑操作符的优先级关系。该表达式通过判定对象 a、b 和 c 的值是否为零或非零来进行逻辑运算。

【例 2-2】 a+b<c&&a==b。

将该表达式加上括号,形成下面等价的表达式:

((a + b)< c)&&(a == b)

我们通过这个例子来说明算术操作符和条件操作符与逻辑操作符的优先级关系。在这三种操作符中,对二元操作符来说,算术操作符的优先级最高,逻辑操作符的优先级最低。一元操作符的优先级相同,但都高于二元操作符。&& 运算优先于‖运算。在程序设计中,逻辑操作常用于将多个关系操作的结果连接在一起,用于表示复杂的关系运算。

【例 2-3】 a+b>c&&!a&&0。

在该表达式中,操作符 && 的优先级低于操作符!。该表达式的结果值是一个常量,即 0。

【例 2-4】 a+b>c‖!a‖1。

在该表达式中,操作‖的优先级最低,操作符!的优先级最高。该表达式的结果值是一个常量,即 1。

逻辑符号的运算规则与逻辑操作符一致,逻辑符号如表 2-5 所示。

表 2-5 逻辑符号

逻辑符号	功能	说 明	例 子	读作
¬	逻辑否定	¬A 为真,当且仅当 A 为假	¬(¬A)⟺A	非
∧	逻辑合取	如果 A 与 B 二者都为真,则 A∧B 为真;否则为假	$n<4 \wedge n>2 \Leftrightarrow n=3$(当 n 是自然数时)	与

逻辑符号	功能	说　　明	例　　子	读作
∨	逻辑析取	如果 A 或 B 有一个为真或二者均为真,则 A∨B 为真;如果二者都为假,则为假	n>=4∨n<=2⇔n≠3(当 n 是自然数时)	或

范例分析

1. 【NOIP2003 基础组/提高组】假设 A＝true,B＝false,C＝true,D＝true,逻辑运算表达式 A∧B∨C∧D 的值是(A)。

    A. true　　　　　　B. false　　　　　　C. 0　　　　　　　　D. 1

    E. NULL

【分析】　依据逻辑运算的优先级,先求 A∧B,结果为 false;再求 C∧D,结果为 true;最后求 false∨true,结果为 true。此处要注意表 2-4 与表 2-5 之间的差别,即正确理解逻辑与、或、非(＆＆、‖、!)与逻辑否定、合取、析取(¬、∧、∨)之间的差别。本题易错选 D。

2. 【NOIP2005 普及组】设 A＝true,B＝false,C＝false,D＝true,以下逻辑运算表达式值为真的是(D)。

    A. (A∧B)∨(C∧D)　　　　　　　　　B. ((A∧B)∨C)∧D

    C. A∧((B∨C)∧D)　　　　　　　　　D. (A∧(B∨C))∨D

    E. (A∨B)∧(C∧D)

【分析】

• 选项 A:

(A∧B)＝(True∧False)＝False。

(C∧D)＝(False∧True)＝False。

(A∧B)∨(C∧D)＝False∨False＝False。

• 选项 B:

(A∧B)的值为 False,而 C＝False,所以((A∧B)∨C)的值也为 False。而 D＝True,所以(((A∧B)∨C)∧D)的值为 False。

• 选项 C:

先计算(B∨C)∧D。

B∨C 的结果为 False∨False＝False。

(B∨C)∧D 的结果为 False∧True＝False。

A 的值为 True。

((B∨C)∧D)的值为 False。

A∧((B∨C)∧D)的值为 True∧False＝False。

• 选项 D:

B＝False,C＝False,因此 B∨C＝False。

A＝True,B∨C＝False,因此 A∧(B∨C)＝False。

D＝True,A∧(B∨C)＝False,因此 D∨(A∧(B∨C))＝True。

• 选项 E:

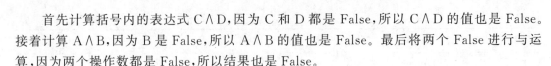

首先计算括号内的表达式 C∧D,因为 C 和 D 都是 False,所以 C∧D 的值也是 False。接着计算 A∧B,因为 B 是 False,所以 A∧B 的值也是 False。最后将两个 False 进行与运算,因为两个操作数都是 False,所以结果也是 False。

3. 【NOIP2005 提高组】设 A=true,B=false,C=false,D=true,以下逻辑运算表达式值为真的有(CDE)。

  A. (A∧B)∨(C∧D)   B. ((A∧B)∨C)∧D

  C. A∧((B∨C)∨D)   D. (A∧(B∨C))∨D

  E. (A∨B)∧(C∨D)

【分析】

- 选项 A:

(A∧B)=(True∧False)=False。

(C∧D)=(False∧True)=False。

因此,(A∧B)∨(C∧D)=False∨False=False。

- 选项 B:

首先计算 A∧B 的值,即 True∧False=False。

然后计算 (A∧B)∨C 的值,即 False∨False=False。

最后计算 ((A∧B)∨C)∧D 的值,即 False∧True=False。

因此,最终的结果是 False。

- 选项 C:

首先计算括号内的逻辑表达式,因为 B 和 C 都是 False,所以 B∨C 为 False。因为 D 为 True,所以 (B∨C)∨D 的值为 True。

接着计算整个逻辑表达式,因为 A 为 True,所以 A∧((B∨C)∨D) 的值也为 True。

- 选项 D:

首先计算括号里面的逻辑运算:B∨C=False∨False=False A∧(B∨C)=True∧False=False。

然后计算整个表达式的逻辑运算:False∨D=False∨True=True。

因此,最终的结果为 True。

- 选项 E:

将原式中的变量替换为对应的 True 或 False。

原式=(True∨False)∧(False∨True)=True∧True=True。

4. 【NOIP2006 普及组】在 C++中,判断 a 不等于 0 且 b 不等于 0 的正确的条件表达式是(D)。

  A. !a==0||!b==0   B. !((a==0)&&(b==0))

  C. !(a==0&&b==0)   D. a&&b

【分析】 A 选项只需||运算两边之一符合要求即可,即 a、b 中有其一为 1,结果就是 1;B、C 可与 A 类似分析。

5. 【NOIP2006 普及组】设 A=B=D=true,C=false,以下逻辑运算表达式值为真的有(B)。

  A. (¬A∧B)∨(C∧D)   B. ¬((A∨B∨D)∧C)

C. ¬A∧(B∨C∨D)   D. (A∧B∧C)∨¬D

【分析】

• 选项A：

因为A＝True，所以¬A＝False，因此¬A∧B＝False，C∧D＝False。

因此(¬A∧B)∨(C∧D)＝False∨False＝False。

• 选项B：

首先计算括号中的内容：

(A∨B∨D)∧C＝(True∨True∨True)∧False // A、B、D都为True＝True∧False＝False。

然后对整个表达式取反：¬((A∨B∨D)∧C)＝¬False＝True。

• 选项C：

首先，将变量的逻辑值代入原式中，得到¬True∧(True∨False∨True)。

先计算括号内的表达式，True∨False∨True＝True。

然后，代入原始表达式中，得到：¬True∧True。

继续根据逻辑运算规则，计算¬True，得到：¬True＝False。

最后，将计算结果代入原始表达式中，得到最终结果：False∧True＝False。

• 选项D：

首先计算非运算符(¬D)，得到结果为False。

然后计算逻辑与运算符(A∧B∧C)，其中C＝False，所以整个逻辑与表达式的结果为False。

最后计算逻辑或运算符，将前面两个子表达式的结果代入(A∧B∧C)∨¬D中计算，得到最终结果为False。

6. **【NOIP2006提高组】**在C语言中，判断a不等于0且b不等于0的正确的条件表达式是(E)。

    A. !a==0||!b==0   B. !((a==0)&&(b==0))

    C. !(a==0&&b==0)   D. a!=0||b!=0

    E. a&&b

【分析】

• 选项A：表示a不等于0或者b不等于0。

• 选项B：(a==0)&&(b==0)表示a和b都不等于0，因此!(a==0)&&(b==0)表示a不等于0或b不等于0。

• 选项C：因为&&的优先级高于||，因此选项B中内部的两对()可以去除，即为选项C。

• 选项D：表示a不等于0或者b不等于0。

• 选项E：该选项写完整的表达式为a!=0&&b!=0，即a不等于0且b不等于0。

7. **【NOIP2006提高组】**设A＝B＝D＝true，C＝E＝false，以下逻辑运算表达式值为真的有(ABC)。

    A. (A∧B)∨(C∧D)∨¬E   B. ¬¬(((A∧B)∨C)∧D∧E)

    C. A∧(B∨C∨D∨E)   D. (A∧(B∨C))∧D∧E

【分析】

• 选项 A：

计算 C∧D 的值：C＝False，D＝True，因此 C∧D＝False。

计算 ¬E 的值：E＝False，因此 ¬E＝True。

计算 A∧B 的值：A＝True，B＝True，因此 A∧B＝True。

计算（C∧D）∨¬E 的值：C∧D＝False，¬E＝True，因此（C∧D）∨¬E＝True。

计算（A∧B）∨（C∧D）∨¬E 的值：A∧B＝True，(C∧D)∨¬E＝True，因此（A∧B)∨（C∧D）∨¬E＝True。

• 选项 B：

首先计算括号中的逻辑表达式（A∧B）∨C：A∧B 的结果为 True，则(A∧B)∨C 的结果为 True。

然后将上一步的结果与 D 和 E 做与运算：

(A∧B)∨C 的结果为 True，已经确定为 True，因此可以忽略。

D∧E 的结果为 False，因为 E 为 False。

因此（(A∧B)∨C)∧D∧E 的结果为 False。

最后对结果取反两次，得到 ¬ ¬((（A∧B)∨C)∧D∧E) 的结果为 True。

• 选项 C：

逻辑表达式 A∧(B∨C∨D∨E) 替换为：True∧(True∨False∨True∨False)。

逐步计算逻辑表达式的值，如下所示：

原式＝True∧(True∨False∨True∨False)

　　＝True∧True

　　＝True

• 选项 D：

先计算括号内的逻辑运算：B∨C＝True∨False＝True。

计算与运算：A∧(B∨C)＝True∧True＝True。

继续计算与运算：True∧D＝D＝True。

计算最终结果：True∧E＝E＝False。

8. 【NOIP2007 普及组】在 C 语言中，判断 a 等于 0 或 b 等于 0 或 c 等于 0 的正确的条件表达式是(B)。

    A. !((a!＝0)||(b!＝0)||(c!＝0))

    B. !((a!＝0)&&(b!＝0)&&(c!＝0))

    C. !(a＝＝0&&b＝＝0)||(c!＝0)

    D. (a＝0)&&(b＝0)&&(c＝0)

【分析】

• 选项 A：(a!＝0)||(b!＝0)||(c!＝0)表示 a 不等于 0 或 b 不等于 0 或 c 不等于 0，因此!(a!＝0||(b!＝0)||(c!＝0)表示 a 不等于 0 且 b 不等于 0 且 c 不等于 0。

• 选项 B：(a!＝0)&& (b!＝0)&&(c!＝0)表示 a 不等于 0 且 b 不等于 0 且 c 不等于 0，因此!((a!＝0)&& (b!＝0)&&(c!＝0))表示 a 等于 0 或 b 等于 0 或 c 等于 0。

- 选型 C：!(a==0&&b==0)表示 a 不等于 0 或 b 不等于 0，因此!(a==0&&b==0)||(c!=0)表示 a 不等于 0 或 b 不等于 0 或 c 不等于 0。
- 选项 D：一个=表示赋值，因此原式编程 0&&0&&0，显然不符合要求。

9. 【NOIP2007 普及组】设 A=B=true，C=D=false，以下逻辑运算表达式值为假的有（D）。

  A.（¬A∧B）∨（C∧D∨A）   B.¬(((A∧B)∨C)∧D)

  C.A∧（B∨C∨D）∨D   D.（A∧（D∨C））∧B

【分析】

- 选项 A：

首先计算¬A，因为 A=True，所以¬A=False。

然后计算¬A∧B，因为¬A=False，所以¬A∧B=False。

接着计算 C∧D，因为 C=False，所以 C∧D=False。

然后计算 A，因为 A=True，所以 A=True。

接着计算 C∧D∨A，因为 C∧D=False，所以 C∧D∨A=True。

最后计算（¬A∧B）∨（C∧D∨A），因为¬A∧B=False，且 C∧D∨A=True，所以（¬A∧B）∨（C∧D∨A）=True。

- 选项 B：

首先计算括号内的逻辑表达式：（A∧B）∨C=（True∧True）∨False=True∨False=True。

然后再将得到的结果与 D 进行∧运算：True∧D=True∧False=False。

最后，再对结果取反，得到最终的结果：¬(((A∧B)∨C)∧D)=¬（True∧D）=¬False=True。

- 选项 C：

先计算括号中的表达式，即 B∨C∨D，结果为 True，所以原式可简化为：

A∧（B∨C∨D）∨D=True∧True∨False

接着根据逻辑运算符的优先级，先计算∧运算，再计算∨运算。由于∧运算的优先级高于∨运算，因此需要先计算 A∧（B∨C∨D）的结果，即

A∧（B∨C∨D）=True∧True=True

然后将上述结果代入原式中：True∨D=True。

因此，A∧（B∨C∨D）∨D 的结果为 True。

- 选项 D：

将 A=True，B=True，C=False，D=False 代入，得到：（True∧（False∨False））∧True。

进一步简化，得到：（True∧False）∧True。

因为（True∧False）的结果为 False，所以最终结果为 False。

10. 【NOIP2007 提高组】在 C 语言中，判断 a 等于 0 或 b 等于 0 或 c 等于 0 的正确的条件表达式是（B）。

  A.!((a!=0)||(b!=0)||(c!=0))

  B.!((a!=0)&&(b!=0)&&(c!=0))

  C.!(a==0&&b==0)||(c!=0)

D. （a＝0）&&（b＝0）&&（c＝0）

E. !((a＝0)||(b＝0)||(c＝0))

【分析】

- 选项 A：(a!＝0)||(b!＝0)||(c!＝0)表示 a 不等于 0 或 b 不等于 0 或 c 不等于 0,因此!(a!＝0)||(b!＝0)||(c!＝0)表示 a 不等于 0 且 b 不等于 0 且 c 不等于 0。

- 选项 B：(a!＝0)&&(b!＝0)&&(c!＝0)表示 a 不等于 0 且 b 不等于 0 且 c 不等于 0,因此!((a!＝0)&&(b!＝0)&&(c!＝0))表示 a 等于 0 或 b 等于 0 或 c 等于 0。

- 选型 C：!(a＝＝0&&b＝＝0)表示 a 不等于 0 或 b 不等于 0,因此!(a＝＝0&&b＝＝0)||(c!＝0)表示 a 不等于 0 或 b 不等于 0 或 c 不等于 0。

- 选项 D：一个＝表示赋值,因此原式＝0&&0&&0,显然不符合要求。

- 选项 E：同 D 选项,原式＝!(0&&0&&0),显然不符合要求。

11. **【NOIP2007 提高组】**设 A＝B＝true,C＝D＝false,以下逻辑运算表达式值为真的有(ABC)。

A. （¬A∧B）∨（C∧D∨A）　　　　B. ¬(((A∧B)∨C)∧D)

C. A∧(B∨C∨D)∨D　　　　　　D. （A∧（D∨C））∧B

【分析】

- 选项 A：

将变量 A、B、C 和 D 替换为其对应的真值,得到：（¬True∧True）∨（False∧False∨True）。

首先计算括号中的逻辑表达式,然后再计算逻辑表达式的"与"和"或"运算。

（¬True∧True）等价于（False∧True）,即 False。

（False∧False∨True）等价于（False∨True）,即 True。

最终,逻辑表达式的值为 True。

- 选项 B：

首先计算 A∧B,因为 A 和 B 都为 True,所以 A∧B 的结果为 True。

然后计算（A∧B）∨C,因为 A∧B 为 True,所以(A∧B)∨C 的结果为 True。

接着计算（A∧B∨C）∧D,因为 D 为 False,所以(A∧B∨C)∧D 的结果为 False。

最后计算 ¬(((A∧B)∨C)∧D),因为（A∧B∨C）∧D 的结果为 False,所以 ¬(((A∧B)∨C)∧D) 的结果为 True。

- 选项 C：

首先计算括号内的逻辑表达式 B∨C∨D＝True∨False∨False＝True。

然后将括号内的结果 True 代入原表达式：A∧(B∨C∨D)∨D＝True∧True∨False。

根据逻辑与运算的规则,只有两个操作数都为 True 时结果才为 True,因此：

True∧True＝True

根据逻辑或运算的规则,只要有一个操作数为 True,则结果为 True,因此：

True∨False＝True

因此,原式的结果为 True。

- 选项 D：

D∨C＝False∨False＝False。

$A \wedge (D \vee C) = \text{True} \wedge \text{False} = \text{False}$。

$(A \wedge (D \vee C)) \wedge B = \text{False} \wedge \text{True} = \text{False}$。

12. 【NOIP2007 提高组】命题"P→Q"可读作 P 蕴涵 Q，其中 P、Q 是两个独立的命题。只有当命题 P 成立而命题 Q 不成立时，命题"P→Q"的值为 false，其他情况均为 true。与命题"P→Q"等价的逻辑关系式是(AD)。

A. ¬P∨Q　　　　B. P∧Q　　　　C. ¬(P∨Q)　　　　D. ¬(¬Q∧P)

【分析】

要判断给定的式子与 P->Q 是否等价，可以列出 P->Q 的真值表，然后将给定式子的真值表进行比较，如果两个真值表的值相同，则两个式子等价。根据 P->Q 的定义，可以列出以下真值表：

P	Q	P->Q
True	True	True
True	False	False
False	True	True
False	False	True

- 选项 A：真值表，与 P->Q 相同，因此与 P->Q 等价。

P	Q	¬P∨Q
True	True	True
True	False	False
False	True	True
False	False	True

- 选项 B：根据 P->Q 的真值表可以看出，当 P 为 false，Q 为 true 时，命题 P->Q 的值为真，而 P∧Q 的值为假。因此，给定的式子 P∧Q 与命题 P->Q 不等价。

- 选项 C：

P	Q	¬(P∨Q)
True	True	False
True	False	False
False	True	False
False	False	True

- 选项 D：根据德摩根定律，¬(¬Q∧P) 等价于 Q∨¬P。因此，可以将原始表达式简化为 Q∨¬P。其真值表如下，与 P->Q 等价。

P	Q	Q∨¬P
True	True	True
True	False	False
False	True	True
False	False	True

13. 【NOIP2008 普及组】设 A=true，B=false，C=true，D=false，以下逻辑运算表达式值为真的是(B)。

A. (A∧B)∨(C∧D∨¬A) 　　B. ((¬A∧B)∨C)∧¬D

C. (B∨C∨D)∧D∧A 　　D. A∧(D∨¬C)∧B

【分析】

· 选项 A:

(A∧B)∨(C∧D∨¬A)＝(False∧False)∨(True∧False∨¬True)

＝False∨(False∨¬True)

＝False∨False

＝False

· 选项 B:

首先计算¬A,即 A 的取反,得到 False。

接下来计算¬A∧B,根据与运算的优先级,先计算¬A,再计算与运算,得到 False∧False,即 False。

然后计算(¬A∧B)∨C,根据或运算的优先级,先计算括号里的部分,再计算或运算,得到 False∨True,即 True。

最后计算((¬A∧B)∨C)∧¬D,根据与运算的优先级,先计算括号里的部分,再计算与运算,得到 True∧True,即 True。

· 选项 C:

首先计算括号内的表达式,得到结果:(B∨C∨D)＝(False∨True∨False)＝True。

然后,将 D 和 A 的值代入,得到:(B∨C∨D)∧D∧A＝(True∧False∧True)＝False。

因此,逻辑表达式(B∨C∨D)∧D∧A 的值为 False。

· 选项 D:

首先,计算括号里的部分,即:D∨¬C。

其中,¬C 表示 C 的取反,即为 False。因此,D∨¬C 的结果为 D∨False,根据或运算的规则,只有 D 为 True 时结果才为 True,否则结果为 False。

现在,将 A∧(D∨¬C)∧B 转换为:

A∧(D∨¬C)∧B＝True∧(D∨False)∧False＝True∧D∧False＝False。

因此,A∧(D∨¬C)∧B 的结果为 False。

14.【NOIP2010 普及组/提高组】以下逻辑表达式的值恒为真的是(ABD)

　　A. P∨¬(P∧Q)∨¬(P∧¬Q) 　　B. Q∨¬(P∧Q)∨(P∨¬Q)

　　C. P∨Q∨(P∧¬Q)∨(¬P∧Q) 　　D. P∨¬Q∨(P∧¬Q)∨(¬P∧¬Q)

【分析】

· 选项 A:

首先需要计算括号里的内容:

P∧Q 的取反为 ¬(P∧Q)的值为(¬P∨¬Q)。

P∧¬Q 的取反为 ¬(P∧¬Q)的值为(¬P∨Q)。

将上述计算结果代入原式中,得到:

P∨¬(P∧Q)∨¬(P∧¬Q)＝P∨(¬P∨¬Q)∨(¬P∨Q)＝P∨¬P∨¬Q∨¬P∨Q＝¬P∨P∨Q∨¬Q＝True

因此,原式的值恒为真,无论 P 和 Q 取什么值,都是 True。

- 选项 B：

将逻辑表达式中的否定运算符(¬)用德摩根定理转换为与、或运算的组合形式。

$Q \lor \lnot(P \land Q) \lor (P \lor \lnot Q)$

$= Q \lor (\lnot P \lor \lnot Q) \lor (P \lor \lnot Q)$（德摩根定理）

$= Q \lor (\lnot P \lor P) \lor \lnot Q = Q \lor \text{True} \lor \lnot Q$

$= \text{True}$

因此，可以看出，这个逻辑表达式恒为真，即无论 P 和 Q 的取值是什么，都不会影响整个逻辑表达式的结果，最终结果总是为 True。

- 选项 C：

可以用列真值表的方法来判断，会发现原式不恒为真，在 P 为假，Q 为假的情况下原式为假。

- 选项 D：

可以用列真值表的方法来判断，会发现原式恒为真，无论 P 和 Q 取何种值，表达式的值始终为 True。

15. 【NOIP2011 提高组】在布尔逻辑中，逻辑"或"的性质有（ABCD）。

    A. 交换律：$P \lor Q = Q \lor P$

    B. 结合律：$P \lor (Q \lor R) = (P \lor Q) \lor R$

    C. 幂等律：$P \lor P = P$

    D. 有界律：$P \lor 1 = 1$（1 表示逻辑真）

【分析】

- 逻辑或的交换律指的是，在两个逻辑表达式进行或运算时，交换这两个表达式的顺序所得到的结果是相同的。可以通过真值表的方式来验证。
- 逻辑或的结合律是基于逻辑或运算的性质得出的，即只要有一个条件为 True，整个逻辑或表达式的结果就为 True。因此，无论连接的逻辑或运算符的个数是多少，只要有一个条件为 True，表达式的结果就为 True，所以结合律成立。
- 逻辑或的幂等律是指：$P \lor P \equiv P$，即一个命题与自己进行逻辑或的结果等于该命题本身。这个定律的证明可以通过真值表或逻辑等价关系进行。
- 逻辑或的有界律(Bounded Law of Or)指的是对于任意命题 P 和 Q，当 P 与 Q 有一个为 True 时，$P \lor Q$ 的结果就已经确定为 True 了，不需要再对剩下的命题进行求值。即逻辑或的有界律可以表示为：

$(P \land Q) \lor P \equiv P$

$(P \land Q) \lor Q \equiv Q$

其中，$\equiv$ 表示等价关系。

16. 【NOIP2013 普及组】逻辑表达式（C）的值与变量 A 的真假无关。

    A. $(A \lor B) \land \lnot A$ B. $(A \lor B) \land \lnot B$

    C. $(A \land B) \lor (\lnot A \land B)$ D. $(A \lor B) \land \lnot A \land B$

【分析】 与变量 A 的真假无关，即无论 A 取什么值，表达式的值都是一样的。本题只有 C 选项是析取运算，而且无论 A 取何值，$A \land B$、$\lnot A \land B$ 析取结果都是 B。

练 习 题

1. 第一台电子计算机是 1946 年在美国研制的,该机的英文缩写名是( )。
   A. ENIAC　　　　B. EDVAC　　　　C. EDSAC　　　　D. MARK-II

2. 一个完整的微型计算机系统应包括( )。
   A. 计算机及外部设备　　　　　　B. 主机箱、键盘、显示器和打印机
   C. 硬件系统和软件系统　　　　　D. 系统软件和系统硬件

3. 可把内存中的数据传送到计算机的硬盘称为( )。
   A. 显示　　　　B. 读盘　　　　C. 输入　　　　D. 写盘

4. 计算机的中央处理器(CPU)包括运算器和( )两部分。
   A. 存储器　　　　B. 寄存器　　　　C. 控制器　　　　D. 译码器

5. 下列有关存储器读写速度的排列,正确的是( )。
   A. RAM>Cache>硬盘　　　　　　B. Cache>RAM>硬盘
   C. Cache>硬盘>RAM　　　　　　D. RAM>硬盘>Cache

6. 计算机之所以能实现自动连续运算,是由于采用了( )原理。
   A. 布尔逻辑　　　　B. 存储程序　　　　C. 数字电路　　　　D. 集成电路

7. 汉字国标码(GB2312-80)规定的汉字编码,每个汉字用( )字节表示。
   A. 1　　　　B. 2　　　　C. 3　　　　D. 4

8. 某单位的财务管理软件属于( )。
   A. 工具软件　　　　B. 系统软件　　　　C. 编辑软件　　　　D. 应用软件

9. 计算机网络的应用越来越普遍,它的最大好处在于( )。
   A. 节省人力　　　　　　　　　　B. 存储容量大
   C. 可实现资源共享　　　　　　　D. 信息存储速度高

10. 一台微型计算机的字长为 4 字节,它表示( )。
    A. 能处理的字符串最多为 4 个 ASCII 码字符
    B. 能处理的数值最大为 4 位十进制数 9999
    C. 在 CPU 中运算的结果为 8 的 32 次方
    D. 在 CPU 中作为一个整体加以传送处理的二进制代码为 32 位

11. 将十进制数 215 转换为八进制数是( )。
    A. 327　　　　B. 268.75　　　　C. 352　　　　D. 326

12. 一般操作系统的主要功能是( )。
    A. 对汇编语言、高级语言和甚高级语言进行编译
    B. 管理用各种语言编写的源程序
    C. 管理数据库文件
    D. 控制和管理计算机系统软、硬件资源

13. 一个计算机用户申请了一个 QQ 号为 5879366,其对应的邮箱名字为( )。
    A. 5879366@163.com　　　　　　B. 5879366@qq.com

C. 5879366 $ 163. com　　　　　D. 5879366 $ qq. com

14. 计算机网络中的一组相关网页通过超链接连接,用于描述一组完整的信息,称为( )。

A. 网站　　　B. 主页　　　C. 服务器　　　D. 浏览器

15. 常见的网络接入方式有 5 种,下面不是网络接入方式的是( )。

A. ADSL　　　B. 局域网(LAN)　C. TCP/IP　　　D. 有线电视网

16. 计算机病毒是指( )。

A. 生物病毒感染　　　　　　　B. 细菌感染

C. 被损坏的程序　　　　　　　D. 特制的具有损坏性的程序

17. 用户用计算机高级语言编写的程序,通常称为( )。

A. 汇编程序　　　B. 目标程序　　　C. 源程序　　　D. 二进制程序

18. 北京大学域名 http://www.pku.edu.cn/中,edu 代表的是( )。

A. 商业机构　　　B. 网络服务机构　C. 政府机构　　　D. 教育机构

19. 在计算机运行时,把程序和数据一样存放在内存中,这是 1946 年由( )领导的研究小组正式提出并论证的。

A. 图灵　　　B. 布尔　　　C. 冯·诺依曼　　D. 爱因斯坦

20. 统一资源定位器的英文缩写为( )。

A. URL　　　B. HTML　　　C. WWW　　　D. HTTP

第3章　C++程序设计基础

3.1　C++程序设计语言概述

20世纪80年代,美国贝尔实验室的Bjarne Stroustrup博士及其同事在C语言的基础上引入了面向对象的编程思想和一个class关键字,形成了最早的C++语言原型。后来,C++语言被融入越来越多的语言特性,其中其意义和影响最深远的莫过于template(模板)的引入,而后美国国家标准化协会(American National Standard Institute,ANSI)和国际标准化组织(International Standards Organization,ISO)一起对C++语言进行了标准化工作,并于1998年正式发布了C++语言的国际标准ISO/IEC 14882:1998。

本书根据信息学奥赛的需要,只介绍C++的语法,不涉及面向对象的内容,所有题目均不涉及面向对象编程方法,因此语言上与C语言相比基本相同,只是略有扩充,使得语言运用起来更具有便捷性。

3.1.1　程序设计语言的发展历程

计算机的程序设计语言有很多种分类,自20世纪60年代以来,世界上公布的程序设计语言已有上千种之多,但是只有很小一部分得到了广泛的应用。从发展历程来看,程序设计语言可以分为三代。

1) 第一代语言(机器语言)

机器语言是由二进制0、1代码指令构成,不同的CPU具有不同的指令系统。机器语言程序难编写、难修改、难维护,需要用户直接对存储空间进行分配,编程效率极低。目前,这种语言的编程方式已经被淘汰。

2) 第二代语言(汇编语言)

汇编语言指令是机器指令的符号化,与机器指令存在着直接的对应关系,所以汇编语言同样存在着难学难用、容易出错、维护困难等缺点。但是汇编语言也有自己的优点:可直接访问系统硬件接口,汇编语言程序翻译成的机器语言程序的效率高。

从软件工程角度来看,只有在高级语言不能满足设计要求,或不具备支持某种特定功能的技术性能(如特殊的输入/输出)时,汇编语言才被使用。

3) 第三代语言(高级语言)

高级语言是面向用户的、基本上独立于计算机种类和结构的语言。其最大的优点是:形式上接近于算术语言和自然语言,概念上接近于人们通常使用的概念。高级语言的一个命令可以代替几条、几十条甚至几百条汇编语言的指令。因此,高级语言易学易用、通用性强、应用广泛。

C++是C语言的继承,它既可以进行C语言的过程化程序设计,又可以进行以抽象数据类型为特点的基于对象的程序设计,还可以进行以继承和多态为特点的面向对象的程序设计。C++擅长面向对象程序设计的同时,还可以进行基于过程的程序设计,因而C++就问题规模而论,适应性和实用性更强。C++不仅拥有计算机高效运行的实用性特征,同时还致力于提高大规模程序的编程质量与程序设计语言的问题描述能力。

3.1.2　C++语言程序的组成结构

下面从一个最简单的程序入手介绍C++语言程序的组成结构。

【例3-1】　已知圆半径,求圆周长及面积。

【程序示例】

```
# include < iostream >          //使用 cin、cout,需调用 iostream 库,否则编译出错
using namespace std;           //C 语言中要省略该语句
int main()                     //有的 C 语言可用 void main(),如 TC++、VC++
{
    int r;                     //声明一个整型变量 r, 此处 r 是圆半径
    double c,s;                //声明圆周长 c 和圆面积 s 为双精度数
    cin >> r;                  //输入半径 r
    c = 2 * 3.14 * r;          //计算周长
    s = 3.14 * r * r;          //计算面积
    cout <<"perimeter = "<< c << endl;     //输出周长并换行
    cout <<"area = "<< s << endl;          //输出面积并换行
    return 0;                  //结束程序
}
```

运行结果如下:

```
3
perimeter = 18.84
area = 28.26
```

由如上程序可知,C++语言程序一般至少由三部分组成,分别为头文件、名字空间、主函数。

1) 头文件

头文件是C++语言程序对其他程序的引用。头文件作为一种包含功能函数、数据接口声明的载体文件,用于保存程序的声明。格式如下:

```
# include <引用文件名>
```

或

```
# include  " 引用文件名 "
```

编译预处理命令通常放在源程序或源文件的最前面,在调用库函数前,相应的头文件需包含在程序中,C++语言中常用的头文件有:

```
# include  < iostream >       //标准 C++输入/输出 cin、cout 库
# include  < cstdio >         //C++中调用 C 标准输入/输出 printf 和 scanf
# include  < bits/stdc++.h >  //万能头文件,包括了 C++中定义的几乎所有功能程序库的声明
```

2）名字空间

using namespace std;

C++语言中采用的全部是 std（标准）名字空间，可解决大型程序或多人同时编写程序时名字产生冲突的问题。

3）主函数

int main()，定义主函数。程序由一个或多个函数组成，一个程序中必须有且只有一个主函数。不论 main()函数在程序中什么位置，程序都从 main()函数开始执行，main()函数执行完毕，程序也就结束了。此外，某些 C++语言还支持 void main()。

在 C++语言中，"；"是语句的分隔符，代码分行写只是为了方便阅读。头文件中的预处理语句需独立成行，且行末无分号，即"＃include＜bits/stdc＋＋.h＞"，语句后无分号。

注释（comments）是源代码的一部分，是用来对程序、语句、变量等进行简单解释或描述，但它们会被编译器忽略，不会生成任何执行代码。C++语言支持如下两种注释的方法。

（1）行注释："//"开始至本行结束的任何内容。

（2）块注释（段注释）：在"/＊"和"＊/"符号之间的所有内容，可以包含多行内容。

3.1.3　C++语言的编译环境

Dev C++是一个可视化集成开发环境（IDE），可以用此软件实现 C++语言程序的编辑、预处理、编译/链接、运行和调试。在信息学奥赛中，DEV C++也是比赛的指定编译软件之一。

1）启动 DEV C++

单击 Windows 任务栏中的"开始"→"程序"→"Bloodshed Dev-C++"→"Dev-C++"命令，如图 3-1 所示。

或双击桌面中 Dev C++的图标，也能打开 Dev C++。

2）新建源程序

从主菜单选择"文件"→"新建"→"源代码"命令即可，如图 3-2 所示。

如果打开的软件是全英文版本，则可以选择 Tools→Environment Options 命令，在弹出的对话框中默认打开的 General 选项页中，选择 Language 为"简体中文/Chinese"，如图 3-3 所示。

此后，所有菜单均设置为简体中文，在右侧留有大片的空白区域，称为"源程序编辑区域"，可以在此处输入程序，需注意的是，输入程序前，请关闭中文输入法，在源程序中除需输出中文外，其他一切符号均应在英文模式下输入，否则编译器将报错，如图 3-4 所示。

3）保存源程序到硬盘

一个好的习惯是创建并编辑了源程序后，经常性

图 3-1　打开 Dev C++

图 3-2　新建源程序

图 3-3　语言设置

地保存源程序,以防止机器突然死机或者程序突然未响应等突发情况发生。要保存程序,只需要选择菜单中的"文件"→"保存"命令就可以将文件保存到指定的硬盘目录,如图 3-5 所示。

此时会弹出一个对话框,在此根据个人需要,将源程序存放到硬盘相应的文件夹,如"D:\ noip \ code",那么在 D 盘的文件夹 noip 中,有 code 文件夹,在里面存放了 *.cpp 的源程序,其中 * 代表被存放程序的程序名,可以是英文名也可以是中文名,但程序取名应尽量与程序内容相关,以便之后随时调用查看。

4)编译、运行

编译:从主菜单选择"运行"→"编译运行"命令或者按快捷键 F11,如图 3-6 所示。如果程序存在词法、语法错误,则编译过程失败,并且报错。编译器会在屏幕的下方显示错误信息,如果图 3-7 所示,错误信息一般提示错误的行号,以及相应的错误内容。

编译器标签页显示的错误信息是寻找程序错误原因的重要信息来源,切记要学会查看

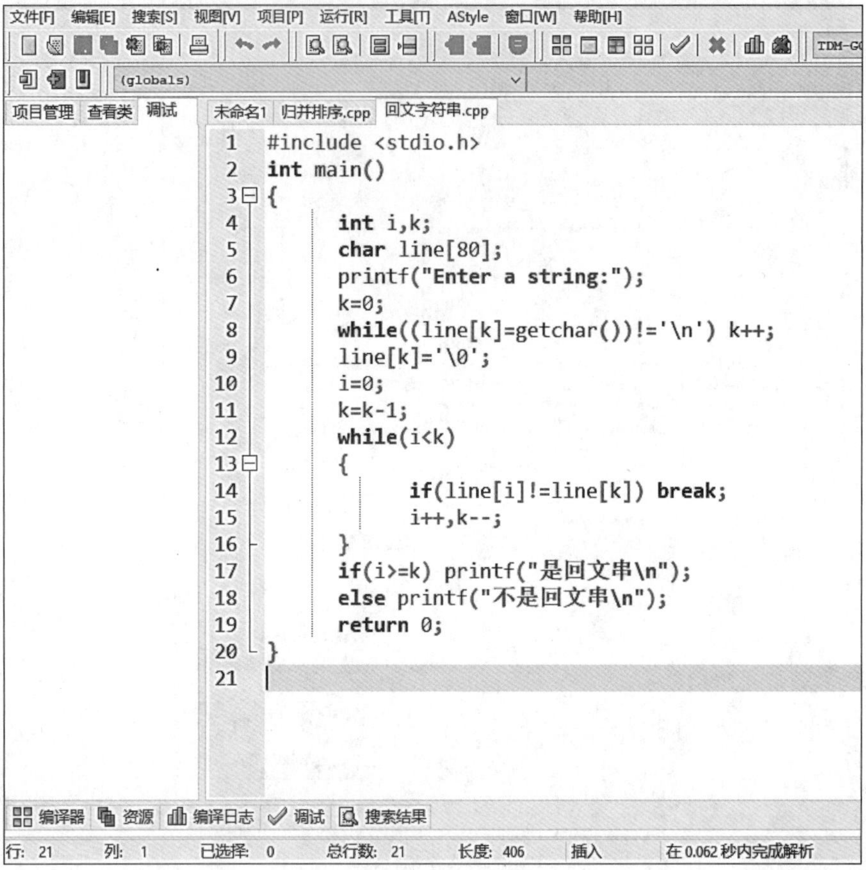

图 3-4　源程序编辑区域

图 3-5　源程序的保存

图 3-6　编译运行

图 3-7　编译出错信息

错误信息,提高程序调试的效率。

5) 调试程序

当程序通过了语法检查、编译生成执行文件后,就可以在编程环境或操作系统中运行该程序。语法检查无误的程序并不能保证程序的正确性,一旦程序中存在语义错误(逻辑错误),程序虽然能运行,但是得不出想要的正确结果。例如,"if(i%2==0) sum=sum+i;"中的两个等号= =(等于)改写成 !=(不等于),这样该程序虽然也能通过语法检查(即编译无错误),但语义却正好相反,运行结果从如果 i 是偶数加入 sum 变成了奇数 i 加入 sum。

如果程序有语义错误就需要对程序进行调试。调试是在程序中查找错误并修改错误的过程。调试最主要的工作是找出程序逻辑错误发生的地方。一般程序的编程环境都提供相应的调试手段,其中最主要的方法是:设置断点并观察变量值。

设置断点(Break Point Setting):可以在程序的任何一个语句前的行号上单击,生成一个红色的断点标记,进入调试模式后,程序运行到这里时会暂停下来。

观察变量(Variable Watching):当程序运行到断点的地方停下来时,可以观察各种变量的值,并判断此时的变量值是不是所希望的。如果不是,说明该断点之前肯定有错误发生。这样,就可以把查错的范围集中在断点之前的程序段上。

另外,还有一种常用的调试方法是单步跟踪(Trace Step by Step),即一步一步跟踪程序的执行过程,同时观察变量的变化情况。

调试是一个需要耐心和经验的工作,也是在程序设计中应掌握的最基本的技能。

3.1.4　算法和算法描述

1. 程序设计的基本方法

学习计算机语言的目的是利用该语言工具设计出可供计算机运行的程序。一个程序应包括以下两方面的内容:

(1) 对数据的描述:数据结构(Data Structure)。

(2) 对操作的描述:算法(Algorithm)。

通过程序设计以解决实际应用问题的一般步骤如图 3-8 所示。

图 3-8　程序设计的一般步骤

【例 3-2】　已知半径求球表面积及球体体积问题。

【问题分析】

根据半径求球表面积及体积。

【确定数学模型与数据结构】

(1) 数学模型:使用球表面积公式 $S = 4\pi r^2$,$V = \dfrac{4}{3}\pi r^3$。

(2) 数据结构:设计三个变量空间,分别为半径 r、表面积 S、体积 V。

【设计算法】

算法是指解决一个问题所采取的具体步骤和方法。

【算法设计】

(1) 输入半径 r。

(2) 依据球表面积公式求 S,依据球体积公式求 V。

(3) 输出表面积 S 和体积 V。

【编写程序】

编写程序是用计算机语言描述算法的过程,这一步常称为"编码",程序的质量主要由算法决定。

【程序编译调试和运行】

通过编译调试和运行程序，获得正确的编码和正确的结果。

2. 算法

程序设计中最关键的一步就是设计算法，程序设计能力水平的高低在于能否设计出优秀的算法。

算法是解决问题方法的精确描述，解决一个问题的过程就是实现一个算法的过程。

算法应具有以下特点。

(1) 输入：一个算法可以有零个或多个输入量。

(2) 输出：一个算法必须有一个或多个输出量，输出量是算法计算的结果。

(3) 确定性：算法的描述必须无歧义，以保证算法的执行结果是确定的。

(4) 有穷性：算法必须在有限步骤内实现。

(5) 有效性：又称可行性，算法中的每个步骤都应该能有效地执行，执行算法最后应该能得到确定的结果。

对于确定的算法，可以把一个算法看作一个"黑箱子"，根据输入得到确定的输出即黑盒测试。信息学奥赛测评选手算法程序的正确性采用的就是黑盒测试法，测试的核心自然是设计算法解决实际问题的能力。

对于同一个问题，可以有不同的解决方法。

【例3-3】 求 $S = 1 - 2 + 3 - 4 + \cdots + 99 - 100$。

方法1：按顺序直接计算，做99次加或减的计算，得出最后的结果。

方法2：将表达式分成两部分，分别求正数的和 $S1$、负数的和 $S2$，再对两个和做减法运算 $S1 - S2$。

$$S = (1 + 3 + 5 + \cdots + 99) - (2 + 4 + 8 + \cdots + 100)$$

方法3：将相邻的每一对数化成一组，整个表达式就变成了50个减法计算的和，而50个计算的结果都是 -1，最后的结果就是 $50 \times (-1)$。

$$S = (1 - 2) + (3 - 4) + \cdots + (99 - 100) = 50 \times (-1)$$

......

为了有效解决问题，不仅需要保证算法正确，还要考虑算法的质量。选择合适的算法，不仅算法简单，而且运算步骤少。

3. 算法的描述

为了描述一个算法，可以采用不同的方法，常用的有自然语言、流程图、N-S流程图、伪代码等。下面以一个实际问题为例，研究不同的方法在描述具体问题的算法时的情况。

【例3-4】 某主持人大赛中有7名评委。每名参赛者得分的计算方式为，输入7名评委的打分，去掉一个最高分和一个最低分后求出平均分。

1) 自然语言

自然语言就是人们日常使用的语言，可以用汉语、英语或其他语言表示描述算法。

用自然语言描述算法通俗易懂，但文字冗长，容易出现歧义性，不方便描述包含分支和循环的算法。因此，通常使用自然语言描述算法思路或大框架。

2）流程图

美国国家标准化协会(ANSI)规定了一些常用的流程图符号。并用流程图符号绘制程序设计的三种基本结构(顺序、选择、循环)。1973 年,美国学者 Nassi 和 Shneiderman 提出了一种新的流程图形式。在这种流程图中完全去掉了带箭头的流程线。全部算法写在一个矩形框内,在该框内还可以包含其他从属于它的框,或者说由一些基本的框组成一个大的框,这种流程图又称 N-S 流程图。简单问题采用流程图描述算法尚可,但复杂问题的算法描述有诸多的不便。

3）伪代码

伪代码是用介于自然语言和计算机语言之间的文字和符号来描述算法的,它不用图形,因此比较紧凑,也比较好懂。

伪代码使用中的一些基本符号如下。

（1）运算符号。

简单算术运算符号：＋、－、×、/、mod(整除取余)。

关系运算符号：＞、＞＝、＜、＜＝、＝、＜＞(不等于)。

逻辑运算符号：and(而且)、or(或者)、not(相反)。

括号：（　　　）

（2）处理语句。

赋值：←,如 i←1,即把 i 设为 1。

如果 p 成立则 A,否则 B：if p then A else B。

当 p 成立时,执行 A：while p do A 或 do A while p。

执行 A,直到 p 成立：do until p

A

enddo

输入和输出(打印)：input、print。

基本块起、止符号：{、}。

算法开始和结束：BEGIN、END。

用伪代码表示例 3-4 的算法如下：

```
BEGIN
    s← 0
    输入 x
    s← s+x
    max ← x
    min ← x
    i← 2
    do until i ＞ 7
        读入 x
        s← s+x
        if x＞ max then
            max ← x
        else if x ＜ min then
                min ← x
        i← i+1
```

```
enddo
s← s - max - min
输出 s/5
END
```

3.2 顺序结构程序设计

3.2.1 赋值语句

1. 赋值语句的格式

C++中赋值语句的一般格式如下：

变量 = 表达式；

其功能为将等式右边的表达式的值赋给等式左边的变量，符号"="为赋值号。

C++中允许连等式，即允许赋值号右边的表达式为赋值语句，其一般形式如下：

变量 = 变量 = … = 表达式；

赋值运算符采用右结合原则。如 a＝b＝c＝5 可理解为 a＝(b＝(c＝5))。

2. 赋值中的类型转换

进行赋值运算时，如果赋值运算符两侧的数据类型不一致，系统将会自动进行类型转换，即把赋值号右边的数据类型转换成左边的变量类型。

【例 3-5】 数据类型的转换实例。

【参考程序】

```
# include < iostream >
# include < iomanip >               // C++中输出流操纵算子必须包含头文件 iomanip
using namespace std;
int main()
{
    int a,b,c = 322;
    float x,y = 3.14;
    char ch1 = 'a',ch2;
    a = y;                          //实型转换为整型
    x = c;                          //整型转换为实型
    b = ch1;                        //字符转换为整型
    ch2 = c;                        //整型转换为字符型
    cout <<"  a = "<<a<<"  x = "<<x<<"  b = "<<b<<"  ch2 = "<< ch2 << endl;
    cout <<"  x = "<< setprecision(5)<< x << endl;     //格式输出,5 位小数位
    cout <<"  x = "<< setprecision(2) << x << endl;    //2 位小数位
    cout << fixed <<"  x = " << x << ndl;              //普通小数格式
    cout <<"  x = "<< setprecision(2)<< x << endl;     //2 位小数位
    cout <<"  x = "<< setprecision(5)<< x << endl;     //5 位小数位
    cout <<"  x = "<< x << endl;                       //不更改新的格式
    return 0;
}
```

fixed 表示以普通小数形式输出浮点数,setprecision(n)表示小数点后面应保留的位数。

上述程序中将实型数据 3.14 赋值给整型变量 a,将整型数据 322 赋值给实型变量 x,将 ASCII 码小于 128 的字符小写字母 a 赋值给整型变量 b,将大于 128 的整型数据 322 赋值给字符变量 ch2,程序的运行结果如下:

```
a = 3   x = 322   b = 97   ch2 = B
x = 322
x = 3.2e + 002
x = 322.00
x = 322.00
x = 322.00000
x = 322.00000
```

【思考】

认真分析并解析例 3-5 的运行结果。

3. 复合赋值语句

复合算术赋值:＋＝、－＝、＊＝、／＝、％＝,如"x ＊＝ y+7;"等价于"x=x ＊(y+7);"。

复合位运算赋值:<<＝、>>＝、&＝、^＝、|＝,如"r <<＝2;"等价于"r=r << 2;"。

3.2.2 运算符与表达式

C++运算符和表达式数量之多,在高级语言中是少见的,正是丰富的运算符和表达式使 C++语言的功能十分完善。C++语言的运算符不仅具有不同的优先级(共分为 15 级。1 级最高,15 级最低),优先级高的运算符先运算。运算符还有一个特点,就是它的结合性。在表达式中,各运算量参与运算的先后顺序不仅要遵守运算符优先级的规定,还要受运算符结合性的制约,以便确定是自左向右进行运算还是自右向左进行运算。

C++的运算符有以下 12 类。

1) 算术运算符

算术运算符包括了加(＋)、减(－)、乘(＊)、除(/)、求余(％)、自增(＋＋)、自减(－－)、负号(－)。假设每次执行一个运算符时,都存在一个整型变量"int i＝5;",如表 3-1 所示,列出所有运算符的优先级及运算符的使用方法和最终结果。

表 3-1　算术运算符

运 算 符	含 义	优 先 级	使 用 方 法	最 终 结 果
＋＋	自增		i＋＋	i 的值为 6
－－	自减	2	i－－	i 的值为 4
－	负号		－i	－5
＊	乘		5 ＊ 4	20
/	除	3	5/2	2
％	求余、求模		5％2	1
＋	加	4	20＋5	25
－	减		20－5	15

表 3-1 中特别值得注意的是"/"和"％",对于"/",当参与运算的数中有实数时,则运算结果是两数相除的值(5/2.0＝2.5);当参与运算的两个数都是整数时,运算结果是两数相

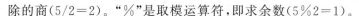

除的商(5/2＝2)。"％"是取模运算符,即求余数(5％2＝1)。

做求余运算时有一个要求,即"％"的左右操作数必须是整型数据,否则无法计算余数。

如果操作数存在正负符号,那么规定求余结果的符号必须与被除数一致,即与"％"左边操作数的符号一致,与"％"右边操作数的符号无关。例如:

$$9％4＝1; \quad -9％4＝-1; \quad 9％-4＝1; \quad -9％-4＝-1$$

计算过程中可忽略正负符号,将操作数取绝对值进行求余计算,然后根据"％"左边操作数的正负符号来确定最终结果的正负符号。

自增运算符:＋＋,其功能是使变量的值自增1。自减运算符:－－,其功能是使变量的值自减1。＋＋、－－运算符为单目运算,要求运算对象只能是变量且优先级高于双目运算。如表达式"j＋＋＋k;"根据优先级应理解成"(j＋＋)＋k;"。

自增自减的特点如表 3-2 所示。

表 3-2 自增自减的特点

运 算 符	含 义
＋＋i	变量 i 自增 1 后再参与其他运算
i＋＋	变量 i 参与运算后,再自增 1
－－i	变量 i 自减 1 后再参与其他运算
i－－	变量 i 参与运算后,再自减 1

```
j = 3; k = ++j;                 // k = 4, j = 4
j = 3; k = j++;                 // k = 3, j = 4
j = 3; printf(" % d ", ++j );   // 4
j = 3; printf(" % d ", j++ );   // 3
a = 3; b = 5; c = ( ++a ) * b;  // c = 20, a = 4
a = 3; b = 5; c = ( a++) * b;   // c = 15, a = 4
```

上述程序中均使用了自增及自减运算符,注意符号在变量前和变量后对计算结果的影响。

负号运算符为单目运算符,其结合性为右结合性,即"－"号与右边的数字常量或变量相结合,其优先级高于乘、除、求余数。例如"int i＝3; printf("％d",－i＋＋)"应理解成先输出－i,再执行 i 自增(i＋＋),即向屏幕输出值为－3,i 值为 4。请上机测试以下两个程序段的运行结果。

程序段 1:

```
i = 3; printf(" % 3d % 3d % 3d % 3d",i, - i++, - ++i,i);
```

程序段 2:

```
i = 3; printf(" % 3d % 3d % 3d % 3d",i, - ++i, - i++,i);
```

如果 i 定义为实型数,上述两程序段的运行结果又会怎样? 试解释之。

2) 关系运算符

关系运算的运算结果为布尔值,即关系成立则结果为真,关系不成立则结果为假。

C/C++语言提供 6 种关系运算符:

(1) 小于:＜。

(2) 小于或等于:＜＝。

(3) 大于:＞。

(4) 大于或等于:＞＝。

(5) 等于:＝＝。

(6) 不等于:!＝。

其中前 4 种关系运算符(<、<=、>、>=)的优先级相同,后两种关系运算符(==、!=)的优先级也相同。前 4 种关系运算符的优先级高于后 2 种。例如:

"a==b<c;"等价于"a==(b<c);"。

"a>=b!=b<c;"等价于"(a>=b)!=(b<c);"。

关系运算符的优先级低于算术运算符的优先级,但高于赋值运算符。例如,"a=b<=c;"等价于"a=(b<=c);"。综上所述,已知运算符的优先级为:**算术运算符>关系运算符>赋值运算符**。

用关系运算符将两个表达式(可以是算术表达式或关系表达式、逻辑表达式、赋值表达式、字符表达式)连接起来的式子,称为关系表达式,例如,以下都是合法的关系表达式:

a>b,a+b>b+c,(a=3)>(b=5),'a'<'z',a>=b!=b<c

例如,'a'<'z'结果为真(a 的 ASCII 码小于 z 的 ASCII 码),(a=3)>(b=5)结果为假(先计算小括号内的运算,小括号的优先级显然高于">",然后再比较关系值)。在 C++语言程序中,一般使用 0 代表假,所有非零值代表真,需要提醒的是,正负非零值都为真,只有 0 为假。

3) 逻辑运算符

用逻辑表达式将关系表达式或逻辑量连接起来就是逻辑表达式。C++语言提供三种逻辑运算符。

(1) 逻辑与:&&。

(2) 逻辑或:||。

(3) 逻辑非:!。

"&&"和"||"是双目运算符,它要求有两个操作数,如(a>b)&&(7%2==0),(x<=y)||(i==2);"!"是单目运算符,它只要求有一个操作数,如!(a<=b)。

逻辑运算符中的优先级顺序为**逻辑非>逻辑与>逻辑或**,而综上所述的运算符优先级顺序为**逻辑非>算术运算符>关系运算符>逻辑与>逻辑或>赋值运算符**。例如:

a>b&&c>d 等价于(a>b)&&(c>d)。

!b==c||d<a 等价于((!b)==c)||(d<a)。

a+b>c&&x+y<b 等价于((a+b)>c)&&((x+y)<b)。

表 3-3 为逻辑运算的真值表,表示了 a 和 b 的值为不同组合时,各种逻辑运算所得到的值。

表 3-3　真值表

a	b	!a	!b	a&&b	a||b
1	1	0	0	1	1
1	0	0	1	0	1
0	1	1	0	0	1
0	0	1	1	0	0

逻辑运算的值(运算结果):逻辑运算的值也为"真"和"假"两种,用"1"和"0"来表示。同时在逻辑运算的过程中,若遇到算术运算值,所有非零值都认为是真,而零值认为是假。例如:

"!3;",其中3为真,则!3为假,结果为0。

"5>3&&3;",其中5>3为真,3为真,结果为1。

"-1<1||0;",其中-1<1为真,0为假,结果为1。

表达式a&&b&&c的求解过程如图3-9所示。只有a为真,才判别或计算b的值;只有a和b均为真,才判别或计算c的值;只要a为假,就不再判别或计算b和c的值,直接求得结果为假。其中不再判别或计算b和c的值很关键,因为b和c可能是一个运算表达式,也就是b和c将不再进行计算。

表达式a||b||c的求解过程如图3-10所示。只要a为真,就不再判别或计算b和c的值,直接求得结果为真;只有a为假,才判别或计算b的值;只有a和b均为假时,才判别或计算c的值。

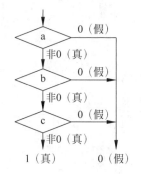
图3-9 a&&b&&c的求解过程

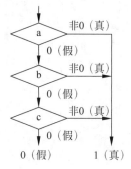
图3-10 a||b||c的求解过程

操作短路现象的示例代码如下。

```cpp
#include<cstdio>
using namespace std;
int main()
{
    int x=5,y=9,k=1,a;
    a=x++||y++&&k++;
    printf("a=%d,x=%d,y=%d,k=%d",a,x,y,k);
    return 0;
}
```

语句"a=x++||y++&&k++;"的执行过程是先求"="右边的值,即计算表达式"x++||y++&&k++"的值,系统从左到右进行扫描,由于x=5,x++是先取x的值(即5,运算后x的值增加1)进行"||"运行,因为不管其右边的值是什么,其结果都是成立的,即整个表达式的值为1,C/C++编译系统就不再计算"||"右边表达式"y++&&k++",所以y的值和k的值不变。其程序运行结果为a=1,x=6,y=9,k=1。

4) 位运算符

前面的各种运算都是以字节作为基本位进行的。但在很多系统程序中常要求在位(bit)一级进行运算或处理。所谓位运算是指按二进制位进行的运算。C++语言提供了6种位运算符:~(按位取反)、>>(按位右移)、<<(按位左移)、&(按位与)、^(按位异或)、|(按位或),其中运算符优先级按上述顺序依次递减,但<<、>>优先级相同。

(1) 按位与。

按位与(&)操作的作用是将两个操作数对应的每一位分别进行逻辑与操作。例如,计算 3&5。

```
3：    00000011
5：(&) 00000101
3&5： 00000001
```

使用按位与操作可以将操作数中的若干位置 0(其他位不变);或者取操作数中的若干指定位。请看下面两个例子:

① 语句"a=a&0376"将 char 型变量 a 的最低位置 0,其中 0376 为八进制数。

② 假设有 c 是 char 型变量,a 是 int 型变量,语句"c=a&0377"可取出 a 的低字节,并将其置于 c 中。

(2) 按位或。

按位或(|)操作的作用是将两个操作数对应的每一位分别进行逻辑或操作。例如,计算 3|5。

```
3：    00000011
5：(|) 00000101
3|5： 00000111
```

使用按位或操作可以将操作数中的若干位置 1(其他位不变)。例如,语句"a=a|0xff"可将 int 型变量 a 的低字节置 1。

(3) 按位异或。

按位异或(^)操作的作用是将两个操作数对应的每一位进行异或操作,具体运算规则是:若对应位相同,则该位的运算结果为 0;若对应位不同,则该位的运算结果为 1。例如,计算:071 ^ 052。

```
071：     00111001
052：(^)  00101010
071 ^ 052： 00010011
```

使用按位异或操作可以将操作数中的若干指定位翻转。如果使某位与 0 异或,结果是该位的原值;如果使某位与 1 异或,则结果与该位原来的值相反。例如,要使 01111010 低 4 位翻转,可以与 00001111 进行异或。

```
       01111010
(^)    00001111
       01110101
```

(4) 按位取反。

按位取反(~)是一个单目运算符,其作用是对一个二进制数的每一位取反。例如:

```
025：    0000000000010101
~025：   1111111111101010
```

(5) 按位右移。

按位右移(>>)的作用是把二进制位整体向右移动,左侧空位补符号位。例如:

```
7 >> 1 ≡ 0000 0111 >> 1 = 0000 0011 = 3
7 >> 2 ≡ 0000 0111 >> 2 = 0000 0001 = 1
```

这里右移等于除了 2 的 N 次方,N 为右移的位数。

(6) 按位左移。

按位左移(<<)的作用是把二进制位整体向左移动,右侧空位补 0。例如:

```
7 << 1 ≡ 0000 0111 << 1 = 0000 1110 = 14
7 << 2 ≡ 0000 0111 << 2 = 0001 1100 = 28
```

这里右移等于乘了 2 的 N 次方,N 为左移的位数。

5) 条件运算符

格式:

(表达式)?表达式 1:表达式 2;

规则:条件运算是 C++语言中唯一的三目运算。表达式结果为 true,取表达式 1 的值为最终结果,否则取表达式 2 的值为最终结果。

例如,"max=(a>b)?a:b;",即如果 a>b 成立,则 max=a,否则 max=b。

6) 逗号运算符

格式:

语句 1,语句 2,…,语句 n;

规则:逗号既可作分隔符,又可作运算符。逗号运算符的优先级是最低的,它的结合性是从左到右。逗号表达式的运算过程是:先计算表达式 1 的值,然后计算表达式 2 的值,……,最后计算表达式 n 的值,并将表达式 n 的值作为逗号表达式的值,将表达式 n 的类型作为逗号表达式的类型。

例如有如下程序段:

```
int  main()
{
    int a = 2,b = 4,c = 6,x,y,z;                //逗号分隔符
    y = (x = a + b),(b + c);                    //逗号运算符
    z = (y = (x = a + b),(b + c));              //逗号运算符
    printf("y = %d,x = %d,z = %d",y,x,z);       //逗号分隔符
    return 0;
}
```

运行结果如下:

y = 6,x = 6,z = 10

语句"y=(x=a+b),(b+c)"首先执行逗号左边的赋值语句,将 x=a+b 的值 6 赋给变量 y,最后计算 b+c,逗号表达式的值为 10,但结果未被赋值保存,所以 b+c 的计算在此显得毫无意义。语句"z=(y=(x=a+b),(b+c))"中,x、y 的计算与上一语句一样,但 z 变量

的值来自赋值号右边括号内的逗号表达式的值,即 z＝10。

逗号表达式常用于 for 循环语句中。

7) 指针运算符

(1) 取地址运算符(&)。

格式:

& 变量名

"&"是单目运算符,主要作用为取得"&"后变量的内存存放地址。例如,语句"scanf("%d",&a);"将从键盘输入到缓冲区的值,复制到变量 a 的地址里。其中"&"就起到了获取变量 a 内存地址的作用。

(2) 取内容运算符(*)。

格式:

* 指针变量名

或

* 地址

例如:

```
int a = 6;
printf(" % d",a);
printf(" % d", * &a);
```

上述两条输出语句的结果相同,都是向控制台输出 6。其中语句 printf("%d",a)的作用是将变量 a 中存储的值直截了当地输出到控制台。语句 printf("%d", * &a)的执行过程是首先通过取地址符"&"获取变量 a 的内存地址,然后通过取内容符" * "将上述地址中存放的值取出,最后向控制台输出。需注意的是,语句 printf("%d", * &a)只是为了解释 * 和 & 符号的作用,实际编程无此写法,但可以通过编译运行。

8) 求字节数运算符

格式:

sizeof(变量)

例如:

```
int a = 10,a_size;
a_size = sizeof(a);
```

上述程序段定义了整型变量 a 并赋初值为 10;定义了整型变量 a_size,无初值。通过求字节数运算符 sizeof,求得变量 a 在内存中的存储空间大小为 4 字节,即 a_size＝4;变量 a_size 就存储了变量 a 在内存中存储空间的大小 4 这个数值。

9) 强制类型转换运算符

格式:

(类型名)(表达式或变量)

例如:

```
int i = 3;
```

```
(double) i;
```

上述程序段定义了整型变量 i,通过强制类型转换,将 i 的数值 3 强制数据类型转换成了 double 类型 3.000000,i 的数据类型不变,仍为整型。

例如:

```
double   x = 3.14,y = 2.2;
(int)(x + y);
```

上述程序段定义了双精度浮点变量 x 和 y 并分别赋值,通过强制类型转换,将 x+y 的结果 5.34 转换成整型,即为 5。而变量 x 和 y 的数据类型不变,依然是 double 类型。

例如:

```
(int)x + y;
```

将变量 x 的值,强制类型转换成整型,并将转换后的结果与变量 y 的数值相加。

10) 分量运算符

格式:

结构体变量名.成员变量
指针 ->结构体成员变量,优先级 1

例如,stu1.num 代表获取 stu1 这名学生的学号,而 stu1.name 代表获取 stu1 这名学生的姓名,stu1.score+stu2.score 代表将 stu1 和 stu2 两名学生的成绩进行相加。

例如,p_stu 指针指向结构体 student 数据类型,并且将 stu1 结构体变量的地址赋值给指针 p_stu,如示例语句"p_stu=&stu1;"。

指针 p_stu 通过"->"运算符获取指针指向的结构体成员变量,如示例程序语句"p_stu->score;"使得指针 p_stu 可以访问结构体变量 stu1 的成员 score,实际结果就是使用指针 p_stu 获取了 stu1 这名学生的成绩。

结构体的具体用法将在 3.9 节展开,在此仅用于解释分量运算符。

以下代码简要展示了某结构体变量和指针的定义与引用。

```
struct student
{
    int num;
    char name[20];
    float score;
}stu1,stu2, * p_stu;
p_stu = &stu1;
p_stu - > score;
```

11) 下标运算符

格式:

[表达式或变量或常量]

例如:

```
double   salary[12];
```

其中使用下标运算符定义了 12 个相同数据类型的连续变量存储空间,称为数组,可以通过下标运算符[ ]来获取每个月薪水的具体数值,例如想查询 1 月的薪水,可以使用 salary[0]

来访问,查询 12 月的薪水可以使用 salary[11] 来访问,具体的使用方法将在 3.5 节详细说明。

3.2.3　常量和变量

1. 常量

在程序运行时,其值不能被改变的量叫常量。例如,5、3.14159、'a'、TRUE 等。

1) 数值常量

整型常量:整数的存在形式根据进制不同可分为十进制、八进制以及十六进制。

如果需要表示长整型常量,则在数字后添加字母 l,如 38 和 38l 分别表示整型常量 38 以及长整型常量 38。

实型常量:实型也称为浮点型,实型常量也称为实数或者浮点数。在 C++ 语言中,实数只采用十进制。

例如:1250.0 可以用 0.0125E+5、0.125E+4、1.25E+3、12.5E+2、125E+1 表示。

2) 字符常量

字符常量是用单引号括起来的一个字符。

例如'a'、'b'、'='、'+'、'?'都是合法字符常量。'5'和 5 是不同的。'5'是字符常量而非整数 5,"a"为字符串常量而非字符常量。

C++语言中,字符数据与整型数据可以通用,允许对整型变量赋以字符值,也允许对字符变量赋以整型值。在输出时,允许把字符变量按整型量输出,也允许把整型量按字符量输出。整型量为 4 字节量,字符量为 1 字节量,当整型量按字符型量处理时,只有最后八位参与处理,而其他数据位被舍弃。

【**例 3-6**】　int 变量赋值给 char 变量的陷阱。

【**参考程序**】

```
# include < cstdio >
using namespace std;
int main()
{
    int x = 32770;              //32770 的二进制位为 1000 0000 0000 0010
    char y = x;                 //x 的低八位 0000 0010 赋值给 y
    printf("%d",y);             //将字符变量 y 以十进制整型输出值 2
}
```

从上述程序可见,y 并没有按照设想存储 32770 这个数值,而只是存储了数值 2,由于 y 是字符量只有 1 字节的存储空间,只能接收低八位的数据,而多余的数据没有空间存储,不得不舍弃,因而造成了数据的失真。通过例 3-6 可得出结论,当数值小于或等于 255 的整数(其二进制位为 0000 0000 1111 1111)赋值给字符变量,均可以得到正常数值,舍弃的数据位为 0;而大于 255 的整数赋值给字符变量,就一定会出现因数据位的舍弃而造成数据失真的情况。

3) 字符串常量

字符串常量是由一对双引号括起来的字符序列。每个字符串最后有一结束标志'\0'。

例如,"ABC"、"A"、"123lkdf"字符串常量在内存中存储时,系统自动在字符串的末尾加一个字符串的结束标志'\0',因此在程序中,长度为 n 个字符的字符串常量,在内存中占有 $n+1$ 字节的存储空间。

4)转义字符

转义字符是一种特殊的字符常量,以反斜线"\"开头,后跟一个或几个字符。转义字符主要用来表示用一般字符不便于表示的控制代码,常见转义字符的功能如表 3-4 所示。

表 3-4　常见转义字符功能表

字符形式	功　　能	字符形式	功　　能
\n	回车换行	\f	打印机走纸换页
\t	横向跳格(跳到下一个输出区的起点),其中一个输出区占 8 位	\\	输出一个反斜杠符号\
\v	竖向跳格	\'	输出一个单引号'
\b	退格,等价于 Backspace	\ddd	1~3 位八进制所代表的字符
\r	回车,但不换行	\xhh	1~2 位十六进制所代表的字符

【例 3-7】 转义字符的使用。

【参考程序】

```cpp
# include <cstdio>
using namespace std;
int main()
{
    printf("a b c\td e\bfghi\n");
    printf("a = 65 b = \101 c = \x41\n");
    return 0;
}
```

运行结果如下:

a b c　　d fghi
a = 65 b = A c = A

5)符号常量

C++中定义或说明一个常量有两种方式。

(1)方式一。

格式:

类型说明符 const 常量名 = 常量值;

例如:

float const PI = 3.14159265;　　　　　　//PI 是普通实型符号常量,代表 3.14159265

(2)方式二。

格式:

const 类型说明符 常量名 = 常量值;

例如:

const double PI = 3.14159265;　　　　　　//PI 是双精度符号常量,代表 3.14159265

PI 作为圆周率的值出现在程序表达式中,C++语言规定,每个符号常量的定义占据一个书写行,且符号常量不能再被赋值,即常量的值在程序中不能发生变化。

2. 变量

在程序的运行过程中其值可以改变的量称为变量。一个变量应该有一个名字,在内存中占据一定的存储单元。变量名和变量值是两个不同的概念。用于标识变量名、符号常量名、函数名、数组名、类型名、文件名的有效字符序列统称为标识符。简单来说,标识符就是一个名字。

C++语言规定标识符只能由字母、数字和下画线三种字符组成,且第一个字符不能是数字,不能是 C++语言中的关键字。例如,sum1、ave8、manx_value、_stuname、ShopName 都是合法的标识符。而 $3k、Incredible!、3ks、♯able、i>j 都是不合法的标识符。请注意,大写字母和小写字母在 C++语言中是不同的字符,例如 name、Name、NamE 都是互不相同的标识符。习惯上变量名一般用小写字母来表示,自定义的系统级变量名用下画线开头,在关注易读性的同时变量名还不宜太长。

C++语言中使用的变量都要进行类型强制定义,即"先定义,后使用"的原则。定义变量的主要作用是编译系统按定义的数据类型分配其相应大小的存储单元,但并不对其具体数值进行初始化。

定义变量的语法格式如下:

类型标识符 变量名 1,变量名 2,…,变量名 n;

例如:

```
int i = 5,j,k(5);          //定义 i、j、k 是整型变量,i、k 的初值为5,j 的初值未知
char a,b,c;                //定义 a、b、c 为字符变量
float x,y,z;               //定义 x、y、z 为实型变量
```

变量赋初值的一般形式如下:

类型标识符　变量 1 = 值 1,变量 2 = 值 2,…;

例如:

```
int   a = 10,b = 10,c = 10;    //等价于 int a,b,c; a = 10; b = 10; c = 10;
```

在变量声明中不允许连续赋值,但在变量定义后,可以使用连续赋值语句初始化。例如:

```
short   a = b = c = 1;          //不合法,报错
short   a,b,c; a = b = c = 1;    //合法
```

常量是有类型的数据,变量在某一时刻可用于存储一个常量,所以变量也是有类型的。变量一经定义,系统就会在内存中为其分配一个存储空间,程序中使用到某变量时,就会在相应的内存单元中取出数据或存入数据(变量访问),变量的值只有在再次赋值后才会发生改变。

3.2.4　标准数据类型

C++语言提供了丰富的数据类型,如图 3-11 所示。本节介绍几种基本的数据类型:整

型、实型、字符型。它们都是相同定义的简单数据类型,称为标准数据类型。

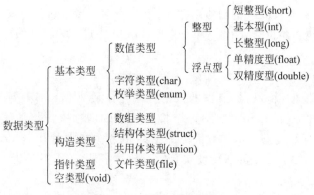

图 3-11　C++语言的数据类型

1. 整型变量

整型变量可分为:基本型(int)、短整型(short)、长整型(long)、超长整型(long long)和无符号型(unsigned)。

无符号型存储单元中所有二进制位都用于存放数据本身,而不用存储正负符号。无符号型又可以扩展成 unsigned int、unsigned short、unsigned long、unsigned long long 来表示。无符号变量只能存放不带符号的整数,即正数,由于所有数据位都用于表示数值本身,所以没有数据位可以专门存放正负符号。一个无符号整型变量可以存放的数的最大值比普通(带符号)整型的数的最大值扩大一倍。例如,short 类型在内存中占 2 字节(16 个二进制位),则 short 型变量的取值范围为 -32768~32767。而 unsigned short 型变量的取值范围为 0~65535。

如表 3-5 所示为各个整型变量的数据类型的取值范围,编程时需根据数的范围来选用合适的数据类型来定义变量。

表 3-5　整型变量的数据类型的取值范围

数 据 类 型	所占位数	数 值 范 围
short	16 位	$-32768 \sim 32767(-2^{15} \sim 2^{15}-1)$
int	32 位	$-2147483648 \sim 2147483647(-2^{31} \sim 2^{31}-1)$
long	32 位	$-2147483648 \sim 2147483647(-2^{31} \sim 2^{31}-1)$
long long	64 位	$-9223372036854775808 \sim 9223372036854775807$ $(-2^{63} \sim 2^{63}-1)$
unsigned short	16 位	$0 \sim 65535(0 \sim 2^{16}-1)$
unsigned int	32 位	$0 \sim 4294967295(0 \sim 2^{32}-1)$
unsigned long	32 位	$0 \sim 4294967295(0 \sim 2^{32}-1)$
unsigned long long	64 位	$0 \sim 18446744073709551615(0 \sim 2^{64}-1)$

关于整型溢出问题,通过表 3-5 可知,任意一种整型变量的数据类型都有自身的取值范围,但是程序在处理数据的过程中,有可能出现数值的大小超过取值范围的情况,这样就会出现整型溢出。溢出可以分成上溢出和下溢出两种:当数值大于数据类型规定的最大取值时,将产生上溢出现象,该极大数将会迅速变为极小数;同理,当数值小于数据类型规定的最小值时,将产生下溢出现象,该极小数将会迅速变为极大数。

2. 实型变量

前文已介绍实型常量的定义和使用方法,现在介绍实型变量的定义和使用方法。C++语言的实型变量分为单精度(float 型)和双精度(double 型)两类。例如:

```
float   i,j,k;                    //定义 i、j、k 为单精度实数
double    score;                  //定义 score 为双精度实数
```

在 DEV-C++编译环境下,float 型的数据将在内存某地址区域占据 4 字节(32 位)大小的空间用于存储数值,而 double 型的数据将在相应的内存中占据 8 字节来存储数值(64位)。很显然 double 型能够表示的数值范围比 float 型大得多。其中,float 型的单精度实数的有效数字是 7 位,double 型的双精度实数的有效数字是 15 或 16 位。

3. 字符变量

字符变量是用来存储字符常量的一种变量,每一个字符变量只能存放一个字符。例如:

```
char   a;                          //定义了一个字符变量,变量名为 a,在内存中占据 1 字节
char   b = 'A';                    //定义字符变量 b,b 存储了大写字母 A 的 ASCII 码数值
```

变量 b 存储的是大写字母 A 的 ASCII 码数值 65,即 65 的二进制形式。

在内存中字符数据以 ASCII 码存储,它的存储内容与整数的存储内容极其相似。一个字符变量可以以字符的形式输出,也可以以整数的形式输出。以字符形式输出时,先将内存中存储的 ASCII 码转换成相应的字符,然后输出;以整数形式输出时,直接将 ASCII 码的具体数值以整数形式输出。

因为字符变量等效于整型变量,所以字符变量也可以参与算术运算,此时相当于字符变量对应的 ASCII 码数值在进行算术运算。

【例 3-8】 字符变量与其 ASCII 码的关系。

【参考程序】

```
# include < cstdio >
int main()
{
    char ch1,ch2;
    ch1 = 'a';
    ch2 = 'A';
    printf("ch1 is % c,ch2 is % d\n ",ch1,ch2);
    printf("ch1 next symbol is % c\n ",ch1 + 1);
    printf("ch1 - ch2 = % d ",ch1 - ch2);
    return 0;
}
```

字符变量 ch1 和 ch2 分别被赋值小写字母 a 和大写字母 A,并分别以字符形式和整型数据形式输出;ch1 和 ch2 作为字符变量参与算术运算。运行结果如下:

```
ch1 is a,ch2 is 65
ch1 next symbol is b
ch1 - ch2 = 32
```

3.2.5 数据的输入输出

数据的输入输出是 C++语言中最基本的操作。数据的输出是通过读取存储在计算机内

存的某地址下的数值或字符通过不同的函数来输出到屏幕或者写入文件中；数据的输入也是通过读取存储在计算机内存缓冲区中的数值或字符依次存储到变量中去，如图 3-12 所示。

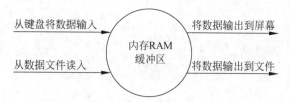

图 3-12 数据的输入输出

C++语言中没有提供专门的输入输出语句，所有的输入输出都是调用标准的输入输出库函数来实现的。使用时需包含的相应的头文件有：

```
# include < iostream >
# include < cstdio >
using namespace std;
```

C++标准库函数中提供了丰富的标准输入输出函数，常见的有字符输入输出函数 getchar()、putchar()，格式输入输出函数 scanf()、printf()，流输入输出函数 cin、cout。

1) 字符输入函数 getchar()

格式：

```
getchar();
```

功能：getchar()函数一次只接收从键盘输入的单个字符数据，以回车结束输入。它是一个无参函数。

过程：当程序调用 getchar()函数时，程序就等着用户按键，用户输入的字符被存放在键盘缓冲区中，直到用户按 Enter 键为止(回车字符也放在缓冲区中)。当用户按 Enter 键之后，getchar()函数才开始从 stdin 流中每次读入一个字符，getchar()函数的返回值是用户输入的第一个字符的 ASCII 码，如出错则返回-1，且将用户输入的字符回显到屏幕。

说明：

(1) 通常输入的字符需赋予一个字符变量，构成赋值语句。例如：

```
char ch;
ch = getchar();
```

(2) 输入多于一个字符时，只接收第一个字符，数字也按字符处理。

(3) getchar()函数等待用户输入，直到按 Enter 键才结束，因此可用于暂停程序运行，直到输入一个回车符。

(4) 如果程序中有多个 getchar()函数，应该一次性输入所需字符，最后按 Enter 键，否则回车符会作为一个字符传给后面的 getchar()函数。

【例 3-9】 getchar()函数的使用示例。

【参考程序】

```
# include < iostream >
# include < cstdio >
```

```
using namespace std;
int main()
{
    char ch = getchar();
    int k = getchar();
    cout <<"input First char = "<< ch << endl;
    cout <<"input Second char = "<< k << endl;
    return 0;
}
```

运行结果如下：

```
ab
input First char = a
input Second char = 98
```

2）字符输出函数 putchar()

格式：

putchar(ch);   //其中 ch 为一个字符变量或常量

功能：putchar()函数的功能是向标准输出设备(如显示器)输出单个字符数据。

说明：ch 若为十进制 ASCII 码值，则其取值区间为[0～127]。

【例 3-10】 字符输出函数 putchar()的应用。

【参考程序】

```
# include < iostream >
# include < cstdio >
using namespace std;
int main()
{
    char ch = 'A';           //定义字符变量 ch 并赋初值'A'
    putchar(ch);             //输出该字符
    putchar('\x41');         //用转义字符输出字母'A'
    putchar(0x41);           //用十六进制 ASCII 码值输出字母'A'
    putchar(65);             //用十进制 ASCII 码值输出字母'A'
    return 0;
}
```

3）通过 cout 流输出数据

cout 与流插入运算符(<<)结合可向显示器屏幕输出数据。cin、cout 均为 C++输入输出流的对象，为此使用时需包含头文件 iostream，即 # include < iostream >。

格式 1：

cout <<表达式；

功能：把表达式的值输出到屏幕。输出时，程序根据表达式的类型和数值大小采用不同的默认格式输出，大多数情况下可满足要求。若需要输出多个数据，可以连续使用流插入运算符。

格式 2：

cout <<表达式 1<<表达式 2<<表达式 3<<…；

功能：将多个表达式的值依次输出到显示器屏幕。

4）通过 cin 流读入数据

cin 与流插入运算符(>>)结合可从键盘输入数据。

格式 1：

cin>>变量；

功能：从键盘读入一个数据并将其赋给变量。

说明：cout 输出数据时一般无须关心表达式的数据类型，数据会按默认格式输出，cin 输入数据时需要考虑变量的具体类型，即输入数据与定义的变量必须保持数据类型一致。连续使用流操作"">>"可实现从键盘对多个变量输入数据。

格式 2：

cin>>变量 1>>变量 2>>变量 3…；

为多个变量输入数据时，要注意数据个数、类型与变量的一致性。数据与数据之间需有分隔符，分隔符可以是一个或多个空格键、回车键等。

例如："cin >> a >> b >> c;"等同于"cin >> a；cin >> b；cin >> c；"。

5）格式化输出函数 printf()

格式：

printf("格式控制字符串",输出列表)；

功能：格式化输出任意数据列表。

说明：

(1) 格式控制字符串用于指定输出格式，可由格式字符串和非格式字符串组成。格式字符串是以"%"开头的字符串，在"%"后面跟有各种格式字符，以说明输出数据的类型、形式、长度、小数位数等。如"%d"表示按十进制整数输出，"%ld"表示按十进制长整数输出。如果""内为非格式字符串，则原样输出，在显示中起提示作用。

(2) 格式字符串和各输出项在数量和类型上应该一一对应，各输出项即输出列表中各参数之间用","分隔。

C语言格式控制字符的含义与举例如表 3-6 所示，字段宽度修饰符的含义如表 3-7 所示。

表 3-6 格式控制字符的含义与举例

格式控制字符	含　义	举　例	结　果
%d	输入或输出一个十进制数	scanf("%d",&a); printf("%d",a);	15 15
%md	以宽度 m 输出整型数，不足 m 时，左补空格	int a＝15; printf("%4d",a);	--15 (-代表空格)
%0md	以宽度 m 输出整型数，不足 m 时，左补零	int a＝15; printf("%04d",a);	0015
%ld	输入或输出一个长整型十进制数	scanf("%ld",&a);	98989852435
%o	输入或输出一个八进制数	scanf("%o",&a); printf("%d",a);	101 65
%x	输入或输出一个十六进制数	scanf("%d",&a); printf("%x",a);	161 A1

续表

格式控制字符	含　　义	举　　例	结　　果
%u	输入或输出一个无符号数	scanf("%u",&a); printf("%u",a);	-1 4294967295
%c	输入或输出一个字符	scanf("%c",&a); printf("%c",a+1);	A B
%s	输入或输出一个字符串	printf("%s","aBc");	aBc
%f	输入或输出一个浮点数	scanf("%f",&a); printf("%f",a);	3.14 3.140000
%m.nf	仅限输出使用,以宽度 m 输出实型小数,小数位为 n 位	scanf("%f",&a); printf("%3.1f",a);	3.14 3.1
%-m.nf	仅限输出使用,以宽度 m 输出实型小数,小数位为 n 位,左对齐输出	scanf("%f",&a); printf("%-3.1f",a);	3.14 3.1
%lf	输入或输出一个双精度浮点数	scanf("%lf",&a); printf("%lf",a);	3.14 3.140000
%e	按科学记数法输出	scanf("%lf",&a); printf("%e",a);	314.159265 3.141593e+002
%g	按 e 和 f 格式中较短的一种输出	scanf("%lf",&a); printf("%g",a);	314.159265 3.14159

表 3-7　字段宽度修饰符的含义

修　饰　符	格　　式	含　　义
m	%md	以宽度 m 输出整型数,不足 m 时,左补空格
0m(首符号为数字零)	%0md	以宽度 m 输出整型数,不足 m 时,左补零
m.n	%m.nf	以宽度 m 输出实型小数,小数位为 n 位
-m.n	%-m.ne	以宽度 m 输出实型小数,小数位为 n 位,左对齐

【例 3-11】 格式控制符的使用示例。
【参考程序】

```
#include<cstdio>
int main()
{
    printf("%d%d%d\n",9/8,4*(6+3)%5,(4*6+3)%5);
    printf("%d  %d  %d\n",9/8,4*(6+3)%5,(4*6+3)%5);
    printf("9/8=%d4*(6+3)%5=%d(4*6+3)%5=%d\n",9/8,4*(6+3)%5,(4*6+3)%5);
    printf("%d %d %d\n",41%6,41%(-6),(-41)%6);
    return 0;
}
```

运行结果如下:

112
1 1 2
9/8=1 4*(6+3)=1(4*6+3)=2
5 5 -5

6）格式化输入函数 scanf()

格式：

scanf("格式控制字符串",地址列表);

功能：格式化输入任意数据列表。

说明：

（1）格式控制字符串的作用与 printf() 函数相同,将要输入的数据按指定的格式输入,如%d、%c 等,但不能显示非格式字符串,也就是不能显示提示字符串,提示串用 printf 语句来实现,输入数据的分隔可用一个以上的空格或回车作为数据之间的间隔。

（2）地址列表中给出各变量的地址,可以是变量的地址,也可以是字符串的首地址,地址由地址运算符"&"后跟变量名组成。

对于变量的地址和变量的值的关系,初学者常觉得不好理解。在赋值表达式中给变量赋值,例如：

```
int a = 789;
printf("%d %d %#X\n",a,&a,&a);
```

运行结果如下：

```
789 6422220 0X61FECC
```

则 a 为变量名,789 为变量的值,&a 是变量 a 的内存地址,该地址的具体取值对算法设计并没有什么作用,为此,一般并不关注其具体的取值。

scanf() 函数在本质上也是给变量赋值,但要求写变量的地址,如 &a。这两者在形式上是不同的,& 是一个取地址运算符,&a 是一个表达式,其功能是求变量的地址。

【例 3-12】 %d 格式控制字符串与% * 格式控制字符串的作用。

【参考程序 1】 %d 格式控制字符串的作用。【参考程序 2】 % * 格式控制字符串的作用。

```
# include < cstdio >
int main()
{
    int a,b,c;
    printf("input a,b,c\n");
    scanf("%d%d%d",&a,&b,&c);
    printf("a = %d,b = %d,c = %d",a,b,c);
    return 0;
}
```

```
# include < cstdio >
int main()
{
    int a,b;
    scanf("%d% * d%d",&a,&b);
    printf("a = %d,b = %d\n",a,b);
    return 0;
}
```

运行结果如下：

```
input a,b,c        input a,b,c
7 8 9              7
a = 7,b = 8,c = 9  8
                   9
                   a = 7,b = 8,c = 9
```

运行结果如下：

```
1 2 3
a = 1,b = 3
```

scanf() 函数的一些注意事项如下。

(1) scanf()函数中没有精度控制,如 scanf("%5.2f",&a)是非法的。

(2) 在输入多个数值数据时,若格式控制串中没有非格式字符作输入数据之间的间隔,则可以用空格、TAB 或回车作间隔。C 编译在碰到空格、TAB、回车或非法数据(如对" %d " 输入"12A"时,A 即为非法数据)时即认为该数据结束。

(3) 在输入字符数据时,若格式控制串中无非格式字符,则认为所有输入字符均为有效字符。

(4) 如格式控制串中有非格式字符,则输入时也要输入该非格式字符,如用逗号分隔输入数据:"scanf("%d,%d,%d", &a,&b,&c);"。

需要注意的是,%o、%x、%u 均输出无符号整数,单精度浮点数以%f 形式输出时,小数 6 位,有效数字 7 位;双精度浮点数以%lf 形式输出时,小数 6 位,有效数字 16 位;%e 形式输出时小数 6 位,指数 5 位,其中 e 占 1 位,指数符号占 1 位,指数 3 位,并以规范化指数形式输出,如 1.234560e+002。

【例 3-13】 %s 格式控制符的使用和域宽格式符的使用。

【参考程序 1】 %s 格式控制符的使用。

```
# include < cstdio >
int main()
{
    char st[40];
    scanf("% s",st);
    printf("Your input is:% s\n",st);
}
```

运行结果:

```
abc hello
Your input is:abc
```

【参考程序 2】 域宽格式符的使用。

```
# include < cstdio >
int main()
{
    int a,b;
    scanf("% 4d % 5d",&a,&b);
    printf("a = % d,b = % d\n",a,b);
}
```

运行结果:

```
123456789
a = 1234,b = 56789
```

【例 3-14】 某幼儿园里,有 5 个小朋友的编号为 1、2、3、4、5,他们按自己的编号顺序围坐在一张圆桌旁,且他们身上都有若干糖果。现在他们做一个分糖果游戏,从 1 号小朋友开始,将他的糖果均分三份(如果有多余的,则他将多余的糖果吃掉),自己留一份,其余两份分给与他相邻的两个小朋友。接着 2 号、3 号、4 号、5 号小朋友也这样做。问:经过一轮后,每个小朋友手上分别有多少糖果?

【要求】

输入一行,五个整数 a,b,c,d,e。

输出一行,五个整数(分别表示 5 个小朋友的剩余糖果数)。

【输入样例】

```
1 2 3 4 5
```

【输出样例】

```
2 1 2 3 2
```

```
# include <cstdio>                                    //引入 C 标准输入输出
using namespace std;
int main()
{
    int a,b,c,d,e;
    scanf("%d%d%d%d%d",&a,&b,&c,&d,&e);
    a=a/3; b=b+a; e=e+a;                              //1 号小朋友分糖
    b=b/3; c=c+b; a=a+b;                              //2 号小朋友分糖
    c=c/3; d=d+c; b=b+c;                              //3 号小朋友分糖
    d=d/3; e=e+d; c=c+d;                              //4 号小朋友分糖
    e=e/3; a=a+e; d=d+e;                              //5 号小朋友分糖
    printf("%5d%5d%5d%5d%5d\n",a,b,c,d,e);            //%5d 按 5 位宽度输出
    return 0;
}
```

7) 几种输入输出格式的说明

(1) cin 和 cout 在 Dev C++中只能调用<iostream>库,其他输入输出要调用<stdio.h>库或<cstdio>库。

(2) scanf()函数与 printf()函数在时效上比 cin 和 cout 好,所以在遇到大量数据的输入输出时,通常选用 scanf()函数与 printf()函数。

(3) 对于普通数据的输入输出,cin 和 cout 比较方便,而在格式化输入输出方面,scanf()函数和 printf()函数比较容易。C++语言中的格式控制符见 3.2.6 节。

(4) cin 和 cout 能够自动识别变量的数据类型,输入时不需要指定数据类型,scanf()函数和 printf()函数则需要在输入输出时指定数据类型。

3.2.6 C++流操纵算子

C++语言中常用的流操纵算子如表 3-8 所示,它们都是在头文件 iomanip 中定义的,要使用这些流操纵算子,必须包含该头文件。

注意,"流操纵算子"一栏中的星号(*)不是算子的一部分,星号表示在没有使用任何算子的情况下,就等效于使用了该算子。例如,在默认情况下,整数是用十进制形式输出的,等效于使用了 dec 算子。

表 3-8　C++语言中常用的流操纵算子

流操纵算子	作　　用
* dec	以十进制形式输出整数
hex	以十六进制形式输出整数
oct	以八进制形式输出整数
fixed	以普通小数形式输出浮点数
scientific	以科学记数法形式输出浮点数
left	左对齐,即在宽度不足时将填充字符添加到右边
* right	右对齐,即在宽度不足时将填充字符添加到左边
setbase(b)	设置输出整数时的进制,b=8、10 或 16
setw(w)	指定输出宽度为 w 个字符,或输入字符串时读入 w 个字符

流操纵算子	作　用
setfill(c)	在指定输出宽度的情况下,输出的宽度不足时用字符 c 填充(默认情况是用空格填充)
setprecision(n)	设置输出浮点数的精度为 n。 在使用非 fixed 且非 scientific 方式输出的情况下,n 即为有效数字最多的位数,如果有效数字位数超过 n,则小数部分四舍五入,或自动变为科学记数法输出并保留共 n 位有效数字。 在使用 fixed 方式和 scientific 方式输出的情况下,n 是小数点后面应保留的位数

1. 流操纵算子的使用方法

使用这些算子的方法是将算子用<<和 cout 连用。例如:

```
cout << hex << 12 <<"," << 24;
```

该条语句的作用是指定以十六进制形式输出后面两个数,因此输出结果如下:

```
c,18
```

2. 综合示例

【例 3-15】 流操纵算子的使用。

【参考程序】

```cpp
# include < iostream >
# include < iomanip >
using namespace std;
int main()
{
    int n = 141;
    //1) 分别以十六进制、十进制、八进制先后输出 n
    cout <<"1)"<< hex << n <<" "<< dec << n <<" "<< oct << n << endl;
    double x = 1234567.89, y = 12.34567;
    //2)保留 5 位有效数字
    cout <<"2)"<< setprecision(5)<< x <<" "<< y <<" "<< endl;
    //3)保留小数点后面 5 位
    cout <<"3)"<< fixed << setprecision(5)<< x <<" "<< y << endl;
    //4)科学记数法输出,且保留小数点后面 5 位
    cout <<"4)"<< scientific << setprecision(5)<< x <<" "<< y << endl;
    //5)非负数显示正号,输出宽度为 12 字符,宽度不足则用 * 填补
    cout <<"5)"<< showpos << fixed << setw(12)<< setfill(' * ')<< 12.1 << endl;
    //6)非负数不显示正号,输出宽度为 12 字符,宽度不足则右边用填充字符填充
    cout <<"6)"<< noshowpos << setw(12)<< left << 12.1 << endl;
    //7)输出宽度为 12 字符,宽度不足则左边用填充字符填充
    cout <<"7)"<< setw(12)<< right << 12.1 << endl;
    //8)宽度不足时,负号和数值分列左右,中间用填充字符填充
    cout <<"8)"<< setw(12)<< internal << - 12.1 << endl;
    cout <<"9)"<< 12.1 << endl;
    return 0;
}
```

运行结果如下:

1)8d 141 215
2)1.2346e+06 12.346
3)1234567.89000 12.34567
4)1.23457e+06 1.23457e+01
5) *** +12.10000
6)12.10000 ****
7) **** 12.10000
8) - *** 12.10000
9)12.10000

需要注意的是,setw()算子所起的作用是一次性的,即只影响下一次输出。每次需要指定输出宽度时都要使用 setw()。因此可以看到,第9)行的输出因为没有使用 setw(),输出的宽度就不再是前面指定的 12 个字符。

在读入字符串时,setw()还能影响 cin 的行为。见例 3-16。

【例 3-16】 setw()函数控制输入的程序示例。

【参考程序】

```
#include <iostream>
#include <iomanip>
using namespace std;
int main()
{
    string s1,s2;
    cin >> setw(4)>> s1 >> setw(3)>> s2;
    cout << s1 <<","<< s2 << endl;
    return 0;
}
```

输入:1234567890。

运行结果:1234,567。

说明 setw(4)使得读入 s1 时,只读入 4 个字符,其后的 setw(3)使得读入 s2 时只读入 3 个字符。

setw()用于 cin 时,同样只影响下一次的输入。

试思考:setw()究竟是如何实现的,以至于能和 cout 连用来指定输出宽度? 自行查看编译器所带的 iomanip 头文件,然后写一个功能和 setw()完全相同的 mysetw()。

cout 是一个 ostream 类的对象,可以通过 cout 调用一些成员函数用于控制输出的格式,其作用和流操纵算子相同,如表 3-9 所示。

表 3-9 ostream 类的成员函数

成员函数	作用相同的流操纵算子	说 明
precision(n)	setprecision(n)	设置输出浮点数的精度为 n
width(w)	setw(w)	指定输出宽度为 w 个字符
fill(c)	setfill(c)	在指定输出宽度的情况下,输出的宽度不足时用字符 c 填充(默认情况是用空格填充)
setf(flag)	setiosflags(flag)	将某个输出格式标志置为 1
unsetf(flag)	resetiosflags(flag)	将某个输出格式标志置为 0

setf()和 unsetf()函数用到的 flag 与 setiosflags()函数和 resetiosflags()函数用到的完全相同。这些成员函数的用法十分简单。例如下面的三行程序：

```
cout.setf(ios::scientific);
cout.precision(8);
cout << 12.23 << endl;
```

运行结果如下：

```
1.22300000e + 001
```

3.2.7 顺序结构程序设计实例

【例 3-17】 鸡兔同笼,共有 35 个头,94 只脚,求鸡兔各几何?

【问题分析】 设有鸡、兔分别为 x 只和 y 只,并用 a 表示头数,b 表示脚数,则有方程组：

$$\begin{cases} x + y = a \\ 2x + 4y = b \end{cases}$$

解方程组得：

$$\begin{cases} x = 2a - b/2 \\ y = b/2 - a \end{cases}$$

```
# include < iostream >
using namespace std;
int main()
{
    int a,b,x,y;                              //定义变量
    a = 35,b = 94;                            //变量赋初值
    x = 2 * a - b/2;                          //求鸡的只数
    y = b/2 - a;                              //求兔的只数
    cout <<"x = "<< x <<"   y = "<< y << endl;  //输出结果
    return 0;
}
```

【说明】 从变量赋初值,求鸡的只数和兔的只数,并输出计算结果,程序一步步由上往下顺序执行,这种从上至下的求解过程称为顺序结构程序设计。

【思考】 上述程序是通过解方程组的方式来求解问题的,如果从数学思维的角度来分析,本题该如何解呢? 我们知道每只兔子比鸡多两只脚,所以$(94-35\times2)/2$ 就是兔子数。试想还有其他求鸡兔只数的方法吗? 请用程序实现你的方法。

【例 3-18】 求一内半径为 10cm,外半径为 20cm 的空心球体的体积。要求按四舍五入保留到小数点后 4 位。

【问题分析】 球的体积计算公式为 $V = \dfrac{4}{3}\pi r^3$。

【参考程序】

```
# include  <cstdio>
double const PI = 3.1415926;              /* 定义符号常量PI代表π */
```

```
int main()
{
    double r1,r2;                      /* r1、r2 分别表示球的内半径和外半径 */
    double vol;                        /* vol 表示体积 */
    printf("Enter r1,r2 = ");
    scanf(" % lf, % lf",&r1,&r2);      /* 输入 double 数据使用 % lf 格式控制 */
    vol = 4.0/3.0 * PI * (r2 * r2 * r2 - r1 * r1 * r1);
    printf("V = % 10.4lf",vol);
    return 0;
}
```

【思考】　以下三组相同数据不同的输入方式为何产生不同的输出结果？

Enter r1,r2 = 10,20
V = 29321.5309
Enter r1,r2 = 10 20
V = - 4188.7901
Enter r1,r2 = 10
V = - 4188.7901

【例 3-19】　输入一个长度不变的四位数，要求把数字逆序，如输入 3124，输出 4213。

【问题分析】　先求出该四位数的千、百、十、个位数字，然后再求逆序的新四位数。

【参考程序】

```
# include  < iostream >
using namespace std;
int main()
{
    int k;
    cin >> k;                   //输入一个四位数
    int a = k/1000;             //千位数
    int b = (k/100) % 10;       //百位数
    int c = (k % 100)/10;       //十位数
    int d = k % 10;             //个位数
    k = d * 1000 + c * 100 + b * 10 + a;
    cout << k << endl;
    return 0;
}
```

【思考】　还有其他逆序方法吗？请编程实现你的方法。

【例 3-20】　公交车公司要统计公交车从始发站到终点站所花费的时间。已知公交车于 a 时 b 分出发，并于当天 c 时 d 分到达终点站（24 小时制）。公交车从始发站到终点站共花了 e 小时 f 分钟（$0 \leq f < 60$），要求输出 e 和 f 的值。

【输入样例】

12 5 13 19

【输出样例】

公交车从首站到末站共用了 1 小时 14 分钟

【问题分析】　公交车路途花费的时间＝到达时间－出发时间。问题中给出的是小时和分钟，需要将时间统一转换为分钟进行计算，再将计算结果转换为小时和分钟后输出。这就

是问题求解的步骤,简称算法。该算法描述如下:

(1) 输入 a、b、c。

(2) 求路途花费的时间:timepast=60 * c+d−(a * 60+b)。

(3) 将 timepast 转换为小时和分钟。

(4) 输出结果。

【参考程序】

```
# include < iostream >
using namespace std;
int main()
{
    int a,b,c,d,e,f,timepast;
    cin >> a >> b >> c >> d;
    timepast = 60 * c + d - (60 * a + b);          //计算沿途的总花费分钟
    e = timepast/60;                                //转换为小时
    f = timepast % 60;                              //转换为分钟
    cout <<"公交车从首站到末站共用了"<< e <<"小时"<< f <<"分钟"<< endl;
    return 0;
}
```

运行结果如下:

12 5 13 19
公交车从首站到末站共用了 1 小时 14 分钟

【思考】 还有其他解题方法吗?如果有请编程实现你的方法。

【例 3-21】 让计算机随机生成一道加减混合运算的题目,并输出题目和运算结果。参加运算的数据为 1~1000 的随机整数。

【问题分析】 显然,问题的关键是如何生成随机数。C++语言中生成随机数的方法有如下两种。

(1) 使用 rand()函数返回[0,MAX)区间的随机整数,这里的 MAX 由所定义的数据类型而定,需要在头文件处使用"# include < cstdlib >"。

(2) 使用 srand(time(NULL))或 srand(time(0))设置系统时间值为随机数种子。由于系统时间是变化的,那么种子也是变化的。需要在头文件处使用 # include < cstdlib >和 # include < ctime >。

随机数种子的作用是使 rand()函数每次生成随机数据,如果不用随机数种子或用固定随机数种子,rand()函数每次生成相同的随机数据。

产生一定范围随机数的通用表示公式如下。

• 要取得[a,b)的随机整数,使用(rand()%(b−a))+a。

• 要取得[a,b]的随机整数,使用(rand()%(b−a+1))+a。

• 要取得(a,b]的随机整数,使用(rand()%(b−a+1))+a+1。

• 通用公式:a+rand()%n,其中 a 是起始值,n 是整数的范围。

要取得 a~b 的随机整数,另一种表示:

a + (int)b * rand() /(RAND_MAX + 1)

要取得 0~1 的浮点数,可以使用 rand()/double(RAND_MAX)

【参考程序】

```
# include < iostream >
# include < cstdlib >
# include < ctime >
using namespace std;
int main()
{
    int x,y,z;
    srand(time(0));                        //随机数种子
    x = rand() % 1000 + 1;                 //1～1000 的随机数
    y = rand() % 1000 + 1;
    z = rand() % 1000 + 1;
    cout << x <<" + "<< y <<" - "<< z <<" = "<< x + y - z << endl;
    return 0;
}
```

【例 3-22】 输入四个正整数 a、b、c、$n(a$、b、c 均小于 200，$n \leqslant 6)$，求 $a^n + b^n + c^n$。

【输入样例】

34　56　7　5

【输出样例】

s = 596184007

【问题分析】 C 语言标准数学函数中有求乘方函数 pow(x,y)可求解 a^n 等。

【参考程序】

```
# include < iostream >
# include < cmath >                        //C 常用数学函数
# include < iomanip >                      //C++格式化输入输出控制,流操纵算子头文件
using namespace std;
int main()
{
    double a,b,c,n,s;
    cin >> a >> b >> c >> n;
    s = pow(a,n) + pow(b,n) + pow(c,n);
    cout << setprecision(15)<<"s = "<< s << endl;  //设置输出浮点数的精度为 15
    return 0;
}
```

在 5.0 版本的 Dev C++中，< iostream >不是万能的，不包括 cstdio、string、cstdlib、algorithm 等，使用时需要显式包括。其他常用的 min、max 函数也不包括。为此使用时需要注意。

（1）getchar()、stdin、stdout、freopen()、fclose()、scanf()等在 C++语言中需调用< cstdio >。

（2）memset()需要调用< string.h >或< string >。

（3）qsort()、exit()需要调用< stdlib.h >或< cstdlib >。

练习题

一、选择题

1. 一个用 C 语言编写的可执行程序必须有的一个函数是(　　)。

  A. 主调函数   B. main()函数 C. 被调函数   D. 子函数

2. 以下常量定义正确的是(　　)。

  A. #define S=24   B. #define S 24;

  C. #define S 24   D. #define S=24;

3. 一个用 C 语言编写的可执行程序总是从(　　)开始执行的。

  A. 程序中的第一个函数

  B. 程序中的第一条可执行语句

  C. 第一个包含文件(#include)的第一个函数

  D. 程序中唯一的 main()函数

4. C 语言程序中,表达式 5%2 和 5/2 的结果分别是(　　)。

  A. 5 2   B. 1 2   C. 2.5 2   D. 2 2.5

5. 设 a 为整型变量,不能正确表达数学关系 $10 < a < 15$ 的 C 语言表达式是(　　)。

  A. 10<a<15   B. a==11||a==12||a==13||a==14

  C. a>10&&a<15   D. !(a<=10)&&!(a>=15)

6. 若有变量声明"double y;",则能通过 scanf 语句正确输入数据的语句是(　　)。

  A. scanf("%f",&y);   B. scanf("%f",y);

  C. scanf("%d",y);   D. scanf("%lf",&y);

7. 若有变量声明"int x=10,y=4,f;double m;",则执行表达式 f=m=x/y 后,f、m 的值分别是(　　)。

  A. 2 2.5   B. 3 2.5   C. 2.5 2.5   D. 2 2.0

8. 若有变量声明"int a=3,b=4,c=5;",则下列表达式中值为 0 的是(　　)。

  A. 'a'&&'b'   B. a<=b

  C. a||b+c&&b-c   D. !(a<b&&c<b||b)

9. 若有"int x,y,z,m=10,n=5;",执行以下语句:

```
x = ( --m == n++)? --m:++n;
y = m++;
z = n;
```

  则 x、y、z 的值分别为(　　)。

  A. 7、9、7   B. 5、9、7   C. 6、11、5   D. 10、11、10

10. 若 a 为整型变量,且其值为 3,则执行完表达式 a+=a-=a*a 后,a 的值是(　　)。

  A. -3   B. 9   C. -12   D. 6

11. 语句"x*=y+2;"还可以写为(　　)。

  A. x=x*y+2; B. x=2+y*x; C. x=x*(y+2); D. x=y+2*x;

12. 在下列数学式中,变量 x 和 y 为 double 类型,而变量 a 和 b 为 int 类型,对应该数学式$\frac{6ab}{7xy}$的正确表达式是（ ）。

A. 6/7 * a * b/x/y
B. 6/x * a * b/7/y
C. 6 * a * b/7/x/y
D. 6 * a * b/7 * x * y

13. 判断年份 y 是否为闰年的表达式为（ ）。

A. y%4==0&&y%100!=0
B. (y%4==0&&y%100!=0)||(y%400==0)
C. (y%4==0)||(y%400==0&&y%100!=0)
D. y%4==0

14. 若有变量声明"int a,b;"，执行语句"b=(a=3 * 5，a * 4)，a+15;"后，b 的值为（ ）。

A. 15
B. 30
C. 60
D. 90

15. 已定义 ch 为字符型变量，NULL 表示空值，以下赋值表达式中错误的是（ ）。

A. ch=NULL
B. ch='\xaa'
C. ch=62+3
D. ch='\'

二、程序设计

1. 位数对调：输入一个三位自然数，把这个数的百位与个位数对调，输出对调后的数。（例如，请输入一个三位数：234，输出：n=432。）

2. 分钱游戏：甲、乙、丙三人共有 24 元钱，先由甲分钱给乙和丙两人，所分给的数与乙和丙已有的数相同，接着由乙分给甲和丙钱，分钱方法不变，接着由丙继续分钱。经过上述的三次分钱后，三个人的钱正好一样多，求原来三个人各自有多少钱？

3. 严格按照给出的格式输出下列表格。

```
-------------------------------------------------------
Province      Area(km2)     Pop.(10K)
-------------------------------------------------------
Anhui         139600.00     6461.00
Beijing        16410.54     1180.70
Chongqing      82400.00     3144.23
Shanghai        6340.50     1360.26
Zhejiang      101800.00     4894.00
```

4. 已知摄氏温度（℃）与华氏温度（℉）的转换关系是：$C=\frac{5}{9}(F-32)$，请写出将输入的华氏度转换为摄氏度并输出的程序。

5. 计算存款到期时的税前利息。计算公式如下：

$$interest=money(1+rate)^{year}-money$$

（例如，输入：存款（money）、存期（year）和年利率（rate）。输出：计算存款到期时的税前利息（interest），要求保留小数点后 2 位。）

【输入示例】

10000
3
0.025

【输出示例】

768.91

【提示】

可以使用数学库中的 pow()函数。包含头文件< math.h >。

6.【NOIP2017 普及组】成绩。

【问题描述】

牛牛最近学习了 C++语言的入门课程,这门课程总成绩的计算方法是:总成绩＝作业成绩×20％＋小测成绩×30％＋期末考试成绩×50％。牛牛想知道这门课程自己最终能得多少分。

【输入格式】

输入文件名为 score.in。

输入文件只有一行,包含三个非负整数 A、B、C,分别表示牛牛的作业成绩、小测成绩和期末考试成绩。相邻两个数之间用一个空格隔开,三项成绩的满分都是 100 分。

【输出格式】

输出文件名为 score.out。

输出文件只有一行,包含一个整数,即牛牛这门课程的总成绩,满分也是 100 分。

3.3　分支结构程序设计

分支结构也称选择结构,分支结构语句包括了 if 和 switch 语句。if 选择结构称为单分支选择结构,选择或忽略一个分支的操作。if/else 选择结构称为双分支选择结构,在两个不同分支中选择。switch 选择结构称为多分支(或多项)选择结构,以多种不同的情况选择多个不同的操作。

if、else、switch、while、do 和 for 等都是 C++语言的关键字,这些关键字是该语言保留的,因此也称为保留字,用于实现 C++语言控制结构的不同特性。关键字不能作变量名等一些标识符。C++语言的关键字只能由小写字母组成。顺序、选择、循环是程序的基本控制结构。

3.3.1　if 语句

1. if 语句(单分支结构)

格式:

```
if(条件表达式)
{
    <语句 1>;
}
```

功能:如果条件表达式的值为真,则执行其后的<语句 1 >,否则不执行<语句 1 >而转去执行该 if 语句之后的语句。

说明：条件表达式必须用圆括号括起来。

【例 3-23】 编写程序，当期末考试的数学、语文、英语的成绩都达 90 分以上时，控制台输出"妈妈给我换新手机"。

【参考程序】

```
# include < cstdio >
int main()
{
    double math_score,chin_score,eng_score;
    scanf("%lf%lf%lf",&math_score,&chin_score,&eng_score);
    if(math_score>=90&&chin_score>=90&&eng_score>=90)
    {
        printf("妈妈给我换新手机");
    }
}
```

2. if/else 语句（双分支结构）

格式：

```
if(条件表达式)
{
    <语句 1>;
}
else {
    <语句 2>;
}
```

功能：当条件表达式的值为非零（条件成立）时执行<语句 1>，否则执行 else 后面<语句 2>。

【例 3-24】 输入年份，判断是否是闰年。

【问题分析】 公历的年份被 4 整除且不被 100 整除，或被 400 整除为闰年。

【参考程序】

```
# include  < iostream >
using namespace std;
int main()
{
    int year;
    cin >> year;
    if(year%4==0&&year%100!=0||year%400==0)        //判断是否为闰年
    {
        cout << year <<"年是闰年"<< endl;
    }
    else{
        cout << year <<"年是平年"<< endl;
    }
    return 0;
}
```

3. if/else if 语句(多分支结构)

格式:

```
if(条件表达式 1)
{
    语句 1;
}
else if(条件表达式 2)
    {
        语句 2;
    }
  …
else if(条件表达式 n)
    {
        语句 n;
    }
else {
语句块 n+1;
}
```

功能:if/else 语句的逐层递推使用,条件表达式的值为真时执行语句 i,否则执行后面的语句块 $i+1$。其中 $i \in [1,n]$。

【例 3-25】 计算以下分段函数。

$$\begin{cases} x \in [0,5), & y = -x + 2.5 \\ x \in [5,10), & y = 2 - 1.5(x-4)(x-3) \\ x \in [10,20), & y = x/2 - 1.5 \\ x < 0 \ \text{或} \ x \geqslant 20, & \text{无解}。 \end{cases}$$

【参考程序】

```cpp
#include <iostream>
#include <cstdio>
using namespace std;
int main()
{
    double x,y;
    cin >> x;
    if(x < 0)
    {
        cout <<"方程无解";
    }
    else if(x < 5)
        {
            y = -x + 2.5;
        }
        else if(x < 10)
            {
                y = 2 - 1.5 * (x-4) * (x-3);
            }
            else if(x < 20)
```

```
                    {
                        y = x/2.0 - 1.5;
                    }
                    else{
                        cout <<"方程无解";
                    }
            printf("y = %.2lf",y);
            return 0;
    }
```

【例 3-26】　你买了一箱苹果,有 n 个。但箱子里混进了一条虫子,虫子每 x 小时能吃掉一个苹果,假设虫子在吃完一个苹果前不会吃另一个,那么经过 y 小时后,你还有多少个完整的苹果?

【参考程序】

```
# include < cstdio >
int main()
{
    int apple,x,y;
    printf("请输入苹果的数量:");
    scanf("%d",&apple);              //apple 用于存储苹果的数量
    printf("请输入虫子 x 小时吃掉一个苹果:");
    scanf("%d",&x);                  //x 用于存储虫子吃苹果的速度
    printf("请输入经过 y 小时:");
    scanf("%d",&y);                  //y 用于存储等待的时间
    if(y % x == 0)
    {
        y = y/x;                     //如果 x 可以被 y 整除,那么 y/x 代表吃掉的苹果数
    }
    else {
        y = y/x + 1;                 //否则,y/x + 1 代表吃掉的苹果, + 1 代表没吃完的苹果
    }
    printf("只剩下 %d 个完整的苹果",apple - y);   //苹果总数 - 吃掉苹果数的差为结果
    return 0;
}
```

4. 三目运算符

C++语言中有一个常用来代替 if/else 语句的操作符,该操作符被称为三目运算符(?:),它是 C++语言中唯一一个需要 3 个操作数的操作符。该操作符的通用格式如下:

<表达式 1>?<表达式 2> :<表达式 3>

功能:如果<表达式 1>为真,只计算<表达式 2>,并将其结果作为整个表达式的值;否则,只计算<表达式 3>,并将其结果作为整个表达式的值。如:

```
x = 5 > 3?10:12              //5 > 3 为 true,所以 x = 10
x = 3 == 9?25:18            //3 == 9 为 false,所以 x = 18
```

【例 3-27】　乘坐飞机时,当乘客的行李小于或等于 20 千克时,按每千克 1.68 元收费,大于 20 千克时,按每千克 1.98 元收费。编程计算收费金额(保留 2 位小数)。

【参考程序】

```
# include <cstdio>                //引入 C 标准输入输出
int main()
{
    float w,s;
    scanf("%f",&w);
    s = w<=20? w*1.68:w*1.98;
    printf("%.2f\n",s);
    return 0;
}
```

【例 3-28】 已知三角形的三条边长分别为 a、b、c，求三角形的面积。

【提示】 根据海伦公式计算三角形的面积：

$$S = \frac{a+b+c}{2}; \quad Area = \sqrt{S(S-a)(S-b)(S-c)}$$

【问题分析】 (1) 输入的三角形的三边长 a、b、c 要满足"任意两边长的和大于第三边长"。

(2) 根据海伦公式计算：$s=(a+b+c)/2$；$x=s*(s-a)*(s-b)*(s-c)$。

(3) 求面积：$Area=\sqrt{x}$，并输出 Area 的值。

【参考程序】

```
# include <cstdio>
# include <cmath>
int main()
{
    float a,b,c,Area,s,x;
    printf("Input a, b, c\n");
    scanf("%f%f%f",&a,&b,&c);
    if(a>0&&b>0&&c>0&&a+b>c&&a+c>b&&b+c>a) //任意两边之和大于第三边
    {
        s=(a+b+c)/2;
        x=s*(s-a)*(s-b)*(s-c);
        Area=sqrt(x);
        printf("Area=%8.5f\n",Area);
    }
    else {
        printf("Input error! \n");
    }
}
```

3.3.2 switch 语句

switch 语句是多分支选择语句，if 却只有两个分支可供选择，例如，要实现前述的分段函数计算，需反复嵌套才可以实现，改用 switch 语句就能使代码显得更为简洁。避免了嵌套的 if 语句的冗长和可读性较差。

格式：

```
switch(表达式)
{
    case 常量表达式 1：[语句序列 1；][break；]
    case 常量表达式 2：[语句序列 2；][break；]
     ...
    case 常量表达式 n：[语句序列 n；][break；]
    [default ：语句序列 n+1；]
}
```

功能：先计算表达式的值，并逐个与 case 后的常量表达式的值进行比较；当表达式的值与某个常量表达式的值相等时，则执行其后的语句序列，然后顺序执行之后的所有语句，直到遇到 break 语句或 switch 语句的右括号"}"为止。如果 switch 语句中包含 default，default 表示表达式的值与所有 case 后的常量表达式均不相同，则执行 default 后的语句，通常 default 放在 switch 语句的最后。

说明：

(1) 合法的 switch 语句中的表达式，其取值只能是整型、字符型、布尔型或枚举型。

(2) 常量表达式是由常量组成的表达式，值的类型与表达式的类型相同。

(3) 任意两个 case 后的常量表达式的值必须各不相同，否则会引起歧义。

(4) 语句序列可以由多条语句组成，且无须用"{"和"}"括起来。

(5) 各 case 子句的先后顺序可以变动，这不会影响程序的执行结果。

(6) 基本格式中的中括号对([])表示可选项。

【例 3-29】 模拟计算器：试编写一个根据用户输入的两个操作数和一个运算符，由计算机输出运算结果的程序。这里只考虑使用加(＋)、减(－)、乘(＊)、除(/)四种运算。

【问题分析】 该例题的关键是判断输入的两数是作何种运算(由输入的运算符决定，如'＋'、'－'、'＊'、'/'分别表示加、减、乘、除的运算)。其中要进行除(/)运算时，要先进行合法性检查，即除数不能为 0。

【参考程序】

```
# include < cstdio >
int main()
{
    float a,b,s;
    char c;
    printf("input expression: a+(-,*,/)b\n");
    scanf("%f%c%f",&a,&c,&b);
    switch(c)
    {
        case '+':                    //留意每个 case 语句的写法及排版
            printf("=%f\n",a+b);
            break;
        case '-':
            printf("=%f\n",a-b);
            break;
        case '*':
            printf("=%f\n",a*b);
            break;
```

```
        case '/':
            if(b==0)                        //进行除运算时,必须考虑除数为0时的特殊处理方法
            {
                    printf("Data error:data divided by zero \n");
            }
            else {
                    printf(" = % f\n",a/b);
            }
            break;
        default:
            printf("input error\n");
    }
}
```

3.3.3 分支结构程序设计实例

【例3-30】 恩格尔系数是德国统计学家恩格尔在19世纪提出的反映一个国家和地区居民生活水平状况的定律,是划分收入的重要指标,指食品支出总额占个人消费支出总额的比重。联合国根据恩格尔系数,制定了一个衡量世界各国生活水平的划分标准,即恩格尔系数大于或等于60%时为贫穷,50%～60%时为温饱,40%～50%时为小康,30%～40%时为相对富裕,20%～30%时为富裕,20%以下为极其富裕。设x为人均食物支出金额,y为人均总支出金额,n表示恩格尔系数,则$n=100\dfrac{x}{y}$。输入人均食物支出金额与人均总支出金额,请输出属于贫穷、温饱、小康、相对富裕、富裕或极其富裕中的哪一种情况。

【问题分析】 显然n的值分布在$0\sim100$,而n值是以10为间隔划分生活水平的,因此,可以用$n/10$作为switch表达式。

【参考程序】

```
# include < cstdio >
int main()
{
    float x,y;
    int n;
    scanf("% f % f",&x,&y);
    n=10*x/y;                              //10*而不是100*,作用为将恩格尔系数改为个位数
    switch(n)
    {
        case 0:
        case 1:
            printf("极其富裕\n");
            break;
        case 2:
            printf("富裕\n");
            break;
        case 3:
            printf("相对富裕\n");
            break;
```

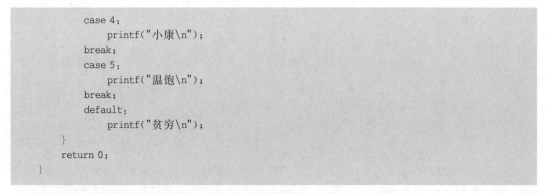

```
        case 4:
            printf("小康\n");
        break;
        case 5:
            printf("温饱\n");
        break;
        default:
            printf("贫穷\n");
    }
    return 0;
}
```

【实践】　请用 if 分支语句实现上述算法。

【例 3-31】　在劳动技术课上，老师拿来了不同长度的铁丝，并给每名同学都发一根铁丝，要求用手上的铁丝制作固定面积的矩形框，小计想利用计算机帮助大家求出矩形的长和宽，这样就能快速完成任务。当然，解决问题的算法是要大家共同分析完成的。

【输入样例 1】　　　　　　　　　　　【输入样例 2】

18　20　　　　　　　　　　　　　　8　5

【输出样例 1】　　　　　　　　　　　【输出样例 2】

矩形的长和宽分别为:5,4　　　　　　找不到这样的矩形

【问题分析】　设铁丝的长度为 p，矩形面积为 s，这是已知的。设所求矩形的宽为 x，则长为 $p/2-x$。那么 $s=(p/2-x)x$ 化简得 $x^2-\dfrac{p}{2}x+s=0$。由此可知，该问题转换为已知 p、s，求一元二次方程实数根的问题。即判别式 $(b^2-4ac)\geqslant0$，则问题有解，否则无解。算法如下：

（1）输入铁丝的长度 p 和矩形面积 s。

（2）计算 $\Delta=d=p^2/4-4s$。

（3）如果 $d<0$，问题无解。

（4）否则，如果 $d=0$，则 $x1=x2=p/4$；如果 $d>0$，则 $x1=(p/2+\text{sqrt}(d))/2,x2=(p/2-\text{sqrt}(d))/2$。

（5）结束。

【参考程序】

```
# include < cmath >                    //需调用 C++标准数学函数
using namespace std;
int main()
{
    double p,s,x1,x2;
    double d;
    cin >> p >> s;
    d = p * p/4 - 4 * s;               //计算一元二次方程判别式
    if(d < 0)
    {
        cout <<"找不到这样的矩形"<< endl;
    }
    else                               //求方程的解
```

```
{   if(d == 0)
    {
        x1 = x2 = p/4;
    }
    else
    {
        x1 = (p/2 + sqrt(d))/2;
        x2 = (p/2 - sqrt(d))/2;
    }
    cout <<"矩形的长和宽分别为:"<< x1 <<","<< x2 << endl;
}
return 0;
}
```

【例 3-32】 输入三个数,按从大到小排序后输出。

【问题分析】 输入三个数(题目没给出数据类型,不妨设为普通实数,其他数据类型的算法是一样的),先对三个数排序,然后输出结果。问题的关键是如何对三个数排序,算法如下:

```
if a < b then swap(a,b)                //执行结果保证a≥b
if a < c then swap(a,c)                //执行结果保证a≥b 且 a≥c
if b < c then swap(b,c)                //执行结果保证a≥b≥c
print a b c
```

【参考程序】

```
# include < bits/stdc++ . h >
using namespace std;
int main()
{
    float a,b,c;
    cin >> a >> b >> c;
    if(a < b)
    {
        swap(a,b);                          //保证a>b
    }
    if(a < c)
    {
        swap(a,c);                          //保证a>c 即 a>b&a>c
    }
    if(b < c)
    {
        swap(b,c);                          //保证b>c 即 a>b>c
    }
    cout << a <<"   "<< b <<"   "<< c << endl;
    return 0;
}
```

【例 3-33】 某货运公司对所运货物采用分段计费的方式。对于重量为 w 的货物,基价为 p 元/(吨·千米),折扣为 d,运输里程为 m,当里程处于不同里程阶段 s 时,折扣不同,详见表 3-10,每阶段运费 f 的计算公式为 $f = pws(1-d)$。设计程序,当输入 p、w 和 m 后,

计算总运费 f。

表 3-10 分段计费表

阶段里程(s)	折 扣
$s<250$	不打折扣
$250 \leqslant s<500$	2%折扣
$500 \leqslant s<1000$	5%折扣
$1000 \leqslant s<2000$	8%折扣
$2000 \leqslant s<3000$	10%折扣
$3000 \leqslant s$	15%折扣

【问题分析】 分段计费是指某货物在整个运输过程中,其费用为每一阶段的费用之和。若某货物的运输里程为 2500 千米,则有各 500 千米分别享受 10%和 5%的折扣,1000 千米享受 8%的折扣,各 250 千米享受 2%折扣和 0 折扣,总费用为 5 个不同里程阶段的费用之和。从算法实现看,显然本例题可以直接用 if 分支语句来实现;但本问题是一个多阶段问题,所以,本例题也可以用 switch 语句来实现。从表 3-10 中可以发现,以 250 千米即"m/250"作为 switch 语句表达式是比较合理的。表达式值的范围 0～11 时,对应的是 3000 千米以内的里程阶段,超过 3000 千米可以用 default 处理,每个里程阶段要计算实际能享受的折扣及里程数。

【参考程序】

```cpp
#include<iostream>
using namespace std;
int main()
{
    int c,s;
    float p,w,d,f,m;
    cout <<"输入运输单价 p,重量 w 和里程 m:"<< endl;
    cin >> p >> w >> m;
    f = 0;
    c = m/250;
    s = m;                          //s变量为初始化下一计费里程赋初值
    switch(c)
    {
        default:
                d = 0.15;
                f += p * w * (s - 3000) * (1 - d);
                s = 3000;
        case 8:
        case 9:
        case 10:
        case 11:
                d = 0.1;
                f += p * w * (s - 2000) * (1 - d);
                s = 2000;
        case 4:
        case 5:
        case 6:
```

```
        case 7:
                d = 0.08;
                f += p * w * (s - 1000) * (1 - d);
                s = 1000;
        case 2:
        case 3:
                d = 0.05;
                f += p * w * (s - 500) * (1 - d);
                s = 500;
        case 1:
                d = 0.02;
                f += p * w * (s - 250) * (1 - d);
                s = 250;
        case 0:
                d = 0;
                f += p * w * (s - 250) * (1 - d);
    }
    cout << "折扣后总费用:" << f << endl;
    return 0;
}
```

【思考】 以上 case 情况为倒序且都没用 break,这样写有什么好处? 如果 case 情况顺序表达则有什么差别? 请自行分析和测试。

【实验】 用 if 分支语句完成上例,并分析和比较结果。

练习题

1. 计算并输出分段函数 f 的值,要求保留两位小数。分段函数的数学定义如下:

$$f(x) = \begin{cases} (x+1)^2 + 2x + \dfrac{1}{x} & x < 0 \\ \sqrt{x} & x \geqslant 0 \end{cases}$$

【提示】 可以使用条件运算符;可以使用数学库中的 pow()函数和 sqrt()函数;包含头文件< math.h >。

2. 试编写一个根据用户输入的两个操作数和一个运算符,由计算机输出运算结果的程序。这里只考虑使用加(+)、减(-)、乘(*)、除(/)四种运算。

【例 1】

```
Input x,y:15   3
Input operator( + , - , * ,/): +
15.00 + 3.00 = 18.00
```

【例 2】

```
Input x,y:5   0
Input operator( + , - , * ,/):/
divide is zero!
```

3. 编写一个"念数字"的程序,它能让计算机完成以下工作:当你输入一个 0～99 的数后,计算机就会输出这个数的汉语拼音。

【例1】

Input data:35
SAN SHI WU

【例2】

Input data:0
LING

如果输入的数不在 0~99,就输出"CUO LE"(错了),请求重新输入。

【注】　为了使不熟悉汉语拼音的读者也能做该题,把"零,一,……,十"的汉语拼音写法附在下面。

零：LING,一：YI,二：ER,三：SAN,四：SI,五：WU,

六：LIU,七：QI,八：BA,九：JIU,十：SHI。

4. 晶晶的朋友贝贝约晶晶下周一起去看展览,但晶晶每周的一、三、五必须上课,请帮晶晶判断她能否接受贝贝的邀请,如果能输出 YES；如果不能则输出 NO。

【输入格式】　贝贝邀请晶晶去看展览的日期,用数字 1~7 表示从星期一到星期日。

【输出格式】　如果晶晶可以接受贝贝的邀请,输出 YES,否则输出 NO。注意 YES 和 NO 都大写。

【输入样例】　2

【输出样例】　YES

5. 输入 a、b 和 c,若它们能构成三角形,则输出三角形周长,否则输出 Invalid。

【输入格式】　a、b 和 c。

【输出格式】　三角形周长或 Invalid。

【输入样例】　1 2 3

【输出样例】　Invalid

3.4　循环结构程序设计

在生活中经常会遇到一些重复性的工作,需要程序反复执行同样的操作,这就是程序循环的思想。应用循环思想编写程序,实现循环控制就是循环结构程序设计。C++语言中可以使用 for 语句、while 语句、do/while 语句等来实现循环,上面的重复性工作就是循环语句的循环体。

3.4.1　for 语句

格式：

```
for(循环变量初始化;循环条件;循环变量增量){循环体}
```

功能：对于使循环条件成立的每一个循环变量的取值,都要执行一次循环体。循环体可以是单条语句,也可以是由一对花括号括起来的多条语句组成的语句序列。

for 循环语句的执行流程如图 3-13 所示。

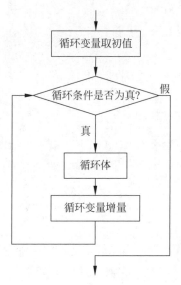

图 3-13　for 循环语句的执行流程

【例 3-34】　求解自然数 1～100 的和数,然后输出该和数。

【参考程序】

```
//程序段1
# include < iostream >
using namespace std;
int main()
{
    int i,sum;
    sum = 0;
    for(i = 1;i < = 100;i++)
    {
        sum += i;                    //累加求和
    }
    cout << i <<"    "<< sum << endl;
    return 0;
}

//程序段2
# include < iostream >
using namespace std;
int main()
{
    int i,sum;
    sum = 0;
    i = 1;
    for(;i < = 100;)
    {
        sum += i;
        i++;
    }
    cout << i <<"    "<< sum << endl;
    return 0;
}
```

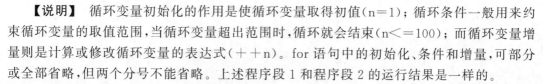

【说明】　循环变量初始化的作用是使循环变量取得初值(n=1)；循环条件一般用来约束循环变量的取值范围,当循环变量超出范围时,循环就会结束(n≤100)；而循环变量增量则是计算或修改循环变量的表达式(＋＋n)。for 语句中的初始化、条件和增量,可部分或全部省略,但两个分号不能省略。上述程序段 1 和程序段 2 的运行结果是一样的。

【思考】　将上述程序中的循环变量初值 i=1 改为 i=0,分析循环执行过程及结果的差异性。

【例 3-35】　写出下列程序的运行结果。

【参考程序】

```cpp
# include < iostream >
using namespace std;
int main()
{
    int i,j;
    for(i = 0,j = 10;i < j;i++,j-- )          //两个循环变量 i,j 共同控制循环
    {
        cout << i <<"    "<< j << endl;
    }
    return 0;
}
```

运行结果如下：

```
0    10
1    9
2    8
3    7
4    6
```

【说明】　在循环变量的初始化和增量部分,可以使用逗号分隔的语句序列来进行多个动作。

【例 3-36】　用 for 语句计算 $n!(n!=1×2×3×\cdots×(n-1)×n)$。

【参考程序】

```cpp
# include < cstdio >
using namespace std;
int main()
{
    int i,n;                          //n! 的增速很快,故 n 无须定义成 long long
    long long s = 1;                  //NOIP 自 2010 年起开始允许使用 long long
    scanf(" % d",&n);
    for(i = 1;i <= n;i++)             //若 s 为 int,当 n = 13 时 s 的值就溢出了
    {
        s * = i;                      //循环体,累乘求积
    }
    printf(" % d % lld\n",n,s);       //输出 n! 的值
}
```

运行结果如下：

```
9
9362880
```

【说明】

当 $n \geqslant 13$ 时, s 的值超过了 int 类型的范围,还有一种比 int 更大的类型,称为 long long,它的表示范围是 $-2^{63} \sim 2^{64}-1$,比 $-10^{19} \sim 10^{19}$ 略窄,而我们一直使用的 int 范围是 $-2^{31} \sim 2^{31}-1$,只比 $-2 \times 10^9 \sim 10^9$ 略宽。

输入输出 long long 也可以借助于 printf 和 scanf 语句,但对应的占位符却是和平台与编译器相关的。在 Linux 中,gcc 很统一地用%lld;在 Windows 中,MinGW 的 gcc 和 VC6 用%I64d;高版本编译器下 Windows 可以使用%lld。

【例 3-37】 分别计算 1~100 中偶数和奇数的和。

【问题分析】 前面已经初步介绍了使用累加求和、累乘求积的例子,累加、累乘是循环程序设计中的基本功,需要读者细心体会并熟练掌握。

【参考程序】

```cpp
#include <iostream>
using namespace std;
int main(){
    int i,j,sum1 = 0, sum2 = 0;
    for(i = 1,j = 2;i <= 100;i += 2,j += 2)
    {
        sum1 += i;                        //奇数和
        sum2 += j;                        //偶数和
    }
    cout <<" 奇数和:"<< sum1 <<"        "<<"偶数和:"<< sum2 << endl;
    return 0;
}
```

【实验】 求 1~100 中奇偶数和的方法很多,请用其他方法编写程序,并分析哪种方法是最好的,给出分析的理由。

【例 3-38】 斐波那契数列是一个特殊的数列:数列的第 1 项和第 2 项分别是 0 和 1,从第 3 项开始,每一项都是其前面两项之和,即 0,1,2,3,5,8,…请编程输出该数列的前 40 项(要求每 10 项一行,相邻项之间用空格分隔)。

【问题分析】 用 a、b 分别表示数列的相连两项(初始为 $a=0,b=1$),则有算法如下。

(1) 初始化: $a=0,b=1$,并输出 a、b。

(2) 计算并输出下一项 $c=a+b$。

(3) 修改迭代项: $a=b,b=c$。

(4) 重复步骤(2)、(3)直至结束。

【参考程序】

```cpp
#include <iostream>
using namespace std;
int main()
{
    int i,a = 0,b = 1,c;
    cout << a <<" "<< b <<" ";            //输出第 1 项第 2 项
    for(i = 3;i <= 40;i++)                //求第 3~40 项的值
```

```
    {
        c = a + b;
        cout << c;                    //求第 i 项并输出
        if(i % 10 == 0)
        {
            cout << endl;             //每行输出 10 个数
        }
        else{
            cout << " ";              //输出数据分隔
        }
        a = b;
        b = c;                        //更新迭代参数
    }
    return 0;
}
```

运行结果如下：

```
0 1 1 2 3 5 8 13 21 34
55 89 144 233 377 610 987 1597 2584 4181
6765 10946 17711 28657 46368 75025 121393 196418 317811 514229
832040 1346269 2178309 3524578 5702887 9227465 14930352 24157817 39088169 63245986
```

【思考】　程序中的 a、b、c 被用于循环迭代，三者的关系如何？例题中 a、b、c 都被定义为 int 型，那么该程序可以正确输出斐波那契数列的多少项呢？（提示：与 int 类型的取值范围有关）

【实验】　是否可以用两个变量来求斐波那契数列，如果可以，请编程实现之。

3.4.2　while 与 do/while 语句

1. while 语句的格式与功能

格式：

while(表达式){循环体}

功能：当表达式的值为真(非 0)时，不断执行循环体语句。若是多条语句则必须用{}组成复合语句。所以 while 语句也称当循环语句。

说明：while 语句的执行过程是先判断表达式的值是真还是假，当表达式的值为非 0时，执行循环体；否则，不执行循环体。While 循环中，若表达式的值一开始就为 0，则循环体一次也不执行。while 循环表达式的值在循环体中必须被修改，否则会陷入死循环。

【例 3-39】　在银行取款时，需要输入一个由 6 位数字组成的密码，密码正确才可以取款，若连续三次密码输入错误，就会冻结账号，现在请编写一个程序，模拟输入密码的过程。

【输入格式】　每次输入 6 位数字。

【输出格式】　给出提示信息：正确、错误、冻结。

【问题分析】　循环的条件为：输入次数不超过三次且密码不正确。

【参考程序】

```cpp
# include < iostream >
using namespace std;
int main()
{
    int mima = 258369;              //预设一个密码
    int x = 0,n = 0;                //x用于接收密码,n用于统计输入的次数
    while(n < 3&&x! = mima)
    {
        n++;
        cin >> x;
        if(x! = mima)
        {
            cout <<"错误"<< endl;
        }
    }
    if(x == mima)
    {
        cout <<"正确"<< endl;
    }
    else if(n == 3)
        {
            cout <<"冻结"<< endl;
        }
    return 0;
}
```

【例 3-40】 求两个正整数 m、n 的最大公约数和最小公倍数。

【方法一】 求任意两个自然数 m 和 n 的最大公约数,可以想到其最大的可能就是两个数中的较小者 min,最小的可能值是 1,所以,可以设最大公约数 gcd 从 min 开始进行判断,若 gcd>1 并且没有同时整除 m 和 n,那么就使 gcd−1,重复判断是否整除。

【参考程序】

```cpp
# include < iostream >
using namespace std;
int main()
{
    int m,n,gcd,glc;
    cin >> m >> n;
    gcd = m > n? n:m;               //三目运算,注意此处的特殊写法
    glc = m * n;                    //最小公倍数 = m * n/gcd,此处 glc 赋初值
    while(gcd > 1&&(m % gcd! = 0||n % gcd! = 0))
    {
        gcd-- ;                     //每次减 1 寻找最大公约数
    }
    cout << gcd << endl;            //输出最大公约数
    glc/ = gcd;                     //输出最小公倍数
    cout << glc << endl;            //输出最小公倍数
    return 0;
}
```

【方法二】 求两个整数的最大公约数可以采用辗转相除法即欧几里得算法。对于任意

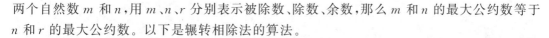

两个自然数 m 和 n,用 m、n、r 分别表示被除数、除数、余数,那么 m 和 n 的最大公约数等于 n 和 r 的最大公约数。以下是辗转相除法的算法。

(1) 求 m 除以 n 的余数 r。

(2) 当 $r!=0$ 时,执行第(3)步;若 $r==0$,则 n 为最大公约数,算法结束。

(3) 将 n 的值赋给 m,将 r 的值赋给 n;再求 m 除以 n 的余数 r。

(4) 转到第(2)步。

【参考程序】

```cpp
#include <iostream>
using namespace std;
int main()
{
    int m,n,glc;
    cin>>m>>n;
    glc=m*n;
    int r=m%n;
    while(r)
    {                   //C++中非0即真
        m=n;            //欧几里得算法:辗转相除求解最大公约数
        n=r;
        r=m%n;
    }
    cout<<"最大公约数 = "<<n<<endl;
    glc/=n;
    cout<<"最小公倍数 = "<<glc<<endl;
    return 0;
}
```

【例3-41】 判断给定正整数 n(保证在正整数范围内)是否为质数,是则输出 Yes,否则输出 No。

【问题分析】 除了 1 和它本身不再有其他约数的数称为质数,质数也称质数,最小的质数是 2。因此,最简单直接的方法是将 $2\sim n-1$ 逐个试除 n 就可以判定 n 是否是质数,但效率太低;换个思路,若 n 为合数,则其必定可以表示为 $n=ab$,所以若 n 不能被 $2\sim\sqrt{n}$ 的数整数,则 n 必为质数;此外,2 是唯一的偶数质数,所以,循环中可以去除所有其他偶数的判断。

【参考程序】

```cpp
#include <iostream>
#include <cmath>
using namespace std;
int main()
{
    int i,n,sq;
    cin>>n;
    if(n<=1)
    {
        cout<<"输入错误!";
```

```
        }
    else if(n == 2)
        {
            cout <<"Yes"<< endl;
        }
    else
        {
        sq = sqrt(n);
        i = 3;
        while(n % i! = 0&&i <= sq)
            {
            i += 2;
            }
        if(i > sq)
            {
                cout <<"Yes"<< endl;
            }
        else{
                cout <<"No"<< endl;
            }
        }
    return 0;
}
```

【例 3-42】 编一程序求满足不等式 $1+\dfrac{1}{2}+\dfrac{1}{3}+\cdots+\dfrac{1}{n}\geqslant 5$ 的最小 n 值。

【问题分析】 计算通式是 s+ =1/i,循环次数未知,终止条件为 s≥5。

【参考程序】

```
# include < iostream >
using namespace std;
int main()
{
    int i = 0;
    double s = 0;
    while(s < 5)
    {
        ++i;
        s += 1.0/i;                  //考虑 C/C++除法的特殊性,使用隐式类型转换
    }
    cout << i << endl;
    return 0;
}
```

【实验】 请用 for 循环实现上述程序。

【例 3-43】 计算多项式和的近似值,要求子项的精确度达到 0.000001。

$$s = -1+\frac{1}{2}-\frac{1}{6}+\frac{1}{24}-\frac{1}{120}\cdots$$

【问题分析】 设 t_i 为 S 中的第 i 项数,则有 $t_{i+1}=-t_i/i,t_1=1$。

【参考程序】

```
# include < cstdio >
# include < cmath >
int main()
{
    int i = 1;
    float t = 1,s = 0;
    do
    {
        t = - t/i;                  //- t用于改变正负符号
        s = s + t;
        i = i + 1;                  //t是每个子项,s是累加和,i控制下一轮子项的分母
    }while(fabs(t)> 1e - 6);
    printf("s = % f\n",s);
    return 0;
}
```

【例 3-44】 输入一些整数,求出它们的最小值、最大值和平均值(保留 3 位小数)。要求输入的数据都是不超过 1000 的整数。

【输入样例】

2 8 3 5 1 7 3 6

【输出样例】

1 8 4.375

【问题分析】 输入的整数个数(n)是不确定,所以需要借助 scanf() 函数来控制循环输入。scanf() 函数的返回值是成功输入的变量,当输入需要结束时,即输入 EOF 结束循环。

在 Windows 操作系统下,输入完毕后按 Ctrl+Z 组合键,再按 Enter 键即可结束输入。Linux 操作系统下,输入完毕后按 Ctrl+D 组合键结束输入。

【参考程序】

```
# include < iostream >
using namespace std;
int const INF = 1000000000;                     //定义一个充分大的常量
int main()
{
    int x,n = 0,min = INF,max = - INF,s = 0;
    while(scanf(" % d",&x))
    {
        s += x;
        min = x < min?x:min;
        max = x > max?x:max;
        ++n;                                      //统计输入数字的个数
    }
    cout << min <<"  "<< max <<"  "<<(double)s/n << endl; //强制类型转换
    return 0;
}
```

【思考】 若不定义常量 INF,程序会出现什么情况? 请编程测试。

2. do/while 语句的格式与功能

格式：

```
do{
    循环体
} while(条件表达式);
```

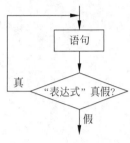

图 3-14   do/while 循环的执行过程

功能：重复执行"循环体"，直到"条件表达式"的值为 0。此处的"循环体"与前述 while 循环语句中的一样，"循环体"中需包含对循环条件的修改语句，否则会陷入死循环，"条件表达式"为循环重复测试条件。

do/while 循环的执行过程是：先执行"循环体"语句一次，再判别"表达式"的值，若为真(非 0)则继续循环，否则终止循环。与 while 循环相比，do/while 循环是先执行循环后判定循环执行条件。其执行过程如图 3-14 所示。

【例 3-45】　针对计算机随机产生的两个三位数，用户计算并输入其和，直到计算正确，输出所用的次数。

【参考程序】

```cpp
#include <iostream>
#include <cstdlib>
#include <ctime>
using namespace std;
int main()
{
    int x,y,n,num = 0;
    srand(time(NULL));                      //随机数种子
    x = 100 + rand() % (999 - 100 + 1);     //产生第一个随机数 x∈[100,999]
    y = 100 + rand() % 900;                 //产生第二个随机数 y∈[100,999]
    do
    {
        cout << x <<" + "<< y <<" = ? \n";
        cin >> n;
        num++;                              //num 统计计算次数
    }while(n! = x + y);                     //输入数字不对,继续循环
    cout << num << endl;                    //输出次数
    return 0;
}
```

【说明】　srand()是随机种子函数，rand()是产生随机数函数，该函数需要头文件 stdlib.h 或 cstdlib。在 if 语句、while 语句中的表达式后面都不能加分号，而在 do/while 语句的表达式后面则必须加分号。三种循环格式可以相互嵌套形成多重循环结构。

【例 3-46】【NOIP2011 普及组】给定一个整数，请将该数各个数位上的数字反转得到一个新数。新数也应该满足整数的常见形式，即除非给定的原数为零，否则反转后得到的新数的最高位数字不应为零。

【输入样例 1】　123　　　　　【输出样例 1】　321

【输入样例 2】　−380　　　　　【输出样例 2】　−83

【数据范围】　$-1\,000\,000\,000 \leqslant N \leqslant 1\,000\,000\,000$

【问题分析】　倒序输出即为对输入数字由低位到高位输出,且每次输出一位数字。算法思想如下。

(1) 输出最低位数字(第一次输出个位数字),$n\%10$。

(2) 修改输入数字为去掉个位数字后的数,$n = n/10$。

(3) 重复(1)、(2)直到 n 为 0。

即便输入的是一位数字,上述算法仍然可行,故可采用 do/while 循环来实现。

【参考程序】

```cpp
# include <iostream>
# include <cmath>
using namespace std;
int main()
{
    int n,sum = 0;
    cin >> n;
    if(n < 0)
    {
     cout <<" - ";
     n = abs(n);                //abs(n)的作用是取 n 的绝对值,保证 n 是正数
    }
    while(n > 0)
    {
        sum = sum * 10 + n % 10; //上一轮 sum 左移一位,左移产生的空位由本轮的 n 个位填充
        n/ = 10;                //n 的个位已处理完,去除 n 的当前个位,产生新的个位
    }
    cout << sum;
    return 0;
}
```

3.4.3　循环的嵌套

循环体内可以出现任何语句,当循环体内又出现循环语句时,就构成了多重循环。

【例 3-47】　多重循环范例,输出九九乘法表。

【参考程序 1】

```cpp
//输出九九乘法表
# include <cstdio>
int main()
{   int x,y;
    for(x = 1;x <= 9;x++)
    {   for(y = 1;y <= x;y++)
        {
            printf(" % d * % d = % 2d",x,y,x * y);
        }
        printf("\n");
    }
}
```

运行结果如下：

```
1 * 1 =  1
2 * 1 =  2 2 * 2 =  4
3 * 1 =  3 3 * 2 =  6 3 * 3 =  9
4 * 1 =  4 4 * 2 =  8 4 * 3 = 12 4 * 4 = 16
5 * 1 =  5 5 * 2 = 10 5 * 3 = 15 5 * 4 = 20 5 * 5 = 25
6 * 1 =  6 6 * 2 = 12 6 * 3 = 18 6 * 4 = 24 6 * 5 = 30 6 * 6 = 36
7 * 1 =  7 7 * 2 = 14 7 * 3 = 21 7 * 4 = 28 7 * 5 = 35 7 * 6 = 42 7 * 7 = 49
8 * 1 =  8 8 * 2 = 16 8 * 3 = 24 8 * 4 = 32 8 * 5 = 40 8 * 6 = 48 8 * 7 = 56 8 * 8 = 64
9 * 1 =  9 9 * 2 = 18 9 * 3 = 27 9 * 4 = 36 9 * 5 = 45 9 * 6 = 54 9 * 7 = 63 9 * 8 = 72 9 * 9 = 81
```

【参考程序 2】

```cpp
//打印数字金字塔
# include < cstdio >
int main()
{
    int i,k,j;
    for(i = 1;i < = 9;i++)
    {   //控制打印行数
        for(k = 1;k < = 10 - i;k++)              //起始打印位置
        {   printf(" ");
        }
        for(j = 1;j < = 2 * i - 1;j++)            //控制打印个数
        {   printf(" % c",48 + i);               //1 的 ASCII 码为 49
        }
        printf("\n");                            //换行
    }
    return 0;
}
```

运行结果如下：

```
        1
       222
      33333
     4444444
    555555555
   66666666666
  7777777777777
 888888888888888
99999999999999999
```

【例 3-48】 输出 100~200 中的全部质数。

【问题分析】 例 3-41 介绍了判断一个数是否是质数的方法,现在要求一个区间内的全部质数,则只需要再加一层区间循环即可。

【参考程序】

```cpp
# include < iostream >
# include < cmath >        //调用数学函数库
using namespace std;
int main()
```

```
{
    for(int i = 101;i <= 199;i += 2)
    {   //只检测区间内的奇数
        int j = 3,sq = floor(sqrt(i)); //floor 为取整函数
        while(i % j! = 0&&j <= sq)
        {
            j += 2;
        }
        if(j > sq)
        {
            cout << i <<"\t";
        }
    }
    return 0;
}
```

【说明】 for、while、do/while 语句的循环体中都可以出现任何一种循环语句。在多重循环中,内循环必须在内层结束,不能出现内外循环交叉的情况。

【例 3-49】 阶乘之和:输入 n,输出 $s = 1! + 2! + 3! + \cdots + n!$ 的末 6 位数字(不含前导 0)。$n \leqslant 106$,$n!$ 表示前 n 个正整数之积。

【输入样例】 10

【输出样例】 37913

【问题分析】 简单的算法思想是设计一个两重循环,外循环控制 i 从 $1\sim n$ 循环,内循环每次计算 $i!$,程序结构虽然清晰,但重复的计算太多,而且费时,考虑到 $n! = n(n-1)!$,所以理想的算法是只用一个循环,利用累积、累加的方法来实现即可。此外,n 足够大后,s 的取值会很大,即 s 会溢出,但因只需要输出末 6 位数字,故可对累积、累加算子进行取模。

【参考程序】

```
# include < iostream >
using namespace std;
int const k = 1000000;
int main()
{
    int n,t = 1,s = 0;
    cin >> n;
    for(int i = 1;i <= n;i++)
    {
        t = (t * i) % k;          //累积计算 i! 并取阶乘结果的末 6 位数字保存
        s = (s + t) % k;          //累加求前 i 项阶乘之和,并取阶乘和的末 6 位数字保存
    }
    cout << s;
    return 0;
}
```

【思考】 常见的阶乘运算、斐波那契数列等数据的增长速度都是很快的,编程时需要考虑其溢出问题。

【实验】 本例阶乘之和随着 n 增加,其结果会有何变化?为什么?请编程测试。

【例 3-50】 输出所有的水仙花数。水仙花数是一个三位数,其各位上数字的立方相加

等于这个水仙花数本身,如 $153 = 1^3 + 5^3 + 3^3$。

【参考程序 1】 拆分三位数的方法。

```cpp
#include <iostream>
#include <iomanip>    //调用 setw()函数需注明使用该库
using namespace std;
int main()
{
    for(int a = 1;a <= 9;a++){
        for(int b = 0;b <= 9;b++){
            for(int c = 0;c <= 9;c++)
            {//900 次循环,每次执行一条 if 语句
                if(a * a * a + b * b * b + c * c * c == a * 100 + b * 10 + c)
                {
                    cout << setw(6) << a * 100 + b * 10 + c;        //setw()函数控制输出场宽
                }
            }
        }
    }
}
```

【参考程序 2】 合成三位数的方法(虽然看上去只是个单循环,但实际的运行效率不如三重循环的运行效率,请读者自己分析)。

```cpp
#include <iostream>
#include <iomanip>
using namespace std;
int main()
{
    int i,a,b,c;
    for(i = 100;i <= 999;i++)
    {  //900 次循环,每次求 3 次值和 1 次 if 语句
        a = i/100;                //取百位存入 a
        b = i/10 % 10;            //取十位存入 b
        c = i % 10;               //取个位存入 c
        if(i == a * a * a + b * b * b + c * c * c)
        {
            cout << setw(6) << i;
        }
    }
}
```

【例 3-51】 编程解决百钱百鸡问题。百钱百鸡问题由古代数学家张丘建提出:一只公鸡 5 元钱、一只母鸡 3 元钱、3 只小鸡 1 元钱,现在有 100 元钱买一百只鸡,则公鸡、母鸡、小鸡各买多少只?

【参考程序】

```cpp
#include <cstdio>
using namespace std;
int main()
{
```

```
    int a,b,c;                          //设公鸡为 a,母鸡为 b,小鸡为 c
    for(a = 0;a <= 20;a++){             //公鸡最多不会超过 20 只
        for(b = 0;b <= 33;b++){         //同理母鸡最多不会超过 33 只
            c = 100 - a - b;            //每次循环计算当前的小鸡总数
            if(a * 5 + b * 3 + c/3.0 == 100)   //测试当前的三种鸡数量是否满足百元
            {
                printf("%d,%d,%d\n",a,b,c);
            }
        }
    }
}
```

【例 3-52】 （NOIP1999 普及组）现代数学著名证明之一是 Georg Cantor 证明了有理数是可以枚举的。他是用如下数列来证明这一命题的。

1/1　1/2　1/3　1/4　1/5 …
2/1　2/2　2/3　2/4 …
3/1　3/2　3/3 …
4/1　4/2 …
5/1

我们以 z 字形给如上数列的每一项编号：第 1 项是 1/1,后面依次是 1/2、2/1、3/1、2/2、…输入正整数 N,输出表中的第 N 项(1≤N≤10 000 000)。

【输入样例】 7　　　　　　　【输出样例】 1/4

【问题分析】 本例题为找规律题。先找到第 n 项所处的斜线,也就是第几斜线。

"while(sum<n)sum+=++i;"语句结束,i 就是第 n 项所在的斜线,sum 就是 $1\sim i$ 行所有个数之和。接下来,注意观察,以奇数行为例:奇数行分母递增,分子递减(偶数行反之),那么找到第 n 项所在这一行的分子和分母即可。

sum 把第 i 行的各数都相加,sum$-n$ 就是 i 行末至第 n 项中间的个数,分子在此基础上$+1$,也就是 sum$-n+1$,分母、分子之和为 $i+1$,所以分母为 $i+1-($sum$-n+1)=i-($sum$-n)$。程序见【参考程序】的方法一。

【参考程序】

方法一:

```
#include <iostream>
using namespace std;
int main()
{
    int n,i = 0,sum = 0;
    cin >> n;
    while(sum < n)
    {
        sum += ++i;
    }
    if(i % 2)
    {
        cout << sum - n + 1 << "/" << i - (sum - n) << endl;
    }
    else{
```

```
            cout << i - (sum - n)<<"/"<< sum - n + 1 << endl;
        }
        return 0;
}
```

方法二:

```
# include < cmath >
# include < cstdio >
using namespace std;
int main()
{    int n,i,j,k;
    scanf("%d",&n);
    k = (int)(sqrt((double)n * 2)) + 10;
    for(;k > = 1;k -- )
      {    if(k * (k + 1) < n * 2)
          {    break;
          }
      }
    j = n - k * (k + 1)/2;
    if(k&1)
    {    printf("%d/%d\n",j,k + 2 - j);
    }
    else{
        printf("%d/%d\n",k + 2 - j,j);
    }
    return 0;
}
```

【思考】 透彻理解以后,分析方法二,并比较两种方法的效率。

3.4.4 break 语句和 continue 语句

1. break 语句

格式:

break;

功能:中断所在循环(或 switch/case 语句块),跳出本层循环。

【例 3-53】 将任意大于 4 的偶数 n 表示为两个质数之和。

【问题分析】 $4 = 2 + 2$,题目要求是大于 4,故 4 可以忽略,又因为 n 为偶数,故 n 不可能表示成 $2 + x$ 形式,所以最小的质数应该由 3 开始。

【参考程序】

```
# include < iostream >
# include < cmath >
using namespace std;
int  main(){
    int x,y,i,n;
    cin >> n;
```

```
for(x = 3;x <= n/2;x += 2)
{    //穷举第一个加数,从 3 到 n/2 之间选择即可(加法的对称性)
    for(i = 3;i <= sqrt(x);i += 2)        //判断第一个选定的加数是否为质数
    {
        if(x % i == 0)
        {
            break;                        //若不是质数则直接退出本层循环
        }
    }
    if(i > sqrt(x))
    {
        y = n - x;                        //如果第一个加数是质数,则生成第二个加数
    }
    else{
        continue;                         //第一个加数 x 不是质数,仅退出本次循环
    }
    for(i = 3;i <= sqrt(y);i += 2)        //判断第二个加数
    {
        if(y % i == 0)
        {
            break;
        }
    }
    if(i > sqrt(y))                       //第二个加数也为质数则输出表达式,继续查看其他解
    {
        cout << n <<" = "<< x <<" + "<< y << endl;
    }
}
return 0;
}
```

2. continue 语句

格式:

```
continue;
```

功能:在循环执行过程中,如遇到 continue 语句,程序将结束本次循环,接着开始下一次的循环。即提前结束本次循环,而不是终止整个循环,并且需要继续执行下一次循环的条件判断,如果满足条件,还须继续执行循环。

说明:continue 语句只能出现在循环体内,出现在其他位置时会出错。

【例 3-54】 输出所有形如 aabb 的四位完全平方数(即前后两位数字相同)。

方法一:枚举所有可能的 aabb,然后判断它们是否完全平方数。算法主框架如下:

```
for(int a = 1;a <= 9;a++)
    for(int b = 0;b <= 9;b++)
        if(aabb 是完全平方数)
        {
            cout << aabb;
        }
```

【思考】 判断 aabb 是否是完全平方数(恰好可开方)的方法有很多,最简单的是什么方法?

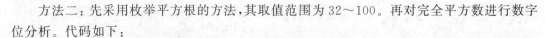

方法二：先采用枚举平方根的方法,其取值范围为 32～100。再对完全平方数进行数字位分析。代码如下：

```
# include < cstdio >
int main()
{
    int x;
    for(x = 31; ;x++)
    {    //事实上,x 可以直接从 32 开始枚举
        int n = x * x;
        if(n < 1000)
        {
            printf(" % d",x);
            continue;
        }
        if(n > 9999)
        {
            break;                    //避免死循环的终止条件
        }
        int hi = n/100,lo = n % 100;        //取高 2 位存入 hi,低 2 位存入 lo
        if(hi/10 == hi % 10&&lo/10 == lo % 10)
        {
            printf(" % d   % d",x,n);
        }
    }
    printf(" % d ",x);
    return 0;
}
```

为了检测 continue 与 break 的运行情况,程序中多加了两条输出语句,运行结果如下：

31   88   7744   100

3.4.5   循环结构中应用位运算

【例 3-55】   宰相的麦子：在 8×8 的棋盘里,第一个格子放 1 粒麦子,以后的每一个格子中所放麦粒数为前一格麦粒数的 2 倍。现在宰相要检验格子里放的麦粒数(整型范围内)是否正确,他的检验方法很特别：判断麦粒数是否是 2 的整数幂。如 $1024 = 2^{10}$,他认为 1024 就是正确的。

请编程实现宰相的检验方法：输入任意一个整数 n,如果 n 是 2 的整数幂,则输出 Yes,否则输出 No。

【分析】

方法一：将 n 反复除 2,若退出循环时商不为 1,n 就不是 2 的整数幂,否则就是。

方法二：利用位运算。数据在计算机中采用二进制形式存储,一个 0 或 1 称为一个二进制位,简称位,C++语言中有一类特殊运算,就是针对位进行的,称为位运算。

【参考程序】

```
# include < iostream >
using namespace std;
```

```
int main()
{
    int n;
    cin >> n;                    //2 的整数幂二进制一定是 10100100010000 结构
    if(n&(n - 1))
    {
        cout <<"No";             // 利用位运算完成判断,例如 10000&01111
    }
    else{
        cout <<"Yes";
    }
    return 0;
}
```

【思考】 如何证明当 n＞0 时,若 n&(n-1)＝0,n 一定是 2 的整数幂?

C++语言提供了 6 种位运算符,见表 3-11。

表 3-11 位运算符

运算符	含　义	说　　明	实　　例
&	按位与	对应二进制位相与,只有对应位均为 1 时结果为 1,否则为 0	9&5＝1 相当于 00001001&00000101,结果为 00000001
|	按位或	对应二进制位相或,只有对应位均为 0 时结果为 0,否则为 1	9|5＝13 相当于 00001001|00000101,结果为 00001101
^	按位异或	对应二进制位相异或,只有对应位不同时结果为 1,否则为 0	9^5＝6 相当于 00001001^00000101,结果为 00001100
~	取反	对应二进制位按位求反,1 变 0,0 变 1	~9＝－10 相当于 ~(00001001),结果 11110110
<<	左移	m<<n 是把 m 对应的二进制数的各位向左移 n 位,高位丢弃,低位用 0 补齐	设 a＝3,a<<4,相当于 00000011 左移 4 位,结果为 00110000(十进制 48)
>>	右移	m>>n 是把 m 对应的二进制数的各位向右移 n 位,低位丢弃,高位用 0 补齐	设 a＝13,a>>2,相当于 00001101 右移 2 位,结果为 00000011(十进制 3)

【说明】 位运算符与赋值运算符可组成复合运算符。除按位取反运算符(～)外,其他位运算符都可与赋值运算符组成复合位赋值运算符。它们是 &＝、|＝、>>＝、<<＝、∧＝。例如,a&＝b 等价于 a＝a&b,a|＝b 等价于 a＝a|b,a>>＝b 等价于 a＝a>>b。

【思考】 假设已定义整型变量"int x,y;",执行语句"x ^＝y; y ^＝x; x ^＝y;"之后,x 和 y 的数值有何变化?(x&y)＋((x^y)>>1)的功能又是什么?你能应用位运算符设计表达式,完成特定的计算吗?请写几个实例。

【例 3-56】 学习了一段时间的 C++语言后,老师组织了考核,考核分笔试和上机两种形式,每位同学都有两个成绩,现在老师想知道有多少人只有一个成绩不及格(<60 分)。

【问题分析】 设笔试和上机成绩分别为 x 和 y,我们想要的是 $x<60$ 和 $y<60$ 中只有一个成立的情况,这恰是异或运算的含义。

【参考程序】

```
# include  < iostream >
using namespace std;
int main()
{
    float x,y;
    int n,ans = 0;
    cin >> n;
    for(int i = 1;i <= n;i++)
    {
       cin >> x >> y;
       if(x < 60 ^ y < 60)
       {
          ans++;              //每位同学的两个成绩都不及格,取异或
       }
    }
    cout << ans;
    return 0;
}
```

【例 3-57】 一个寝室中有两张上下铺的床,第一张床的上下铺分别编号为 1、2,第二张床的上下铺分别编号为 3、4。现在 A、B、C、D 四个人被分配到一个寝室,她们有各自的期望。

A:最好我住 3 床,B 住我下铺。

B:我要住 1 床,D 离我远点,住 4 床才好。

C:我喜欢住下铺,就 4 床吧,D 住我上铺。

D:我要住 2 床,A 住我上铺。

老师分配的结果一公布,每个人都半喜半忧,愿望只实现了一半。你能推算出老师的分配方案吗?请编程输出四个人的床位号。

【问题分析】 这是一个典型的逻辑推理题,需要枚举 A、B、C、D 的取值,并在循环体内筛选。但是仍有以下两个问题需要解决。

(1)如愿望只实现一半,在程序中如何表示?采用异或运算来表示,以 A 的期望为例可表示为(A==3)^(b==4),四个愿望进行与运算即可表示。

(2)床位分配的排他性如何实现?如果 A 分配好了床位,B 不能取 A 的值,C 不能取 A 和 B 的值,D 为剩下的唯一床位即可。

【参考程序】

```
# include < iostream >
using namespace std;
int main()
{
    int a,b,c,d;
    for(a = 1;a <= 4;a++)
      for(b = 1;b <= 4;b++)
        for(c = 1;c <= 4;c++)
          if(a! = c&&b! = c&&a! = b)
          {
```

```
            d = 1 + 2 + 3 + 4 - a - b - c;
            if((a == 3)^(b == 4)&&(b == 1)^(d == 4)&&(c == 4)^(d == 3)&&(d == 2)^(a == 1))
            {
                cout << a << b << c << d;
            }
        }
    return 0;
}
```

3.4.6 循环结构程序设计实例

【例 3-58】 （NOIP2015 普及组）国王将金币作为工资发给忠诚的骑士。第 1 天，骑士收到一枚金币；之后两天，即第 2 天和第 3 天，每天收到两枚金币；之后 3 天，即第 4～6 天，每天收到 3 枚金币；之后 4 天，即第 7～10 天每天收到 4 枚金币……之后 n 天，每天收到 n 枚金币。请编写一个程序，从第 1 天开始到给定的天数，骑士共收到多少金币？

【参考程序】

```
# include < cstdio>
using namespace std;
int main()
{
    int n,s = 0,day = 0;            //s累加器用于存储手中的金币总数量
    scanf(" % d",&n);
    if(n < 1)
    {
        return 0;                   //n天手动输入,n用于终结程序
    }
    for(int i = 1;;i++)             //i代表几轮,表达式2为空,在程序内部检测条件
        for(int j = 1;j < = i;j++)
        {                           //j代表每轮的天数
            s += i;                 //金币累加器
            day++;                  //天数计数器
            if(day == n)
            {   //终止循环条件为天数到达指定的第n天
                printf(" % d",s);
                return 0;
            }
        }
}
```

【例 3-59】 把一个合数分解成若干质因数乘积的形式（即求质因数的过程）叫作分解质因数。分解质因数（也称分解质因数）只针对合数。请输入一个正整数 n，将 n 分解为质因数乘积的形式。

【输入样例】

36

【输出样例】

36 = 2 * 2 * 3 * 3

【问题分析】 将任意 n 分解质因数的乘积，要从最小的质因数开始，即从 2 开始逐个枚

举试除,直到商为1,停止操作。

【参考程序】

```
# include < iostream >
using namespace std;
int main()
{
    int n,i = 2;
    cin >> n;
    cout << n <<" = ";
    do
    {
        while(n % i == 0)
        {    //只要 n 能被 i 整除,就重复除法操作
            cout << i;              //相当于除完所有的 2,再测试除完所有的 3、5、7…
            n/ = i;
            if(n!= 1)
            {
                cout <<" * ";
            }
        }
        i++;                        //i 只是 +1,i 从 2 到 3,然后到 4。请思考对 4 有没有可能整除
    }while(n!= 1);                  //只要 n 没有除尽就重复操作
    return 0;
}
```

【思考】 你能估算出内层循环体的执行次数吗？本题的质因数是采用什么方法求出来的？

【例 3-60】 【NOIP2004 普及组】津津上初中了,妈妈认为津津应该更加用功地学习,所以津津除了上学之外,还要参加妈妈为她报名的各科复习班。另外每周妈妈还会送她去学习朗诵、舞蹈和钢琴。但是津津如果一天上课超过 8 小时就会不高兴,而且上得越久就会越不高兴。假设津津不会因为其他事不高兴,并且她是个乐天派,不高兴不会持续到第二天。请你帮忙检查一下津津下周的日程安排,看看下周她会不会不高兴;如果会的话,哪天最不高兴。

【输入格式】 共 7 行数据,分别表示周一～周日的日程安排。每行包括两个小于 10 的非负整数,用空格隔开,分别表示津津在学校上课的时间和妈妈安排她上课的时间。

【输出格式】 一个数字。如果不会不高兴则输出 0,如果会则输出最不高兴的是周几(用 1、2、3、4、5、6、7 分别表示周一、周二、周三、周四、周五、周六、周日)。如果有两天或两天以上不高兴的程度相当,则输出时间最靠前的一天。

【输入样例】

5 3
6 2
7 2
5 3
5 4
0 4
0 6

136

【输出样例】

3

【问题分析】　对 7 组数字重复求和,找到最大值并记录位置。

【参考程序】

```
#include<iostream>
using namespace std;
int main()
{
    int s1,s2,day=0,max=8;
    for(int i=1;i<=7;i++)
    {
        cin>>s1>>s2;
        if(s1+s2>max)
        {                           //思考若 s1+s2>=max ,结果会如何?
            max=s1+s2;
            day=i;                  //遍历 7 轮数据,更新最大值,记录是周几
        }
    }
    if(max>8)
    {   cout<<day;                  //如果 max 被更新过,说明有不开心,输出周几
    }
    else{
        cout<<"0";                  //如果都没有超过 8 小时的学习时间,整周都高兴
    }
    return 0;
}
```

【例 3-61】　【NOIP2013 普及组】试计算在 $1\sim n$ 的所有整数中,数字 $x(0\leqslant x\leqslant9)$ 共出现了多少次? 例如,在 $1\sim11$ 中,即在 1、2、3、4、5、6、7、8、9、10、11 中,数字 1 出现了 4 次。

【输入格式】

2 个整数 n、x,之间用一个空格隔开。

【输出格式】

1 个整数,表示 x 出现的次数。

【输入样例】

11 1

【输出样例】

4

【数据范围】　对于 100% 的数据,$1\leqslant n\leqslant1000000$,$0\leqslant x\leqslant9$。

【问题分析】　拆分数位、比较计数,可直接用 while 语句实现。

【参考程序】

```
#include<iostream>
using namespace std;
int main()
{
```

```
int ans = 0,n,x,temp;          //累加器 ans 清零
cin >> n >> x;
for(int i = 1;i <= n;i++)
{                              //遍历 1 到指定数 n 的所有数字
    temp = i;                  //由于要拆数位,所以存到临时变量 temp 中操作
    while(temp >= 1)
    {                          //条件也可以设置为 temp! = 0
        if(temp % 10 == x)
        {   ans++;             //每次都分离出个位去判断
        }
        temp/ = 10;            //每次个位判断结束,就果断删除此个位
    }
}
cout << ans;
return 0;
}
```

【例 3-62】 【NOIP2013 提高组】积木大赛。春春幼儿园举办了一年一度的"积木大赛"。今年比赛的内容是搭建一座宽度为 n 的大厦,大厦可以看成由 n 块宽度为 1 的积木组成,第 i 块积木的最终高度需要是 hi。

在搭建开始之前,没有任何积木(可以看成 n 块高度为 0 的积木)。接下来的每次操作,小朋友们可以选择一段连续区间[L,R],然后将第 L~R 块之间(含第 L 块和第 R 块)所有积木的高度分别增加 1。

小 M 是个聪明的小朋友,她很快想出了建造大厦的最佳策略,使得建造所需的操作次数最少。但她不是一个勤于动手的孩子,所以想请你帮忙实现这个策略,并求出最少的操作次数。

【输入格式】 两行,第一行包含一个整数 n,表示大厦的宽度;第二行包含 n 个整数,第 i 个整数为 hi。

【输出格式】 仅一行,即建造所需的最少操作数。

【输入样例】

5

2 3 4 1 2

【输出样例】

5

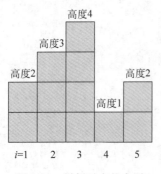

图 3-15 样例对应的大厦

【说明】 其中一种可行的最佳方案是依次选择[1,5]、[1,3]、[2,3]、[3,3]、[5,5]。

【数据范围】

对于 30% 的数据,有 $1 \leqslant n \leqslant 10$;

对于 70% 的数据,有 $1 \leqslant n \leqslant 1000$;

对于 100% 的数据,有 $1 \leqslant n \leqslant 100000, 0 \leqslant hi \leqslant 10000$。

【问题分析】 题目描述较抽象,样例要达到的目标为:h1=2,h2=3,h3=4,h4=1,h5=2,如图 3-15 所示。

由图 3-15 容易发现,模拟样例的搭建过程的一种最佳方

案如上"说明"中所述。所以本题从左到右模拟增高过程即可。特殊位置有两种情况：其一为位置 1,可以理解为在高度 0 的位置 0 基础上增加高度；其二为该位置的高度等于或低于前一个位置,则无须操作。

【参考程序】

```
# include < iostream >
using namespace std;
int main()
{
    int i,n,num = 0;        //num 为操作次数,初值为 0
    int s0 = 0,s1;          //s0 为前一位置的高度,初值为 0;s1 为当前位置要求的高度
    cin >> n;
    for(i = 1;i <= n;i++)
    {                       //重复对 n 个位置逐一处理
        cin >> s1;          //s1 即每一轮读取的 hi 高度,与截止到上一轮的最高高度 s0 做比较
        if(s1 > s0)         //高于前一位置高度,增加操作一次
        {   num += s1 - s0; //增加操作次数(当前位置与前一位置的高度差)
        }
        s0 = s1;            //更新前一位置的高度值,为下一个位置做准备
    }
    cout << num;
    return 0;
}
```

运行结果如下：

```
20
99 27 61 62 17 79 61 22 13 49 71 61 8 81 67 80 47 83 88 30
381
```

使用循环结构编写的代码并不复杂,但需要缜密的思维。特别是当数据范围较大时,循环操作可能会花费较多时间,此时,需要考虑循环的优化问题,减少循环层数、减少循环体执行次数等。不同的程序优化方法会有较大差异,作为竞赛选手,在学习循环结构程序设计时,要把程序优化作为算法设计的基本要求来培养。

【思考】 编程求 $1 \sim 10^6$ 中全部质数的程序,对比根据定义求解及各种优化后求解程序的性能差异。

练习题

1. 输入若干字符,分别统计其中英文字母、数字字符和其他字符的个数。

【输入格式】 若干个字符。

【输出格式】 分行输出这些字符中的英文字母个数、数字字符个数、其他字符个数。

【输入样例】

Reold 123?

【输出样例】

英文字母个数：5

数字字符个数：3

其他字符个数：2

2. 给定一个十进制正整数，求其对应的二进制数中 1 的个数。

【输入】 第一个正整数表示有 $n(n > 0)$ 个测试数据，其后 n 行是对应的测试数据，每行为一个正整数。

【输出】 分行输出 n 个正整数对应的二进制数中 1 的个数。

【输入样例】

4

2

100

1000

66

【输出样例】

1

3

6

2

3. 计算如下式子：

$$e = 1 + \frac{1}{1!} + \frac{1}{2!} + \frac{1}{3!} + \frac{1}{4!} + \cdots$$

的值，计算到最后一项的值小于 0.000001 时为止。

【输入】 不需要输入值。

【输出】 输出式子的值（计算到最后一项的值小于 0.000001 时为止）。

4. 搬石头。有 100 块石头，1 只大象一次能扛 19 块，1 只老虎一次能扛 12 块，4 只松鼠一起一次能扛 1 块。有 15 只动物（大象、老虎和松鼠）一次能将这 100 块扛完。求出这三种动物各有多少只。

【输入】 没有输入。

【输出】 输出大象、老虎和松鼠各有多少只。

5. 计算如下式子：

$$s_n = a + aa + aaa + \cdots + \overset{n个a}{\overline{aa \cdots a}}$$

例如，a 为 2，n 为 5，则式子的值为 24690(2+22+222+2222+22222)。

【输入】 a 和 n。

【输出】 输出式子的值。

【输入样例】 2　5

【输出样例】 24690

6. 【NOIP2011 普及组】数字反转。

【问题描述】

给定一个整数，请将该数各个位上数字反转得到一个新数。新数也应满足整数的常见形式，即除非给定的原数为零，否则反转后得到的新数的最高位数字不应为零（参见"输入输出样例 2")。

【输入】

输入文件名为 reverse.in。输入共 1 行, 一个整数 N。

【输出】

输出文件名为 reverse.out。

输出共 1 行, 一个整数, 表示反转后的新数。

【输入输出样例 1】

reverse.in

reverse.out

123

321

【输入输出样例 2】

Reverse.in

reverse.out

－380

－83

7.【NOIP2012 普及组】质因数分解。

【问题描述】

已知正整数 n 是两个不同的质数的乘积, 试求出较大的那个质数。

【输入】

输入文件名为 prime.in。

输入只有一行, 包含一个正整数 n。

【输出】

输出文件名为 prime.out。

输出只有一行, 包含一个正整数 p, 即较大的那个质数。

【输入输出样例】

prime.in

prime.out

【数据范围】

对于 60% 的数据, $6 < n \leqslant 1000$。对于 100% 的数据, $6 \leqslant n \leqslant 2 \times 10^9$。

8.【NOIP2013 普及组】记数问题。

【问题描述】

试计算在区间 $1 \sim n$ 的所有整数中, 数字 $x(0 \leqslant x \leqslant 9)$ 共出现了多少次? 例如, 在 $1 \sim 11$ 中, 即在 1、2、3、4、5、6、7、8、9、10、11 中, 数字 1 出现了 4 次。

【输入】

输入文件名为 count.in。

输入共 1 行, 包含两个整数 n、x, 之间用一个空格隔开。

【输出】

输出文件名为 count.out。

输出共 1 行,包含一个整数,表示 x 出现的次数。

【输入输出样例】

count. in

count. out

11 1

4

【数据说明】

对于 100% 的数据,$1 \leqslant n \leqslant 1000000$,$0 < x \leqslant 9$。

9. 求具有下列两个性质的最小自然数 n。

(1) n 的个位数是 6;

(2) 若将 n 的个位数移到其余各位数字之前,所得的新数是 n 的 4 倍。

10. 找质数:寻找 160 以内的质数,它的倒序数(如 123 的倒序数为 321)、数码和、数码积不是质数便是 1。

11. 找完全平方数:寻找具有完全平方数,且不超过 7 位数码的回文数。所谓回文数是指这样的数,它的各位数码是左右对称的。如 121、676、94249 等。

12. 取数列:取 $\{2^m, 3^n \mid m \geqslant 1, n \geqslant 1\}$ 中由小到大排列的前 70 项数。

13. 发奖章:运动会连续开了 n 天,共发了 m 枚奖章,第一天发 1 枚并剩下 $(m-1)$ 枚的 1/7,第二天发 2 枚并剩下的 1/7,以后每天按此规律发奖章,在最后一天,即第 n 天发了剩下的 n 枚奖章。问:运动会开了多少天? 共发了几枚奖章?

3.5 数   组

前面已经介绍如何用 int、char、float、double 等基本数据类型的简单变量来解决各种复杂的实际问题,但是当需要处理大批量数据时,简单变量就有些力不从心了。实际应用问题中,包括信息学奥赛的测试数据用例通常都会有 10^6 甚至更大的数据规模,用简单变量的方法显然无法满足算法设计的需求。C++语言中提供了类似数学中的数组及下标表示功能,这样就为批量数据的存储、引用、处理等提供了便利。同类型变量或对象的集合称为数组。

3.5.1 一维数组

1. 一维数组的定义

在 C++语言中,一维数组的定义方法如下。

格式:类型名 数组名 [元素个数];

功能:定义一组可用于批量存储数据、顺序存储变量的空间。其中,"元素个数"必须是常量或常量表达式。数组中的变量称为数据元素,由于每个数据元素都有下标,因此,数组元素也称为下标变量;"元素个数"也称为数组长度。

例如,"int a[10];"定义了一个名字为 a 的数组,它有 10 个元素,每个元素都是一个 int 型变量,下标变量为 a[0]~a[9],a 数组占用了一片连续的、大小为 10 * sizeof(int)字节的内存储空间。

2. 数组元素的引用

每个数组元素都是一个变量,数组元素可以表示为

数组名[下标]

其中,数组元素的下标只能为整型常量或整型表达式,该表达式里可以包含变量和函数调用。引用时,下标值应该在数组定义的下标值范围内且为正整数。数组的精妙之处在于下标可以是变量,通过对下标值的灵活控制,达到灵活处理数组元素的目的。

(1) 数组定义 int a[10]和数组元素引用 a[10]形式上有些相似,但定义中给出的是数组的长度,而引用中表示的是数组元素的下标,是数组元素的位置信息。

(2) C++语言中对数组的引用不检验数组边界,即当引用时下标超界时(下标小于 0 或大于上界),可能会使内存混乱,程序运行中断或出现、输出错误的结果。

(3) C++语言只能逐个引用数组元素,而不能一次性引用整个数组。

(4) 数组元素可以像同类型的普通变量一样使用,对其进行赋值和运算操作与普通变量完全相同。

【例 3-63】 求斐波那契数列的前 20 项,并按从大到小输出。

【问题分析】 由于要求从大到小输出,所以要先计算并存储数列中各项,最后逆序输出各项的值。请读者细心体会正向递推求解及反向输出的过程。

【参考程序】

```cpp
#include <iostream>
using namespace std;
int main()
{
    int a[20];                    //定义 20 个数组元素
    a[0] = 1;
    a[1] = 1;                     //设置数列初值
    for(int i = 2;i < 20;i++)     //递推求解数列的各项
    {
        a[i] = a[i-1] + a[i-2];   //递推方程
    }
    for(int i = 19;i >= 0;i-- )   //逆序输出
    {
        cout << a[i]<<" ";
    }
    return 0;
}
```

运行结果如下:

6765 4181 2584 1597 987 610 377 233 144 89 55 34 21 13 8 5 3 2 1 1

3. 数组的初始化

在定义一维数组的同时,可以给数组中的元素赋初值。

格式:类型名 数组名[常量表达式] = {值 1,值 2,…}

例如,"int a[10]={0,1,2,3,4,5,6,7,8,9};"相当于"a[0]=0; a[1]=1; …,a[9]=9;"。

（1）在初值列表中可以给出全部或部分数组元素的值。只给部分值时则后续部分自动赋 0 值，main()内外一样。例如，"int a[10]＝{0,1,2,3,4};"表示前 5 个初始化，其余值为 0。

（2）全部初始化为 0 可以简写为{}，如"int a[10]＝{};"。

（3）初值列表全部给出时，则在数组定义中可以不给出元素个数。例如，"int a[5]＝{1,2,3,4,5};"可写为"int a[]＝{1,2,3,4,5};"。

【程序 1】

```
# include < iostream >
using namespace std;
int a[5];
int main()
{   for(int i = 0;i < 5;i++)
    {    cout << a[i]<<" ";
    }
    return 0;
}
```

运行结果如下：

0 0 0 0 0

【程序 2】

```
# include < iostream >
using namespace std;
int main()
{   int a[5];
    for(int i = 0;i < 5;i++)
    {    cout << a[i]<<" ";
    }
    return 0;
}
```

运行结果如下：

－2 7143096 1967419373 4232960 7143248

【程序 3】

```
# include < iostream >
using namespace std;
int main()
{   int a[5] = {1,2};
    for(int i = 0;i < 5;i++)
    {    cout << a[i]<<" ";
    }
    return 0;
}
```

运行结果如下：

1 2 0 0 0

【程序 4】

```
# include < iostream >
# include < string >
using namespace std;
int main()
{   int a[5];
    memset(a,0,sizeof(a));
    for(int i = 0;i < 5;i++)
    {    cout << a[i]<<" ";
    }
    return 0;
}
```

运行结果如下：

0 0 0 0 0

【说明】

① 由程序 1～4 可以看出，数组定义在 int main()内其初始值是随机的，但一旦做了部分初始化后，其余也就被初始化为 0 了。作为一名竞赛型选手，应该养成变量及数组初始化的良好习惯。"程序 4"中使用 memset()函数需要< string. h >或< string >头文件。

② 数组只有放在 main()函数之外时才可以开得很大，放在 main()函数之内时，因为 main()函数自身开辟的空间有限，所以数组较大时就会异常退出。

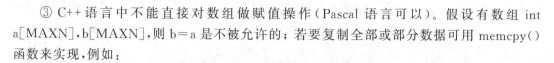

③ C++ 语言中不能直接对数组做赋值操作(Pascal 语言可以)。假设有数组 int a[MAXN],b[MAXN],则 b＝a 是不被允许的;若要复制全部或部分数据可用 memcpy() 函数来实现,例如:

```
memcpy(b,a,sizeof(int) * k);              //复制整型数组 a 的 k 个元素到数组 b
memcpy(b,a,sizeof(double) * k);           //复制 double 型数组 a 的 k 个元素到数组 b
memcpy(b,a,sizeof(a));                    //复制数组 a 的全部数据元素到数组 b
```

注意,使用 memcpy() 函数需要< string. h >或< string >头文件。

【思考】 还有什么方法可以初始化整个数组元素为 0? memset() 函数使用时需要注意什么?

【例 3-64】 移位问题。试设计一个算法,将数组 $A[n]$ 中的元素 $A[0]\sim A[n-1]$ 循环左(右)移 k 位,并要求只用一个元素大小的附加存储,元素移动或交换次数($O(n)$)尽可能少。

【问题分析】 要交换两个变量(a,b)的值的过程为"temp＝a; a＝b; b＝temp;"。数组元素平移一步的过程与此类似:

```
temp = a[0];
for(int i = 0;i < n - 1;i++)
{
    a[i] = a[i + 1];
}
a[n - 1] = temp;
```

题目要求平移 k 步,只需在平移一步的基础上加 k 次外循环即可。有了数组后,技术实现上就很简单了,但这仅仅是在功能上实现了平移,而且 k 值变大后其时间复杂度也会变高,故与题目的要求还不相符,本题的要求是每个元素只能移动或交换一次。

假设"a[0]＝1; a[1]＝2; …; a[6]＝7; n＝7,k＝3",移位过程如下:

```
temp = a[0];
a[0] = a[3];a[3] = a[6];a[6] = a[2];a[2] = a[5];a[5] = a[1];a[1] = a[4];
a[4] = temp;
```

简单分析下标变化情况可知:"j＝(j+k)％n"反映了下标变化的规律。

值得注意的是,若 n 是 k 的倍数(n％k＝＝0),则上面的移位过程需要分 k 次完成,即 n 个元素被分成 k 组,每组的移动过程相同。

【参考程序】

```
# include < iostream >
using namespace std;
const int n = 10;
int a[n];
int main()
{   int k,i,j,temp,t;
    cout <<"Please enter 10 elements of array a:\n";
    for(i = 0;i < n;i++)
    {   cin >> a[i];
    }
    cout <<"Please enter the value of K:\n";
```

```
        cin >> k;
        i = 0;
        do
        {                                    //无论 n 是不是 k 的倍数,循环体均需要执行一次
            j = i;  t = i;  temp = a[i];
            while((j + k) % n! = i)          //移位操作
            {   j = (j + k) % n;
                a[t] = a[j];
                t = j;
            }
            a[t] = temp;
            if(n % k == 0)
            {   i++;                         //数组元素被分成 k 组
            }
            else{
                break;
            }
        }while(i < k);
        for(i = 0; i < n; i++)
        {   cout << a[i] << " ";
        }
        return 0;
}
```

运行结果 1 如下:

Please enter 10 elements of array a:

1 2 3 4 5 6 7 8 9 10

Please enter the value of K:

3

4 5 6 7 8 9 10 1 2 3

运行结果 2 如下:

Please enter 10 elements of array a:

1 2 3 4 5 6 7 8 9 10

Please enter the value of K:

5

6 7 8 9 10 1 2 3 4 5

【例 3-65】 输入某人的生日年、月、日,输出该天是这一年的第几天和星期几。

【问题分析】 除了 2 月外(闰年的 2 月有 29 天,平年的 2 月有 28 天),公历每个月的天数是固定的。算法包括以下几部分。

(1) 初始化每月天数数组。

(2) 判断该年是否闰年。

(3) 计算生日那天是该年的第几天及本年中的第几天。

(4) 计算生日那天的星期数:

$$W = ((Y-1) + (Y-1)/4 - (Y-1)/100 + (Y-1)/400 + D) \% 7$$

其中,Y 表示年;W 表示星期;D 表示(3)的结果,即本年的第几天。

(5) 输出求解结果。

【参考程序】

```
# include < iostream >
using namespace std;
int main()
{   int md[] = {0,31,28,31,30,31,30,31,31,30,31,30,31};        //md 表示每月的天数
    int year,month,day,week,d = 0;
```

```
cout <<"输入生日:年 月 日:\n";
cin >> year >> month >> day;
for(int i = 1;i < month;i++)
{   d += md[i];
}
if(month > 2&&(year % 4 == 0&&year % 100! = 0 ||year % 400 == 0))   //判断是否为闰年
{   d = d + day + 1;      //计算是本年中的第几天
}
else{
    d = d + day;
}
week = (year − 1 + (year − 1)/4 − (year − 1)/100 + (year − 1)/400 + d) % 7;      //计算星期数
cout <<"Week = "<< week <<"   Day = "<< d << endl;
return 0;
}
```

【思考】　如何计算每月 1 号是星期几？

【实验】　输入年份,编程输出该年多个月份(如 4 个月)并列排列的万年历。

【例 3-66】　约瑟夫问题。N 个人围成一圈,从第一个人开始报数,数到 M 的人出圈;再由下一个人开始报数,数到 M 的人出圈;……输出依次出圈的人的编号,N、M 由键盘输入。

【问题分析】　本例题是一道模拟题,这也是竞赛的主要题型之一。

(1) 设置一个布尔型标志数组标识是否出圈,false 表示没出圈,true 表示出圈。初值为 false。

(2) 模拟报数游戏过程,直到所有人出圈。

【参考程序】

```
# include < iostream >
using namespace std;
bool a[101];                    //根据需要定义
int main()
{   int n,m;
    cin >> n >> m;
    int f = 0,t = 0,s = 0;            //f 为出圈人数,t 为下标,即编号,s 为报数计数器
    do
    {
        ++t;
        if(t == n + 1)
    {   t = 1;
        }
        if(a[t] == 0)
    {   ++s;
        }
        if(s == m)
    {   s = 0;
        cout << t <<" ";
```

```
            a[t] = 1;
            ++f;
            }
        }while(f! = n);
        return 0;
}
```

本例题属于模板类的题目,需要读者熟练掌握。

【例 3-67】 开关问题。有 n 盏灯,编号为 $1\sim n$,第 1 个人把所有灯都打开,第 2 个人按下所有编号为 2 的倍数的开关(这些灯熄灭),第 3 个人按下所有编号为 3 的倍数的开关(开着的关闭,关着的打开),以此类推,假设共有 k 个人照此操作,问最后哪些灯开着,将开着灯的编号输出,其中 $k \leqslant n \leqslant 1000$。

【问题分析】 本例题还是一道模拟类模板题,算法本身并不复杂。

【参考程序】

```
# include < iostream >
# include < string >
using namespace std;
int const maxx = 1001;
int a[maxx];
int main()
{   int n,k,first = 1;
    memset(a,0,sizeof(a));
    cin >> n >> k;
    for(int i = 1;i <= k;i++){
        for(int j = 1;j <= n;j++)
        {   if(j % i == 0)
            {   a[j] = ! a[j];
            }
        }
        for(int i = 1;i <= n;i++)
        {   if(a[i])
            {   if(first)
                {   first = 0;
                }
                else{
                    cout <<" ";
                }
                cout << i;
            }
        }
    }
    return 0;
}
```

【思考】 标志变量 first 的作用是什么?

3.5.2 二维数组

格式：类型名 数组名[常量表达式 1][常量表达式 2];

功能：定义一组用连续地址、顺序存储批量数据的存储空间。通常，常量 1 表示行数，常量 2 表示列数。

说明：通常二维数组的第一维表示行下标，第二维表示列下标。行、列下标均从 0 开始。

例如，"int a[3][4];"定义了一个 3 行 4 列的数组，数组名为 a，其数组元素的类型为整型，元素个数有 3×4 个，即

$$a[0][0], a[0][1], a[0][2], a[0][3]$$
$$a[1][0], a[1][1], a[1][2], a[1][3]$$
$$a[2][0], a[2][1], a[2][2], a[2][3]$$

二维数组的引用：

数组名[下标 1][下标 2];

其中下标应为整型常量或整型表达式。使用数组时需特别注意下标不能越界。

二维数组的初始化与一维数组类似。二维数组可按行分段赋值，也可按行连续赋值。

1）按行分段赋值可写为

int a[4][3] = {{80,75,92},{61,65,71},{59,63,70},{85,87,90}};

2）按行连续赋值可写为

int a[4][3] = {80,75,92,61,65,71,59,63,70,85,87, 90};

这两种赋初值的结果是完全相同的。

【例 3-68】 查找二维数组的最大值及其下标。

【参考程序】

```cpp
# include < cstdio >
using namespace std;
int main()
{   int i,j,row = 0,colum = 0,max;
    int a[3][4] = {{12,23,3,5},{45,32,56,6},{9,16,34,21}};
    max = a[0][0];                //max 可以随便赋较小值,本程序设第一个元素的值暂时为最大值
    for(i = 0;i < 3;i++){
        for(j = 0;j < 4;j++)
        {   if(a[i][j] > max)  //双循环 3 行 4 列,查到比当前最大值更大的时候
            {   max = a[i][j];
                row = i;
                colum = j;
            }
        }
    }
    printf(" % d, % d, % d\n",max,row,colum);
}
```

【例 3-69】 杨辉三角是一个由数字排列成的三角形数表，一般形式如下：

```
            1                           1
          1   1                       1   1
        1   2   1                   1   2   1
      1   3   3   1               1   3   3   1
    1   4   6   4   1           1   4   6   4   1
  1   5  10  10   5   1       1   5  10  10   5   1
 1  6  15  20  15   6   1     1  6  15  20  15   6   1
1  7  21  35  35  21  7  1   1  7  21  35  35  21  7  1
```

【输入数据】 一个整数 n，表示杨辉三角的行数。

【输出数据】 n 行杨辉三角形。

【问题分析】 显然，从左侧的杨辉三角中很难找到规律，也难以实现算法设计，故一般将其转换为右侧的杨辉三角形式。假设用数组 c 存储杨辉三角，则非 1 项：" $c[i][j] = c[i-1][j-1] + c[i-1][j]$;"首列及对角线皆为 1。

【参考程序】

```cpp
# include < iostream >
# include < string >
using namespace std;
int c[101][101];
int main()
{   int i,j,n;
    cin >> n;
    memset(c,0,sizeof(c));
    c[0][0] = 1;
    c[1][0] = 1;
    c[1][1] = 1;
    for(i = 2;i < n;i++)
    {   c[i][0] = 1;
        for(j = 1;j <= i;j++)
        {   c[i][j] = c[i-1][j-1] + c[i-1][j];
        }
    }
    for(i = 0;i < n;i++)
    {   for(j = 0;j <= i;j++)
        {   cout << c[i][j] << " ";
        }
        cout << endl;
    }
    return 0;
}
```

【思考】 上述程序中对角线的 1 是如何求解出来的？

【例 3-70】 蛇形填数。在一个 $n \cdot n$ 的方阵中填入 $1,2,3,\cdots,n \cdot n$，要求填入蛇形，如当 $n = 4$ 时，填入 1、2、3、$\cdots$、16 的形状为

```
10  11  12   1
 9  16  13   2
 8  15  14   3
 7   6   5   4
```

【问题分析】　用正常的输出语句直接输出蛇形方阵是做不到的。如果将数字按蛇形方阵形式存入二维数组中,输出就很容易了。

设二维数组 a[maxx][maxx] 存放方阵,则蛇形方阵存放在数组下标 $(0,0) \sim (n-1, n-1)$ 单元中,设变量 x 表示行,变量 y 表示列,那么从 $x=0$、$y=n-1$ 开始写入 1 数字,然后写入顺序是下、左、上、右。

【参考程序】

```cpp
# include <cstdio>
# include <string>
# define maxx 200
int a[maxx][maxx];
int main()
{
    int n,x,y,tot = 0;
    scanf("%d",&n);
    memset(a,0,sizeof(a));
    x = 0;
    y = n-1;
    tot = a[x][y] = 1;
    while(tot < n * n)
    {   while(x + 1 < n&&! a[x + 1][y])
        {   a[++x][y] = ++tot;
        }
        while(y - 1 >= 0&&! a[x][y - 1])
        {   a[x][--y] = ++tot;
        }
        while(x - 1 >= 0&&! a[x - 1][y])
        {   a[--x][y] = ++tot;
        }
        while(y + 1 < n&&! a[x][y + 1])
        {   a[x][++y] = ++tot;
        }
    }
    for(x = 0;x < n;x++)
    {   for(y = 0;y < n;y++)
        {
            printf("%4d",a[x][y]);
        }
        printf("\n");
    }
    return 0;
}
```

【练习】　奇数阶幻阵。输入一个奇数 n,将数字 $1 \sim n \cdot n$ 填入一个 $n \cdot n$ 的矩阵(数组)中,使该奇数阶矩阵中各元素的行和、列和和对角线元素之和相等。编程实现这样的矩阵。

3.5.3　数组综合应用程序设计实例

【例 3-71】　输入 n 个数,存入数组 a 中,每个数都是介于 $0\sim k$ 的整数,此处 k 为某个整数($n\leqslant 100\,000,k\leqslant 1000$),请按从小到大的顺序输出 a 数组中的数据。

【问题分析】　本例题的基本算法是:首先对 n 个数从小到大进行排序,然后输出排序后的数据。排序的方法有很多,如冒泡排序就是每次将一个最大数移动到数组的最后,这样的过程就像水下的气泡,越往上冒气泡越大,其实现过程如下。

```
for(j = 1; j <= n – 1; j++){          //冒泡排序,每轮排序都将当前排序数列的最大值往后移
    for(i = 1; i <= n – j; i++){
        if(a[i] > a[i + 1])
        {   swap(a[i],a[i + 1]);       //使用 swap()函数交换数值
        }
    }
}
```

分析 n 和 k 的值不难发现,n 个数中的重复数据比例会比较高,而相同数据在数组中多次存储显然不太合理。

因数据分布在 $0\sim k$,为此可以考虑对每个不同的数据设置一个计数器,用以记录某数据重复出现的次数,即定义一个计数器数组 c[k],当然也可以把 a 定义为二维数组来实现。故有:输入 a[i],统计值为 a[i] 的数据的个数为 c[a[i]]+=1。

【参考程序】

```
# include <iostream>
# include <string>
using namespace std;
int const MAXN = 100005;
int const K = 1001;
int main()
{
    int n,a[MAXN],c[K];
    cin >> n;
    memset(c,0,sizeof(c));              //初始化 c 数组
    for(int i = 0;i < n;i++)
    {
        cin >> a[i];                    //输入 a[i],并统计其出现的次数
        c[a[i]] += 1;
    }
    for(int i = 0;i < K;i++){
        for(int j = 1;j <= c[i];j++)
        {
            cout << i <<" ";
        }
    }
    return 0;
}
```

【思考】　若不输出重复数据,上述程序该如何修改? 若 MAXN＝1000005,上述程序会

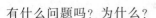

有什么问题吗？为什么？

【简答】 本例程序采用计数排序，请简答可以采用计数排序的条件及注意事项。

【实验】 编程实现"求众数"程序，即输出出现次数最高的数及次数，可能不止一个。

【例 3-72】 图像模糊处理。给定 m 行 n 列的图像各像素点的灰度值，要求用如下方法对其进行模糊化处理。

（1）图像四周最外侧的像素点灰度值不变。

（2）图像中间各像素点的新灰度值为该像素点及其上、下、左、右相邻 4 个像素点原灰度值的平均值（舍入到整数）。

【输入样例】

```
4 5
100 0 100 0 50
50 100 200 0 0
50 50 100 100 200
100 100 50 50 100
```

【输出样例】

```
100 0 100 0 50
50 80 100 60 0
50 80 100 90 200
100 100 50 50 100
```

【问题分析】 本例题比较简单，只需灵活运用数组的行、列下标。

【参考程序】

```cpp
#include <iostream>
#include <cmath>                    //round()函数需要 math 库
using namespace std;
int a[1001][1001];
double b[1001][1001];              //平均值结果肯定不全为整数,故 double 存储模糊后的结果
int main()
{
    int n,m,i,j;
    cin >> n >> m;
    for(i = 1;i <= n;i++){
        for(j = 1;j <= m;j++)
        {
            cin >> a[i][j];
            b[i][j] = a[i][j];     //隐式类型转换,将所有输入的整型转换为实型
        }
    }
    for(i = 2;i <= n-1;i++){       //行号去掉 1 和 n
        for(j = 2;j <= m-1;j++)    //列号去掉 1 和 m,那么剩下的就是中间像素点
        {
            b[i][j] = round((a[i][j] + a[i-1][j] + a[i][j-1] + a[i+1][j] + a[i][j+1])/5.0);
        }
    }
    cout << "模糊后的图像为:" << endl;
    for(i = 1;i <= n;i++){
        for(j = 1;j <= m;j++)
        {   cout << b[i][j] << " "; //每输出一行数据后
        }
        cout << endl;              //再输出一个换行
```

```
    }
    return 0;
}
```

【例 3-73】 【NOIP2008 提高组】若有 n 根火柴棍,可以拼出多少个形如"$A+B=C$"的等式? 等式中的 A、B、C 是用火柴棍拼出的整数(若该数为非零,则最高位不能是 0)。用火柴棍拼数字 0～9 的拼法如图 3-16 所示。

图 3-16 火柴棍拼 0～9 的示意图

输入整数 $n(n \leqslant 24)$,输出能拼成的不同等式的数目。

【注意】

(1) 加号与等号各自需要两根火柴棍。

(2) 如果 $A \neq B$,则 $A+B=C$ 与 $B+A=C$ 视为不同的等式(A、B、$C \geqslant 0$)。

(3) n 根火柴棍必须全部用上。

【输入样例】

18

【输出样例】

9

【输出样例解释】

0+4=4

0+11=11

1+10=11

2+2=4

2+7=9

4+0=4

7+2=9

10+1=11

11+0=11

【问题分析】 因为 n 较小,所以考虑用枚举的办法,按 $n=24$ 来分析整数 A、B、C 的取值范围。去除加号及等号即要用 20 根火柴棍来表示 3 个数,用所需火柴棍最少的数字 1 来构造表达式,分析可得 A、B 的取值范围应为 0～1000。而对于一个三位数,7 应该是百位上最大的数(如 711),等式左边是三位数,等式右边也应该至少是三位数。进一步分析可知,A、B、C 的取值均应该在 800 以内。由于火柴棍的数目是固定的,所以在枚举时,一旦当前数值的火柴棍数超过 n 即可以剪枝。具体步骤可描述如下。

(1) 预处理 C 的取值区间 0～800 的各数对应的火柴棍数目。

(2) 循环枚举 A 的取值

    循环枚举 B 的取值

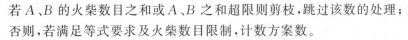

若 A、B 的火柴数目之和或 A、B 之和超限则剪枝,跳过该数的处理;

否则,若满足等式要求及火柴数目限制,计数方案数。

(3) 输出方案数。

【参考程序】

```cpp
#include <iostream>
using namespace std;
int main()
{
    int a[10] = {6,2,5,5,4,5,6,3,7,6},ans = 0,t = 0,k,n;
    int num[805];
    cin >> n;
    num[0] = 6;
    for(int i = 1;i <= 800;i++)
    {                                 //预处理0~800对应的火柴棍数目
        k = i;
        while(k)
        {                             //求 i 的火柴棍数
            t += a[k % 10];
            k/ = 10;
        }
        num[i] = t;                   //保存 i 的火柴棍数
        t = 0;
    }
    for(int i = 0;i <= 800;i++)
    {   for(int j = 0;j <= 800;j++)
        {   if(num[i] + num[j] + 4 >= n || i + j >= 800)
            {   continue;             //火柴棍数及和数超限则剪枝
            }
            else{
                if(num[i + j] + num[i] + num[j] + 4 == n)
                {
                    ans++;
                //  cout << i <<" + "<< j <<" = "<< i + j << endl;输出具体方案
                }
            }
        }
    }
    cout << ans;                      //输出方案总数
    return 0;
}
```

3.5.4　字符数组

格式:char 数组名[元素个数];如 char s[1000];

【例 3-74】 回文。一串字符如果从左读和从右读完全相同,则称为回文。请判断从键盘输入的一串字符(不超过 1000 位)是否是回文,是则输出 YES,否则输出 NO。

【问题分析】 本例题涉及的知识是循环操作,关键是把 n 位字符保存下来,重复判断两端对应的字符。

【参考程序】

```cpp
# include < iostream >
# include < cstdio >
using namespace std;
int main()
{
    char s[1000];
    int i = 0,n = 0;
    while((s[n] = getchar())! = '\n')          //输入字符(非回车)就继续输入
    {
        n++;
    }
    n-- ;
    while(s[i] == s[n - i])                     //重复判断字符是否相等
    {
        i++;
    }
    if(i > n/2)
    {
        cout <<"YES";
    }
    else{
        cout <<"NO";
    }
    return 0;
}
```

【思考】 "(s[n]＝getchar())!＝'\n'"写成"s[n]＝getchar()!＝'\n'"有差别吗?

【说明】 字符数组中的每一个元素都可以当作字符进行处理。字符数组的初始化,可以在定义时对每个元素逐一初始化,也可以在定义时直接通过使用双引号引起来一串字符来实现。例如:"char a[10]={'1','2','3','4','5'}"与"char a[10]={"12345"}"是两个等价的字符数组初始化定义。

但是,使用双引号形式进行初始化时,字符个数必须比所定义的数组元素个数少一,最后一个位置被系统用来存储特殊字符"\0"。对字符数组的初始化会有一个特殊的占位标志,且这个占位标志在输出时也会有所反应。

【例 3-75】 DNA 基因检测。在亲子血缘关系检测中,为了检查基因序列在功能和结构上的相似性,经常需要将几条不同的 DNA 序列做对比,从而判断基因序列之间是否相似。

现在对比两条长度相同的 DNA 序列,在相同位置的碱基为一个碱基对,如果这样的碱基对中的两个碱基相同的话,称为相同碱基对。接着计算相同碱基对占总碱基对的比例,比对一个自定义的阈值,如果大于该阈值称这两条 DNA 基因是相关的,输出 YES,否则输出 NO。

【输入样例】

0.85

ATCGCCGTAAGTAACGGTTTTAAATAGGCC

ATCGCCGGAAGTAACGGTCTTAAATAGGCC

【**输出样例**】

YES

【**参考程序**】

```
# include < bits/stdc++.h>
using namespace std;
int main()
{
    int len,equal = 0;
    double sample;
    char dna1[101],dna2[101];
    cin >> sample >> dna1 >> dna2;
    len = strlen(dna1);                //strlen(dna1)的作用是获取 dna1 中碱基的数量
    for(int i = 0;i < len;i++){
        if(dna1[i] = = dna2[i])
        {
            equal++;                   //查找相同碱基对的数量,累加到 equal
        }
    }
    if((double)equal/len > = sample)   //防止整型的整除,强制类型转换成 double 计算
    {
        cout <<"YES"<< endl;
    }
    else{
        cout <<"NO"<< endl;
    }
    return 0;
}
```

【**例 3-76**】　呜呜和茗茗是姐妹,两个人经常一起交流一些小秘密,她们两个会用加密的密文来传递纸条,这样就算发现了,其他人也看不懂纸条的信息,两个人玩得别提多得意了。妈妈发现后,经过反复研究,终于找到了密文的加密规律。

① 原文中所有的字符都在字母表中被循环左移了 3 个位置(原文:dec,密文:abz)。

② 逆序存储(原文:abcd,密文:dcba)。

③ 大小写反转(原文:xyAB,密文:XYab)。

虽然妈妈研究出了加密规则,但是每次翻译搜到的小纸条内容,很是麻烦,希望能写一个程序来帮助妈妈自动解密呜呜和茗茗的小纸条。

【**输入样例**】

VKXj

【**输出样例**】

Many

【**参考程序**】

```
# include < iostream >
# include < cstdio >
using namespace std;
char letter[3000];
int main()
```

```
{
    int i = 0,n,t;
    while((letter[i] = getchar())! = '\n')
    {
        i++;
    }
    n = strlen(letter);
    for(i = 0;i < n;i++)
    {
        if(letter[i]> = 'a'&&letter[i]< = 'z')
        {
            t = letter[i];
            t += 3;
            if(t > 122)
            {
                t -= 26;
            }
            t -= 32;
            letter[i] = t;
        }
        else if(letter[i]> = 'A'&&letter[i]< = 'Z')
        {
            t = letter[i];
            t += 3;
            if(t > 90)
            {
                t -= 26;
            }
            t += 32;
            letter[i] = t;
        }
    }
    for(i = n - 1;i > = 0;i -- )
    {
        cout << letter[i];
    }
    return 0;
}
```

事实上,解决与一串字符相关的问题,C++语言中还提供了专门工具(字符串),应用字符串可以使一串字符的输入、处理、输出都变得更加方便。

练习题

1.【NOIP2008 提高组】笨小猴。

【问题描述】

笨小猴的词汇量很小,所以每次做英语选择题时都很头疼。但是他找到了一种方法,经试验证明,用这种方法去选择选项时选对的概率非常大!

这种方法的具体描述如下:假设 maxn 是单词中出现次数最多的字母的出现次数,minn 是单词中出现次数最少的字母的出现次数,如果 maxn−minn 是一个质数,那么笨小猴就认为这是个 Lucky Word,这样的单词很可能就是正确的答案。

【输入】 输入文件 word.in 只有一行,是一个单词,其中只可能出现小写字母,并且长度小于 100。

【输出】 输出文件 word.out 共两行,第一行是一个字符串,假设输入的单词是 Lucky Word,那么输出"Lucky Word",否则输出"No Answer";

第二行是一个整数,如果输入单词是 Lucky Word,输出 maxn−minn 的值,否则输出 0。

【输入样例】

error

【输出样例】

Lucky Word

2

【样例解释】

单词 error 中出现最多的字母 r 出现了 3 次,出现次数最少的字母出现了 1 次,3−1=2,2 是质数。

2.【NOIP2017 普及组】图书管理员。

【问题描述】

图书馆中的每本书都有一个图书编码,可以用于快速检索图书,该图书编码是一个正整数。每位借书的读者手中有一个需求码,该需求码也是一个正整数。如果一本书的图书编码恰好以读者的需求码结尾,那么这本书就是这位读者所需要的。小 D 刚刚当上图书馆的管理员,她知道图书馆里所有书的图书编码,她请你帮她写一个程序,对于每一位读者,求出他所需要的书中图书编码最小的那本书,如果没有他需要的书,请输出−1。

【输入】

输入文件名为 librarian.in。

输入文件的第一行,包含两个正整数 n 和 q,以一个空格分开,分别代表图书馆里书的数量和读者的数量。

接下来的 n 行,每行包含一个正整数,代表图书馆里某本书的图书编码。

接下来的 q 行,每行包含两个正整数,以一个空格分开,第一个正整数代表图书馆里读者的需求码的长度,第二个正整数代表读者的需求码。

【输出】

输出文件名为 librarian.out。

输出文件有 q 行,每行包含一个整数,如果存在第 i 个读者所需要的书,则在第 i 行输出第 i 个读者所需要的书中图书编码最小的那本书的图书编码,否则输出−1。

【输入样例】

5　5

2123

1123

23

24

```
24
2  23
3  123
3  124
2  12
2  12
```

【输出样例】

```
23
1123
−1
−1
−1
```

第一位读者需要的书有 2123、1123、23,其中 23 是最小的图书编码。第二位读者需要的书有 2123、1123,其中 1123 是最小的图书编码。对于第三位、第四位和第五位读者,没有书的图书编码以他们的需求码结尾,即没有他们需要的书,输出−1。

3. 数列找数:数组 $A(N)$ 的各下标变量中有 N 个互不相等的数,键盘输入正整数 $M(M \leqslant N)$,要求打印数组中第 M 大的下标变量的值。

例如:数组 $A(10)$ 的数据为

$A(1)$	$A(2)$	$A(3)$	$A(4)$	$A(5)$	$A(6)$	$A(7)$	$A(8)$	$A(9)$	$A(10)$
16	57	20	19	38	41	6	13	25	32

运行结果如下:

INPUT AN NUMBER:3

$A(5)=38$

即第 3 大的数是 $A(5)=38$。

4. 数制转换:编程输入十进制数 N(N 的取值范围为−32767～32767),请输出它对应的二进制数、八进制数、十六进制数。例如:

INPUT N(−32767～32767):222

222 TURN INTO 2:11011110

222 TURN INTO 8:336

222 TURN INTO 16:DE

5. 矩阵相乘:已知 $N \times M1$ 矩阵 A 和 $M1 \times M$ 矩阵 B($1 \leqslant M$、$M1$、$N \leqslant 10$),求矩阵 C($C = A \times B$)。

【输入样例】

```
N,M1,M=4  3  4
A= 1  2  3
   3  4  5
   4  5  6
   5 −1 −2
```

B＝　1　　6　　4　　　2

　　　　2　　3　　4　　　1

　　　－1　　5　　7　　－3

【输出样例】

C＝　2　27　33　　－5

　　　6　55　63　　－5

　　　8　69　78　　－5

　　　5　17　　2　　　15

【提示】　所谓矩阵相乘(如 $\boldsymbol{A} \times \boldsymbol{B} = \boldsymbol{C}$)，是指 $\boldsymbol{C}_{ij} = \sum (\boldsymbol{A}_{ik} \times \boldsymbol{B}_{kj})(i = 1 \sim N, j = 1 \sim M1, k = 1 \sim M)$。例如：$\boldsymbol{C}_{11} = \boldsymbol{A}_{11} \times \boldsymbol{B}_{11} + \boldsymbol{A}_{12} \times \boldsymbol{B}_{21} + \boldsymbol{A}_{13} \times \boldsymbol{B}_{31} = 1 \times 1 + 2 \times 2 + 3 \times (-1) = 2$；$\boldsymbol{C}_{42} = \boldsymbol{A}_{41} \times \boldsymbol{B}_{12} + \boldsymbol{A}_{42} \times \boldsymbol{B}_{22} + \boldsymbol{A}_{43} \times \boldsymbol{B}_{32} = 5 \times 6 + (-1) \times 3 + (-2) \times 5 = 17$。

6．找数字对：输入 $N(2 \leqslant N \leqslant 100)$ 个数字(大小为 $0 \sim 9$)，然后统计出这组数中相邻两数字组成的链环数字对出现的次数。例如：

【输入样例】

N＝20　〖表示要输入数的数目〗

0　1　5　9　8　7　2　2　2　3　2　7　8　7　8　7　9　6　5　9

【输出样例】

(7,8)＝2 (8,7)＝3　〖指(7,8)、(8,7)数字对出现的次数分别为 2 次、3 次〗

(7,2)＝1 (2,7)＝1

(2,2)＝2

(2,3)＝1 (3,2)＝1

7．蛇形矩阵：生成一个按蛇形方式排列自然数 $1,2,3,4,5,\cdots,N^2$ 的 $(1 < N \leqslant 10)$ 阶方阵。

【输入样例】　N＝4

【输出样例】

1	3	4	10
2	5	9	11
6	8	12	15
7	13	14	16

N＝7

1	3	4	10	11	21	22
2	5	9	12	20	23	34
6	8	13	19	24	33	35
7	14	18	25	32	36	43
15	17	26	31	37	42	44
16	27	30	38	41	45	48
28	29	39	40	46	47	49

8．【1995 年全国分区联赛题】编码问题：设有一个数组 A：array $[0..N-1]$ of integer；存放的元素为 $0 \sim N-1(1 < N \leqslant 10)$ 的整数，且 $A[i] \neq A[j](i \neq j)$。例如当 $N = 6$ 时，有 $A = (4,3,0,5,1,2)$。此时，数组 A 的编码定义如下。

$A[0]$ 的编码为 0；

$A[i]$ 的编码为：在 $A[0],A[1],\cdots,A[i-1]$ 中比 $A[i]$ 的值小的个数。$(i = 1,2,\cdots,N-1)$

所以如上数组 A 的编码为 $B = (0,0,0,3,1,2)$。

要求编程解决以下问题。

(1) 给出数组 A 后,求出其编码。

(2) 给出数组 A 的编码后,求出 A 中的原数据。

【输入样例 1】

Stat＝1　　〔表示要解决的第(1)问题〕

N＝8　　　〔输入 8 个数〕

A＝1 0 3 2 5 6 7 4

【输出样例 1】

B＝0 0 2 2 4 5 6 4

【输入样例 2】

Stat＝2　〔表示要解决的第(2)问题〕

N＝7

B＝0 1 0 0 4 5 6

【输出样例 2】

A＝2 3 1 0 4 5 6

9.【NOIP2014 提高组】无线网络发射器选址。

【问题描述】

随着智能手机的日益普及,人们对无线网的需求日益增大。某城市决定对城市内的公共场所覆盖无线网。假设该城市的布局为由严格平行的 129 条东西向街道和 129 条南北向街道所形成的网格状,并且相邻的平行街道之间的距离都是恒定值 1。东西向街道从北到南依次编号为 $0,1,2,\cdots,128$,南北向街道从西到东依次编号为 $0,1,2,\cdots,128$。东西向街道和南北向街道相交形成路口,规定编号为 x 的南北向街道和编号为 y 的东西向街道形成的路口的坐标是 (x,y)。在某些路口存在一定数量的公共场所。由于政府财政问题,只能安装一个大型无线网络发射器。该无线网络发射器的传播范围是一个以该点为中心,边长为 $2d$ 的正方形(包括正方形边界)。例如,图 3-17 是一个 $d＝1$ 的无线网络发射器的覆盖范围示意图。

图 3-17　覆盖范围示意图

现在政府有关部门准备安装一个传播参数为 d 的无线网络发射器,希望你帮助他们在城市内找出合适的安装地点,使得覆盖的公共场所最多。

【输入】

输入文件名为 wireless.in。

第一行包含一个整数 d,表示无线网络发射器的传播距离。第二行包含一个整数 n,表示有公共场所的路口数目。

接下来 n 行,每行给出 3 个整数 x、y、k,中间用一个空格隔开,分别代表路口的坐标

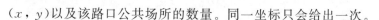

(x, y)以及该路口公共场所的数量。同一坐标只会给出一次。

【输出】

输出文件名为 wireless.out。

输出一行,包含两个整数,用一个空格隔开,分别表示能覆盖最多公共场所的安装地点方案数,以及能覆盖的最多公共场所的数量。

【输入样例】

1

2

4　4　10

6　6　20

【输出样例】

1　30

10.【NOIP2016 提高组】玩具谜题。

【问题描述】

小南有一套可爱的玩具小人,它们各有不同的职业。有一天,这些玩具小人把小南的眼镜藏了起来。小南发现玩具小人们围成了一个圈,它们有的面朝圈内,有的面朝圈外,如图 3-18 所示。这时 singer 告诉小南一个谜题:"眼镜藏在我左数第 3 个玩具小人的右数第 1 个玩具小人的左数第 2 个玩具小人那里。"小南发现,这个谜题中玩具小人的朝向非常关键,因为朝内和朝外的玩具小人的左右方向是相反的:面朝圈内的玩具小人,它的左边是顺时针方向,右边是逆时针方向;而面向圈外的玩具小人,它的左边是逆时针方向,右边是顺时针方向。小南一边艰难地辨认着玩具小人,一边数着:singer 朝内,左数第 3 个是 archer;archer 朝外,右数第 1 个是 thinker;thinker 朝外,左数第 2 个是 writer。所以眼镜藏在 writer 这里。

图 3-18　玩具小人

虽然成功找回了眼镜,但小南并没有放心。如果下次有更多的玩具小人藏他的眼镜,或是谜题的长度更长,他可能就无法找到眼镜了。所以小南希望你写程序帮他解决类似的谜题。这样的谜题具体可以描述为:

有 n 个玩具小人围成一圈,已知它们的职业和朝向。现在第 1 个玩具小人告诉小南一个包含 m 条指令的谜题,其中第 i 条指令形如"左数/右数第 s 个玩具小人"。你需要输出依次数完这些指令后,到达的玩具小人的职业。

【输入】

从文件 toy.in 中读入数据。

输入的第一行包含两个正整数 n、m,表示玩具小人的个数和指令的条数。

接下来 n 行,每行包含一个整数和一个字符串,以逆时针为顺序给出每个玩具小人的朝向和职业。其中 0 表示朝向圈内,1 表示朝向圈外。保证不会出现其他的数。字符串长度不超过 10 且仅由小写字母构成,字符串不为空,并且字符串两两不同。整数和字符串之间用一个空格隔开。

接下来 m 行,其中第 i 行包含两个整数 a_i、s_i,表示第 i 条指令。若 $a_i=0$,表示向左数 s_i 个人;若 $a_i=1$,表示向右数 s_i 个人。保证 a_i 不会出现其他的数,$1 \leqslant s_i < n$。

【输出】

输出到文件 toy.out 中。

输出一个字符串,表示从第一个读入的小人开始,依次数完 m 条指令后到达的小人的职业。

【输入样例】

7　3

0　singer

0　reader

0　mengbier

1　thinker

1　archer

0　writer

1　mogician

0　3

1　1

0　2

【输出样例】

writer

11.【NOIP2016 普及组】买铅笔。

【问题描述】

P 老师需要去商店买 n 支铅笔作为小朋友们参加 NOIP 的礼物。她发现商店共有 3 种包装的铅笔,不同包装内的铅笔数量有可能不同,价格也有可能不同。为了公平起见,P 老师决定只买同一种包装的铅笔。商店不允许将铅笔的包装拆开,因此 P 老师可能需要购买超过 n 支铅笔才够给小朋友们发礼物。现在 P 老师想知道,在商店每种包装的数量都足够的情况下,要买够至少 n 支铅笔最少需要花费多少钱。

【输入】

从文件 pencil.in 中读入数据。

输入的第一行包含一个正整数 n，表示需要的铅笔数量。

接下来 3 行，每行用两个正整数描述一种包装的铅笔，其中第一个整数表示这种包装内铅笔的数量，第二个整数表示这种包装的价格。

保证所有的 7 个数都是不超过 10000 的正整数。

【输出】

输出到文件 pencil.out 中。

输出一行，包含一个整数，表示 P 老师最少需要花费的钱。

【样例输入】

5　　7
2　　2
50　　30
30　　27

【样例输出】

54

12.【NOIP2016 普及组】回文日期。

【问题描述】

在日常生活中，通过年、月、日这 3 个要素可以表示出一个唯一确定的日期。牛牛习惯用 8 位数字表示一个日期，其中，前 4 位代表年份，接下来两位代表月份，最后两位代表日期。显然，一个日期只有一种表示方法，而两个不同的日期的表示方法不会相同。牛牛认为，一个日期是回文的，当且仅当表示这个日期的 8 位数字是回文的。现在，牛牛想知道：在他指定的两个日期之间（包含这两个日期本身），有多少个真实存在的日期是回文的。

【提示】

一个 8 位数字是回文的，当且仅当对于所有的 $i(1 \leqslant i \leqslant 8)$ 从左向右数的第 i 个数字和第 $9-i$ 个数字（即从右向左数的第 i 个数字）是相同的。例如：

• 对于 2016 年 11 月 19 日，用 8 位数字 20161119 表示，它不是回文的。

• 对于 2010 年 1 月 2 日，用 8 位数字 20100102 表示，它是回文的。

• 对于 2010 年 10 月 2 日，用 8 位数字 20101002 表示，它不是回文的。

每年中都有 12 个月份，其中，1、3、5、7、8、10、12 每个月有 31 天；4、6、9、11 每个月有 30 天；而对于 2 月，闰年时有 29 天，平年时有 28 天。

当且仅当一个年份满足下列两种情况中的一种时为闰年：

（1）这个年份是 4 的整数倍，但不是 100 的整数倍。

（2）这个年份是 400 的整数倍。

例如：

• 2000 年、2012 年、2016 年都是闰年。

•1900 年、2011 年、2014 年都是平年。

【输入格式】

从文件 date.in 中读入数据。

输入包括两行，每行包括一个 8 位数字。

第一行表示牛牛指定的起始日期 date1。

第二行表示牛牛指定的终止日期 date2。

保证 date1 和 date2 都是真实存在的日期,且年份部分一定为 4 位数字,且首位数字不为 0。

保证 date1 一定不晚于 date2。

【输出格式】

输出到文件 date.out 中。

输出一行,包含一个整数,表示在 date1 和 date2 之间,有多少个日期是回文的。

【样例输入 1】

20110101

20111231

【样例输出 1】

1

【样例输入 2】

20000101

20101231

【样例输出 2】

2

3.6 字　符　串

字符串可以看作一个特殊的字符数组,但字符串却又和字符数组不同。C 语言中的字符串是借用字符型一维数组来存储的,但规定字符串必须以 '\0' 作为字符串的结束标志。'\0' 虽然占用了 1 字节的存储空间,但在计算字符串长度时,并不计入。例如 "abcd" 是字符串常量,在输入时并不需要人为地在末尾增加 '\0',而是由系统自动添加。该字符串常量占用空间是 5 字节,其中多的 1 字节存储结束标志 '\0',字符串长度为 4,不计算结束标志的长度,字符串变量也一样处理。

字符串和字符数组的区别在于,字符数组的每个元素只可以存放一个字符,但不限制最后一个字符是什么,而字符串却严格要求最后一个必须是以 '\0' 作为结束标志。例如:

```
char str[10] = { 'G','o','o','d',' ','g','u','y','\0'};
```

以上字符数组 str 定义了 10 个数组元素,其中前 8 个位置放置了 Good guy,第 9 个位置为人为输入的 '\0',第 10 个位置虽然没有赋值,但是系统仍然会自动给其分配一个 '\0' 结束标志。str 作为字符串,其长度为 8,只计算字符数组中首次出现 '\0' 前的符号个数为长度。那么,使用字符数组来存储字符串时,定义的数组实际长度一定要比存储值的长度多 1。

3.6.1　字符串处理——string 类型

C++ 语言专门扩展了 string 类型,供我们方便地处理字符串。本节将重点学习使用 string 类型对字符串进行输入、输出、赋值、连接、查找、插入、删除等操作。

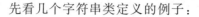

先看几个字符串类定义的例子：

```
string str;                         //str 为字符串,且无初始化值
string str2(str);                   //使用 str 初始化 str2
string str3("Good");                //str3 字符串的初始值为 Good
string str4(5, 'G');                //str4 字符串的初始值是 GGGGG
```

1. 字符串变量的定义

格式：string 变量名列表；

功能：定义一个或多个字符串变量,多个变量名之间用逗号分隔。

很多人学习的第一个 C 语言程序就是输出"Hello world!",如：

```
cout <<"Hello world!";
```

上述用双引号括起来的内容就是字符串,也叫字符串常量。

【例 3-77】 字符串变量赋值的应用。

【参考程序】

```
# include < iostream >
# include < string >
using namespace std;
int main()
{
    string name;                    //声明串变量
    cout <<"input your name:";
    cin >> name;
    cout <<"my name is:"<< name << endl;
    return 0;
}
```

说明：程序必须包含 string 头文件：#include < string >。输入的字符串可以是任意长度,只受计算机内存的限制,且可以输入中文。

注意：用 cin 读入字符串时,空格和换行符都被认为是字符串的结束。所以,在输入串时需要特别注意这一点。

【例 3-78】 （NOI 题库)过滤多余的空格。一个句子中也许有多个空格,请过滤多余的空格,只留一个空格。

【输入格式】

1 行,一个字符串(长度不超过 200),句子的头和尾都没有空格。

【输出格式】

过滤之后的句子。

【输入样例】

Hello   world.   This is   C   language.

【输出样例】

Hello world. This is C language.

【问题分析】

cin 只能读"单词",不读空格。现在要解决以下两个问题：

（1）判断读入结束。

（2）字符串连接。

【参考程序】

```
# include < iostream >
# include < string >
using namespace std;
int main()
{
    string s,tem;
    cin >> s;
    while(cin >> tem)          //循环输入数据,读不到时停止循环(Ctrl + Z,按 Enter 键结束输入)
    {
        s += ' ' + tem;         //C++语言中字符串连接的简便方式
    }
    cout << s << endl;
    return 0;
}
```

运行结果如下：

Hello   world.   This is   C   language.

^Z

Hello world. This is C language.

【注意】

（1）C++语言中字符串 string 类是一种泛在类型，而不是标准数据类型，使用时要注意字符常量与字符串常量的差异，如'A'=="A"是错误的表达式。

（2）两个字符串常量是不能直接用加号连接的，但 s="Hello ""world!"是正确的。

（3）在字符串后面追加内容时，用成员函数 s.append()是个不错的选择，成员函数的调用方式是：变量名.函数名(参数)。

（4）定义 string 类型的数组和 int 类型相似，可以同时进行初始化。

2. 字符常量和字符串常量的区别

（1）两者的定界符不同，字符常量由单引号括起来，字符串常量由双引号括起来。

（2）字符常量只能是单个字符，字符串常量则可以是多个字符。

（3）可以把一个字符常量赋给一个字符变量，但不能把一个字符串常量赋给一个字符串变量。

（4）字符常量占1字节，而字符串常量占用的字节数等于字符串的字节数加1。增加的1字节中存放字符串结束标志'\0'。

3.6.2 字符串的输入输出

C++语言中除了可以用 cin 和 cout 直接输入、输出字符串外，还可以用 scanf、gets、printf、puts 等语句完成字符串的输入和输出操作。

1. scanf 语句

格式：scanf(" % s",字符串名称);

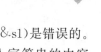

功能：这里的字符串名称之前不加 & 这个取地址符。例如,scanf("%s",&s1)是错误的。系统会自动在输入的字符串常量后添加'\0'标识,因此在输入时,仅输入字符串的内容即可。输入多个字符串时,以空格分隔。例如,语句"scanf("%s%s%s",s1,s2,s3);",从键盘分别输入 Let、us、go,则 3 个字符串分别获取了 3 个单词。

反过来可以想到,在仅有一个输入字符串名称的情况下,字符串变量仅获取空格前的内容。例如,语句"scanf("%s",s1);",从键盘分别输入 Let、us、go,则仅有第一个单词被获取,即 s1 变量仅获取第一个单词 Let。此时,输入缓冲区中保留了 us go,有需要的话,可以继续使用"scanf("%s",s2);",那么 s2 中就存储了 us,遇到 us 和 go 之间的空格则停止输入。那么缓冲区还剩下什么呢? 是不是只有 go 了?

2. gets 语句

格式：gets(字符串名称);

功能：使用 gets 语句只能输入一个字符串。例如,"gets(s1,s2);"是错误的。使用 gets 语句,是从光标开始的地方读到换行符,即读入的是一整行,而使用 scanf 语句是从光标开始的地方读到空格,如果这一行没有空格,才读到行尾。例如,"scanf("%s",s1);"和"gets(s2);",对于相同的输入"Hello World!",s1 获取的结果仅仅是 Hello,而 s2 获取的结果则是"Hello World!"。

3. printf 语句

格式：printf("%s",字符串名称);

功能：用%s 格式输出时,printf 的输出项只能是字符串(字符数组)名称,而不能是数组元素。例如,"printf("%s",a[5]);"是错误的。输出字符串不包括字符串结束标识符'\0'。

4. puts 语句

格式：puts(字符串名称);

功能：puts 语句输出一个字符串和一个换行符。对于已经声明过的字符串 a,printf("%s\n",a)和 puts(a)是等价的。

3.6.3　string 类型的基本操作

【例 3-79】　(NOI 题库)找到第一个只出现一次的字符。给定一个只包含小写字母的字符串,请你找到第一个仅出现一次的字符。如果没有,输出 no。

【输入格式】

一个字符串,长度小于 100000。

【输出格式】

输出第一个仅出现一次的字符,若没有,则输出 no。

【输入样例】

abcabd

【输出样例】

c

【问题分析】　本例题的常见解题思路是利用枚举方法。

【参考程序】

```cpp
# include < iostream >
# include < string >
using namespace std;
int main()
{
    string s;
    cin >> s;
    for(int i = 0;i < s.size();i++)
    {                           //size()是 string 类型的成员函数
        int c = 0;
        for(int j = 0;j < s.size();j++)
        {
            if(s[i] == s[j])
            {
                c++;    //统计字母 s[i]出现的次数
            }
        }
        if(c == 1)
        {
            cout << s[i];
            return 0;
        }
    }
    cout << "no" << endl;
    return 0;
}
```

【思考】 成员函数与一般的函数有什么不同?

【实验】 设计实现一个时间复杂度为 $O(N)$ 的算法。

【例 3-80】 (NOI 题库)统计数字字符个数。输入一行字符,统计出其中数字字符的个数。

【输入格式】

一行字符串,总长度不超 255。

【输出格式】

输出为一行,输出字符串中数字字符的个数。

【输入样例】

Peking University is set up at 1898.

【输出样例】

4

【问题分析】 读入一行字符放入一个字符串变量,再判断每个字符是否是数字即可。

【参考程序】

```cpp
# include < iostream >
# include < string >
# include < cctype >                    //isdigit()函数需要的头文件
using namespace std;
int main()
{
```

```
    string s;
    getline(cin,s);
    int c = 0;
    for(int i = 0;i < s.size();i++)
    {
        if(isdigit(s[i]))
        {
            c++;
        }
    }
    cout << c << endl;
    return 0;
}
```

【说明】　当 cin 读取数据时,它会传递并忽略任何前导白色空格字符(空格、制表符或换行符)。一旦它接触到第一个非空格字符即开始阅读,当它读取到下一个空白字符时将停止读取。在语句"getline(cin, inputLine);"其中,cin 是正在读取的输入流,而 inputLine 是接收输入字符串的 string 变量的名称。getline 是 C++ 语言的函数,默认是碰到换行符才结束,因此可以读入空格,而 cin 输入结束后回车还在输入流中。分析下面两段代码:

【输入格式】

3 5

abc　def　12　is.

【错误代码】

```
int n,m;
string s;
cin >> a >> b;                       //回车仍在输入流中
getline(cin,s);                      //遇到回车,s 为空
```

【正确代码】

```
int n,m;
string s;
cin >> a >> b;
getline(cin,s);                      //换行
getline(cin,s);                      //读下一行
```

gets(str)、getline(cin, s)、cin.getline(str, len)这 3 个函数都是读入一行字符串的函数,表 3-12 是这 3 个函数的区别。

表 3-12　gets()、getline()与 cin.getline()函数的区别

函 数 说 明	用 法 举 例
gets()函数是 C 语言的函数,它接收的参数是字符数组,gets 输入字符串时,不进行数组下标的检查,也就是说当你的数组长度是 n 时,输入超过该长度的字符串时,编译不会出错,但是运行时会出现数组越界或者内存泄漏的错误	char str[20]; gets(str);

续表

函 数 说 明	用 法 举 例
getline()函数是 C++语言的函数,他接收的参数是一个输入流和一个 string 类型的字符串,要使用这个函数必须加上"#include <string>"头文件和"using namespace std;"命名空间。右例为在输入流中输入 string 类变量 s 的值	#include <string> using namespace std; string s; getline(cin, s);
cin.getline()函数也是 C++语言的函数,它接收的参数是一个 C 语言风格的字符串(也就是一个字符数组)和一个最大长度,要使用这个函数,必须加上"#include <iostream>"头文件和"using namespace std;"命名空间	#include <iostream> using namespace std; char str[20]; cin.getline(str, 20);

【例 3-81】 摘录文字。输入一行由字母和字符"#"组成的字符串,保证"#"出现偶数次。从前往后看,每两个"#"字符之间的字符串是要摘录的文字,请编程把摘录的字符串连续输出。

【输入格式】 一行字符串,总长度不超过 1000000。

【输出格式】 "#"号对之间的字符。

【输入样例】 a#abcd#xyz#efgh#opq.

【输出样例】 abcdefgh

【参考程序】

```cpp
#include <iostream>
#include <string>
using namespace std;
int main()
{
    string s,ans;
    int p,i;
    cin >> s;
    for(i = 0;i < s.size();i++)
    {
        if(s[i] == '#')                    //找到前面的#位置
        {
            p = i + 1;                     //要摘录的开始位置
            for(i++;s[i]! = '#';i++);      //找匹配的"#",此处循环体是个空语句
            ans += s.substr(p,i - p);      //取出子字符串连接到 ans
        }
    }
    cout << ans << endl;
    return 0;
}
```

【说明】 substr(开始位置,长度)是取字符串中的一段子串。

【例 3-82】 (NOI 题库)选择你喜欢的水果。程序中保存了 7 种水果的名字,要求用户输入一个与水果有关的句子。程序在已经存储的水果名字中搜索,以判断句子中是否包含 7 种水果的名称。如果包含,则用词组 Brussels sprouts 替换水果中出现的水果单词,并输出替换后的句子;如果句子中没有出现这些水果名字,则输出 You must not enjoy fruit。假设 7 种水果的名字分别为 apples、bananas、peaches、cherries、pears、oranges、strawberries。

【输入格式】

有多行，每行一个字符串（长度不超过 200）。每行输入中只会有一个水果名称，且名称不会重复。

【输出格式】

如果包含水果单词，则用词组 Brussels sprouts 替换句子中出现的水果单词，并输出替换后的句子；否则输出 You must not enjoy fruit。

【输入样例】

I really love peaches on my cereal.

I'd rather have a candy bar.

Apples are wonderful with lunch.

【输出样例】

I really love Brussels sprouts on my cereal.

You must not enjoy fruit.

Brussels sprouts are wonderful with lunch.

【参考程序】

```cpp
#include <iostream>
#include <string>
using namespace std;
string fruits[7] = {"apples","bananas","peaches","cherries",
"pears","oranges","strawberries"};
int main()
{
    string s;
    while(getline(cin,s))
    {
        int i,pos,id = -1;              //记录查到水果的位置
        for(i = 0;i < 7;i++)
        {
            pos = s.find(fruits[i]);    //查找水果
            if(pos! = string::npos)     //string::npos 代表没有查到,加了"!",即查到一种水果
            {
                id = i;
                break;
            }
        }
        if(id == -1)
        {
            cout <<"You must not enjoy fruit. "<< endl;
        }
        else{                           //替换查到的水果并输出替换后的句子
            s.replace(pos,fruits[id].size(),"Brussels sprouts");
            cout << s << endl;
        }
    }
    return 0;
}
```

【说明】 成员函数 find(subs)是查找子字符串 subs,查找成功则返回第一个 subs 的位置,查找失败则返回 -1。为了兼容各 C++版本,最好写成 string::npos。string::find 类型的函数,返回值类型都是 string::size_type,而 string::size_type 其实是一种 unsigned int 类型,find 的结果记录匹配的位置,失败时返回一个名为 string::npos 的特殊值,说明查找没有匹配。string 类将 npos 定义为保证大于任何有效下标的值,string::npos 的值是无符号型类型的。事实上 (unsigned long)(-1)和(unsigned short)(-1)的值是不同的,这是一个很大的数,其值不需要知道。查找不成功时,直接用 string::npos 表示其返回值即可。

此外,成员函数 replace()、erase()、insert()等均为 string 类型的常用操作函数(见表 3-13 和表 3-14),读者应熟练掌握其用法。

表 3-13　string 类型变量的赋值和连接操作列表

格　　式	举 例 说 明
string s(字符串);	定义并初始化,例如:string s("abc 123");
string s(个数,字符);	定义并初始化为若干相同的字母,例如:string s(10,'*')
string s=字符串;	定义并初始化赋值,例如:string s="abc 123";
s=字符或字符串;	赋值语句,与成员函数 assign 相似,例如:string str1,str2,str3; str1 ="test string:"; str2='x'; str3=str1+str2; cout << str3 << endl;
字符串变量+字符串变量 字符串变量+字符串常量 字符串常量+字符串变量	运算符"+"是连接两个字符串,例如:string str1,str2,str3; str1= "test string:"; str2='x'; str3=str1+str2; cout << str3 << endl;
s+=字符/字符串	运算符"+="是自身加赋值运算符,例如:string s="Test:"; for(char i='a'; i<'z'; i++) s+=i; cout << s;

表 3-14　string 类型变量的转换

知 识 点	举 例 说 明
char 型可以直接当整数使用	值是其 ASCII 码,例如:"'A' - '0'=5"的结果是"65 - 48 - 5=12;" "'7' - '0'"的结果是"字符'7'转数字 7"
整数型转 char 型要强制类型转换	例如:char('0'+5)的结果是字符'5'
任意类型间转换可使用字符串流	例如:stringstream tempIO <<"123456"; int x; tempIO >> x;
string 类可以直接按字典序比较	直接使用关系运算符比较,例如:"ABC">"BCD"的结果为假
string 类型可转换到 C 语言风格的字符数组	使用函数 c_str(),例如:string s="filename"; printf("%s", s_str());
C 语言风格的字符数组可直接赋给 string 类型	例如:char cs[]="filename"; string s=cs;

3.6.4　string 类型的应用

【例 3-83】 车牌统计。小计喜欢研究数学,他收集了 N 块车牌,想研究数字 0～9 中某两个数字相邻出现使用在车牌上的次数。例如,68 出现在 100 块车牌上,44 出现在 0 块车牌上。由于车牌太多,希望你编程帮助他完成研究,并输出最多出现的车牌数。

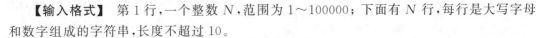

【输入格式】 第 1 行,一个整数 N,范围为 $1\sim100000$;下面有 N 行,每行是大写字母和数字组成的字符串,长度不超过 10。

【输出格式】 某两个数字相邻出现在车牌的最多数。

【输入样例】

```
4
YE5777
YB5677
YC8367
YA77B3
```

【输出样例】 3

【问题分析】 直接利用分解每一个车牌字符串进行处理的方法比较麻烦,而且容易重复计数。下面用类似计数排序的方法比较简单。

【参考程序】

```cpp
# include < fstream >
# include < string >
using namespace std;
int n;
int c[100];
string m[100];                           //"00","01",…,"99"
int main()
{
    for(int i = 0;i < 10;i++)             //构造匹配串
        for(int j = 0;j < 10;j++)
        {
            m[i * 10 + j] += char(i + '0');   //生成第一位字符串
            m[i * 10 + j] += char(j + '0');   //生成第二位字符串
        }
    cin >> n;
    string s;
    for(int i = 0;i < n;i++)
    {
        cin >> s;
        for(int j = 0;j < 100;j++)        //匹配串计数
        {
            if(s.find(m[j])! = string::npos)
            {
                c[j]++;
            }
        }
    }
    int ans = 0;
    for(int i = 0;i < 100;i++)            //找出最多的次数
    {
        if(c[i] > ans)
        {
            ans = c[i];
        }
    }
```

```
        cout << ans << endl;
        return 0;
    }
```

【注意】 字符不能直接用"+"连接,重点关注构造匹配串的方法。

【例 3-84】 单词替换(改自 NOI 题库)。输入一个字符串,以回车结束(字符串长度≤100)。该字符串由若干单词组成,单词之间用空格隔开,所有单词区分大小写。现需要将其中的某个单词替换成另一个单词,并输出替换后的字符串。

【输入格式】 第 1 行是包含多个单词的字符串 s;第 2 行是待替换的单词 a(长度≤100);第 3 行是 a 将被替换的单词 b(长度≤100)。s、a、b 的最前面和最后面都没有空格。

【输出格式】 输出只有一行,将 s 中所有单词 a 替换成 b 之后的字符串。

【输入样例】

You want someone to help you

You

I

【输出样例】

I want someone to help you

【问题分析】 原题是第 1 行每个单词中间只有一个空格,现在空格多于 1 个,只能用 getline 整行读入。

【参考程序】

```
# include < iostream >
# include < fstream >
# include < string >
using namespace std;
int main()
{
    string s,a,b;
    getline(cin,s);
    s = " " + s + " ";                    //两端加空格
    getline(cin,a);
    getline(cin,b);
    a = " " + a + " ";                    //两端加空格,找到的是单词
    b = " " + b + " ";
    for( int k = 0;(k = s.find(a,k))> = 0; k += b.size() - 1)
                                          //k += b.size() - 1 保证替换了的单词不再查找替换
    {
        s.replace(k,a.size(),b);          //从 s 串的 k 位置起始,用 b 串替换掉长度为 a.size 的串
    }
    cout << s.substr(1,s.size() - 2);//去掉两端的空格
    return 0;
}
```

【说明】

(1) 为了防止找到的子串不是单词,把 s、a、b 两端都加空格。

(2) 为了防止找到被 b 替换过的地方出现 a,find 加一个查找位置的参数 k,同时也提

高了算法效率。

【例 3-85】 旋转操作。把字符串旋转一次的操作等价于把字符串的最后一个字符改放到第一个字符的前面,例如:"abcdefg"旋转一次变为"gabcdef"。

现在输入一个字符串 s,还有 N 个旋转操作。每个操作有 3 个参数:s、t、c,意思是要你把开始位置 s、结束位置 t 的这段字符串旋转 c 次。例如,字符串"abcdefg"经过操作 (2,5,2)后变为"abefcdg"。

【输入格式】 第 1 行,不包含空格的字符串 s,长度不超过 1000;第 2 行,一个整数 N,表示下面有 N 个旋转操作($1 \leqslant N \leqslant 1000$);第 3~N+3 行,每行 3 个整数,即 s、t、c。保证 $0 \leqslant s \leqslant t <$ length(s),$0 \leqslant c < 10000$。

【输出格式】 输出只有一行,为将 s 依次进行 N 次旋转操作后的字符串。

【输入样例】

Youwantsomeonetohelpyou

3

1 5 100

0 3 20

2 15 60

【输出样例】

Ynetonuwantsomeohelpyou

【问题分析】

本例题是模拟题,模拟题在复赛中也是主流题型之一。要注意的是:

(1) c 次旋转操作不能直接每次旋转只一个字符的模拟,大家可以回忆一下已经学过的数组元素向前或向后平移 k 步的算法,简单模拟时间的复杂度太高,要精确计算旋转后的位置,一步到位。

(2) string 类中的子串操作命令 insert、find、erase 等单次操作的时间复杂度都是 $O(N)$,N 为串长。所以,不能采用把子串取出的方法,而要直接在原串中操作。

【参考程序】

```cpp
#include <iostream>
#include <fstream>
#include <string>
using namespace std;
string os,ts;
int n;
int main()
{
    cin >> os;
    ts = os;
    cin >> n;
    int s,t,c;
    for(int i = 0;i < n;i++)
    {
        cin >> s >> t >> c;
        int len = t - s + 1;
```

```
        c %= len;                          //c 大于长度,循环重复了,只取余数即可
        for(int j = s;j <= t;j++)          //备份下来到临时字符串 ts
        {
            ts[j] = os[j];
        }
        for(int j = s;j <= t;j++)          //完成旋转操作
        {
            if(j + c > t)
            {
                os[j + c - t] = ts[j];     //计算目标地址
            }
            else{
                os[j + c] = ts[j];
            }
        }
    }
    cout << os << endl;
    return 0;
}
```

【**说明**】 为了防止被换过的地方出现重新被取出等错误,把原来的这段先保存到 ts 字符串是比较简明的方法。

3.6.5 字符串函数

C++语言提供了丰富的字符串处理函数(见表 3-15 和表 3-16),使用这些函数可大大简化字符处理的编程过程,使用这些函数一般需要头文件 string 或 string.h。

表 3-15 常见的字符串处理函数

函 数 格 式	函 数 功 能
strcat(字符串名 1,字符串名 2)	将字符串 2 连接到字符串 1 后边,返回字符串 1 的值
strncat(字符串名 1,字符串名 2,长度 n)	将字符串 2 前 n 个字符连接到字符串 1 的后边,返回字符串 1 的值
strcpy(字符串名 1,字符串名 2)	将字符串 2 复制到字符串 1 后边,返回字符串 1 的值
strncpy(字符串名 1,字符串名 2,长度 n)	将字符串 2 前 n 个字符复制到字符串 1 后边,返回字符串 1 的值
strcmp(字符串名 1,字符串名 2)	比较字符串 1 和字符串 2 的大小,比较的结果由函数带回:如果字符串 1>字符串 2,返回一个正整数;如果字符串 1=字符串 2,返回 0;如果字符串 1<字符串 2,返回一个负整数
strncmp(字符串名 1,字符串名 2,长度 n)	将字符串 1 和字符串 2 的前 n 个字符进行比较,函数返回值的情况同 strcmp()函数
strchr(字符串名,字符)	返回一个指针,指向字符串中字符第一次出现的位置
strstr(字符串名 1,字符串名 2)	返回一个指针,指向字符串 1 中字符串 2 的第一次出现的位置
strlen(字符串名)	计算字符串的长度,终止符'\0'不算在长度之内
strlwr(字符串名)	将字符串中的大写字母换成小写字母
strupr(字符串名)	将字符串中的小写字母换成大写字母

表 3-16 字符串 string 类的常用操作函数

字符串 s 的操作	作　　用
s. empty()	如 s 是空串,则返回 true,否则返回 false
s. size()或 s. length()	返回 s 串中的字符个数
s[i]	返回 s 中下标为 i 的字符,下标从 0 开始计数
s1+s2	将 s1 和 s2 连接,相加结果是新生成的字符串
s1=s2	把 s1 内容替换为 s2
s1==s2	如果 s1 和 s2 串完全相同,返回 true,否则 false
s. insert(pos,s2)	在 s 下标为 pos 的元素前面插入 string 类型的 s2 串
s. substr(pos,n)	返回从 s 的下标 pos 起的 n 个字符组成的字符串
s. erase(pos,n)	删除从 s 的下标 pos 起的 n 个字符
s. replace(pos,n,s2)	将 s 下标 pos 起的 n 个字符替换为字符串 s2 的内容
s. find(s2,pos)	在 s 下标 pos 起从左向右查找 s2 第一次出现的位置
s. rfind(s2,pos)	在 s 下标 pos 起从右向左查找 s2 第一次出现的位置
s. c_str	返回一个与 s 内容相同的字符串指针

3.6.6　字符串综合应用程序设计实例

【例 3-86】 （NOIP1999 普及组）回文数。若一个数（首位不为零）从左向右读与从右向左读都一样,就称其为回文数。例如,给定一个十进制数 56,将 56 加 65（即把 56 从右向左读）,得到的 121 就是一个回文数。

又如,对于十进制数 87:

STEP1：$87+78=165$;

STEP2：$165+561=726$;

STEP3：$726+627=1353$;

STEP4：$1353+3531=4884$。

在这里的每一步是指进行了一次 N 进制的加法,对十进制数 87 最少用了 4 步得到了回文数 4884。

请编写一个程序,给定一个 N（$2 \leqslant N \leqslant 10$ 或 $N=16$）进制数 M,求最少经过几步可以得到回文数。如果在 30 步以内（包含 30 步）不可能得到回文数,则输出"Impossible!"。

【输入格式】 一行,以空格分隔的两个数,分别是 N、M。

【输出格式】 一行,仅一个数,表示步数;如果不能在 30 步以内得到回文数,则输出"Impossible!"。

【输入样例】 9 87

【输出样例】 6

【问题分析】 问题求解时需要将原数与逆序数相加,所以算法的第一步就需要考虑逆序数如何表示;题目没有给出 M 的具体位数,而累加求和的次数是 30 次,极端情况下可认为每次相加均会产生进位,故累加和可能会比较大;数制未确定,如果是二进制数显然位数会比较长,而如果是十六进制数则数字位会出现 A～F 等字符。考虑到要两个数相加,故还是采用 int 型数组,比字符数组方便。算法步骤如下:

（1）输入 n、m,整型数 n 表示进制,字符串 m 表示其值。

(2) 将 m 的每位数字反序存储到数组 a[101]，若是 A~F 也转换成对应的数值则存于 a。

(3) 通过语句 while(ans<30)循环求解，判断是否是回文数，是则退出循环，否则，数组 a 的元素逆序存储于数组 b。

通过语句"a[i]＝a[i]＋b[i]＋x;"计算两个数组对应元素的和，其中 x 为上一次的进位。

(4) 若 ans＝30，输出"Impossible!"；否则输出 ans 及 n 进制的回文数。

【参考程序】

```
#include <iostream>
#include <string>
using namespace std;
int n,a[101],b[101],i,len;              //n 表示进制
string m;                               //n 进制数字串
int main()
{
    int ans = 0;                        //记录次数
    cin >> n >> m;
    memset(a,0,sizeof(a));
    a[0] = m.length();                  //用 a[0]存储 m 的长度
    len = a[0];
    int hws = 0;
    for(i = 1;i <= len;i++)             //将 m 的各位数字存储到数组 a
    {
        if(m[len - i] >= '0'&&m[len - i] <= '9')
        {
            a[i] = m[len - i] - '0';
        }
    }
    else{
        a[i] = m[len - i] - 'A' + 10;
    }
    while(ans < 30&&hws == 0)
    {
        hws = 1;                        //检测是否是回文数，并默认认为是
        for(i = 1;i <= len/2;i++)
        {
            if(a[i]! = a[len - i + 1])
            {
                hws = 0;
                break;
            }
        }
        if(hws == 0)
        {
            for(i = 1;i <= len;i++)
            {
                b[i] = a[len - i + 1];  //将数组 a 逆序存于数组 b
            }
            for(i = 1;i <= len;i++)
```

```
            {
                a[i] += b[i];                    //数组 a 与数组 b 对应的元素相加
            }
            for(i = 1;i <= len;i++)
            {                                    //求进位及本位数字
                a[i + 1] += a[i]/n;
                a[i] % = n;
            }
            if(a[len + 1] > 0)
            {                                    //最高位产生进位则数字串长度加 1
                a[0]++;len++;
            }
            ans++;                               //累计步数
        }
    }
    if(ans == 30)
    {
        cout <<"Impossible!"<< endl;
    }
    else{
        cout << ans << endl;
    }
    return 0;
}
```

【思考】 本例题为何要把 m 的各位数字逆向存储于数组 a？a[i]＋＝b[i]实现数字位的按位加又能帮助我们解决什么问题？

【例 3-87】 （NOIP 2008 普及组）ISBN 码每一本正式出版的图书都有一个 ISBN 码与之对应，ISBN 码包括 9 位数字、1 位识别码和 3 位分隔符，其规定格式如 x-xxx-xxxxx-x，其中符号"-"就是分隔符（键盘上的减号），最后一位是校验码，如 0-670-82162-4 就是一个标准的 ISBN 码。ISBN 码的首位数字表示图书的出版语言，如 0 代表英语；第一个分隔符"-"之后的三位数字代表出版社，如 670 代表维京出版社；第二个分隔符后的五位数字代表该书在该出版社的编号；最后一位为校验码。

校验码的计算方法如下：首位数字乘以 1 加上次位数字乘以 2，以此类推，用所得的结果 mod 11，所得的余数即为校验码，如果余数为 10，则校验码为大写字母 X。例如，ISBN 码 0-670-82162-4 中的校验码 4 是这样得到的：对 067082162 这 9 个数字，从左至右，分别乘以 1，2，…，9 再求和，即 $0×1+6×2+…+2×9=158$，然后取 158 mod 11 的结果 4 作为校验码。

你的任务是编写程序来判断输入的 ISBN 码中校验码是否正确，如果正确，则仅输出 Right；如果错误，则输出你认为正确的 ISBN 码。

【输入格式】 只有一行，是一个字符序列，表示一本书的 ISBN 码（保证输入符合 ISBN 码的格式要求）。

【输出格式】 共一行，假如输入的 ISBN 码的校验码正确，那么输出 Right；否则按照规定的格式输出正确的 ISBN 码（包括分隔符"-"）。

【输入样例 1】 0-670-82162-4   【输出样例 1】 Right

【输入样例 2】 0-670-82162-0   【输出样例 2】 0-670-82162-4

【问题分析】 算法不复杂,简单模拟即可。

【参考程序】

```cpp
# include < iostream >
using namespace std;
int main()
{
    string a;                      //a 表示输入的 ISBN 码
    int i,sum = 0,j = 0;           //i 是循环变量,sum 为累加和,j 用来记录第几位数字
    char b;                        //b 表示 ISBN 的校验码
    cin >> a;
    for(i = 0;i < 12;i++)
    {
        if(a[i]! = '-')
        {                          //如果不是"-"就进行计算求和
            j++;
            sum += j * (a[i]-'0');  //将计算结果累加
        }
    }
    b = sum % 11 + '0';            //计算校验码
    if(b == '0' + 10)
    {
        b = 'X';                   //特殊处理
    }
    if(b == a[12])
    {
        cout <<"Right";            //正确则输出 Right
    }
    else{
        for(i = 0;i < 12;i++)
        {
            cout << a[i];
        }
        cout << b;
    }
    return 0;
}
```

【例 3-88】 字符串移位包含问题。对一个字符串定义一次循环移动操作为:将字符串的第一个字符移动到末尾,形成新的字符串。给定两个字符串 s1 和 s2,要求判定其中一个字符串是否是另外一个字符串通过若干次循环移位后的新字符串的子串。例如,CDAA 是由 AABCD 两次移位后产生的新串 BCDAA 的子串,而 ABCD 则不能通过多次移位使得其中一个字符串是新串的子串。

【输入格式】 只有一行,包含两个字符串,中间由单个空格隔开。字符串只包含字母和数字,长度不超过 30。

【输出格式】 如果一个字符串是另一个字符串通过若干次循环移位产生的新串的子串,则输出 true,否则输出 false。

【输入样例】 AABCD CDAA

【输出样例】 true

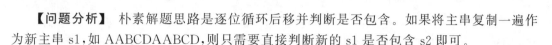

【问题分析】 朴素解题思路是逐位循环后移并判断是否包含。如果将主串复制一遍作为新主串 s1,如 AABCDAABCD,则只需要直接判断新的 s1 是否包含 s2 即可。

【参考程序】

```cpp
# include < iostream >
using namespace std;
const int N = 61;
char s1[N],s2[N],x[N];
int main()
{
    cin >> s1 >> s2;
    if(strlen(s1)< strlen(s2))
    {
        swap(s1,s2);                    //短串作子串,长串为主串
    }
    strcpy(x,s1);
    //strstr(s1,s2)函数用于判断 s2 是否是 s1 的子串,是则返回首次出现的位置,否则返回空指针
    if(strstr(strcat(s1,x),s2) == NULL)
    {
        cout <<"false"<< endl;
    }else{
        cout <<"true"<< endl;
    }
    return 0;
}
```

【实验】 请用不同的方法实现上述程序并比较算法的性能。

【例 3-89】 (NOIP 2005 提高组)谁拿的奖学金总额最多。某校的惯例是在每学期的期末考试之后发放奖学金。发放的奖学金共有 5 种,获取的条件各自不同。

- 院士奖学金:每人 8000 元,期末平均成绩高于 80 分(>80),并且在本学期内发表 1 篇或 1 篇以上论文的学生均可获得。
- 五四奖学金:每人 4000 元,期末平均成绩高于 85 分(>85),并且班级评议成绩高于 80 分(>80)的学生均可获得。
- 成绩优秀奖:每人 2000 元,期末平均成绩高于 90 分(>90)的学生均可获得。
- 西部奖学金:每人 1000 元,期末平均成绩高于 85 分(>85)的西部省份学生均可获得。
- 班级贡献奖:每人 850 元,班级评议成绩高于 80 分(>80)的学生干部均可获得。

只要符合条件就可以得奖,每项奖学金的获奖人数没有限制,每名学生也可以同时获得多项奖学金。例如,姚林的期末平均成绩是 87 分,班级评议成绩是 82 分,同时他还是一位学生干部,那么他可以同时获得五四奖学金和班级贡献奖,奖学金总额是 4850 元。

现在给出若干学生的相关数据,请计算哪些同学获得的奖学金总额最高(假设总有同学能满足获得奖学金的条件)。

【输入格式】

第一行是 1 个整数 N(1≤N≤100),表示学生的总数。

接下来的 N 行,每行是一位学生的数据,从左向右依次是姓名、期末平均成绩、班级评议成绩、是否是学生干部、是否是西部省份学生,以及发表的论文数。姓名是由大小写英文

字母组成的长度不超过 20 的字符串(不含空格);期末平均成绩和班级评议成绩都是 0~
100 的整数(包括 0 和 100);是否是学生干部和是否是西部省份学生分别用 1 个字符表示,
Y 表示是,N 表示不是;发表的论文数是 0~10 的整数(包括 0 和 10)。每两个相邻数据项
之间用一个空格分隔。

【输出格式】

包括 3 行。第 1 行是获得奖学金总额最多的学生的姓名。第 2 行是这名学生获得的奖
学金总额。如果有两位或两位以上的学生获得的奖学金最多,输出他们之中在输入文件中
出现最早的学生的姓名。第 3 行是这 N 个学生获得的奖学金的总额。

【输入样例】

```
4
YaoLin 87 82 Y N 0
ChenRuiyi 88 78 N Y 1
LiXin 92 88 N N 0
ZhangQin 83 87 Y N 1
```

【输出样例】

```
ChenRuiyi
9000
28700
```

【问题分析】 本例题的算法并不复杂,只是输入数据中的字符、字符串、整数等混合出
现,请重点关注该例中姓名数据的输入及输出,多尝试一些其他方法,熟练掌握后应试时就
能胸有成竹。

【参考程序】

```cpp
#include <iostream>
using namespace std;
char s[101][21],c1,c2;              //s 用于保存姓名,c1、c2 分别表示西部学生和班干部
int sum[101];
int main()
{   int n,maxs=0,score1=0,score2=0,num;
                                    //score1 为平均成绩,score2 为班评成绩,num 为论文数
    int i,t,sumn=0;                 //t 用于保存获得奖学金总额最多的编号 i,sumn 用于累计班
                                    //级奖学金总和
    memset(sum,0,sizeof(sum));
    cin>>n;
    for(i=1;i<=n;i++)
    {
        cin>>s[i]>>score1>>score2>>c1>>c2>>num;
        if(score1>80&&num>0)
        {
            sum[i]+=8000;           //院士奖学金
        }
        if(score1>85&&score2>80)
        {
            sum[i]+=4000;           //五四奖学金
        }
```

```
        if(score1 > 90)
        {
            sum[i] += 2000;                    //成绩优秀奖
        }
        if(score1 > 85&&c2 == 'Y')
        {
            sum[i] += 1000;                    //西部奖学金
        }
        if(score2 > 80&&c1 == 'Y')
        {
            sum[i] += 850;                     //班级贡献奖
        }
        if(sum[i]> maxs)
        {
            maxs = sum[i];
            t = i;                             //获得的奖学金总额最多的学生
        }
        sumn += sum[i];                        //累计奖学金总和
    }
    cout << s[t]<<"\n"<< maxs <<"\n"<< sumn << endl;
    return 0;
}
```

【实验】　请读者用 scanf、printf 等不同的输入输出方法完成上例。

【例 3-90】　有两个由字符组成的闭环,请写程序计算这两个字符环上最长连续公共字符串的长度。例如,字符串"ASDJADFJAJGJGKDJFKLADF"的首尾连在一起构成一个闭环;字符串"KHKKJAJGJGAFSADF"也是一个闭环;"JAJGJG"是这两个闭环的一个连续公共字符串。

【问题分析】　这是一道简单经典的动态规划的题目,解题方法和思路可以有多种。

【方法 1】　利用字符串函数,直接用朴素的思想求解。即在其中一个串(短串)中取字符串(由长到短),并检查是否是另一个串的子串,循环检测,保留最长的公共的子串。

【参考程序 1】

```
# include < iostream >
using namespace std;
int main()
{
    string a,b,temp;
    cin>> a >> b;
    if(a.size()> b.size())
    {
        swap(a, b);                    //a 为短串,b 为长串
    }
    a = a + a;
    b = b + b;
    string str_m;                      //存储最长公共子串
    for(int i = 0;i < a.size();i++)
    {
        for(int j = i;j < a.size();j++)
        {
```

```
        temp = a.substr(i,j - i + 1);
        if(int(b.find(temp))< 0)
        {
            break;
        }
        else if(str_m.size()< temp.size())
            {
                str_m = temp;
            }
        }
    }
    if(str_m.length()> a.length()/2)          //若子串长度大于原串长度,则是由环形所致
    {
        str_m = a.substr(0,a.size()/2);
    }
    cout << str_m << endl;
    return 0;
}
```

```
cdaacdaa
a00110011
a00120012
b00000000
c10001000
d02000200
a00310031
a00140014
b00000000
c10001000
d02000200
```

图 3-19 递推求解矩阵

【方法 2】 用递推的方法求解最长公共子串,图 3-19 为前面字符串移位问题的递推求解矩阵,通过该矩阵不难发现,该用例的最长公共子串长为 4,即移位后是主串的子串。

设两个串为 a、b,矩阵为 c,则有递推公式如下:

若 a[i] = b[j]
　{ If(i == 0 || j == 0) 则 c[i][j] = 1
　　Else c[i][j] = c[i - 1][j - 1] + 1}
　Else c[i][j] = 0;

【参考程序 2】

```
# include < iostream >
# include < string >
using namespace std;
string a,b,s;
int c[101][101];
int main()
{
    int i,j,m,n,maxLen = 0,maxEnd = 0;
    cin >> a >> b;
    if(a.size()< b.size())
    {
        swap(a,b);
    }
    a = a + a;
    b = b + b;
    m = a.size();
    n = b.size();
    cout << m <<" "<< n << endl;
    for(i = 0;i < m;i++)
        for(j = 0;j < n;j++)
        {
```

```
            if(a[i] == b[j])
            {
                if(i == 0 || j == 0)
                {
                    c[i][j] = 1;
                }
                else{
                    c[i][j] = c[i-1][j-1] + 1;
                }
            }else{
                c[i][j] = 0;
            }
        }
    for(i = 0;i < m;i++)
            for(j = 0;j < n;j++)
            {
                if(c[i][j] > maxLen)
                {
                    maxLen = c[i][j];
                    maxEnd = j;                   //若记录 j,则最后获取 LCS 时是取 b 的子串


                }
    s = b.substr(maxEnd - maxLen + 1,maxLen);
    if(s.size() > b.size()/2)
    {
        s = b.substr(0,b.length()/2);
    }
    cout << s << endl;
    return 0;
}
```

　　递推是动态规划求解问题的常用方法之一,读者需要熟练掌握。下面来看一个典型的动态规划问题,即两个字符串的最长公共子序列。

　　设 $X = (x_1,x_2,\cdots,x_n)$ 和 $Y = \{y_1,y_2,\cdots,y_m\}$ 是两个字符串序列,将 X 和 Y 的最长公共子序列记为 $LCS(X,Y)$。要找 X 和 Y 的 LCS,首先考虑 X 的最后一个元素和 Y 的最后一个元素。

　　(1) 如果 $x_n = y_m$,说明该元素一定位于公共子序列中。因此,现在只需要找 $LCS(X_{n-1},Y_{m-1})$。

　　(2) 如果 $x_n != y_m$,要产生两个子问题: $LCS(X_{n-1},Y_m)$ 和 $LCS(X_n,Y_{m-1})$。

　　$LCS(X_{n-1},Y_m)$ 表示最长公共序列可以在 $(x_1,x_2,\cdots,x_{n-1})$ 和 $(y_1,y_2,\cdots,y_m)$ 中找。

　　$LCS(X_n,Y_{m-1})$ 表示最长公共序列可以在 $(x_1,x_2,\cdots,x_n)$ 和 $(y_1,y_2,\cdots,y_{m-1})$ 中找。

　　即 $LCS = \max\{LCS(X_{n-1},Y_m),LCS(X_n,Y_{m-1}),LCS(X_{n-1},Y_{m-1})+1\}$。

　　【实验】　基础好的读者可提前自学并完成上述程序。

练习题

1. 判断两个由大小写字母和空格组成的字符串在忽略大小写,且忽略空格后是否

相等。

【输入】 两行,每行包含一个字符串。

【输出】 若两个字符串相等,输出 YES,否则输出 NO。

【输入样例】

a A bb BB ccc CCC

Aa BBbb CCCccc

【输出样例】

YES

2. 为了获知基因序列在功能和结构上的相似性,经常需要将几条不同序列的 DNA 进行比对,以判断该比对的 DNA 是否具有相关性。

现比对两条长度相同的 DNA 序列。首先定义两条 DNA 序列相同位置的碱基为一个碱基对,如果一个碱基对中的两个碱基相同,则称为相同碱基对。接着计算相同碱基对占总碱基对数量的比例,如果该比例大于或等于给定阈值时则判定这两条 DNA 序列是相关的,否则不相关。

【输入】

有三行,第一行用来判定两条 DNA 序列是否是相关的阈值,随后两行是两条 DNA 序列(长度不大于 500)。

【输出】

若两条 DNA 序列相关,则输出 yes,否则输出 no。

【输入样例】

0.85

ATCGCCGTAAGTAACGGTTTTAAATAGGCC

ATCGCCGGAAGTAACGGTCTTAAATAGGCC

【输出样例】

yes

3. 小 C 学习完了字符串匹配的相关内容,现在他正在做一道习题。对于一个字符串 S,题目要求他找到 S 的所有具有下列形式的拆分方案数:

$$S=ABC, \quad S=ABABC, \quad S=ABAB\cdots ABC$$

其中 A、B、C 均是非空字符串,且 A 中出现奇数次的字符数量不超过 C 中出现奇数次的字符数量。

更具体地,可以定义 AB 表示两个字符串 A、B 相连接,如 $A=aab, B=ab$,则 $AB=aabab$。并递归地定义 $A^1=A, A^n=A^{n-1}A(n \geqslant 2$ 且为正整数)。如 $A=abb$,则 $A^3=abbabbabb$。

小 C 的习题是求 $S=(AB)^i C$ 的方案数,其中 $F(A) \leqslant F(C)$,$F(S)$ 表示字符串 S 中出现奇数次的字符的数量。两种方案不同,当且仅当拆分出的 A、B、C 中有至少一个字符串不同。

小 C 并不会做这道题,只好向你求助,请你帮帮他。

【输入格式】

本题有多组数据,输入的第一行一个正整数 T 表示数据组数。

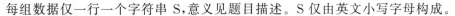

每组数据仅一行一个字符串 S,意义见题目描述。S 仅由英文小写字母构成。

【输出格式】

对于每组数据输出一行一个整数表示答案。

【输入样例】

3

nnrnnr

zzzaab

mmlmmlo

【输出样例】

8

9

16

【样例解释】

对于第一组数据,所有的方案为

(1) A＝nA＝n,B＝nrB＝nr,C＝nnrC＝nnr。

(2) A＝nA＝n,B＝nrnB＝nrn,C＝nrC＝nr。

(3) A＝nA＝n,B＝nrnnB＝nrnn,C＝rC＝r。

(4) A＝nnA＝nn,B＝rB＝r,C＝nnrC＝nnr。

(5) A＝nnA＝nn,B＝rnB＝rn,C＝nrC＝nr。

(6) A＝nnA＝nn,B＝rnnB＝rnn,C＝rC＝r。

(7) A＝nnrA＝nnr,B＝nB＝n,C＝nrC＝nr。

(8) A＝nnrA＝nnr,B＝nnB＝nn,C＝rC＝r。

4.【NOIP2012 提高组】Vigenere 密码。

【问题描述】

16 世纪法国外交家 Blaise de Vigenere 设计了一种多表密码加密算法——Vigenere 密码。Vigenere 密码的加密解密算法简单易用,且破译难度比较高,曾在美国南北战争中为南军所广泛使用。在密码学中,称需要加密的信息为明文,用 M 表示;称加密后的信息为密文,用 C 表示;而密钥是一种参数,是将明文转换为密文或将密文转换为明文的算法中输入的数据,记为 k。在 Vigenere 密码中,密钥 k 是一个字母串,$k＝k_1 k_2 \cdots k_n$。当明文 $M＝m_1 m_2 \cdots m_n$ 时,得到的密文 $C＝C_1 C_2 \cdots C_n$,其中 $C_i ＝ m_i R k_i$,运算符号 R 的规则如图 3-20 所示。

Vigenere 加密在操作时需要注意以下两点。

(1) R 运算忽略参与运算的字母的大小写,并保持字母在明文 M 中的大小写形式。

(2) 当明文 M 的长度大于密钥 k 的长度时,将密钥 k 重复使用。

例如,明文 M＝Helloworld,密钥 k＝abc 时,密文 C＝Hfnlpyosnd,如表 3-17 所示。

表 3-17　加密转换表

明文	H	e	l	l	o	w	o	r	l	d
密钥	a	b	c	a	b	c	a	b	c	a
密文	H	f	n	l	p	y	o	s	n	d

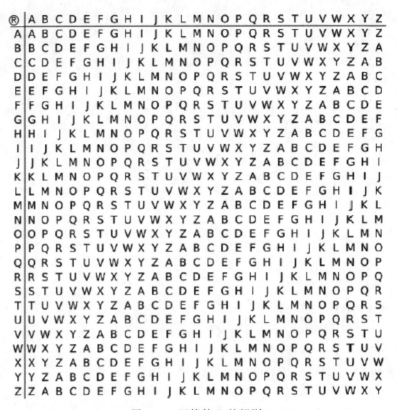

图 3-20   运算符 R 的规则

5.【NOIP2009 提高组】潜伏者。

【问题描述】

R 国和 S 国正陷入战火之中,双方都互派间谍潜入对方内部,并伺机行动。历尽艰险后,潜伏于 S 国的 R 国间谍小 C 终于摸清了 S 国军用密码的编码规则:

- S 国军方内部欲发送的原信息经过加密后在网络上发送,原信息的内容与加密后所得的内容均由大写字母 A~Z 构成(无空格等其他字符)。

- S 国对于每个字母规定了对应的"密字"。加密的过程就是将原信息中的所有字母替换为其对应的"密字"。

- 每个字母只对应一个唯一的"密字",不同的字母对应不同的"密字"。"密字"可以和原字母相同。

例如,若规定"A"的密字为"A","B"的密字为"C"(其他字母及密字略),则原信息"ABA"被加密为"ACA"。

现在,小 C 通过内线掌握了 S 国网络上发送的一条加密信息及其对应的原信息。小 C 希望能通过这条信息,破译 S 国的军用密码。小 C 的破译过程是这样的:扫描原信息,对于原信息中的字母 x(代表任一大写字母),找到其在加密信息中的对应大写字母 y,并认为在密码里 y 是 x 的密字。如此进行下去直到停止于如下的某个状态。

(1) 所有信息扫描完毕,A~Z 所有 26 个字母在原信息中均出现过并获得了相应的"密字"。

（2）所有信息扫描完毕,但发现存在某个(或某些)字母在原信息中没有出现。

（3）扫描中发现掌握的信息里有明显的自相矛盾或错误(违反 S 国密码的编码规则)。例如,某条信息"XYZ"被翻译为"ABA"就违反了"不同字母对应不同密字"的规则。在小 C 忙得头昏脑涨之际,R 国司令部又发来电报,要求他翻译另外一条从 S 国刚刚截取到的加密信息。现在请你帮助小 C:通过内线掌握的信息,尝试破译密码。然后利用破译的密码,翻译电报中的加密信息。

【输入】

输入文件名为 spy.in,共 3 行,每行为一个长度为 1～100 的字符串。

第 1 行为小 C 掌握的一条加密信息。

第 2 行为第 1 行的加密信息所对应的原信息。

第 3 行为 R 国司令部要求小 C 翻译的加密信息。

输入数据保证所有字符串仅由大写字母 A～Z 构成,且第 1 行的长度与第 2 行相等。

【输出】

输出文件 spy.out 共 1 行。

若破译密码停止时出现(2)、(3)两种情况,请你输出 Failed(注意首字母大写,其他小写);否则请输出利用密码翻译电报中加密信息后得到的原信息。

【输入样例 1】

AA

AB

EOWIE

【输出样例 1】

Failed

【说明】　原信息中的字母 A 和 B 对应相同的密字,输出 Failed。

【输入样例 2】

QWERTYUIOPLKJHGFDSAZXCVBNABCDEFGHIJKLMNOPQRSTUVWXYDSLIEWO

【输出样例 2】

Failed

【说明】　字母 Z 在原信息中没有出现,输出 Failed。

【输入样例 3】

MSRTZCJKPFLQYVAWBINXUEDGHOOILSMIJFRCOPPQCEUNYDUMPPYIZSD
WAHLNOVFUCERKJXQMGTBPPKOIYKANZWPLLVWMQJFGQYLLFLSO

【输出样例 3】

NOIP

6. 等价表达式。

【问题描述】

兵兵班的同学都喜欢数学这一科目,中秋聚会这天,数学课代表给大家出了道有关代数表达式的选择题。这个题目的题干中首先给出了一个代数表达式,然后列出了若干选项,每个选项也是一个代数表达式,题目的要求是判断选项中哪些代数表达式是和题干中的表达式等价的。

这个题目手动演算很麻烦,因为数学课代表对计算机编程很感兴趣,所以他想是不是可以用计算机来解决这个问题。假设你是数学课代表,能完成这个任务吗?

这个选择题中的每个表达式都满足下面的性质:

(1) 表达式只可能包含一个变量 a。

(2) 表达式中出现的数都是正整数,而且都小于 10000。

(3) 表达式中可以包括四种运算"+"(加)、"-"(减)、" * "(乘)、"^"(乘幂),以及小括号"("和")"。小括号的优先级最高,其次是"^",然后是" * ",最后是"+"和"-"。"+"和"-"的优先级是相同的。相同优先级的运算从左到右进行(注意:运算符"+""-"" * ""^"以及小括号都是英文字符)。

(4) 幂指数只可能是 1~10 的正整数(包括 1 和 10)。

(5) 表达式内部、头部或者尾部都可能有一些多余的空格。

下面是一些合理的表达式的例子:

((a^1) ^ 2)^3,a * a+a-a,((a+a)),9999+(a-a) * a,1+(a -1)^3,1^10^9…

【输入格式】

第一行给出的是题干中的表达式。第二行是一个整数 $n(2 \leqslant n \leqslant 26)$,表示选项的个数。后面 n 行,每行包括一个选项中的表达式。这 n 个选项的标号分别是 A,B,C,D…输入中的表达式的长度都不超过 50 个字符,而且保证选项中总有表达式和题干中的表达式是等价的。

【输出格式】

输出文件包括一行,这一行包括一系列选项的标号,表示哪些选项是和题干中的表达式等价的。选项的标号按照字母顺序排列,而且之间没有空格。

【输入样例】

(a+1)^2

3

(a-1)^2+4 * a

a+1+a

a^2+2 * a * 1+1^2+10-10+a-a

【输出样例】

AC

【数据规模】

对于 30% 的数据,表达式中只可能出现两种运算符"+"和"-"。

对于其他的数据,四种运算符"+""-"" * ""^"在表达式中都可能出现。

对于全部的数据,表达式中都可能出现小括号("("和")")。

7.【NOIP2015 提高组】斗地主。

【问题描述】

牛牛最近迷上了一种叫斗地主的扑克游戏。斗地主是一种使用黑桃、红心、梅花、方片的 A~K 加上大小王的共 54 张牌来进行的扑克牌游戏。在斗地主中,牌的大小关系根据牌的数码表示为 3<4<S<6<7<8<9<10<J<Q<K<A<2<小王<大王,而花色并不对牌的大小产生影响。每一局游戏中,一副手牌由 n 张牌组成。游戏者每次可以根据规定的

牌型进行出牌,首先打光自己手牌的一方取得游戏的胜利。

需要注意的是,本题中游戏者每次可以出手的牌型与一般的斗地主相似而略有不同。具体规则如图 3-21 所示。

牌型	牌型说明	牌型举例照片
火箭	即双王(双鬼牌)	
炸弹	四张同点牌。如四个A	
单张牌	单张牌,如3	
对子牌	两张码数相同的牌	
三张牌	三张码数相同的牌	
三带一	三张码数相同的牌+一张单牌。如三张3+单4	
三带二	三张码数相同的牌+一对牌。如三张3+对4	
单顺子	五张或更多码数连续的单牌(不包括2点和双王),如单7+单8+单9+单10+单J。另外,在顺牌(单顺子、双顺子、三顺子)中,牌的花色不要求相同	
双顺子	三对或更多码数连续的对牌(不包括2点和双王)。如对3+对4+对5	
三顺子	两个或更多码数连续的三张牌(不能包括2点和双王),如三张3+三张4+三张5	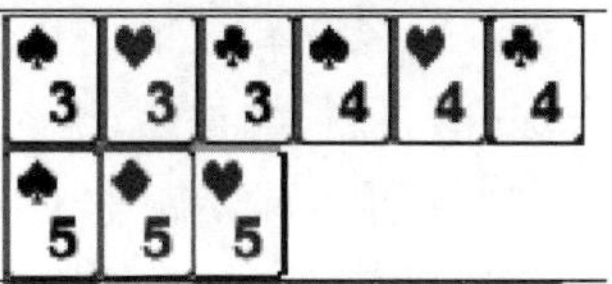
四带二	四张码数相同的牌+任意两张单牌(或任意两对牌),如四张5+单3+单8或四张4+对5+对7	

图 3-21　本题的扑克牌游戏规则

现在,牛牛只想知道,对于自己的若干组手牌,分别最少需要多少次出牌可以将它们打光?请你帮他解决这个问题。

【输入格式】

输入文件名为 landlords.in。

第一行包含用空格隔开的两个正整数 T、n,表示手牌的组数以及每组手牌的张数。接下来 T 组数据,每组数据 n 行,每行一个非负整数对 a_i、b_i,表示一张牌,其中 a_i 表示牌的数码,b_i 表示牌的花色,中间用空格隔开。特别地,用 1 表示数码 A,11 表示数码 J,12 表示数码 Q,13 表示数码 K;黑桃、红心、梅花、方片分别用 1~4 表示;小王的表示方法为 01,大王的表示方法为 02。

【输出格式】

输出文件名为 landlords.out。

共 T 行,每行一个整数,表示打光第 i 组手牌的最少次数。

【输入样例 1】

```
1  8
7  4
8  4
9  1
10  4
11  1
5  1
1  4
1  1
```

【输出样例 1】

```
3
```

8.【NOI2014】动物园。

【问题描述】

近日,园长发现动物园中好吃懒做的动物越来越多了。如企鹅,只会卖萌向游客要吃的。为了整治动物园的不良风气,让动物们凭自己的真才实学向游客要吃的,园长决定开设算法班,让动物们学习算法。

某天,园长给动物们讲解 KMP 算法。

园长:"对于一个字符串 S,它的长度为 L。我们可以在 $O(L)$ 的时间内求出一个名为 next 的数组。有谁预习了 next 数组的含义吗?"

熊猫:"对于字符串 S 的前 i 个字符构成的子串,既是它的后缀又是它的前缀的字符串中(它本身除外),最长的长度记作 $\text{next}[i]$。"

园长:"非常好!那你能举个例子吗?"

熊猫:"如 S 为 abcababc,则 $\text{next}[5]=2$。因为 S 的前 5 个字符为 abcab,ab 既是它的后缀又是它的前缀,并且找不到一个更长的字符串满足这个性质。同理,还可得出 $\text{next}[1]=\text{next}[2]=\text{next}[3]=0$, $\text{next}[4]=\text{next}[6]=1$, $\text{next}[7]=2$, $\text{next}[8]=3$。"

园长表扬了认真预习的熊猫同学。随后,他详细讲解了如何在 $O(L)$ 的时间内求出 next 数组。

下课前,园长提出了一个问题:"KMP 算法只能求出 next 数组。我现在希望求出一个更强大 num 数组——对于字符串 S 的前 i 个字符构成的子串,既是它的后缀同时又是它的前缀,并且该后缀与该前缀不重叠,将这种字符串的数量记作 $\text{num}[i]$。如 S 为 aaaaa,则 $\text{num}[4]=2$。这是因为 S 的前 4 个字符为 aaaa,其中 a 和 aa 都满足性质'既是后缀又是前缀',同时保证这个后缀与这个前缀不重叠。而 aaa 虽然满足性质'既是后缀又是前缀',但遗憾的是这个后缀与这个前缀重叠了,所以不能计算在内。同理,$\text{num}[1]=0,\text{num}[2]=\text{num}[3]=1,\text{num}[5]=2$。"

最后,园长给出了奖励条件,第一个做对的同学奖励巧克力一盒。听了这句话,睡了一节课的企鹅立刻就醒过来了!但企鹅并不会做这道题,于是向参观动物园的你寻求帮助。你能否帮助企鹅编写一个程序求出 num 数组?

特别地,为了避免大量的输出,你不需要输出 $\text{num}[i]$ 分别是多少,只需要输出所有

（num[i]＋1）的乘积，对 1000000007 取模的结果即可。

【输入格式】

第 1 行仅包含一个正整数 n，表示测试数据的组数。

随后 n 行，每行描述一组测试数据。每组测试数据仅含有一个字符串 S，S 的定义详见题目描述。数据保证 S 中仅含小写字母。输入文件中不会包含多余的空行，行末不会存在多余的空格。

【输出格式】

包含 n 行，每行描述一组测试数据的答案，答案的顺序应与输入数据的顺序保持一致。对于每组测试数据，仅需要输出一个整数，表示这组测试数据的答案对 1000000007 取模的结果。输出文件中不应包含多余的空行。

【输入样例】

3

aaaaa

ab

abcababc

【输出样例】

36

1

32

9.【NOI2015】品酒大会。

【问题描述】

一年一度的"幻影阁夏日品酒大会"隆重开幕了。大会包含品尝和趣味挑战两个环节，分别向优胜者颁发"首席品酒家"和"首席猎手"两个奖项，吸引了众多品酒师参加。

在大会的晚餐上，调酒师 Rainbow 调制了 n 杯鸡尾酒。这 n 杯鸡尾酒排成一行，其中第 n 杯酒（$1 \le i \le n$）被贴上了一个标签 s_i，每个标签都是 26 个小写英文字母之一。设 str(l,r)表示第 l 杯酒到第 r 杯酒的 $r-l+1$ 个标签顺次连接构成的字符串。若 str(p,po)＝str(q,qo)，其中 $1 \le p \le po \le n$，$1 \le q \le qo \le n$，$p \ne q$，$po-p+1=qo-q+1=r$，则称第 p 杯酒与第 q 杯酒是"r 相似"的。当然两杯"r 相似"（$r>1$）的酒同时也是"1 相似""2 相似"……"$(r-1)$ 相似"的。特别地，对于任意的 $1 \le p,q \le n$，$p \ne q$，第 p 杯酒和第 q 杯酒都是"0 相似"的。

在品尝环节上，品酒师 Freda 轻松地评定了每一杯酒的美味度，凭借其专业的水准和经验成功夺取了"首席品酒家"的称号，其中第 i 杯酒（$1 \le i \le n$）的美味度为 a_i。现在 Rainbow 公布了挑战环节的问题：本次大会调制的鸡尾酒有一个特点，如果把第 p 杯酒与第 q 杯酒调兑在一起，将得到一杯美味度为 $a_p * a_q$ 的酒。现在请各位品酒师分别对于 $r=0,1,2,\cdots,n-1$，统计出有多少种方法可以选出 2 杯"r 相似"的酒，并回答选择 2 杯"r 相似"的酒调兑可以得到的美味度的最大值。

【输入格式】

第 1 行包含 1 个正整数 n，表示鸡尾酒的杯数。

第 2 行包含一个长度为 n 的字符串 S，其中第 i 个字符表示第 i 杯酒的标签。

第 3 行包含 n 个整数，相邻整数之间用单个空格隔开，其中第 i 个整数表示第 i 杯酒

的美味度 a_i。

【输出格式】

包括 n 行。第 i 行输出 2 个整数,中间用单个空格隔开。第 1 个整数表示选出两杯 "$(i-1)$相似"的酒的方案数;第 2 个整数表示选出两杯"$(i-1)$相似"的酒调兑可以得到的最大美味度。若不存在两杯"$(i-1)$相似"的酒,这两个数均为 0。

3.7 模块化编程——函数

C++语言源程序是由函数组成的,一个程序中可以只有一个主程序而没有子程序,但不能没有主程序,也就是说不能单独执行子程序。

C++语言提供了许多标准函数,如 abs()、sqrt()等,这些函数为我们编程提供了很大的方便,但这些函数只是常用的基本函数,用户可以直接调用,使用 C++标准函数需要在程序中通过♯include 指令加入相应的库。

实际应用中,用户经常需要通过自定义一些函数来解决一些实际应用问题。如:

$$C_n^m = \frac{n!}{m! * (n-m)!}$$

C++标准函数中没有阶乘运算函数,为此,如果没有自定义函数,用户就需要编写三段几乎一样的求阶乘值的代码才能完成该组合数的计算问题。

3.7.1 自定义函数的定义

函数是可以反复使用的一段代码,它用来独立地完成某个具体功能,它可以接收用户传递的数据或地址,也可以不接收任何数据。需要接收用户数据的函数,在定义时要指明参数的个数、数据类型及严格的先后次序;不接收用户数据的函数,则不需要指明,直接用一对小括号即可。根据这一点可以将函数分为有参函数和无参函数,而将代码段封装成函数的过程叫作函数定义。

函数定义的语法格式如下:

函数类型 函数名(数据类型 参数 1,数据类型 参数 2 …)
{
        函数体
}

关于函数定义的几点说明:

(1) 自定义函数符合"根据已知计算未知"的原则,已知的是参数列表,是自变量,函数名相当于是未知,是因变量。

(2) 函数名是标识符,一个程序中除了主函数名必须是 main 外,其余函数的名字按照标识符的取名规则命名。注意函数名后面的括号()不能少。

(3) 参数列表可以是空的,即无参函数,也可以是多个参数,参数之间用逗号隔开。参数列表中的每个参数由参数类型说明和参数名构成。

(4) 函数体是实现函数功能的语句,它是函数需要执行的代码,是函数的主体部分。即使只有一条语句,函数体也要由{ }括起。除返回类型是 void 的函数外,其他函数的函数体中至

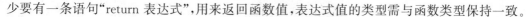

少要有一条语句"return 表达式",用来返回函数值,表达式值的类型需与函数类型保持一致。

（5）返回值类型必须一般是前面介绍过的 int、double、char 等类型,也可以是数组。有时函数不需要返回任何值,例如,函数可以只描述一些过程,用 printf 向屏幕输出一些内容,这时只需定义函数返回类型为 void,并且无须使用 return 返回函数的值。

（6）自定义函数必须先定义和使用。函数定义不允许嵌套,即任何一个函数的定义不能出现在另一个函数体内,但函数体内可以调用任何一个函数,包括其本身。

【例 3-91】　给定两个非负整数 n 和 m,编写函数计算组合数 C_n^m。

【问题分析】　计算公式为 $C_n^m = \dfrac{n!}{m!(n-m)!}$,$C_n^0 = 1$,由公式可知,该公式的计算主要由三个阶乘运算组成。

【参考程序】

```cpp
# include < iostream >
using namespace std;
long long f(int n)
{                                          //计算阶乘
    long long ans = 1;
    for(int i = 1;i < = n;i++)
    {
        ans * = i;
    }
    return ans;
}
long long c(int n,int m)
{                                          //计算组合数
    return f(n)/(f(m) * f(n - m));         //调用另一个自定义函数
}
int main()
{
    int n,m;
    cin >> n >> m;
    long long cnm = c(n,m);                //调用自定义函数
    cout << cnm << endl;
    return 0;
}
```

【说明】　n、m 较大时,上述程序会产生溢出。

【实验】　编写函数输出斐波那契数列的第 n 项。

3.7.2　函数的声明和调用

1. 函数的声明

与变量的定义和使用准则"先声明后使用"一样,调用函数之前先要声明函数的原型,在主调函数中或所有函数定义之前,按如下形式声明:

类型说明符 被调函数名(含类型说明的形参表);

如果是在所有函数定义之前声明了函数原型,那么该函数原型在本程序任何地方都有效,即程序文件中任何地方均可按照原型调用相应的函数。如果在某个主调函数内部声明了被调函数原型,那么该原型就只能在这个函数内部有效。如前述例子调整如下:

```
long long c(int n,int m)                    //计算组合数
{
    long long f(int k);                     //f(n)声明原型
    return f(n)/(f(m) * f(n - m));          //调用另一个自定义函数 f(n)
}
```

函数原型声明语句是一个独立的语句,不包括函数体,所以声明语句之后需加分号。函数定义的第一行与函数声明类似,但以一对括号取代函数声明中的分号,且在括号内部包含函数体。函数定义语句若出现在主调用语句之前,则无须独立的函数原型声明语句,即定义函数的同时也完成了函数的声明。

2. 函数的调用

函数调用的格式如下:

函数名(实参列表)

实参列表与形参列表应保持个数相同,类型一致,主调函数中的参数称为实参,实参一般应有确定的值。实参可以是变量、表达式、常量、数组或指针名等。函数若作为一个独立的语句,这时函数可以没有返回值;函数若出现在表达式中则必须有明确的返回值。

3. 函数的返回值

return(表达式)是函数返回的格式,有值调用则通过表达式将其函数值返回给主调用函数;无值调用可以无 return 语句或有 return 语句但 return 语句后面无表达式。

4. 参数传递

C++语言中的函数调用分为传值调用和传址调用,其差别在于传值调用只是将实际参数(实参)的值单向传递给形式参数(形参),函数调用结束后实参值不会发生改变,若期望函数调用结束时,实参的值能随函数计算过程中的形参同步变化,则需要按传址方式调用。举例说明如下:

<table>
<tr><td align="center">传值调用</td><td align="center">传址调用</td></tr>
</table>

```
# include < iostream >
using namespace std;
void swap(int a,int b)
{
    int t = a;
    a = b;
    b = t;
}
int main()
{   int x,y;
    cin >> x >> y;
    swap(x,y);
    cout <<"x = "<< x <<" "<<"y = "<< y << endl;
    return 0;
}
```

```
# include < iostream >
using namespace std;
void swap(int &a, int &b)
{
    int t = a;
    a = b;
    b = t;
}
int main()
{   int x,y;
    cin >> x >> y;
    swap(x,y);
    cout <<"x = "<< x <<" "<<"y = "<< y << endl;
    return 0;
}
```

运行结果如下：   运行结果如下：

3 4   3 4

x = 3 y = 4   x = 4 y = 3

5. 数组作为函数的参数

C++语言程序中，数组也可作为参数。没有下标单独出现的数组名代表的是指向该数组第一个元素的地址，即数组的首地址。因此，当数组名作为参数时是一种传址调用。

【例 3-92】　用选择排序法对数组中的 10 个数从小到大排序输出。

【参考程序】

```cpp
# include < iostream >
using namespace std;
void sort(int a[],int n);
int main()
{
    int i,array_b[10] = {5,4,6,8,7,9,2,1,3,0};        //初始数组是随机无序的数据排列
    sort(array_b,10);              //array_b 是数组名,将 array_b 数组的首地址传递给 sort()函数
    cout <<"The sorted array is\n";
    for(i = 0;i < 10;i++)
    {
        cout << array_b[i]<<" ";
    }
    cout <<"\n";
    return 0;
}
void sort(int array_a[],int n)
{
    int i,j,k,t;
    for(i = 0;i < n - 1;i++)
    {
        k = i;
        for(j = i + 1;j <= n - 1;j++)
        {
            if(array_a[j]< array_a[k])
            {
                k = j;
            }
        }
        t = array_a[i];array_a[i] = array_a[k];array_a[k] = t;
    }
}
```

6. 函数的递归调用

在调用一个函数的过程中，函数体内又直接或间接调用该函数本身，这种调用方式称为递归调用（递归算法会在 6.2 节专门介绍）。

使用递归函数来求解某数的阶乘。以下左侧为 n 阶乘的求解过程，右侧为欧几里得辗转相除法求 m 和 n 的最大公约数的过程，均使用了函数递归的方法。

$$n! = \begin{cases} 1 & n=0 \text{ or } 1 \\ n*(n-1)! & n>1 \end{cases}$$

递归关系: $\gcd(m,n) = \gcd(n, m\%n)$

递归终止条件: $n=0$; 结果: $\gcd(m,0) = m$

```cpp
#include <iostream>
using namespace std;
int f(int k);
int main()
{
    int n;
    cin >> n;
    cout << n << "! = " << f(n));
    return 0;
}
int f(int k)
{
    if(k == 0 || k == 1)
    {
        return 1;
    }else {
        return k * f(k - 1);
    }
}
```

```cpp
#include <iostream>
using namespace std;
int gcd(int m,int n)
{
    return(n == 0)? m:gcd(n,m % n);
}
int main()
{
    int m,n;
    cin >> m >> n;
    cout << gcd(m,n) << endl;
    return 0;
}
```

阶乘运算中需要注意 n 的值不能太大, n 过大后该问题会变为高精度问题。最大公约数问题中,若参数 m、n 很大时,也会转换为高精度问题,而且涉及高精度除法问题,下面介绍二进制最大公约数算法,相比于常规算法,该方法更适合于高精度数的最大公约数问题。算法如下。

(1) 递归终止条件: $\gcd(m,m) = m$。

(2) 递归关系:

$m < n$ 时: $\gcd(m,n) = \gcd(n,m)$。

m 为偶数, n 为偶数: $\gcd(m,n) = 2*\gcd(m/2,n/2)$。

m 为偶数, n 为奇数: $\gcd(m,n) = \gcd(m/2,n)$。

m 为奇数, n 为偶数: $\gcd(m,n) = \gcd(m,n/2)$。

m 为奇数, n 为奇数: $\gcd(m,n) = \gcd(n,m-n)$。

由上述递归过程可以看出,该算法只涉及除 2 和减法操作,辗转相除法则需要用到高精度除法。关于高精度运算的具体问题,请关注《信息学奥赛高分秘笈(算法篇)》第 5 章的相关内容。下面给出二进制最大公约数算法的代码,请读者学完高精度计算问题后,再来修改下面的代码以适应高精度数的最大公约数求解问题。

【参考程序】

```cpp
#include <iostream>
using namespace std;
int gcd(int m,int n)
```

```
{
    if(m == n)
    {
        return m;
    }
    if(m < n)
    {
        return gcd(n,m);
    }
    if(m&1 == 0)
    {
        return(n&1 == 0)? 2 * gcd(m/2,n/2):gcd(m/2,n);
    }
    return(n&1 == 0)? gcd(m,n/2):gcd(n,m - n);
}
int main()
{
    int m,n;
    cin >> m >> n;
    cout << gcd(m,n) << endl;
    return 0;
}
```

【例 3-93】　分解因数。给出一个正整数 a，要求分解成若干正整数的乘积，即 $a = a_1 a_2 a_3 \cdots a_n$，并且 $1 < a_1 \leqslant a_2 \leqslant a_3 \leqslant \cdots \leqslant a_n$，问这样的分解方案有多少种？注意 $a = a$ 也是一种分解方法。

【输入格式】　第一行是测试数据的组数 N；后面 N 行，每行包括一个正整数 $a(1 < a < 32768)$。

【输出格式】　N 行，每行输出一个正整数，表示分解方案数。

【输入样例】　　　　　　　　【输出样例】

2　　　　　　　　　　　　　1

2　　　　　　　　　　　　　4

20

【问题分析】　题目要求把一个正整数分解为递增的因数的积，所以分解过程中除了要记录剩下的数 remain 外，还需要知道前一因数 pre。定义递归函数 deco_f(remain,pre)，算法如下。

（1）递归终止条件：remain＝1，完成一次分解，答案加 1。

（2）递归关系：当 remain＞1 时，需要确定下一个因数 i，i 可能有多个取值，其取值范围为 pre～remain，考虑到 i 不等于 remain 时，remain/i 还需要继续分解，因此在此可参考质数求解时循环终值的确定思想，枚举范围可调整为 pre～int(sqrt(remain))，最后加上 $a = a$ 的情况即可。

【参考程序】

```
# include < iostream >
# include < cmath >
using namespace std;
```

```
int ans;
void deco_f(int remain,int pre)
{
    if(remain == 1)
    {
        ans++;
return;
    }
    for(int i = pre;i <= int(sqrt(remain));++i)
    {
        if(remain % i == 0)
        {
            deco_f(remain/i,i);
        }
    }
    deco_f(1,remain);
}
int main()
{
    int n,a;
    cin >> n;
    for(int i = 1;i <= n;i++)
    {
        cin >> a;
        ans = 0;
        deco_f(a,2);
        cout << ans << endl;
    }
    return 0;
}
```

3.7.3 全局变量和局部变量

C++语言程序中的变量按作用域来分,有全局变量和局部变量。在函数外部定义的变量称为外部变量或全局变量,在函数内部定义的变量称为内部变量或局部变量。

1. 全局变量

全局变量是定义在函数外部没有被花括号括起来的变量,它属于整个源程序文件。全局变量的作用域是从定义的位置开始到本源程序文件的结束。全局变量可以在文件中于全局变量定义后面的任何函数中使用。

下面一起来看看如何用自定义函数方法来求解最小公倍数。

【例3-94】 使用函数求最小公倍数。

【参考程序】

```
# include < iostream >
using namespace std;
long long x,y;                         //定义全局变量
long long gcd(long long x,long long y)  //形参 x、y 均为局部变量
{
```

```
        long long r = x % y;                    //r 是局部变量
        while(r! = 0)
        {
            x = y;
            y = r;
            r = x % y;
        }                                       //辗转相除法求最大公约数
        return y;
    }
    long long lcm()
    {
        return x * y/gcd(x,y);                  //x、y 为全局变量
    }                                           //求最小公倍数
    int main()
    {
        cin >> x >> y;                          //x、y 为全局变量
        cout << lcm()<< endl;
        return 0;
    }
```

说明：

(1) 程序第 3 行定义了全局变量 x、y。全局变量在其定义位置之后的所有函数中均可直接使用。全局变量的作用是使函数间多了一种信息传递方式。

(2) 程序第 4 行,定义函数 gcd(x,y),x、y 作为其形参在函数中重新定义,故在该函数内 x、y 为局部变量,作用域为该函数内部,出了该函数,局部变量的作用域失效。

(3) lcm()函数为无参函数,故函数体内的变量 x、y 为全局变量,主函数中类似。

(4) 过多地使用全局变量会增加调试的难度,降低程序的通用性。全局变量在程序执行的全过程中一直占用内存单元。

(5) 全局变量在定义时若没有赋初值,则其默认值为 0。

2. 局部变量

(1) 局部变量是在函数内作定义说明的。局部变量的作用域仅限于函数内,离开该函数后再使用这种变量是非法的。函数的形参是局部变量,局部变量的存储空间是临时分配的,函数执行完毕,空间释放,其值也无法再使用。

(2) 局部变量的作用域仅局限于函数内部,所以不同函数中定义的变量名可以相同,代表的是不同的对象,在内存中占据不同的存储单元,互不干扰。

(3) 局部变量与全局变量同名时,局部变量有效时则全部变量失效,即定义在内部作用域的名字会自动屏蔽定义在外部作用域的相同名字。在调用 gcd()函数时,其中的变量 x、y 能屏蔽全局变量 x、y;在退出该函数时,屏蔽作用消失,全局变量自动恢复。

3.7.4 函数的综合应用

【例 3-95】 两个相差为 2 的质数称为质数对,如 5 和 7、17 和 19 等,要求找出所有两个数均不大于 n 的质数对。

【输入格式】 一个正整数 n。$1 \leqslant n \leqslant 10000$。

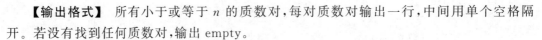

【输出格式】 所有小于或等于 n 的质数对,每对质数对输出一行,中间用单个空格隔开。若没有找到任何质数对,输出 empty。

【输入样例】 100

【输出样例】

3 5	5 7	11 13
17 19	41 43	71 73
29 21	59 61	

【问题分析】 求质数的例子读者应该都很熟悉了,在此只介绍如何利用函数来求解。

【参考程序】

```
#include <iostream>
#include <cmath>
using namespace std;
int n;
bool isprime(int n)
{
    int m = ceil(sqrt(n));
    for(int i = 3; i <= m; i += 2)
    {
        if(n % i == 0)
        {
            return false;
        }
    }
    return true;
}
int main()
{
    cin >> n;
    bool empty = 1;
    for(int i = 3; i <= n - 2; i += 2)
    {
        if(isprime(i) && isprime(i + 2))
        {
            empty = 0;
            cout << i << " " << i + 2 << endl;
        }
    }
    if(empty)
    {
        cout << "empty";
    }
    return 0;
}
```

【例 3-96】 自定义函数 double cal(double e)的功能为计算下列算式 s 的值,直到最后一项的值小于精度 e,在 main()函数中,输入正整数 n,当精度 e 分别取值为 10^{-1},10^{-2},10^{-3},…,10^{-n} 时,调用 cal()函数分别计算并输出下列算式的值,以比较不同精度下的结果。

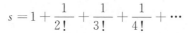

$$s = 1 + \frac{1}{2!} + \frac{1}{3!} + \frac{1}{4!} + \cdots$$

【问题分析】　本例题利用循环求解阶乘，并累加求和。

【参考程序】

```
# include < iostream >
# include < cstdio >
# include < cmath >
using namespace std;
double cal(double e);
int main()
{
double s,e;
    int n;
    cin >> n;
    e = pow(10, - n);
    s = cal(e);
    return 0;
}
double cal(double e)
{
    int i = 1;
    double s = 0,t = 1.0;
    while(t > = e)
    {
        s += t;
        i++;
        t = t/i;
    }
    cout <<"s = "<< s <<"   i = "<< i <<"\n";
    return s;
}
```

【思考】　若题目要求的只是输出达到最终精度要求的结果，该例题函数中的变量改用静态变量来写会怎样？请编程验证之。

【例3-97】　有一个足够"大"的数组 a，其中已经存储了 n 个呈升序排列的数据。调用函数 insert(a, n, m)，可以将数 m 插入 a 中的合适位置，使其仍然保持升序，并且返回值为数组中有效数字的个数（即原先的 n 加1）。

例如，若 a 中的数据为 1 7 8 17 23 24 59 62 101，$n = 9$，需要插入的数字 m 为 50，调用函数 insert(a, n, m)后，a 中的数据为 1 7 8 17 23 24 50 59 62 101，$n = 10$。下面给出了调用 insert()函数的 main()函数，请写出 insert()函数来实现上述功能。

【参考程序】

```
# include < stdio. h >
# define N 100
int insert(int [], int, int);
int main()
{
    int a[N] = {1, 7, 8, 17, 23, 24, 59, 62, 101};
```

```
    int i,n = 9;
    int m = 50;
    n = insert(a, n, m);              //在长度为 n 的 a 数组中插入 m,使其仍保持有序
    for(i = 0;i < n;++i)
    {
        printf(" % d ",a[i]);
    }
    printf("\n");
    return 0;
}
int insert(int d[], int n, int m)
{
    int i = n - 1;
    while(i > = 0&&d[i]> m)            //把大数往后"搬",腾出位置保存 n
    {
        d[i + 1] = d[i];
        i -- ;
    }
    i++;
    d[i] = m;                         //找到了确定的位置赋值
    n++;
    return n;                         //返回值为数组中新的有效数据的个数
}
```

【例 3-98】 del()函数的作用是删除数组 a 中的指定元素 x,n 为数组 a 的元素个数。函数的返回值为删除元素后的有效元素个数(数组中可能有重复元素)。函数的原型为 int del(int a[10],int n,int x)。

(1) 请实现这个函数,并完成测试。

(2) 如果在函数调用时要求数组中的元素呈升序排列呢?

【参考程序】

```
# include < stdio. h >
int del(int a[],int n, int x);
int main()
{
    int a[20] = {86,76,62,58,77,85,92,80,96,88,77,67,80,68,78,87,64,59,61,76};
    int i, n;
    n = del(a, 20, 77);
    printf("剩余 % d 个:\n", n);
    for(i = 0; i < n; i++)
    {
        printf(" % d ",a[i]);
    }
    printf("\n");
    return 0;
}
int del(int a[],int n, int x)         //删除长度为 n 的 a 数组中值为 x 的元素
{
    int p = 0,q = 0;                  //用 p 和 q 两个变量
    while(q < n)
    {                                 //由 q 控制,扫描所有的元素
```

```
        if(a[q]! = x)
        {          //只有当元素值不等于 x 时才往 p 标识的位置上"搬"
            a[p] = a[q];
            p++;
        }
        q++;
    }          //最后的效果,等于 x 的元素都没有"搬"过来,它们被"覆盖"了,也即被删除了
    return p;       //p 代表的就是删除后的元素个数
}
```

练习题

1. 函数基础题 1。

【问题描述】

定义和调用函数: int sum(int(* fp)(int)、int start, int end)和 int f(int x),f()函数的功能是求 x 的平方; sum()函数的功能是求 f(start)+…+f(end)的值。

输入两个整数 num1 和 num2,要求 num1≤num2;调用函数 sum(f, num1, num2),求出 f(num1)+…+f(num2)的值。例如,假设 num1 为 1,num2 为 5,则 f(1)为 1、f(2)为 4、f(3)为 9、f(4)为 16、f(5)为 25、f(1)+…+f(5)的值为 55(1+4+9+16+25)。

【输入】

输入两个整数 num1 和 num2,两个正整数以空格间隔。

【输出】

输出 f(num1)+…+f(num2)的值。

【输入样例】

1 5

【输出样例】

55

2. 函数基础题 2。

【问题描述】

编写求数学函数区间平均值的通用函数,使其可以计算出在指定区间内函数的平均值(取整即可)。

待求区间平均值的两个函数的原型为"int func1(int x);"和"int func2(int x);",只考虑参数为整数的情况即可。

func1 的数学表达式为 $y=a*x^2+b*x+c$,其中,x^2 表示 x 的平方,a、b、c 由用户输入。

func2 的数学表达式为 $y=x^m$,其中,x^m 表示 x 的 m 次方,m 由用户输入。

通用函数原型可设为"int avg(int(* f)(int), int x1, intx2);"。

通用函数的参数为待求区间平均值函数的指针,以及给出的区间下界与上界。

例如,func1=3 * x^2+2 * x+1,区间下界与上界分别为 0 和 3,则

func1(0)=1

func1(1)=6

func1(2)=17

func1(3)＝34

则平均值为(1＋6＋17＋34)/4＝14(直接取整不四舍五入)。

【输入】

用户依次输入 func1 的参数：a、b、c；func2 的参数：m。给出的区间下界与上界。

【输出】

func1 的区间内平均值；

func2 的区间内平均值。

【输入样例】

3 2 1

1

0 3

【输出样例】

14

1

【提示】

由于函数原型的限制，a、b、c 和 m 参数可以使用全局变量传递。

练习和熟练掌握函数的使用方法，有兴趣的读者可以自己动手将之前章节中的例题及练习题以功能函数的形式重写。

3.8　指针及其应用

指针是 C++语言所提供的一种颇具特色的数据类型，允许获取和直接操纵数据地址，实现动态存储分配。指针是 C++语言中被认为功能强大且具备底层操作的一种数据结构。理解指针的原理和运算是高水平 OI 选手必须具备的能力。本节首先介绍指针与地址之间的关系，引入指针变量及指针类型，学习指针的定义、内存空间申请及引用等知识。接着讨论如何通过指针操作数组、字符串以及函数等内容。

3.8.1　指针变量的定义

要搞清楚指针及指针变量的含义，首先需要理解地址的意义，然后就会明白指针和地址之间的关系。

1. 地址与寻址空间

在计算机中，所有的数据都是存放在存储器中的。一般把存储器中的 1 字节称为一个内存单元，不同的数据类型所占用的内存单元数不等，如整型量占 4 个单元，字符量占 1 个单元等。为了正确地访问内存单元，必须为每个内存单元编号。根据一个内存单元的编号即可准确地找到该内存单元。内存单元的编号也叫作地址，即内存中的每个存储单元都有地址，更准确地说应该是内存的物理地址。每个物理地址都对应一个唯一的存储单元，而最小的存储单元是 1 字节大小，所以(物理)地址便是标记内存中每个存储单元的标号，标号是一个整型数。在 64 位 Windows 操作系统下,其取值的最大范围是 $0 \sim 2^{64} - 1$。在计算机里,地址常常用其对应的十六进制数来表示。

在 C++语言程序中,每定义一个变量,便在内存中占有相应的存储空间,例如,定义一个 int 类型变量一般连续占用 4 字节的存储空间。为了正确地访问这些变量的值,就需要通过地址来定位到存储单元的位置,然后取出当前地址中的具体值,此值便是所需要变量的数据。C++语言允许通过取地址符 & 来获取变量的地址信息,那么针对每个存储单元,便包含了地址与内容两个属性。

2. 指针与指针变量

一个数据对象的内存地址称为该数据对象的指针(Pointer)。指针可以表示简单变量、数组、数组元素、结构体甚至函数。指针是指向存储某一个数据的存储地址,指针具有不同的类型,可以指向不同的数据存储体。指针变量是一种具有特殊性质的变量,指针变量是存放另一个变量的地址的变量。它和普通变量一样占用一定的存储空间,它又与普通变量不同,指针的存储空间里存放的不是普通的数据,而是一个地址。

关于这两个概念可以用一个通俗的例子来解释。例如,一个人要到某地去,但不认识路,于是去问交警。然后交警把该地方的地址写在了一张纸上,并且给了该问路人。那么交警写的地址就是指针,指向要去的地址,而那张纸就是指针变量,用于存储指针。

指针是一个变量,在程序中使用时,必须先声明,后使用。在指针声明的同时也可以进行初始化。指针的定义指出了指针的存储类型和数据类型,定义指针变量的一般形式如下:

数据类型 * 变量名;

其中,指针运算符 * 是一个修饰符号,用来指明此时定义的变量为指针变量。例如:

```
int * point1,a,b;             //定义整型指针变量和两个整型变量 a、b
double * point2[20];          //定义双精度型数组
…
point1 = &a;                  //point1 保存的是变量 a 的地址
point1                        //整型变量 a
point2[0]                     //双精度型数组
point1 = &b;                  // point1 保存的是变量 b 的地址
point1                        //整型变量 b
```

整型变量 a 和 b 用来存放整数,point1 是整型指针变量,用来存放整型数据对象的内存地址,或者说用来表示整型数据对象。指针中的内容是可以动态改变的,例如,point1 既可以指向变量 a 也可以指向变量 b。

3. 指针变量的大小

指针变量存放的都是地址信息,在不同操作系统中,指针变量的大小是不同的,例如在 64 位的编译器下进行编译运行时,占用 64 位,即 8 字节;而在 32 位的编译器下时,则占用 32 位,即 4 字节。

3.8.2 指针运算

指针运算实际上是地址操作,包括赋值、算术运算(加、减运算),以及取地址运算和间接访问等。

1．指针的赋值

操作指针之前必须赋予确定的值(只能是地址或空值 NULL),可以在定义指针时赋予初值,也可以用赋值表达式对指针变量赋值。

2．指针的加减运算

可以使用的运算符有＋、－、＋＋、－－,参加运算的指针变量必须是已赋值的。

(1) 一个指针量加上(或减去)一个整型量 n,表示地址偏移了 n 个单位,具体向上或向下偏移多少字节取决于其基类型。例如,一个整型指针变量加上 4 等于原存放的地址值加上 8(字节);而一个双精度型指针变量加上 4 等于原存放的地址值加上 32(字节)。

(2) 对数组名施加＋、－运算。

数组名实际上是一个指针变量,其初始值是数组的首地址,也即指向数组的第一个元素,数组名＋i 表示指向数组的第 i＋1 个元素。例如:

int a[100];

a[i]与 * (a＋i)这两种表示法是等价的,都表示 a 数组的第 i＋1 个数据元素。

(3) 指针变量的＋＋、－－运算。

＋＋:原地址加上一个地址单位(基类型的实际字节数)。

－－:原地址减去一个地址单位(基类型的实际字节数)。

例如:

```
int * iptr;
iptr++;              //iptr = iptr + 1,向下移动 2 字节,如图 3-22 所示
iptr -- ;            //iptr = iptr - 1,向上移动 2 字节
```

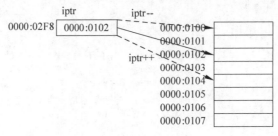

图 3-22　指针的移动

3．取地址运算

运算符:＆;

作用:获取数据对象的内存地址,如果是结构数据对象则获取其内存首地址。

下面的程序段包含着对几种不同类型的数据对象的取地址运算,试分析之。

```
char c1,s1[100], * c2;
…
scanf(" % c",&c1)        //输入字符变量 c1 的值
c2 = &c1;                //取字符变量 c1 的内存地址赋予指针变量 c2,c2 指向 c1
c2 = &s1[0]; .           / * 取字符数组 s1 的第 1 个元素的地址赋予指针变量 c2,c2 指
                              向 s1[0],该运算与 c2 = s1 是等价的,为什么? * /
c2 = s1[0]和 c2 = &s1     //都是错误的运算,为什么?
scanf(" % d",&a);
```

scanf()函数的第二个参数的类型是指针类型,调用该函数所提供的对应实参必须是数据对象的实际地址或存放数据对象地址的另一指针变量。这种传递方式称为"传地址",函数对该参数的修改可以返回给主调函数。

4. 间接访问

确切地说,间接访问是通过指针变量访问该变量所指向的数据对象,而不是数据对象的直接访问,故称为间接访问。

(1) 运算符 * : 该运算符作用在指针变量上,即其作用对象是地址。

(2) 作用: 可以实现对指针所指向的数据对象的间接访问,包括引用和赋值等基本运算。例如:

```
int a,b = 2,c, * p;
…
p = &b;
scanf(" % d",&a);
c = a + * p;              //等价于 c = a + b,因为 * p 表示的是 p 指向的变量,即变量 b
```

注意,这里的间接访问是对数据对象的间接引用。

```
void max(int x,int y,int * max)
{
    if(x > y)
    {
        * max = x;                  //间接赋值
    }
    else{
        * max = y;                  //间接赋值
    }
};
```

(3) 关于" * "的说明。

" * "作为算术运算符,表示乘法,例如:a * b。

" * "作为类型标识符,用来定义指针类型(出现在数据定义部分),例如:"int * p;"。

" * "作为指针运算符,表示间接访问,例如:a + * p(p 是指针变量)。

5. 指针应用实例

用指针实现字符串比较。

```
# include < iostream >
int strcmp(char * s,char * t)
{
    for(; * s == * t;s++,t++)
        if( * s == '\0')
        {
            return 0;
        }
    return * s - * t;
}
int main()
{
```

```
    char s1[100],s2[100];
    int ret;
    cin >> s1 >> s2;
    ret = strcmp(s1,s2);
    cout << ret << endl;
}
```

说明：

（1）s 和 t 都是指针，分别指向字符数组 s1 和 s2。

（2）＊s 和＊t 表示间接引用 s1 和 s2 的当前数组元素。

（3）s++和 t++用来改变指针值，使其指向下一个数组元素。

（4）＊s－＊t 得到两个字符串中首次出现的不相等的字符的差值，用来决定两个字符串的大小。

3.8.3 指针与数组

前面已多次提到数组与指针的关系，数组名用来存放数组的内存首地址，也即第一个数组元素的内存地址，因此数组名是一种特殊的指针变量。

1. 数组名是指向数组元素的指针变量

对于数组 a，数组名 a 和数组元素地址的关系是：a 等于 &a[0]，a+i 等于 &a[i]。这意味着可以用数组名指针的地址偏移来代替数组元素的下标描述。如果将数组名赋予另一指针变量 aptr，aptr＝a，则 aptr 等于 &a[0]，aptr+i 等于 &a[i]。

2. 通过指针间接访问数组元素

因为数组元素的下标描述可以用数组名指针的偏移来代替，所以可以用指针间接访问数组元素，例如，对于数组 a，有 a 等于 a[0]，＊(a+i)等于 a[i]。当执行了 aptr＝a 后，aptr 等于 a[0]，＊(aptr+i)等于 a[i]。试比较以下三个程序。

程序 1

```
int main()
{
    int a[10];
    int i;
    for(i = 0;i < 10;i++)
    {
        scanf("%d",&a[i]);
    }
    for(i = 0;i < 10;i++)
    {
        printf("%d",&a[i]);
    }
}
```

程序 2

```
int main()
{
    int a[10];
    int i;
    for(i = 0;i < 10;i++)
    {
        scanf("%d",(a + i));
    }
    for(i = 0;i < 10;i++)
    {
        printf("%d",*(a + i));
    }
}
```

程序 3

```
int main()
{
    int a[10];
    int i, * p;
    for(i = 0;i < 10;i++)
    {
        scanf("%d",(a + i));
    }
    for(p = a;p <(a + 10);p++)
    {
        printf("%d",* p);
    }
}
```

上面的三个程序执行结果是相同的。

字符指针表示字符数组，用在字符串处理上将会显得特别灵活，请看下面的例子。

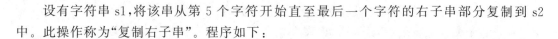

设有字符串 s1,将该串从第 5 个字符开始直至最后一个字符的右子串部分复制到 s2 中。此操作称为"复制右子串"。程序如下：

```
# include < bits/stdc++.h >
using namespace std;
void RightString(char * ,char * ,int);
int main()
{
    char s1[100],s2[100];
    int n1;
    cin >> s1 >> n1;
    RightString(s1,s2,n1);
    cout <<"s1 = "<< s1 <<" s2 = "<< s2 << endl;
}
void RightString(char * s1,char * s2,int n)
{
    char * p;
    p = s1 + n - 1;                   //p指向 s1[n-1],p 表示的数组是 s1 的一部分
    strcpy(s2,p);
}
```

思考：如果没有引入 p 指针,本问题应如何解决？

3. 指针也可以看成数组名

指针可以动态申请空间,如果一次申请多个变量空间,系统给的地址是连续的,因此可以当作数组使用,这就是动态数组的一种。

【例 3-99】 动态数组,计算前缀和数组。b 是数组 a 的前缀和的数组定义,$b[i]=a[0]+a[1]+\cdots+a[i]$,即 $b[i]$ 是 a 的前 $i+1$ 个元素的和。

【参考程序】

```
# include < iostream >
using namespace std;
int N;
int * a;
int main()
{
    cin >> N;
    a = new int[N];                   //向操作系统申请连续 N 个 int 型的空间
    for(int i = 0;i < N;i++)
    {
        cin >> a[i];
    }
    for(int i = 1;i < N;i++)
    {
        a[i] += a[i-1];
    }
    for(int i = 0;i < N;i++)
    {
        cout << a[i]<<" ";
    }
    return 0;
}
```

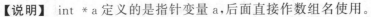

【**说明**】 int * a 定义的是指针变量 a,后面直接作数组名使用。

动态数组的优点:在 OI 比赛中,出现大数据可能超空间的情况是比较令人纠结的,用小数组只能得部分分,大数组可能爆空间(得 0 分),使用这种"动态数组"可以确保小数据没问题的前提下,尽量满足大数据的需求。

4. 指针数组

1) 什么叫指针数组

元素是指针的数组称为指针数组。例如,name 是表格中的一个列,该列有 3 个单元格,分别存放 3 名同学的姓名,则 name 可以表示成字符指针数组:

```
char * name[] = {"Lin","Ding","Zhan"};
```

赋初值后,name 数组的每个元素都存放一个字符指针,这些字符指针的值就是对应字符串的首地址,例如 name[0]本身是一个字符指针,它存放的是"Lin"的首地址,实际上可以认为 name[0]指向一个一维字符数组,name[1]同样也指向一个一维字符数组……,所以字符指针数组和二维字符数组有相似之处。

2) 指向指针的指针

指针数组是数组,那么指针数组名的类型就是指向指针的指针,称为二级指针,除了描述成指针数组之外,还可以描述成 ** 类型,例如:

```
char * name[] = {"Lin","Ding","Zhan"};
char ** pname;
pname = name;
```

pname 等于 name[0],*(pname+1)等于 name[1],以此类推。

试分析如下程序的执行结果。

```
# include < iostream >
int main()
{
    char * name[] = {"Lin","Ding","Zhan"};
    char ** pname;
pname = name;
cout << * pname << * (pname + 1);                //等价于"cout << name[0]<< name[1];"
}
```

程序输出:LingDing。

如下的程序将字符指针数组传递给函数,即传递二级指针给函数。

```
# include < iostream >
void PrintString(char *[],int);
int main()
{
    char * pn[] = {"Fred","Barney","Wilma","Betty"};
    int num = sizeof(pn)/sizeof(char * );
    PrintString(pn,num);
}
void PrintString(char ** arr,int len)
```

```
{
    for(int i = 0;i < len;i++)
    {
        cout <<(int)arr[i]<<" "<< arr[i]<< endl;
    }
}
```

注意：函数参数描述成二级指针 ** arr,而对参数的引用则描述成 arr[i]。输出 arr[i] 实际上是输出字符指针,也就是输出该指针所指向的字符串。

在大多数情况下,通过指针与数组方式获取数组元素值等其他信息的方式是一致的,但是它们也存在很多区别。

(1) sizeof 运算符。

sizeof(arr)返回的是整个数组所具有的整体的存储大小。

sizeof(ptr)或 sizeof(p)仅返回指针变量本身的存储大小。

另外,由于 * ptr 等价于 arr,所以 sizeof(* ptr)的值等于 20,为这一数组的全部存储大小。

(2) 取地址运算符 &。

&array 与 &array[0]获取的都是当前数组的第一个元素的地址。

&p 返回的是 p 指针自身的地址。

(3) 指针变量可以被赋值(即 ptr＝arr 合法);因为数组名为常量,所以不能被赋值(即 arr＝ptr 不合法)。

3) 数组指针作为函数参数

以下将介绍用数组名作函数参数与用指向数组的指针作函数参数的异同。

(1) 通过使用指向数组的指针作函数参数实现子函数,计算并输出数组的和。

指向数组的指针作函数参数将采用地址传递的方式。子函数中不改变原本数组内的数据,仅采用循环语句计算累加值。

```
# include < bits/stdc++.h >
void sum( int * array, int length)
{
    int i,sum_of_array = 0;
    for(i = 0;i < length;i++)
    {
        sum_of_array = sum_of_array + * (array + i);
    }
    printf("数组的和为 % d\n",sum_of_array);
}
int main()
{
    int array[] = {2,4,- 6,5,8,- 1};                    //一维整型数组
    sum(array,6);                                       //调用 sum()子函数
    return 0;
}
```

说明:

① 如果要改成用数组名作函数参数的形式,则仅需将函数的参数列表改成如下形式。

```
void sum(int array[], int length);
```

② 由于子函数不更改数组 array 的数据内容,所以也可以将函数的参数列表添加一个 const,其形式如下。

```
void sum(const int   array[], int length);
void sum(const int * array,    int length);
```

(2) 通过使用指向数组的指针作函数参数实现子函数,计算并返回数组的均值。

指向数组的指针作函数参数将采用地址传递的方式。子函数中不改变原本数组内的数据,仅采用循环语句计算累加值,并计算平均值。最终数据将通过函数返回,而不是在函数中打印结果。

```
# include < bits/stdc++.h >
double getAverage(int * arr, int size)
{
    int   i,sum = 0;
    double avg;
    for(i = 0;i < size;++i)
    {
        sum += arr[i];
    }
    avg = (double)sum/size;
    return avg;
}
int main()
{
    int balance[5] = {1000,2,3,17,50};
    double avg;
    avg = getAverage(balance,5);
    printf("平均值为 %lf\n",avg);
    return 0;
}
```

"double getAverage(int * arr, int size);"等价于"double getAverage(int[], int);"。

【例 3-100】 行列转换。矩阵可以认为是 $N * M$ 的二维数组。现在有一个巨大但稀疏的矩阵,N、M 的范围是:$1 < N, M \leqslant 100\,000$。有 k 个位置有数据,k 的范围是[1,100000]。

矩阵输入的方式是从上到下(第 $1 \sim N$ 行)、从左到右(第 $1 \sim M$ 列)扫描,记录有数据的坐标位置(x, y)和值(v)。这是按照行优先的方式保存数据的,现在要求按列优先的方式输出数据,即从左到右、从上到下扫描,输出有数据的坐标和数值。

【输入格式】 第 1 行,三个整数 N、M、K,范围都是[1,100000];下面有 k 行,每行 3 个整数:a、b、c,表示第 a 行第 b 列有数据 c。数据在 int 范围内,保证是行优先的次序。

【输出格式】 共一行,k 个整数,是按照列优先次序输出的数。

【输入样例】

```
4 5 9        1 4 23        3 4 56
1 2 12       2 2 56        4 1 73
             2 5 78        4 3 34
             3 2 100       4 5 55
```

【输出样例】

73 12 56 100 34 23 56 78 55

【解释】

	12		23	
	56			78
	100		56	
73		34		55

【问题分析】 由于 $N * M$ 可能会很大,直接开二维数组空间太大,不可行。解决问题的方法有很多种,如下程序使用了指针和动态数组,根据每列的实际数据个数来申请该列的空间,使每列的"数组"长度不同。算法是 $O(N+M+K)$ 的时间复杂度(程序的运算量),$O(N+K)$ 的空间复杂度(程序保存数据的内存大小),其他方法很难有这样高的效率。

【参考程序】

```cpp
#include <iostream>
using namespace std;
const int maxN = 100001;
int N,M,K;
int x[maxN],y[maxN],d[maxN];
int c[maxN];                    //每列的数据个数
int * a[maxN];                  //每列一个指针,准备申请"数组",a[i]表示第 i 列的指针
int main()
{
    cin>> N>> M>> K;
    for(int i = 0;i < K;i++)
    {
        cin>> x[i]>> y[i]>> d[i];   //x[i]和 y[i]是第 i 个数据所在的行号和列号
        c[y[i]]++;                  //统计 c 数组中每列的数据个数
    }
    for(int i = 1;i <= M;i++)
    {
        a[i] = new int[c[i]];       //第 i 列指针申请"数组"空间
    }
    for(int i = 0;i < K;i++)
    {
        *a[y[i]] = d[i];            //数据放在相应列的数组中或 a[y[i]][0] = d[i]
        a[y[i]]++;                  //数组指针移动到下一个位置
    }
    for(int i = 1;i <= M;i++)
    {
        a[i] = a[i] - c[i];         //指针回到每列的前面
        for(int j = 0;j < c[i];j++,a[i]++)
        {
            cout<< *a[i]<<' ';
        }
    }
```

```
    return 0;
}
```

【说明】 ① * a[maxN]定义一个指针数组；②"* a[y[i]] = d[i];"可以用语句 "a[y[i]][0]=d[i];"替代；③行列转换就是数学中的矩阵转置运算，针对稀疏矩阵采用三元组表示法，可大大节省存储空间；④算法的基本思想是对三元组表示矩阵进行两边扫描，第一遍统计出每列非零元素的个数，从而可以计算出其转置矩阵每行的元素个数，即每行首元素的起始位置，第二遍扫描时就可以直接顺利实施矩阵转置了。

3.8.4　指针与函数

函数和指针的关系首先体现在函数的参数是指针类型数据，如数组参数、指针变量参数等；其次，函数的返回值类型本身就是指针类型，这种函数称为指针函数，如 char * strcpy (char *, char *)；再次，函数和指针的关系还体现在函数名本身就是指向函数入口地址的指针，因此可以声明一种指针数据用来存放函数名，这样的指针称为函数指针。

1. 函数的指针类型参数

形式：可以定义成基本指针变量和数组。

作用：返回函数对指针的修改，实质上是返回函数对指针所指向的数据对象的修改，这样可以返回不止一个值，同时还可以节省大量的内存空间，因此具有很大的灵活性和实用性。

带有指针参数的函数的实现过程：

(1) 在函数声明中定义指针类型参数，如 void swap(int * x, int * y)。

(2) 在函数调用时提供相应的变量或数组地址(传地址)，如 swap(&a, &b)，这里 a 和 b 必须是作用域包含调用 swap 的函数的整型变量，可以是全局的也可以是局部的。

(3) 函数的执行部分对指针形参进行间接访问，例如，对 * x 和 * y 的操作，间接地导致对上层函数的 a 和 b 两个数据对象进行操作。

2. 使用指针类型参数的副作用

指针类型参数的灵活性体现在它使函数可以访问本函数的局部空间(栈空间)以外的内存区域，但这明显破坏了函数的黑盒特性，带来以下副作用。

(1) 可读性问题：因为对数据对象的间接访问比直接访问相对难以理解。

(2) 重用性问题：函数调用依赖于上层函数或整个外部内存空间环境，丧失其封装特性(黑盒特性)，所以无法作为公共模块来使用。

(3) 调试的复杂性问题：跟踪错误的区域从函数的局部数据区扩大到整个内存空间，不但要跟踪变量，还要跟踪地址，错误现象从简单的不能得到相应返回结果，衍生到系统环境遭破坏甚至死机。

3. 指针类型函数

函数返回值的类型是指针类型，这样的函数称为指针函数，如 char * strcat(char * s1, const * s2)，该函数的类型是字符指针，也即该函数调用结果返回一个字符串 s1 的地址(两串连接后所形成的新串的地址)。分析以下两个程序的执行结果。

程序 1

```
# include < iostream >
# include < string >
using namespace std;
int main()
{
    char s1[100],s2[] = {"aaa"};
    cout << strcpy(s1,s2);
}
```

执行结果：aaa

程序 2

```
# include < iostream >
# include < string >
using namespace std;
int main()
{
    char s1[100],s2[] = {"aaa"};
    memset(s1,0,sizeof(s1));
    cout << strcat(s1,s2);
}
```

执行结果：aaa

思考：程序 2 中的 memset 语句是必须的吗？字符数组的初值不是该置为 null 吗？为何程序中给的是 0？strcpy 与 strcat 有什么区别？

注意：通常将字符串处理函数和内存分配函数定义成指针函数,目的在于能够直接返回处理以后形成的新字符串地址或所分配到的内存空间首地址。

指针类型作为形参时,可将外部变量的地址信息传入,从而实现主调函数与被调用函数共享同一段内存,被调用函数对内存的操作可以直接影响到主调函数,具体可参考地址传递概念。所以一般将通过基本类型向函数传输数据的方式称为数值传递(单向传递)；而将通过指针类型向函数传输数据的方式称为地址传递(双向传递)。

【例 3-101】　定义两个整数 a、b 并分别赋值 -5、$+5$。在不定义和利用子函数的情况下,通过指针交换 a 和 b 的值,并输出结果。

除了需要定义两个整型变量,还需要定义两个整型指针变量指向它们。在交换的过程中,需利用一个中间指针实现指针的交换。

【错误代码】

```
# include < cstdio >
int main()
{
    int a = -5,b = +5;
    printf("  a = %+i,  b = %+i\n",a,b);
    int * pa = &a, * pb = &b;
    int * pt = pa;
    pa = pb;
    pb = pt;
    printf("  a = %+i,  b = %+i\n",a,b);
    printf("*pa = %+i, *pb = %+i\n", *pa, *pb);
    return 0;
}
```

【正确代码】

```
# include < cstdio >
int main()
{
    int a = -5, b = +5;
    printf("  a = %+i,  b = %+i\n",a,b);
    int * pa = &a, * pb = &b;
    int t = * pa;
    * pa = * pb;
    * pb = t;
    printf("  a = %+i,  b = %+i\n",a,b);
    printf("*pa = %+i, *pb = %+i\n", *pa, *pb);
    return 0;
}
```

运行结果如下：
```
a = -5,   b = +5
a = -5,   b = +5
* pa = +5, * pb = -5
```

运行结果如下：
```
a = -5,   b = +5
a = +5,   b = -5
* pa = +5, * pb = -5
```

【问题分析】 虽然交换了指针变量的值，但并未交换 a 变量和 b 变量的数值。

【问题分析】 通过指针指向的改变间接地交换了 a 变量和 b 变量的数值。

【例 3-102】 定义两个整数 a、b 并分别赋值 -5、$+5$。定义和利用具有不同信息传递方式的子函数交换 a 和 b 的值，输出结果，并通过打印变量地址观察内外变量之间的关系。

本例题中，需要采用数值传递或地址传递，以及不同的交换过程的子函数，实现对两个整数的交换。但是每个子函数的行为是不同的，有些函数并不能完成整数的交换任务。需要比较各子函数的过程，分析它们的意图。

【参考程序 1】

```
# include < cstdio >
void swap1( int x, int y);                    // 数值传递函数声明
int main()
{   int a = -5,b = 5, * pa = &a, * pb = &b;
    printf("swap0;addr_a = % p,addr_b = % p\n",&a, &b);
    swap1(a, b);
    printf("swap1;a = % + i,   b = % + i\n",a,b);
    printf("swap1: * pa = % + i, * pb = % + i\n", * pa, * pb);
}
void swap1( int x, int y)
{
    printf("swap1;addr_x = % p,addr_y = % p\n",&x, &y);
    int t;
    t = x;
    x = y;
    y = t;
    printf("swap1;addr_x = % p,addr_y = % p\n",&x, &y);
}
```

运行结果如下：
```
swap0:addr_a = 0062FEC4,addr_b = 0062FEC0
swap1:addr_x = 0062FEB0,addr_y = 0062FEB4
swap1:addr_x = 0062FEB0,addr_y = 0062FEB4
swap1:a = -5,   b = +5
swap1: * pa = -5, * pb = +5
```

【参考程序 2】

```
# include < cstdio >
// 地址传递函数声明
void swap2( int * px, int * py);
int main()
{
    int a = -5,b = 5, * pa, * pb;
```

```
    pa = &a;
    pb = &b;
    swap2(pa,pb);
    printf("swap2:a = % + i,  b = % + i\n",a, b);
    printf("swap2: * pa = % + i, * pb = % + i\n", * pa, * pb);
}
void swap2(int * px,int * py)
{
    printf("swap2:px = % p, py = % p\n",px, py);
    int t;
    t = * px;
    * px = * py;
    * py = t;
    printf("swap2:px = % p, py = % p\n", px, py);
}
```

运行结果如下：

```
swap0:addr_a = 0062FEC4,addr_b = 0062FEC0
swap2:px = 0062FEC4,     py = 0062FEC0
swap2:px = 0062FEC4,     py = 0062FEC0
swap2:a = +5,   b = -5
swap2: * pa = +5, * pb = -5
```

【参考程序 3】

```
# include < cstdio >
// 地址传递函数声明
void swap3(int * px, int * py);
int main()
{
    int a = -5,b = 5, * pa, * pb;
    pa = &a;
    pb = &b;
    printf("swap0:addr_a = % p,addr_b = % p\n",&a,&b);
    swap3(pa,pb);
    printf("swap3:a = % + i,   b = % + i\n",a,b);
    printf("swap3: * pa = % + i, * pb = % + i\n", * pa, * pb);
    return 0;
}
void swap3(int * px, int * py)
{
    printf("swap3:px = % p, py = % p\n",px,py);
    int * pt;
    pt = px;
    px = py;
    py = pt;
    printf("swap3:px = % p, py = % p\n",px,py);
}
```

运行结果如下：

```
swap0:addr_a = 0062FEC4,addr_b = 0062FEC0
swap3:px = 0062FEC4,     py = 0062FEC0
```

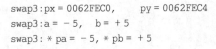

swap3:px = 0062FEC0,　　py = 0062FEC4
swap3:a = − 5,　b = + 5
swap3: * pa = − 5, * pb = + 5

3 个程序段的分析如下。

显然,3 个程序的差异是各自的自定义函数。

- swap1:按值传递

int t; t = x; x = y; y = t;

交换了函数内部变量 x、y 的值,并未完成 a、b 值的交换。按值传递,实参传给了形参,而形参不反传实参,即单向传递。

- swap2:按址传递

int t; t = * px; * px = * py; * py = t;

实参指针 pa 和 pb 分别传给了形参 px 和 py,而 swap2 内部采用的是指针引用,即 swap2 完成的是相应存储单元内容的交换。指针未变,即指针所指地址未变,从而达到了主调函数与被调函数共享存储单元,即交换结果的同步改变。

- swap3:按址传递

int * pt; pt = px; px = py; py = pt;

实参指针 pa、pb 分别传给了形参 px、py,但 swap3 中仅交换了 px 与 py 两个临时指针变量所指向的地址,变量 a、b 所在单元的内容未变,实参 pa、pb 也未改变。交换结果只有 px、py 指代正确,其他都不对。

使用函数指针调用函数的程序示例如下。

```
# include < iostream >
using namespace std;
int test(int a);
int main()
{
    cout << test << endl;          //显示函数地址,输出结果为1
    int( * fp)(int a);
    fp = test;
    cout << fp(5)<<( * fp)(10)<< endl;  //C++及 C 的输出方法,作用相同
}                                   //输出结果 5 10
int test(int a)
{
    return a;
}
```

【说明】 函数指针的基础操作有以下三个。

(1)声明函数指针。声明要指定函数的返回类型及函数的参数列表,和函数原型相似。

原型：int test(int)

指针声明：int(* fp)(int)

错误的指针声明：int * fp(int)

(2)获取函数地址。使用函数名就可以获取函数的地址。如"fp=test;"。

(3)使用函数指针来调用函数。类似普通变量指针,可以用(* fp)来间接调用指向函

数。但 C++语言允许像使用函数名一样使用 fp。

函数指针还有另一种结合 typedef 的声明方式,如例 3-103 所示。

【例 3-103】　使用 typedef 定义函数指针示例。

【参考程序】

```cpp
# include < iostream >
using namespace std;
int sum( int a,int b)
{
    return a + b;
}
typedef int( * LP)(int,int);            //定义一个函数指针 LP
int main()
{
    LP p = sum;                         //定义一个 LP 类型的函数指针 p,并赋值为 sum
    cout << p(2,5);                     //使用 p 来调用 sum,参数为 2、5,输出结果为 7
    return 0;
}
```

【例 3-104】　使用函数指针数组,模拟菜单功能实现方式示例。

【参考程序】

```cpp
# include < iostream >
using namespace std;
void t1()
{
    cout <<"test1";
}
void t2()
{
    cout <<"test2";
}
void t3()
{
    cout <<"test3";
}
void t4()
{
    cout <<"test4";
}
void t5()
{
    cout <<"test5";
}
typedef void( * LP)();              //定义了一个函数指针变量类型
int main(){
    LP a[] = {t1,t2,t3,t4,t5};      //定义了一个 LP 类型的函数指针数组 a,并初始化
    int x;
    cin >> x;
    a[x]();                         //使用 a[x]()调用选择的函数
    return 0;
}
```

3.8.5 指针与字符串

C 语言没有 string 类,C 语言的字符串就是字符数组,并以'\0'为字符串结束符。由于数组是静态的,一旦定义,大小就确定了,编程时要注意这点,使用时长度不能超数组长度。C 语言风格的字符串可以初始化,但不可以直接赋值,s＝"abcd"是非法的,要使用 strcpy( )函数复制才可以。

C++语言中有以下两种方式可以访问字符串。

(1)用字符数组存放一个字符串,然后输出该字符串。

```
int main()
{
    char str[] = "I love China! ";
    printf(" % s\n",str);
}
```

(2)用字符指针指向一个字符串。可以不定义字符数组,而定义一个字符指针。用字符指针指向字符串中的字符。

```
int main()
{
    char * str = "I love China!";
    printf(" % s\n",str);
}
```

str 被定义为一个指针变量,指向字符型数据,str 中存放的是字符串常量("I love China! ")的地址,所以 str＝"I love China! "也只是把第一个字符的地址赋给 str,而不是同时指向多个字符。"％s"是输出字符串时所用的格式符,在输出项中给出字符指针变量名,则系统先输出它所指向的一个字符数据,然后自动使 str 加1,使之指向下一个字符,然后再输出一个字符,……,如此直到遇到字符串结束标志"\0"为止。

【例 3-105】 输入一个长度最大为 100 的字符串,以字符数组的方式存储,再将字符串倒序存储,输出倒序存储后的字符串(这里以字符指针为函数参数)。

【参考程序】

```
# include < cstdio >
# include < string >
using namespace std;
void swapp(char &a,char &b)
{
    char t;
    t = a;
    a = b;
    b = t;
}
void work(char * str)
{
    int len = strlen(str);
    for(int i = 0;i < = len/2;i++)
```

```
    {
        swapp(str[i],str[len-i-1]);
    }
}
int main()
{
    char s[110];
    char *str=s;
    gets(s);
    work(str);
    printf("%s",s);
    return 0;
}
```

【例3-106】 C语言字符串编程示例。

【参考程序】

```
# include <string>
# include <cstdio>
using namespace std;
char a[100],b[100];
int main()
{
    strcpy(a,"abcd");                       //"abcd"复制到a
    printf("%s,len=%d\n",a,strlen(a));      //打印字符串及其长度
    scanf("%s",b);                          //读入字符串b,也可以cin>>b
    int cmp=strcmp(a,b);                    //比较两个字符串的大小
    if(cmp==0)
    {
        printf("s%=%s",a,b);                //相等
    }
    else if(cmp<0)
        {
            printf("s%<%s",a,b);            //小于
        }
        else{
            printf("s%>%s",a,b);            //大于
        }
    if(strstr(a,b)!=NULL)
    {
        printf("%s is substr of %s\n",b,a); //查找子串
    }
    return 0;
}
```

【说明】 程序中使用了C语言字符串常见的赋值函数strcpy()、求长度函数strlen()、比较大小函数strcmp()、查找子串函数strstr()等。这些函数需要头文件<string>或<string.h>,为了展示指针操作的广泛性,下面模拟这些函数在string库中的实现方法。

```
char *strcpy(char *dest,const char *src)
{                                           //字符串复制
    char *p=dest;
```

```
    while( * src! = '\0')
    {
        * dest = src;
        dest++;
    src++;
    }
    * dest = '\0';
    return p;
}

size_t strlen(const char * src)
{                                       //字符串长度
    const char * cp = str;              //str 是开始指针
    while( * cp++);                     //找到'\0'的位置
    return(cp - str - 1);               //计算长度
}


int strcmp(const char * src,const char * dest)
{                                       //字典序比较两字符串的大小
    int ret = 0;
    while(! (ret = * src - * dst)&& * dest)   //相等并且没有结束
    {
        ++src;
++dst;
    }
    return(ret);
}

char * strstr(char * buf,char * sub)
{                                       //简单方法查找子串
    if(! * sub)
    {
        return buf;                     //子串是空的特殊情况
    }
    char * bp, * sp;                    //扫描匹配指针
    while( * buf)
    {
        bp = buf;
        sp = sub;
        do
        {
            if(! * sp)
            {
                return buf;             //子串匹配完成,返回主串的位置
            }
        }while( * bp++ == * sp++);
        buf++;                          //从主串的下一个位置开始重新匹配
    }
    return 0;
}
```

以上这些函数的实现都是指针操作。虽然也可以用数组操作实现,但数组存取要通过下标计算内存位置,效率低下。

3.8.6　堆内存管理

程序运行过程中允许直接进行内存管理是 C++语言的一大特色,通过直接内存管理可以实现动态存储分配,提高内存使用率。以下几种情况尤其需要这一技术的支持。

(1) 程序(函数)中定义的数组,其大小事先难以确定,如果定义过大,会造成存储空间的浪费,采用即时申请内存空间的办法,不但可以动态建立数组,而且可以保证其大小总是符合实际情况的。

(2) 一个函数中包含太多的数组,一旦该函数被调用,就必须占据大量的栈空间,通常这些数组并不是同时使用的,这同样会造成太大的浪费。采用堆内存管理技术,就可以控制程序在实际需要使用某一数据对象时才去申请数据空间,一旦用完,马上释放。

程序中定义了结构体、类或其他数据对象,这样的数据对象有时需要超乎寻常的内存空间,同样也需要堆内存的支持。

1. 堆内存

堆(Heap)是区别于栈区、全局数据和代码区的另一内存区域,允许用户程序在运行过程中动态申请与释放。

管理堆内存的函数有 malloc()、calloc()、free()、memcpy()、memmove()、memset(),以及 new()和 delete()等,后两个函数是 C++语言特有的。下面分别讨论。

2. 申请堆内存

1) calloc()函数

格式:void * calloc(size_t n,size_t size);

参数:n 表示数组的长度(数组元素的个数);size_t 等同于 unsigned long;

size 表示数组元素的字节数,可以用 sizeof 来计算,例如,sizeof(int)计算整型数据的长度,sizeof(char)计算字符型数据的长度等。

函数类型:为 void * ,即无符指针类型,在实际调用时,必须依据分配对象的类型进行强制转换,例如:

```
char * s;
int * a;
s = (char * )calloc(10,sizeof(char));        //将返回值转换成字符指针
a = (int * ) calloc(100,sizeof(int));        //将返回值转换成整型指针
```

函数的返回值:null——申请失败。

被分配的堆内存空间首地址——申请成功。

功能:为一个具有 n 个元素的数组分配内存空间,每个元素的长度为 size 字节。

注意:凡是用 calloc()函数申请的内存空间(由对应数据指针指向),必须调用 free()函数按对应数据指针进行释放。

【例 3-107】　将复制右子串问题改成通过字符指针动态申请空间。

【参考程序】

```
# include < iostream >
# include < string >
```

```
# include < malloc.h>
# include < cstdlib>                    //头文件过多时,建议用万能头 # include < bits/stdc++.h>
using namespace std;
void RightString(char * ,char * ,int);
int main()
{
    char * s1,* s2;
    int len,n1;
    if((s1 = (char * )calloc(100,sizeof(char))) == NULL)
    {
        cout <<"申请不到内存空间";
return 0;
    }
    cin >> s1 >> n1;
    len = strlen(s1);               //获取 s1 的实际长度
    cout <<"len = "<< len;
    if((s2 = (char * )calloc(len - n1 + 2,sizeof(char))) == NULL)
                                        //len - n1 + 2 是 s2 的实际长度
    {
cout <<"申请不到内存空间";
free(s1);                           //释放 s1 所指向的内存
        return 0;
    }
RightString(s1,s2,n1);
    cout <<"s1 = "<< s1 <<"s2 = "<< s2 << endl;
    free(s1);                           //释放 s1 所指向的内存
    free(s2);                           //释放 s2 所指向的内存
}
void RightString(char * s1,char * s2,int n)
{
    char * p;
    p = s1 + n - 1;                     //p 指向 s1[n - 1],p 表示的数组是 s1 的一部分
    strcpy(s2,p);
}
```

2) malloc()函数

格式:void * malloc(size_t size);

参数:size 表示所需内存空间的大小(字节数),如果要申请数组空间,其 size 的计算方法是数组的长度(元素个数) * 数组元素的长度,如 100 * sizeof(char)。

函数类型:为 void * ,也即无符指针类型,在实际调用时,必须依据分配对象的类型进行强制转换,例如:

```
char * s;
int * a;
s = (char * )malloc(10 * sizeof(chart));                    //将返回值转换成字符指针
a = (int * ) mcalloc(100 * sizeof(int));                    //将返回值转换成整型指针
```

函数的返回值:null——申请失败。

被分配的堆内存空间首地址——申请成功。

功能:为指定数据对象动态分配一个 size 大小的内存空间,数据对象可以是数组也可

以是结构体等。

【例 3-108】　在堆内存中动态地建立整型数组 array 所需的空间,给每个元素赋值并输出。

【参考程序】

```
# include < iostream >
# include < malloc.h >
using namespace std;
int main()
{
    int   arraysize;                      //数组长度
    int * array,count;
    cout <<"请输入元素个数:";
    cin >> arraysize;
    if((array = (int * )malloc(arraysize * sizeof(int))) == NULL)
    {
        cout <<"申请不到内存空间";
    }
    else
    {
        for(count = 0;count < arraysize;count++)
        {
            array[count] = count * 2;         //赋值
        }
        for(count = 0;count < arraysize;count++)
        {
            cout << array[count] <<" ";       //输出
        }
        cout << endl;
        free(array);
    }
}
```

【分析】　本例题的程序通过调用 malloc(arraysize * sizeof(int))函数,在程序运行过程中动态建立 array 数组,该数组的空间大小由 arraysize * sizeof(int)动态确定(因为 arraysize 可以由用户输入)。

运行结果如下:

输入 10,输出 0 2 4 6 8 10 12 14 16 18。

3) new 操作符

new 操作符是 C++语言专有的,用来分配堆内存,其功能类似于 malloc()函数和 calloc()函数,但不同之处在于 new 是操作符而不是函数,因而更为简洁和高效。

格式:new　<操作数>

操作数描述:类型名[初始化值表],例如,new char,new int。初始化值表可以指明数据个数,也可以直接给出各个数据的初始值,例如,new char[100],申请能存放 100 个字符的内存空间,等同于建立一个有 100 个元素的字符数组。

功能:new 操作返回一个指针,该指针的类型与操作数中的类型名相同,如"new char [100];"返回字符类型指针。可以将返回值直接赋予同类型指针,例如:

```
char * s;
s = new char[100];                      //等同于 s = calloc(100,sizeof(char))
```

array 申请内存空间用 new 实现,程序如下:

```
# include < iostream >
# include < malloc.h >
using namespace std;
int main()
{
    int arraysize;                          //数组长度
    int * array,count;
    cout <<"请输入元素个数:";
    cin >> arraysize;
    if((array = new int[arraysize]) == NULL)
    {
        cout <<"申请不到内存空间";
    }
    else
    {
        for(count = 0;count < arraysize;count++)
        {
            array[count] = count * 2;          //赋值
        }
        for(count = 0;count < arraysize;count++)
        {
            cout << array[count]<<" ";         //输出
        }
        cout << endl;
        delete [] array;                       //清空
    }
}
```

3. 释放堆内存

凡是用 calloc()函数、malloc()函数和 new 操作符申请的内存空间,在函数调用结束后并不会自动释放,只能由程序自行释放,所以使用完毕或退出函数之前一定要注意释放。

calloc()函数、malloc()函数申请的空间,可调用 free()函数来释放;new 操作申请的空间则用 delete 操作来释放。

calloc()函数的格式:

```
void free(void * p);
```

参数:p 是一个无符号指针,指向要释放的内存空间首地址。该函数的类型是 void,故没有返回值。

delete 操作符格式为 delete pointer 或 delete [] pointer,pointer 是 delete 的操作数,它是 new 所返回的指针。当要释放的内存空间是分配给数组的时候,必须带上[]。

4. 其他堆内存操作函数

下面简单地介绍其他一些比较常用的堆内存操作函数,这些函数的原型都在 string.h 文件中。

memcpy 函数格式:void * memcpy(void * dest,const void * src,size_t length);

功能：从 src 指向的源缓冲区中复制 n 个字符到 dest 指向的目的缓冲区中。

memset 函数格式：void * memset(void * s, int c, size_t length);

功能：将 s 指向的长度为 length 的缓冲区填充为字符 c，称为内存填充函数。

memcmp 函数格式：void * memcmp(const void * s1, const void *
s2, size_t length);

功能：比较由 s1 和 s2 指向的两个缓冲区的内容，长度为 length
个字符，称为内存比较函数。

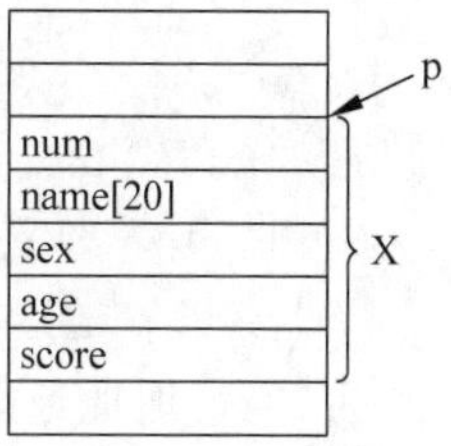

3.8.7 指向结构体变量的指针

指针的基类型是结构体时，该指针变量的值就是结构体变量的
首地址(见图 3-23)。例如：

图 3-23 结构体变量

```
struct student
{                           //定义一个由多个字段组成的结构体
int num;
    char name[20];
    char sex;
    int age;
    float score;
};
student x;                  //定义一个结构体变量
student * p;                //定义一个结构体指针
```

结构体与二维数组有许多类似之处，如指针均指向相应数据类型的首地址，且都能对其
元素进行访问。但两者也有明显的差异，数组元素的数据类型是一致的，而结构体可以由不
同类型的数据组成，其不同的成员就组成了类似数组的一行数据元素，此外，结构体允许动
态申请存储空间，数组要预先定义空间。关于结构体的具体应用请参见 3.9 节。

```
# include < cstdio >
# include < string >
struct student                  /* 结构体类型定义 */
{   int num;
    char name[20];
    char sex;
    int age;
    float score;
};
int main()
{
    struct student stu1;            /* 定义结构体变量 stu1 */
    struct student * p;             /* 定义指向结构体变量的指针变量 p */
    p = &stu1;                      /* 变量 p 指向 stu1 */
    printf("请输入学生信息:\n");
    scanf("% d",&( * p).num);
    getchar();
    gets(( * p).name);
    ( * p).sex = getchar();
    scanf("% d",&( * p).age);
```

```
    scanf("%f",&(*p).score);
    printf("学生信息为:\n");
    printf("No.:%d\nname:%s\nsex:%c\nage:%d\nscore:%.1f\n",(*p).num,(*p).name,(*
p).sex,(*p).age,(*p).score);
    return 0;
}
```

(1) 指向结构体变量的指针变量的赋值。

指针变量 p 是指向结构体变量的指针变量,stu1 是结构体类型的变量。如语句"p = &stu1;"通过取地址运算符"&"将变量 stu1 的地址赋给指针变量 p,p 指向 stu1。因此,除了可以通过变量名 stu1 直接访问其成员外,还可以通过指针变量 p 对其进行间接访问。

(2) 通过指向结构体变量的指针变量访问结构体变量中的成员。

指针变量 p 指向结构体变量 stu1,因此可以通过 p 访问 stu1 的各成员,如使用(*p).num 的形式。其中,(*p)表示 p 指向的结构体变量,(*p).num 是 p 所指向的结构体变量中的成员 num,因为指针运算符"*"的优先级低于成员运算符".",所以"()"不可省。

(3) 指向运算符"->"。

为了使用方便,C 语言提供了指向运算符"->"(所有运算符中优先级最高),可以将(*p).num 改写为 p->num。因此,以下 3 种形式等价:stu1.成员名、(*p).成员名和 p->成员名,其对比如表 3-18 表示。

表 3-18　3 种成员访问形式的对比

stu1.成员名	(*p).成员名	p->成员名
scanf("%d",&stu1.num);	scanf("%d",&(*p).num);	scanf("%d",&p->num);
gets(stu1.name);	gets((*p).name);	gets(p->name);
stu1.sex=getchar();	(*p).sex=getchar();	p->sex=getchar();
scanf("%d",&stu1.age);	scanf("%d",&(*p).age);	scanf("%d",&p->age);
scanf("%f",&stu1.score);	scanf("%f",&(*p).score);	scanf("%f",&p->score);

3.8.8　指向结构体数组的指针

结构体数组的每个元素都是一个结构体类型的数据,因此,可以将结构体数组元素的地址赋值给指向结构体变量的指针变量。但如果把结构体数组的首地址赋给一个指向结构体变量的指针变量,就可以把这个指针变量称为指向结构体数组的指针。

请分析下面这段程序。

```
# include <stdio.h>
struct student                          /*结构体类型定义*/
{
    int num;
    char name[20];
    char sex;
    int age;
    float score;
};
```

```
int main()
{
    struct student s[3] = {{1,"zhangsan",'M',18,82},{2,"lisi",'M',18,95.5},
                {3,"wangwu",'M',18,92.5}};
    struct student * p;        /*指针定义*/
    for(p = s;p < s + 3;p++)
    {
        printf("%d,%s,%c,%d,%f\n",p->num,p->name,p->sex,p->age,p->score);
    }
    return 0;
}
```

其中,p 为指向 struct student 结构体数组 s 的指针变量。for 循环中 p 初值为 s,也就是 s[0]的起始地址。所以第一次循环中输出的是 s[0]的各个成员的值。p 指向 struct student 结构体数组,所以 p++后,p 的值为 s+1,指向下一个数组元素即 s[1],所以第二次循环中输出的是 s[1]的各个成员的值,以此类推,第三次循环输出 s[2]各成员的值。再 p++后,p 的值为 s+3,循环条件不成立,退出循环。

设 p 的初值为 s,这里注意区分表 3-19 中的几种形式。

表 3-19　几种形式说明

形式	说　　明
p-> age	p 所指向的结构体数组元素 s[0]的成员 age 的值,为 18
p-> age++	p 所指向的结构体数组元素 s[0]的成员 age 的值自增 1,即 s[0].age 的值为 19,而 p-> age++表达式的值为 18
++p-> age	p 所指向的结构体数组元素 s[0]的成员 age 的值自增 1,即 s[0].age 的值为 19,而++p-> age 表达式的值也为 19
(++p)-> age	先执行 p 指针自增 1 操作,即指向 s[1],再求 p-> age 的值,所以(++p)-> age 相当于 s[1].age,即 18
(p++)-> age	先求 p-> age 的值,所以(p++)-> age 相当于 s[0].age 的值,即 18,再执行 p 指针自增 1,即指向 s[1]

3.8.9　指针类型综合应用程序设计实例

例 3-109 中的程序对读者理解指针的应用有很大的帮助,通过对程序的分析也可以帮助读者归纳总结本章的主要内容。

【例 3-109】 对若干字符串按字母顺序排序后逐串输出,需要排序输出的字符串是任意的,如若干地址或者若干课程名称等。

【方法】

(1) 设置一个指针数组,用来存放需要排序的字符串指针。

(2) 字符串(一维字符数组)所需的内存空间根据实际长度动态申请与释放。

(3) 每个字符串通过键盘输入;

(4) 采用"选择"排序法进行排序。

【参考程序】

```
# include < iostream >
# include < string >
```

```
# include < malloc.h >
# define LINES 100                                  //定义最大行数,即需比较的最多字符串数
int const MAXLEN = 100;                             //定义最长字符串
using namespace std;
int readlines(char ** ,int);
void writelines(char ** ,int);
void StringSort(char ** ,int);
int getline(char * );
void pfree(char ** ,int);
int main()
{
    char * lineptr[LINES];                          //定义字符指针数组,其长度取最大的行数
    int nlines;                                      //实际字符串数
    if((nlines = readlines(lineptr,LINES)) > = 0)
    {
        StringSort(lineptr,nlines);
        writelines(lineptr,nlines);
    }
    else{
        cout <<"无法排序";
    }
    pfree(lineptr,nlines);
}
int readlines(char ** lineptr,int maxlines)
{                                                    //输入 n 个字符串
    int len,nlines;
    char * p,line[MAXLEN];
    nlines = 0;
    while((len = getline(line) > 0)&&strcmp(line,"end")! = 0)
    {
        if(nlines > = maxlines)
        {
            return -1;                              //输入行数超过最大行数
        }
        else if((p = new char[len + 1]) == NULL)
            {
                return -1;                          //申请不到内存空间
            }
            else{
                line[len] = '\0';
                strcpy(p,line);
                lineptr[nlines++] = p;              //将字符串首地址置入指针数组的对应元素中
            }
    }
    return nlines;                                   //返回输入的实际字符串数
}
void writelines(char ** lineptr,int nlines)
{                                                    //输出 n 个已排序的字符串
    int i;
    for(i = 0;i < nlines;i++)
    {
        cout << lineptr[i] << endl;                 //输出字符串
```

```
        }
    }
    void  StringSort(char ** s,int n)
    {                              //对 n 个字符串排序
        int i,j,k;
        char * temp;
        for(i = 0;i < n - 1;i++)
        {
            k = i;
            for(j = i + 1;j < n;j++)
            {
                if(strcmp(s[k],s[j])> 0)
                {
                    k = j;
                }
            }
            if(k! = i)
            {
                temp = s[i];
                s[i] = s[k];
                s[k] = temp;
            }
        }
    }
    int getline(char * line)
    {                              //输入一个字符串
        cin >> line;
        return strlen(line);
    }
    void pfree(char ** lineptr,int nlines)
    {                              //释放字符数组空间
        int i;
        for(i = 0;i < nlines;i++)
        {
            free(lineptr[i]);
        }
    }
```

本程序包含以下 6 个函数。

main()函数：主函数，定义主要数据项目，控制其他函数的调用。

readlines()函数：逐个输入字符串，将其地址写入字符串指针数组的对应元素中，本函数会调用 getline()函数。

writelines()函数：输出已排序的各个字符串。

StringSort()函数：对所有字符串进行排序。

getline()函数：输入单个字符串（输入一行文本）。

pfree()函数：逐个释放字符数组空间。

3.8.10 指针小结

指针变量的知识点和举例说明见表 3-20，函数指针的知识点和举例说明见表 3-21，引用和结构体指针的知识点和举例说明见表 3-22。

表 3-20　指针变量的知识点和举例说明

知　识　点	举　例　说　明
取地址运算符：&	int a＝10 cout << &a << endl　　　　//输出变量 a 的地址
定义指针变量： 类型 * 指针变量； 或 类型 * 指针变量＝地址；	定义指针变量并初始化： int a＝10； int * p＝&a；
指针的引用： * 指针变量名	int a＝10； int * p＝&a； cout << * p << endl；　　//输出 10
指针的＋、－运算 (说明：p++指针地址不是增加 1，是增加一个"类型"单位，到达下一个"元素")	int a[]＝{0,2,4,6,8,10,12}； int * p＝a；　　　　//指针 p 取得数组 a 首元素(0)地址 cout << * (p+3)；　　//输出 6
指针的差运算 (说明：两个指针的差不是地址的差，是中间"类型"单位的差，即中间的"元素"个数)	int a[]＝{0,10,20,30,40,50,60} int * p＝&a[2]； int * q＝&a[5]； cout << q－p；　　//结果是 3
数组名可看成常量指针； 指针可看成数组名	int a[]＝{0,1,2,3,4,5,6}； int * p＝a+2；　　　　　　//a 当指针,p 指向 2 cout << * (a+4)<<" ,"　　//输出 4,a 当指针 << p[－1]<< endl；　　//输出 1,p 当数组名
C 语言风格的字符串就是字符数组，常见函数有 strlen()、strcpy()、strcmp()、strstr()等	C 语言风格字符串的操作通常都是用指针实现的，具体细节见 3.6.5 节

表 3-21　函数指针的知识点和举例说明

知　识　点	举　例　说　明
函数指针定义方式和函数声明类似，只是多了个 * 号	int(* fp)(char)； 定义了一个函数指针 fp，函数声明是：有一个字符参数，返回一个整数
可以先结合 typedef 定义一个类型，再定义变量	typedef int(* Tp)(int)；　　//定义类型 Tp Tp fp；　　　　　　　//定义函数指针变量 fp
获取函数的地址： 取值函数名即可	int test(int a){return a；} fp＝test；
使用指针调用函数： * 指针变量； C++语言可以直接使用： 指针变量	cout <<(* fp)(5)<< endl； cout << fp(6)<< endl；
函数指针数组：可以用下标直接调用相应的函数	在菜单等编程中使用较多

表 3-22　引用和结构体指针

知 识 点	举 例 说 明
引用是 C++语言引入的新类型	它和指针的引用相似,但有更多的特性,本章只是做简单的介绍
定义并初始化: 相当于变量的别名,必须在定义时初始化	int a; int &r=a;

函数的引用参数:
类似传递了指针,更简单
	void swapr(int &a,int t &b){
	int temp=a; a=b; b=temp;
	}

结构体指针变量:
定义方法和简单类型的指针一样
	struct Tp{
	int num;
	char name[20];
	};
	Tp * p;

结构体成员引用方式: ① (* 指针变量名). 成员名 ② 指针变量名->成员名	(* p). num=11; p-> num+=3;

练习题

【NOIP2010 提高组】机器翻译。

【问题描述】

小晨的计算机上安装了一款机器翻译软件,他经常用这款软件来翻译英语文章。这款翻译软件的原理很简单,它只是从头到尾依次将每个英文单词用对应的中文含义来替换。对于每个英文单词,软件会先在内存中查找这个单词的中文含义,如果内存中有,软件就会用它进行翻译;如果内存中没有,软件就会在外存中的词典内查找,查出单词的中文含义然后翻译,并将这个单词和译义放入内存,以备后续的查找和翻译。假设内存中有 M 个单元,每个单元能存放一个单词和译义。每当软件将一个新单词存入内存前,如果当前内存中已存入的单词数不超过 $M-1$,软件会将新单词存入一个未使用的内存单元;若内存中已存入 M 个单词,软件会清空最早进入内存的那个单词,腾出单元来存放新单词。假设一篇英语文章的长度为 N 个单词。给定这篇待译文章,翻译软件需要去外存查找多少次词典?假设在翻译开始前,内存中没有任何单词。

【输入】

输入文件名为 translate.in,输入文件共两行。每行中两个数之间用一个空格隔开。第一行为两个正整数 M 和 N,代表内存容量和文章的长度。第二行为 N 个非负整数,按照文章的顺序,每个数(大小不超过 1000)代表一个英文单词。文章中两个单词是同一个单词,当且仅当它们对应的非负整数相同时。

【输出】

输出文件名为 translate.out,共一行,包含一个整数,为软件需要查词典的次数。

【输入样例】

1 2 1 5 4 4 1

【输出样例】

5

3.9　结　构　体

前面已经介绍了有关的数据类型和一些基本的指针变量及其相关的应用,为了求解较为复杂的问题,C++语言提供了一种自定义的数据类型的机制,用这种机制可以定义出较复杂的数据类型。这些较复杂数据类型的元素或成员的数据仍然是基本数据类型。灵活地使用这些数据可以大大提高数据的处理效率。

结构体实际上是 C++编译语言没有提供的数据类型,是可以由程序员根据实际情况来自己构造的一种新的数据类型。

3.9.1　结构体的定义

结构体定义的一般格式如下:

```
struct 结构体类型名
{
    数据类型    成员名 1;
    数据类型    成员名 2;
        …
    数据类型    成员名 n;
};
```

(1) struct 是关键字,不能省略,表示定义的类型是一个结构体类型;最后一行的右花括号外的分号不可省略。

(2) 结构体类型名遵循 C++语言标识符的命名规则,其中的类型名可以省略,但要注意省略后使用的缺陷。

注意区分“类型”与“变量”是两个不同的概念。类型用于变量定义;只能对变量赋值、存取或运算,不能对一个类型赋值、存取或运算;在编译时,系统对变量分配存储空间,但对类型是不分配空间的,例如,int 是一个数据类型,可以用 int 来定义变量,从而分配内存空间,可以对变量做运算,但是不能对 int 这个类型名做任何运算,int 本身也不占用内存。

(3) 花括号内的成员列表用于声明组成该结构体的各个成员名及其类型,其声明格式如下:

类型声明符　成员名;

成员名的命名规则与变量名的命名规则相同,也要求遵循 C++语言标识符的命名规则。一个结构体类型中的各成员名之间不可相互重名。但是,在不同结构体类型中定义的成员允许重名,并且结构体的成员名还可以与程序中的变量重名。

(4) 结构体类型的嵌套定义。

结构体成员的类型可以是已经定义过的其他的结构体类型,即结构体类型可以嵌套定义。这个是区别于函数定义规则的,C++语言中不允许函数嵌套定义,但是结构体可以。

```
struct worker
{
    char name[20];
    char sex;
    int age;
    float wage;
    struct birthday
    {
        int year;
        int month;
        int day;
    };
    char number[12];
    char * p_addr;
};
```

以上结构体使用了嵌套定义,即 worker 结构体类型中嵌套了 birthday 结构体。

结构体类型定义描述结构的组织形式,它本身不占用空间,但是类型定义的变量要占用内存空间,结构体类型变量占用的空间大小不是简单的成员占用空间之和,还应遵循内存对齐规则。要知道结构体变量占用空间的大小,只需通过 sizeof()函数计算得到。

3.9.2　结构体变量

1. 结构体变量的定义

使用自定义结构体类型来定义的变量称为结构体变量。结构体变量定义的三种形式如表 3-23 所示。

表 3-23　结构体变量定义的三种形式

形　式　一	形　式　二	形　式　三
先定义结构体类型,再定义结构体变量	定义结构体类型的同时定义结构体变量	直接定义结构体变量
struct 结构体名 变量名表列;	struct 结构体类型名 {成员列表; }变量名表列;	struct {成员列表; }变量名表列;

(1) 形式一:先定义结构体类型,接着再定义结构体变量。其中,"struct 结构体名"是假设程序已定义过的结构体类型名;"变量名表列"可以是一个或多个变量名,多个变量名之间用逗号隔开。

(2) 形式二:定义结构体类型的同时定义结构体变量。在结构体类型定义格式的"}"和";"之间增加变量名表列,同样,变量名表列可以是一个或多个变量名,多个变量名之间用逗号隔开。

(3) 形式三:直接定义结构体变量。该形式省略了结构体类型名而直接指定结构体变量,且只定义一次该类型的结构体变量。省略了结构体类型名的结构体类型无法重复使用。

形式一示例：　　　　　　　形式二示例：　　　　　　　形式三示例：

```
struct student
{
    int num;
    char name[20];
    char sex;
    int age;
    float score;
};
struct student s1,s2;
```

```
struct student
{
    int num;
    char name[20];
    char sex;
    int age;
    float score;
}s1,s2;
```

```
/*省略结构体类型名*/
struct
{
    int num;
    char name[20];
    char sex;
    int age;
    float score;
}s1,s2;
```

2．结构体变量的初始化

和其他数据类型变量一样,定义结构体变量的同时,可为其每个成员变量赋初值,即结构体变量的初始化。相对应于结构体变量定义的三种形式,也有三种形式的初始化。

结构体变量初始化的一般形式如表 3-24 所示。

表 3-24　结构体变量初始化的一般形式

变量初始化一	变量初始化二	变量初始化三
struct 结构体名 变量名 = {初值表};	struct 结构体类型名 {　成员列表; }变量名 = {初值表};	struct {　成员列表; }变量名 = {初值表};

"初值表"是结构体变量各个成员的初值表达式,其类型应该与对应成员的类型一致;各初值表达式之间用逗号隔开。

同简单变量一样,若全局或静态结构体类型的变量在定义时没有为其进行初始化,则系统自动为其各成员赋默认值;当自动结构体类型的变量未被初始化时,其成员值是随意、不确定的,不可被引用。C++语言允许在定义结构体变量的同时对其进行初始化;但是,不允许将一组常量通过赋值运算符直接赋给一个结构体变量。例如:

```
struct student s1 = {1,"wangwu",'M',18,92.5};              //是正确的
```

可是如上程序如果改为

```
struct student s1;
s1 = {1,"wangwu",'M',18,92.5};                             //是错误的
```

则是错误的。也即不允许试图通过赋值运算将一组常量直接赋给结构体变量 s1,而只能通过结构体成员的引用,逐个成员进行赋值。

3．结构体变量的引用

定义结构体变量后就可以引用这个变量来进行赋值运算了,一般只对某结构体变量的某个成员进行直接操作,相同结构体类型的变量可以整体赋值。

当需要操作的结构体变量成员是基本类型变量时,成员引用的一般形式如下:

结构体变量名.成员名

s1 是结构体变量,程序中通过 s1.num、s1.name、s1.sex 和 s1.score 分别引用了 s1 的 num、name、sex 和 score 成员变量。

当需要操作的结构体变量成员是一个内嵌的结构体类型,即某个成员变量本身又属于一个结构体类型,在引用这一类成员时需要采用逐级引用的方法,要用若干成员运算符一级一级地引用直到抵达需操作的成员。此时结构体成员引用的形式扩展为:

结构体变量名.成员名.子成员名.….最低一级子成员名

其中,"."为结构体成员运算符,其结合性为自左至右,在所有运算符中优先级**最高**。

通过 s1.birth.month 和 s1.birth.day 这样逐级引用的方法,可以引用变量 s1 的出生月和出生日。

结构体变量的成员可以和普通变量一样进行各种运算,可以将结构体变量作为一个整体赋值给另一个具有相同类型的结构体变量。结构体变量除了在定义时可以为其初始化之外,不能试图通过赋值运算符将一组常量直接赋给一个结构体变量。但是,同类型的结构体变量之间可以相互赋值,详见表 3-25。

表 3-25 赋值方法的正确性比较

赋值方法	正确性
struct student s1 = {1,"wangwu",'M',18,92.5};	正确。在结构体变量定义的同时进行初始化
struct student stu1 = {1,"wangwu",'M',18,92.5}, stu2; stu2 = stu1;	正确。同类型结构体变量相互赋值
struct student s1; s1 = {1,"wangwu",'M',18,92.5};	赋值语句错误。不能试图通过赋值运算符将一组常量直接赋值给一个结构体变量

struct student s1;
s1.num = 1;
strcpy(s1.name, "wangwu");
s1.sex = 'M';
s1.age = 18;
s1.score = 92.5;
	正确。结构体变量定义后,对其成员逐项进行赋值

3.9.3 结构体数组

C++语言利用数组存储具有相同类型的一批数据,用于表达数学中的集合概念。数组中的每个元素都是整型时,称为整型数组;数组中的每个元素都是字符型时,这个数组就称为字符数组。数组元素当然也可以是结构体类型的变量,当限定数组中的每个元素都是某一特定结构体类型时,就是结构体数组。在实际应用中,结构体数组常被用来表示一个群体,如一个班的学生信息、一个公司的各个部门的员工信息。

1. 结构体数组的定义

定义结构体数组的方法和定义结构体变量的方法相同,也可以有三种形式,这里只介绍一种。

结构体数组定义的一般格式如下:

struct 结构体类型名 结构体数组名[长度];

（1）struct 结构体类型名：定义结构体数组每个元素的数据类型。

（2）结构体数组名：一个合法的标识符。

（3）长度：可以是整型常量表达式，其值必须为正整数，用于表示数组大小。例如：

```
struct student
{    int num;
     char name[20];
     char sex;
     int age;
     float score;
};
struct student s[10];
```

定义了一个结构体数组，数组名为 s；数组长度为 10，即 s 中有 10 个数组元素，分别为 s[0]，s[1]，s[2]，…，s[9]；每个数组元素本身是一个 struct student 类型的数据。

2. 结构体数组的初始化

结构体数组也可以在定义的同时进行初始化。一般格式如下：

struct 结构体类型名 结构体数组名[长度] = {初值列表};

（1）初值列表：初值类型应与数组元素的成员类型一致。

（2）长度：完全初始化时可以不指定长度，编译时系统会根据初值列表中初始数据的个数来确定数组元素的个数。

3. 结构体数组的引用

结构体数组的引用主要是对结构体数组元素各个成员的引用。一般格式如下：

结构体数组名[下标].成员名

【例 3-110】 编写程序，实现候选人得票统计。设有 3 位候选人(zhang、li、wang)，每次输入一个得票的候选人的名字，投票 10 次，请统计候选人得票数。

【问题分析】

首先需要解决候选人的表示问题。由于每位候选人有姓名和所得票数两个类型不同的信息，所以可以自定义 struct person 结构体类型，含 name 和 count 两个成员，分别描述候选人的姓名和所得票数。又因有多位候选人，且候选人姓名是已知的，选举开始前所有人的得票数目都为 0，因此定义 leader 结构体数组，数组长度为 3，分别代表每位候选人，定义的同时直接为其初始化。

候选人得票统计过程可以简化为如下步骤。

（1）输入候选人姓名。

（2）依据输入的候选人姓名在候选人数组 leader 中查找与输入的姓名相同的候选人，让其得票数加 1。

（3）重复步骤（1）～（2），直到完成 10 次投票统计为止。

【参考程序】

```
# include < stdio. h >
struct person                        / * 结构体类型定义 * /
{    char name[20];
```

```
    int count;
};
int main()
{
    int i,j;
    struct person leader[3] = {{"zhang",0},{"li",0},{"wang",0}};
    char leader_name[20];
    for(i = 1;i < = 10;i++)
    {
        scanf("%s",leader_name);              /* 输入得票的候选人名 */
        for(j = 0;j < 3;j++)                  /* 查看是哪位候选人并计票 */
        {
            if(strcmp(leader_name,leader[j].name) == 0)
            {
                leader[j].count++;
                break;
            }
        }
    }
    for(i = 0;i < 3;i++)
    {
        printf("%5s:%d\n",leader[i].name,leader[i].count);
    }
    return 0;
}
```

【例 3-111】　离散化基础。在以后学习使用的离散化方法编程中,通常需要知道每个数排序后的编号(rank 值)。

【输入格式】　第 1 行,一个整数 N,范围为[1,10000];第 2 行,有 N 个不相同的整数,每个数都是 int 范围的。

【输出格式】　依次输出每个数的排名。

【输入样例】

5

8 2 6 9 4

【输出样例】　4 1 3 5 2

【问题分析】　排序是必须的,关键是如何将排序号写回原来的数"下面"。程序使用了分别对数值和下标不同关键字进行两次排序的方法来解决这个问题。一个数据"结点"应该包含数值、排名、下标 3 个元素(见图 3-24),所以用结构体比较好。

下标	0	1	2	3	4
数值	8	2	6	9	4
排名	4	1	3	5	2

图 3-24　结点的要素

【参考程序】

```
# include < iostream >
# include < fstream >
# include < algorithm >              //排序需要的头文件
using namespace std;
struct tnode
{
    int data,rank,index;            //数值、排名、下标
};
int n;
```

```
tnode a[10001];
bool cmpdata(tnode x,tnode y)
{
    return x.data < y.data;
}
bool cmpindex(tnode x,tnode y)
{
    return x.index < y.index;
}
int main()
{
    cin >> n;
    for(int i = 0;i < n;i++)
    {
        cin >> a[i].data,a[i].index = i;        //逗号表达式
    }
    sort(a,a + n,cmpdata);
    for(int i = 0;i < n;i++)
    {
        a[i].rank = i + 1;
    }
    sort(a,a + n,cmpindex);
    for(int i = 0;i < n;i++)
    {
        cout << a[i].rank <<" ";
    }
    cout << endl;
    return 0;
}
```

3.9.4　结构体的扩展

C++的结构体功能因为类(class)技术的出现得到了很大的增强。其中与 OI 有关的有成员函数和运算符重载。下面通过几个例子简单介绍一下,更具体的内容请查阅相关资料。

【例 3-112】　时间运算。在某个上网计费系统中,用户使用时间的通常格式是几小时几分钟。用一个结构体表示时间是个不错的方法。现在希望你设计个好的方法,能够快速、方便地在程序中累加时间。

【输入格式】　第 1 行,一个整数 N,范围为$[1,1000]$;下面有 N 行,每行两个整数,分别为 hi、mi,表示一个用户的上网时间是 hi 小时、mi 分钟。

【输出格式】　1 行两个整数 h 和 m,表示 N 个时间的和。

【输入样例】

4

1 15

0 56

5 12

3 8

【输出样例】

10 31

【参考程序】

```cpp
# include < iostream >
# include < fstream >
# include < string >
using namespace std;
struct tTime
{
    int h,m;
    tTime operator + (const tTime x)const
    {                               //对符号"+"重新定义
        tTime tmp;
        tmp.m = (m + x.m) % 60;
        tmp.h = h + x.h + (m + x.m)/60;
        return tmp;
    }
};
int N;
tTime a[1001],sum;
int main()
{
    cin >> N;
    sum.h = sum.m = 0;
    for(int i = 0;i < N;i++)
    {
        cin >> a[i].h >> a[i].m;
        sum = sum + a[i];       //两个结构体通过重新定义的+号直接相加
    }
    cout << sum.h <<" "<< sum.m << endl;
    return 0;
}
```

【说明】

(1) 在 tTime 类型里新定义了这个类型的"+"运算,称为"+"重载。

(2) "sum=sum+a[i];"中使用了重载运算符"+",由于没有重载+=运算,故 sum+=a[i]在这里不可用。

二元运算符重载的一般格式如下:

```
类型名 operator 运算符(const 类型名 变量)const
{
    ...
}
```

运算符重载是个复杂的技术,例如,还可以对复合运算符"+="、输出符"<<"等重载,语法格式上不尽相同,这里不再讨论。

【例 3-113】 集合运算。在数学上,两个集合 A 和 B 之间的运算通常有并、交、差,分别记为 A+B、A−B、A*B。数学老师想设计一款模拟集合运算的游戏,现在需要你帮忙编程。已知所有集合的元素都是小写英文字母。集合的输入、输出用字符串表示。例如,集合

A＝{a,c,d,f}，输入输出用字符串"acdf"表示。

现在输入 N 个集合运算式，求运算结果。例如：

运算式：acdf-bcef

结果：ad

【输入格式】 第 1 行，一个整数 N，表示有多少个运算式，N 的范围为[1,100]；下面 N 行，每行一个运算式。中间运算符是"＋""－""＊"之一。

【输出格式】 共 N 行，对应输入的运算结果。

【输入样例】

2

abef＋cedfijk

abghio＊gipqx

【输出样例】

abcdefijk

gi

【问题分析】 本例题仍是模拟题，解题方法有多种，但使用结构体的成员函数和运算符重载会更加清晰、规范，风格更加漂亮。

【参考程序】

```cpp
# include < iostream >
# include < fstream >
# include < string >
using namespace std;
struct tset
{
    bool set[26];
    void input()
    {
        string s;
        cin >> s;
        memset(set,false,sizeof(set));
        for(int i = 0;i < s.size();i++)
        {
            set[s[i] - 'a'] = true;
        }
    }
    void output()
    {                         //输出集合成员函数
        for(int i = 0;i < 26;i++)
        {
            if(set[i])
            {
                cout << char(i + 'a');
            }
        }
        cout << endl;
    }
    tset operator + (const tset x)const
    {                         //对"＋"重新定义
```

```cpp
            tset tmp;
            for(int i = 0;i < 26;i++)
            {
                tmp.set[i] = set[i]||x.set[i];
            }
            return tmp;
        }
        tset operator - (const tset x)const
        {   //对"-"重新定义
            tset tmp;
            for(int i = 0;i < 26;i++)
            {
                tmp.set[i] = set[i]&&(!x.set[i]);
            }
            return tmp;
        }
        tset operator * (const tset x)const
        {   //对"*"重新定义
            tset tmp;
            for(int i = 0;i < 26;i++)
            {
                tmp.set[i] = set[i]&&x.set[i];
            }
            return tmp;
        }
};
int N;
tset A,B,C;
char op;
int main()
{
    cin >> N;
    for(int i = 0;i < N;i++)
    {
        A.input();                      //调用成员函数输入集合A
        cin >> op;                      //输入运算符
        B.input();                      //调用成员函数输入集合B
        if(op == '+')
        {
            C = A + B;                  //相应运算
        }
        elseif(op == '-')
            {
                C = A - B;
            }
        elseif(op == '*')
                {
                    C = A * B;
                }
        C.output();                     //输出
    }
    return 0;
}
```

3.9.5 链表结构

1. 单向链表

链表的每个元素称为一个结点。每个结点在逻辑上包含两部分(data 区域、next 指针区域)。data 区域是用户需要的数据,可以是多个成员,称为链表的数据域;next 为指向下一个结点的指针,也称为链表的指针域。链表有一个特殊指针,称为头指针变量 head,它指向存放链表的第一个元素地址。

链表的头指针指向第一个结点,链表是一个结点连着一个结点,每个结点可以存储在内存的不同位置,而不必像数组一样必须向内存申请连续的空间来存储。

链表尾部是链表在当前时刻的最后一个结点,将该结点的指针域 next 设置为空地址 NULL,即链表的最后一个结点就是指针域为 NULL 的结点,如图 3-25 所示。

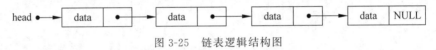

图 3-25　链表逻辑结构图

为了实现上述链表结构,可以使用结构体变量表示其结点结构。要注意的是,结构体成员除了基本的数据域之外,还应包含一个指针域,用它来存放下一个结点的地址。例如:

```
struct student
{
int data;
student * next;            //next 指针指向下一个结点
};
```

2. 链表的基本操作及特点

链表的基本操作有创建链表、结点的查找与输出、插入结点、删除结点等。其中,插入和删除结点的方法分别如图 3-26 和图 3-27 所示。

待插入结点

图 3-26　向链表中插入新结点

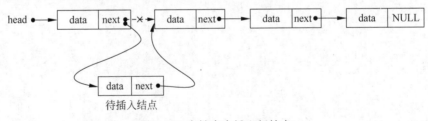

图 3-27　从链表中删除一个结点

图 3-26 中显示,要在第一个和第二个结点之间插入一个新的结点,首先需要建立一个新的结点,并将第一个结点的指针域 next 值赋值给新结点的 next,这样新结点的指针域 next 就指向第二个结点;然后将第一个结点的指针域 next 指向新结点,原来第一个结点与第二个结点之间的链就断了。这样就形成了新的链表。注意,这里的两个步骤不能操作反

了,否则第二个结点及其后所有的结点将丢失。

图 3-27 中显示,删除链表中的第二个结点只需将第一个结点中的指针域 next 直接指向第三个结点即可。这样第二个结点就从链表中脱离,若第二个结点没有用处了,则应释放该结点所占的内存。

从以上分析可以看出,链表的优点在于:可以根据实际需要动态分配内存空间;可以在任意位置很方便地插入和删除结点。链表的缺点在于:不能进行随机存取操作,结点的访问只能从头开始,逐个查找;若链表中有一个链断链,则其后的所有结点都将丢失。

3. 链表的建立

链表是通过一个一个地分配结点空间和输入结点数据,并建立起前后结点间的链接关系,从而建立起的。链表的动态建立过程其实就是不断地动态申请内存空间建立新结点,然后将新结点插入已建链表的特定位置的过程。

【例 3-114】 建立一个包含 4 个结点的链表来存放学生数据。为简单起见,假定学生数据结构中只有学号和年龄两项。编写一个建立链表的函数 creat() 和输出链表的函数 display()。

首先,此例中的结点结构类型,data 域使用学号 num 和年龄 age 两个整型的成员。

其次,需要自定义 creat() 函数用于建立指定结点数目的链表,这里有两种情况:

(1) 若原链表为空表(head==NULL),则将新结点设为首结点(head=p;),如图 3-28 所示。

(2) 若原链表为非空链表,则可以将新结点添加到表中某一指定位置。最简单的,可以将新结点直接插入表头,如图 3-29 所示。

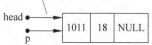

图 3-28 链表空时将新结点设为首结点

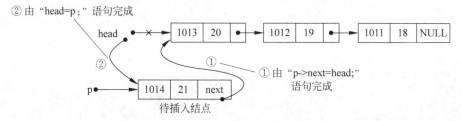

图 3-29 链表非空时添加新结点的过程

最后,自定义 print() 函数输出所有结点的数据域,只需从头结点开始,利用 next 指针从头至尾遍历链表即可,即利用指针 p,先指向链表首结点,并输出 p 当前所指结点的数据域,然后使 p 后移一个结点,再输出 p 当前所指结点的数据域,循环直到 p 为 NULL 位置。

【参考程序】

```
# include < stdio. h >
# include < stdlib. h >
struct student * creat(int n);
void display(student * head);
struct student
{
    int num;
    int age;
```

```
        student * next;
};
int main()
{
    int n;
    student * head = NULL;                      /* 链表头初始为空 */
    printf("how many nodes do you want to creat? \n");
    scanf("%d",&n);                             /* 输入链表长度 */
    head = creat(n);
    printf("the linked table haven %d nodes has been created! \n",n);
    display(head);
    return 0;
}
student * creat(int n)
{                                              /* 函数功能:新建一个结点,并添加到表头 */
    student * head = NULL, * p;
    int i;
    for(i = 0;i < n;i++)
    {
        p = (student * )malloc(sizeof(student));
        p -> next = NULL;
        printf("input Number and Age\n");
        scanf("%d %d",&p -> num,&p -> age);
        if(head == NULL)
        {
            head = p;
        }else{
            p -> next = head;
            head = p;
        }
    }
    return(head);
}
void display(student * head)
{   /* 函数功能:显示链表中各个结点的信息 */
    student * p = head;
    int i = 1;
    while(p! = NULL)
    {
        printf("%3d %10d %10d\n",i,p -> num,p -> age);
        p = p -> next;
        i++;
    }
}
```

【思考】 creat()函数的类型是什么?

4. 链表结点的删除

链表的删除操作就是将一个待删除结点从链表中断开,并释放已删除结点的空间。

【例 3-115】 在例 3-114 中创建的链表基础上,自定义函数 deletenode()查找并删除某一指定学生信息的结点,并设计相应的主函数输出删除以后,链表中所有的结点信息。

(1) 如果链表为空,则无须删除,给出提示信息后直接返回头指针。

（2）如果链表不为空，从首结点开始，查找数据域成员等于给定信息的结点。若查找成功，删除之；否则给出查找不成功的提示信息，最后返回链表的头指针。

上述步骤中的第（2）步，若查找成功，删除结点的操作又分为以下两种情况：

① 如果找到的待删除结点是首结点，则只需将 head 指向首结点后面的一个结点，并释放已删除结点的空间，如图 3-30 所示。

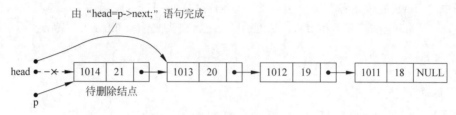

图 3-30　待删除结点是首结点的删除过程

② 如果找到的待删除结点非首结点，则需将待删除结点前一结点的 next 域指向待删除结点的后一结点，并释放已删除结点的空间，如图 3-31 所示。

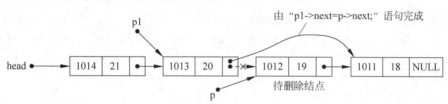

图 3-31　待删除结点非首结点的删除过程

【删除函数程序代码】

```cpp
student * deletenode(student * head,int nodenum)
{ /* 函数功能:查找并删除结点 */
    student * p = head, * p1 = head;
    if(head == NULL)
    { /* 原链表为空的情况 */
        printf("no linked table! \n");
        return(head);
    }
    while(nodenum! = p -> num&&p -> next! = NULL) /* 原链表非空的情况,查找待删除结点 */
    {
        p1 = p;
        p = p -> next;
    }
    if(nodenum == p -> num)
    { /* 若查找成功,删除结点;否则给出提示信息 */
        if(p == head)
        {
            head = p -> next;
        }
        else{
            p1 -> next = p -> next;
        }
        free(p);
    }
```

```
    else{
        printf("this node has not been found! \n");
    }
    return head;
}
```

其中,"free(p);"表示释放 p 所指向的一块内存空间。其中,库函数 free()实现内存空间的释放,使这部分空间能重新被其他变量使用,它包含在头文件 stdlib.h 中,其函数原型如下:

```
void free(void * p);
```

5. 链表结点的插入

链表的插入操作就是将给定结点插入指定链表的适当位置。

【例 3-116】 在例 3-115 的基础上,实现在有序链表中插入结点信息功能的自定义函数 insertnode()。假设在操作过程中,链表始终按学号有序排列,这样的插入,这里需要考虑 3 种情况。

(1) 原链表为空,则新结点 p 就作为首结点,让 head 指向 p,并设置 p 的 next 域为空。

(2) 原链表不为空,新结点 p 插入在首结点前,则让新结点的 next 域指向原来的首结点(p-> next=head),并设置 head=p。具体过程如图 3-32 所示。

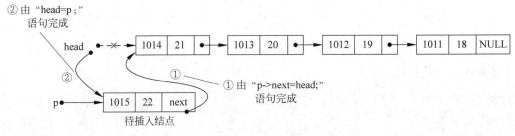

图 3-32　原链表首结点前插入新结点

(3) 原链表不为空,新结点插入位置在链表的中间,则将新结点 p 的 next 域指向插入点的后一个结点(p-> next=p1-> next),并设置前一个结点的 next 域指向新结点(p1-> next= p);这种情况包含了新结点插入位置在链表末尾的情况,如图 3-33 所示。

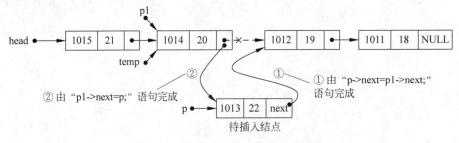

图 3-33　链表中间插入新结点的情况

【插入函数程序代码】

```
student * insertnode(student * head,int num,int age)
{
```

```
        student * p1 = head, * p, * temp = NULL;
        p = (student * )malloc(sizeof(student));
        p - > next = NULL;
        p - > num = num;
        p - > age = age;
        if(head == NULL)
        {
            head = p;                    /* 如果原链表为空,head 指向新结点 p */
        }
        else
        {                                /* 原链表不为空 */
            while(p1 - > num > num &&p1 - > next! = NULL)
            {
                temp = p1;
                p1 = p1 - > next;
            }
            if(p1 - > num < num)
            {
                if(p1 == head)
                {                        /* 若在表头插入 */
                    p - > next = head;
                    head = p;
                }
                else{                    /* 若在表中间插入 */
                    p1 = temp;
                    p - > next = p1 - > next;
                    p1 - > next = p;
                }
            }
            else{
                p1 - > next = p;         /* 若在表尾插入 */
            }
        }
    return head;
}
```

3.9.6 双向链表

每个结点有两个指针域和若干数据域,其中一个指针域指向它的前驱结点,另一个指针指向它的后继结点。它的优点是访问、插入、删除更方便。

双向链表的结构定义如下:

```
struct node
{
    int data;
    node * pre, * next;
};
struct node * p, * q, * r;
```

下面给出双向链表的插入和删除过程。

```
void insert(node * head,int i,int x)
{
    node * s,* p;
    int j;
    s = new node;
    s -> data = x;
    p = head;
    j = 0;
    while((p-> next! = NULL)&&(j< i))
    {
        p = p-> next;
        j = j+1;
    }
    if(p == NULL)
    {
        cout <<"no this position";
    }else {
        s -> pre = p -> pre;
        p -> pre = s;
        s -> next = p;
        p -> pre -> next = s;
    }
}

void del(node * head,int i)
{
    int j;
    node  * p;
    p = head;
    j = 0;
    while((p-> next! = NULL)&&(j< i))
    {
        p = p-> next;
        j++;
    }
    if(p == NULL)
    {
    cout <<"no this position";
    }else {
        p-> pre -> next = p -> next;
        p-> next -> pre = p -> pre;
    }
}
```

3.9.7 循环链表

所谓循环链表,即单链表的最后一个结点的后继指向头结点,基于双向链表的最后一个结点的后继结点指向头结点,头结点的前驱结点指向最后一个结点,即形成闭环。

【例 3-117】 著名的约瑟夫环。有 M 个人,其编号为 $1\sim M$,这 M 个人围成一个圆圈落座。现在随便报一个数 N,从第一个人开始报数,第一个报到 N 的人离开座位,圆圈也相应地缩小一个位置。然后从下一个人开始重新从 1 开始报数,再次报到 N 的人离开座

位,以此类推。求此圆圈座位中最后留下的编号。

【参考程序】

```cpp
#include<bits/stdc++.h>
using namespace std;
struct node
{
    long d;
    node * next;
};
long n,m;
node * head, * p, * r;
int main()
{
    long i,j,k,l;
    cin>>n>>m;
    head = new node;
    head->d = 1;
    head->next = NULL;
    r = head;
    for(i = 2;i<=n;i++)
    {
        p = new node;
        p->d = i;
        p->next = NULL;
        r->next = p;
        r = p;
    }
    r->next = head;
    r = head;
    for(i = 1;i<=n;i++)
    {
        for(j = 1;j<=m-2;j++)
        {
            r = r->next;
        }
        cout<<r->next->d<<" ";
        r->next = r->next->next;
        r = r->next;
    }
}
```

3.9.8 结构体综合应用程序设计实例

【例 3-118】 活动安排。设有 n 个活动的集合 $E=\{1,2,3,\cdots,n\}$,其中每个活动都要求使用同一个场地,而在同一时间段只有一个活动可以使用这一资源。假设有一个活动编号 i,要求使用该场地的起始时间是 st,结束时间是 ed,且 st<ed,如果选择了这个活动 i,则其可在时间区间[st,ed)内独享该场地。如果这样的各个活动时间区间不存在交集,则说明活动是相容的。也就是说,在 i.ed<=j.st 的情况下,i 和 j 两个活动都可以在该场地举行。输入若干使用场地的请求,并输入每个请求的使用起始时间,请选择出能举办最多满足活动

需求的一个方案。

【参考程序】

```cpp
#include<bits/stdc++.h>
using namespace std;
struct node
{
    int st;
    int ed;
}a[1000];
bool cmp(node x,node y)
{
    return x.ed<y.ed;
}
int main()
{
    int n;
    cin>>n;
    for(int i=1;i<=n;i++)
    {
        cin>>a[i].st>>a[i].ed;
    }
    sort(a+1,a+n+1,cmp);
    int t=a[1].ed;
    int ans=1;
    for(int i=2;i<=n;i++)
    {
        if(a[i].st>=t)
        {
            ans++;
            t=a[i].ed;
        }
    }
    cout<<ans<<endl;
    return 0;
}
```

【例 3-119】 模拟链表。动态指针比静态数组的存取速度慢,于是很多 OI 选手用数组模拟指针。有 N 个点,编号为 $1\sim N$。有 M 条边,每条边用连接的 2 个顶点表示,如(3,8),表示顶点 3 和 8 之间的无向边。请输出每个顶点通过边相邻的顶点。

【输入格式】 第 1 行,N 和 M 两个整数,N 的范围为 $[1,5000]$,M 的范围为 $[1,100000]$;下面有 M 行,每行两个整数,表示一条边。

【输出格式】 N 行,第 i 行的第一个数 k 表示有多少条边与 i 顶点相连,后面有 k 个数,表示哪 k 个数与 i 顶点相连。

【输入样例】

5 6

1 3

2 4

1 4

2 3

3 5

2 5

【输出样例】

2 4 3

3 5 3 4

3 5 2 1

2 1 2

2 2 3

【问题分析】　链表的每个结点应该有两个成员：顶点及下一个结点的下标(指针)。每个顶点各自形成一个单链表。由于是无向图,所以每输入一条边(a,b),需要在a链表中插入b,同时在b链表中插入a。

【参考程序】

```cpp
# include < iostream >
# include < fstream >
# include < algorithm >
using namespace std;
struct node
{
    int v;
    struct node * next;
};
int n,m;
node a[100001 * 2];                      //每条边被存两次
int fa = 0;                              //a 数组的空余空间下标
node ver[5002];                         //链表表头,其中 v 记录长度
void insert(int u, int v)
{
    a[++fa].v = v;                      //申请一个新的结点
    a[fa].next = ver[u].next;
    ver[u].next = fa;                   //插入 U 链表头
    ver[u].v++;                         //长度增加
}
int main()
{
    cin >> n >> m;
    for(int i = 0;i < m;i++)
    {
        int u,v;
        cin >> u >> v;
        insert(u,v);
        insert(v,u);
    }
    for(int i = 1;i <= n;i++)
    {
        cout << ver[i].v <<" ";
        for(int j = ver[i].next;j > 0;j = a[j].next)
```

```
        {
            cout << a[j].v << " ";
        }
        cout << endl;
    }
    return 0;
}
```

【例 3-120】 小 A 的烦恼。小 A 生活在一个神奇的国家,这个国家有 N($N \leqslant 100000$)个城市,还有 M($M \leqslant 5000000$)条道路连接两个城市。道路连接的两个城市可以互相直接免费到达。小 A 比较烦恼,因为他想知道每个城市能直接到达哪些城市,你能帮帮他吗?需保证每个城市都有道路与其连接(按照输入道路的顺序输出每个城市直接连接的城市)。

【输入格式】 第 1 行,两个整数 N 和 M;接下来 M 行,每行两个整数,描述一条道路连接的两个城市的编号。

【输出格式】 输出 N 行,每行为若干用空格分隔的整数;第 i 行输出的是城市 i 直接连接的城市编号,保证城市的出现按照道路输入的先后顺序出现。

【输入样例】

4 5
2 3
3 1
1 4
2 4
1 2

【输出样例】

3 4 2
3 4 1
2 1
1 2

【问题分析】:本例题本质上属于图论的题目,由题面可知该图是连通图。一个图通常有两种存储表示方式:邻接矩阵和邻接表。若用邻接矩阵表示,则每个城市一行,每行 N 个元素,用于表示其与其他 $N-1$ 个城市间的道路连接关系,故数组需要能存储 N^2 个元素,即 $O(N^2)$ 的存储开销,数组大小超 9GB,内存承受不了。如果每个城市用一个独立的指针实现的链表来表示,即邻接表存储是可以解决的,这种方法待学完数据结构后再讨论。

另一种方法是用数组模拟链表来实现的,也可以称为静态链表方法(但略有差异)一个数组中。基本思路是:对于输入的一条边 (a, b),把结点 a 和 b 都加到同一个数组中,把城市 a 添加到城市 b 所在链表的尾部,把城市 b 添加到城市 a 所在链表的尾部。要实现这个,对于城市 i,只需记录与之相连的第一个城市 Head[i] 以及当前与之连接的最后一个城市 Tail[i],当一个新的城市 j 加入进来时,只需直接插入尾部,执行 Next[Tail[i]]=j,并让 j 成为新的尾部,即 Tail[i]=j 即可,这样一来,数组的总长度是边数的两倍,即 $2 * M$,从而大大节省了空间。输出方案时,对于城市 i,从 Head[i] 开始顺着后继 Next[] 就可以把与城市 i 直接相连的城市按照道路输入顺序输出。

城市连通示意图如图 3-34 所示,样例链表存储的示意如表 3-26 和表 3-27 所示。

图 3-34 城市连通示意图

表 3-26 城市首尾结点表

i	1	2	3	4
Head[i]	4	1	2	6
Tail[i]	9	10	3	8

表 3-27 城市边表

i	City[i]	Next[i]	i	City[i]	Next[i]
1	3	7	6	1	8
2	2	3	7	4	10
3	1	0	8	2	0
4	3	5	9	2	0
5	4	9	10	1	0

【参考程序】

```cpp
# include < iostream >
using namespace std;
const int N = 100002;
int n,m,tot,Head[N],Tail[N],Next[N * 10],City[N * 10];
void Add(int x,int y)
{  //把城市 y 加到 x 的链表末尾
    City[++tot] = y;
    if(Head[x] == 0)
    {
        Head[x] = tot;
    }
    else{
        Next[Tail[x]] = tot;
    }
    Tail[x] = tot;
}
int main()
{
    cin >> n >> m;
    tot = 0;
    for(int i = 1;i <= m;i++)
    {
        int x,y;
        cin >> x >> y;
        Add(x,y);
        Add(y,x);
    }
    for(int i = 1;i <= n;i++)
    {
        for(int j = Head[i];j;j = Next[j])
        {
            cout << City[j] <<" ";
```

```
        }
        cout << endl;
    }
    return 0;
}
```

练习题

【NOIP2007 普及组】奖学金。

【问题描述】

某小学最近得到了一笔赞助,打算拿出其中一部分为学习成绩优秀的前 5 名学生发奖学金。期末,每名学生都有三门课的成绩:语文、数学、英语。先按总分从高到低排序,如果两名同学总分相同,再按语文成绩从高到低排序,如果两名同学总分和语文成绩都相同,那么规定学号小的同学排在前面,这样,每名学生的排序是唯一确定的。

任务:先根据输入的三门课的成绩计算总分,然后按上述规则排序,最后按排名顺序输出前 5 名学生的学号和总分。注意,在前 5 名同学中,每个人的奖学金都不相同,因此,你必须严格按上述规则排序。例如,在某个正确答案中,如果前两行的输出数据(每行输出两个数:学号、总分)是:

7 279

5 279

则这两行数据的含义是:总分最高的两名同学的学号依次是 7 号、5 号。这两名同学的总分都是279(总分等于输入的语文、数学、英语三门成绩之和),但学号为 7 的学生语文成绩更高一些。如果你的前两名的输出数据是:

5 279

7 279

则按输出错误处理,不能得分。

【输入】

输入文件名为 scholar.in,包含 $n+1$ 行。

第 1 行为一个正整数 n,表示该校参加评选的学生人数。

第 $2 \sim n+1$ 行,每行有 3 个用空格隔开的数字,每个数字都为 $0 \sim 100$。第 j 行的 3 个数字依次表示学号为 $j-1$ 的学生的语文、数学、英语的成绩。每名学生的学号按照输入顺序编号为 $1 \sim n$(恰好是输入数据的行号减 1)。

所给的数据都是正确的,不必检验。

【输出】

输出文件名为 scholar.out,共有 5 行,每行是两个用空格隔开的正整数,依次表示前 5 名学生的学号和总分。

【输入样例】

8

80 89 89

88 98 78

90 67 80

87 66 91

78 89 91

88 99 77

67 89 64

78 89 98

【输出样例】

8 265

2 264

6 264

1 258

5 258

3.10 文 件

中学 OI 比赛必须使用文件作为数据输入、输出方式,掌握相应的操作是参加编程的必要条件。

3.10.1 文件类型变量的定义和引用

C++语言程序和文件缓冲区打交道的方式有两种:流式和 I/O 方式,信息学竞赛中一般使用流式文件操作。流式文件类型也分为以下两种。

(1) stream 类的流文件。

(2) 文件指针 FILE。

3.10.2 stream 类的流文件的操作

【例 3-121】 A+B problem。输入两个整数 A 和 B,求它们的和 $A+B$。

【输入格式】 (文件 ab.in):两个整数,范围是$[-1000,1000]$。

【输出格式】 (文件 ab.out):一个整数。

【输入样例】 10 5

【输出样例】 15

【参考程序】

```
#include <iostream>
#include <fstream>                  //文件流头文件
using namespace std;
ifstream fin("ab.in");             //输入流类型变量 fin
ofstream fout("ab.out");           //输出流类型变量 fout
int A,B;
int main()
{
```

```
    fin >> A >> B;              //数据读入输入缓冲区
    fout << A + B;             //数据输出到输出缓冲区
    return 0;
}
```

【说明】 fin 和 fout 只是变量名,可以按 C++语言的变量命名规则命名。

OI 比赛要求数据文件的文件名不要带目录路径,默认在"当前目录"下,即和程序文件在同一文件夹中。程序中没有关闭文件的语句(fin. close( ),fout. close( ))是因为程序退出时会自动关闭文件,因此,比赛中可省略。

【例 3-122】 文件结束。已知文件中有不超过 1000 个正整数,请计算它们的和(保证答案在 10000 以内)。

【输入格式】 (文件 sum. in):多个数据,范围是[1,1000]。

【输出格式】 (文件 sum. out):一个整数。

【输入样例】 10 5 6 9

【输出样例】 30

【问题分析】 本例题由于不知道数据个数,为此程序需要判断文件是否结束。

【参考程序】

方法一:

```
# include < iostream >
# include < fstream >
using namespace std;
ifstream fin("sum.in");
ofstream fout("sum.out");
int x,sum;
int main()
{
    sum = 0;
    while(fin >> x)                    //读不到数据时就表示文件结束
    {
        sum += x;
    }
    fout << sum << endl;
    return 0;
}
```

【说明】 还可以用 eof( )函数来判断,见方法二。

方法二:

```
# include < iostream >
# include < fstream >
using namespace std;
ifstream fin("sum.in");
ofstream fout("sum.out");
int x,sum;
int main()
{
    sum = 0;
```

```
    while(! fin.eof())                        //文件未结束就循环
    {
        fin >> x;
        sum += x;
    }
    fout << sum << endl;
    return 0;
}
```

OI 比赛时使用上面的方法就基本可以了。

3.10.3 文件指针 FILE 的操作

C++语言还提供了一种 FILE 文件结构指针类型,FILE 是在< cstdio >或< stdio.h >里定义的,使用时还要包含这个库。

【例 3-123】 排序 sort。输入 N 个不超过 1000000 的正整数,请把它们递增排序后输出。

【输入格式】 (文件 sort.in):第 1 行,一个整数 N,范围为[1,1000000];第 2 行,N 个整数,范围为[1,1000000]。

【输出格式】 (文件 sort.out):排序后的 N 个整数。

【输入样例】

5

20 10 5 6 9

【输出样例】 5 6 9 10 20

【问题分析】 输入输出语句中 scanf、printf 要比 cin、cout 的速度快。本例题的输入输出量很大,故需要采用输入输出效率高的 fscanf 和 fprintf 来实现输入输出,需要使用文件结构 FILE 指针的变量。

【参考程序】

```
# include < cstdio >
# include < algorithm >
using namespace std;
FILE * fin, * fout;                          //定义两个变量
int N,a[1000001];
int main()
{
    fin = fopen("sort.in","r");              //打开一个输入文件
    fout = fopen("sort.out","w");            //打开一个输出文件
    fscanf(fin," % d",&N);                   //从文件流 fin 读入数据
    for(int i = 0;i < N;i++)
    {
        fscanf(fin," % d",&a[i]);
    }
    sort(a,a + N);
    for(int i = 0;i < N;i++)
    {
        fprintf(fout," % d ",a[i]);          //输出数据到文件流 fout
    }
    return 0;
}
```

【说明】 fopen()函数用于打开输入输出文件,其中的"r"表示只读文件,"w"表示只写文件。fscanf()函数用于读入数据、fprintf()函数用于输出数据,其使用格式与标准格式类似,只是多了个参数。

当使用 fscanf()函数读取文件时,需要与 feof()配合使用,用于判断文件是否读取结束,其返回值是真或假。例如:

```cpp
# include < cstdio >
using namespace std;
FILE * fin, * fout;
int x,sum;
int main()
{
    fin = fopen("sum. in","r");
    fout = fopen("sum.out","w");
    sum = 0;
    while(! feof(fin))
    {   //文件没结束
        fscanf(fin," % d ",&x);
        printf(" % d ",x);
        sum += x;
    }
    fprintf(fout," % d\n ",sum);
    return 0;
}
```

这种文件操作常用的操作函数还有如下几个。

(1) 读入字符函数:fgetc()。

(2) 写入字符函数:fputc()。

(3) 读入字符数组函数:fgets()。

(4) 写入字符数组函数:fputs()。

3.10.4 文件的重定向

OI 比赛中,文件的功能比较单一,通常只需要同时打开一个输入文件和一个输出文件,因此,可以使用一种方便但特殊的方法实施文件的操作。freopen()是被包含于 C++标准库头文件 cstdio 中的一个函数,用于重定向输入输出流。该函数可以在不改变代码原貌的情况下改变输入输出环境,但使用时应当保证流是可靠的。freopen()函数把 stdin 和 stdout 重新定向到相关的文件,使原来的标准输入、输出变成了文件输入、输出。题目中若涉及大规模数据输入输出时,应采用 scanf()函数和 printf()函数以提高效率。

freopen()函数的格式定义如下:

```
FILE * freopen(const char * filename, const char * mode, FILE * stream);
```

filename:需要重定向到的文件名或文件路径。

mode:代表文件访问权限的字符串。例如,"r"表示读取文件,"w"表示存入文件,"a"表示追加存入文件的末尾。

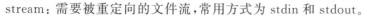

stream：需要被重定向的文件流,常用方式为 stdin 和 stdout。

返回值：如果成功,则返回指向该输出流的文件指针,否则返回为 NULL。

fclose 是一个函数名,功能是关闭一个流。注意,使用 fclose()函数就可以把缓冲区内最后剩余的数据输出到内核缓冲区,并释放文件指针和有关的缓冲区。

fclose()函数的格式定义如下：

```
int fclose(FILE * fp);
```

返回值：如果流成功关闭,fclose()函数返回 0,否则返回 EOF(-1)。

【例 3-124】　冒泡排序。使用 freopen()函数打开测试数据文件验证算法的正确性。

【参考程序】

```
# include< bits/stdc++.h>
using namespace std;
int n;
struct node
{
    char name[20];
    int score;
}c[50];
int cmp(const node &a,const node &b)
{
    return a. score > b. score||(a. score == b. score&&strcmp(a. name,b. name)< 0);
}
int main()
{
    freopen("maopao.in","r",stdin);                  //以读取方式打开 maopao.in 文件
    freopen("maopao.out","w",stdout);
//以 w 方式打开文件,将本程序输出语句的结果写入 maopao.out 文件,其中 maopao.out 文件须与本
程序.cpp 文件同一目录,若同一目录不存在 maopao.out 文件,freopen()函数将会自动创建 maopao.
out 文件
    cin>> n;                                          //此输入将会读取 maopao.in 文件中的第一个数字作为 n
    for(int i = 1;i <= n;i++)
    {
        cin>> c[i]. name>> c[i]. score;               //依次读取 maopao.in 后续的数字
    }
    sort(c + 1,c + n + 1,cmp);                        //排序
    cout <<"分数降序排序结果是:\n";
    for(int i = 1;i <= n;i++)
    {
        cout << c[i]. name <<" "<< c[i]. score <<"\n";
    }
    //以上输出结果均保存在与本程序.cpp 文件同一目录的 maopao.out 文件里
    fclose(stdin);                                    //关闭输入输出流
    fclose(stdout);
    return 0;
}
```

3.10.5　文件应用实例

【例 3-125】　生成 N 个数字(<10000),去除重复数字,并重新排序。

【参考程序】

```cpp
# include<bits/stdc++.h>
using namespace std;
int main()
{
    freopen("randomnumber.in","r",stdin);        //输入 r
    freopen("randomnumber.out","w",stdout);      //输出 w
    int n,a[10000],s=0,i,j,t=0;
    cin>>n;
    for(i=1; i<=n; i++)
    {
        cin>>a[i];
    }
    for(j=1;j<=n-1;j++)
        for(i=1;i<=n-j;i++)
        {
            if(a[i]>a[i+1])
            {
                swap(a[i],a[i+1]);
            }

        }
    for(i=1; i<=n; i++)
    {
        if(a[i]==a[i+1])
        {
            a[i]=0;
        }
    }
    for(i=1;i<=n;i++)
    {
        if(a[i]!=0)
        {
            s=s+1;
        }
    }
    cout<<s<<endl;
    for(i=1;i<=n;i++)
    {
        if(a[i]!=0)
        {
            cout<<a[i]<<" ";
        }
    }
    return 0;
}
```

【例 3-126】 反向输出 reverse。输入 N 个不超过 1000000 的正整数,调用它们逆向输出。

【输入格式】 (文件 reverse.in):第 1 行,一个整数 N,范围是[1,100000];第 2 行,N 个整数,范围是[1,1000000]。

【**输出格式**】（文件 reverse.out）：N 个整数。

【**输入样例**】

5

20 10 5 6 9

【**输出样例**】 9 6 5 10 20

【**参考程序 1**】

```cpp
# include <cstdio>
# include <algorithm>
using namespace std;
int N,a[1000001];
int main()
{
    freopen("reverse.in","r",stdin);           //重定向 reverse.in 到 stdin
    freopen("reverse.out","w",stdout);          //重定向 reverse.out 到 stdout
    scanf("%d",&N);
    for(int i=0;i<N;i++)
    {
        scanf("%d",&a[i]);
    }
    for(int i=N-1;i>=0;i--)
    {
        printf("%d ",a[i]);
    }
    return 0;
}
```

【**说明**】 重定向后，程序后面只要使用标准输入、输出就相当于对文件的读写操作。作为对比，如果不考虑输入速度问题，使用 stream 也可以同样重定向输入输出文件。

【**参考程序 2**】

```cpp
# include <fstream>
# include <iostream>
# include <algorithm>
using namespace std;
int N,a[1000001];
int main()
{
    freopen("reverse.in","r",stdin);
    freopen("reverse.out","w",stdout);
    cin>>N;
    for(int i=0;i<N;i++)
    {
        cin>>a[i];
    }
    for(int i=N-1;i>=0;i--)
    {
        cout<<a[i]<<" ";
    }
    return 0;
}
```

如果比赛中只有一个输入文件和一个输出文件,可以使用 freopen( )函数重定向的方法。如果输入数据比较多(如多于 100000 个整数),建议使用 fscanf( )函数和 fprintf( )函数。

练习题

1. 请读取文件 num.in 输入 n,在第二行输入 n 个整数,其中 $1 \leqslant n \leqslant 10\ 000$,并对输入的数进行从小到大排序,将输出结果保存在文件 num.out 中。

【输入】

10

90 87 −6 19 7 83 66 −18 2 10

【输出】

−18 −6 2 7 10 19 66 83 87 90

2. 某年级共有 n 个班级,每个班级有 m 位同学,每位同学有三门课程成绩,包括语、数、英,其中 $1 \leqslant n \leqslant 8, 30 \leqslant m \leqslant 50$,年级主任想了解最近一次年级摸底考试的总分排名顺序,请读取 stu.in 文件,依次输入各班每位同学的课程成绩,按照总分降序排序。若总分相同,则按照语文降序排序;若语文也相同,则按照数学降序排序;若数学也相同,则按照英语降序排序;若三门课程成绩均相同,则按照姓名升序排序。将排序结果保存在 stu.out 文件中,以方便年级主任查阅。

【输入】

第 1 行输入班级数量 n

第 2 行输入班级人数 m_1

第 3 行输入该班级每名同学的姓名及三门课程成绩

第 4 行输入班级人数 m_2

第 5 行输入该班级每名同学的姓名及三门课程成绩

……

第 $2n$ 行输入班级人数 m_n

第 $2n+1$ 行输入该班级每名同学的姓名及三门课程成绩

【输出】

按排序规则,将学生信息输出到 std.out 文件中

3. 二维游戏设计中,经常涉及迷宫形式的关卡,现将迷宫保存在文件 puzzle.in 内,其中,数字 0 代表为墙壁,数字 1 代表为可以走的道路,数字 x 代表为道路上的 NPC(NPC 是 non-player character 的缩写,是游戏中一种角色类型,意思是非玩家角色,指的是电子游戏中不受真人玩家操纵的游戏角色,指的是由游戏程序控制的虚拟角色,通常用来与玩家交互、提供任务或服务等),其中 $2 \leqslant x \leqslant 5$ 即为 NPC 的血槽数量,当玩家遇到 NPC 并击杀后,玩家的血槽数需减去 x,NPC 所在位置设置为 1,当玩家血槽数归零,则宣告游戏失败,输出 failed,否则输出走出的迷宫路线。

读取迷宫文件,输入玩家的血槽数量,输入 n 行 m 列迷宫大小,读取 $n \times m$ 个包含 0、1、x 的迷宫数据信息。从迷宫的左上角进入迷宫,从右下角走出迷宫,请帮助玩家设计一条可以走出迷宫的路线,并将路线的二元坐标及剩余血槽数保存于 puzzle.out 文件内。

【输入】

20

8 10

1 1 0 0 0 0 0 0 0 0 1

0 1 0 0 0 0 0 0 0 0 1

0 3 1 1 1 0 0 0 0 1

0 0 1 0 5 1 0 1 1 2

0 0 1 0 1 0 0 1 0 0

0 1 1 0 1 1 1 4 0 0

0 1 0 0 1 0 0 1 0 0

0 1 1 0 0 0 1 1 2 1

【输出】

[1,1]-->[1,2]-->[2,2]-->[3,2]-->[3,3]-->[3,4]-->[3,5]-->[4,5]-->[5,5]-->
[6,5]-->[6,6]-->[6,7]-->[6,8]-->[7,8]-->[8,8]-->[8,9]-->[8,10]

6

3.11　标准模板库的简要说明

STL(Standard Template Library,标准模板库)是一系列软件系统的统称。从根本上说,STL 是一些"容器"的集合,这些"容器"有 list、vector、set、map 等,STL 也是算法和其他一些组件的集合。前面已经学过的< algorithm >中的 sort( )函数,< string >中的 string 类都是 STL 的内容。STL 中的概念和名称与之前 C 语言等传统的数据类型、数据结构有很大的不同,概念也比较多,下面就 OI 比赛中经常使用的 STL 内容进行一个简要的介绍,更多内容请读者参考相关资料。

3.11.1　STL 中的一些新概念

1. 容器

容器(containers)可以看作数组的拓展,STL 容器有向量(vector)、栈(stack)、队列(queue)、优先队列(priority_queue)、链表(list)、集合(set)、映射(map)等,数据结构中对这些常规的结构内容及实现细节曾有过介绍,但在 STL 库中会把一切细节隐藏起来,使用统一的接口格式,供用户简单方便地使用并提高编程效率。

例如,对于栈,进栈、出栈、取栈顶元素等操作的实现细节并不关注。如表 3-28 所示为STL 栈的主要成员函数及其功能。

表 3-28　STL 栈的主要成员函数及其功能

函　　数	功　　能
push(元素)	进栈,把一个元素压入栈顶
pop( )	出栈,把栈顶元素弹出

函　　数	功　　能
top()	栈顶元素,返回栈顶元素
size()	元素个数,栈的大小,即栈中已有元素的个数
empty()	判断栈空,等价于 size()为 0

【例 3-127】　括号匹配。输入一个由(、)、[、]4 种符号构成的字符串,判断其中的括号是否匹配,匹配就输出"yes",否则输出"no"。

【参考程序】

```cpp
# include < iostream >
# include < string >
# include < stack >                    //包含容器 stack
using namespace std;
string s;
bool check(string s)
{
    stack < char > p;                  //定义一个栈变量 p,栈的元素是 char 类型
    p.push('#');                       //加一个前面的"哨兵",避免空栈的判断
    for(int i = 0;i < s.size();i++)
    {
        char c = s[i];                 //当前的字符
        if(c == ')')
        {
            if(p.top()! = '(')
            {
                return false;          //不匹配
            }
            else{
                p.pop();               //匹配退栈
            }
        }
        else{
            if(c == ']')
            {
                if(p.top()! = '[')
                {
                    return false;      //不匹配
                }
                else{
                    p.pop();           //匹配退栈
                }
            }
            else{
                p.push(c);             //左括号入栈
            }
        }
    }
    return(p.size() == 1);             //只有哨兵元素
}
int main()
```

```
{
    cin >> s;
    if(check(s))
    {
        cout <<"yes"<< endl;
    }
    else{
        cout <<"no"<< endl;
    }
    return 0;
}
```

【实验】 请用数组栈实现上述算法,并分析比较两者的差异。

【例 3-128】 一种简单的正则表达式:只由 x()|组成的正则表达式。小明想求出这个正则表达式能接收的最长字符串的长度。如((xx|xxx)x|(x|xx))xx 能接收的最长字符串是 xxxxxx,长度是 6。

【问题分析】 正则表达式又称规则表达式,通常被用来检索、替换符合某个模式(规则)的文本。例如,题目中由 x()|组成的正则表达式,括号"()"的优先级最高,或操作"|"次之。括号里面是一个整体,或的两边保留最长的一个。

((xx|xxx)x|(x|xx))xx 是怎么执行的? 为什么是 6 呢? 先执行括号,再执行或,步骤如下。

(1) 先看第一个括号,发现里面还有嵌套括号,找到最内部的括号,括号内是一个或操作。((xx|xxx)x|(x|xx))xx 得(xxxx|(x|xx))xx。

(2) 继续执行最内部括号。(xxxx|(x|xx))xx 得(xxxx|xx)xx。

(3) 继续执行最后括号。(xxxx|xx)xx 得 xxxxxx,结束,得长度为 6 的字符串。

以下是一个常规的递归求解算法。

【参考程序】

```
# include< bits/stdc++.h>
using namespace std;
string s;
int pos = 0;                      //当前的位置
int dfs()
{
    int tmp = 0, ans = 0;
    int len = s.size();
    while(pos < len)
    {
        if(s[pos] == '(')
        {                         //左括号,继续递归。相当于进栈
            pos++;
            tmp += dfs();
        }else {
            if(s[pos] == ')')
            {    //右括号,递归返回。相当于出栈
                pos++;
                break;
```

```
            }else{   if(s[pos] == '|')
                {    //检查或
                    pos++;
                    ans = max(ans,tmp);
                    tmp = 0;
                }else{          //检查 x,并统计 x 的个数
                    pos++;
                    tmp++;
                }
            }
        }
    }
    ans = max(ans,tmp);
    return ans;
}
int main()
{
    cin >> s;
    cout << dfs() << endl;
    return 0;
}
```

【实验】 请用容器(stack)修改上述程序代码。

2. 算法

编程中一些常用的算法(algorithm),STL 提供了通用的函数供用户直接调用。例如,遍历(for_each)、查找(find)、二分查找(binary_search、lower_bound、upper_bound)、去除重复(unique)、填充(fill)、前一个排列(pre_permutation)、下一个排列(next_permutation)、排序(sort)等。

很多时候恰当地使用 STL 的算法库,可以使编程简单方便,更能保证编程的正确性。

【例 3-129】 【NOIP2004 普及组】火星人。人类终于登上了火星的土地并且见到了神秘的火星人。人类和火星人都无法理解对方的语言,但是我们的科学家发明了一种用数字交流的方法。这种交流方法是这样的,首先,火星人把一个非常大的数字告诉人类科学家,科学家破解这个数字的含义后,再把一个很小的数字加到这个大数字上面,把结果告诉火星人,作为人类的回答。

火星人用一种非常简单的方式来表示数字——掰手指。火星人只有一只手,但这只手上有成千上万的手指,这些手指排成一列,分别编号为 1,2,3,…。火星人的任意两根手指都能随意交换位置,他们就是通过这种方法计数的。

一个火星人用一个人类的手演示了如何用手指计数。如果把五根手指——拇指、食指、中指、无名指和小指分别编号为 1,2,3,4 和 5,当它们按正常顺序排列时,形成了 5 位数12345,当你交换无名指和小指的位置时,会形成 5 位数 12354,当你把五个手指的顺序完全颠倒时,会形成 54321,在所有能够形成的 120 个 5 位数中,12345 最小,它表示 1;12354 第二小,它表示 2;54321 最大,它表示 120。下面展示了只有三根手指时能够形成的 6 个 3 位数和它们代表的数字:

三进制数	代表的数字
123	1
132	2
213	3
231	4
312	5
321	6

现在你有幸成为了第一个和火星人交流的地球人。一个火星人会让你看他的手指,科学家会告诉你要加上去的很小的数。你的任务是,把火星人用手指表示的数与科学家告诉你的数相加,并根据相加的结果改变火星人手指的排列顺序。输入数据保证这个结果不会超出火星人手指能表示的范围。

【输入格式】 共 3 行。第一行为一个正整数 N,表示火星人手指的数目($1 \leqslant N \leqslant 10000$)。第二行是一个正整数 M,表示要加上去的小整数($1 \leqslant M \leqslant 100$)。下一行是 $1 \sim N$ 这 N 个整数的一个排列,用空格隔开,表示火星人手指的排列顺序。

【输出格式】 N 个整数,表示改变后的火星人手指的排列顺序。每两个相邻的数中间用一个空格分开,不能有多余的空格。

【输入样例】

5

3

1 2 3 4 5

【输出样例】

1 2 4 5 3

【问题分析】 本例题就是求 M 次一个排列的下一个排列是哪一个。虽然用数学知识找规律也可以解决,但用 STL 的 next_permutation() 函数简单方便,且正确性完全可以保证。

【参考程序】

```cpp
#include <iostream>
#include <algorithm>
using namespace std;
int N,M,a[10010];
int main()
{
    cin >> N >> M;
    for(int i = 0;i < N;i++)
    {
        cin >> a[i];
    }
    for(int i = 0;i < M;i++)
    {
        next_permutation(a,a + N);          //求数组 a[0]~a[N-1]的下一个排列
    }
    for(int i = 0;i < N - 1;i++)
    {
        cout << a[i]<<" ";
    }
    cout << a[N - 1]<< endl;
    return 0;
}
```

3．模板

在函数中，参数的类型都是确定的，这个特点极大限制了函数的通用性。如表 3-29 所示，为求两个数的最大值，定义 max()函数需要对不同的数据类型分别定义不同的重载(overload)版本。

表 3-29　函数重载

函数重载	代　　码
函数重载 1	int max(int x,int y) {return(x>y)? x:y;}
函数重载 2	float max(float x,float y) {return(x>y)? x:y;}
函数重载 3	double max(double x,double y) {return(x>y)? x:y;}
函数重载 4	string max(string x,string y) {return(x>y)? x:y;}

现在，再重新审视上述的 max()函数，它们都具有同样的功能，即求两个数的最大值，能否只写一套代码解决这个问题呢？为解决上述问题，C++语言引入了模板(template)机制，模板就是实现代码重用机制的一种工具，它可以实现类型参数化，即把类型定义为参数，从而实现了真正的代码可重用性。模板可以分为两类：一类是函数模板，另外一类是类模板(见表 3-30)。

表 3-30　类模板

格式	template < class 或者也可以用 typename T > 返回类型 函数名(形参表){　　　　　　　　　　　　//函数定义体 }
举例	template < class T > T max(T x,T y) { return(x>y)? x:y; }

template 函数可以对任何类型通用，即使是自己定义的类型(只要定义了运算符>)。

STL 中广泛使用了模板技术，因此其中的函数都具有通用性，如排序函数 sort()，可以应用于任何类型。

4．迭代器

由于容器的种类繁多，从统一性和效率考虑，STL 使用了迭代器(iterator)来表示数据位置用于存取数据。要访问顺序容器和关联容器中的元素，需要通过迭代器进行。迭代器是一个变量，相当于容器和操纵容器的算法之间的中介。迭代器可以指向容器中的某个元素，通过迭代器就可以读写它指向的元素。从这一点上看，迭代器和指针类似。

不过，为了编程简单方便，STL 对 vector、map 等也提供了下标([ ])操作。

关于迭代器的具体使用方法，在 3.11.2 节将结合具体的容器来说明。

3.11.2　几个常见的容器介绍

1．队列

STL 为队列(queue)提供了一些成员函数，如表 3-31 所示。

表 3-31　queue 的主要成员函数

函　　数	功　　能
push(元素)	进队，把一个元素压入队尾
pop()	出队，把队头元素弹出

续表

函 数	功 能
front()	队头元素,返回队头元素
back()	队尾元素,返回队尾元素
size()	元素个数,队列的大小,即队中已有元素个数
empty()	判断队空,等价于 size 为 0

可以看到,queue 的函数名和功能与前面 stack 的基本一致。STL 在容器这方面做得很好,使用户可以容易地记住和使用这些成员函数。

【例 3-130】 取扑克牌。有 N(<100)张扑克牌放成一堆,每次从上面取一张牌翻开,再从上面取一张放到这堆牌的下面。即从上面奇数次取得的牌翻开放成一排,偶数次取到的牌放到下面,直到取完。

输入 N 张扑克牌的牌面数字,输出翻开牌的情况。例如,N=4,牌从上到下为 1 2 3 4。翻开牌的情况为 1 3 2 4。

【问题分析】 用一个队列表示这堆牌,模拟取牌过程。

【参考程序】

```cpp
# include < iostream >
# include < queue >                   //包含容器 queue
using namespace std;
queue < int > pai;                    //定义队列变量 pai,队列的元素是 int 型
int N,x;
int main()
{
    cin >> N;
    for(int i = 0;i < N;i++)
    {
        cin >> x;
        pai.push(x);                  //牌放入队列
    }
    for(int i = 0;! pai.empty();i++)
    {
        if(i % 2 == 1)
        {
            cout << pai.front()<<" ";  //奇数翻开上面的牌
        }
        else{
            x = pai.front();           //偶数放到后面
            pai.push(x);
        }
        pai.pop();                     //删除上面的牌
    }
    return 0;
}
```

2. 向量

向量(vector)可以看成“动态数组”,即可以保存的元素个数是可以变化的,向量是 OI 选手经常使用的一种容器。表 3-32 是 STL 为向量提供的一些常见成员函数。

表 3-32　向量的常见成员函数

函　　数	功　　能
push_back(元素)	增加一个元素到向量的后面
pop_back()	弹出(删除)向量的最后一个元素
insert(位置,元素)	插入元素到指定的位置
erase(位置)	删除向量指定位置的元素
clear()	清除向量所有元素,size 变为 0
运算符[]	取向量的第几个元素,类似数组下标运算
front()	取向量的第一个元素
back()	取向量的最后一个元素
begin()	向量的第一个元素位置,返回第一个元素迭代器(指针)
end()	向量的结束位置。返回的迭代器是最后一个元素之后的位置,不是最后一个元素的迭代器
size()	元素个数,向量的大小,即可以保存多少个元素
resize(大小)	重新设定向量的大小,即可以保存多少个元素
empty()	判断向量是否为空,等价于 size 为 0

　　与数组相比,数组是静态的,而向量是动态的,即向量的大小是可变的。开始时向量为空,随着不断插入元素,向量自动申请空间,容量变大。

　　向量添加元素的常见方法是使用 push_back() 函数,insert() 函数是在向量中间插入,插入位置的使用要使用迭代器来实现。例如,对向量 V,命令"V. insert(V. begin()＋3,5);"就是在向量 V 的第 3 个位置插入数 5。

　　向量访问元素的方法有两种:迭代器和下标。

　　【例 3-131】　马鞍数。在一个 $N*N$ 的矩形方格内,其中的 M 格子里有数字。如果某个格子有数字,并且是这一行和这一列的最小数,就称该数为马鞍数。

　　现在有 Q 个询问,每次问第 x 行 y 列的格子是否为马鞍数。如果是马鞍数,则输出所在列的所有数字;如果不是马鞍数,则输出 no。

　　【数据范围】　N：$[100,10000]$,M：$[100,1000000]$, Q：$[0,1000]$;所有数字范围：$[-10^8,10^8]$。

　　【问题分析】　如果使用 $N*N$ 的二维数组,显然空间复杂度为 $O(4\times10^8)$,太大,但 M 比较小,可以使用向量分别记录每行和每列的数,空间复杂度为 $O(2\times4\times10^6)$,比较小。时间复杂度为 $O(Q*N)\leqslant10^7$。

　　【参考程序】

```
#include <iostream>
#include <algorithm>
#include <vector>                    //包含容器 vector
using namespace std;
struct Tnode
{
    int x,y;                         //行、列坐标
    int v;                           //格子中的值
};
bool cmp(Tnode A,Tnode B)
{
```

```
        if(A.x == B.x)
        {
                return A.y < B.y;
        }
        return A.x < B.x;
}
Tnode a[1000006];
vector < int > X[1003],Y[1003];
                                        //定义向量数组变量 X 和 Y,记录每行、每列的数向量元素为 int 型
int minX[1003],minY[1003];              //每行的最小数
int N,M,Q;
int main()
{
    cin >> N >> M >> Q;
    for(int i = 0;i < M;i++)
    {
        cin >> a[i].x >> a[i].y >> a[i].v;
    }
    sort(a,a + M,cmp);                  //调用 sort()函数按坐标排序
    for(int i = 0;i <= N;i++)
    {
        minX[i] = minY[i] = 1000000001; //最小值哨兵
    }
    for(int i = 0;i < M;i++)
    {
        int xx = a[i].x;
        minX[xx] = min(minX[xx],a[i].v);
        X[xx].push_back(i);             //收集数到相应行向量后面
        int yy = a[i].y;
        minY[yy] = min(minY[yy],a[i].v);
        Y[yy].push_back(i);             //收集数到相应列向量后面
    }
    for(int i = 0;i < Q;i++)
    {
        int xx,yy;
        cin >> xx >> yy;                //读入坐标
        int j;
        for(j = 0;j < Y[yy].size();j++) //用下标遍历第 YY 列的向量
        {
            if(a[Y[yy][j]].x == xx)
            {
                break;
            }
        }
        if(j == Y[yy].size()||a[Y[yy][j]].v! = minX[xx]||a[Y[yy][j]].v! = minY[yy])
        {
            cout <<"no"<< endl;         //格子没数或不是相应行列的最小值均不是马鞍数
        }
        else{
        for(vector < int >::iterator it = Y[yy].begin();it! = Y[yy].end();it++)
            {
                cout << a[ * it].v <<" "; //用迭代器遍历第 yy 列向量,打印遍历到的数
            }
```

```
            cout << endl;
        }
    }
    return 0;
}
```

3. 映射

映射(map)就是从键(key)到值(value)的映射。map 是 STL 中记录<关键字,数值>形式元素的一个关联容器(见表 3-33),它提供一对一的数据处理能力,其中每个关键字只能在 map 中出现一次,但值允许出现多次。map 内部自建一棵红黑树(一种非严格意义上的平衡二叉树),这棵树具有对数据自动排序的功能,所以在 map 内部所有的数据都是有序的。map 中插入、删除、查找一个元素的时间复杂度是 $O(\log N)$。

表 3-33 STL 为 map 提供的主要成员函数

函　　数	功　　能
find(关键字)	返回指定关键字元素的位置迭代器
count(关键字)	统计指定关键字元素的个数。由于 map 每个元素的关键字都不相同,count 结果只能是 1 或 0
insert(元素)	插入元素到 map 中,元素一般是 make_pair(关键字、值)
erase(关键字/迭代器)	删除 map 指定位置或指定关键字的元素
clear()	清除 map 所有元素,size 变为 0
运算符[]	取/赋值 map 的指定关键字对应值,类似数组的下标运算
begin()	map 的第一个(最小)元素的位置,返回第一个元素迭代器(指针)
end()	map 的结束位置。注意:返回的迭代器是最后一个元素的后面的位置,不是最后一个元素的迭代器
size()	元素个数,map 的大小,即 map 中已有元素的个数
empty()	判断 map 是否为空,若空则等价于 size 为 0

map 中数据元素呈 pair 类型,即<关键字,数值>,有一个相关函数 make_pair()和两个成员名(first、second)。

【例 3-132】 坐标排序。输入 N 个不同的坐标,按从左到右、从上到下的次序重新输出。

【参考程序 1】

```
#include <iostream>
#include <algorithm>
using namespace std;
pair<int,int> a[10000];                              //每个数对表示一个坐标
int N;
int main()
{
    cin >> N;
    for(int i = 0;i < N;i++)
    {
        int x,y;
        cin >> x >> y;
        a[i] = make_pair(x,y);                       //构造 pair()函数并赋值
```

```
        }
        sort(a,a + N);                              //坐标 x 优先排序,y 次之
        for(int i = 0;i < N;i++)
        {
            cout << a[i].first <<" "<< a[i].second << endl;     //输出坐标值
        }
        return 0;
}
```

下面看一个 map 应用的简单例子：数据插入。

【参考程序 2】

```
# include < iostream >
# include < string >
# include < map >
using namespace std;
int main()
{
    map < int,char > m;
    m.insert(pair < int,char >(1,'a'));
    m.insert(pair < int,char >(2,'b'));
    m.insert(pair < int,char >(3,'c'));
    map < int,char >::iterator it;                  //定义迭代器 it
    for(it = m.begin();it! = m.end();it++)
    {
        cout << it -> second << endl;
    }
    return 0;
}
```

【例 3-133】　购物。淘宝网进行优惠活动,每个商品当天第一个订单可以打 75 折。这天网站先后收到了 $N(N<100000)$ 个订单,订单的数据形式是：商品名 价格(单价 * 数量)。商品名是长度不超过 20 的字符串。请按商品名字典序输出当天的每种商品名和其售出的总价。

【问题分析】　解决本题要考虑三个关键因素：①是否为某商品的第一个订单；②求总价；③按商品名字典序输出结果。

不难发现使用 map 可以方便地解决上述问题：

（1）使用 count 的结果可以判断某商品的订单是否出现过,即是否为首单。

（2）使用[ ]可以方便赋值或累计价格。

（3）使用迭代器遍历 map 即可输出结果。

算法的总时间复杂度为 $O(N\log N)$。

【参考程序】

```
# include < iostream >
# include < map >
# include < string >
# include < iomanip >                  //C++格式输出头文件
```

```
using namespace std;
map < string,double > m;
int N;
int main()
{
    cin >> N;
    for(int i = 0;i < N;i++)
    {
        string name;
        double val;
        cin >> name >> val;
        if(m.count(name) == 0)
        {
            m[name] = val * 0.75;            //首单 75 折
        }
        else{
            m[name] += val;                  //不打折
        }
    }//用迭代器 it 遍历输出商品名及总价格,总价按 C++格式输出,保留 2 位小数
    for(map < string,double >::iterator it = m.begin();it! = m.end();it++)
    {
        cout << it -> first <<" "<< fixed << setprecision(2)<< it -> second << endl;
    }
    return 0;
}
```

3.11.3 几个常见的算法函数

前面多次使用了 STL 算法库 sort,STL 中还有一些其他的好用函数库,下面简要介绍几个。

1. binary_search

binary_search 是一个二分查找函数,一般格式为:binary_search(开始位置,结束位置,要找的元素)。时间复杂度为 $O(\log N)$。如果在给定范围内查找成功,返回 true,否则返回 false。

【例 3-134】 数组线段和查找。对于有 $N(N<1000000)$ 个正整数的数组 A,问有多少段的和等于 M。

【问题分析】 先求出前缀和数组 a,如果存在 a[i]−a[j]=M,数组 j 到 i 就是符合的一段。变形一下:枚举 i,如果数组中存在值为 a[i]−M 的数,就是一个方案。

【参考程序】

```
# include < iostream >
# include < algorithm >
using namespace std;
int N,M,a[1000010];
int main()
{
    long long ans = 0;
```

```
cin >> N >> M;
for(int i = 1;i <= N;i++)
{
    cin >> a[i];
}
for(int i = 1;i <= N;i++)                        //改造 a 为前缀和数组
{
    a[i] += a[i-1];                              //由于输入皆为正整数,a 数组为单调的
}
for(int i = 1;i <= N;i++)                        //枚举一段的右端
{
    if(binary_search(a,a + N,a[i] - M))         //判断左端点是否存在
    {
        ans++;
    }
}
cout << ans << endl;
return 0;
}
```

2. lower_bound

binary_search 只能判断数的存在性,并不返回数据的位置。lower_bound 则二分查找出第一个大于或等于指定数的位置(迭代器),如果没有找到,返回最后一个数据后面的位置。

【例 3-135】 最接近的大数。对于有 $N(N<1000000)$ 个整数,有 $M(M<1000000)$ 次询问,每次询问给定的一个数 x,那么数组中不比 x 小的最小数是哪一个? 不存在时输出 123456789。

【问题分析】 N 和 M 都很大,不能简单枚举,因此使用二分查找简明高效。

【参考程序】

```
# include < iostream >
# include < algorithm >
using namespace std;
int N,M,x,a[1000010];
int main()
{
    cin >> N >> M;
    for(int i = 0;i < N;i++)
    {
        cin >> a[i];
    }
    sort(a,a + N);
    for(int i = 0;i < M;i++)
    {
        cin >> x;
        int j = lower_bound(a,a + N,x) - a;                //通过指针的差,计算出数组下标位置
        if(j == N)
        {
            cout << 123456789 << endl;                      //找不到不小于 x 的数
```

```
        }
        else{
            cout << a[j] << endl;
        }
    }
    return 0;
}
```

与 lower_bound 类似的还有 upper_bound()函数、equal_bound()函数等。

3. make_heap、push_heap、pop_heap、sort_heap

常见的堆结构有最大值堆和最小值堆两种,对于要频繁求最大值(或最小值)的题目,堆操作函数很有用。表 3-34 是一组关于堆操作的函数。

表 3-34 堆操作函数

函　　数	功　　能
make_heap(开始位置,结束位置)	对一段数组或向量建堆,默认是大根堆
push_heap(开始位置,结束位置)	在后面添加一个元素后,插入堆中,堆元素个数增加 1
pop_heap(开始位置,结束位置)	把堆顶元素弹出到堆尾,堆元素个数减少 1,并维护堆
sort_heap(开始位置,结束位置)	对于堆,元素进一步全部排序,成递增数列

如果不适用默认的比较,函数要增加一个比较函数的参数,具体见例 3-136。

【例 3-136】 (NOIP2004 提高组)合并果子。在一个果园里,多多已经将所有的果子打了下来,而且按果子的不同种类分成了不同的堆。多多决定把所有的果子合成一堆。每一次合并,多多可以把两堆果子合并到一起,消耗的体力等于两堆果子的重量之和。可以看出,所有的果子经过 $n-1$ 次合并之后,就只剩下一堆了。多多在合并果子时总共消耗的体力等于每次合并所耗体力之和。

因为还要花大力气把这些果子搬回家,所以多多在合并果子时要尽可能地节省体力。假定每个果子的重量都为 1,并且已知果子的种类数和每种果子的数目,你的任务是设计出合并的次序方案,使多多耗费的体力最少,并输出这个最小的体力耗费值。

例如,有 3 堆果子,数目依次为 1、2、9。可以先将 1、2 堆合并,新堆数目为 3,耗费体力为 3。接着,将新堆与原先的第三堆合并,又得到新的堆,数目为 12,耗费体力为 12。所以多多总共耗费体力为 3+12＝15。可以证明 15 为最小的体力耗费值。

【输入格式】 输入文件 fruit.in 包括两行,第一行是一个整数 $n(1 \leqslant n \leqslant 10000)$,表示果子的种类数。第二行包含 n 个整数,用空格分隔,第 i 个整数 $a_i(1 \leqslant a_i \leqslant 20000)$是第 i 种果子的数目。

【输出格式】 输出文件 fruit.out 包括一行,这一行只包含一个整数,表示最小耗费的体力值。输入数据保证这个值小于 2^{31}。

【输入样例】　　　　　　【输出样例】

3　　　　　　　　　　　15

1 2 9

【数据规模】

对于 30%的数据,保证有 $n \leqslant 1000$;

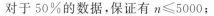

对于 50% 的数据,保证有 $n \leqslant 5000$;

对于全部的数据,保证有 $n \leqslant 10000$。

【问题分析】　经过分析和举例,可以猜想出用贪心法解决:每次挑选最小数目的两堆合并成新的一堆。具体的证明可以参考 5.9.4 节。

每次选最小值,使用简单枚举算法,复杂度为 $O(N \cdot N)$,可能超时,应该使用更高效的方法,显然,堆、优先队列结构比较合适。由于建堆默认是大根堆,一种方法就是增加比较函数(和 sort 类似);另一种方法是把所有数据取反(变成负数)处理。

【算法】　使用两次 pop_heap 选出两个最小数,再用 push_heap 把和加入堆,重复 $N-1$ 次。

【参考程序 1】

```cpp
# include < iostream >
# include < algorithm >
using namespace std;
int N,ans,a[10010];
bool cmp(int a,int b)
{
    return a > b;
}
int main()
{
    cin >> N;
    for(int i = 0;i < N;i++)
    {
        cin >> a[i];
    }
    make_heap(a,a + N,cmp);                 //对 a[0]~a[N-1]建小根堆
    ans = 0;
    for(int i = N;i > 1;i--)
    {                                       //每次合并两堆,共合并 N-1 次
        pop_heap(a,a + i,cmp);              //最小值弹到堆底 a[i-1]
        pop_heap(a,a + i - 1,cmp);          //最小值弹到堆底 a[i-2]
        a[i-2] += a[i-1];
        ans += a[i-2];
        push_heap(a,a + i - 1,cmp);         //新元素在 a[i-2],调整插入堆中
    }
    cout << ans << endl;
    return 0;
}
```

上述算法的时间复杂度为 $O(N \log N)$。本例题也可以用优先队列容器(priority_queue)实现。

【参考程序 2】

```cpp
# include < bits/stdc++.h >
using namespace std;
int n;
priority_queue< int,vector< int >,greater< int >> h;              //优先队列
void work()
{
    int i,x,y,ans = 0;
```

```
    cin >> n;
    for(int i = 1; i <= n; i++)
    {   cin >> x;                    //建堆
        h. push(x);
    }
    for(int i = 1; i < n; i++)
    {                                //取、统计、插入
        x = h. top();
        h. pop();
        y = h. top();
        h. pop();
        ans += x + y;
        h. push(x + y);
    }
    cout << ans << endl;
}
int main()
{
    work();
    return 0;
}
```

练习题

1. 周末舞会上,男士和女士在进入舞厅后分别按性别排成一队。一首舞曲为一轮,在每一轮开始时,依次将男队和女队处于队头的两人配成舞伴,并出队,直到其中一队已全部配对。如果男女人数不同,则人数较多的那一队中未配对者继续排队等待下一轮。当一轮跳完后,参加这一轮跳舞的所有人按照原先的顺序排在男队或女队的后面。假设共进行 n 轮,编写模拟算法,输出每一轮的舞伴配对情况。

例如,如果参加舞会的男士为{"张一","杨帆","李华",赵勇"},女士为{"李丽","孙茜","刘倩"},则前三轮配对情况如下。

第 1 轮的配对情况:(张一 李丽),(杨帆 孙茜),(李华 刘倩)。

第 2 轮的配对情况:(赵勇 李丽),(张一 孙茜),(杨帆 刘倩)。

第 3 轮的配对情况:(李华 李丽),(赵勇 孙茜),(张一 刘倩)。

2. 利用单调队列求数组在固定长度区间的最大值。有数组 $a = \{2,5,3,4,10,6,3,7,8\}$,设置滑动窗口为 3,求滑动窗口范围内的最大值,结果为 $\{5,5,10,10,10,7,8\}$。

【输入】 2 5 3 4 10 6 3 7 8

【输出】 5 5 10 10 10 7 8

3. 有 n 个人,他们的编号为 $1\sim n$,其中有一些人相互认识,现在 x 想要认识 y,可以通过他所认识的人来认识更多的人(如果 x 认识 y、y 认识 z,那么 x 可以通过 y 来认识 z),求出 x 最少需要通过多少人才能认识 y。

【输入格式】

第 1 行 3 个整数 n、x、y,$n \leqslant 100, 1 \leqslant x$、$y \leqslant n$。

接下来是一个 $n \times n$ 的邻接矩阵,$a[i,j] = 1$ 表示 i 认识 j,0 表示不认识。

保证 $i=j$ 时，$a[i,j]=0$，并且 $a[i,j]=a[j,i]$。行中的每两个数之间用一个空格分开。

【输出格式】

输出一行一个数，表示 x 认识 y 最少需要通过的人数。

【输入】

5 1 5

0 1 0 0 0

1 0 1 1 0

0 1 0 1 0

0 1 1 0 1

0 0 0 1 0

【输出】

2

4. 给定一个仅包含数字 $2\sim9$ 的字符串，字符串长度不大于 4，返回所有它能表示的字母组合。答案可以按任意顺序返回。给出数字到字母的映射如图 3-35 所示（与电话按键相同）。注意 1 不对应任何字母。

图 3-35 练习题 4 图

【输入】

digits="23"

【输出】

"ad","ae","af","bd","be","bf","cd","ce","cf"

【输入】

digits="2"

【输出】

"a","b","c"

第4章 数学基础

4.1 数论基础

4.1.1 整除

设 a 是非零整数，b 是整数。如果存在一个整数 q，使得 $b=a\times q$，那么就说 b 可被 a 整除，记作 $a\,|\,b$，且称 b 是 a 的倍数，a 是 b 的约数（因子）。如 $3\,|\,12$、$21\,|\,63$。

整除具有以下一些性质。

(1) 如果 $a\,|\,b$ 且 $b\,|\,c$，那么 $a\,|\,c$。

(2) $a\,|\,b$ 且 $a\,|\,c$ 等价于对任意的整数 x 和 y，有 $a\,|\,(b\times x+c\times y)$。

(3) 设 $m\neq0$，那么 $a\,|\,b$ 等价于 $(m\times a)\,|\,(m\times b)$。

(4) 设整数 x 和 y 满足 $a\times x+b\times y=1$，且 $a\,|\,n$，$b\,|\,n$，那么 $(a\times b)\,|\,n$。

【证明】 因为 $a\,|\,n$ 且 $b\,|\,n$。

根据性质(3)可得：$(a\times b)\,|\,(b\times n)$ 且 $(a\times b)\,|\,(a\times n)$。

再由性质(2)可得：$(a\times b)\,|\,(a\times n\times x+b\times n\times y)$。

其中：$a\times n\times x+b\times n\times y=n\times(a\times x+b\times y)=n\times1=n$，所以：$(a\times b)\,|\,n$。

(5) 若 $b=q\times d+c$，那么 $d\,|\,b$ 的充要条件是 $d\,|\,c$。

另外还有一些有用的例子，例如，若 2 能整除 a 的最末位（约定 0 可以被任何数整除），则 $2\,|\,a$；若 4 能整除 a 的最后两位，则 $4\,|\,a$；若 8 能整除 a 的最后三位，则 $8\,|\,a$；……；若 3 能整除 a 的各位数字之和，则 $3\,|\,a$；若 9 能整除 a 的各位数字之和，则 $9\,|\,a$；若 11 能整除 a 的偶数位数字之和与奇数位数字之和的差，则 $11\,|\,a$。同时，能被 7、11、13 整除的数的特征是：如果这个数的末三位数与末三位以前的数字所组成的数之差能被 7、11、13 整除，这个数就能被 7、11、13 整除。

4.1.2 质数

若存在一个整数 k，使得 $a=k\times d$，则称 d 整除 a，记作 $d\,|\,a$，称 a 是 d 的倍数，如果 $d>0$，称 d 是 a 的约数。特别地，任何整数都整除 0。显然大于 1 的正整数 a 可以被 1 和 a 整除，如果除此之外 a 没有其他的约数，则称 a 是素数，又称质数，如 2、3、5、7、1000000007、998244353、2147483647。

任何一个大于 1 的整数如果不是质数，也就是有其他约数，就称为合数。

1 既不是合数也不是质数。

1. 质数的判定

1) 穷举法

在数据范围比较小的情况下,判断某数是否为质数可以采用穷举法:枚举从小到大的每个数,判断其是否能被整除。代码如下:

```
bool isPrime(a)
{
    if(a < 2)
    {
        return 0;
    }
    for(int i = 2;i < a;++i)
    {
        if(a % i == 0)
        {
            return 0;
        }
    }
    return 1;
}
```

虽然这样做十分稳妥,但是真的有必要对每个数进行判断吗?很容易发现这样一个事实:如果 x 是 a 的约数,那么 a/x 也是 a 的约数。这个结论告诉我们,对于每一对(x, a/x),只需要检验其中的一个数即可。为了方便,我们只对每一对中小的那个数进行判断。不难发现,所有这些较小数就是 $[1, \sqrt{a}]$ 这个区间里的数。由于 1 肯定是约数,因此不检验它。

代码如下:

```
bool isPrime(int a)
{
    if(a < 2) return 0;
    for(int i = 2;i <= sqrt(a);++i)
    {
        if(a % i == 0)
        {
            return 0;
        }
    }
    return 1;
}
```

2) Miller-Rabin 素性测试

数论学家利用费马小定理研究出了很多种质数的测试方法,Miller-Rabin 素性测试算法是其中的一种,其过程如下。

(1) 计算奇数 M,使得 $N = 2^r \times M + 1$。

(2) 选择随机数 $A < N$。

(3) 对于任意 $i < r$,若 $A^{2^i \times M} \bmod N = N - 1$,则 N 通过随机数 A 的测试。

（4）或者，若 $A^M \bmod N = 1$，则 N 通过随机数 A 的测试。

（5）让 A 取不同的值对 N 进行 k 次测试，若全部通过则判定 N 为质数。

若 N 通过一次测试，则 N 不是质数的概率为 25%；若 N 通过 k 次测试，则 N 不是质数的概率为 $1/4^k$。事实上取 k 为 5 时，N 不是质数的概率为 $1/128$，N 为质数的概率已经大于 99%。而在生成随机数时，选取的随机数最好让 $r = 0$，则可省去步骤（3）的测试，进一步提高测试速度。

Miller-Rabin 素性测试是进阶的质数判定方法。对数 n 进行 k 轮测试的时间复杂度是 $O(k \log^3 n)$。

比较正确的 Miller-Rabin 素性测试的代码如下：

```cpp
bool millerRabbin(int n)
{
    if(n < 3)
    {
        return n == 2;
    }
    int a = n - 1, b = 0;
    while(a % 2 == 0)
    {
        a /= 2, ++b;
    }
    for(int i = 1, j; i <= test_time; ++i)            // test_time 为测试次数
    {
        int x = rand() % (n - 2) + 2, v = quickPow(x, a, n);  //快速幂
        if(v == 1 || v == n - 1)
        {
            continue;
        }
        for(j = 0; j < b; ++j)
        {
            v = (long long)v * v % n;
            if(v == n - 1)
            {
                break;
            }
        }
        if(j >= b)
        {
            return 0;
        }
    }
    return 1;
}
```

假如随机选取的 4 个数为 2、3、5、7，则在 2.5×10^{13} 以内唯一一个判断失误的数为 3215031751。

2. Eratosthenes 筛法

在数据范围比较大的情况下，需要找出所有质数，则可以采用筛选法求出质数表。如果从小到大考虑每个数，并同时把当前这个数的所有（比自己大的）倍数记为合数，那么运行结

束时没有被标记的数就是质数了。代码如下：

```
int Eratosthenes(int n)
{
    int p = 0;
    for(int i = 0;i <= n;++i)
    {
        is_prime[i] = 1;
    }
    is_prime[0] = is_prime[1] = 0;
    for(int i = 2;i <= n;++i)
    {
        if(is_prime[i])
        {
            prime[p++] = i;                 //记录新的未被标记为合数的质数
            // 因为从 2 到 i-1 的倍数之前筛过了,这里直接从 i 的倍数开始,提高了运行速度
            for(int j = i * i;j <= n;j += i)
            {
                is_prime[j] = 0;            //因为 j 是 i 的倍数,标记为合数
            }
        }
    }
    return p;
}
```

以上为 **Eratosthenes 筛法**,时间复杂度是 $O(n\log\log n)$。Eratosthenes 筛法仍有优化空间,如果能让每个合数都只被标记一次,那么时间复杂度就可以降到 $O(n)$ 了,该线性筛法也称为 Euler 筛法(欧拉筛法)。

3. 欧拉函数

欧拉函数(Euler's totient function),即 $\varphi(n)$,表示的是小于或等于 n 和 n 互质的数的个数。如 $\varphi(1)=1,\varphi(10)=4$。当 n 是质数时,显然有 $\varphi(n)=n-1$。

唯一分解定理:若整数 $a \geqslant 2$,那么 a 一定可以表示为若干质数的乘积(唯一的形式),即 $a = p_1^{k_1} p_2^{k_2} \cdots p_s^{k_s}$(其中 p_i 为质数,称为 a 的质因子,$1 \leqslant i \leqslant s$)。

例如:$1260 = 2 \times 2 \times 3 \times 3 \times 5 \times 7 = 2^2 \times 3^2 \times 5^1 \times 7^1$。

利用唯一分解定理,可以把一个整数唯一地分解为质数幂次的乘积。

设 $n = \prod_{i=1}^{n} p_i^{k_i}$,其中 p_i 是质数,那么 $\varphi(n) = n \times \prod_{i=1}^{s}\left(1-\frac{1}{p_i}\right)$。 例如:$\varphi(24) = 24 \times \left(1-\frac{1}{2}\right) \times \left(1-\frac{1}{3}\right) = 8$($1$、$5$、$7$、$11$、$13$、$17$、$19$、$23$ 共 8 个),$\varphi(1260) = 1260 \times \left(1-\frac{1}{2}\right) \times \left(1-\frac{1}{3}\right) \times \left(1-\frac{1}{5}\right) \times \left(1-\frac{1}{7}\right) = 288$。

1) 欧拉函数的证明

引理 1:

(1) 如果 n 为某一个质数 p,则 $\phi(p) = p-1$。

(2) 如果 n 为某一个质数 p 的幂次 p^a,则 $\phi(p^a) = (p-1) \times p^{a-1}$。

(3) 如果 n 为任意两个互质的数 a、b 的积,则 $\phi(a \times b) = \phi(a) \times \phi(b)$。

证明：

（1）显然。

（2）因为比 p^a 小的正整数有 p^a-1 个。其中，所有能被 p 整除的那些数可以表示成 $pt(t=1,2,\cdots,p^{a-1}-1)$，即共有 $p^{a-1}-1$ 个这样的数能被 p 整除，从而不与 p^a 互质。所以 $\phi(p^a)=p^a-1-(p^{a-1}-1)=(p-1)\times p^{a-1}$。

（3）在比 $a\times b$ 小的 $a\times b-1$ 个整数中，只有那些既与 a 互质(有 $\phi(a)$ 个)，又与 b 互质(有 $\phi(b)$ 个)的数，才会与 $a\times b$ 互质。显然满足这种条件的数有 $\phi(a)\times\phi(b)$ 个。所以 $\phi(a\times b)=\phi(a)\times\phi(b)$。

例如，要求 $\phi(40)$，因为 $40=5\times 8$，且 5 和 8 互质，所以：$\phi(40)=\phi(5)\times\phi(8)=4\times4=16$。而 $\phi(16)=(2-1)\times2^3=8$。

引理 2：

设 $n=p_1^{a1}\times p_2^{a2}\times\cdots\times p_k^{ak}$ 为正整数 n 的质数幂乘积表达式，则：
$$\phi(n)=n\times(1-1/p_1)\times(1-1/p_2)\times\cdots\times(1-1/p_k)$$

证明：

由于诸质数幂互相之间是互质的，根据引理 1 得出：
$$\phi(n)=\phi(p_1^{a1})\times\phi(p_2^{a2})\times\cdots\times\phi(p_k^{ak})$$
$$=p_1^{a1}\times p_2^{a2}\times\cdots\times p_k^{at}(1-1/p_1)(1-1/p_2)\times\cdots\times(1-1/p_k)$$
$$=n\times(1-1/p_1)\times(1-1/p_2)\times\cdots\times(1-1/p_k)$$

例如：$\phi(100)=\phi(2^2\times5^2)=100\times(1-1/2)\times(1-1/5)=40$。

可直接根据定义质因数分解的同时求欧拉函数值。代码如下：

```
int euler_phi(int n)
{
    int m = int(sqrt(n + 0.5));
    int ans = n;
    for(int i = 2;i <= m;i++)
    if(n % i == 0)
    {
        ans = ans/i * (i-1);
        while(n % i == 0)
        {
            n/ = i;
        }
    }
    if(n > 1)
    {
        ans = ans/n * (n - 1);
    }
    return ans;
}
```

2）欧拉函数的线性筛法

欧拉函数的线性筛法可以在线性时间内筛质数的同时求出所有数的欧拉函数。

根据欧拉函数相关性质：

（1）p 为质数，则 $\phi(p)=p-1$。

（2）p 为质数，若 $i\%p=0$，则 $\phi(p\times i)=p\times\phi(i)$。

（3）p 为质数，若 i 与 p 互质，则 $\phi(p\times i)=\phi(p)\times\phi(i)$。

代码实现如下：

```
//该程序不但能筛出质数,还可以记录每一个数的最小质因子,后期也可方便分解因式
//并且能同时计算欧拉函数,可根据使用情况保留需要的功能
int v[MAX_N],primr[MAX_n],phi[MAX_N];
//v[1]存放 i 这个数的最小质因子;primr[i]存放第 i 个质数;phi[i]存放 i 这个数的欧拉函数
void primes(int n){
    menset(v,0,sizeof(v));
    m = 0;                          //计数器,记录现在已经有几个质数
    for (int i = 2;i <= n;i++){
        if (v[i] == 0){         //v[i] == 0,意味着目前没有比 i 还小的质因子,即 i 本身就是质数
        v[i] = i;                   //i 最小的质因子是 i
        prime[++m] = i;             //将 i 记录至质数表
        phi[i] = i - 1;             //当 i 是质数时,phi[i] = i - 1
        }
        for (int j = 1;j <= m;j++){
            if (prime[j]> v[i]|| prime[j]>n/i) break
                //prime[j]>n/i 表示 i * prime[j]超过 n 的大小;v[i * prime[j]]是肯定<= v[i]的
                //若 prime[j]> v[i]表示 v[i * prime[j]]不可能是 prime[j]
            v[i * prime[j]] = prime[j];    //将 v[i * prime[j]]更新为 prime[j]
            if (v[i] == prime[j]){
                phi[i * prime[j]] = phi[i] * prime[j]; //prime[j]作为最小的质因子重复出现
            }
            else phi[i * prime[j]] = phi[i] * (prime[j] - 1);
                    //prime[j]作为最小的质因子第一次出现
                    //其实这里 prime[j] - 1 就是 phi[prime[j]],利用了欧拉函数的积性
        }
    }
    for (int i = 1;i <= m;i++){
        cout << prime[i]<< endl;
    }
}
```

4.1.3 同余

若 a、b 为两个整数，且它们的差 $a-b$ 能被某个自然数 m 所整除，则称 a 就模 m 来说同余于 b，或者说 a 和 b 关于模 m 同余，记为 $a\equiv b(\mathrm{mod}\,m)$。它意味着 $a-b=m\times k$（k 为某一个整数）。例如，$32\equiv2(\mathrm{mod}\,5)$，此时 k 为 6。

对于整数 a、b、c 和自然数 m、n，对模 m 同余具有以下一些性质。

（1）自反性：$a\equiv a(\mathrm{mod}\,m)$。

（2）对称性：若 $a\equiv b(\mathrm{mod}\,m)$，则 $b\equiv a(\mathrm{mod}\,m)$。

（3）传递性：若 $a\equiv b(\mathrm{mod}\,m)$，$b\equiv c(\mathrm{mod}\,m)$，则 $a\equiv c(\mathrm{mod}\,m)$。

（4）同加性：若 $a\equiv b(\mathrm{mod}\,m)$，则 $a+c\equiv b+c(\mathrm{mod}\,m)$。

（5）同乘性：若 $a\equiv b(\mathrm{mod}\,m)$，则 $a\times c\equiv b\times c(\mathrm{mod}\,m)$。

若 $a\equiv b(\mathrm{mod}\,m)$，$c\equiv d(\mathrm{mod}\,m)$，则 $a\times c\equiv b\times d(\mathrm{mod}\,m)$。

(6) 同幂性：若 $a \equiv b (\bmod m)$，则 $a^n \equiv b^n (\bmod m)$。

(7) 推论 1：$a \times b (\bmod k) = (a \bmod k) \times (b \bmod k)(\bmod k)$。

(8) 推论 2：若 $a \bmod p = x$，$a \bmod q = x$，p、q 互质，则 $a \bmod p \times q = x$。

证明：

因为 $a \bmod p = x$，$a \bmod q = x$，p、q 互质。

则一定存在整数 s、t，使得 $a = s \times p + x$，$a = t \times q + x$。

所以 $s \times p = t \times q$。

则一定存在整数 r，使 $s = r \times q$。

所以 $a = r \times p \times q + x$，得出 $a \bmod p \times q = x$。

但是，同余不满足同除性，即不满足 $a \ \mathrm{div} \ n \equiv b \ \mathrm{div} \ n (\bmod m)$。

1. 威尔逊定理

若 p 为质数，则 $p \mid (p-1)! + 1$，即 $(p-1)! \equiv -1 (\bmod p)$（其中 $n!$ 表示 n 阶乘）。

威尔逊定理的逆定理也成立，即若对某一正整数 p，有 $(p-1)! \equiv -1 (\bmod p)$，则 p 一定为质数。

2. 费马小定理

若 p 为质数，a 为正整数，$\gcd(a,p) = 1$，则 $a^{p-1} \equiv 1 (\bmod p)$。

证明：

设一个质数为 p，取一个不为 p 倍数的正整数 a。

构造一个序列：$A = \{1,2,3,\cdots,p-1\}$，这个序列有如下性质：

$$\prod_{i=1}^{n} A_i \equiv \prod_{i=1}^{n} (A_i \times a)(\bmod p)$$

$$\Theta(A_i, p) = 1, (A_i \times a, p) = 1$$

又因为每个 $A_i \times a (\bmod p)$ 均不相同，且不为 0，且 $A_i \times a (\bmod p) < p$ 得证（每一个 $A_i \cdot a$ 都对应了一个 A_i），设 $f = (p-1)!$，则：

$$f \equiv a \times A_1 \times a \times A_2 \times a \times A_3 \times \cdots \times A_{p-1}(\bmod p)$$

$$a^{p-1} \times f \equiv f(\bmod p)$$

$$a^{p-1} \equiv 1(\bmod p)$$

证毕。

在 p 为质数，且 $\gcd(a,p) = 1$ 时，可以利用费马小定理来简化幂模运算：因为 $a^{p-1} \equiv a^0 \equiv 1 (\bmod p)$，所以 $a^x (\bmod p)$ 有循环节，长度为 $p-1$，所以 $a^x (\bmod p) \equiv a^{(x \% (p-1))} (\bmod p)$。

3. 欧拉定理

若 $\gcd(a,m) = 1$，则 $a^{\varphi(m)} \equiv 1 (\bmod m)$。

$\varphi(m)$ 为关于 m 的欧拉函数，即表示的是小于或等于 m 和 m 互质的数的个数。

证明：

该证明过程与费马小定理的证明过程非常相似：**先构造一个与 m 互质的数列**，再进行操作。

设 $r_1, r_2, \cdots, r_{\varphi(m)}$ 为模 m 意义下的一个简化剩余系，则 $ar_1, ar_2, \cdots, ar_{\varphi(m)}$ 也为模 m 意义下的一个简化剩余系。所以 $r_1 r_2 \cdots r_{\varphi(m)} \equiv ar_1 \times ar_2 \cdots ar_{\varphi(m)} \equiv a^{\varphi(m)} r_1 r_2 \cdots r_{\varphi(m)}$（$\mathrm{mod}\ m$），可约去 $r_1 r_2 \cdots r_{\varphi(m)}$，即得 $a^{\varphi(m)} \equiv 1(\mathrm{mod}\ m)$。

当 m 为质数时，由于 $\varphi(m) = m - 1$，代入欧拉定理可立即得到费马小定理。

扩展欧拉定理：

$$a^b \equiv \begin{cases} a^{b \bmod \varphi(p)}, & \gcd(a, p) = 1 \\ a^b, & \gcd(a, p) \neq 1, b < \varphi(p)(\mathrm{mod}\ p) \\ a^{b \bmod \varphi(p) + \varphi(p)}, & \gcd(a, p) \neq 1, b \geqslant \varphi(p) \end{cases}$$

4.1.4　快速幂

快速幂是一个在 $\Theta(\log n)$ 的时间内计算 a^n 的小技巧，而常规的计算需要 $\Theta(n)$ 的时间。而这个技巧也常常用在非计算的场景，因为它可以应用在任何具有结合律的运算中。它可以应用于模意义下取幂、矩阵加速等运算。

1. 分治思想快速幂

计算 a^b 表示将 b 个 a 乘在一起：$a^b = \underbrace{a \times a \times \cdots \times a}_{b\text{个}a}$

对于线性求解的问题，如果需要优化，很多时候可考虑利用分治思想。

若 b 是偶数，则 $a^b = a^{b/2} \times a^{b/2}$；若 b 是奇数，$a^b = a^{b/2} \times a^{b/2} \times a$（这里 $b/2$ 下取整）。即只要求出 $a^{b/2}$ 后再通过一到两次乘法运算即可求出 a^b。

可以直接按照上述递归方法实现，代码如下：

```cpp
long long quickpow(long long a, long long b)
{
    if(b == 0)
    {
        return 1;
    }
    long long res = quickpow(a,b/2);
    if(b % 2)
    {
        return res * res * a;
    }
    else
    {
        return res * res;
    }
}
```

2. 快速幂（二进制取幂）

二进制取幂（Binary Exponentiation），也称平方方法，其思想是将取幂的任务按照指数的二进制表示来分割成更小的任务。

计算 a^n，将 n 表示为二进制，例如，$3^{13} = 3^{(1101)_2} = 3^8 \times 3^4 \times 3^1$。

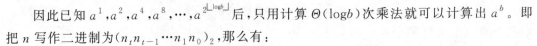

因此已知 $a^1,a^2,a^4,a^8,\cdots,a^{2^{\lfloor \log b \rfloor}}$ 后,只用计算 $\Theta(\log b)$ 次乘法就可以计算出 a^b。即把 n 写作二进制为 $(n_t n_{t-1} \cdots n_1 n_0)_2$,那么有:

$$n = n_t 2^t + n_{t-1} 2^{t-1} + n_{t-2} 2^{t-2} + \cdots + n_1 2^1 + n_0 2^0$$

其中 $n_i \in (0,1)$,$a^n = (a^{n_t 2^t + \cdots + n_0 2^0}) = a^{n_0 2^0} \times a^{n_1 2^1} \times \cdots \times a^{n_t 2^t}$。

代码实现如下:

```cpp
long long binpow(long long a, long long b)
{
    long long res = 1;
    while(b > 0)
    {
        if(b % 2 == 1)
        {
            res = res * a;
        }
        a = a * a;
        b = b / 2;
    }
    return res;
}
```

4.1.5 矩阵

在数学中,矩阵(Matrix)是一个按照矩形阵排列的实数或复数集合,最早来自方程组的系数及常数所构成的方阵。下面主要讲解矩阵的性质、运算以及在常系数齐次递推式上的应用。

1. 矩阵的定义

由 $m \times n$ 个数 a_{ij} 排成的 m 行 n 列的数表称为 m 行 n 列的矩阵,简称 $m \times n$ 矩阵,记作:

$$A = \begin{bmatrix} a_{11} & a_{12} & \cdots & a_{1n} \\ a_{21} & a_{22} & \cdots & a_{2n} \\ a_{31} & a_{32} & \cdots & a_{3n} \\ \vdots & \vdots & \ddots & \vdots \\ a_{m1} & a_{m2} & \cdots & a_{mn} \end{bmatrix}$$

这 $m \times n$ 个数称为矩阵 A 的元素,简称为元。数 a_{ij} 位于矩阵 A 的第 i 行第 j 列,称为矩阵 A 的 (i,j) 元,以数 a_{ij} 为 (i,j) 元的矩阵可记为 (a_{ij}) 或 $(a_{ij})_{m \times n}$,$m \times n$ 矩阵 A 也记作 A_{mn}。

元素是实数的矩阵称为实数矩阵,元素是复数的矩阵称为复矩阵。而行数与列数都等于 n 的矩阵称为 n 阶矩阵或 n 阶方阵。n 阶方阵中所有 $i = j$ 的元素 a_{ij} 组成的斜线称为(主)对角线,所有 $i + j = n + 1$ 的元素 a_{ij} 组成的斜线称为辅助对角线。一般用 I 来表示单位矩阵,即主对角线上为 1,其余位置为 0。

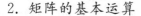

2. 矩阵的基本运算

1）矩阵的加法与减法

对于两个同类型（行列数一样）矩阵 A 和 B，加法就是把对应 (i,j) 元做加法和减法运算。例如：

$$\begin{bmatrix} 1 & 4 & 2 \\ 0 & 3 & -1 \end{bmatrix} + \begin{bmatrix} 3 & 2 & -1 \\ -1 & 2 & 4 \end{bmatrix} = \begin{bmatrix} 1+3 & 4+2 & 2+(-1) \\ 0+(-1) & 3+2 & -1+4 \end{bmatrix} = \begin{bmatrix} 4 & 6 & 1 \\ -1 & 5 & 3 \end{bmatrix}$$

$$\begin{bmatrix} 1 & 4 & 2 \\ 0 & 3 & -1 \end{bmatrix} - \begin{bmatrix} 3 & 2 & -1 \\ -1 & 2 & 4 \end{bmatrix} = \begin{bmatrix} 1-3 & 4-2 & 2-(-1) \\ 0-(-1) & 3-2 & -1-4 \end{bmatrix} = \begin{bmatrix} -2 & 2 & 3 \\ 1 & 1 & -5 \end{bmatrix}$$

矩阵的加法运算满足结合律和交换律，即

$$A+B=B+A$$
$$(A+B)+C=A+(B+C)$$

2）矩阵乘法

矩阵相乘只有在第一个矩阵的列数和第二个矩阵的行数相同时才有意义。

设 A 为 $m \times n$ 的矩阵，B 为 $n \times p$ 的矩阵，它们的乘积 C 是一个 $m \times p$ 矩阵，其中矩阵 C 中的第 i 行第 j 列元素可以表示为：

$$c_{i,j}=a_{i,1} \times b_{1,j}+a_{i,2} \times b_{2,j}+\cdots+a_{i,n} \times b_{n,j}=\sum_{r=1}^{n} a_{i,r} b_{r,j}$$

通俗地讲，在矩阵乘法中，结果 C 矩阵的第 i 行第 j 列的数，就是由矩阵 A 第 i 行 n 个数与矩阵 B 第 j 列 n 个数分别相乘再相加得到的。并将此乘积记为 $C=A \times B$。例如：

$$\begin{bmatrix} 1 & 4 & 2 \\ 0 & 3 & -1 \end{bmatrix} \times \begin{bmatrix} 3 & 1 \\ -1 & 2 \\ 7 & -5 \end{bmatrix} = \begin{bmatrix} (1 \times 3+4 \times(-1)+2 \times 7) & (1 \times 1+4 \times 2+2 \times(-5)) \\ (0 \times 3+3 \times-1+(-1) \times 7) & (0 \times 1+3 \times 2+(-1) \times(-5)) \end{bmatrix}$$

$$= \begin{bmatrix} 13 & -1 \\ -10 & 11 \end{bmatrix}$$

矩阵乘法满足结合律、左分配律、右分配律，但是不满足交换律。即

$$(AB)C=A(BC)$$
$$(A+B)C=AC+BC$$
$$C(A+B)=CA+CB$$

3）矩阵加速递推

利用结合律，矩阵乘法可以利用快速幂的思想来优化。在比赛中，由于线性递推式可以表示成矩阵乘法的形式，也通常用矩阵快速幂来求线性递推数列的某一项，一般来说，可以用一个二维数组来模拟矩阵。以斐波那契数列（Fibonacci Sequence）为例：

$$F_1=F_2=1, \quad F_i=F_{i-1}+F_{i-2} \quad (i \geqslant 3)$$

求斐波那契数列第 n 项的值，若 n 的数据范围很大，可考虑矩阵加速递推。

设 $\mathrm{Fib}(n)$ 表示一个 1×2 的矩阵 $[F_n \quad F_{n-1}]$，试推导一个矩阵 $\textbf{base}$，使

$$\mathrm{Fib}(n-1) \times \textbf{base}=\mathrm{Fib}(n)$$

即

$$[F_{n-1} \quad F_{n-2}] \times \textbf{base}=[F_n \quad F_{n-1}]$$

因为 $F_n = F_{n-1} + F_{n-2}$，所以 base 矩阵第一列应该是 $\begin{bmatrix} 1 \\ 1 \end{bmatrix}$，这样在进行矩阵乘法运算时才能令 F_{n-1} 与 F_{n-2} 相加，从而得出 F_n。

同理，为了得出 F_{n-1}，矩阵 base 的第二列应该为 $\begin{bmatrix} 1 \\ 0 \end{bmatrix}$。

综上所述：base $= \begin{bmatrix} 1 & 1 \\ 1 & 0 \end{bmatrix}$

原式化为：

$$\begin{bmatrix} F_{n-1} & F_{n-2} \end{bmatrix} \times \begin{bmatrix} 1 & 1 \\ 1 & 0 \end{bmatrix} = \begin{bmatrix} F_n & F_{n-1} \end{bmatrix}$$

定义初始矩阵：

$$\text{ans} = \begin{bmatrix} F_2 & F_1 \end{bmatrix} = \begin{bmatrix} 1 & 1 \end{bmatrix}, \quad \text{base} = \begin{bmatrix} 1 & 1 \\ 1 & 0 \end{bmatrix}$$

$F_n = \text{ans} \times \text{base}^{n-2}$，这个矩阵的第一行第一列元素，也就是 $\begin{bmatrix} 1 & 1 \end{bmatrix} \times \begin{bmatrix} 1 & 1 \\ 1 & 0 \end{bmatrix}^{n-2}$ 的第一行第一列元素。

【注意】

矩阵乘法不满足交换律，所以一定不能写成 $\begin{bmatrix} 1 & 1 \\ 1 & 0 \end{bmatrix}^{n-2} \times \begin{bmatrix} 1 & 1 \end{bmatrix}$ 的第一行第一列元素。另外，对于 $n \leqslant 2$ 的情况，直接输出 1 即可，不需要执行矩阵快速幂。

思考：为什么要乘上 base^{n-2} 而不是 base^n？

因为 F_1、F_2 不需要进行矩阵乘法就能求得。也就是说，如果只进行一次矩阵乘法就已经求出 F_3 了，则进行 $n-2$ 次矩阵乘法就能求出 F_n。

以下是求斐波那契数列第 n 项对 $10^9 + 7$ 取模的示例代码（核心部分）：

```cpp
#include <bits/stdc++.h>
using namespace std;
const int mod = 1000000007;
struct Matrix
{
    int a[3][3];
    Matrix()
    {
        memset(a, 0, sizeof a);
    }
    Matrix operator * (const Matrix &b) const
    {
        Matrix res;
        for(int i = 1; i <= 2; ++i)
            for(int j = 1; j <= 2; ++j)
                for(int k = 1; k <= 2; ++k)
                {
                    res.a[i][j] = (res.a[i][j] + 1LL * a[i][k] * b.a[k][j]) % mod;
```

```
            }
        return res;
    }
}ans,base;
void init()
{
    base.a[1][1] = base.a[1][2] = base.a[2][1] = 1;
    ans.a[1][1] = ans.a[1][2] = 1;
}
void qpow(int b)
{
    while(b)
    {
        if(b % 2 == 1)
        {
            ans = ans * base;
        }
        base = base * base;
        b = b/2;
    }
}
int main()
{
    int n;
    cin >> n;
    if(n <= 2)
    {
        return puts("1"), 0;
    }
    init();
    qpow(n - 2);
    cout << ans.a[1][1] % mod << endl;
}
```

再举一个稍微复杂的例子：

$$f_1 = f_2 = 0$$

$$f_n = 7f_{n-1} + 6f_{n-2} + 5n + 4 \times 3^n$$

可以发现，f_n 和 f_{n-1}、f_{n-2}、n 有关，于是考虑构造一个矩阵描述状态。但是发现如果矩阵仅有这三个元素 $\begin{bmatrix} f_n & f_{n-1} & n \end{bmatrix}$ 是难以构造出转移方程的，因为乘方运算（3^n）和 +1（n 转移至 $n+1$，需一个 +1 的操作）无法用矩阵描述，于是考虑构造一个更大的矩阵。

$\begin{bmatrix} f_n & f_{n-1} & n & 3^n & 1 \end{bmatrix}$ 构造一个递推矩阵可以转移到 $\begin{bmatrix} f_{n+1} & f_n & n+1 & 3^{n+1} & 1 \end{bmatrix}$。

转移矩阵 **base** 即为：

$$\begin{bmatrix} 7 & 1 & 0 & 0 & 0 \\ 6 & 0 & 0 & 0 & 0 \\ 5 & 0 & 1 & 0 & 0 \\ 12 & 0 & 0 & 3 & 0 \\ 5 & 0 & 1 & 0 & 1 \end{bmatrix}$$

【例 4-1】 普通递推数列。

【问题描述】

给出一个 k 阶齐次递推数列 $\{f_i\}$ 的通项公式 $f_i = a_1 f_{i-1} + a_2 f_{i-2} + \cdots + a_k f_{i-k}$ ($i \geqslant k$)，以及初始值 $f_0, f_1, \cdots, f_{k-1}$，求 f_n。

【输入格式】

第 1 行 2 个整数：$n(0 \leqslant n \leqslant 1000000)$ 和 $k(1 \leqslant k \leqslant 100)$。

第 2 行 k 个整数：$a_1, a_2, \cdots, a_k(0 \leqslant a_i \leqslant 10000, 1 \leqslant i \leqslant k)$。

第 3 行 k 个整数：$f_0, f_1, \cdots, f_{k-1}(0 \leqslant f_i \leqslant 10000, 0 \leqslant i < k)$。

【输出格式】

一行一个整数 p，是 f_n 除以 10000 的余数。

【输入样例】

10 2

1 1

1 1

【输出样例】

89

【问题分析】

从 n 和 k 的数据规模可以判断，逐项递推是要超时的。下面从一个最简单的特例斐波那契数列着手，看看如何进行递推优化。斐波那契数列的递推公式为

$$f_i = f_{i-1} + f_{i-2}$$

令

$$F = \begin{bmatrix} f_{i-1} \\ f_{i-2} \end{bmatrix}, \quad F' = \begin{bmatrix} f_i \\ f_{i-1} \end{bmatrix}$$

另外，再设一个矩阵 A，使得 $F' = A \cdot F$，则很容易找出以下矩阵 A 满足要求：

$$A = \begin{bmatrix} 1 & 1 \\ 1 & 0 \end{bmatrix}$$

进而，若有：

$$F_0 = \begin{bmatrix} f_1 \\ f_0 \end{bmatrix} = \begin{bmatrix} 1 \\ 0 \end{bmatrix}$$

则

$$F_i = A^i \cdot F_0 = \begin{bmatrix} f_{i+1} \\ f_i \end{bmatrix}$$

经过这样的变换，尽管从表面上看仍然需要 n 步计算才能得到 F_n，但矩阵乘法满足结合律，所以可以像计算一个整数的非负整数次幂那样，通过分治思想来计算一个矩阵的非负整数次幂，从而求出 F_n。

扩展至一般情况，若 $f_i = a_1 f_{i-1} + a_2 f_{i-2} + \cdots + a_k f_{i-k}$，同样地，令

$$F = \begin{bmatrix} f_{i-1} \\ f_{i-2} \\ \vdots \\ f_{i-k} \end{bmatrix}, \quad F' = \begin{bmatrix} f_i \\ f_{i-1} \\ \vdots \\ f_{i-k+1} \end{bmatrix}$$

另外,再设一个矩阵 A,使得 $F'=A \cdot F$。通过比较,可以得出:

$$A = \begin{bmatrix} a_1 & a_2 & a_3 & \cdots & a_k \\ 1 & 0 & 0 & \cdots & 0 \\ 0 & 1 & 0 & \cdots & 0 \\ \vdots & \vdots & \vdots & \ddots & \vdots \\ 0 & 0 & \cdots & 1 & 0 \end{bmatrix}$$

于是,若有:

$$F_0 = \begin{bmatrix} f_{k-1} \\ f_{k-2} \\ \vdots \\ f_0 \end{bmatrix}$$

则

$$F_i = A^i \cdot F_0 = \begin{bmatrix} f_{i+k-1} \\ f_{i+k-2} \\ \vdots \\ f_i \end{bmatrix}$$

【参考程序】

```cpp
# include< bits/stdc++.h>
using namespace std;
int read()
{   //快读
    int s = 0,f = 1;
    char ch = getchar();
    while(ch<'0'||ch>'9')
    {
        if(ch == '-')
        {
            f = -1;
        }
        ch = getchar();
    }
    while(ch>= '0'&&ch<= '9')
    {
        s = (s<<1) + (s<<3) + ch- '0';
        ch = getchar();
    }
    return s * f;
}
const int max_n = 100, max_m = 100;
```

```
int mod = 10000;
struct matrix
{    //矩阵结构
    int n, m;
    long long s[max_n][max_m];
    matrix()
    {
        clean();
    }
    void clean()
    {    //初始化
        n = max_n, m = max_m;
        for(int i = 0;i < max_n;i++)
            for(int j = 0;j < max_m;j++)
            {
                s[i][j] = 0;
            }
    }
}A,F0;
long long ss[max_n];
matrix operator * (matrix a,matrix b)
{    //矩阵乘法
    matrix c;
    if(a.m! = b.n)
    {
        return c;
    }
    c.n = a.n, c.m = b.m;
    for(int j = 0; j < c.m;j++)
    {
        for(int i = 0; i < c.n; i++)
        {
            ss[i] = b.s[i][j];
        }
        for(int i = 0; i < c.n; i++)
        {
            for(int k = 0;k < a.m;k++)
            {
                c.s[i][j] += a.s[i][k] * ss[k];
            }
            c.s[i][j] % = mod;
        }
    }
    return c;
}
matrix pow(matrix a,int b)
{    //矩阵快速幂
    matrix ans;
    ans.n = ans.m = a.n;
    for(int i = 0; i < a.n; i++)
        for(int j = 0; j < a.n; j++)
        {
            ans.s[i][j] = (i == j);
```

```
        }
    for(; b; b>>= 1, a = a * a)
    {
        if(b&1)
        {
            ans = ans * a;
        }
    }
    return ans;
}
int n,k;
int main()
{
    n = read(),k = read();
    for(int i = 0; i < k; i++)
    {
        A.s[0][i] = read();
    }
    for(int i = 1; i < k; i++)
    {
        A.s[i][i - 1] = 1;
    }
    for(int i = 0; i < k; i++)
    {
        F0.s[k - i - 1][0] = read();
    }
    A.n = A.m = k;
    F0.n = k,F0.m = 1;
    if(n < k)
    {
        printf("% d\n", int(F0.s[k - n - 1][0]));
        return 0;
    }
    matrix dd = pow(A,1);
    printf("% d\n",int((pow(A,n - k + 1) * F0).s[0][0]));    //矩阵加速公式计算
    return 0;
}
```

4.1.6 斐波那契数列

斐波那契数列的定义如下:
$$F_0 = 0, \quad F_1 = 1, \quad F_n = F_{n-1} + F_{n-2}$$

1. 性质

斐波那契数列拥有许多有趣的性质,这里列举出一部分简单的性质。

(1) 卡西尼性质(Cassini's Identity): $F_{n-1}F_{n+1} - F_n^2 = (-1)^n$。

(2) 附加性质: $F_{n+k} = F_k F_{n+1} + F_{k-1}F_n$。

(3) 取上一条性质中 $k = n$,得到 $F_{2n} = F_n(F_{n+1} + F_{n-1})$。

(4) 由上一条性质可以归纳证明：$\forall k \in \mathbf{N}, F_n \mid F_{nk}$。

(5) 上一条性质可逆，即 $\forall F_a \mid F_b, a \mid b$。

(6) gcd 性质：$(F_m, F_n) = F_{(m,n)}$（gcd 为最大公约数，(a,b) 为 gcd(a,b)）。

(7) $F_0 + F_1 + F_2 + \cdots + F_n = F_{n+2} - 1$。

(8) $F_1 + F_3 + F_5 + \cdots + F_{2n-1} = F_{2n}$。

(9) $F_0 + F_2 + F_4 + \cdots + F_{2n} = F_{2n+1} - 1$。

(10) $F_0 F_1 + F_1 F_2 + \cdots + F_{2n-1} F_{2n} = F_{2n}^2$。

(11) $F_{n-1}^2 + F_n^2 = F_{2n-1}$。

(12) $F_{n+1}^2 - F_{n-1}^2 = F_{2n}$。

(13) 一个数的斐波那契分解唯一，每次分解出不大于剩余数的最大斐波那契数，最终必能完全分解。

(14) 以斐波那契数列中相邻两项作为输入会使欧几里得算法达到最坏复杂度。

2. 模意义下的周期性

考虑模 p 意义下的斐波那契数列，可以容易地使用抽屉原理证明，该数列是周期性的。考虑模意义下前 $p^2 + 1$ 个斐波那契数对（两个相邻数配对）：

$$(F_1, F_2), (F_2, F_3), \cdots, (F_{p^2+1}, F_{p^2+2})$$

p 的剩余系大小为 $p(0, 1, 2, \cdots, p-1)$，不同的数对只有 $p \cdot p$ 对，意味着在前 $p^2 + 1$ 个数对中必有两个相同的数对（鸽笼原理），出现两对相同的数对即可生成相同的斐波那契数列，即形成了周期性。事实上，有一个远比它要强的结论。模 n 意义下斐波那契数列的周期被称为皮萨诺周期，该数可以证明总是不超过 $6n$，且只有在满足 $n = 2 \times 5^k$ 的形式时才取到等号。

3. 斐波那契数列通项公式

斐波那契数列的通项公式（Binet's Formula）：$F_n = \dfrac{\left(\dfrac{1+\sqrt{5}}{2}\right)^n - \left(\dfrac{1-\sqrt{5}}{2}\right)^n}{\sqrt{5}}$。

下面用待定系数法推导斐波那契数列的通项公式。

设常数 r 和 s，使得：

$$F(n) - rF(n-1) = s \times [F(n-1) - r \times F(n-2)]$$

移项合并，得到：

$$r + s = 1, \quad -rs = 1$$

在 $n \geqslant 3$ 时，有：

$$F(n) - rF(n-1) = s \times [F(n-1) - r \times F(n-2)]$$
$$F(n-1) - rF(n-2) = s \times [F(n-2) - r \times F(n-3)]$$
$$F(n-2) - rF(n-3) = s \times [F(n-3) - r \times F(n-4)]$$
$$\cdots$$
$$F(3) - rF(2) = s \times [F(2) - r \times F(1)]$$

联立以上 $n-2$ 个式子，得到：

$$F(n) - rF(n-1) = s^{n-2} \times [F(2) - rF(1)]$$

因为：
$$s = 1 - r, \quad F(1) = F(2) = 1$$

上式可化简得：
$$F(n) = s^{n-1} + r \times F(n-1)$$

那么：
$$
\begin{aligned}
F(n) &= s^{n-1} + r \times F(n-1) \\
&= s^{n-1} + r \times s^{n-2} + r^2 \times F(n-2) \\
&= s^{n-1} + r \times s^{n-2} + r^2 \times s^{n-3} + r^3 \times F(n-3) \\
&\cdots \\
&= s^{n-1} + r \times s^{n-2} + r^2 \times s^{n-3} + \cdots + r^{n-2} \times s + r^{n-1} \times F(1) \\
&= s^{n-1} + r \times s^{n-2} + r^2 \times s^{n-3} + \cdots + r^{n-2} \times s + r^{n-1}
\end{aligned}
$$

（这是一个以 s^{n-1} 为首项、r^{n-1} 为末项、$\dfrac{r}{s}$ 为公比的等比数列的各项的和）

$$
= \frac{s^{n-1} - r^{n-1}\dfrac{r}{s}}{1 - \dfrac{r}{s}}
$$

$$
= \frac{s^n - r^n}{s - r}
$$

因为 $r + s = 1, -rs = 1$ 的一组解为：
$$s = \frac{1 + \sqrt{5}}{2}, \quad r = \frac{1 - \sqrt{5}}{2}$$

则
$$F(n) = \frac{\sqrt{5}}{5}\left[\left(\frac{1+\sqrt{5}}{2}\right)^n - \left(\frac{1-\sqrt{5}}{2}\right)^n\right]$$

当然可能发现，该公式分子的第二项总是小于 1，并且它以指数级的速度减小。因此可以把该公式写成：
$$F_n = \left[\frac{\left(\dfrac{1+\sqrt{5}}{2}\right)^n}{\sqrt{5}}\right] \text{（中括号表示取离它最近的整数）}$$

上述公式在计算时要求有极高的精确度，因此在实践中很少用到。但是请不要忽视，结合模意义下二次剩余和逆元的概念，上述公式在 OI 中仍有使用。

4．斐波那契编码

可以利用斐波那契数列为正整数编码。根据齐肯多夫定理，任何自然数 N 可以被唯一地表示成一些斐波那契数的和：$N = F_{k_1} + F_{k_2} + \cdots + F_{k_r}$，并且 $k_1 \geqslant k_2 + 2, k_2 \geqslant k_3 + 2, \cdots,$ $k_r \geqslant 2$（即不能使用两个相邻的斐波那契数），于是可以用 $d_0 d_1 d_2 \cdots d_s$ 的编码表示一个正整数，其中 $d_i = 1$ 则表示 F_{i+2} 被使用。编码末位强制为其加一个 1（这样会出现两个相邻的 1），表示这一串编码结束。举几个例子：

$$1 = 1 \qquad = F_2 \qquad = (11)_F$$
$$2 = 2 \qquad = F_3 \qquad = (011)_F$$
$$6 = 5 + 1 \qquad = F_5 + F_2 \qquad = (10011)_F$$
$$8 = 8 \qquad = F_6 \qquad = (000011)_F$$
$$9 = 8 + 1 \qquad = F_6 + F_2 \qquad = (100011)_F$$
$$19 = 13 + 5 + 1 \qquad = F_7 + F_5 + F_2 \qquad = (1001011)_F$$

可以使用贪心算法来给 N 编码。

(1) 从大到小依次枚举斐波那契数 F_i,直到 $F_i \leqslant N$。

(2) 把 N 减掉 F_i,在编码 $i-2$ 的位置上放一个 1(编码从左到右以 0 为起点)。

(3) 如果 N 为正,回到步骤(1)。

(4) 在编码末位添加一个 1,表示编码的结束位置。

解码过程同理,先删掉末位的 1,对于编码为 1 的位置 i(编码从左到右以 0 为起点),累加一个 F_{i+2} 到答案。最后的答案就是原数字。

5. 矩阵形式

【例 4-2】 佳佳的斐波那契数列。

【问题描述】

佳佳对数学,尤其是数列十分感兴趣,在研究完斐波那契数列之后,他创造出许多稀奇古怪的数列,如求 $S(n)$ 表示斐波那契数列前 n 项和对 m 取模之后的值,即 $S(n) = (F_1 + F_2 + \cdots + F_n) \bmod m, F_1 = F_2 = 1$。可是这对佳佳来说还是小菜一碟。终于,他找到一个自己解决不了的数列。$T(n)$ 表示斐波那契数列前 n 项变形后的和对 m 取模之后的值,即 $T(n) = (F_1 + 2 \times F_2 + 3 \times F_3 + \cdots + n \times F_n) \bmod m, F_1 = F_2 = 1$。

【输入格式】

共一行,包含两个整数 n 和 m,$1 \leqslant n, m \leqslant 2^{31} - 1$。

【输出格式】

共 1 行,$T(n)$ 的值。

【样例输入】

5 5

【样例输出】

1

【样例解释】

$T(5) = (1 + 2 \times 1 + 3 \times 2 + 4 \times 3 + 5 \times 5) \bmod 5 = 1$。

【数据规模】

30% 数据:$1 \leqslant n \leqslant 1000$。

60% 数据:$1 \leqslant m \leqslant 1000$。

100% 数据:$1 \leqslant n, m \leqslant 2^{31} - 1$。

【问题分析】

求解本题时发现一个困难,就是 $T(n)$ 无法用递推式表示。仔细观察发现,$T(n)$ 的序

列是发散型的序列,而一般收敛型和线型的序列都可以构造递推式,于是进行如下变形:

$$T[n] = F[1] + 2F[2] + 3F[3] + \cdots + nF[n] \tag{1}$$

$$nS[n] = nF[1] + nF[2] + nF[3] + \cdots + nF[n] \tag{2}$$

通过(2)-(1)得:

$$nS[n] - T[n] = (n-1)F[1] + (n-2)F[2] + \cdots + F[n-1] \tag{3}$$

令 $P[n] = nS[n] - T[n]$,那么 $P[n+1] = P[n] + S[n]$(可以通过式(3)理解),于是可以得到矩阵乘法:

$$\begin{bmatrix} P[n+1] \\ S[n+1] \\ F[n+2] \\ F[n+1] \end{bmatrix} = \begin{bmatrix} 1 & 1 & 0 & 0 \\ 0 & 1 & 1 & 0 \\ 0 & 0 & 1 & 1 \\ 0 & 0 & 1 & 0 \end{bmatrix} \times \begin{bmatrix} P[n] \\ S[n] \\ F[n+1] \\ F[n] \end{bmatrix} \tag{4}$$

至此,将问题转换为矩阵乘法模型,即可用快速幂求解了。

【矩阵乘法求解递推式的参考程序】

```cpp
# include < cstdio >
# include < cstring >
# include < iostream >
using namespace std;
typedef long long ll;
const int M = 5;
const int N = 4;
ll n,m,f2,f1,s1,p1;
ll sn,pn,tn;
struct node
{
    ll g[M][M];
}mat,res;
void matrixMutiple(node&x,node&y,node&z)
{
    memset(z.g,0,sizeof(z.g));
    for(int i = 1;i < = N;i++)
    {
        for(int j = 1;j < = N;j++)if(x.g[i][j])
        {
            for(int k = 1;k < = N;k++)
            {
                z.g[i][k] += x.g[i][j] * y.g[j][k];
                if(z.g[i][k]> = m)
                {
                    z.g[i][k]% = m;
                }
            }
        }
    }
}
void matrix(node&E)
{
    for(int i = 1;i < = N;i++)
```

```
    {
        for(int j = 1;j < = N;j++)
        {
            E.g[i][j] = (i == j);
        }
    }
}
void matrixMuti(ll k)
{
    matrix(res);node tmp = mat.t;
    while(k)
    {
        if(k&1)
        {
            matrixMutiple(res,tmp,t);res = t;
        }
        matrixMutiple(tmp,tmp,t);
        tmp = t;
        k >> = 1;
    }
}
void init()
{
    memset(mat.g,0,sizeof(mat.g));
    mat.g[1][1] = 1;
    mat.g[1][2] = 1;
    mat.g[2][1] = 1;
    mat.g[3][1] = 1;
    mat.g[3][3] = 1;
    mat.g[4][3] = 1;
    mat.g[4][4] = 1;
    f1 = f2 = s1 = 1;
    p1 = 0;
}
int main()
{
    cin >> n >> m;
    init();
    ll ans = 0;
    matrixMuti(n - 1);
    sn = (res.g[3][1] * f2 + res.g[3][2] * f1 + res.g[3][3] * s1 + res.g[3][4] * p1) % m;
    pn = (res.g[4][1] * f2 + res.g[4][2] * f1 + res.g[4][3] * s1 + res.g[4][4] * p1) % m;
    tn = (n * sn - pn + m) % m;
    cout << tn << endl;
    return 0;
}
```

【例 4-3】 M 斐波那契数列。

【问题描述】

M 斐波那契数列 $F[n]$ 是一种整数数列,它的定义如下:

$$F[0] = a, \quad F[1] = b, \quad F[n] = F[n-1] \times F[n-2] \quad (n > 1)$$

现在给出 a、b、n,你能求出 $F[n]$ 的值吗?

【输入格式】

输入包含多组测试数据。

每组数据占一行,包含 3 个整数 a、b、$n(0 \leqslant a$、b、$n \leqslant 10^9)$。

【输出格式】

对输入的每组测试数据分别输出一个整数 $F[n]$,由于 $F[n]$ 可能很大,输出 $F[n]$ 对 1000000007 取模后的值即可,每组数据输出一行。

【输入样例】

```
0 1 0
6 10 2
```

【输出样例】

```
0
60
```

【问题分析】

(1) 首先得出封闭形式:$F[0]=a$,$F[1]=b$,$F[n]=a^{Fib_{n-1}} \times b^{Fib_n}$。

(2) 1000000007 是质数,遂用费马小定理,得:

$$F[n]\%m = (a^{(Fib_{n-1}\%(m-1))}\%m) \times (b^{(Fib_n\%(m-1))}\%m)\%m$$

(3) $Fib_n\%(m-1)$ 的计算用矩阵快速幂。

(4) $a^x\%m$、$b^y\%m$ 的计算用快速幂。

【参考程序】

```
#include <cstdio>
const long long M = 1000000007;
struct Matrix
{
    long long mat[2][2];
};
const Matrix P =
{
    1, 1,
    1, 0,
};
const Matrix I =
{
    1, 0,
    0, 1,
};
Matrix matrixmul(Matrix a, Matrix b)
{
    Matrix c;
    int i, j, k;
    for(i = 0;i < 2;++i)
        for(j = 0;j < 2;++j)
        {
            c.mat[i][j] = 0;
            for(k = 0;k < 2;++k)            //利用费马小定理
```

```
                {
                    c.mat[i][j] += a.mat[i][k] * b.mat[k][j] % (M-1);      //行×列
                }
                c.mat[i][j] % = (M-1);
            }
        return c;
    }   //P^n % (M-1),P已在程序开头定义

Matrix quickpow(long long n)
{
    Matrix m = P, ret = I;
    while(n)
    {
        if(n&1)
        {
            ret = matrixmul(ret, m);
        }
        n >>= 1;
        m = matrixmul(m,m);
    }
    return ret;
}


//a^b%M

long long quickpow(long long a, long long b)
{
    long long ret = 1;
    while(b)
    {
        if(b&1)
        {
            ret = ret * a % M;
        }
        b >>= 1;
        a = a * a % M;
    }
    return ret;
}
int main()
{
    long long a,b,n;
    Matrix q;
    while(~scanf("% I64d % I64d % I64d", &a, &b, &n))
    {
        q = quickpow(n);                                          //不需要特判
        printf("% I64d\n",quickpow(a,q.mat[1][1]) * quickpow(b,q.mat[1][0]) % M);
        //a^Fib(n-1) * b^Fib(n) % M
    }
    return 0;
}
```

4.1.7 最大公约数

一般地,设 $a_1, a_2, a_3, \cdots, a_k$ 是 k 个非零整数,如果存在一个非零整数 d,使得 $d \mid a_1$, $d \mid a_2, d \mid a_3, \cdots, d \mid a_k$,那么就称 d 为 $a_1, a_2, a_3, \cdots, a_k$ 的公约数。公约数中最大的一个就称为最大公约数(Greatest Common Divisor,GCD),记为 $\gcd(a_1, a_2, a_3, \cdots, a_k)$,显然它是存在的,至少为 1。当 gcd=1 时,称这 n 个数是互质的或既约的。公约数一定是最大公约数的约数。

1. 最大公约数的求法

接下来的最大公约数的求法皆是在两个数的情况下进行讨论。

1)分解法

根据唯一分解定理:若整数 $a \geqslant 2$,那么 a 一定可以表示为若干质数的乘积(唯一的形式),即 $a = p_1^{k_1} p_2^{k_2} \cdots p_s^{k_s}$(其中 p_i 为质数,称为 a 的质因子,$1 \leqslant i \leqslant s$)。

设 $a = p_1^{k_{a_1}} p_2^{k_{a_2}} \cdots p_s^{k_{a_s}}, b = p_1^{k_{b_1}} p_2^{k_{b_2}} \cdots p_s^{k_{b_s}}$,则易得:

$$\gcd(a, b) = p_1^{\min(k_{a_1}, k_{b_1})} \times p_2^{\min(k_{a_2}, k_{b_2})} \times \cdots \times p_s^{\min(k_{a_s}, k_{b_s})}$$

2)辗转相减法

$\forall a, b \in \mathbf{N}, a \geqslant b$,有 $\gcd(a, b) = \gcd(b, a-b)$。

证明:

对于 a、b 的任意公约数 d,因为 $d \mid a, d \mid b$,所以 $d \mid (a-b)$。因此 d 也是 $(b, a-b)$ 的公约数。反之亦成立。故 (a, b) 的公约数集合与 $(b, a-b)$ 的公约数集合相同。

3)欧几里得算法

辗转相除法用来求两数的最大公约数,又称欧几里得算法。其原理就是之前介绍的辗转相减法。

$\forall a, b \in \mathbf{N}, a \geqslant b$,有 $\gcd(a, b) = \gcd(b, a-b)$。

若 $a-b > b$,则可继续相减,即 $\gcd(a, b) = \gcd(b, a-b) = \gcd(b, a-2b)$。

直至 $a-b < b$,相当于 $\gcd(a, b) = \gcd(b, a \% b)$。

于是得到了关于两个数的最大公约数的一个递归求法:

```
int gcd(int a, int b) {
    if(b == 0) return a;
    return gcd(b, a % b);
}
```

4)二进制算法

因为高精度取模不容易实现,需要做高精度运算时,可以考虑用二进制算法:在辗转相减法的基础上,通过不断去除因子 2 来降低常数。

若 $a = b$,则 $\gcd(a, b) = a$;否则,分以下情况讨论。

(1) a 和 b 均为偶数,$\gcd(a, b) = 2 \times \gcd(a/2, b/2)$。

(2) a 和 b 均为奇数,$\gcd(a, b) = \gcd(a-b, b)$,相当于辗转相减法。

(3) a 为偶数,b 为奇数,$\gcd(a, b) = \gcd(a/2, b)$。

(4) a 为奇数,b 为偶数,$\gcd(a, b) = \gcd(a, b/2)$。

代码实现如下:

```
void gcd(int a[],int b[],int t)                    //传入两个高精度数组
{
    if(Comp(a,b) == 0)                             //相等,返回提取 2 共 T 次
    {
        T = t;
        return;
    }
    if(Comp(a,b) < 0)
    {
        gcd(b,a,t);
        return;
    }
    int ta,tb;
    if(a[1] % 2 == 0)
    {
        Div(a,2);
        ta = 1;
    } else{
        ta = 0;
    }
    if(b[1] % 2 == 0)
    {
        Div(b,2);
        tb = 1;
    }
    else{
        tb = 0;
    }
    if(ta&&tb)
    {
        gcd(a,b,t + 1);                            //都为偶数
    }else if(! ta &&! tb)                          //都为奇数
        {
            Minus(a,b);
            gcd(a,b,t);
        }
        else gcd(a,b,t);                           //一奇一偶
}
```

若需求多个数的最大公约数,显然答案一定是每个数的约数,那么也一定是每相邻两个数的约数。采用归纳法可以证明,每次取出两个数求出答案后再放回去,不会对所需要的答案造成影响。

2. 最小公倍数

下面讨论如何求解两个数的最小公倍数(Least Common Multiple,LCM)。

算术基本定理:每个正整数都可以表示成若干质数的乘积,这种分解方式在忽略排列次序的条件下是唯一的。

用数学公式来表示就是 $x = p_1^{k_1} p_2^{k_2} \cdots p_s^{k_s}$。

设 $a = p_1^{k_{a_1}} p_2^{k_{a_2}} \cdots p_s^{k_{a_s}}$，$b = p_1^{k_{b_1}} p_2^{k_{b_2}} \cdots p_s^{k_{b_s}}$，则易得：

$$最大公约数 = p_1^{\min(k_{a_1}, k_{b_1})} p_2^{\min(k_{a_2}, k_{b_2})} \cdots p_s^{\min(k_{a_s}, k_{b_s})}$$

$$最小公倍数 = p_1^{\max(k_{a_1}, k_{b_1})} p_2^{\max(k_{a_2}, k_{b_2})} \cdots p_s^{\max(k_{a_s}, k_{b_s})}$$

由于 $k_a + k_b = \max(k_a, k_b) + \min(k_a, k_b)$，所以得到结论是：

$$\gcd(a, b) \times \mathrm{lcm}(a, b) = a \times b$$

要求两个数的最小公倍数，先求出最大公约数即可，即

$$\mathrm{lcm}(a, b) = a \times b / \gcd(a, b)$$

在求多个数的 gcd 时，每次取出两个数求出 gcd 后再放回去，不会对所需要的答案造成影响。那么转换一下，每次取出两个数求出 lcm 后再放回去，亦不会对所需要的答案造成影响。

3. 扩展欧几里得算法

裴蜀定理又称贝祖定理（Bézout's Lemma），是代数几何中的一个定理。其内容是：设 a、b 是不全为零的整数，则存在整数 x、y，使得 $ax + by = \gcd(a, b)$。

扩展欧几里得算法（EXGCD）常用于求 $ax + by = \gcd(a, b)$ 的一组可行解。

证明：

设 $ax_1 + by_1 = \gcd(a, b)$，$bx_2 + (a \bmod b)y_2 = \gcd(b, a \bmod b)$。

由欧几里得定理可知：

$$\gcd(a, b) = \gcd(b, a \bmod b)$$

所以：

$$ax_1 + by_1 = bx_2 + (a \bmod b)y_2$$

又因为：

$$a \bmod b = a - \left(\left\lfloor \frac{a}{b} \right\rfloor \times b \right)$$

所以：

$$ax_1 + by_1 = bx_2 + \left(a - \left(\left\lfloor \frac{a}{b} \right\rfloor \times b \right) \right) y_2$$

$$ax_1 + by_1 = ay_2 + bx_2 - \left\lfloor \frac{a}{b} \right\rfloor \times by_2 = ay_2 + b \left(x_2 - \left\lfloor \frac{a}{b} \right\rfloor y_2 \right)$$

因为：

$$a = a, \quad b = b$$

所以：

$$x_1 = y_2, \quad y_1 = x_2 - \left\lfloor \frac{a}{b} \right\rfloor y_2$$

将 x_2、y_2 不断代入递归求解直至 gcd（最大公约数）为 0。递归 $x = 1$，$y = 0$ 回去求解。函数返回的值为 gcd，在这个过程中计算 x、y 即可。

代码实现如下：

```
int Exgcd( int a, int b, int&x, int&y)
{
    if(! b)
    {
        x = 1;
        y = 0;
        return a;
    }
    int d = Exgcd(b,a % b,x,y);
    int t = x;
    x = y;
    y = t - (a/b) * y;
    return d;
}
```

【例 4-4】 【BZOJ1441】Min。

【问题描述】

给出 n 个数($A_1,A_2,\cdots,A_n$),现求一组整数序列($X_1\cdots X_n$),使得 $S=A_1\times X_1+\cdots+A_n\times X_n>0$,且 S 的值最小。

【输入格式】

第一行给出数字 N,代表有 N 个数,下面一行给出 N 个数。

【输出格式】

S 的最小值。

【输入样例】

2

4059 -1782

【输出样例】

99

【问题分析】

由裴蜀定理知,本例题其实就是求这一系列数字的最大公约数。

【参考程序】

```
# include < cstdio >
# include < cmath >
# include < iostream >
using namespace std;
int gcd( int x, int y)
{
    return y == 0? x:gcd( y,x % y);
}
int n,ans;
int main()
{
    scanf(" % d",&n);
    for( int i = 1;i < = n;i++)
    {
        int x;
```

```
        scanf(" % d",&x);
        ans = gcd(ans,x);
    }
    printf(" % d",abs(ans));
    return 0;
}
```

【例 4-5】【BZOJ 2257、JSOI2009】瓶子和燃料。

【问题描述】

jyy 一直想着尽快回到地球,可惜他飞船的燃料不够了。有一天他又去向火星人要燃料,这次火星人答应了,但要 jyy 用飞船上的瓶子来换。jyy 的飞船上共有 N 个瓶子(1≤ N≤1000),经过协商,火星人只要其中的 K 个。jyy 将 K 个瓶子交给火星人之后,火星人用它们装一些燃料给 jyy。所有的瓶子都没有刻度,只在瓶口标注了容量,第 i 个瓶子的容量为 V_i(V_i 为整数,并且满足 1≤V_i≤1000000000)。

火星人比较吝啬,他们并不会把所有的瓶子都装满燃料。他们拿到瓶子后,会跑到燃料库里鼓捣一通,弄出少量燃料来交差。jyy 当然知道他们会来这一手,于是事先了解了火星人鼓捣的具体内容。火星人在燃料库里只会做如下 3 种操作:①将某个瓶子装满燃料;②将某个瓶子中的燃料全部倒回燃料库;③将燃料从瓶子 a 倒向瓶子 b,直到瓶子 b 满或者瓶子 a 空。燃料在倾倒过程中的损耗可以忽略。火星人拿出的燃料,当然是这些操作能得到的最小正体积。

jyy 知道,对于不同的瓶子组合,火星人可能会被迫给出不同体积的燃料。jyy 希望找到最优的瓶子组合,使得火星人给出尽量多的燃料。

【输入格式】

第 1 行:2 个整数 N、K。

第 2～N 行:每行 1 个整数,第 i+1 行的整数为 V_i。

【输出格式】

仅一行,一个整数,表示火星人给出燃料的最大值。

【问题分析】

(1) 火星人在瓶子 A 向瓶子 B 转移溶液时,会持续转移直到瓶 A 空或者瓶 B 满,不会出现其他可能。所以能够实现的燃料体积应该是所有瓶子溶剂的线性组合。

(2) 通过裴蜀定理可以轻松地证明,对于任意的一些整数,它们能组合出的最小正整数是它们的 gcd,所以答案即为在成为超过 k 个数的约数的数中的最大值。

(3) 可以桶排,使用一个数组存放每一种约数的出现次数,但约数大小的范围太大使数组超过了题目的空间限制。可以改用一个数组直接存放出现的所有约数,对数组排序一遍,也能用 $O(n)$ 的时间复杂度统计每个约数出现的次数。

【参考程序】

```
# include < iostream >
# include < cstdio >
# include < cmath >
# include < cstring >
# include < algorithm >
```

```
using namespace std;
int n,m,divs[10000001],tot,cnt = 1;
inline int rd()
{
    int x = 0;
    char c = getchar();
    while(! isdigit(c))
    {
        c = getchar();
    }
    while(isdigit(c))
    {
        x = (x << 1) + (x << 3) + (c ^ 48);
        c = getchar();
    }
    return x;
}
inline int mx(int x,int y)
{
    return x > y? x:y;
}
inline bool cmp(int x,int y)
{
    return x > y;
}
void calc(int v)
{
    int temp = sqrt(v);
    for(int i = 1;i < temp;++i)
    {
        if(!(v % i))
        {
            divs[++tot] = i;
            divs[++tot] = v/i;
        }
    }
    if(!(v % temp))
    {
        divs[++tot] = temp;
        if(v/temp! = temp)
        {
            divs[++tot] = v/temp;                //平方数
        }
    }
}
int main()
{
    n = rd();
    m = rd();
    for(int i = 1;i < = n;++i)
    {
        calc(rd());
    }
```

```
        sort(divs + 1,divs + 1 + tot,cmp);
        for(int i = 2;i <= tot;++i)
        {
            if(divs[i]! = divs[i - 1])
            {
                if(cnt >= m)                    //符合要求,输出结束
                {
                    printf(" % d",divs[i - 1]);
                    return 0;
                }
                cnt = 1;
            }else{
                ++cnt;
            }
        }
        return 0;
    }
```

【例 4-6】【BZOJ2299、HAOI2011】向量。

【问题描述】

已知一对数 a、b,任意使用(a,b)、$(a,-b)$、$(-a,b)$、$(-a,-b)$、(b,a)、$(b,-a)$、$(-b,a)$、$(-b,-a)$这些向量能否拼出另一个向量(x,y)?

【说明】 这里的拼就是使得你选出的向量之和为(x,y)。

【输入格式】

第一行为数组组数 t,$(t \leqslant 50000)$。

接下来的 t 行,每行 4 个整数 a、b、x、y($-2 \times 10^9 \leqslant a$、$b$、$x$、$y \leqslant 2 \times 10^9$)。

【输出格式】

t 行每行为 Y 或者为 N,分别表示可以拼出来及不能拼出来。

【输入样例】

```
3
2 1 3 3
1 1 0 1
1 0 -2 3
```

【输出样例】

```
Y
N
Y
```

【问题分析】

注意到题目中相当于有以下 4 种操作。

(1) x±2a 或 y±2a。

(2) x±2b 或 y±2b。

(3) x+a,y+b。

(4) x+b,y+a。

而(3)、(4)操作最多进行 1 次,因为每进行两次(3)、(4)操作相当于一次(1)操作+一次

(2)操作。(3)、(4)使用或不使用由裴蜀定理判定即可。

【参考程序】

```cpp
#include <bits/stdc++.h>
#define pa pair<int,int>
#define inf 1000000000
#define ll long long
using namespace std;
inline int read()
{
    int x = 0,f = 1;
    char ch = getchar();
    while(ch<'0'||ch>'9')
    {
        if(ch == '-')
        {
            f = -1;
            ch = getchar();
        }
    }
    while(ch>= '0'&&ch<= '9')
    {
        x = x*10+ch-'0';
        ch = getchar();
    }
    return x*f;
}
int T;
ll a,b,x,y,d;
ll gcd(ll a,ll b)
{
    return b == 0? a:gcd(b,a%b);
}
bool jud(ll x,ll y)
{
    return x%d == 0&&y%d == 0;
}
int main()
{
    T = read();
    while(T--)
    {
        a = read(),b = read(),x = read(),y = read();
        d = gcd(2*a,2*b);
        if(jud(x,y)||jud(x+a,y+b)||jud(x+b,y+a)||jud(x+a+b,y+a+b))
        {
            puts("Y");
        }
        else{
            puts("N");
        }
    }
    return 0;
}
```

4.1.8　求线性同余方程

形如 $a \times x \equiv b \pmod{c}$ 的方程被称为线性同余方程（Congruence Equation）。根据以下两个定理，可以求出该同余方程的解。

定理 1：

方程 $a \times x + b \times y = c$ 与方程 $a \times x \equiv c \pmod{b}$ 是等价的，有整数解的充要条件为 $\gcd(a, b) \mid c$。

根据定理 1，方程 $ax + by = c$，先用扩展欧几里得算法求出一组 x_0, y_0，即 $a \times x_0 + b \times y_0 = \gcd(a, b)$，再将两边同时除以 $\gcd(a, b)$ 乘 c，可以得到方程 $a \times x_0 \times c / \gcd(a, b) + b \times y_0 \times c / \gcd(a, b) = c$，并找到了方程的一个解。

定理 2：

若 $\gcd(a, b) = 1$，且 x_0, y_0 为方程 $ax + by = c$ 的一组解，则该方程的任意解可表示为 $x = x_0 + bt$，$y = y_0 - at$，且对任意整数 t 都成立。

根据定理 2 可以求出方程的所有解。但在实际问题中往往要求出一个最小整数解，也就是一个特解 x，$t = b / \gcd(a, b)$，$x = (x \bmod t + t) \bmod t$。

代码如下：

```
int ex_gcd(int a, int b, int& x, int& y)
{    //扩展欧几里得
    if(b == 0)
    {
        x = 1;
        y = 0;
        return a;
    }
    int d = ex_gcd(b,a%b,x,y);
    int temp = x;
    x = y;
    y = temp - a/b * y;
    return d;
}
bool liEu(int a, int b, int c, int& x, int& y)
{    //扩展欧几里得
    int d = ex_gcd(a,b,x,y);
    if(c % d! = 0)
    {
        return 0;
    }
    int k = c/d;
    x * = k;
    y * = k;
    return 1;
}
```

4.1.9　乘法逆元

若 $ax \equiv 1 \pmod{b}$，则 x 称为 $a \bmod b$ 的逆元，记作 a^{-1}。

1. 快速幂法

快速幂法要运用欧拉定理：若 a、b 互质，则 $a^{\varphi(b)} \equiv 1 (\mathrm{mod}\ b)$。

因为 $ax \equiv 1 (\mathrm{mod}\ b)$；

所以 $ax \equiv a^{\varphi(b)} (\mathrm{mod}\ b)$（根据欧拉定理）；

所以 $x \equiv a^{\varphi(b)-1} (\mathrm{mod}\ b)$；

当 b 为质数 p 时，$x \equiv a^{p-2} (\mathrm{mod}\ p)$，然后就可以使用快速幂法来求解了。

代码如下（这里仅给出求 $a^b \bmod p$ 的快速幂法代码，其中 $b = \varphi(p) - 1$）：

```cpp
inline int qpow(long long a, int b)
{    // p:取模数
    int ans = 1;
    a = (a % p + p) % p;
    for(; b; b >>= 1)
    {
        if(b&1)
        {
            ans = (a * ans) % p;
        }
        a = (a * a) % p;
    }
    return ans;
}
```

2. 扩展欧几里得法

将 $ax \equiv 1 (\mathrm{mod}\ b)$ 看作一个线性同余方程 $ax \equiv 1 (\mathrm{mod}\ b)$，则该线性同余方程的解 x 就是 $a \bmod b$ 的逆元，记作 a^{-1}，使用扩展欧几里得算法即可求此线性同余方程。代码如下：

```cpp
int ex_gcd(int a, int b, int& x, int& y)
{
    if(b == 0)
    {
        x = 1;
        y = 0;
        return a;
    }
    int d = ex_gcd(b, a % b, x, y);
    int temp = x;
    x = y;
    y = temp - a / b * y;
    return d;
}
bool liEu(int a, int b, int c, int& x, int& y)
{
    int d = ex_gcd(a, b, x, y);
    if(c % d != 0)
    {
        return 0;
    }
```

```
    int k = c/d;
    x * = k;
    y * = k;
    return 1;
}
```

3. 线性求逆元法

若要求 $1, 2, \cdots, n$ 中每个数关于 p 的逆元,显然对每个数进行单次求解的话,当数据量较大时容易超时。为避免此情况,可用如下线性算法求逆元。

首先,显然:

$$1^{-1} \equiv 1 (\bmod\ p)$$

然后,设:

$$p = k \times i + j, \quad j < i, 1 < i < p$$

再将其放到 $\bmod\ p$ 意义下就会得到:

$$k \times i + j \equiv 0 (\bmod\ p)$$

两边同时乘 $i^{-1} j^{-1}$:

$$k j^{-1} + i^{-1} \equiv 0 (\bmod\ p)$$

$$i^{-1} \equiv -k \times j^{-1} (\bmod\ p)$$

$$i^{-1} \equiv -\left\lfloor \frac{p}{i} \right\rfloor \times (p \bmod i)^{-1} (\bmod\ p)$$

至此就可以推出逆元了,实现代码极短,如下所示:

```
inv[1] = 1;
for(int i = 2;i < = n;++i)
{
    inv[i] = (long long) - (p/i) * inv[p % i] % p;
}
```

但是有些情况下这样做会出现负数,所以要修改代码,使其只求正整数:

```
inv[1] = 1;
for(int i = 2;i < = n;++i)
{
    inv[i] = (long long)(p - p/i) * inv[p % i] % p;
}
```

这就是线性求逆元法。

另外,根据线性求逆元法的式子 $i^{-1} \equiv -k \times j^{-1} (\bmod\ p)$,递归求解 j^{-1},直到 $j = 1$ 返回 1。

中间优化可以加入一个记忆化来避免多次递归导致的重复,这样求 $1, 2, \cdots, n$ 中所有数的逆元的时间复杂度仍是 $O(n)$。

注意:如果用以上给出的式子递归进行单个数的逆元求解,目前已知的时间复杂度的上界为 $O(n^{\frac{1}{3}})$。算法竞赛中更好地求单个数的逆元的方法有扩展欧几里得算法和快速幂法。

4．线性求任意 n 个数的逆元

如上的"线性求逆元法"只能求 $1\sim n$ 的逆元，如果需要求任意给定的 n 个数$(1\leqslant a_i<p)$的逆元，就需要使用如下方法。

首先计算 n 个数的前缀积，记为 s_i，然后使用快速幂法或扩展欧几里得算法计算 s_n 的逆元，记为 sv_n。因为 sv_n 是 n 个数的积的逆元，所以当将其乘上 a_n 时，就会和 a_n 的逆元抵消，于是就得到了 $a_1\sim a_{n-1}$ 的积逆元，记为 sv_{n-1}。同理，可以依次计算出所有的 sv_i，于是 a_i^{-1} 就可以用 $s_{i-1}\times sv_i$ 求得。所以就在 $O(n+\log p)$ 的时间内计算出了 n 个数的逆元。

参考代码如下：

```
s[0] = 1；
for(int i = 1;i <= n;++i)
{
    s[i] = s[i - 1] * a[i] % p；
}
sv[n] = qpow(s[n],p - 2)；     //当然这里也可以用 exgcd 来求逆元,视个人喜好而定
for(int i = n;i >= 1; -- i)
{
    sv[i - 1] = sv[i] * a[i] % p；
}
for(int i = 1;i <= n;++i)
{
    inv[i] = sv[i] * s[i - 1] % p；
}
```

4.1.10 Lucas 定理

Lucas(卢卡斯)定理是用来求 $C(n,m)\bmod p$ 的值。其中：n 和 m 是非负整数；p 是质数。一般用于 m、n 很大而 p 很小，或者 n、m 不大但大于 p 时(该情况下无法用阶乘解决)。

Lucas 定理的结论如下：

$$\text{Lucas}(n,m,p)=(\text{cm}(n\%p,m\%p)\times\text{Lucas}(n/p,m/p,p))(\bmod p)$$

或写成：

$$\binom{n}{m}\bmod p=\binom{\lfloor n/p\rfloor}{\lfloor m/p\rfloor}\times\binom{n\bmod p}{m\bmod p}\bmod p$$

其中，$\text{Lucas}(n,m,p)$ 表示 $C(n,m)\bmod p$；$\text{Lucas}(x,0,p)=1$；

$$\text{cm}(a,b)=a!\times(b!\times(a-b)!)^{(p-2)}\bmod p$$

$$=(a!/(a-b)!)\times(b!)^{(p-2)}\bmod p$$

Lucas 定理的结论2：把 n 写成 p 进制 $a[k]a[k-1]a[k-2]\cdots a[0]$，把 m 写成 p 进制 $b[k]b[k-1]b[k-2]\cdots b[0]$，则 $C(n,m)$ 与 $C(a[k],b[k])\times C(a[k-1],b[k-1])\times C(a[k-2],b[k-2])\times\cdots\times C(a[0],b[0])$ 模 p 同余。

Lucas 定理的实现代码如下：

```
//注意 C(n mod p,m mod p),若 n mod p < m mod p,则直接返回 0
//因为若 n < m,则 C(n,m) = 0
int getc(int n,int m)
```

```
{    //求组合数
     // p 为模数
     if(n < m)
     {
         return 0;
     }
     if(m > n - m)
     {
         m = n - m;
     }
     long long s1 = 1, s2 = 1;
     for(int i = 0; i < m; i++)
     {
         s1 = s1 * (n - i) % p;
         s2 = s2 * (i + 1) % p;
     }
     return s1 * qpow(s2, p - 2) % p;
     //qpow是快速幂,求 s2 的(p - 2)次方,用于求逆元
}
//如果要大量运用 Lucas 定理,建议用杨辉三角预先生成一个包含所有组合数的表
//或将阶乘(及阶乘逆元)预先生成,方便使用
int lucas(int n, int ra)
{
    if(m == 0)
    {
        return 1;
    }
    return 1LL * getc(n % p, m % p) * lucas(n/p, m/p) % p;
}
```

【例 4-7】 【UOJ♯275、清华大学集训 2016】组合数问题。

【问题描述】

组合数 C_n^m 表示从 n 个物品中选出 m 个物品的方案数。举个例子,从$(1,2,3)$ 三个物品中选择两个物品可以有$(1,2)$、$(1,3)$、$(2,3)$这三种选择方法。根据组合数的定义,可以给出计算组合数 C_n^m 的一般公式:

$$C_n^m = \frac{n!}{m!(n-m)!}$$

其中, $n! = 1 \times 2 \times \cdots \times n$(额外地,当 $n = 0$ 时, $n! = 1$)。

小葱想知道如果给定 n、m 和 k,对于所有的 $0 \leqslant i \leqslant n, 0 \leqslant j \leqslant \min(i,m)$ 有多少对 (i,j) 满足 C_i^j 是 k 的倍数。将答案对 $10^9 + 7$ 取模。

【输入格式】

第一行有两个整数 t、k,其中 t 代表该测试点共有多少组测试数据。

接下来的 t 行,每行输入两个整数 n、m。

【输出格式】

t 行,每行一个整数,代表所有的$(0 \leqslant i \leqslant n, 0 \leqslant j \leqslant \min(i,m))$ 中有多少对 (i,j) 满足 C_i^j 是 k 的倍数。

【输入样例 1】

1 2

3 3

【输出样例 1】

1

【提示】

在所有可能的情况中,只有 $C_2^1 = 2$ 是 2 的倍数。

【输入样例 2】

2 5

4 5

6 7

【输出样例 2】

0

7

【输入样例 3】

3 23

23333333 23333333

233333333 233333333

2333333333 2333333333

【输出样例 3】

851883128

959557926

680723120

【提示】

对于 20％的测试点,$1 \leqslant n, m \leqslant 100$;

对于另外 15％的测试点,$n \leqslant m$;

对于另外 15％的测试点,$K = 2$;

对于另外 15％的测试点,$m \leqslant 10$;

对于 100％的测试点,$1 \leqslant n, m \leqslant 10^{18}$,$1 \leqslant t, K \leqslant 100$,且 K 是一个质数。

时间限制:1s。

【问题分析】

因为数据范围很大,并且涉及的是求值,所以无法用矩阵乘法考虑。发现 K 的限制是: K 是一个质数,那么在大组合数模小质数的情况下可以考虑使用 Lucas 定理。

$$\text{Lucas}(n, m) = \text{Lucas}(n/k, m/k) \times \text{Lucas}(n\%k, m\%k)$$

显然,只要有任何一个 $\text{Lucas}(n\%k, m\%k) = C_{n\%k}^{m\%k}$ 是 k 的倍数,那么当前数就是 k 的倍数。因为 k 是质数,并且组合数的上下都小于 k,因此该值是 k 的倍数时,当且仅当 $m\%k > n\%k$。那么整个式子可以理解为,把 n、m 按照 K 进制分解,当且仅当存在至少一位上有 m 的这一位大于 n 的这一位成立。分解为 K 进制之后最多 $\log_2 n$ 位(大概是 60 位),考虑用动态规划方法(dp)。

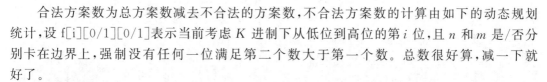

　　合法方案数为总方案数减去不合法的方案数,不合法方案数的计算由如下的动态规划统计,设 f[i][0/1][0/1] 表示当前考虑 K 进制下从低位到高位的第 i 位,且 n 和 m 是/否分别卡在边界上,强制没有任何一位满足第二个数大于第一个数。总数很好算,减一下就好了。

【参考程序】

```cpp
# include < iostream >
# include < cstdio >
# include < cstring >
using namespace std;
# define MOD 1000000007
void add(int &x,int y)
{
    x += y;
    if(x >= MOD)
    {
        x -= MOD;
    }
}
long long n,m;
int T,K,f[65][2][2],sn[65],tn,sm[65],tm,ans;
int main()
{
    cin >> T >> K;
    while(T--)
    {
        cin >> n >> m;
        m = min(n,m);
        tn = tm = 0;
        //500000004 是 2 模 1e9 + 7 的逆元,除以 2 相当于乘 500000004
        ans = (((1 + m) % MOD) * (m % MOD) % MOD * 500000004 % MOD + ((n - m + 1) % MOD) * ((m + 1) % MOD) % MOD) % MOD;
        for(;n;n/= K,m/= K)
        {
            sn[++tn] = n % K,sm[++tm] = m % K;
        }
        memset(f,0,sizeof(f));
        f[tn + 1][1][1] = 1;
        //x 枚举的是当前位填的数,j = 1 表示当前卡在边界上
        //因为上界是 sn[i],否则是 K 进制下的每一位的最大值 K - 1
        for(int i = tn;i; -- i)
            for(int j = 0;j < 2;++j)
                for(int K = 0;K < 2;++K)
                {
                    if(f[i + 1][j][k])
                    {
                        for(int x = 0;x <= (j? sn[i]:K - 1);++x)//j? sn[i]:K - 1 表示当前位
                                                                //的上界,
                            for(int y = 0;y <= (K? sm[i]:K - 1)&&y <= x;++y)
                            {
                                add(f[i][j&(x == sn[i])][k&(y == sm[i])],f[i + 1][j][K]);
                            }
                    }
```

```
                    //同上,唯一不同的是强制了 y <= x
                    }.
            }
    for(int i = 0;i < 2;++i)
        for(int j = 0;j < 2;++j)
            {
                add(ans,MOD - f[1][i][j]);
            }
        printf("% d\n",ans);
    }
    return 0;
}
```

4.1.11 中国剩余定理

中国剩余定理(Chinese Remainder Theorem,CRT)可求解如下形式的一元线性同余方程组(其中 $n_1,n_2,\cdots,n_k$ 两两互质):

$$\begin{cases} x \equiv a_1 (\bmod n_1) \\ x \equiv a_2 (\bmod n_2) \\ \qquad \vdots \\ x \equiv a_n (\bmod n_k) \end{cases}$$

算法流程:

(1) 计算所有模数的积 n;

(2) 对于第 i 个方程:

① 计算 $m_i = \dfrac{n}{n_i}$;

② 计算 m_i 在模 n_i 意义下的逆元 m_i^{-1};

③ 计算 $c_i = m_i m_i^{-1}$(不要对 n_i 取模)。

(3) 方程组的唯一解为 $a = \sum\limits_{i=1}^{k} a_i c_i (\bmod n)$。

【例 4-8】 孙子算经。

【问题描述】

今有物不知其数,三三数之余二;五五数之余三;七七数之余二。问物几何?

答曰:二十三。

【问题分析】

古人的口诀:三人同行七十稀,五树梅花廿一枝,七子团圆月正半,除百零五便得知。

现代同余理论:$23 \equiv 2 \times 70 + 3 \times 21 + 2 \times 15 (\bmod 105)$。问:70、21、15 是如何得到的?

其实,原问题为求解如下的同余方程组:

$$\begin{cases} x = 2(\bmod 3) \\ x = 3(\bmod 5) \\ x = 2(\bmod 7) \end{cases}$$

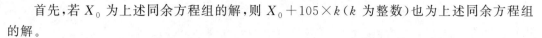

首先,若 X_0 为上述同余方程组的解,则 $X_0 + 105 \times k$(k 为整数)也为上述同余方程组的解。

其次,古人的口诀已经提示我们先解下面三个特殊的同余方程组的解:

$$(1)\begin{cases}x \equiv 1(\mathrm{mod}\ 3)\\x \equiv 0(\mathrm{mod}\ 5)\\x \equiv 0(\mathrm{mod}\ 7)\end{cases}\quad(2)\begin{cases}x \equiv 0(\mathrm{mod}\ 3)\\x \equiv 1(\mathrm{mod}\ 5)\\x \equiv 0(\mathrm{mod}\ 7)\end{cases}\quad(3)\begin{cases}x \equiv 0(\mathrm{mod}\ 3)\\x \equiv 0(\mathrm{mod}\ 5)\\x \equiv 1(\mathrm{mod}\ 7)\end{cases}$$

即

$$\begin{pmatrix}1\\0\\0\end{pmatrix}=?\quad\begin{pmatrix}0\\1\\0\end{pmatrix}=?\quad\begin{pmatrix}0\\0\\1\end{pmatrix}=?$$

以方程(1)为对象,相当于解一个这样的同余方程:$35y \equiv 1(\mathrm{mod}\ 3)$。为什么呢？原因是从方程(1)的模数及条件知,$x$ 应是 35 的倍数,于是可以假设 $x = 35y$,有 $35y \equiv 1(\mathrm{mod}\ 3)$,相当于 $2y \equiv 1(\mathrm{mod}\ 3)$,解出 $y = 2(\mathrm{mod}\ 3)$,于是 $x \equiv 35 \times 2 \equiv 70(\mathrm{mod}\ 105)$。类似地,得到方程(2)、(3)的模 105 的解 21、15。于是有:

$$\begin{pmatrix}1\\0\\0\end{pmatrix}=70\quad\begin{pmatrix}0\\1\\0\end{pmatrix}=21\quad\begin{pmatrix}0\\0\\1\end{pmatrix}=15$$

得出:

$$\begin{bmatrix}2\\3\\2\end{bmatrix}=2\begin{bmatrix}1\\0\\0\end{bmatrix}+3\begin{bmatrix}0\\1\\0\end{bmatrix}+2\begin{bmatrix}0\\0\\1\end{bmatrix}=2\times70+3\times21+2\times15\equiv23(\mathrm{mod}\ 105)$$

下面来介绍"中国剩余定理"。

设自然数 $m_1, m_2, \cdots, m_r$ 两两互质,并记 $N = m_1 \times m_2 \times \cdots \times m_r$,则同余方程组

$$\begin{cases}x \equiv b_1(\mathrm{mod}\ m_1)\\x \equiv b_2(\mathrm{mod}\ m_2)\\\qquad\vdots\\x \equiv b_r(\mathrm{mod}\ m_r)\end{cases}$$

在模 N 同余的意义下有唯一解。

证明:

考虑方程组($1 \leqslant i \leqslant r$):

$$\begin{cases}x \equiv 0(\mathrm{mod}\ m_1)\\\qquad\vdots\\x \equiv 0(\mathrm{mod}\ m_{i-1})\\x \equiv 0(\mathrm{mod}\ m_i)\\x \equiv 0(\mathrm{mod}\ m_{i+1})\\\qquad\vdots\\x \equiv 0(\mathrm{mod}\ m_r)\end{cases}$$

由于诸 m_i($1 \leqslant i \leqslant r$)两两互质,该方程组作变量替换,令 $x = (N/m_i) \times y$,方程组等价

于解同余方程$(N/m_i)y\equiv1(\bmod m_i)$,若要得到特解$y_i$,只要令$x_i=(N/m_i)\times y_i$,则方程组的解为$x_0=b_1x_1+b_2x_2+\cdots+b_rx_r(\bmod N)$,在模$N$意义下唯一。

中国剩余定理就是用来求解"模线性方程组"的,即

$$a\equiv B[1](\bmod W[1])$$
$$a\equiv B[2](\bmod W[2])$$
$$\vdots$$
$$a\equiv B[n](\bmod W[n])$$

其中,W、B已知,$W[i]>0$且$W[i]$与$W[j]$互质,求a。

【参考程序】

```cpp
#include <iostream>
using namespace std;
int exgcd(int a,int b,int &x,int &y)
{
    if(b==0)
    {
        x=1,y=0;
        return a;
    }
    int gcd=exgcd(b,a%b,x,y);
    int t=x;
    x=y;
    y=t-a/b*y;
    return gcd;
}
int China(int W[],int B[],int k)
{   //W为按多少排列,B为剩余个数,W>B,k为组数
    int x,y,a=0,m,n=1;
    for(int i=0;i<k;i++)
    {
        n *= W[i];
    }
    for(int i=0; i<k; i++)
    {
        m=n/W[i];
        exgcd(W[i],m,x,y);
        a=(a+y*m*B[i])%n;
    }
    if(a>0)
    {
        return a;
    }else{
        return a+n;
    }
}
```

【例4-9】 【POJ1006】Biorhythms。

【问题描述】

人自出生起就有体力、情感和智力三个生理周期,分别为23、28和33天。一个周期内

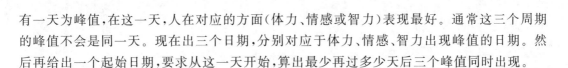

有一天为峰值,在这一天,人在对应的方面(体力、情感或智力)表现最好。通常这三个周期的峰值不会是同一天。现在出三个日期,分别对应于体力、情感、智力出现峰值的日期。然后再给出一个起始日期,要求从这一天开始,算出最少再过多少天后三个峰值同时出现。

【问题分析】

首先要知道,任意两个峰值之间一定相距整数倍的周期。假设一年的第 N 天达到峰值,则下次达到峰值的时间为 $N+Tk$(T 是周期,k 是任意正整数)。所以,三个峰值同时出现的那一天(S)应满足:

$$S = N_1 + T_1 \times k_1 = N_2 + T_2 \times k_2 = N_3 + T_3 \times k_3$$

其中,N_1、N_2、N_3 分别为体力、情感、智力出现峰值的日期;T_1、T_2、T_3 分别为体力、情感、智力周期。需要求出 k_1、k_2、k_3 三个非负整数,使上面的等式成立。

想直接求出 k_1、k_2、k_3 很难,但是我们的目的是求出 S,可以考虑从结果逆推。根据上面的等式,S 满足三个要求:除以 T_1 余数为 N_1;除以 T_2 余数为 N_2;除以 T_3 余数为 N_3。这样就把问题转换为求一个最小数,该数除以 T_1 余 N_1,除以 T_2 余 N_2,除以 T_3 余 N_3。直接使用中国剩余定理即可。

【参考程序】

```cpp
#include <iostream>
using namespace std;
int main()
{
    int p,e,i,d,T = 1;
    cin >> p >> e >> i >> d;
    do
    {
        int lcm = 21252;     //lcm(23,28,33)
        int ans = (5544 * p + 14421 * e + 1288 * i - d + lcm) % lcm;
        if(ans == 0)
        {
            ans = lcm;
        }
        cout <<"Case "<< T++<<": the next triple peak occurs in "<< ans <<" days."<< endl;
        cin >> p >> e >> i >> d;
    }while(p! = -1);
    return 0;
}
```

4.1.12 exLucas 定理

Lucas 定理中要求模数 p 必须为质数,那么对于 p 不是质数的情况,就需要用到 exLucas 定理。

1. 求解方式

首先对于 p 进行质因数分解:$p = p_1^{k_1} p_2^{k_2} \cdots p_n^{k_n}$。如果可以求出每个 $C_n^m \equiv a_i \pmod{p_i^{q_i}}$,那么对于同余方程组:

$$\begin{cases} C_n^m \equiv a_1 (\bmod\ p_1^{q_1}) \\ C_n^m \equiv a_2 (\bmod\ p_2^{q_2}) \\ \quad\quad\quad\vdots \\ C_n^m \equiv a_n (\bmod\ p_n^{q_n}) \end{cases}$$

使用中国剩余定理即可求出 C_n^m 的值。但是可以发现 p^t 也不一定是质数,接下来介绍如何计算 $C_n^m \bmod p^t$。

首先由求组合数的公式 $C_n^m = \dfrac{n!}{m!(n-m)!}$,如果可以分别计算出 $n!$、$m!$、$(n-m)!$ 在模 p^t 意义下的值,那么就可以得到答案。

以 $n! \bmod p^t$ 为例,当 $p=3$、$t=2$、$n=19$ 时,有:

$n! = 1 \times 2 \times 3 \times \cdots \times 19$

$\quad = (1 \times 2 \times 4 \times 5 \times 7 \times 8 \times 10 \times 11 \times 13 \times 14 \times 16 \times 17 \times 19) \times (3 \times 6 \times 9 \times 12 \times 15 \times 18)$

$\quad = (1 \times 2 \times 4 \times 5 \times 7 \times 8 \times 10 \times 11 \times 13 \times 14 \times 16 \times 17 \times 19) \times 3^6 \times (1 \times 2 \times 3 \times 4 \times 5 \times 6)$

可以看到后面一部分$(1 \times 2 \times 3 \times 4 \times 5 \times 6)$在模意义下相当于$(n/p)!$,于是可以递归进行计算。

前面一部分$(1 \times 2 \times 4 \times 5 \times 7 \times 8 \times 10 \times 11 \times 13 \times 14 \times 16 \times 17 \times 19)$是以 p^t 为周期的,也就是$(1 \times 2 \times 4 \times 5 \times 7 \times 8) \equiv (10 \times 11 \times 13 \times 14 \times 16 \times 17)(\bmod\ 3^2)$,所以只需要计算最后不满足一个周期的数是哪些就可以了(本例中只需计算 19)。显然,不满足一个周期的数的个数不超过 p^t 个。

2. 代码实现

如下代码中,int inverse(int x,int p)函数返回 x 在模 p 意义下的逆元。

```cpp
//exgcd(a,b,x,y)表示利用扩展欧几里得算法求一组(x,y),使得 ax + by = gcd(a,b)
//pow(a,b,p)表示 a^b % p 的值
typedef long long ll;
ll CRT(int n, ll * a, ll * m)
{
    ll M = 1,p = 0;
    for(int i = 1;i < n;i++)
    {
        M = M * m[i];
    }
    for(int i = 1;i <= n;i++)
    {
        ll w = M/m[i],x,y;
        exgcd(w,m[i],x,y);
        p = (p + a[i] * w % M * x % M) % M;
    }
    return(p % M + M) % M;
}
ll calc(ll n, ll x, ll P)
{
    if(! n)
    {
```

```
        return 1;
    }
    ll s = 1;
    for(int i = 1; i < = P; i++)
    {
        if(i % x)
        {
            s = s * i % P;
        }
    }
    s = Pow(s,n/P,P);
    for(ll i = 1; i < = n % P; i++)
    {
        if(i % x)
        {
            s = s * i % P;
        }
    }
    return s * calc(n/x,x,P) % P;
}
ll multilucas(ll m, ll n, ll x, ll P)
{
    ll cnt = 0;
    if(m < n)
    {
        return 0;
    }
    for(ll i = m; i; i/ = x)
    {
        cnt += i/x;
    }
    for(ll i = n; i; i/ = x)
    {
        cnt -= i/x;
    }
    for(ll i = m - n; i; i/ = x)
    {
        cnt -= i/x;
    }
    return Pow(x,cnt,P) % Pcalc(m,x,P) % P * inverse(calc(n,x,P),P) %
        P * inverse(calc(m - n,x,P),P) % P;
}
ll exlucas(ll m, ll n, ll P)
{
    int cnt = 0;
    ll p[20],a[20];
    for(ll i = 2; i * i < = P; ++)
    {
        if(P % i == 0)
        {
            p[++cnt] = 1;
            while(P % i == 0)
            {
```

```
                    p[cnt] = p[cnt] * i,P/ = i;
                }
            a[cnt] = multilucas(m,n,i,p[cnt]);
        }
    }
    if(P > 1)
    {
        p[++cnt] = P,a[cnt] = multilucas(m,n,P,P);
    }
    return CRT(cnt,a,p);
}
```

练习题

1.【BZOJ2818】gcd。

【问题描述】

给定整数 N，求 $1 \leqslant x , y \leqslant N$ 且 $\gcd(x , y)$ 为质数的数对 (x , y) 有多少对？

【输入格式】

一个整数 N。

【输出格式】

数对 (x , y) 的对数。

【输入样例】

4

【输出样例】

4

【提示】

对于样例 $(2,2),(2,4),(3,3),(4,2),1 \leqslant N \leqslant 10^7$。

2.【BZOJ2186、SDOI2008】沙拉公主的困惑。

【问题描述】

大富翁国因为通货膨胀，以及假钞泛滥，政府决定推出一项新的政策：现有钞票编号范围为 $1 \sim N$ 的阶乘，但是，政府只发行编号与 $M!$ 互质的钞票。房地产第一大户沙拉公主决定预测一下大富翁国现在所有真钞票的数量。现在，请你帮助沙拉公主解决这个问题，由于可能张数非常大，只需计算出对 R 取模后的结果即可。R 是一个质数。

【输入格式】

第一行为两个整数 T、R。$R \leqslant 10^9 + 10$，$T \leqslant 10000$。T 表示该组中测试数据的数目，R 为模。后面 T 行，每行一对整数 N、M，$m \leqslant n$。

【输出格式】

共 T 行，对于每一对 N、M，输出 $1! \sim N!$ 中与 $M!$ 互质的数的数量对 R 取模后的值。

【输入样例】

1 11

4 2

【输出样例】

1

【提示】

对于 100％的数据，$1 \leqslant N, M \leqslant 10000000$。

3.【BZOJ2190、SDOI2008】仪仗队。

【问题描述】

作为体育委员，C 君负责这次运动会仪仗队的训练。仪仗队是由学生组成的 $N \times N$ 的方阵，为了保证队伍在行进中整齐划一，C 君会跟在仪仗队的左后方，根据其视线所及的学生人数来判断队伍是否整齐(图 4-1)。

现在，C 君希望你告诉他队伍整齐时能看到的学生人数。

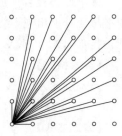

图 4-1　仪仗队

【输入格式】

共一个数 N。

【输出格式】

共一个数，即 C 君应看到的学生人数。

【输入样例】

4

【输出样例】

9

【提示】

数据规模和约定：对于 100％的数据，$1 \leqslant N \leqslant 40000$。

4.【BZOJ1477】青蛙的约会。

【问题描述】

两只青蛙在网上相识了，它们聊得很开心，于是觉得很有必要见一面。它们很高兴地发现它们住在同一条纬度线上，于是它们约定各自朝西跳，直到碰面为止。可是它们出发之前忘记了一件很重要的事情，既没有问清楚对方的特征，也没有约定见面的具体位置。不过青蛙们都是很乐观的，它们觉得只要一直朝着某个方向跳下去，总能碰到对方。但是除非这两只青蛙在同一时间跳到同一点上，不然永远都不可能碰面。为了帮助这两只乐观的青蛙，你被要求写一个程序来判断这两只青蛙是否能够碰面，以及会在什么时候碰面。把这两只青蛙分别叫作青蛙 A 和青蛙 B，并且规定纬度线上东经 0 度处为原点，由东往西为正方向，单位长度为 1 米，这样就得到了一条首尾相接的数轴。设青蛙 A 的出发点坐标是 x，青蛙 B 的出发点坐标是 y。青蛙 A 一次能跳 m 米，青蛙 B 一次能跳 n 米，两只青蛙跳一次所花费的时间相同。纬度线总长为 L 米。现在要你求出它们跳了几次以后才会碰面。

【输入格式】

输入只包括一行，共 5 个整数，分别为 x、y、m、n、L，其中 $x \neq y < 2000000000, 0 < m, n < 2000000000, 0 < L < 2100000000$。

【输出格式】

碰面所需要的跳跃次数，如果永远不可能碰面则输出 Impossible。

【输入样例】

1 2 3 4 5

【输出样例】

4

5. 【BZOJ1009、HNOI2008】GT 考试。

【问题描述】

阿申准备报名参加 GT 考试,准考证号为 N 位数 $X_1,X_2,\cdots,X_n(0\leqslant X_i\leqslant9)$,他不希望准考证号上出现不吉利的数字。他的不吉利数字 $A_1A_2\cdots A_m(0\leqslant A_i\leqslant9)$ 有 M 位,不出现是指 $X_1,X_2,\cdots,X_n$ 中没有恰好一段等于 $A_1A_2\cdots A_m$,A_1 和 X_1 可以为 0。

【输入格式】

第一行输入 N、M、K;接下来一行输入 M 位的数。100% 的数据 $N\leqslant10^9$,$M\leqslant20$,$K\leqslant1000$;40% 的数据 $N\leqslant1000$;10% 的数据 $N\leqslant6$。

【输出格式】

阿申想知道不出现不吉利数字的号码有多少种,输出模 K 取余的结果。

【输入样例】

4 3 100

111

【输出样例】

81

6. 【BZOJ1951、SDOI2010】古代猪文。

【背景描述】

"在那山的那边海的那边有一群小肥猪。他们活泼又聪明,他们调皮又灵敏。他们自由自在生活在那绿色的大草坪,他们善良勇敢相互都关心……"——选自猪王国民歌。

很久很久以前,在山的那边海的那边某片风水宝地曾经存在过一个猪王国。猪王国地理位置偏僻,实施的是适应当时社会的自给自足的庄园经济,很少与外界联系,商贸活动就更少了。因此也很少有其他动物知道这样一个王国。猪王国虽然不大,但是土地肥沃,屋舍俨然。如果一定要拿什么与之相比,那就只能是东晋陶渊明笔下的大家想象中的桃花源了。猪王勤政爱民,猪民安居乐业,邻里和睦相处,国家秩序井然,经济欣欣向荣,社会和谐稳定。和谐的社会带给猪民们对工作火红的热情和对未来的粉色的憧憬。小猪 iPig 是猪王国的一个很普通的公民。小猪今年 10 岁了,在大肥猪学校上小学三年级。和大多数猪一样,他不是很聪明,因此经常遇到很多或者稀奇古怪,或者旁人看来轻而易举的事情令他大伤脑筋。小猪后来参加了全猪信息学奥林匹克竞赛(Pig Olympiad in Informatics, POI),取得了不错的名次,最终保送进入了猪王国大学(Pig Kingdom University, PKU)深造。现在的小猪已经能用计算机解决简单的问题了,例如能用 P++ 语言编写程序计算出 $A+B$ 的值。这个"成就"已经成为他津津乐道的话题。当然,不明真相的同学们也开始对他刮目相看。

【问题描述】

猪王国的文明源远流长,博大精深。iPig 在大肥猪学校图书馆中查阅资料,得知远古时期猪文文字总个数为 N。当然,一种语言如果字数很多,字典的规模也相应会很大。当时的猪王国国王考虑到如果修一本字典,规模有可能远远超过康熙字典,花费的猪力、物力将难以估量。故考虑再三没有进行这一项"劳猪伤财"之举。当然,猪王国的文字后来随着历史变迁逐渐进行了简化,去掉了一些不常用的字。iPig 打算研究古时某个朝代的猪文文字。

根据相关文献记载,那个朝代流传的猪文文字恰好为远古时期的 k 分之一,其中 k 是 N 的一个正约数(可以是 1 和 N)。不过具体是哪 k 分之一,以及 k 是多少,由于历史过于久远,已经无从考证。iPig 觉得只要符合文献,每一种能整除 N 的 k 都是有可能的。他打算考虑所有可能的 k。显然当 k 等于某个定值时,该朝的猪文文字个数为 N/k。然而从 N 个文字中保留下 N/k 个的情况也是相当多的。iPig 预计,如果所有可能的 k 的所有情况数加起来为 P,那么他研究古代文字的代价将是 G 的 P 次方。现在他想知道猪王国研究古代文字的代价是多少。由于 iPig 觉得这个数字可能是天文数字,所以你只需要告诉他答案除以 999911659 的余数。

【输入格式】

有且仅有一行:两个数 N、G,用一个空格分开。

【输出格式】

有且仅有一行:一个数,表示答案除以 999911659 的余数。

【输入样例】

4 2

【输出样例】

2048

【提示】

10% 的数据中,$1 \leqslant N \leqslant 50$;

20% 的数据中,$1 \leqslant N \leqslant 1000$;

40% 的数据中,$1 \leqslant N \leqslant 10000$;

100% 的数据中,$1 \leqslant G \leqslant 1000000000$,$1 \leqslant N \leqslant 1000000000$。

7.【BZOJ2956】模积和。

【问题描述】

求 $\sum\limits_{i=1}^{n} \sum\limits_{j=1}^{m} (n \bmod i) \times (m \bmod j), i \neq j \quad \bmod 19940417$ 的值。

【输入格式】

第一行两个数 n、m。

【输出格式】

一个整数,表示答案 $\bmod 19940417$ 的值。

【输入样例】

3 4

【输出样例】

1

【提示】

答案为 $(3 \bmod 1) \times (4 \bmod 2) + (3 \bmod 1) \times (4 \bmod 3) + (3 \bmod 1) \times (4 \bmod 4) + (3 \bmod 2) \times (4 \bmod 1) + (3 \bmod 2) \times (4 \bmod 3) + (3 \bmod 2) \times (4 \bmod 4) + (3 \bmod 3) \times (4 \bmod 1) + (3 \bmod 3) \times (4 \bmod 2) + (3 \bmod 3) \times (4 \bmod 4) = 1$。

数据规模和约定:对于 100% 的数据 n、$m \leqslant 10^9$。

8.【Ahoi2005】SHUFFLE 洗牌。

【问题描述】

为了表彰小联为 Samuel 星球的探险所做出的贡献,小联被邀请参加 Samuel 星球近距离载人探险活动。由于 Samuel 星球相当遥远,科学家们要在飞船中度过相当长的一段时间,小联提议用扑克牌打发长途旅行中的无聊时间。玩了几局之后,大家觉得单纯玩扑克牌对于像他们这样的高智商人才来说太简单了。有人提出了扑克牌的一种新的玩法。对于扑克牌的一次洗牌是这样定义的,将一叠 N(N 为偶数)张扑克牌平均分成上下两叠,取下面一叠的第一张作为新的一叠的第一张,然后取上面一叠的第一张作为新的一叠的第二张,再取下面一叠的第二张作为新的一叠的第三张……如此交替直到所有的牌取完。如果对一叠 6 张的扑克牌 1、2、3、4、5、6 进行一次洗牌的过程如图 4-2 所示。

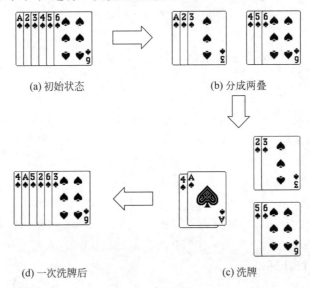

(a) 初始状态　　　　　　　　(b) 分成两叠

(d) 一次洗牌后　　　　　　　(c) 洗牌

图 4-2　洗牌过程

从图 4-2 中可以看出经过一次洗牌,序列 1、2、3、4、5、6 变为 4、1、5、2、6、3。当然,再对得到的序列进行一次洗牌,又会变为 2、4、6、1、3、5。游戏是这样的,如果给定长度为 N 的一叠扑克牌,并且牌面大小从 1 开始连续增加到 N(不考虑花色),对这样的一叠扑克牌进行 M 次洗牌。最先说出经过洗牌后的扑克牌序列中第 L 张扑克牌的牌面大小是多少的科学家得胜。小联想赢取游戏的胜利,你能帮助他吗?

【输入格式】

有三个用空格间隔的整数,分别表示 N、M、L(其中 $0 < N \leqslant 10^{10}$,$0 \leqslant M \leqslant 10^{10}$,且 N 为偶数)。

【输出格式】

单行输出指定的扑克牌的牌面大小。

【输入样例】

6 2 3

【输出样例】

6

4.2　组合数学基础

4.2.1　计数原理

计数原理是数学中的重要研究对象之一,包括加法原理、乘法原理、抽屉原理、容斥原理等,它们为解决很多实际问题提供了思想方法。

1. 加法原理

完成一个工程可以有 n 类办法,$a_i(1 \leqslant i \leqslant n)$ 代表第 i 类方法的数目。那么完成这件事共有 $S = a_1 + a_2 + \cdots + a_n$ 种不同的方法。

2. 乘法原理

完成一个工程需要分 n 个步骤,$a_i(1 \leqslant i \leqslant n)$ 代表第 i 个步骤的不同方法数目。那么完成这件事共有 $S = a_1 \times a_2 \times \cdots \times a_n$ 种不同的方法。

3. 抽屉原理

抽屉原理可描述为:要想把 $n+1$ 件物品放到 n 个抽屉里,那么必然会有至少一个抽屉里有两个(或以上)的物品。

该定理看起来比较显然,证明方法考虑使用反证法:假如所有抽屉都至多放了一件物品,那么 n 个抽屉至多只能放 n 个物品,矛盾。

4. 容斥原理

集合的运算(见图 4-3):并($\cup$)、交($\cap$)、补($\hat{\ }$、$\sim$ 或 $^{-}$)、差($-$)。

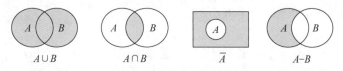

$$A \cup B \qquad A \cap B \qquad \overline{A} \qquad A-B$$

图 4-3　集合运算的示意图

容斥的模型如下。

(1) 全集:$\sum\limits_{i=1}^{k} x_i = r$ 的非负整数解。

(2) 属性:$x_i \leqslant n_i$。

于是设满足属性 i 的集合是 S_i,$\overline{S_i}$ 表示不满足属性 i 的集合,即满足 $x_i \geqslant n_i + 1$ 的集合。那么答案即为:

$$\left| \bigcap_{i=1}^{k} S_i \right| = |U| - \left| \bigcup_{i=1}^{k} \overline{S_i} \right|$$

根据容斥原理,有:

$$\left| \bigcup_{i=1}^{k} \overline{S_i} \right| = \sum_{i} |\overline{S_i}| - \sum_{i,j} |\overline{S_i} \cap \overline{S_j}| + \sum_{i,j,k} |\overline{S_i} \cap \overline{S_j} \cap \overline{S_k}| - \cdots + (-1)^{k-1} \left| \bigcap_{i=1}^{k} \overline{S_i} \right|$$

$$= \sum_i \binom{k+r-n_i-2}{k-1} - \sum_{i,j} \binom{k+r-n_i-n_j-3}{k-1} + \sum_{i,j,k} \binom{k+r-n_i-n_j-n_k-4}{k-1} - \cdots +$$

$$(-1)^{k-1} \binom{k+r-\sum\limits_{i=1}^{k} n_i - k - 1}{k-1}$$

拿全集 $|U| = \binom{k+r-1}{k-1}$ 减去上式,得到多重集的组合数:

$$\text{Ans} = \sum_{p=0}^{k} (-1)^p \sum_A \binom{k+r-1-\sum\limits_A n_{A_i} - p}{k-1}$$

通俗地讲就是:奇数个条件,做减法;偶数个条件,做加法。举一个简单的例子。

假设班里有 10 名学生喜欢数学,15 名学生喜欢语文,21 名学生喜欢编程,那么班里至少喜欢一门学科的有多少名学生呢?

是 $10+15+21=46$ 个吗? 不是的,因为有些学生可能同时喜欢数学和语文,或者语文和编程,或者数学和编程,甚至还有可能三者都喜欢。

为了叙述方便,把喜欢语文、数学、编程的学生集合分别用 A、B、C 表示,则学生总数等于 $|A \cup B \cup C|$。如果把这三个集合的元素个数 $|A|$、$|B|$、$|C|$ 直接加起来,则会有一些元素重复统计,因此需要扣掉 $|A \cap B|$、$|B \cap C|$、$|C \cap A|$,但这样一来又有一小部分多扣了,需要把 $|A \cap B \cap C|$ 加回来。

$$|A \cup B \cup C| = |A| + |B| + |C| - |A \cap B| - |B \cap C| - |C \cap A| + |A \cap B \cap C|$$

将上述问题推广到一般情况,就是容斥原理,如图 4-4 所示。

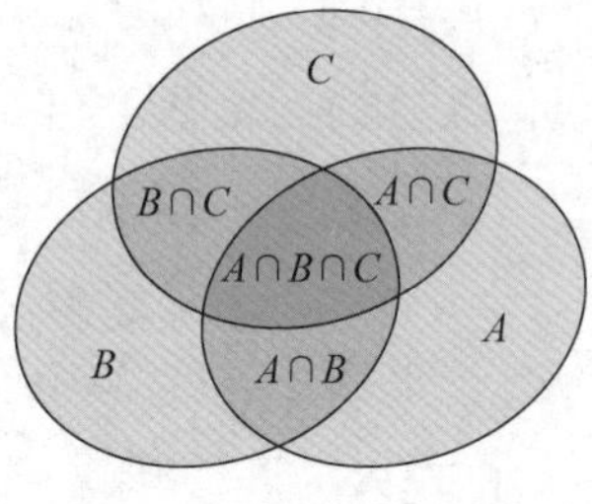

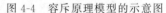

图 4-4　容斥原理模型的示意图

【例 4-10】【UVa11806】Cheerleaders。

【问题描述】

在一个 $n \times m$ 的区域内放 k 枚棋子,第一排及最后一排、第一列及最后一列一定要放,求共有多少种方法。

【问题分析】

思路 1:使用逆向思维,正着想重复的情况太多,不妨反着思考。

设 a_i 表示有且仅有 i 条边上没有放棋子的情况数,我们想要的显然是 $a_1+a_2+a_3+a_4$,这就是所有不符合要求的情况,但是同样不好直接计算。

但是有一个方便计算的方法,设 s_i 表示 i 条边上不能放棋子而其他的地方随便放的情况数,则有:

$$s_1 = 2C_{m(n-1)}^k + 2C_{(m-1)n}^k$$

$$s_2 = 4C_{(m-1)(n-1)}^k + C_{m(n-2)}^k + C_{(m-2)n}^k$$

$$s_3 = 2C_{(m-1)(n-2)}^k + 2C_{(m-2)(n-1)}^k$$

$$s_4 = C_{(m-2)(n-2)}^k$$

同时:

$$s_1 = C_1^1 a_1 + C_2^1 a_2 + C_3^1 a_3 + C_4^1 a_4$$

$$s_2 = C_2^2 a_2 + C_3^2 a_3 + C_4^2 a_4$$

$$s_3 = C_3^3 a_3 + C_4^3 a_4$$

$$s_4 = C_4^4 a_4$$

解得:

$$a_1 + a_2 + a_3 + a_4 = s_1 - s_2 + s_3 - s_4$$

【参考程序】

```
# include < cstdio >
const int mod = 1000007;
int c[405][405];
int main(void)
{
    //生成组合数
    c[0][0] = 1;
    for(int i = 1; i < 405; i++)
    {
        c[i][0] = c[i][i] = 1;
        for(int j = 1; j < i; j++)
        {
            c[i][j] = (c[i-1][j-1] + c[i-1][j]) % mod;
        }
    }
    //结束
    int t, cas = 0, n, m, k, ans, s1, s2, s3, s4;
    scanf("%d", &t);
    while(t -- )
    {
        scanf("%d%d%d", &n, &m, &k);
        if(n * m < k)
        {
            ans = 0;
        }
        else
        {
            s1 = (c[n*m-m][k] + c[n*m-n][k]) << 1;
            s2 = c[n*m-m-m][k] + c[n*m-n-n][k] + (c[n*m-n-m+1][k] << 2);
            s3 = (c[n*m-n-m-m+2][k] + c[n*m-m-n-n+2][k]) << 1;
            s4 = c[n*m-m-m-n-n+4][k];
            ans = ((c[n*m][k] - s1 + s2 - s3 + s4) % mod + mod) % mod;
        }
        printf("Case %d: %d\n", ++cas, ans);
    }
    return 0;
}
```

思路 2:运用容斥定理。

【参考程序】

```
# include < cstdio >
const int MOD = 1000007;
```

```
const int MAXK = 500;
int C[MAXK + 10][MAXK + 10];
int main()
{
    C[0][0] = 1;
    for(int i = 0; i <= MAXK; ++i)
    {
        C[i][0] = C[i][i] = 1;                  // 千万不要忘记写边界条件
        for(int j = 1; j < i; ++j)
        {
            C[i][j] = (C[i - 1][j] + C[i - 1][j - 1]) % MOD;
        }
    }
    int T;
    scanf("%d", &T);
    for(int cas = 1; cas <= T; ++cas)
    {
        int n, m, k, sum = 0;
        scanf("%d%d%d", &n, &m, &k);
        for(int S = 0; S < 16; ++S)             // 枚举所有 16 种"搭配方式"
        {
            int b = 0, r = n, c = m;            // b用来统计集合个数,r 和 c 是可以放置的行列数
            if(S&1)                             // 第一行没有石头,可以放石头的行数 r 减 1
            {
                r--;
                b++;
            }
            if(S&2)
            {
                r--;
                b++;
            }
            if(S&4)
            {
                c--;
                b++;
            }
            if(S&8)
            {
                c--;
                b++;
            }
            if(b&1)
            {
                sum = (sum + MOD - C[r * c][k]) % MOD;// 奇数个条件,做减法
            }
            else{
                sum = (sum + C[r * c][k]) % MOD;       // 偶数个条件,做加法
            }
        }
        printf("Case %d: %d\n", cas, sum);
    }
    return 0;
}
```

4.2.2　排列及组合

1. 排列及其公式

1）线排列

① 定义：一般地，从 n 个不同的元素中，取出 $m(m\leqslant n)$ 个元素按照一定的顺序排成一列，叫作从 n 个不同的元素中取出 m 个元素的一个线排列。从 n 个不同的元素中取出 m $(m\leqslant n)$ 个元素的所有线排列的个数，叫作从 n 个不同元素中取出 m 个元素的排列数，用符号 $P(n,m)$ 或 P_n^m 或 A_n^m 表示。

② 排列数公式：$\mathrm{P}_n^m = n(n-1)(n-2)\cdots(n-m+1) = \dfrac{n!}{(n-m)!}$

③ 全排列：把 n 个不同的元素全部取出（从 n 个不同的元素中取出 n 个元素），按照一定的顺序排成一列，叫作 n 个不同的元素的一个全排列，全排列的个数叫作 n 个元素的全排列数，用符号 P_n^n 表示。此时，$\mathrm{P}_n^n = n(n-1)(n-2)\times\cdots\times3\times2\times1 = n!$

2）圆排列

从 n 个不同元素中选取出 m 个元素，不分首尾地排成一个圆圈的排列叫作圆排列，其排列方案数为 $\dfrac{\mathrm{P}_n^m}{m} = \dfrac{n!}{m(n-m)!}$。如果 $m = n$，则有 $\dfrac{n!}{n} = (n-1)!$ 种。

3）相异元素可重复排列

从 n 个不同元素中可以重复地选取出 m 个元素的排列，叫作相异元素可重复排列。其排列总数为 n^m。

4）不全相异元素的排列

如果在 n 个元素中，有 n_1 个元素彼此相同，有 n_2 个元素彼此相同……有 n_m 个元素彼此相同，且 $n_1 + n_2 + \cdots + n_m = n$，则这 n 个元素的全排列叫作不全相异元素的全排列。

其排列数公式为 $\dfrac{n!}{n_1! \times n_2! \times \cdots \times n_n!}$

【例 4-11】【ZJOI 2011】看电影。

【问题描述】

到了难得的假期，小白班上组织大家去看电影。但由于假期里看电影的人太多，很难做到让全班看上同一场电影，最后大家在一个偏僻的小胡同里找到了一家电影院。但这家电影院分配座位的方式很特殊，具体方式如下。

电影院的座位共有 K 个，并被标号为 $1\sim K$，每个人买完票后会被随机指定一个座位，具体来说是从 $1\sim K$ 中等可能地随机选取一个正整数，设其为 L，如果编号 L 的座位是空位，则这个座位就分配给此人，否则将 L 加一，继续前面的步骤。

如果在第二步中不存在编号 L 的座位，则该人只能站着看电影，即所谓的站票。

小白班上共有 N 人（包括小白自己），作为数学爱好者，小白想知道全班都能够有座位的概率是多少。

【输入格式】

输入文件第一行有且只有一个正整数 T，表示测试数据的组数。第 $2\sim T+1$ 行，每行两个正整数 N、K，用单个空格隔开，其含义同题目描述。

【输出格式】

输出文件共包含 T 行。第 i 行应包含两个用空格隔开的整数 A、B，表示输入文件中的第 i 组数据的答案为 A/B(注意，这里要求将答案化为既约分数)。

【输出格式】

3

1 1

2 1

2 2

【输出样例】

1 1

0 1

3 4

【数据范围】

对于 100% 的数据，$1 \leqslant T \leqslant 50$，$1 \leqslant N$，$K \leqslant 200$。

【问题分析】

首先若 $K < N$，则必定无解，直接特判解决。现在只考虑 $K \geqslant N$ 的情况。现在要求解的是概率，即总合法方案数除以总方案数，总方案数很容易算，显然是 K^N。现考虑如何计算合法方案数。不难发现当且仅当一个人的 L 超过了 K 时是不合法的。那么我们假设 1 和 N 首尾相连，这样一个人的 L 如果跨越了 K，就让他回到 1。不难发现，这样每个人都一定能够坐下。下面考虑如何计算合法方案数，如果在 K 的后面再加一把椅子，那么至少会多出一个空位置($K+1-N$)，那么把这个空位置定为 $K+1$ 号位置，不难发现，如果 $K+1$ 号位置是一个空位置，那么意味着必定没有人会跨越 K 位置(因为如果他要跨越 K 位置就会坐到 $K+1$ 号位置上)，这样就可以计算合法方案数了。即

$$(K+1)^N \times (K+1-N)/(K+1) = (K+1)^{N-1} \times (K+1-N)$$

首先这些人随意坐，那么设定的 $K+1$ 号位置可选择的空位置还剩下 $(K+1-N)$ 个，因为考虑的是环，所以要除掉 $K+1$ 消去环的影响，需要高精度计算。

【参考程序】

```cpp
# include < iostream >
# include < cstdio >
# include < cstring >
using namespace std;
inline int read()
{
    int x = 0;
    bool t = false;
    char ch = getchar();
    while((ch<'0'||ch>'9')&&ch! = '-')
    {
        ch = getchar();
    }
    if(ch == '-')
    {
```

```
        t = true,ch = getchar();
    }
    while(ch < = '9'&&ch > = '0')
    {
        x = x * 10 + ch − 48,ch = getchar();
    }
    return t? − x:x;
}
struct BigNum
{
    int s[2000],ws;
    void clear()
    {
        memset(s,0,sizeof(s));
        s[ws = 1] = 0;
    }
    void init()
    {
        memset(s,0,sizeof(s));
        s[ws = 1] = 1;
    }
    void output()
    {
        for(int i = ws;i; −− i)
        {
            printf(" % d",s[i]);
        }
        putchar(' ');
    }
}A,B;
BigNum operator * (BigNum a,int b)
{
    int ws = a.ws;
    BigNum ret;
    ret.clear();
    for(int i = 1;i < = ws;++i)
    {
        ret.s[i] = a.s[i] * b;
    }
    for(int i = 1;i < = ws;++i)
    {
        ret.s[i + 1] += ret.s[i]/10,ret.s[i] % = 10;
    }
    while(ret.s[ws + 1])
    {
        ++ws,ret.s[ws + 1] += ret.s[ws]/10,ret.s[ws] % = 10;
    }
    ret.ws = ws;
    return ret;
}
int a[500];
void fj(int x,int opt)
{
```

```
    for(int i = 2;i * i <= x;++i)
        while(x % i == 0)x/ = i,a[i] += opt;
    if(x > 1)a[x] += opt;
}
int main()
{
    int T = read();
    while(T -- )
    {
        A. init();
        B. init();
        int n = read(),k = read();
        if(k < n)
        {
            puts("0 1");
            continue;
        }
        memset(a,0,sizeof(a));
        fj(k + 1,n - 1);
        fj(k + 1 - n,1);
        fj(k, - n);
        for(int i = 1;i < 500;++i)
        {
            if(a[i]> 0)
            {
                while(a[i]> 0)
                {
                    A = A * i, -- a[i];
                }
            }
            else if(a[i]< 0)
            {
                while(a[i]< 0)
                {
                    B = B * i,++a[i];
                }
            }
        }
        A.output();
        B.output();
        puts("\n");
    }
    return 0;
}
```

2. 组合及其公式

1) 非重组合

(1) **定义**：一般地，从 n 个不同的元素中，取出 $m(m \leqslant n)$ 个元素，不允许元素重复，不考虑元素次序，叫作从 n 个不同的元素中取出 m 个元素的一个非重组合；从 n 个不同元素中取出 $m(m \leqslant n)$ 个元素的所有组合的个数，叫作从 n 个不同元素中取出 m 个元素的组合数,用符号 C_n^m 表示,组合数也常用 $\binom{n}{m}$ 表示,读作 n 选 m,即 $C_n^m = \binom{n}{m}$。实际上,后者表意清晰明了,美观简洁,因此现在数学界普遍采用 $\binom{n}{m}$ 的记号。

根据分步计数原理得到:$P_n^m = C_n^m P_m^m$。

(2) **组合数公式**:$C_n^m = \dfrac{P_n^m}{P_m^m} = \dfrac{n(n-1)(n-2)\cdots(n-m+1)}{m!} = \dfrac{n!}{m!(n-m)!}(n,m \in \mathbf{N}^*)$。

(3) 组合数的两个性质:

① $C_n^m = C_n^{n-m}$,规定:$C_n^0 = 1, C_n^n = 1$。

② $C_{n+1}^m = C_n^m + C_n^{m-1}$。

2) 可重复组合

从 n 个不同元素中取出 r 个元素组成一个组合,且允许这 r 个元素重复使用(一般 $r \leqslant n$,但也允许 $r > n$),则称这样的组合为可重复组合,其组合数记为 $H(n,r)$,$H(n,r) = C_{n+r-1}^r$。

3) 二项式定理

$$(a+b)^n = \sum_{k=0}^{n} C_n^k a^{n-k} b^k$$

证明可以采用数学归纳法,利用 $\binom{n}{k} + \binom{n}{k-1} = \binom{n+1}{k}$ 做归纳。

二项式定理也可以很容易扩展为多项式的形式。

设 n 为正整数,x_i 为实数:

$$(x_1 + x_2 + \cdots + x_t)^n = \sum_{\substack{\text{满足} n_1 + \cdots + n_t = n \text{的非负整数解}}} \binom{n}{n_1\, n_2\, \cdots n_t} x_1^{n_1} x_2^{n_2} \cdots x_t^{n_t}$$

其中的 $\binom{n}{n_1\, n_2\, \cdots n_t}$ 是多项式系数,它的性质也很相似,$\sum \binom{n}{n_1\, n_2\, \cdots n_t} = t^n$。

【**例 4-12**】(NOIP2011)多项式系数。

【**问题描述**】

求 $(ax+by)^k$ 的展开中 $x^n y^m$ 项的系数。由于系数可能很大,只要求输出除以 10007 的余数。

【**输入格式**】

一行共五个整数,分别为 a、b、k、n、m。

【**输出格式**】

一个整数,为该项系数除以 10007 的余数。

【**输入样例**】

1 1 3 1 2

【**输出样例**】

3

【提示】

数据范围如下。

30%的数据 $0 \leqslant k \leqslant 10$；50%的数据 $a=1, b=1$；100%的数据 $0 \leqslant k \leqslant 1000, 0 \leqslant n, m \leqslant k$ 且 $n+m=k, 0 \leqslant a, b \leqslant 100000$。

【问题分析】

解法一：利用杨辉三角与组合的关系，即 $\binom{n}{k}+\binom{n}{k-1}=\binom{n+1}{k}$，以及二项式定理 $(a+b)^n=\sum_{k=0}^{n}C_n^k a^{n-k} b^k$ 求二项式系数。

【参考程序】

```cpp
#include <iostream>
#define N 1005
#define M 10007
using namespace std;
int f[N][N];
int main()
{
    int a,b,k,n,m,i,j,ans;
    cin >> a >> b >> k >> n >> m;
    a = a % M;
    b = b % M;
    for(i = 1; i <= k; i++)
    {
        f[i][i] = f[i][0] = 1;
        f[i][1] = i;
    }
    for(i = 3; i <= k; i++)
        for(j = 2; j < i; j++)
        {
            f[i][j] = (f[i-1][j] + f[i-1][j-1]) % M; //杨辉三角求二项式
        }
    ans = f[k][m] % M;
    for(i = 1; i <= n; i++)
    {
        ans = (ans * a) % M;
    }
    for(i = 1; i <= m; i++)
    {
        ans = (ans * b) % M;
    }
    cout << ans;
    return 0;
}
```

【问题分析】

解法二：利用二项式定理 $(a+b)^n=\sum_{k=0}^{n}C_n^k a^{n-k} b^k$，用乘法逆元求组合，即二项式系数。下面的代码逆元用费马小定理＋快速幂来求的，当然也可以用 exgcd 求逆元。

【参考程序】

```
# include < iostream >
# include < cstring >
# include < cstdio >
# include < cstdlib >
# include < cmath >
# include < algorithm >
# define P 10007
# define ll long long
# define inf (1LL << 60)
using namespace std;
int read()
{
    int x = 0,f = 1;
    char ch = getchar();
    while(ch<'0'||ch>'9')
    {
        if(ch == ' - ')
        {
            f = - 1;
        }
        ch = getchar();
    }
    while(ch > = '0'&&ch < = '9')
    {
        x = x * 10 + ch - '0';
        ch = getchar();
    }
    return x * f;
}
int k,a,b,n,m;
int qpow(int x,int y)                    //利用费马小定理求解乘法逆元
{
    int ans = 1;
    x % = P;
    for(int i = y;i;i >> = 1,x = x * x % P)
    {
        if(i&1)
        {
            ans = ans * x % P;
        }
    }
    return ans;
}
int C(int n,int m)
{
    int s1 = 1,s2 = 1;
    if(m > n - m)
    {
        m = n - m;
    }
```

```
    for(int i = 1;i < = m;i++)
    {
        s1 = s1 * (n - i + 1) % P;
        s2 = s2 * i % P;
    }
    return s1 * qpow(s2,P - 2) % P;
}
int main()
{
    a = read();
    b = read();
    k = read();
    n = read();
    m = read();
    printf(" % d\n",C(k,n) % P * qpow(a,n) % P * qpow(b,m) % P);
    return 0;
}
```

3. 组合数性质以及二项式推论

由于组合数在 OI 中十分重要,因此在此介绍一些组合数的性质。

$$\binom{n}{m} = \binom{n}{n-m} \tag{4-1}$$

式(4-1)相当于将选出的集合对全集取补集,故数值不变(对称性)。

$$\binom{n}{k} = \frac{n}{k}\binom{n-1}{k-1} \tag{4-2}$$

式(4-2)是由定义导出的递推式。

$$\binom{n}{m} = \binom{n-1}{m} + \binom{n-1}{m-1} \tag{4-3}$$

式(4-3)可以利用组合数的递推式(杨辉三角的公式表达)在 $O(n^2)$ 的复杂度下推导组合数。

$$\binom{n}{0} + \binom{n}{1} + \cdots + \binom{n}{n} = \sum_{i=0}^{n}\binom{n}{i} = 2^n \tag{4-4}$$

式(4-4)是二项式定理的特殊情况,取 $a = b = 1$ 时就得到该式。

$$\sum_{i=0}^{n}(-1)^i\binom{n}{i} = 0 \tag{4-5}$$

式(4-5)是二项式定理的另一种特殊情况,可取 $a=1,b=-1$。特殊情况: $n=0 \rightarrow$ 答案为 1。

$$\sum_{i=0}^{m}\binom{n}{i}\binom{m}{m-i} = \binom{m+n}{m} \quad (n \geqslant m) \tag{4-6}$$

式(4-6)是拆组合数的式子,在处理某些数据结构题时会用到。

$$\sum_{i=0}^{n}\binom{n}{i}^2 = \binom{2n}{n} \tag{4-7}$$

式(4-7)是式(4-6)的特殊情况,取 $n=m$ 即可。

$$\sum_{i=0}^{n}i\binom{n}{i} = n2^{n-1} \tag{4-8}$$

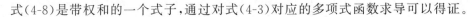

式(4-8)是带权和的一个式子,通过对式(4-3)对应的多项式函数求导可以得证。

$$\sum_{i=0}^{n} i^2 \binom{n}{i} = n(n+1)2^{n-2} \qquad (4\text{-}9)$$

与式(4-8)类似,式(4-9)可以通过对多项式函数求导证明。

$$\sum_{l=0}^{n} \binom{l}{k} = \binom{n+1}{k+1} \qquad (4\text{-}10)$$

式(4-10)可以通过组合意义证明,在恒等式证明中较常用。

$$\binom{n}{r}\binom{r}{k} = \binom{n}{k}\binom{n-k}{r-k} \qquad (4\text{-}11)$$

式(4-11)通过定义可以证明。

$$\sum_{l=0}^{n} \binom{n-i}{i} = F_{n+1} \qquad (4\text{-}12)$$

式(4-12)中的 F 是斐波那契数列。

$$\sum_{l=0}^{n} \binom{l}{k} = \binom{n+1}{k+1} \qquad (4\text{-}13)$$

式(4-13)通过组合分析,考虑 $S = a_1, a_2, \cdots, a_{n+1}$ 的 $k+1$ 子集数可以得证。以及重要的 Lucas 定理的结论:$Lucas(n,m,p) = cm(n\%p, m\%p) \times Lucas(n/p, m/p, p)$;或写成:

$$\binom{n}{m} \bmod p = \binom{\lfloor n/p \rfloor}{\lfloor m/p \rfloor} \times \binom{n \bmod p}{m \bmod p} \bmod p$$

4. 错位排列

1) 错位排列(递推形式)

对于 $1 \sim n$ 的排列,P 如果满足 $P_i \neq i$,则称 P 是 n 的错位排列。求出的结果称错位排列数。

考虑这样一个问题:有 n 封不同的信,编号分别是 $1,2,3,\cdots,n$,现在要把这 n 封信放在编号为 $1,2,3,\cdots,n$ 的信封中,要求信封的编号与信的编号不同,请问有多少种不同的放置方法? 假设考虑到第 n 个信封,初始时我们暂时把第 n 封信放在第 n 个信封中,然后考虑以下两种情况的递推:

- 前面 $n-1$ 个信封全部装错。
- 前面 $n-1$ 个信封有一个没有装错而其余全部装错。

对于第一种情况,前面 $n-1$ 个信封全部装错:因为前面已经全部装错了,所以第 n 封只需要与前面任意一个位置交换即可,共有 $f(n-1) \times (n-1)$ 种情况。

对于第二种情况,前面 $n-1$ 个信封中有一个没有装错而其余全部装错:考虑这种情况的目的在于,若 $n-1$ 个信封中如果有一个没装错,那么把那个没装错的与其交换,即可得到一个全错位排列情况。

其他情况下,不可能通过一次操作来把它变成一个长度为 n 的错排。于是可得错位排列的递推式为

$$f(n) = (n-1)(f(n-1) + f(n-2))$$

错位排列数列的前几项为 $0,1,2,9,44,265$。

2) 错位排列(容斥原理)

设 $(a_1, a_2, \cdots, a_n)$ 是 $\{1, 2, \cdots, n\}$ 的一个全排列,若对任意的 $i \in \{1, 2, \cdots, n\}$,都有 $a_i \neq i$,则称 $(a_1, a_2, \cdots, a_n)$ 是 $\{1, 2, \cdots, n\}$ 的一个错位排列。一般用 D_n 表示 $\{1, 2, \cdots, n\}$ 的错位排列的个数。

$$D_n = n! \times (1 - 1/1! + 1/2! - 1/3! + 1/4! - \cdots (-1)^n/n!)$$

证明过程如下。

设 S 是由 $\{1, 2, \cdots, n\}$ 构成的所有全排列组成的集合,则 $|S| = n!$。

设 A_i 是在 $\{1, 2, \cdots, n\}$ 的所有排列中由第 i 个位置上的元素恰好是 i 的所有排列组成的集合,则有 $A_i = (n-1)!$。

同理可得:$|A_i \bigcap A_j| = (n-2)!$。

……

一般情况下,有 $|A_{i1} \bigcap A_{i2} \bigcap \cdots \bigcap A_{ik}| = (n-k)!$。

因为 D_n 是 S 中不满足性质 $P_1, P_2, \cdots, P_n$ 的元素的个数,所以由容斥原理得:

$D_n = |\overline{A_1} \bigcap \overline{A_2} \bigcap \cdots \bigcap \overline{A_n}|$

$= n! - C(n,1) \times (n-1)! + C(n,2) \times (n-2)! - \cdots (-1)^n c(n,n) \times 0!$

$= n! \times [1 - 1/1! + 1/2! - 1/3! + 1/4! - \cdots (-1)^n/n!]$

5. 几种基础的排列组合小技巧

1) 特殊元素和特殊位置优先策略(图 4-5)

特殊元素和特殊位置优先策略示意图如图 4-5 所示。

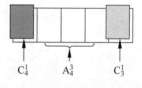

图 4-5　特殊元素和特殊位置优先策略示意图

【例 4-13】　求由 0、1、2、3、4、5 可以组成多少个没有重复数字的五位奇数?

解:由于末位和首位有特殊要求,应该优先安排,以免不合要求的元素占了这两个位置。

先排末位共有 C_3^1,然后排首位共有 C_4^1,最后排其他位置共有 A_4^3,由分步计数原理得 $C_3^1 C_4^1 A_4^3 = 288$。

位置分析法和元素分析法是解决排列组合问题最常用也是最基本的方法,若以元素分析为主,需先安排特殊元素,再处理其他元素。若以位置分析为主,需先满足特殊位置的要求,再处理其他位置。若有多个约束条件,往往是考虑一个约束条件的同时还要兼顾其他条件。

2) 相邻元素捆绑策略

【例 4-14】　7 人站成一排,要求甲、乙相邻且丙、丁相邻,求共有多少种不同的排法?

解:可先将甲、乙两元素捆绑成整体并看成一个复合元素,同时丙、丁也看成一个复合元素,再与其他元素进行排列,同时对相邻元素内部进行自排(见图 4-6)。

图 4-6　捆绑排列示意图

由分步计数原理可得共有 $A_5^5 A_2^2 A_2^2 = 480$ 种不同的排法。

要求某几个元素必须排在一起的问题,可以用捆绑法来解决。即将需要相邻的元素合

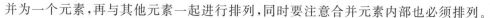

并为一个元素，再与其他元素一起进行排列，同时要注意合并元素内部也必须排列。

3）不相邻问题插空策略

【例 4-15】 一个晚会的节目有 4 个舞蹈、2 个相声、3 个独唱，舞蹈节目不能连续出场，则节目的出场顺序有多少种？

解：分两步进行，第一步排 2 个相声和 3 个独唱，共有 A_5^5 种出场顺序，第二步将 4 个舞蹈插入第一步排好的 6 个元素中间，包含首尾两个空位，共有 A_6^4 种不同的方法，由分步计数原理，节目的不同出场顺序共有 $A_5^5 A_6^4$ 种。

元素相离问题可先把没有位置要求的元素进行排队，再把不相邻元素插入中间和两端。插空策略的示意图如图 4-7 所示。

图 4-7 插空策略示意图

4）定序问题倍缩空位插入策略

【例 4-16】 若有 7 人排队，则其中甲、乙、丙 3 人顺序一定的话，共有多少种不同的排法？

解：（倍缩法）对于某几个元素顺序一定的排列问题，可先把这几个元素与其他元素一起进行排列，然后用总排列数除以这几个元素之间的全排列数，则共有不同排法种数是 $\dfrac{A_7^7}{A_3^3}$。

（空位法）设想有 7 把椅子让除甲、乙、丙以外的四人就坐，则共有 A_7^4 种方法，其余的 3 个位置甲、乙、丙共有 1 种坐法，则共有 A_7^4 种排法。

（插入法）先排甲、乙、丙 3 个人，共有 1 种排法，再把其余 4 人依次插入，共有 $4 \times 5 \times 6 \times 7$ 种排法。

定序问题可以用倍缩法，还可转换为占位插空模型进行处理。

5）重排问题求幂策略

【例 4-17】 若把 6 名实习生分配到 7 个车间实习，则共有多少种不同的分法？

解：完成此事共分六步进行。把第一名实习生分配到车间有 7 种分法，把第二名实习生分配到车间也有 7 种分法，以此类推，由分步计数原理可知共有 7^6 种不同的排法。

允许重复的排列问题的特点是以元素为研究对象，元素不受位置的约束，可以逐一安排各个元素的位置，一般地，n 个不同的元素没有限制地安排在 m 个位置上的排列数为 m^n 种。

6）环排问题线排策略

环排问题线排策略的示意图如图 4-8 所示。

【例 4-18】 若 5 人围桌而坐，则共有多少种坐法？

解：围桌而坐与坐成一排的不同点在于，坐成圆形没有首尾之分，所以固定一人 A 并从此位置把圆形展成直线，其余 4 人共有 A_4^4 种坐法，即 $(5-1)!$。

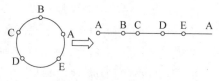

图 4-8 线排策略示意图

一般地，n 个不同元素作圆形排列，共有 $(n-1)!$ 种排法。如果从 n 个不同元素中取出 m 个元素作圆形排列，则共有 $\dfrac{1}{m}A_n^m$ 排法。

【例 4-19】 6 颗颜色不同的钻石，可穿成几种钻石圈？

解：要考虑"钻石圈"可以翻转的特点。

设 6 颗颜色不同的钻石为 a、b、c、d、e、f。与围桌而坐情形的不同点是 a、b、c、d、e、f 与 f、e、d、c、b、a 在围桌而坐中是两种排法，即在"钻石圈"中只是一种排法，即把"钻石圈"翻到一边，所求数为 $[(6-1)!]/2=60$。

7）多排问题直排策略

多排问题直排策略的示意图如图 4-9 所示。

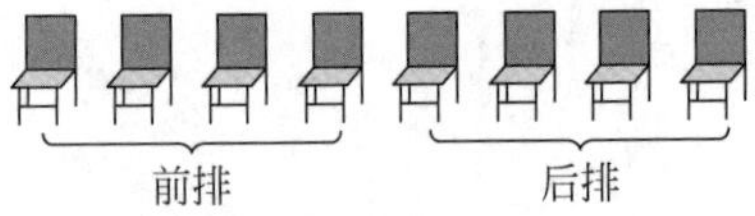

图 4-9　直排策略示意图

【例 4-20】 将人们排成前后两排，每排 4 人，其中甲、乙在前排，丁在后排，共有多少排法？

解：8 人排前后两排，相当于 8 人坐 8 把椅子，可以把椅子排成一排。先在前 4 个位置排甲、乙两个特殊元素，有 A_4^2 种排法，再排后 4 个位置上的特殊元素，有 A_4^1 种排法，其余的 5 人在 5 个位置上任意排列，有 A_5^5 种排法，则共有 $A_4^2 A_4^1 A_5^5$ 种排法。

一般地，元素分成多排的排列问题，可先归结为一排考虑，再分段研究。

8）排列组合混合问题先选后排策略

【例 4-21】 有 5 个不同的小球，装入 4 个不同的盒内，每盒至少装一个球，则共有多少不同的装法？

解：先从 5 个球中选出 2 个组成复合元，共有 C_5^2 种装法。再把 5 个元素（包含一个复合元素）装入 4 个不同的盒内，有 A_4^4 种装法。

根据分步计数原理可知共有 A_4^4 装法。

解决排列组合混合问题，先选后排是最基本的指导思想。此法与相邻元素捆绑策略类似。

9）小集团问题先整体后局部策略

【例 4-22】 用 1、2、3、4、5 组成没有重复数字的 5 位数，其中恰有两个偶数夹在 1、5 这两个奇数之间，那么这样的五位数有多少个？

解：把 1、5、2、4 当作一个小集团与 3 排队，共有 A_2^2 种排法，再排小集团内部，共有 $A_2^2 A_2^2$ 种排法，由分步计数原理可知共有 $A_2^2 A_2^2 A_2^2$ 种排法。

小集团排列问题中，先整体后局部，再结合其他策略进行处理，见图 4-10。

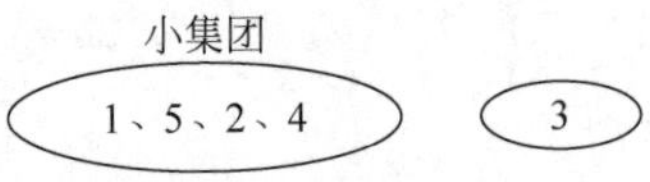

图 4-10　先整体后局部策略示意图

10）元素相同问题隔板策略

【例 4-23】 有 10 个运动员名额，需分给 7 个班，且每班至少分一个，则有多少种分配方案？

解：因为 10 个名额没有差别，所以把它们排成一排。相邻名额之间形成 9 个空隙。在 9 个空档中选 6 个位置插个隔板，可把名额分成 7 份，对应地分给 7 个班级，每一种插板方法对应一种分法，共有 C_9^6 种分法（见图 4-11）。

将 n 个相同的元素分成 m 份（n、m 为正整数），每份至少一个元素，可以用 $m-1$ 块隔

图 4-11　隔板策略

板，插入 n 个元素排成一排的 $n-1$ 个空隙中，所有分法数为 C_{n-1}^{m-1}。

【例 4-24】　求方程 $x+y+z+w=100$ 的自然数解的组数 C_{103}^3。

解：与例 4-23 非常相似，唯一的区别就是自然数包含 0，在放隔板之前每块隔板都附送一个元素即可解决。将 n 个相同的元素分成 m 份（n、m 为正整数），每份元素可以为 0，可以用 $m-1$ 块隔板（附送 $m-1$ 个元素），插入 $n+m-1$ 个元素排成一排的 $n+m-2$ 个空隙中，所有分法数为 C_{n+m-2}^{m-1}，本题答案为 C_{103}^3。

11）正难则反总体淘汰策略

【例 4-25】　从 0、1、2、3、4、5、6、7、8、9 这十个数字中取出三个数，使其和为不小于 10 的偶数，不同的取法有多少种？

解：在本例题中如果直接求不小于 10 的偶数很困难，可用总体淘汰法。这十个数字中有 5 个偶数和 5 个奇数，所取的三个数含有 3 个偶数的取法有 C_5^3 种，只含有 1 个偶数的取法有 $C_5^1 C_5^2$，和为偶数的取法共有 $C_5^1 C_5^2 + C_5^3$ 种，再淘汰和小于 10 的偶数共 9 种，符合条件的取法共有 $C_5^1 C_5^2 + C_5^3 - 9$ 种（见图 4-12）。

| 013 | 015 | 017 | 023 | 025 | 027 | 045 | 041 | 043 |

图 4-12　总体淘汰策略

有些排列组合问题，直接从正面考虑比较复杂，而从其反面考虑往往比较简捷，可以先求出它的反面，再从整体中淘汰。

【例 4-26】　某班里有 43 位同学，从中任抽 5 人，正、副班长和团支部书记至少有一人在内的抽法有多少种？

解：不考虑正、副班长和团支部书记至少有一人在内，43 人先 5 人，总方案是 C_{43}^5；若正、副班长和团支部书记没有一人在内，40 人选 5 人，方案是 C_{40}^5；抽 5 人，正、副班长和团支部书记至少有一人在内的方案是 $C_{43}^5 - C_{40}^5$。

12）平均分组问题除法策略

【例 4-27】　6 本不同的书平均分成 3 堆，每堆 2 本，则共有多少分法？

解：分三步取书得 $C_6^2 C_4^2 C_2^2$ 种方法，但这里出现重复计数的现象，不妨记 6 本书为 A、B、C、D、E、F，若第一步取 A、B，第二步取 C、D，第三步取 E、F，该分法记为（AB,CD,EF），但 $C_6^2 C_4^2 C_2^2$ 中还有（AB,EF,CD）、（CD,AB,EF）、（CD,EF,AB）（EF,CD,AB）、（EF,AB,CD），共有 A_3^3 种取法，（AB,CD,EF）仅是这些分法中的一种分法，故共有 $C_6^2 C_4^2 C_2^2 / A_3^3$ 种分法。

平均分成的组，不管它们的顺序如何，都是一种情况，所以分组后一定要除以 A_n^n（n 为均分的组数），避免重复计数。

【例 4-28】　将 13 个球队分成 3 组，一组 5 个队，其他两组 4 个队，有多少分法？

解：分三步分组得 $C_{13}^5 C_8^4 C_4^4$ 种方法，但这里出现重复计数的现象，其中两组都是 4 人一组，不管它们的顺序如何，都是一种情况，所以分组后一定要除以 A_n^n（n 为均分的组数，这里是 2)避免重复计数。答案为 $\dfrac{C_{13}^5 C_8^4 C_4^4}{A_2^2}$。

13）合理分类与分步策略

【例 4-29】 在一次演唱会上共有 10 名演员，其中 8 人能唱歌，5 人会跳舞，现要演出一个 2 人唱歌、2 人伴舞的节目，有多少种选派方法？

解： 10 名演员中有 5 人只会唱歌、2 人只会跳舞、3 人为全能演员。以只会唱歌的 5 人是否选上唱歌人员为标准进行研究，只会唱歌的 5 人中没有人被选上作为唱歌演员的共有 $C_3^2 C_3^2$ 种选派方法，只会唱歌的 5 人中只有 1 人被选上作唱歌演员的共有 $C_5^1 C_3^1 C_4^2$ 种选派方法，只会唱歌的 5 人中只有 2 人被选上作为唱歌演员的有 $C_5^2 C_5^2$ 种选派方法，由分类计数原理可知共有 $C_3^2 C_3^2 + C_5^1 C_3^1 C_4^2 + C_5^2 C_5^2$ 种选派方法。

本题还有如下分类标准：

（1）以 3 个全能演员是否被选上作唱歌演员为标准。

（2）以 3 个全能演员是否被选上作为跳舞演员为标准。

（3）以只会跳舞的 2 人是否被选上作为跳舞演员为标准。

以上都可得到正确结果。

解含有约束条件的排列组合问题，可按元素的性质进行分类，按事件发生的连续过程进行分步，做到标准明确。分步层次清楚，不重不漏，分类标准一旦确定要贯穿解题过程的始终。

14）构造模型策略

【例 4-30】 马路上有编号为 1、2、3、4、5、6、7、8、9 的 9 盏路灯，现要关掉其中的 3 盏，但不能关掉相邻的 2 盏或 3 盏，也不能关掉两端的 2 盏，求满足条件的关灯方法有多少种？

解： 把此问题当作一个排队模型在 6 盏亮灯的 5 个空隙中插入 3 个不亮的灯有 C_5^3 种方法。一些不易理解的排列组合题如果能转换为非常熟悉的模型，如占位填空模型、排队模型、装盒模型等，可使问题直观解决。

15）实际操作穷举策略

【例 4-31】 设有编号为 1、2、3、4、5 的 5 个球和编号为 1、2、3、4、5 的 5 个盒子，现将 5 个球投入这 5 个盒子内，要求每个盒子中放一个球，并且恰好有两个球的编号与盒子的编号相同，共有多少装法。

解： 从 5 个球中取出 2 个与盒子对号的有 C_5^2 种投法，还剩下 3 个球和 3 个盒的序号不能对应，利用实际操作法，如果剩下 3、4、5 号球，3、4、5 号盒 3 号球装入 4 号盒时，则 4、5 号球有且只有 1 种装法；同理 3 号球装入 5 号盒时，4、5 号球有且只有 1 种装法，由分步计数原理可知有 $2C_5^2$ 种装法。

对于条件比较复杂的排列组合问题，不易用公式进行运算，利用穷举法或画出树状图可收到意想不到的结果（见图 4-13）。

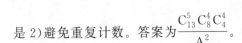

3 号盒   4 号盒   5 号盒

图 4-13 穷举策略示意图

【例 4-32】 给图 4-14 中的区域涂色，要求相邻区域不同色，现有 4 种可选颜色，则不同的着色方法有 72 种。

解： 因为 2 连接 1、3、4、5，而总颜色只有四种，故 1、5 同色或 3、4 同色。

1、5 同色，3、4 不同色：$4 \times 3 \times 2 \times 1 = 24$；

3、4 同色，1、5 不同色：$4 \times 3 \times 2 \times 1 = 24$；

1、5 同色,3、4 也同色:$4 \times 3 \times 2 = 24$；

共计 72 种。

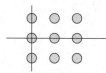

图 4-14 穷举涂色

16）分解与合成策略

【例 4-33】 30030 能被多少个不同的偶数整除？

分析：先把 30030 分解成质因数的乘积形式 $30030 = 2 \times 3 \times 5 \times 7 \times 11 \times 13$,依题意可知偶因数必先取 2,再从其余 5 个因数中任取若干个组成乘积,所有的偶因数为：

$$C_5^0 + C_5^1 + C_5^2 + C_5^3 + C_5^4 + C_5^5$$

【例 4-34】 正方体的 8 个顶点可连成多少对异面直线？

解：我们先从 8 个顶点中任取 4 个顶点构成四面体,共有 $C_8^4 - 12 = 58$ 个,每个四面体有 6 对异面直线,正方体中的 8 个顶点可连成 $6 \times 58 = 174$ 对异面直线。

分解与合成策略是排列组合问题的一种最基本的解题策略,先把一个复杂问题分解成几个小问题逐一解决,然后依据问题分解后的结构,用分类计数原理和分步计数原理将问题合成,从而得到问题的答案,每个比较复杂的问题都要用到这种解题策略。

17）化归策略

【例 4-35】 25 人排成 5×5 方队,现从中选 3 人,要求 3 人不在同一行也不在同一列,不同的选法有多少种？

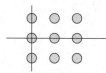

图 4-15 化归策略

解：将这个问题退化成 9 人排成 3×3 方队,现从中选 3 人,要求 3 人不在同一行也不在同一列,有多少选法。这样每行必有 1 人从其中的一行中选取 1 人后,把这人所在的行和列都划掉（见图 4-15）。

如此继续下去,从 3×3 方队中选 3 人的方法有 $C_3^1 C_2^1 C_1^1$ 种。再从 5×5 方队选出 3×3 方队便可解决问题。

从 5×5 方队中选取 3 行 3 列有 $C_5^3 C_5^3$ 种选法,所以从 5×5 方队选不在同一行也不在同一列的 3 人有 $C_5^3 C_5^3 C_3^1 C_2^1 C_1^1 = 600$ 选法。

处理复杂的排列组合问题时可以把一个问题退化成一个简要的问题,通过解决这个简要的问题找到解题方法,从而进一步解决原来的问题

【例 4-36】 （BZOJ3505、CQOI2014）数三角形。

【问题描述】

给定一个 $n \times m$ 的网格,请计算三点都在格点上的三角形共有多少个。如图 4-16 所示,为 4×4 的网格上的一个三角形。注意三角形的三点不能共线。

【输入格式】

输入一行,包含两个用空格分隔的正整数 m 和 n。

【输出格式】

输出一个正整数,为所求三角形的数量。

【输入样例】

2 2

【输入样例】

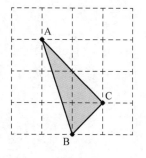

图 4-16 网格上的三角形

76

【提示】

数据范围 $1 \leqslant m, n \leqslant 1000$。

【问题分析】

利用组合数＋容斥原理＋GCD,易知 ans＝所有情况－平行坐标轴的三点共线－斜线三点共线。

求斜线三点共线:首先要知道一个结论,对于点 (a,b)、(x,y) 连成的线段而言(其中 $a>x,b>y$),在它们中间有 $\gcd(a-x,b-x)-1$ 个整点,因此基本的思路就是枚举两个点,第 3 个点则有 $\gcd(a-x,b-x)-1$ 种可能。为了保证不重不漏,只用两边的点统计中间的点,将这两个点组成的线段中左下那个端点平移至原点,则只需枚举一个点(右上),并且考虑矩形的对称性,所以要乘以 2,容易发现这样任意一条线,向上只能平移 $(n-i)$ 次,向下能平移 $(m-j)$ 次,所以可能性就为 $(n-i+1)\times(m-j+1)$,其中＋1 是因为可以向上移动 0 个单位,因此枚举每个点即可。

【参考程序】

```cpp
# include < bits/stdc++.h >
using namespace std;
# define R register int
# define LL long long
LL n,m,ans,go;
int gcd(int x,int y)
{
    if(! y)
    {
        return x;
    }
    else{
        return gcd(y,x % y);
    }
}
void work()
{
    scanf(" % lld % lld",&n,&m);
    ++n,++m;                         //因为是一个网格,所以真正的坐标系其实有(n+1,m+1)
    go = n * m;
    ans = go * (go - 1) * (go - 2)/6 - n * m * (m - 1) * (m - 2)/6 - m * n * (n - 1) * (n - 2)/6;
                                     //记得除掉取出数列的全排列
    for(R i = 1; i < n;i++)          //因为取了原点,所以相当于坐标系是从 0 开始的
        for(R j = 1; j < m;j++)      //枚举这个点
        {
            ans -= (LL)2 * (LL)(gcd(i,j) - 1) * (LL)(n - i) * (LL)(m - j);
        }
    printf(" % lld\n",ans);
}

int main()
{
```

```
    work();
    return 0;
}
```

【例 4-37】 (HNOI2008)明明的烦恼。

【问题描述】

自从明明学习了树的结构,就对奇怪的树产生了兴趣。给出标号为 1 到 N 的点,以及某些点最终的度数,允许在任意两点间连线,可产生多少棵度数满足要求的树?

【输入格式】

第一行为 $N(0 < N \leqslant 1000)$。

接下来 N 行,第 $i+1$ 行给出第 i 个结点的度数 Di,如果对度数不要求,则输入 -1。

【输出格式】

一个整数,表示不同的满足要求的树的棵数,无解输出 0。

【输入样例】

3

1

-1

-1

【输出样例】

2

【提示】

两棵树分别为 1-2-3 和 1-3-2。

【提示】

本例题运用到了树的 prufer 编码的性质。

(1) 树的 prufer 编码的实现:不断删除树中度数为 1 的最小序号的点,并输出与其相连的结点的序号,直至树中只有两个结点。

(2) 通过观察可以发现任意一棵 n 结点的树都可唯一地用长度为 $n-2$ 的 prufer 编码,表示度数为 m 的结点的序号在 prufer 编码中出现的次数为 $m-1$。

(3) 将 prufer 编码还原为一棵树:从 prufer 编码的最前端开始扫描结点,设该结点的序号为 u,寻找不在 prufer 编码的最小序号且没有被标记的结点 v,连接 u、v,并标记 v,将 u 从 prufer 编码中删除。扫描下一个结点。

该例题需要将树转换为 prufer 编码:

对于一个度数限制为 $d[i]$ 的点,那么它会在 prufer 序列中出现 $d[i]-1$ 次,所以若有度数限制点有 cnt 个的 prufer 序列的总长度为:

$$tot = \sum_{i=1}^{cnt} d[i] - 1$$

另有 $n - cnt$ 个无度数限制的点,要求在 $n-2$ 大小的数组中插入 tot 个序号,共有 C_{n-2}^{tot} 种插法;在 tot 个序号排列中,插有限制度数的节点的方法有 $\dfrac{tot}{\prod\limits_{i=1}^{cnt}(d[i]-1)!}$,另外还有

$n-$cnt 个节点无度数限制,所以它们可任意排列在剩余的 $n-2-$tot 的空间中,排列方法的总数为 $(n-\text{cnt})^{n-2-\text{tot}}$。

根据乘法原理合法的排列方法总数为:

$$\text{ans} = \frac{(n-2)!}{\text{tot}! \times (n-2-\text{tot})!} \times \frac{\text{tot}!}{\prod\limits_{i=1}^{\text{cnt}} (d[i]-1)!} \times (n-\text{cnt})^{n-2-\text{tot}}$$

高精度除法有些烦琐,显而易见的排列组合一定是整数,所以可以进行质因数分解,再做一下相加减。

关于 $n!$ 质因数分解有两种方法,第一种为暴力分解,这里着重讲第二种,即分别计数各个指数出现的次数。

【参考程序】

```cpp
#include<iostream>
#include<cstdio>
#include<cstring>
#include<cstdlib>
#include<cmath>
#include<ctime>
#include<algorithm>
using namespace std;
#define mod 1000000
int n,m,tot,cnt,len=1,d[1010],pri[1010],num[1010],f[1010],ans[1010];
inline int read()
{
    int x=0,f=1;
    char ch=getchar();
    while(! isdigit(ch))
    {
    if(ch=='-')
    {
        f=-1;
    }
    ch=getchar();
    }
    while(isdigit(ch))
    {
        x=x*10+ch-'0';
        ch=getchar();
    }
    return x*f;
}
void gets()                                    //线性筛质数
{
    memset(f,1,sizeof(f));
    for(int i=2;i<=1000;i++)
    {
        if(f[i])
        {
            pri[++cnt]=i;
```

```
    }
    for(int j = 1;j < = cnt;j++)
    {
        if(pri[j] * i > 1000)
        {
            break;
        }
        f[pri[j] * i] = 0;
        if(i % pri[j] == 0)
        {
            break;
        }
    }
    }
}
void solve(int x,int f)                          //暴力分解 x
{
    for(int i = 1;i < = x;i++)
    {
        int k = i;
        for(int j = 1;j < = cnt;j++)
        {
            if(k < = 1)
            {
                break;
            }
            while(k % pri[j] == 0)
            {
                num[j] += f;
                k/ = pri[j];
            }
        }
    }
}
void mul(int x)                                  //100 万进制高精乘
{
    for(int i = 1;i < = len;i++)
    {
        ans[i] * = x;
    }
    for(int i = 1;i < = len;i++)
    {
        ans[i + 1] += ans[i]/mod;
        ans[i] % = mod;
    }
    while(ans[len + 1])
    {
        len++;
        ans[len + 1] = ans[len]/mod;
        ans[len] % = mod;
    }
}
void print()                                     //输出高精度数
```

```
{
    for(int i = len;i;i--)
    {
        if(i == len)
        {
            printf(" % d",ans[i]);
        }
        else printf(" % 06d",ans[i]);
    }
}
int main()
{
    n = read();
    ans[1] = 1;
    gets();                          //读质数表
    if(n == 1)                       //特判
    {
        int x = read();
        if(! x)
        {
            printf("1\n");
        }
        else printf("0\n");
        return 0;
    }
    for(int i = 1;i <= n;i++)
    {
        d[i] = read();
        if(!d[i])
        {
            printf("0\n");
            return 0;
        }
        if(d[i] == -1)
        {
            m++;
        }
        else d[i]-- ,tot += d[i];
    }
    if(tot > n - 2)
    {
        printf("0\n");
        return 0;
    }
    solve(n - 2,1);
    solve(n - 2 - tot, - 1);
    for(int i = 1;i <= n;i++)
    {
        if(d[i])
        {
            solve(d[i], - 1);
        }
    }
```

```
        for(int i = 1;i <= cnt;i++)
        {
            while(num[i] -- )
            {
                mul(pri[i]);
            }
        }
        for(int i = 1;i <= n - 2 - tot;i++)
        {
            mul(m);
        }
        print();
        return 0;
}
```

4.2.3　康托展开

康托展开是一个全排列到一个自然数的双射,常用于构建 hash 表时的空间压缩。设有 n 个数$(1,2,3,4,\cdots,n)$,可以组成不同$(n!$种$)$的排列组合,康托展开表示的就是当前排列组合在 n 个不同元素的全排列中的名次。

原理: $X=a[n]\times(n-1)!+a[n-1]\times(n-2)!+\cdots+a[i]\times(i-1)!+\cdots+a[1]\times0!$
其中,$a[i]$为整数,并且 $0\leqslant a[i]\leqslant i$,$0\leqslant i<n$,表示在当前未出现的元素中排第几个,这就是康托展开。

例如,有 3 个数$(1、2、3)$,则其排列组合及其相应的康托展开值如表 4-1 所示。

表 4-1　1、2、3 的排列组合及其相应的康托展开值

排 列 组 合	名　　　次	康托展开值
123	1	$0\times2!+0\times1!+0\times0!$
132	2	$0\times2!+1\times1!+0\times0!$
213	3	$1\times2!+0\times1!+0\times0!$
231	4	$1\times2!+1\times1!+0\times0!$
312	5	$2\times2!+0\times1!+0\times0!$
321	6	$2\times2!+1\times1!+0\times0!$

例如其中的 231,想要计算排在它前面的排列组合数目$(123、132、213)$,则可以转换为计算比首位小,即小于 2 的所有排列$\lceil1\times2!\rfloor$,首位相等为 2 并且第二位小于 3 的所有排列$\lceil1\times1!\rfloor$,前两位相等为 23 并且第三位小于 1 的所有排列$(0\times0!)$的和即可,康托展开为: $1\times2!+1\times1+0\times0=3$。所以小于 231 的组合有 3 个,所以 231 的名次是 4。

再举个例子说明。在$(1,2,3,4,5)$这 5 个数的排列组合中,计算 34152 的康托展开值。

首位是 3,则小于 3 的数有两个,为 1 和 2,$a[5]=2$,则首位小于 3 的所有排列组合为 $a[5]\times(5-1)!$。

第二位是 4,则小于 4 的数有两个,为 1 和 2,注意这里 3 并不能算,因为 3 已经在第一位,所以其实计算的是在第二位之后小于 4 的个数。因此 $a[4]=2$。

第三位是 1,则在其之后小于 1 的数有 0 个,所以 $a[3]=0$。

第四位是 5,则在其之后小于 5 的数有 1 个,为 2,所以 $a[2]=1$。

最后一位就不用计算了,因为在它之后已经没有数了,所以 $a[1]$ 固定为 0。

根据公式:
$$X = 2 \times 4! + 2 \times 3! + 0 \times 2! + 1 \times 1! + 0 \times 0! = 2 \times 24 + 2 \times 6 + 1 = 61$$

所以比 34152 小的组合有 61 个,即 34152 排第 62。

具体代码实现如下(假设排列数小于 10 个):

```
static const int FAC[] = {1, 1, 2, 6, 24, 120, 720, 5040, 40320, 362880};    // 阶乘
int cantor(int * a, int n)
{
    int x = 0;
    for(int i = 0;i < n;++i)
    {
        int smaller = 0;                    // 在当前位之后小于其的个数
        for(int j = i + 1;j < n;++j)
        {
            if(a[j] < a[i])
            {
                smaller++;
            }
        }
        x += FAC[n - i - 1] * smaller;       // 康托展开累加
    }
    return x;                                // 康托展开值
}
```

4.2.4　逆康托展开

康托展开是一个全排列到一个自然数的双射,因此是可逆的。即对于 4.2.3 节的例子,排列 34152 是字典序第 62 位的排列。由上述的计算过程可以容易逆推回来,具体过程如下。

用 $61/4! = 2$ 余 13,说明 $a[5] = 2$,即比首位小的数有 2 个,所以首位为 3。

用 $13/3! = 2$ 余 1,说明 $a[4] = 2$,即在第二位之后小于第二位的数有 2 个,所以第二位为 4。

用 $1/2! = 0$ 余 1,说明 $a[3] = 0$,即在第三位之后没有小于第三位的数,所以第三位为 1。

用 $1/1! = 1$ 余 0,说明 $a[2] = 1$,即在第二位之后小于第四位的数有 1 个,所以第四位为 5。

最后一位自然就是剩下的数 2 了。

通过以上分析,所求排列组合为 34152。

具体代码实现如下(假设排列数小于 10 个):

```
static const int FAC[] = {1, 1, 2, 6, 24, 120, 720, 5040, 40320, 362880};    // 阶乘
//康托展开逆运算
void decantor(int x, int n)
{
    vector < int > v;                // 存放当前可选数
```

```
    vector < int > a;                    // 所求排列组合
    for(int i = 1;i < = n;i++)
    {
        v.push_back(i);
    }
    for(int i = m;i > = 1;i − − )        // m 表示排列数
    {
        int r = x % FAC[i − 1];
        int t = x/FAC[i − 1];
        x = r;
        sort(v.begin(),v.end());         // 从小到大排序
        a.push_back(v[t]);               // 剩余数里第 t + 1 个数为当前位
        v.erase(v.begin() + t);          // 移除选作当前位的数
    }
}
```

康托展开应用：得到一个排列和整数的双射。

给定一个自然数集合组合的全排列，求其中的一个排列组合在全排列中从小到大排第几位。在上述例子中，在(1,2,3,4,5)的全排列中，34152 的排列组合排在第 62 位。反过来，就是逆康托展开，即求在一个全排列中，从小到大的第 n 个全排列是多少。例如，求在 (1,2,3,4,5)的全排列中，第 62 个排列组合是 34152(注意具体计算中，要先 −1 才是其康托展开的值)。

另外，康托展开也是一个数组到一个数的映射，因此也是可用于 hash 表，用于空间压缩。例如，在保存一个序列时，可能需要开一个数组，如果能够把它映射成一个自然数，则只需要保存一个整数，大大压缩空间。

4.2.5 斯特林数

1. 第一类斯特林数

设有多项式 $x(x-1)(x-2)\cdots(x-n+1)$，它的展开式形如 $s_n x^n - s_{n-1} x^{n-1} + s_{n-2} x^{n-2} - \cdots$。

不考虑各项系数的符号，将 x^r 的系数的绝对值记作 $s(n,r)$，称为第一类斯特林数 (Stirling Number)。$s(n,r)$ 也是把 n 个不同的球排成 r 个非空循环排列的方法数。

2. 递推形式

$$s(n,r) = (n-1)s(n-1,r) + s(n-1,r-1), \quad n > r \geqslant 1$$

考虑最后一个球，它可以单独构成一个非空循环排列，也可以插入到前面的某一个球的一侧。若单独放，则有 $s(n-1,r-1)$ 种放法；若放在某个球的一侧，则有 $(n-1)s(n-1,r)$ 种放法。

3. 第二类斯特林数

把 n 个不同的球放到 r 个相同的盒子里，假设没有空盒，则放球方案数记作 $S(n,r)$，称为第二类斯特林数。

4. 递推形式

$$S(n,r) = rS(n-1,r) + S(n-1,r-1), \quad n > r \geqslant 1$$

考虑最后一个球,若它单独放一个盒子,有 $S(n-1,r-1)$ 种放法;若是和前面的某一个球放在同一个盒子里,则有 $rS(n-1,r)$ 种放法。

【例 4-38】【NOIP2007 普及组】将 n 个数 $(1,2,\cdots,n)$ 分成 r 个部分。每个部分至少有一个数。将不同划分方法的总数记为 S_n^r。例如,$S_4^2=7$,这 7 种不同的划分方法依次为

$\{(1),(234)\}\{(2),(134)\}\{(3),(124)\}\{(4),(123)\}\{(12),(34)\}\{(13),(24)\}\{(14),(23)\}$

当 $n=6,r=3$ 时,$S_6^3=(\quad)$?

【问题分析】

先固定一个数,对于其余的 5 个数考虑 S_5^3 与 S_5^2,再分这两种情况对原固定的数进行分析。在近几年的算法竞赛中,递推算法越来越重要:

$$S_6^3=3\times S_5^3+S_5^2$$
$$S_5^3=3\times S_4^3+S_4^2$$
$$S_5^2=2\times S_4^2+S_4^1$$

第二类斯特林数显然拥有这样的性质:

$$S_n^m=m\times S_{n-1}^m+S_{n-1}^{m-1}$$
$$S_n^1=1,S_n^0=0,S_n^n=1$$

而这些性质就可以总结成:

$$S_n^3=\frac{1}{2}\times(3^{n-1}+1)-2^{n-1}$$

4.2.6 卡特兰数

1. 卡特兰数列

卡特兰数又称卡塔兰数(Catalan Numer),是组合数学中一个经常出现在各种计数问题中的数列,其前几项为

$$1,2,5,14,42,132,429,1430,4862,16796,58786,208012,742900,\cdots$$

求卡特兰数列的第 n 项,可以用以下几个公式。

1) 递归公式 1

$$f(n)=\sum_{i=0}^{n-1}f(i)\times f(n-i-1)$$

2) 递归公式 2

$$f(n)=\frac{f(n-1)\times(4\times n-2)}{n+1}$$

3) 组合公式 1

$$f(n)=C_{2n}^n-C_{2n}^{n-1}$$

4) 组合公式 2

$$f(n)=\frac{C_{2n}^n}{n+1}$$

一般来说,我们会根据题意推出形如递归公式 1、组合公式 1 的结论,而使用递归公式 2 和组合公式 2 来进行计算。

```cpp
# include < iostream >
using namespace std;
int n;
long long f[25];
int main()
{
    f[0] = 1;
    cin >> n;
    for(int i = 1; i <= n; i++)
    {
        f[i] = f[i-1] * (4 * i - 2)/(i + 1);
    }
    //这里用的是递归公式 2
    cout << f[n] << endl;
    return 0;
}
```

2. 关于 $f(n) = \sum\limits_{i=0}^{n-1} f(i) \times f(n-i-1)$ 的例题

【例 4-39】 【AHOI2012、BZOJ2822】书屋阶梯。

【问题描述】

暑假期间,小龙报名了一个模拟野外生存作战训练班来锻炼体魄,训练的第一个晚上,教官就给他们出了个难题。由于地上露营湿气重,必须选择在高处的树屋露营。小龙分配的树屋建立在一颗高度为 $N+1$ 尺(N 为正整数)(1 尺 ≈ 0.333m)的大树上,正当他发愁怎么爬上去的时候,发现旁边堆满了空心四方钢材(见图 4-17),经过观察和测量,这些钢材截面的宽和高大小不一,但都是 1 尺的整数倍,教官命令队员们每人选取 N 个空心钢材来搭建一个总高度为 N 尺的阶梯来进入树屋,该阶梯每一步台阶的高度为 1 尺,宽度也为 1 尺。如果这些钢材有各种尺寸,且每种尺寸数量充足,那么小龙可以有多少种搭建方法(注:为了避免夜里踏空,钢材空心的一面绝对不可以向上)?

以树屋高度为 4 尺、阶梯高度 $N=3$ 尺为例,小龙共有如图 4-18 所示的 5 种搭建方法。

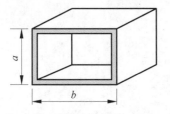

图 4-17 空心钢管,其中 a、b 均为正数
（即 1 尺的整数倍）

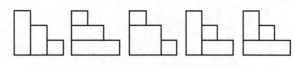

图 4-18 搭建 3 尺高阶梯的方法

【输入格式】

一个正整数 $N(1 \leqslant N \leqslant 500)$,表示阶梯的高度。

【输出格式】

一个正整数,表示搭建方法的个数(注:搭建方法个数可能很大)。

【输入样例】

3

【输出样例】

5

【提示】

$1 \leqslant N \leqslant 500$。

【问题分析】

易知：每一级台阶的右上角都一定是一个全新矩形的右上角；固定阶梯唯一的左下角，枚举与之所匹配的右上角 i（形成一个矩形），将这个矩形取出，则形成上方 $f(i-1)$ 和右方 $f(n-i)$ 两个子问题（与经典的凸多边形的三角形划分问题相似），为 $f(n) = \sum_{i=1}^{n} f(i-1) \times f(n-i)$，将 i 调整为 $0 \sim n-1$，则推出形如 $f(n) = \sum_{i=0}^{n-1} f(i) \times f(n-i-1)$ 的递归公式。

因为数据范围，可使用分解质因数的方法，只需要一个高精乘低精即可。

【参考程序】

```cpp
# include <cstdio>
# include <cmath>
# include <ctime>
# include <cstring>
# include <algorithm>
# include <queue>
using namespace std;
int read()
{
    int x = 0;
    char ch = getchar();
    while(ch<'0'||ch>'9')
    {
        ch = getchar();
    }
    while(ch >= '0'&&ch <= '9')
    {
        x = x * 10 + ch - '0';
        ch = getchar();
    }
    return x;
}
int n,cnt;
int pri[305],mn[1005],num[305];
bool del[1005];
struct data
{
    int l,v[305];
```

```
    data()
    {
        l = 1;
        v[1] = 0;
    }
    int &operator[](int x)
    {
        return v[x];
    }
}ans;
void print(data a)
{
    for(int i = a.l;i;i -- )
    {
        printf(" % d",a[i]);
    }
    puts(" ");
}
data operator * (data a,int x)
{
    for(int i = 1;i < = a.l;i++)
    {
        a[i] * = x;
    }
    for(int i = 1;i < = a.l;i++)
    {
        a[i + 1] += a[i]/10;
        a[i] % = 10;
        if(a[a.l + 1])
        {
            a.l++;
        }
    }
    return a;
}
void getpri()
{
    for(int i = 2;i < = 2 * n;i++)
    {
        if(! del[i])
        {
            pri[++cnt] = i,mn[i] = cnt;
        }
        for(int j = 1;pri[j] * i < = 2 * n&&j < = cnt;j++)
        {
            del[pri[j] * i] = 1;mn[pri[j] * i] = j;
            if(i % pri[j] == 0)
            {
                break;
            }
        }
    }
}
```

```
void add(int x,int f)
{
    while(x! = 1)
    {
        num[mn[x]] += f;
        x/ = pri[mn[x]];
    }
}
int main()
{
    n = read();
    getpri();
    for(int i = 2 * n;i > n;i -- )
    {
        add(i,1);
    }
    for(int i = 1;i < = n;i++)
    {
        add(i, -1);
    }
    add(n + 1, -1);
    ans.v[1] = 1;
    for(int i = 1;i < = cnt;i++)
    {
        while(num[i] -- )
        {
            ans = (ans * pri[i]);
        }
    }
    print(ans);
    return 0;
}
```

3. 关于 $f(n) = C_{2n}^n - C_{2n}^{n-1}$ 的例题

给定 n 个 0 和 n 个 1,它们按照某种顺序排成长度为 $2n$ 的序列,满足任意前缀中 0 的个数都不少于 1 的个数的序列的数量为 $\mathrm{Cat}_n = \dfrac{1}{n+1}C_{2n}^n$。

证明:令 n 个 0 和 n 个 1 任意排成一个长度为 $2n$ 的序列 S,若 S 不满足任意前缀中 0 的个数都不少于 1 的个数,则存在一个最小的位置 $2p+1 \in [1, 2n]$,使得 $S[1 \sim 2p+1]$ 中有 p 个 0,$p+1$ 个 1。而把 $S[2p+2 \sim 2n]$ 中的所有数位取反后,包含 $n-p-1$ 个 0 和 $n-p$ 个 1。于是得到了由 $n-1$ 个 0 和 $n+1$ 个 1 排成的序列。

同理,令 $n-1$ 个 0 和 $n+1$ 个 1 随意排成一个长度为 $2n$ 的序列 S,也必定存在一个最小的位置 $2p+1$,使得 $S[1 \sim 2p+1]$ 中有 p 个 0,$p+1$ 个 1。把 S 后面剩下的一半取反,就得到了由 n 个 0 和 n 个 1 排成的、存在一个前缀 0 比 1 多的序列。

因此,以下两种序列构成一个双射:

① 由 n 个 0 和 n 个 1 排成的、存在一个前缀 0 比 1 多的序列。

② 由 $n-1$ 个 0 和 $n+1$ 个 1 排成的序列。

根据组合数的定义,后者显然有 C_{2n}^{n-1} 个。

综上所述,由 n 个 0 和 n 个 1 排成的、任意前缀中 0 都不少于 1 的序列数量为

$$C_{2n}^n - C_{2n}^{n-1} = \frac{(2n)!}{n!} - \frac{(2n)!}{(n-1)!(n+1)!} = \frac{1}{n+1}C_{2n}^n = \mathrm{Cat}_n$$

4. 卡特兰数列的有关问题

(1) n 个左括号和 n 个右括号组成的合法括号序列的数量为 Cat_n。

简析:令左括号为 0,右括号为 1。给定 n 个 0 和 n 个 1,它们按照某种顺序排成长度为 $2n$ 的序列,满足任意前缀中 0 的个数都不少于 1 的个数的序列的数量为 $\mathrm{Cat}_n = \frac{1}{n+1}C_{2n}^n$。

(2) $1, 2, \cdots, n$ 经过一个栈,形成的合法出栈序列的数量为 Cat_n。

简析:令最后一个出栈的为 $i+1$,则 $1 \sim i$ 已完成出入栈,$i+1$ 进入栈中,$i+2 \sim n(n-i-1$ 个)都完成出入栈后,$i+1$ 才出栈,则推出形如 $f(n) = \sum_{i=0}^{n-1} f(i) \times f(n-i-1)$ 的递归公式。

(3) n 个结点构成的不同二叉树的数量为 $2\mathrm{Cat}_{n-1}$。

简析:设根结点为 $i+1$,则 $1 \sim i$ 组成左子树,$i+1$ 为根,$i+2 \sim n(n-i-1$ 个)组成右子树,则易推出形如 $f(n) = \sum_{i=0}^{n-1} f(i) \times f(n-i-1)$ 的递归公式。

(4) 在平面直角坐标系上,每一步只能向上或向右走,从 $(0,0)$ 走到 (n,n) 并且除两个端点外不接触直线 $y=x$ 的路线数量为 $2\mathrm{Cat}_{n-1}$。

简析:令向右为 0,向上为 1,因为不能碰出 $y=x$ 的路线,则相当于 $(0,1) \rightarrow (n-1,n)$ 给定 $n-1$ 个 0 和 $n-1$ 个 1,它们按照某种顺序排成长度为 $2(n-1)$ 的序列,满足任意前缀中 0 的个数都不少于 1 的个数的序列的数量为 Cat_{n-1},另有 $(1,0) \rightarrow (n,n-1)$ 给定 $n-1$ 个 0 和 $n-1$ 个 1,它们按照某种顺序排成长度为 $2(n-1)$ 的序列,满足任意前缀中 1 的个数都不少于 0 的个数的序列的数量为 Cat_{n-1},所以从 $(0,0)$ 走到 (n,n) 并且除两个端点外不接触直线 $y=x$ 的路线数量为 $2\mathrm{Cat}_{n-1}$。

接下来的问题,请读者自行思考。

① 在圆上选择 $2n$ 个点,将这些点成对连接起来使所得到的 n 条线段不相交的方法数是多少?

② 对角线不相交的情况下,将一个凸多边形区域分成三角形区域的方法数是多少?

③ n 个 +1 和 n 个 -1 构成 $2n$ 项 $a_1, a_2, \cdots, a_{2n}$,其部分和满足 $a_1 + a_2 + \cdots + a_k \geqslant 0$ $(k=1,2,3,\cdots,2n)$,对于 n 该数列为多少?

【例 4-40】【HNOI2009】有趣的数列。

【问题描述】

当且仅当一个长度为 $2n$ 的数列满足以下三个条件时,我们说该数列是有趣的。

(1) 它是从 $1 \sim 2n$ 共 $2n$ 个整数的一个排列 $\{a_n\}_{n=1}^{2n}$。

(2) 所有的奇数项满足 $a_1 < a_3 < \cdots < a_{2n-1}$,所有的偶数项满足 $a_2 < a_4 < \cdots < a_{2n}$。

(3) 任意相邻的两项 a_{2i-1} 与 a_{2i} 满足 $a_{2i-1} < a_{2i}$。

对于给定的 n,请求出有多少个不同的长度为 $2n$ 的有趣数列。因为最后的答案可能很大,所以只要求输出答案对 p 取模。

【输入格式】

共一行,两个正整数 n、p。

【输出格式】

共一行,一个整数表示答案。

【输入样例】

3 10

【输出样例】

5

【提示】

数据范围:

对于 50% 的数据,$1 \leqslant n \leqslant 1000$。

对于 100% 的数据,$1 \leqslant n \leqslant 10^6$,$1 \leqslant p \leqslant 10^9$。

【样例解释】

对应的 5 个有趣的数列分别为 $(1,2,3,4,5,6)$,$(1,2,3,5,4,6)$,$(1,3,2,4,5,6)$,$(1,3,2,5,4,6)$,$(1,4,2,5,3,6)$。

【问题分析】

从小往大填数,要么填在最小的奇数位置,要么填在最小的偶数位置。偶数位置填的数的个数不能超过奇数位置填的数的个数,可以把填在奇数位想像成进栈,填在偶数位想像成出栈,这是卡特兰数列的一种基本形态。

【参考程序】

```cpp
#include <iostream>
#include <cstdio>
using namespace std;
#define MAX 2000100
int n,P,ans = 1;
int pri[MAX],a[MAX],tot;
bool zs[MAX];
void pre(int n)
{
    for(int i = 2;i <= n;++i)
    {
        if(!zs[i])
        {
            pri[++tot] = i;
        }
        for(int j = 1;j <= tot&&i * pri[j] <= n;++j)
        {
            zs[i * pri[j]] = true;
            if(i % pri[j] == 0)break;
        }
    }
}
void Divide(int x,int w)
{
```

```
    for(int i = 1;i <= tot&&pri[i] * pri[i]<= x;++i)
    {
        while(x % pri[i] == 0)
        {
            x/ = pri[i],a[pri[i]] += w;
        }
    }
    if(x > 1)
    {
        a[x] += w;
    }
}
int fpow(int a,int b)
{
    int s = 1;
    while(b)
    {
    if(b&1)
    {
        s = 1ll * s * a % P;
    }
    a = 1ll * a * a % P;
    b >>= 1;
    }
    return s;
}
int main()
{
    scanf(" % d % d",&n,&P);
    pre(n + n);
    Divide(n + 1, - 1);
    for(int i = n + n;i > n; -- i)
    {
        Divide(i,1);
    }
    for(int i = n;i; -- i)
    {
        Divide(i, -1);
    }
    for(int i = 1;i <= n + n;++i)
    {
        ans = 1ll * ans * fpow(i,a[i]) % P;
    }
    printf(" % d\n",ans);
    return 0;
}
```

【例 4-41】【BZOJ3907】网格。

【问题描述】

某城市的街道呈网格状,左下角坐标为 $A(0,0)$,右上角坐标为 $B(n,m)$,其中 $n \geqslant m$。现在从 $A(0,0)$ 点出发,只能沿着街道向正右方或者正上方行走,且不能经过图 4-19 所示中直线左上方的点,即任何途径的点 (x,y) 都要满足 $x \geqslant y$,请问在这些前提下,到达 $B(n,$

m)有多少种走法。

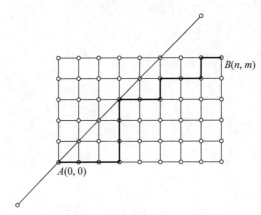

图 4-19　网格状城市街道

【输入格式】

仅有一行,包含两个整数,分别为 n 和 m,表示城市街区的规模。

【输出格式】

仅有一个整数和一个换行/回车符,表示不同的方案总数。

【输入样例】

6 6

【输出样例】

132

【提示】

100%的数据中,$1 \leqslant m \leqslant n \leqslant 5000$。

【问题分析】

显然,这道题是卡特兰数经典模型的变式。

假设不考虑越界限制,从$(0,0)$到(n,m)的总方案数为 C_{n+m}^{n},如果能计算出其中有哪些是不合法的,二者相减即可。

可以用一个 1 和 -1 的串记录行走的路径,记向右走为 $+1$,向上走为 -1,则一条合法路径满足串中任意位置的前缀和均不小于 0。串长为 $n+m$,其中有 n 个 1,m 个 -1,所以串的总数有 C_{n+m}^{n} 种。

对于一条不合法路径,我们找到第一个前缀和小于 0 的位置 pos,把串从 1~pos 位置翻转($1 \rightarrow -1, -1 \rightarrow 1$),那么最后串长不变,pos 位之后的串不变,1~pos 位中 1 的个数多了 1,-1 的个数少了 1,最后总串长不变。因此每个不合法方案均能唯一映射到这种串,不合法方案总数为 C_{n+m}^{n+1}。

几何意义:在网格图中,对于不合法的方案,一定经过直线 $y = x + 1$。把起点到第一个触碰到直线 $y = x + 1$ 的点之间走过的路径沿 $y = x + 1$ 对称,第一次触碰之后的路径不变。所以每条不合法方案都对应一条从$(-1,1)$到(n,m)的路径。

最后的答案为 $C_{n+m}^{n} - C_{n+m}^{n+1}$。

注意到没有模数,所以需要高精度。组合数计算时需要用到除法,直接写高精除高精效率比较低,只能得 60pts。可以对分子分母同时分解质因数之后计算,省去除法。

练习题

1. 愚蠢的组合数。

【问题描述】

最近老师教了狗狗怎么算组合数,狗狗又想到了一个问题,狗狗定义 $C(N,K)$ 表示从 N 个元素中不重复地选取 K 个元素的方案数。狗狗想知道的是 $C(N,K)$ 的奇偶性。

当然,这个整天老是用竖式算 $123456789×987654321=?$ 的人,不会让你、让自己那么轻松,它说:"N 和 K 都可能相当大。"但是狗狗也犯难了,所以它就找到了你,想请你帮他解决这个问题。

【输入格式】

第 1 行:一个正整数 t,表示数据的组数。

第 $2\sim 2+t-1$ 行:两个非负整数 N 和 K(保证 $k\leqslant n$)。

【输出格式】

对于每一组输入,如果 $C(N,K)$ 是奇数则输出 1,否则输出 0。

【输入样例】

3

1 1

1 0

2 1

【输出样例】

1

1

0

【提示】

数据范围:对于 100% 的数据,$n\leqslant 10^5$,$t\leqslant 10^5$。

2.【AHOI2018 初中组】球球的排列。

【问题描述】

小可可是一个有着特殊爱好的人。他特别喜欢收集各种各样的球球,至今已经收集了 n 个球球。小可可又是一个有着特殊想法的人。他将他的所有球球从 $1\sim n$ 编号,并每天都把球球排成一个全新的排列。小可可又是一个有着特殊情怀的人。他将每个球球的特点用 $a[i]$ 来表示(注意这里不同的球 $a[i]$ 可能相同)。小可可又是一个爱恨分明的人。他十分讨厌平方数,所以他规定:一个排列 p,对于所有的 $1\leqslant i<n$,$a[p_i]×a[p_i+1]$ 不是一个平方数,这样的排列 p 才是合法的。

小可可一直坚持每天排一个全新的合法的排列。有一天,他心血来潮,想知道所有合法排列的个数。小可可十分强,他当然知道怎么算。不过,他想用这个题来考考身在考场的你。这个数可能太大了,所以你只需要告诉小可可合法排列个数对 10^9+7 取模的结果就可以了。你能正确回答小可可的问题吗? 如果能的话,他说不定会送个球球给你呢。

【输入格式】

共两行:

第一行为一个正整数 n，表示小可可拥有的球球个数。

第二行有 n 个整数，第 i 个整数 $a[i]$ 表示编号为 i 的球球的特点。

【输出格式】

共一行，包括一个正整数，表示合法排列个数对 10^9+7（即 1000000007）取模的结果。

【输入样例 1】

4

2 2 3 4

【输出样例 1】

12

【输入样例 2】

9

2 4 8 9 12 4 3 6 11

【输出样例 2】

99360

【提示】

样例 1 解释：12 种合法的排列分别为

1,3,2,4

2,3,1,4

3,1,4,2

3,2,4,1

1,3,4,2

2,3,4,1

1,4,2,3

2,4,1,3

4,1,3,2

4,2,3,1

1,4,3,2

2,4,3,1

【数据范围】

100% 的数据满足 $1 \leqslant n \leqslant 300, 1 \leqslant a[i] \leqslant 10^9$。

本题共 10 个测试点，编号为 1~10，每个测试点的额外保证如表 4-2 所示。

表 4-2　每个测试点的额外保证

测试点编号	n 的范围	$a[i]$ 的范围
1~2	$n \leqslant 10$	$a[i] \leqslant 10^9$
3~5	$n \leqslant 300$	$1 \leqslant a[i] \leqslant 2$
6~8	—	$a[i] \leqslant 10^9$，且都是质数
9~10	—	$a[i] \leqslant 10^9$

【问题转化】　n 个元素分为 m 类，求有多少合法排列，合法的定义是相邻元素不能为同类元素。

3.【HNOI2013】数列。

【问题描述】

小 T 最近在学着买股票,他得到内部消息:F 公司的股票将会疯涨。股票每天的价格已知是正整数,并且由于客观上的原因,最多只能为 N。在疯涨的 K 天中小 T 观察到:除第一天外每天的股价都比前一天高,且高出的价格(即当天的股价与前一天的股价之差)不会超过 M,M 为正整数。并且这些参数满足 $M(K-1) < N$。小 T 忘记了这 K 天每天的具体股价,他现在想知道这 K 天的股价有多少种可能。

【输入格式】

只有一行,为用空格隔开的四个数:N、K、M、P(P 的说明参见后面"输出格式"中对 P 的解释)。输入保证 20% 的数据 $M,N,K,P \leqslant 20000$,保证 100% 的数据 $M,K,P \leqslant 10^9$,$N \leqslant 10^{18}$。

【输出格式】

仅包含一个数,表示这 K 天股价的可能种数对于 P 的模值。

【输入样例】

7 3 2 997

【输出样例】

16

【提示】

输出样例的 16 表示输入样例的股价有 16 种可能:$\{1,2,3\}$,$\{1,2,4\}$,$\{1,3,4\}$,$\{1,3,5\}$,$\{2,3,4\}$,$\{2,3,5\}$,$\{2,4,5\}$,$\{2,4,6\}$,$\{3,4,5\}$,$\{3,4,6\}$,$\{3,5,6\}$,$\{3,5,7\}$,$\{4,5,6\}$,$\{4,5,7\}$,$\{4,6,7\}$,$\{5,6,7\}$。

4.3 概率论基础

4.3.1 事件与概率

某些现象在个别试验中其结果呈现出不确定性,而在大量重复试验中其结果又具有统计规律性,这些现象称为"随机现象"。

一个试验称为"随机试验",是指它具有以下 3 个特点。

(1)可以在相同条件下重复进行。

(2)每次试验的可能结果可以不止一个,并且能事先明确试验的所有可能结果。

(3)进行一次试验之前不能确定哪一个结果会出现。

某个随机试验所有可能的结果的集合称为"样本空间",一般记为 S。S 的元素即为试验的每个结果,称为"样本点"。一般都假设 S 由有限个元素组成,S 的子集称为"随机事件",简称"事件"。

在每次试验中,当且仅当这一子集中的一个样本点出现时,称这一事件"发生"。由一个样本点组成的单个元素的集合,称为"基本事件"。

S 是自身的一个子集,在每次试验中它是必然发生的,称为"必然事件"。空集是 S 的一个子集,它在每次试验中都不可能发生,称为"不可能事件"。

事件 $A \bigcup B$ 称为事件 A 与事件 B 的和事件,当且仅当事件 A 和事件 B 至少有一个发生时,事件 $A \bigcup B$ 发生。$A \bigcup B$ 有时也记作 $A+B$。

事件 $A \bigcap B$ 称为事件 A 与事件 B 的积事件,当且仅当事件 A 和事件 B 同时发生时,事件 $A \bigcap B$ 发生。$A \bigcap B$ 有时也记作 AB 或 $A \cdot B$。

当有多个事件时,和事件和积事件一般可以分别表示成:$\bigcup\limits_{k=1}^{n} A_k$ 或 $\bigcap\limits_{k=1}^{n} A_k$。

如果 $A \bigcap B = \varnothing$,称事件 A 与事件 B 互不相容(或互斥),即指事件 A 与事件 B 不能同时发生,基本事件是两两互不相容的。

如果 $A \bigcup B = S$,且 $A \bigcap B = \varnothing$,称事件 A 与事件 B 互为对立事件(互为补集),即对每次试验,事件 A 与事件 B 必有一个且仅有一个发生。

如果在相同的条件下进行了 n 次试验,在这 n 次试验中,事件 A 发生了 N_A 次,那么比值 N_A / n 称为事件 A 发生的"频率"。

在大量重复进行同一试验时,事件 A 发生的频率总是在某种意义下接近某个常数(实数),在它附近摆动,这个常数就是事件 A 的概率 $P(A)$。

概率具有以下几个性质。

(1) 非负性:对于每一个事件 A,$0 \leqslant P(A) \leqslant 1$。

(2) 规范性:对于必然事件 S,$P(S)=1$;对于不可能事件 S,$P(S)=0$。

(3) 容斥性:对于任意两个事件 A 和 B,$P(A \bigcup B)=P(A)+P(B)-P(A \bigcap B)$。

(4) 互斥事件的可加性:设 $A_1,A_2,\cdots,A_n$ 是互斥的 n 个事件,则 $P(A_1 \bigcup A_2 \bigcup \cdots \bigcup A_n)=P(A_1)+P(A_2)+\cdots+P(A_n)$。如果 A 和 B 互为对立事件,则事件 A 和 B 一定是互斥的,而 $A \bigcup B$ 为必然事件,所以

$P(A \bigcup B)=P(A)+P(B)=1$,即对立事件概率之和为 1。

(5) 独立事件的可乘性:如果事件 A 是否发生对事件 B 发生的概率没有影响,同时事件 B 是否发生对事件 A 发生的概率也没有影响,则称 A 与 B 是相互独立的事件。有 $P(A \bigcap B)=P(A) \times P(B)$,即两个相互独立事件同时发生的概率等于每个事件发生的概率的积,推广到 n 个相互独立的事件,$P(A_1 \bigcap A_2 \bigcap \cdots \bigcap A_n)=P(A_1) \times P(A_2) \times \cdots \times P(A_n)$。

(6) 独立重复试验的"伯努利大数定理":如果在一次试验中某事件发生的概率为 p,不发生的概率为 q,则在 n 次试验中该事件至少发生 m 次的概率等于 $(p+q)^n$ 的展开式中从 p^n 到包括 $p^m q^{n-m}$ 为止的各项之和。如果在一次试验中某事件发生的概率为 p,那么在 n 次独立重复试验中这个事件恰好发生 k 次($0 \leqslant k \leqslant n$)的概率为 $P_n(k)=C_n^k \times p^k \times (1-p)^{n-k}$。

【例 4-42】 找东西的疑惑。

【问题描述】

书桌有 8 个抽屉,分别用数字 1~8 编号。每次拿到一个文件后,我都会把这份文件随机地放在某一个抽屉中。但我非常粗心,有 1/5 的概率会忘了把文件放进抽屉里,最终把这个文件弄丢。现在,我要找一份非常重要的文件,我将按照顺序打开每一个抽屉,直到找到这份文件为止,或者难过地发现文件被我弄丢了。请计算下面 3 个问题的答案。

(1) 假如我打开了第一个抽屉,发现里面没有我要的文件。那么,这份文件在其余 7 个

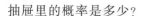

抽屉里的概率是多少?

（2）假如我翻遍了前 4 个抽屉,里面都没有我要的文件。那么,这份文件在剩下的 4 抽屉里的概率是多少?

（3）假如我翻遍了前 7 个抽屉,里面都没有我要的文件。那么,这份文件在最后一个抽屉里的概率是多少?

【问题分析】

试想一下,如上 3 个问题的概率是越来越大还是越来越小? 答案分别是 7/9、2/3、1/3。也就是说这个概率在不断减小,这个好像与我们的直觉相反,一般会感觉,前面的抽屉里越是没有,在后面抽屉里的概率就越大。所以,有时直觉也是一种错觉,不可靠!

根据 1/5 的"弄丢"概率,也就是平均 10 份文件就有 2 份弄丢,其余 8 份平均到了 8 个抽屉里。假设那 2 份丢掉的文件我找了回来,也分别占用 1 个抽屉,那么是什么情况? 也就是把问题增加 2 个虚拟的抽屉 9、10,专门放丢掉的文件。那么,题目就等价于:随机把文件放到 10 个抽屉里,但找文件时不允许打开最后 2 个抽屉。现在分别求:找过了 n 个抽屉但没有发现我的文件时,这份文件在其余 $10-n$ 个抽屉里,但是我只能打开其中前 $8-n$ 个抽屉的概率。答案显然为 $(8-n)/(10-n)$。当 $n=1$、4、7 时,概率分别为 7/9、2/3、1/3。进一步,我们把 $(8-n)/(10-n)$ 化简成 $1-2/(10-n)$,就很容易发现,这是一个递减函数（在 $0 \leqslant n \leqslant 8$ 时）,所以,概率是越来越小的。

4.3.2　古典概率

概率依其计算方法不同,可分为古典概率、试验概率和主观概率。古典概率通常又叫事前概率,是指当随机事件中各种可能发生的结果及其出现的次数都可以由演绎或外推法得知,而无须经过任何统计试验即可计算各种可能发生结果的概率。

人们最早研究概率是从掷硬币、掷骰子和摸球等游戏和赌博中开始的。这类游戏有几个共同特点:一是试验的样本空间有限,如掷硬币有正反两种结果,掷骰子有 6 种结果等;二是试验中每个结果出现的可能性相同,如硬币和骰子是均匀的前提下,掷硬币出现正反的可能性各为 1/2,掷骰子出现各种点数的可能性各为 1/6;三是这些随机现象所能发生的事件是互不相容的,如掷硬币的结果要么是正面、要么是反面,不可能同时发生。具有这几个特点的随机试验称为古典概型或等可能概型。计算古典概型概率的方法称为概率的古典定义或古典概率。

在计算古典概率时,如果在全部可能出现的基本事件范围内构成事件 A 的基本事件有 a 个,不构成事件 $\overline{A}$ 的事件有 b 个,则出现事件 A 的概率为 $P(A)=a/(a+b)$。

【例 4-43】　取球。

【问题描述】

甲袋中有 n 只白球、m 只红球;乙袋中有 N 只白球、M 只红球。今从甲袋任取一球放入乙袋后,再从乙袋任取一球。问此球为白球的概率是多少?

【问题分析】

以 $W_甲$ 表示第一次从甲袋取出的为白球,$R_甲$ 表示第一次从甲袋取出的为红球,$W_乙$ 表示第二次从乙袋取出的为白球,则所求概率为

$$P(W_乙)=P(W_甲 W_乙 \bigcup R_甲 W_乙)=P(W_甲 W_乙)+P(R_甲 W_乙)$$

$$=P(W_甲)P(W_乙 W_甲)+P(R_甲)P(W_乙 R_甲)$$

$$=\frac{C_n^1}{C_{n+m}^1}\times\frac{C_{N+1}^1}{C_{N+M+1}^1}+\frac{C_m^1}{C_{n+m}^1}\times\frac{C_N^1}{C_{N+M+1}^1}$$

$$=\frac{n(N+1)+mN}{(n+m)(N+M+1)}=\frac{(n+m)N+n}{(n+m)(N+M+1)}$$

【例 4-44】 罚球。

【问题描述】

有甲、乙两名篮球运动员,假设他们的罚球命中率分别是 60% 和 50%,现在两人各罚球一次,正常情况下,请计算:

(1) 两人都命中的概率。

(2) 只有一人命中的概率。

(3) 至少有一人命中的概率。

【问题分析】

两人投篮的事件(假设甲投中的事件用 A 表示、乙投中的事件用 B 表示)是相互独立的,用 $\overline{A}$、$\overline{B}$ 分别表示甲、乙未投中的事件,所以:

(1) $P(A\bigcap B)=P(A)\times P(B)=0.6\times0.5=0.3$

(2) $P((A\bigcap\overline{B})\bigcup(\overline{A}\bigcap B))=P(A\bigcap\overline{B})+P(\overline{A}\bigcap B)$

$\qquad\qquad\qquad\qquad\qquad =P(A)\times P(\overline{B})+P(\overline{A})\times P(B)=P(A)\times(1-P(B))$

$\qquad\qquad\qquad\qquad\qquad\quad +(1-P(A))\times P(B)$

$\qquad\qquad\qquad\qquad\qquad =0.6\times(1-0.5)+0.5\times(1-0.6)$

$\qquad\qquad\qquad\qquad\qquad =0.5$

(3) 上面两项的和:$0.3+0.5=0.8$

【例 4-45】 银行密码。

【问题描述】

某银行储蓄卡的密码是 6 位数字号码,每位上的数字均可取 0~9 这 10 个数字。某人忘记了他的确切密码。请计算:

(1) 如果他随意按下一组 6 位数字号码,正好按对密码的概率是多少?

(2) 如果他记住密码中只含有 1、2、3,那么他按一次密码,正好按对的概率又是多少?

(3) 如果他记住密码中只含有一个 1、两个 2、三个 3,那么他按一次密码,正好按对的概率又是多少?

【问题分析】

(1) 按对的情况只有一种,总共 10^6 种,所以答案是 $1/10^6$。

(2) 因为每次只会去按 1、2、3 三个键了,所以答案是 $1/3^6$。

(3) 因为只会去按 1 次 1、2 次 2 和 3 次 3,所以共有 $C_6^1\times C_5^2\times C_3^3=60$ 种按法,所以答案是 $1/60$。

【例 4-46】 三角形的概率。

【问题描述】

随机产生 3 个一定范围内的正整数,作为一个三角形的三条边,求它们能构成一个三角

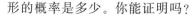

形的概率是多少。你能证明吗？

【问题分析】

答案为 1/2。证明如下：

设产生的三个数分别为 a、b、c，假设 $a \leqslant b \leqslant c$，则只要 $a+b>c$，就能构成一个三角形，也即要求 $a/c+b/c>1$，换言之就是两个纯小数（$x=a/c$，$y=b/c$）的和加起来大于 1，建立一个直角坐标系，x、y 分别对应 x 轴和 y 轴，而 x、y 的取值范围都是 $0 \sim 1$（不包括 0、包括 1），在这样一个正方形区域内，直线 $y+x=1$ 把它分成相等的两半，其中一半的区域内 $x+y>1$，而另一半 $x+y<1$。所以概率就是 1/2。

【例 4-47】 骰子。

【问题描述】

众所周知，骰子是一个六面分别刻有一到六点的立方体，每次投掷骰子，从理论上讲得到一点到六点的概率都是 1/6。

今有骰子一颗，连续投掷 N 次，问点数总和大于或等于 X 的概率是多少？

【输入格式】

共一行，包含两个整数，分别表示 n 和 x，其中 $1 \leqslant n \leqslant 24$，$0 \leqslant x < 150$。

【输出格式】

一行一个分数，要求以最简的形式精确地表达出连续投掷 N 次骰子，总点数大于或等于 X 的概率。如果是 0/1 就输出 0，如果是 1/1 就输出 1。

【输入样例】

3 9

【输出样例】

20/27

【问题分析】

模拟投掷的过程去递推：从投掷一次开始，将可能出现的点数不断累加，最后再除以每个点数的总和，即为每个点数可能出现的概率。

【参考程序】

```cpp
# include < cstring >
# include < iostream >
using namespace std;
const int maxn = 24;
long long F[2][6 * maxn + 1],total,larger;
long long gcd(long long a,long long b)
{   //求最大公约数
    long long r = a % b;
    while(r)
    {
        a = b;
        b = r;
        r = a % b;
    }
    return b;
}
```

```cpp
int main()
{
    int n,x;
    cin >> n >> x;
    memset(F,0,sizeof(F));
    F[0][0] = 1;
    total = 1;
    for(int i = 1; i <= n; i++)
    {    //递推公式求出现情况的总数
        total *= 6;
        for(int j = 0; j <= i * 6; j++)
        {
            F[i&1][j] = 0;
        }
        for(int j = 0; j <= (i - 1) * 6; j++)
            for(int k = 1; k <= 6; k++)
            {
                F[i&1][j + k] += F[i - 1&1][j];
            }
    }
    larger = 0;
    for(int i = x; i <= 6 * n; i++)
    {
        larger += F[n&1][i]; //求概率的分子
    }
    long long cm = gcd(larger,total);
    if(cm)
    {
        larger/ = cm;
        total/ = cm;
    }
    if(!larger)
    {
        cout << 0 << endl;
    }
    else if(total == 1)
    {
        cout << 1 << endl;
    }
    else cout << larger <<"/"<< total << endl;
    return 0;
}
```

4.3.3　数学期望

我们先来玩一个游戏：如果有 14 张牌，其中有 1 张是 A。现在我来坐庄，一元钱赌一把，如果你抽中了 A，我赔你 10 元钱；如果没有抽中，那么你那一元钱就输给我了。你觉得这对谁有利？

这样的一个赌局，对庄家是有利的。因为在抽之前，谁也不知道能抽到什么，但是大家可以判断抽到 A 的可能性要小得多，14 张牌中才有 1 张，换句话说概率是 1/14，而抽不中

A 的概率是 13/14。概率就是这样一个对未发生的事情会不会发生的可能性的一种预测。如果你只玩一把,当然只有两种可能:抽中了赢 10 元钱,没抽中输一元钱。但是,如果你玩上几百几千甚至更多把呢? 有的抽中,有的抽不中,几百几千把的总结果是什么样的呢? 这就是概率上的一个概念——数学期望,它可以理解成某件事情大量发生之后的平均结果。

数学期望亦称为期望、期望值等。在概率论和统计学中,一个离散型随机变量的期望值是试验中每次可能结果的概率乘以其结果的总和。数学期望在生活中有着十分广泛的应用,经常作为理性决策的基础。我们做任何一项投资、做任何一个决定,都不能只考虑最理想的结果,还要考虑到理想结果出现的概率和其他结果及其出现的概率。否则,如果只考虑最理想的结果,大家都应该从大学里退学,因为从大学退学的最理想结果是成为世界首富,比尔·盖茨就是这么做的。

对于上面那个游戏,抽中的概率是 1/14,结果是赢 10 元钱(+10);抽不中的概率是 13/14,结果是输 1 元钱(−1)。把概率与各自的结果乘起来,然后相加,得到的"数学期望值"是(−3/14)。这就是说,如果你玩了很多很多把,平均下来,你每把会输掉(3/14)元钱,如果抽中 A 赔 13 元钱,那么数学期望值是 0,你玩了很多把之后会发现结果最接近不输不赢。如果抽中 A 赔 14 元钱,那么数学期望值是 1/14,对你有利,大量玩的结果是你会赢钱。赌场的规则设计原则就是这样,无论看起来多么诱人,赌客下注收益的数学期望都是负值,也就是说,总是对赌场有利。因为有大量的人赌,所以赌场的收支结果会很接近这个值。

信息学奥赛中的期望值问题,大多数都是求离散型随机变量的数学期望。如果 X 是一个离散的随机变量,输出值为 $x_1, x_2, \cdots$,输出值相应的概率为 $p_1, p_2, \cdots$(概率和为 1),那么期望值 $E(X) = \sum_i p_i x_i$。

例如,投掷一枚骰子,X 表示挪出的点数,$P(X=1), P(X=2), \cdots, P(X=6)$ 均为 $\frac{1}{6}$,那么 $E(X) = 1 \times \frac{1}{6} + 2 \times \frac{1}{6} + 3 \times \frac{1}{6} + 4 \times \frac{1}{6} + 5 \times \frac{1}{6} + 6 \times \frac{1}{6} = 3.5$。

对于数学期望,还要明确以下几点。

(1) 期望的"线性"性质:对于任意随机变量 X 和 Y 以及常量 a 和 b,有 $E(aX+bY) = aE(X) + bE(Y)$。当两个随机变量 X 和 Y 独立且各自都有一个已定义的期望时,有 $E(XY) = E(X)E(Y)$。

(2) 全概率公式:假设 $\{B_n | n = 1, 2, 3, \cdots\}$ 是一个概率空间的有限或者可数无限的分割,且每个集合 B_n 是一个可测集合,则对任意事件 A 有全概率公式 $P(A) = \sum_n P(A \mid B_n) P(B_n)$。其中,$P(A \mid B)$ 是 B 发生后 A 的条件概率。

(3) 全期望公式:$P_{ij} = P(X = x_i, Y = y_j)(i, j = 1, 2, \cdots)$,当 $X = x_i$ 时,随机变量 Y 的条件期望以 $E(Y \mid X = x_i)$ 表示,则全期望公式:

$$E(E(Y \mid X)) = \sum_i P(X = x_i) E(Y \mid X = x_i)$$

$$= \sum_i p_i \sum_k y_k \frac{p_{ik}}{p_i}$$

$$= \sum_i \sum_k p_i y_k \frac{p_{ik}}{p_i}$$

$$= \sum_i \sum_k y_k p_{ik}$$
$$= E(Y)$$

所以：$E(Y) = E(E(Y \mid X)) = \sum_i P(X = x_i) E(Y \mid X = x_i)$。

例如，一项工作由甲一个人完成，平均需要 4 小时，而乙有 0.4 的概率来帮忙，两人完成平均只需要 3 小时。若用 X 表示完成这项工作的人数，而用 Y 表示完成这项工作的期望时间(单位：小时)，由于这项工作要么由一个人完成，要么由两个人完成，那么这项工作完成的期望时间：

$$E(Y) = P(X = 1) E(Y \mid X = 1) + P(X = 2) E(Y \mid X = 2)$$
$$= (1 - 0.4) \times 4 - 0.4 \times 3 = 3.6 (小时)$$

对于期望问题，递推是一种快速有效的解决方法。我们不需要将所有可能的情况都枚举出来，而是根据已经求出的期望推出其他状态的期望，或者根据一些特点和结果相同的情况，求出其概率。对于比较难找到递推关系的期望问题，而在枚举又不现实的情况下，可以利用期望的定义，即 $E(X) = \sum_i p_i x_i$，根据实际情况以概率或方案数(除以总方案数依旧等于概率)作为状态，而下标直接或间接对应了这个概率下的变量值，将问题变成比较一般的统计方案，或者利用全概率公式计算概率的递推问题。对于另外一些带有决策的期望问题，可以使用动态规划来解决，这类题由于要满足最优子结构，一般用期望来表示状态，而期望正或负表现了这个状态的优或劣。对于递推和动态规划都无法解决的图模型，由于迭代的效率低，且无法得到精确解，可以建立线性方程组并利用高斯消元的方法来解决。

【例 4-48】【cogs1489】玩纸牌。

【问题描述】

我喜欢玩纸牌接龙。每次我都有 p 的概率赢，$1-p$ 的概率输。游戏程序会统计我获胜盘数的百分比。如果我一直玩下去，这个百分比就会在 $p * 100\%$ 左右浮动，但我仍不满足。这是我的计划：每天，我都会玩纸牌接龙。如果我赢了，我就高高兴兴地去睡觉；如果我输了，我就一直玩下去直到我这天获胜盘数的百分比严格大于 p。这时，我就会宣布胜利，然后高高兴兴地去睡觉。你可以看到，每天我都可以宣布自己保持了获胜比例大 $p *$ 100%。我打败了数学规律！

如果你感觉这里好像有什么奇怪的东西，那你就对了。我不可能永远这么做，因为我每天玩的游戏盘数有限。我每天至多玩 n 盘游戏。那么，这个机智的计划在因为这一限制失败前，执行天数的数学期望是多少？值得注意的是，答案至少为 1，因为我至少要玩一天才能发现计划失败了。

【输入格式】

输入包含多组数据。

第一行是数据组数 N。

接下来是 N 组数据。每组数据有一行，包含 p(写成分数)和 n。

【输出格式】

对于每组数据，输出一行"Case ♯ x：y"，其中 x 是数据组数(从 1 开始)，y 是期望天数，向下取整。

【输入样例】

4

1/2 1

1/2 2

0/1 10

1/2 3

【输出样例】

Case ♯1：2

Case ♯2：2

Case ♯3：1

Case ♯4：2

【提示】

$1\leqslant N\leqslant3000,0\leqslant p<1$；$p$ 的分母不超过 1000；$1\leqslant n\leqslant100$；答案允许有 ±1 的误差。

【问题分析】

设 $d(i,j)$ 表示玩了 i 局赢了 j 局的概率，并且获胜概率不大于 $p*100\%$ 时的概率。那么可以写出递推式：当 $j/i\leqslant p$ 时，$d(i,j)=d(i-1,j)\times(p-1)+d(i-1,j-1)\times p$。那么 $Q=d(n,0)+d(n,1)+\cdots+d(n,j=i\times p)$ 即为打了 n 场游戏未成功的概率。于是可以得到天数的期望 $e=1+2\times(1-Q)+3\times(1-Q)^2+4\times(1-Q)^3\cdots$，即差比数列求和，用"错位相减法"得到 $e=1/Q$。

【参考程序】

```
#include <iostream>
#include <cstdio>
#include <cstring>
using namespace std;
int T,n,a,b;
double d[101][101];
double p;
int main()
{
    scanf("%d",&T);
    for(int t=1; t<=T; t++)
    {
        printf("Case ♯ %d: ",t);
        scanf("%d/%d%d",&a,&b,&n);
        p=(double)a/b;
        memset(d,0,sizeof(d));
        d[0][0]=1;
        d[0][1]=0;
        for(int i=1; i<=n; i++)
            for(int j=0; j*b<=a*i; j++)
            {
                d[i][j]=d[i-1][j]*(1-p);
                if(j)
```

```
                {
                    d[i][j] += d[i-1][j-1] * p;            //动态规划求期望
                }
            }
            double Q = 0;
            for(int j = 0; j * b <= a * n; j++)
        {
            Q += d[n][j];
        }
            printf("%d\n",int(1/Q));
        }
    return 0;
}
```

【例 4-49】 【洛谷 4316、BZOJ3036】绿豆蛙的归宿。

【问题描述】

随着新版百度空间的下线,Blog 宠物绿豆蛙完成了它的使命,去寻找它新的归宿。给出一个有向无环的连通图,起点为 1,终点为 N,每条边都有一个长度。绿豆蛙从起点出发,走向终点。到达每一个顶点时,如果有 K 条离开该点的道路,绿豆蛙可以选择任意一条道路离开该点,并且走向每条路的概率为 $1/K$。现在绿豆蛙想知道,从起点走到终点所经过的路径总长度期望是多少?

【输入格式】

第一行:两个整数(N、M),代表图中有 N 个点、M 条边。

第二行~$1+M$ 行:每行 3 个整数(a、b、c),代表从 a~b 有一条长度为 c 的有向边。

【输出格式】

从起点到终点路径总长度的期望值,四舍五入保留两位小数。

【输入样例】

4 4
1 2 1
1 3 2
2 3 3
3 4 4

【输出样例】

7.00

【提示】

对于 100% 的数据,$N \leqslant 100000$,$M \leqslant 2N$。

【问题分析】

期望 dp:由题意知,题目中的 K 就是每个点的出度。易知最后一个点,它没有出度,而到自己的距离为 0,即状态已经确定。用前向星存图,从第一个点开始 DFS,每次枚举它所连的边,并把边的边权(val)加上,最后除以它的出度即可。

方程:$dp[n]=0$,$dp[i] += (dp[son[i]] + e[son[i]].val)$

其中,son[i] 是 i 所连的边;e 是前向星;val 是边权;r[i] 是 i 的出度。

【参考程序】

```cpp
# include < cstdio >
# include < iostream >
# include < cstring >
# define MAXN 200000
# define res register
using namespace std;
struct node
{
    int nxt,to,val;
}e[MAXN << 1];
int n,m,tot,vis[MAXN],head[MAXN],r[MAXN];
double dp[MAXN];
inline void add(int x,int y,int c)
{   //加边
    e[++tot].nxt = head[x];
    e[tot].to = y;
    e[tot].val = c;
    head[x] = tot;
}
void dfs(int x)
{   //深度优先遍历
    if(x == n)
    {
        dp[x] = 0;
        return;
    }
    if(vis[x])
    {
        return;
    }
    vis[x] = 1;
    for(res int i = head[x]; i; i = e[i].nxt)
    {   //树形 dp 递推公式
        int v = e[i].to;
        dfs(v);
        dp[x] += (dp[v] + e[i].val)/r[x] * 1.0;
    }
}
int main()
{
    scanf("%d%d",&n,&m);
    for(register int i = 1; i <= m; i++)
    {
        res int a,b,c;
        scanf("%d%d%d",&a,&b,&c);
        add(a,b,c);
        r[a]++;
    }
    dfs(1);
    printf("%.2lf\n",dp[1]);
    return 0;
}
```

【例 4-50】 【国家集训队练习题、洛谷 1297】单选错位。

【问题描述】

gx 和 lc 去参加 NOIP 初赛,其中有一种题型叫单项选择题,顾名思义,只有一个选项是正确答案。

试卷上共有 n 道单选题,第 i 道单选题有 a_i 个选项,这 a_i 个选项编号是 $1,2,3,\cdots,a_i$,每个选项成为正确答案的概率都是相等的。

lc 采取的策略是每道题目随机写上 $1\sim a_i$ 的某个数作为答案选项,他用不了多少时间就能期望做对 $\sum\limits_{i=1}^{n}\dfrac{1}{a_i}$ 道题目。 gx 则是认认真真地做完了这 n 道题目,可是等他做完的时候时间也所剩无几了,于是他匆忙地把答案抄到答题纸上,没想到抄错位了:第 i 道题目的答案抄到了答题纸上的第 $i+1$ 道题目的位置上,特别地,第 n 道题目的答案抄到了第 1 道题目的位置上。

现在 gx 已经走出考场没法改了,不过他还是想知道自己期望能做对几道题目,这样他就知道会不会被 lc 鄙视了。

我们假设 gx 没有做错任何题目,只是答案抄错位置了。

【输入格式】

n 很大,为了避免读入耗时太多,输入文件中只有 5 个整数参数(n、A、B、C、a_1),由上交的程序产生数列 a。下面给出 pascal/C/C++语言的读入语句和产生序列的语句(默认从标准输入读入):

```
// for C/C++
scanf("%d%d%d%d%d", &n, &A, &B, &C, a + 1);
for(int i = 2; i <= n; i++)
    a[i] = ((long long) a[i - 1] * A + B) % 100000001;
for(int i = 1; i <= n; i++)
    a[i] = a[i] % C + 1;
```

选手可以通过以上的程序语句得到 n 和数列 a(a 的元素类型是 32 位整数),n 和 a 的含义见题目描述。

【输出格式】

输出一个实数,表示 gx 期望做对的题目个数,保留三位小数。

【输入样例】

3 2 0 4 1

【输出样例】

1.167

【样例说明】

正确答案	gx 的答案	做对的题目数量	出现的概率
{1,1,1}	{1,1,1}	3	1/6
{1,2,1}	{1,1,2}	1	1/6
{1,3,1}	{1,1,3}	1	1/6
{2,1,1}	{1,2,1}	1	1/6
{2,2,1}	{1,2,2}	1	1/6
{2,3,1}	{1,2,3}	0	1/6

$a=\{2,3,1\}$。

共有 6 种情况，每种情况出现的概率是 $1/6$，gx 期望做对 $(3+1+1+1+1+0)/6=7/6$ 题。（相比之下，lc 随机就能期望做对 $11/6$ 题）。

对于 30% 的数据，$n\leqslant10,C\leqslant10$。

对于 80% 的数据，$n\leqslant10^4,C\leqslant10$。

对于 90% 的数据，$n\leqslant5\times10^5,C\leqslant10^8$。

对于 100% 的数据，$2\leqslant n\leqslant10^7,0\leqslant A,B,C\leqslant10^8,1\leqslant a_i\leqslant10^8$。

【问题分析】

分类讨论一下。

当 $a_i=a_{i+1}$ 时，那么显然随机的答案在第 $i+1$ 题也是随机的。期望为 $\dfrac{1}{a_i}$，也就是 $\dfrac{1}{a_{i+1}}$。

当 $a_i>a_{i+1}$ 时，只有 $\dfrac{a_{i+1}}{a_i}$ 的概率答案在 $1\sim a_{i+1}$ 中。所以期望为 $\dfrac{a_{i+1}}{a_i}\times\dfrac{1}{a_{i+1}}=\dfrac{1}{a_i}$。

当 $a_i<a_{i+1}$ 时，由于随机的答案只在 $1\sim a_{i+1}$ 中，而第 $i+1$ 题的正确答案有 $\dfrac{a_i}{a_{i+1}}$ 的概率在 $1\sim a_{i+1}$ 中，所以期望为 $\dfrac{a_i}{a_{i+1}}\times\dfrac{1}{a_i}=\dfrac{1}{a_{i+1}}$。

综上，答案就是 $\displaystyle\sum_{i=1}^{n}\dfrac{1}{\max(a_i,a_{i+1})}$。

【参考程序】

```cpp
# include <cstdio>
# include <iostream>
using namespace std;
const int N = 10000010;
int n,a[N];
double ans;
void init()                      //题目给出的生成数据的方法
{
    int A,B,C;
    scanf("%d%d%d%d%d",&n,&A,&B,&C,a+1);
    for(int i = 2;i <= n;i++)
    {
        a[i] = ((long long)a[i - 1] * A + B) % 100000001;
    }
    for(int i = 1;i <= n;i++)
    {
        a[i] = a[i] % C + 1;
    }
}

int main()
{
```

```
    init();
    a[n+1]=a[1];                    //第1题写第n题的答案
    for(int i=1;i<=n;i++)
    {
        ans+=1/(double)max(a[i],a[i+1]);
    }
    printf("%.3lf",ans);
    return 0;
}
```

【例 4-51】【NOIP2016】换教室。

【问题描述】

对于刚上大学的牛牛来说,他面临的第一个问题是如何根据实际情况申请合适的课程。在可以选择的课程中,有 $2n$ 节课程安排在 n 个时间段上。在第 $i(1 \leqslant i \leqslant n)$ 个时间段上,两节内容相同的课程同时在不同的地点进行,其中,牛牛预先被安排在教室 c_i 上课,而另一节课程在教室 d_i 进行。

在不提交任何申请的情况下,学生们需要按时间段的顺序依次完成所有的 n 节安排好的课程。如果学生想更换第 i 节课程的教室,则需要提出申请。若申请通过,学生就可以在第 i 个时间段去教室 d_i 上课,否则仍然在教室 c_i 上课。

由于更换教室的需求太多,申请不一定能获得通过。通过计算,牛牛发现申请更换第 i 节课程的教室时,申请被通过的概率是一个已知的实数 k_i,并且对于不同课程的申请,被通过的概率是互相独立的。

学校规定,所有的申请只能在学期开始前一次性提交,并且每个人只能选择至多 m 节课程进行申请。这意味着牛牛必须一次性决定是否申请更换每节课的教室,而不能根据某些课程的申请结果来决定其他课程是否申请;牛牛可以申请自己最希望更换教室的 m 门课程,也可以不用完这 m 个申请的机会,甚至可以一门课程都不申请。

因为不同的课程可能会被安排在不同的教室进行,所以牛牛需要利用课间时间从一间教室赶到另一间教室。

牛牛所在的大学有 v 个教室,有 e 条道路。每条道路连接两间教室,并且是可以双向通行的。由于道路的长度和拥堵程度不同,通过不同的道路耗费的体力可能会有所不同。当第 $i(1 \leqslant i \leqslant n-1)$ 节课结束后,牛牛就会从这节课的教室出发,选择一条耗费体力最少的路径前往下一节课的教室。

现在牛牛想知道,申请哪几门课程可以使他在教室间移动耗费体力值的总和的期望值最小,请你帮他求出这个最小值。

【输入格式】

第一行四个整数(n、m、v、e)。n 表示这个学期内的时间段的数量;m 表示牛牛最多可以申请更换多少节课程的教室;v 表示牛牛学校里教室的数量;e 表示牛牛的学校里道路的数量。

第二行 n 个正整数,第 $i(1 \leqslant i \leqslant n)$ 个正整数表示 c_i,即第 i 个时间段牛牛被安排上课的教室;保证 $1 \leqslant c_i \leqslant v$。

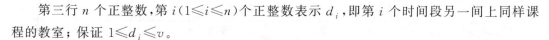

第三行 n 个正整数,第 $i(1 \leqslant i \leqslant n)$ 个正整数表示 d_i,即第 i 个时间段另一间上同样课程的教室;保证 $1 \leqslant d_i \leqslant v$。

第四行 n 个实数,第 $i(1 \leqslant i \leqslant n)$ 个实数表示 k_i,即牛牛申请在第 i 个时间段更换教室获得通过的概率。保证 $0 \leqslant k_i \leqslant 1$。

接下来 e 行,每行三个正整数$(a_j、b_j、w_j)$,表示有一条双向道路连接教室 a_j、b_j,通过这条道路需要耗费的体力值是 w_j;保证 $1 \leqslant a_j,b_j \leqslant v,1 \leqslant w_j \leqslant 100$;保证 $1 \leqslant n \leqslant 2000$,$0 \leqslant m \leqslant 20000,1 \leqslant v \leqslant 300,0 \leqslant e \leqslant 90000$;保证通过学校里的道路,从任何一间教室出发,都能到达其他所有的教室;保证输入的实数最多包含 3 位小数。

【输出格式】

输出一行,包含一个实数,四舍五入精确到小数点后两位,表示答案。你的输出必须和标准输出完全一样才算正确。

测试数据保证四舍五入后的答案和准确答案的差的绝对值不大于 4×10^{-3}(如果你不知道什么是浮点误差,这段话可以理解为:对于大多数的算法,你可以正常地使用浮点数类型而不用对它进行特殊的处理)。

【输入样例】

3 2 3 3
2 1 2
1 2 1
0.8 0.2 0.5
1 2 5
1 3 3
2 3 1

【输出样例】

2.80

【样例说明】

所有可行的申请方案和期望收益如表 4-3 所示。

表 4-3 所有可行的申请方案和期望收益

申请通过的时间段	出现的概率	耗费的体力值	耗费的体力值的期望
无	1.0	8	8.0
1	0.8	4	4.8
无	0.2	8	
2	0.2	0	6.4
无	0.8	8	
3	0.5	4	6.0
无	0.5	8	
1、2	0.16	4	4.48
1	0.64	4	
2	0.04	0	
无	0.16	8	

续表

申请通过的时间段	出现的概率	耗费的体力值	耗费的体力值的期望
1、3	0.4	0	
1	0.4	4	2.8
3	0.1	4	
无	0.1	8	
2、3	0.1	4	
2	0.1	0	5.2
3	0.4	4	
无	0.4	8	

【提示】

道路中可能会有多条双向道路连接相同的两间教室,也有可能有道路两端连接的是同一间教室,如表 4-4 所示。请注意区分 n、m、v、e 的意义,n 不是教室的数量,m 不是道路的数量。

表 4-4　m 不是道路的数量

测试点	n	m	v	特殊性质 1	特殊性质 2
1	≤1	≤1	≤300		
2	≤2	≤0	≤20	×	×
3		≤1	≤100		
4		≤2	≤300		
5	≤3	≤0	≤20	√	√
6		≤1	≤100		×
7		≤2	≤300	×	
8	≤10	≤0		√	√
9		≤1	≤20		×
10		≤2	≤100	×	
11		≤10	≤300		√
12	≤20	≤0	≤20	√	×
13		≤1	≤100	×	
14		≤2	≤300	√	√
15		≤20			
16	≤300	≤0	≤20	×	×
17		≤1	≤100		
18		≤2	≤300	√	√
19		≤300			
20	≤2000	≤0	≤20	×	×
21		≤1			
22		≤2	≤100		
23					
24		≤2000	≤300		
25					

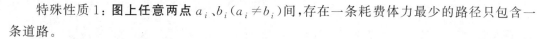

特殊性质 1：**图上任意两点** a_i、$b_i(a_i \neq b_i)$ 间，存在一条耗费体力最少的路径只包含一条道路。

特殊性质 2：对于所有的 $1 \leqslant i \leqslant n$，$k_i = 1$。

【问题分析】

本例题主要分成两大类和四小类进行分类讨论，最后分成 9 个小项进行考虑。

1. 当前教室没有申请

1）如果前一教室有申请

f[i][j][0]＝min(f[i−1][j][1]

（1）成功：＋k[i−1]×dis[d[i−1]][c[i]]

（2）失败：＋(1−k[i−1])×dis[c[i−1]][c[i]]

2）如果前一教室没有申请

f[i−1][j][0]，f[i−1][j][0]，一定是前后均失败：

＋dis[c[i−1]][c[i]])

2. 当前教室有申请

1）如果前一教室有申请

f[i][j][1]＝min(f[i−1][j−1][1]

（1）前后均成功：

＋k[i−1]×k[i]×dis[d[i−1]][d[i]]

（2）前成功、后失败：

＋k[i−1]×(1−k[i])×dis[d[i−1]][c[i]]

（3）前失败、后成功：

＋(1−k[i−1])×k[i]×dis[c[i−1]][d[i]]

（4）前后均失败：

＋(1−k[i−1])×(1−k[i])×dis[c[i−1]][c[i]]

2）如果前一教室没有申请

f[i−1][j−1][0]

（1）后成功：＋k[i]×dis[c[i−1]][d[i]]

（2）后失败：＋(1−k[i])×dis[c[i−1]][c[i]])

总结出来的动态转移方程式是：

f[i][j][0]＝min(f[i−1][j][1]＋

        k[i−1]×dis[d[i−1]][c[i]]＋(1−k[i−1])×dis[c[i−1]][c[i]]，

        f[i−1][j][0]＋dis[c[i−1]][c[i]])

f[i][j][1]＝min(f[i−1][j−1][1]＋k[i−1]×k[i]×dis[d[i−1]][d[i]]＋k[i−1]×
(1−k[i])×dis[d[i−1]][c[i]]＋(1−k[i−1])×k[i]×dis[c[i−1]][d[i]]＋(1−k[i−
1])×(1−k[i])×dis[c[i−1]][c[i]]，f[i−1][j−1][0]＋k[i]×dis[c[i−1]][d[i]]＋(1−
k[i])×dis[c[i−1]][c[i]])

【参考程序】

```cpp
# include < cstdio >
# include < iostream >
using namespace std;
const int INF = 800000000;
int n,m,v,e;
int c[2005],d[2005],dis[305][305];
double k[2005],f[2005][2005][2];
void Read()
{
    scanf("%d%d%d%d",&n,&m,&v,&e);
    for(int i = 1;i <= n;i++)
    {
        scanf("%d",&c[i]);
    }
    for(int i = 1;i <= n;i++)
    {
        scanf("%d",&d[i]);
    }
    for(int i = 1;i <= n;i++)
    {
        scanf("%lf",&k[i]);
    }
    for(int i = 1;i <= v;i++)
        for(int j = 1;j < i;j++)
        {
            dis[j][i] = dis[i][j] = INF;
        }
    for(int i = 1;i <= e;i++)
    {
        int a,b,w;
        scanf("%d%d%d",&a,&b,&w);
        dis[a][b] = min(dis[a][b],w);
        dis[b][a] = dis[a][b];
    }
}
void Floyd()                           //预处理弗洛伊德求最短路径
{
    for(int k = 1;k <= v;k++)
        for(int i = 1;i <= v;i++)
            for(int j = 1;j < i;j++)
            {
                if(dis[i][j] > dis[i][k] + dis[k][j])
                {
                    dis[j][i] = dis[i][j] = dis[i][k] + dis[k][j];
                }
            }
}

void DP()                              //根据动态规划递推公式计算
{
    for(int i = 1;i <= n;i++)
```

```
        for(int j = 0;j < = m;j++)
        {
            f[i][j][0] = f[i][j][1] = INF;
        }
    f[1][0][0] = 0;
    f[1][1][1] = 0;
    for(int i = 2;i < = n;i++)
        for(int j = 0;j < = m;j++)
        {
            f[i][j][0] = min(f[i-1][j][1] + k[i-1] * dis[d[i-1]][c[i]] + (1-k[i-1]) *
dis[c[i-1]][c[i]], f[i-1][j][0] + dis[c[i-1]][c[i]]);
            if(j! = 0)
            {
                f[i][j][1] = min(f[i-1][j-1][1] + k[i-1] * k[i] * dis[d[i-1]][d[i]] + k
[i-1] * (1-k[i]) * dis[d[i-1]][c[i]] + (1-k[i-1]) * k[i] * dis[c[i-1]][d[i]] + (1-k[i
-1]) * (1-k[i]) * dis[c[i-1]][c[i]],f[i-1][j-1][0] + k[i] * dis[c[i-1]][d[i]] + (1-k
[i]) * dis[c[i-1]][c[i]]);
            }
        }
}


void Write()
{
    double ans = INF;
    for(int i = 0;i < = m;i++)
        for(int j = 0;j < = 1;j++)
        {
            ans = min(ans,f[n][i][j]);
        }
    printf(" % .2lf",ans);
}
int main()
{
    Read();
    Floyd();
    DP();
    Write();
    return 0;
}
```

4.3.4　随机算法

随机算法是这样的一类算法：它在接收输入的同时，在算法中引入随机因素，即通过随机数选择算法的下一步。也就是说，一个随机算法在不同的运行中对于相同的输入可能有不同的结果，或执行时间有可能不同。

随机算法的特点是简单、快速、灵活和易于并行化。随机算法可以理解为在时间、空间和精度上的一种平衡。

常见的随机算法有四种：数值概率算法、蒙特卡洛（Monte Carlo）算法、拉斯维加斯（Las Vegas）算法和舍伍德（Sherwood）算法。

数值概率算法常用于数值问题的求解。这类算法所得到的往往是近似解。而且近似解的精度随计算时间的增加不断提高。在许多情况下,要计算出问题的精确解是不可能或没有必要的,因此用数值概率算法可得到满意的解。例如在计算 π 的近似值时,可以在单位圆的外接正方形内随机撒 n 个点,设有 k 个点落在单位圆内,可以得到。

通常所说的蒙特卡洛算法分为两类。一是蒙特卡洛判定:蒙特卡洛算法总是能给出问题的解,但是偶尔也可能会产生非正确的解。求得正确解的概率依赖于算法所用的时间。蒙特卡洛判定的错误必须是"单边"的,即实际答案是 YES(NO),算法给出的答案可能是 NO(YES),但是实际答案是 NO(YES),则算法给出的答案一定是 NO(YES)。因此蒙特卡洛算法得到正确解的概率随着计算次数的增加而提高,即在时间和精度上的一种平衡。最常见的蒙特卡洛判定是 Miller-Rabin 质数测试和字符串匹配的 Rabin-Karp 算法。二是蒙特卡洛抽样:基本思想是对于所求的问题,通过试验的方法,通过大样本来模拟,得到这个随机变量的期望值,并用它作为问题的解。它是以一个概率模型为基础,按照这个模型所描绘的过程,通过模拟实验的结果,作为问题的近似解的过程。"模拟退火算法"就使用了蒙特卡洛抽样的思想。

拉斯维加斯算法不会得到不正确的解,也就是说,一旦用拉斯维加斯算法找到一个解,那么这个解肯定是正确的。但是有时用拉斯维加斯算法可能找不到解。算法所用的时间越多,得到解的概率就越高。

舍伍德算法总能求得问题的一个解,且所求得的解总是正确的。当一个确定性算法在最坏情况下的计算复杂性与其在平均情况下的计算复杂性有较大差别时,可以在这个确定算法中引入随机性将它改造成一个舍伍德算法,消除或减少问题的好坏实例之间的这种差别。舍伍德算法精髓不是避免算法的最坏情况的发生,而是设法消除这种最坏行为与特定实例之间的关联性。含伍德算法最典型的应用就是快速排序的随机化实现,"随机增量算法"也是舍伍德算法的一种应用。

【例 4-52】【POJ2454】Jersey Politics。

【问题描述】

给定一个长度为 $3K(1 \leqslant K \leqslant 60)$ 的整数序列 S,将其划分为等长(各为 K)的三个子序列 S_1、S_2 和 S_3,要求其中至少两个子序列各自的加和大于 $500K$。求满足上述条件的一个划分(所给输入必有解)。

【输入格式】

第 1 行为 K 的值。

第 $2 \sim 3K + 1$ 行为序列 S 的元素值。

【输出格式】

满足条件的序号划分。

【输入样例】	【输出样例】
2	1
510	2
500	3
500	6
670	5

400   4
310

【问题分析】

首先,只要 S_1、S_2 和 S_3 中的两个加和大于 $500K$ 即可,因此采用贪心策略,对输入序列 S 进行降序排序,将排序后的前 $2K$ 个元素划分给 S_1 和 S_2(假设最终满足条件的就是 S_1 和 S_2),不再考虑 S_3。

设 $S'=(S1,S2)$,现考虑采用随机化算法。第一种策略:循环地随机重排 S' 中的所有元素,进行条件检测,若满足则退出循环输出结果;否则继续循环。这种策略会造成大量浪费,因为会出现如下情况:随机重排一次后,S_1 和 S_2 各自包含的元素没有发生变化,导致此次重排没有意义。此外,对整个 S' 进行重排也很耗时。第二种策略:每次分别在 S_1 和 S_2 中各随机选取一个元素进行互换,进行条件检测。这种策略能保证绝大部分的重排是有效的(除非本次随机选取的两个元素恰好是上次随机选取的那两个元素)。以下参考程序采用第二种策略。

【参考程序】

```
# include < stdio. h>
# include < time. h>
# include < stdlib. h>
# include < limits. h>
int a[200][2];
int k;
void sort()
{
    int n = 3 * k;
    for(int i = 0;i < n - 1;i++)
    {
        int max = i;
        for(int j = i + 1;j < n;j++)
        {
            if(a[j][0]> a[max][0])
            {
                max = j;
            }
        }
        if(max! = i)
        {
            int tmp1 = a[max][0];
            int tmp2 = a[max][1];
            a[max][0] = a[i][0];
            a[max][1] = a[i][1];
            a[i][0] = tmp1;
            a[i][1] = tmp2;
        }
    }
}
int main()
{
    scanf(" % d", &k);
```

```
int floor = 500 * k;
for(int i = 0;i < 3 * k;i++)
{
    scanf(" % d",&a[i][0]);
    a[i][1] = i;
}
sort();
int sum1 = 0;
int sum2 = 0;
for(int i = 0;i < k;i++)
{
    sum1 += a[i][0];
    sum2 += a[i + k][0];
}
srand((unsigned int)time(0));
while(! (sum1 > floor &&sum2 > floor))
{
    int offset1 = rand() % k
    int offset2 = rand() % k;
    sum1 = sum1 - a[offset1][0] + a[k + offset2][0];
    //注意先更新加和再互换元素
    sum2 = sum2 - a[k + offset2][0] + a[offset1][0];
    int tmp1 = a[offset1][0];
    int tmp2 = a[offset1][1];
    a[offset1][0] = a[k + offset2][0];
    a[offset1][1] = a[k + offset2][1];
    a[k + offset2][0] = tmp1;
    a[k + offset2][1] = tmp2;
}
for(int i = 0;i < 3 * k;i++)
{
    printf(" % d\n",a[i][1] + 1);
}
return 0;
}
```

【例 4-53】 【POJ3318】Matrix Multiplication。

【问题描述】

给定 $n \times n$ 的矩阵 A、B、C,问 $A \times B = C$ 是否成立? 由于数据组数比较多,请设计一种时间复杂度低于 $O(n^3)$ 的算法。

【输入格式】

第一行为一个整数 $n(n \leqslant 500)$。

以下依次输入 3 个 $n \times n$ 的矩阵 A、B、C。

矩阵 A、B 的元素值不超过 100,矩阵 C 的元素值不超过 10^7。

【输出格式】

一行一个字符串,为 YES 或者 NO。

【输入样例】

2

1 0

2 3
5 1
0 8
5 1
10 26

【输出样例】

YES

【问题描述】

首先，我们会想到把 A 和 B 两个矩阵乘起来，看结果是不是 C。但是，直接乘的时间复杂度为 $\Theta(n^3)$，则不符合题述要求。

设 v 为一个随机生成的 n 维列向量，其每个元素均独立且等概率地选自 0 或 1。考察 $A\times(B\times v)$ 和 $C\times v$ 是否相等。如果 $A\times B=C$ 成立，则它们必然相等；如果 $A\times B=C$ 不成立，那它们相等的概率有多高呢？既然 $A\times B\neq C$，也就是 $A\times B-C\neq 0$，我们知道矩阵 $A\times B-C$ 一定有一个元素非零，设它在第 i 行第 j 列。那么第 i 行与列向量相乘时，v_j 取 0 或取 1 一定至少有其一使得 $(A\times B-C)\times v_j$ 的第 i 行的元素为非零，也就使得最终结果为非零。因此，当 $A\times B=C$ 不成立时，至少有 1/2 的概率验出"不成立"。如果多试几次，或加大 v 中元素的取值范围，将迅速提高正确率。事实上，如果试 60 次，即可将错误率降低到 $2^{-60}\sim 10^{-20}$。

【参考程序】

```
#include <iostream>
#include <stdio.h>
#include <stdlib.h>
#include <string.h>
#include <math.h>
#include <algorithm>
#include <time.h>
using namespace std;
int n,a[501][501],b[501][501],c[501][501],d[501],f[501],g[501];
int main()
{
    int i,j,k;
    while(scanf("%d",&n)!=EOF)
    {
        for(i=1; i<=n; i++)
            for(j=1; j<=n; j++)
            {
                scanf("%d",&a[i][j]);
            }
        for(i=1; i<=n; i++)
            for(j=1; j<=n; j++)
            {
                scanf("%d",&b[i][j]);
            }
        for(i=1; i<=n; i++)
            for(j=1; j<=n; j++)
```

```
                {
                    scanf("%d",&c[i][j]);
                }
        for(k = 1; k <= 60; k++)
        {
            for(i = 1; i <= n; i++)
            {
                d[i] = (rand() * rand() + rand()) % 2;
            }
            for(i = 1; i <= n; i++)
            {
                g[i] = 0;
                for(j = 1; j <= n; j++)
                {
                    g[i] += c[i][j] * d[j];  //动态规划求 Cxd
                }
            }
            for(i = 1; i <= n; i++)
            {
                f[i] = 0;
                for(j = 1; j <= n; j++)
                {
                    f[i] += b[i][j] * d[j];
                }
            }
            for(i = 1; i <= n; i++)
              {
                d[i] = f[i];
              }
            for(i = 1; i <= n; i++)
            {
                f[i] = 0;
                for(j = 1; j <= n; j++)
                {
                    f[i] += a[i][j] * d[j];                      //动态规划求(A + B) * d
                }
            }
            for(i = 1; i <= n; i++)
            {
                if(f[i]! = g[i])
                {
                    break;
                }
            }
            if(i <= n)
                break;
        }
        if(k <= 60)
        {
            printf("NO\n");
        }
        else printf("YES\n");
    }
    return 0;
}
```

练习题

1. 记三个事件为 A、B、C,则用 A、B、C 及其运算关系可将事件"A、B、C 中只有一个发生"表示为_____。

2. 已知 $P(A)=0.3$,$P(B)=0.5$,当 A、B 相互独立时,$P(A \cup B)=$ _____,$P(B \mid A)=$ _____。

3. 一袋中有 9 个红球和 1 个白球,现有 10 名同学依次从袋中摸出一个球(不放回),则第 6 位同学摸出白球的概率为_____。

4. 三台机器因故障要人看管的概率分别为 0.1、0.2、0.15,求:

   (1) 没有一台机器要看管的概率。

   (2) 至少有一台机器不要看管的概率。

   (3) 至多有一台机器要看管的概率。

5. 盒内有 12 个乒乓球,其中 9 个是新球,3 个是旧球。采取不放回抽取,每次取一个,直到取到新球为止。求抽取次数 X 的概率分布。

6. 车间中有 6 名工人在各自独立地工作,已知每个人在 1 小时内有 12 分钟需用小吊车。

   求:(1) 在同一时刻需用小吊车人数的最可能值是多少?

   　　(2) 若车间中仅有两台小吊车,则因小吊车不够而耽误工作的概率是多少?

7. 百事世界杯之旅【2002 年上海队选拔】。

【问题描述】

"⋯⋯在 2010 年 6 月之前购买的百事任何饮料的瓶盖上都会有一个百事球星的名字。只要凑齐所有百事球星的名字,就可以参加百事世界杯之旅的抽奖活动,获得球星背包、随身听,更可到现场观看世界杯。还不赶快行动!"

你关上电视,心想:假设有 n 个不同的球星名字,每个名字出现的概率相同,平均需要买几瓶饮料才能凑齐所有的名字呢?

【输入格式】

一个整数 n,$2 \leqslant n \leqslant 33$,表示不同球星名字的个数。

【输出格式】

输出凑齐所有的名字平均需要买的饮料瓶数。

"平均"的定义:如果在任意多次随机实验中,需要购买 $k_1, k_2, k_3, \cdots$ 瓶饮料才能凑齐,而 $k_1, k_2, k_3, \cdots$ 出现的概率分别是 $p_1, p_2, p_3, \cdots$,那么,平均需要购买的饮料瓶数应为

$$k_1 \times p_1 + k_2 \times p_2 + k_3 \times p_3 + \cdots$$

如果是一个整数,则直接输出,否则应按照分数格式输出,如五又二十分之三应该输出为:

3

5------

20

第一行是分数部分的分子;第二行首先是整数部分,然后是由减号组成的分数线;第三行是分母。减号的个数应等于分母的位数。分子和分母的首位都与第一个减号对齐。分

数必须是不可约的。

【输入样例】

pepsi. in

2

17

【输出样例】

pepsi. out

3

340463

58------

720720

8. 多米诺骨牌【UVA10529】

【问题描述】

你试图把一些多米诺骨牌排成直线,然后推倒它们。但是如果你在放骨牌时不小心把刚放的骨牌碰倒了,它就会把相邻的一串骨牌全都碰倒,而你的工作也被部分破坏了。

例如你已经把骨牌摆成了 DD_DxDDD_D 的形状,而想要在 x 位置再放一块骨牌。它可能会把左边的一块骨牌或右边的三块骨牌碰倒,而你将不得不重新摆放这些骨牌。

这种失误是无法避免的,但是你可以应用一种特殊的放骨牌方法来使骨牌更多地向一个方向倒下。

给出你要摆放的骨牌数目,以及放骨牌时它向左和向右倒的概率,计算你为完成任务而摆放的骨牌数目的平均数。假设你使用了最佳的摆放策略。

【输入格式】

包含至多 100 个测试点,每个测试点占一行,包含需要摆放的骨牌数目 $n(1 \leqslant n \leqslant 1000)$,以及两个非负实数$(Pl、Pr)$,表示骨牌向左和向右倒的概率。最后一个测试点包含一个数 0。

【输出格式】

对于每个测试点输出一行表示题目要求的数目,保留两位小数。

【输入样例】

10   0.3   0.3

20   0.35   0.27

0

【输出样例】

82.07

296.67

9. 有向图的遍历行动。

【问题描述】

给出一个点带权的有向图 $G = (V, E)$,顶点 i 的权值为 W_i。对于每条边$(u, v) \in E$ 有一个属性 $P_{u,v}$,且 $P_{u,v}$ 为正数,其中 $P_{u,v}$ 表示从顶点 u 经过边(u, v)到顶点 v 的概率。若

某点 i 发出边概率和为 S_i，即 $S_i = \sum\limits_{(i,j)\in E} p_{i,j}$，那么在顶点 i 之时有 $1-S_i$ 的概率停止行动。定义路径 $\text{path} = <v_1,v_2,\cdots>$ 的权为 $\sum\limits_i W_{v_i}$，即这条路径上所有点权之和。问从一个顶点 s 开始，在每次按照指定的概率走的前提下，在某一顶点停止行动时所走的路径权的期望值。

如图 4-20(a) 所示，$s=1$，$W_1=W_2=W_3=1$，$W_4=0$。可以看到从起点到停止行动有两条路径，这两条路径权分别为 3 和 2，而走这两条路径的概率均为 0.5。所以能得到期望值为 $3\times0.5+2\times0.5=2.5$。

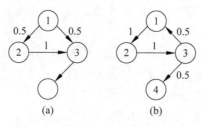

图 4-20　有向图

若调整一条边的方向并修改相关概率，如图 4-20(b) 所示，由于图中出现了环，这样路径就会有无数条。所以必须找到一种有效的方法处理一般的情况。

【输入格式】

第一行为两个正整数 n 和 m，表示共有 n 个点，m 条边。

第二行为 n 个正整数，表示 n 个点的点权。

接下来 m 行，每行三个数 i、j、k 表示一条边由 i 指向 j，概率为 k。数据保证合法且无重边和自环。$1\leqslant n\leqslant 200$，$0\leqslant m\leqslant n\times(n-1)$。

【输出格式】

n 行，每行一个数，第 i 行的数表示从点出发的路径权的期望值。

你的答案与标准答案的绝对误差或相对误差不超过 0.00001 时视为正确。数据保证从每个点出发最终都会停止。

【输入样例】

```
4    4
1  1  1  0
1  2  1
2  3  1
3  1  0.5
3  4  0.5
```

【输出样例】

```
6
5
4
0
```

第5章　数据结构基础

要设计出一个结构良好且高效率的程序,必须研究数据的特性、数据间的相互关系及数据在计算机中的存储表示,并利用这些特性和关系设计出相应的算法和程序。数据结构与算法及其相关技术已广泛地应用于信息科学、系统工程、应用数学以及各种工程技术应用领域,研究数据结构与算法以高效地支持程序的实现是计算机科学中的一个核心基础理论和技术问题。在国际大学生程序设计竞赛(ACM International Collegiate Programming Contest,ACM/ICPC)、全国或国际青少年信息学奥林匹克(NOI/IOI)竞赛中,数据结构与算法是该类竞赛考核的核心基础内容。

数据(Data)是信息的载体,是对客观事物的符号化表示,在计算机科学中是指所有能输入计算机中并被计算机程序处理的符号的总称。数据元素(Data Element)是数据的基本单位。数据结构(Data Structure)通常包括数据元素之间的逻辑关系(逻辑结构)、数据元素在计算机内的存储表示(存储结构)和定义在这种结构之上的一组操作(运算/算法)三个方面。

5.1　算　法　分　析

算法(Algorithm)是对特定问题求解步骤的一种描述,是指令的有限序列。其中每一条指令表示一个或多个操作。一个算法应该具有有穷性、确定性、可行性、输入和输出五个基本特性。一个程序不一定满足有穷性,程序中的指令必须是机器可执行的,而算法中的指令则无此限制。算法代表了对问题的解,而程序则是算法在计算机上的特定实现。一个算法若用程序设计语言来描述,则它就是一个程序。

问题、算法、程序三者之间有联系也有区别:问题(Problem)是一个函数,或是输入和输出的一种联系。算法是一个能够解决问题的、有具体步骤的方法。算法步骤必须无二义性,算法必须正确,长度有限,必须对所有输入都能终止。程序在计算机程序设计语言中是算法的实现。

一个问题有多种算法可解时,该选择哪一种? 一般的程序设计人员会考虑以下两个核心目标。

(1) 设计一个容易理解、编码和调试的算法。

(2) 设计一个能有效利用计算机资源的算法。

一个好的算法通常要考虑正确性(Correctness)、可读性(Readability)、稳健性(Robustness)、有效性(Efficient)等基本因素。判定算法有效性的依据主要是效率和低存储量。效率指的是算法执行的时间。一个算法如果能在所要求的资源限制(Resource Constraints)内将问题解决好,则称这个算法是有效率的。一个算法如果比其他已知解所需的资源都少,这个算法也被称为是有效率的。一个算法的代价(cost)是指这个算法消耗的资源量。

5.1.1　时间复杂度

一个算法是由控制结构(顺序、分支和循环)和原操作(指固有数据类型的操作)构成的,则算法时间取决于这两者的综合效果。为了便于比较同一问题的不同算法,通常的做法是,从算法中选取一种对于所研究的问题(或算法类型)来说是基本操作的原操作,以该基本操作重复执行的次数作为算法的时间量度。一般情况下,该基本操作重复执行的次数是问题规模 n 的某个函数 $f(n)$,记为 $T(n)=O(f(n))$,即该算法的时间复杂度(Time Complexity)。

一般情况下,人们所说的基本操作的重复次数都是指最深层循环内的语句的重复执行次数,即语句的频度(Frequency Count)。算法中每条语句的执行时间之和即为一个算法所耗费的时间。

【例 5-1】　求 2 个 N 阶方阵的乘积。

【参考程序】

```
#define n 100
void MatrixMultiply(int A[n][n],int B[n][n],int C[n][n])
{
    int i,j,k;
/* 语句1 */    for(i=1;i<=n; i++)
/* 语句2 */        for(j=1;j<=n; j++)
/* 语句3 */        {   C[i][j]=0;
/* 语句4 */            for(k=1;k<=n, k++)
/* 语句5 */                C[i][j]=C[i][j]+A[i][k]*B[k][j];
                   }
}
```

【程序分析】　语句 1 的循环控制变量 i 要增加到 n,即测试到 $i>n$ 成立时才会终止,因此它的频度是 $n+1$,但它的循环体却只能执行 n 次。语句 2 作为语句 1 循环体内的语句应该执行 n 次,但语句 2 本身要执行 $n+1$ 次,因此语句 2 的频度是 $n(n+1)$。同理可得,语句 3、语句 4 和语句 5 的频度分别是 n^2、$n^2(n+1)$ 和 n^3。所以例 5-1 中所有语句的频度之和(即算法耗费的时间)为 $T(n)=\sum_{i=1}^{5}f_i(n)=2n^3+3n^2+2n+1$。当问题规模 n 趋向无穷大时,时间复杂度函数 $T(n)$ 的数量级(阶)称为算法的渐近时间复杂度(Asymptotic Time Complexity),简称时间复杂度。

对于例 5-1,当矩阵的阶数 n 趋向于无穷大时,显然有

$$\lim_{n\to\infty}(T/(n)/n^3)=\lim_{n\to\infty}((2n^3+3n^2+2n+1)/n^3)=2$$

上式表明,当 n 充分大时,$T(n)$ 和 n^3 之比是一个不等于零的常数,即 $T(n)$ 和 n^3 是同阶的,或者说 $T(n)$ 和 n^3 的数量级相同,表示随着问题规模 n 的增大,算法耗费时间的增长率和 n^3 增长率相同,记作 $T(n)=O(n^3)$,这便是例 5-1。算法的渐近时间复杂度。下面简要介绍算法效率度量的一般方法和原则。

定义:如果存在正常数 c 和 n_0,使得当 $N\geqslant n_0$ 时,$T(N)\leqslant cf(N)$,则记为 $T(N)=$

$O(f(N))$。

$T(N)=O(f(N))$ 是指保证函数 $T(N)$ 以不快于 $f(N)$ 速度增长,因此,$f(N)$ 是 $T(N)$ 的一个上界(Upper Bound),即某个算法的增长率上限(最差情况)是 $f(N)$。

常见的时间复杂度按数量级递增进行排序如下:
$$O(1) < O(\log_2^n) < O(n) < O(n\log_2^n) < O(n^2) < O(n^3) < O(2^n)$$

一般而言,具有指数阶量级的算法是实际不可计算的(除非问题规模 n 很小),而量级低于平方阶的算法是比较高效的。

算法度量简化法则如下。

法则 1:

如果 $T_1(N)=O(f(N))$ 且 $T_2(N)=O(g(N))$,那么:

(1) $T_1(N)+T_2(N)=\max(O(f(N)), O(g(N)))$

(2) $T_1(N)*T_2(N)=O(f(N)*g(N))$

法则 2:

如果 $T(N)$ 是一个 k 次多项式,则 $T(N)=O(N^k)$。

法则 3:

对于任意常数 k,$\log^k N=O(N)$,则表明对数增长的非常缓慢。

在化简时还需采用一条实用法则,即低阶项一般可视为被高阶项所包含而忽略,而常数阶通常被舍弃,所以例 5-1 的时间复杂度为 $O(N^3)$。

时间复杂度分析的基本策略是从内部(或最深层部分)向外展开的。如果有函数调用,那么这些调用要首先分析。如果有递归过程,那么存在几种选择。如果递归只是被薄面纱遮住的 for 循环,则分析通常还是简单的;否则,分析将会是比较复杂或很复杂。

【例 5-2】【同济大学 1999】阅读下面的程序并写出程序执行的结果。

【参考程序】

```
main()
{   int x,y,z,w;
    z = (x = -1)? (y = -1,y += x + 5):(x = 7,y = 3);
    w = y * 'a'/4;
    printf("%d %d %d %c\n",x,y,z,w);
}
```

【程序分析】 本例题的题目不难,时间复杂度为 $O(1)$,但易出错,会得出错误结果:"-1 3 3 72",请注意输出格式"%c",正确答案是"-1 3 3 H"。

【思考】 求出斐波那契递归函数 $\text{Fib}(N)=\text{Fib}(N-1)+\text{Fib}(N-2)$ 的算法时间复杂度。

5.1.2 空间复杂度

类似于算法的时间复杂度,可以用**空间复杂度**(Space Complexity)作为算法所需存储空间的度量。一个程序的**空间复杂度**是指程序运行从开始到结束所需的存储量。程序的一次运行是针对所求解问题的某一特定实例而言的。例如,求解排序问题算法的一次运行是对一组特定个数的元素进行的排序。对该组元素的排序是排序问题的一个实例。元素个数

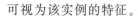

可视为该实例的特征。

程序运行所需的存储空间包括以下两部分。

(1) 固定部分：这部分空间与所处理数据的大小和个数无关，或者称与问题实例的特征无关。主要包括程序代码、常量、简单变量、定长成分的结构变量所占的空间。

(2) 可变部分：这部分空间的大小与算法在某次执行中处理的特定数据的大小和规模有关。

一个算法在计算机存储器上所占用的存储空间，包括存储算法本身所占用的存储空间、算法的输入输出数据所占用的存储空间和算法在运行过程中临时占用的存储空间这三个方面。空间复杂度是对一个算法在运行过程中**临时占用存储空间**大小的量度，记作 $S(n) = O(f(n))$。简单地说，就是程序运行所需要的**额外存储开销**，与处理数据的规模不一定有直接关系，一个算法的时间复杂度和空间复杂度往往是相互影响的。例如，直接插入排序的时间复杂度是 $O(n^2)$，空间复杂度是 $O(1)$，其他排序算法的时空复杂度就不一定是这个值了。

5.1.3 NP 问题

要想了解 P(Polynominal，多项式)类、NP(Nondeterministic Polynominal，非确定性多项式)类、NPC 类、NPH(NP-hard，NP 难)类的定义与基本关系，需要先了解以下定义。

1. 判定问题

判定问题是数理逻辑中的一个重要问题。它表现为寻求一种能行的方法、一种机械的程序或者算法，从而能够对某类问题中的任何一个在有穷步骤内确定是否具有某一特定的性质。

2. P 类问题

所有可以在多项式时间内求解的判定问题构成 P 类问题，也就是可以用确定性算法在多项式步骤内解决的问题。

非确定性算法。非确定性算法将问题分解成猜测和验证两个阶段。算法的猜测阶段是非确定性的，算法的验证阶段是确定性的，它验证猜测阶段给出解的正确性。

3. NP 类问题

所有的非确定性多项式时间可解的判定问题构成 NP 类问题，也就是可以用非确定性算法在多项式步骤内解决的问题。如可满足性问题、哈密顿回路问题、旅行商问题等都属于 NP 类问题。

P 类问题是 NP 问题的子集，因为存在多项式时间解法的问题，总能在多项式时间内验证它。NP 类问题实际上就是不知道这个问题是不是存在多项式时间内的算法，所以叫非确定性，但是可以在多项式时间内验证并得出这个问题的一个正确解。

4. NPC 问题

NP 中的某些问题的复杂性与整个类的复杂性相关联，这些问题中任何一个如果存在多项式时间的算法，那么所有 NP 问题都是多项式时间可解的，这些问题被称为 NP-完全问题(NPC 问题)。NPC 问题是 NP 问题的子集，也就是说 NP 完全问题既是 NP 难问题又是

NP 问题。

5. NP 难问题

NP 难问题指所有 NP 问题都能在多项式时间复杂度内归约到的问题。归约的意思是解决了后者也就相应地解决了前者,则该问题称为 NP 难问题。

【例 5-3】【NOIP 2013 提高组】$T(n)$ 表示某个算法输入规模为 n 时的运算次数。如果 $T(1)$ 为常数,且有递归式 $T(n) = 2 * T(n/2) + 2n$,那么 $T(n) = ($)。

A. $\Theta(n)$ B. $\Theta(n \log n)$ C. $\Theta(n^2)$ D. $\Theta(n^2 \log n)$

【问题分析】 时间复杂度的表示通常有四种方法,其定义如下。

定义 1:如果存在正常数 c 和 $n0$,使得当 $N \geq n0$ 时,有 $T(N) \leq cf(N)$,则记为 $T(N) = O(f(N))$。

定义 2:如果存在正常数 c 和 $n0$,使得当 $N \geq n0$ 时,有 $T(N) \geq cg(N)$,则记为 $T(N) = \Omega(g(N))$。

定义 3:$T(N) = \Theta(h(N))$,当且仅当 $T(N) = O(h(N))$ 且 $T(N) = \Omega(h(N))$。

定义 4:如果 $T(N) = O(p(N))$ 且 $T(N) \neq \Theta(p(N))$,则 $T(N) = O(p(N))$。

仔细分析四种表示法的差异就知道各种表示的含义了,本例题求解时把 Θ 当 O 问题也不大,关键在于递归的深度,由递归式可知,问题规模每次缩小一半,所以递归深度为 $\log n$,而每次的时间代价为 $O(n)$,所以答案为 B。

5.1.4 范例分析

1. 【NOIP2006】在下列关于计算机算法的说法中,正确的有( )。

    A. 一个正确的算法至少要有一个输入

    B. 算法的改进在很大程度上推动了计算机科学与技术的进步

    C. 判断一个算法的好坏,主要依据它在某台计算机上具体实现时的运行时间

    D. 目前仍然存在许多涉及国计民生的重大课题,还没有找到能够在计算机上实施的有效算法

【分析】 根据算法的定义及特性判断,答案为 BD

2. 【NOIP2007 提高组】在下列关于算法复杂性的说法中,正确的有( )。

    A. 算法的时间复杂度是指它在某台计算机上具体实现时的运行时间

    B. 算法的时间复杂度是指对于该算法的一种或几种主要的运算,运算的次数与问题的规模之间的函数关系

    C. 一个问题如果是 NPC 类的,就意味着在解决该问题时,不存在一个具有多项式时间复杂度的算法。但这一点还没有得到理论上的证实,也没有被否定

    D. 一个问题如果是 NP 类的,与 C 有相同的结论

【分析】 算法时间复杂度的度量与具体计算机无关,故 A 不正确;另外,NPC 是 NP 的子集,故有 NPC 类具有的特性和结论不一定满足 NP 类。答案为 BC。

3. 【NOIP2011 提高组】在使用高级语言编写程序时,一般提到的"空间复杂度"中的"空间"是指( )。

    A. 程序运行时理论上所占的内存空间

B. 程序运行时理论上所占的数组空间

C. 程序运行时理论上所占的硬盘空间

D. 程序源文件理论上所占的硬盘空间

【分析】　空间复杂度是对一个算法在运行过程中临时占用存储空间大小的量度。一个算法在计算机存储器上所占用的存储空间包括存储算法本身所占用的存储空间、算法的输入输出数据所占用的存储空间和算法在运行过程中临时占用的存储空间这三个方面。常识题。BCD 均明显错误。

4. 【NOIP2012 普及组】如果对于所有规模为 n 的输入，一个算法均恰好进行（　　）次运算，我们可以说该算法的时间复杂度为 $O(2^n)$。

A. 2^{n+1} 　　　　B. 3^n 　　　　C. $n \times 2^n$ 　　　　D. 2^{2n}

【分析】　$2^{n+1} = 2 \times 2^n$，忽略常数项，答案为 A

5. 【NOIP2012 提高组】以下关于计算复杂度的说法中，正确的有（　　）。

A. 如果一个问题不存在多项式时间的算法，那它一定是 NP 类问题

B. 如果一个问题不存在多项式时间的算法，那它一定不是 P 类问题

C. 如果一个问题不存在多项式空间的算法，那它一定是 NP 类问题

D. 如果一个问题不存在多项式空间的算法，那它一定不是 P 类问题

【分析】　时间复杂度与空间复杂度的分析方法雷同，依据 P、NP 问题的定义判定。答案为 BD。

6. 【NOIP2013 提高组】对一个有 n 个顶点、m 条边的带权有向简单图用 Dijkstra 算法计算单源最短路时，如果不使用堆或其他优先队列进行优化，则其时间复杂度为（　　）。

A. $O(mn + n^3)$ 　　　　　　　　B. $O(n^2)$

C. $O((m+n) \log n)$ 　　　　　　D. $O((m+n^2) \log n)$

【分析】　Dijkstra 算法是一个关于顶点的两重循环，对所有顶点查找最短路需要 $O(n)$ 时间，每次确定当前状态最短路也是 $O(n)$ 时间，故为 $O(n^2)$，如果使用堆或其他优先队列进行优化，则可将确定当前状态的最短路时间优化为 $O(\log n)$，从而可知时间复杂度为 $O(n \log n)$。

7. 【NOIP2013 提高组】（　　）属于 NP 类问题。

A. 存在一个 P 类问题

B. 任何一个 P 类问题

C. 任何一个不属于 P 类的问题

D. 任何一个在（输入规模的）指数时间内能够解决的问题

【分析】　直接根据 NP 类定义判定，答案为 AB。

8. 【NOIP2001】下面关于算法的说法错误的是（　　）。

A. 算法必须有输出 　　　　　　B. 算法必须在计算机上用某种语言实现

C. 算法不一定有输入 　　　　　　D. 算法必须在有限步执行后能结束

【分析】　算法的表示方法很多，除了用计算机语言外，还可以用伪码、流程图、NS 图，甚至文字等形式表示。答案为 B。

9. 【NOIP2014 提高组】以下程序段是实现找第二小元素的算法。输入是 n 个不等的数构成的数组 S，输出 S 中第二小的数 SecondMin。在最坏情况下，该算法需要做（　　）次比较。

```
if(S[1] < S[2])
{
    FirstMin = S[1];
    SecondMin = S[2];
}
else
{
    FirstMin = S[2];
    SecondMin = S[1];
}
for(i = 3; i <= n; i++)
{
    if(S[i] < SecondMin)
    {
        if(S[i] < FirstMin)
        {
            SecondMin = FirstMin;
            FirstMin = S[i];
        }
    }
    else
    {
        SecondMin = S[i];
    }
}
```

A. $2n$ B. $n-1$ C. $2n-3$ D. $2n-2$

【分析】 程序比较次数分两个部分：①确定前两个数谁大谁小需要一次比较；②每次循环需要两次比较，共需要循环 $n-2$ 次。总比较次数为 $1+2(n-2)=2n-3$。

10. 【2013 提高组】$T(n)$ 表示某个算法输入规模为 n 时的运算次数。如果 $T(1)$ 为常数，且有递归式 $T(n)=2*T(n/2)+2n$，那么 $T(n)=($)。

A. $\Theta(n)$ B. $\Theta(n\log n)$ C. $\Theta(n^2)$ D. $\Theta(n^2\log n)$

【分析】 Θ 的含义和"等于"类似，而大 O 的含义和"小于或等于"类似。

设 $2^k=n$，则 $k=\log n$。

$$T(n)=2\times T\left(\frac{n}{2}\right)+2n=2\times\left(2\times T\left(\frac{n}{4}\right)+2\times\frac{n}{2}\right)+2n=2^2\times\left(2T\left(\frac{n}{8}\right)+2\times\frac{n}{4}\right)+4n$$

$$=2^k T\left(\frac{n}{2^k}\right)+k\times 2n=2^k\times 1+k\times 2n=n\times(1+2\times k)=n\times(1+2\times\log n)=n\times\log n$$

5.2　数据的存储结构

数据的逻辑结构用以表达数据元素之间的逻辑关系，数据的逻辑结构与数据的存储无关，研究数据结构的目的是在计算机中实现对数据的操作，而对数据的操作则依赖于数据的存储。

数据在计算机中的存储表示即数据的存储结构可分为顺序存储和非顺序存储，即顺序存储结构和链式存储结构,这是两种最基本的存储结构。此外,针对一些特殊的应用,还有可能会使用索引存储结构、散列存储结构等其他存储表示方法,以满足一些特殊的应用需求。

顺序存储方法是把逻辑上相邻的数据元素存储在物理位置上相邻的存储单元中,这种存储表示方法称为顺序存储结构。顺序存储结构是一种最基本的存储表示方法,算法设计时常用的数组就是用顺序存储结构来实现的。顺序存储的主要优点是可以随机存取数据元素,其缺陷是插入、删除数据元素需要移动大量的数据。

链式存储方法对逻辑上相邻的数据元素不要求其物理位置上相邻,数据元素间的逻辑关系通过附设的指针字段值来指示,这种存储表示方法称为链式存储结构,链式存储结构是数据结构中最常见的一种存储表示方法,算法设计时常用的指针就是用链式存储结构来实现的。链式存储克服了移动数据的缺点,但也失去了随机存取的优势。

5.2.1　数组

数组是由 $n(n>1)$ 个相同类型的数据元素 $a_1,a_2,a_3,\cdots,a_n$ 构成的有限序列,且该有限序列存储在一块地址连续的内存单元中。数组是一个具有固定格式和数量的数据有序集,每个数据元素有唯一的一组下标来标识,因此,在数组上不能做插入、删除数据元素的操作。通常在各种高级语言中数组一旦被定义,每一维的大小及上下界都不能改变。在数组中通常做以下两种操作。

(1) 取值操作:给定一组下标,读其对应的数据元素的值。

(2) 赋值操作:给定一组下标,存储或修改与其相对应的数据元素的值。

按数组元素的类型不同,数组又可分为数值数组、字符数组、指针数组、结构数组等各种类别。多维数组可以看成是由多个线性表组成的,例如,一维数组可以看作一个线性表,二维数组便可以看作"数据元素是一维数组"的一维数组,三维数组可以看作"数据元素是二维数组"的一维数组,以此类推。对多维数组存储分配时,要把它的元素映像存储在一维存储器中,一般有两种存储方式:一种是以行为主序的顺序存放,另一种是以列为主序的顺序存放。

设有 $m\times n$ 二维数组 A_{mn},下面来讨论按元素的下标求其地址的方法。

以行为主序的分配为例:设数组的基址为 $\mathrm{LOC}(a_{11})$,每个数组元素占据 s 个地址单元,则 a_{ij} 的物理地址为

$$\mathrm{LOC}(a_{ij})=\mathrm{LOC}(a_{11})+((i-1)*n+j-1)*s$$

推广到一般的二维数组: $A[c_1..d_1][c_2..d_2]$,则 a_{ij} 的物理地址为

$$\mathrm{LOC}(a_{ij})=\mathrm{LOC}(a_{c1c2})+((i-c_1)*(d_2-c_2+1)+(j-c_2))*s$$

同理,对于三维数组 A_{mnp},即 $m\times n\times p$ 数组,对于数组元素 a_{ijk},其物理地址为

$$\mathrm{LOC}(a_{ijk})=\mathrm{LOC}(a_{111})+((i-1)*n*p+(j-1)*p+k-1)*s$$

推广到一般的三维数组 $A[c_1..d_1][c_2..d_2][c_3..d_3]$,则 a_{ijk} 的物理地址为

$$\mathrm{LOC}(a_{ijk})=\mathrm{LOC}(a_{c1c2c3})+((i-c_1)*(d_2-c_2+1)*$$
$$(d_3-c_3+1)+(j-c_2)*(d_3-c_3+1)+(k-c_3))*s$$

【例 5-4】 若矩阵 $Am\times n$ 中存在某个元素 a_{ij} 满足: a_{ij} 是第 i 行中最小值且是第 j 列

中的最大值,则称该元素为矩阵 **A** 的一个鞍点。试编写一个算法,找出 A 中的所有鞍点。

基本思想:在矩阵 **A** 中求出每一行的最小值元素,然后判断该元素它是否是它所在列中的最大值,是则打印输出,接着处理下一行。矩阵 **A** 用一个二维数组表示。

【参考程序】

```
void  saddle(int A[ ][ ],int m, int n)
  /*m、n是矩阵 A 的行和列*/
{
    int i,j,min;
    for(i = 0;i < m;i++)                    /*按行处理*/
    {
        min = A[i][0];
        for(j = 1; j < n; j++)
        {
            if(A[i][j] < min)
                {
                    min = A[I][j];          /*找第 I 行的最小值*/
                }
        }
        for(j = 0; j < n; j++)              /*检测该行中的每一个最小值是否是鞍点*/
        {
            if(A[I][j] == min)
            {
                k = j;   p = 0;
                while(p < m&&A[p][j] < min)
                {
                    p++;
                }
                if(p >= m)
                {
                    printf("%d,%d,%d\n", i ,k,min);
                }
            } /* if */
        } /* for i */
    }
}
```

5.2.2 链表

链表是通过指针来建立数据元素之间的逻辑关系的。为建立数据元素之间的线性关系,对每个数据元素 a_i,除了存放数据元素自身的信息 a_i 之外,还需要和 a_i 一起存放其后继数据元素 a_{i+1} 所在的存储单元的地址,这两部分信息组成一个"结点"。存放数据元素信息的称为数据域,存放其后继地址的称为指针域。因此 n 个元素的线性表通过每个结点的指针域拉成了一个"链子",称为链表。

将第一个结点的地址放到一个指针变量,如 H 中,称为头指针,头指针为 NULL 则表示一个空表,最后一个结点没有后继,其指针域的值为 NULL,表明链表到此结束。尽管链表是通过地址指针来建立结点间的线性逻辑关系的,但是对于每个结点的实际地址值并不感兴趣,所以单链表通常用图 5-1 的形式表示。

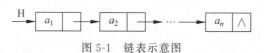

图 5-1 链表示意图

单链表的结点中只有一个指向其后继结点的指针域 next,因此若已知某结点的指针为 p,其后继结点的指针则为 p-> next,而找其前趋则只能从该链表的头指针开始,顺着各结点的 next 域进行,若每个结点再加一个指向前趋的指针域,用这种结点组成的链表称为双向链表。

对于单链表而言,最后一个结点的指针域是空指针,如果将该链表头指针置入该指针域,则使得链表头尾结点相连,就构成了单循环链表。同理可得双循环链表。

顺序存储要求地址空间是连续的,链式存储地址空间连续、非连续均可。

【例 5-5】 【软件所 1996】设 A 是一个线性表($a_1, a_2, \cdots, a_n$),采用顺序存储结构,则在等概率的前提下,平均每插入一个元素需要移动的元素个数为多少? 若元素插在 a_i 与 a_{i+1} 之间($0 \leqslant i \leqslant n-1$)的概率为 $\dfrac{n-i}{n(n+1)/2}$,则平均每插入一个元素所要移动的元素个数又是多少?

【问题分析】 在等概率的前提下,平均每插入一个元素需要移动的元素个数为

$$(0+1+2+\cdots+n)/(n+1) = n/2$$

若不是在等概率的情况下,则平均每插入一个数据元素所要移动的元素个数是:

$$\sum_{i=0}^{n-1} \frac{(n-i)^2}{n(n+1)/2} = \frac{2n+1}{3}$$

【例 5-6】 【北邮 1998】表长为 n 的顺序存储的线性表,当在任何位置上插入或删除一个元素的概率相等时,插入一个元素所需移动元素的平均个数为_____,删除一个元素所需移动元素的平均个数为_____。

供选择的答案：A. $(n-1)/2$ B. n C. $n+1$

D. $n-1$ E. $n/2$ F. $(n+1)/2$ G. $(n-2)/2$

【问题分析】 插入一个元素所要移动元素的平均个数为

$$E_i = \sum_{i=1}^{n+1} \frac{1}{n+1}(n-i+1) = \frac{n}{2}$$

删除一个元素所要移动元素的平均个数为

$$E_d = \sum_{i=1}^{n} \frac{1}{n}(n-i) = \frac{n-1}{2}$$

5.2.3 范例分析

1. 【NOIP2000 普及组】已知数组 A 中,每个元素在存储时要占 3 字节。设 i 从 1 变化到 8,j 从 1 变化到 10,分配内存时是从地址 SA 开始连续按行存储分配的。试问 A[5][8]的起始地址为( )。

     A. SA+141   B. SA+180   C. SA+222   D. SA+255

【分析】 由 i、j 的变化范围可知 A[1..8][1..10],即这是一个 8 行 10 列的矩阵。A[i][j] 的地址＝SA+((i-1)*n+(j-1))*3,即 A[5][8]＝SA+((5-1)*10+(8-1))*3＝ SA+141。

2. 【NOIP2002】一个向量第一个元素的存储地址是 100,每个元素的长度是 2,则第 5 个元素的地址是( )。

    A. 110   B. 108   C. 100   D. 120

【分析】 代公式的题。答案为 B

3. 【NOIP2006】在编程时(使用任一种高级语言,不一定是 C++),如果需要从磁盘文件中输入一个很大的二维数组(如 1000×1000 的 double 型数组),按行读(即外层循环是关于行的)与按列读(即外层循环是关于列的)相比,在输入效率上( )。

    A. 没有区别   B. 按行读的方式要高一些

    C. 按列读的方式要高一些   D. 取决于数组的存储方式

【分析】 按行还是按列优先要看数组的存储是按行还是按列存储的,如果存储方式与读取方式是一致的,则行、列优先应该是一样的。本题并未告知存储方式,且为磁盘文件,故只能选 D。

4. 【NOIP2000】线性表若采用链式存储结构,要求内存中可用存储单元地址( )。

    A. 必须连续   B. 部分地址必须连续

    C. 一定不连续   D. 连续不连续均可

【分析】 静态链表是用数组来模拟链表的,所分配的地址是连续的存储单元。答案:D。

5. 【NOIP2000】下列叙述中,正确的是( )。

    A. 线性表的线性存储结构优于链表存储结构

    B. 队列的操作方式是先进后出

    C. 栈的操作方式是先进先出

    D. 二维数组是指它的每个数据元素为一个线性表的线性表

【分析】 链表进行插入、删除等操作时不需要移动数据元素,所以某些方面链式存储也会优于线性存储。答案:D。

6. 【NOIP2008 普及组】将数组{8,23,4,16,77,−5,53,100}中的元素按从大到小的顺序排列,每次可以交换任意两个元素,最少需要交换( )次。

    A. 4   B. 5   C. 6   D. 7

【分析】 (1)选择一个最大数并与其正确位置的数交换(若最大数位置正确则跳过);(2)对剩余的数重复上一步直至结束。答案:B。

7. 【NOIP2008 普及组】对有序数组{5, 13, 19, 21, 37, 56, 64, 75, 88,92,100}进行二分查找,成功查找元素 19 的查找长度(比较次数)是( )。

    A. 1   B. 2   C. 3   D. 4

【分析】 第一次为(0+10)/2=5,即 56,第二次为(0+4)/2=2,即 19(数组下标为 0~10)。

8. 【NOIP2008 提高组】对有序数组{5,13,19,21,37,56,64,75,88,92,100}进行二分查找,等概率情况下,查找成功的平均查找长度(平均比较次数)是( )。

    A. 35/11   B. 34/11   C. 33/11   D. 32/11

    E. 34/10

【分析】 平均查找长度约等于 $\log_2^{(n+1)} - 1$,由于 n 不是 2 的整数幂,所以不能直接套公式。可以分析一下,11 个数,1 次成功 1 个数,2 次成功 2 个数,3 次成功 4 个数,4 次成功

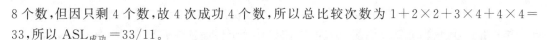

8个数,但因只剩4个数,故4次成功4个数,所以总比较次数为$1+2×2+3×4+4×4=33$,所以$ASL_{成功}=33/11$。

9.【NOIP2009提高组】在带尾指针(链表指针clist指向尾结点)的非空循环单链表中每个结点都以next字段的指针指向下一个结点。假定其中已经有两个以上的结点。下面说法是正确的是(　　)。

A. 如果p指向一个待插入的新结点,在头部插入一个元素的语句序列为:

p->next = clist->next; clist->next = p;

B. 如果p指向一个待插入的新结点,在尾部插入一个元素的语句序列为:

p->next = clist;clist->next = p;

C. 在头部删除一个结点的语句序列为:

p = clist->next; clist->next = clist->next->next; delete p;

D. 在尾部删除一个结点的语句序列为:

p = clist; clist = clist ->next; delete p;

【分析】　链表操作题。clist指向尾结点,又是循环链表,所以尾结点的next指向头结点,所以A正确,B应该在A基础上加语句clist=p,C正确,要删除尾结点需先找到clist的前趋结点。答案:AC。

10.【NOIP2009普及组】有一个由4000个整数构成的顺序表,假定表中的元素已经按升序排列,采用二分查找定位一个元素。则最多需要(　　)次比较就能确定是否存在所查找的元素。

A. 11次　　　　　B. 12次　　　　　C. 13次　　　　　D. 14次

【分析】　$2^{10}=1024$, $2^{11}=2048,2^{12}=4096$,所以需要12次。

11.【NOIP2010普及组】双向链表中有两个指针域llink和rlink,分别指向该结点的前趋及后继。设p指向链表中的一个结点,它的左右结点均非空。现要求删除结点p,则下面语句序列中错误的是(　　)。

A. p->rlink->llink = p->rlink; p->llink->rlink = p->llink; delete p;

B. p->llink->rlink = p->rlink; p->rlink->llink = p->llink; delete p;

C. p->rlink->llink = p->llink; p->rlink->llink->rlink = p->rlink; delete p;

D. p->llink->rlink = p->rlink;p->llink->rlink->llink = p->llink; delete p;

【分析】　(1)被删结点的后继指针放入被删结点前趋结点的后继指针域(p-> llink-> rlink=p-> rlink);(2)被删结点的前趋指针放入被删结点后继结点的前趋指针域(p-> rlink-> llink=p-> llink),前两步操作的次序可换;(3)删除。free(p)也用于表示删除常见的语句。答案:A。

12.【NOIP2011普及组】在含有n个元素的双向链表中查询是否存在关键字为k的元素,最坏情况下运行的时间复杂度是(　　)。

A. $O(1)$　　　　B. $O(\log n)$　　　　C. $O(n)$　　　　D. $O(n \log n)$

【分析】　链表按值查找只能顺序进行,选C。

13.【NOIP2014普及组】链表不具有的特点是(　　)。

A. 不必事先估计存储空间　　　　B. 可随机访问任一元素

C. 插入删除不需要移动元素　　　　D. 所需空间与线性表长度成正比

【分析】　顺序存储地址空间是连续的,能随机访问,链表则不行。

14.【NOIP2014 提高组】对长度为 n 的有序单链表,若检索每个元素的概率相等,则顺序检索到表中任一元素的平均检索长度为(　　)。

A. $n/2$　　　　　B. $(n+1)/2$　　　　C. $(n-1)/2$　　　　D. $n/4$

【分析】　ASL=$(1+2+3+\cdots+n)/n=(n+1)/2$。

15.【NOIP 2014 提高组】有以下结构体说明和变量定义,如图 5-2 所示,指针 p、q、r 分别指向一个链表中的三个连续结点。

```
Struct node {
    int data;
    node * next;
} *p, *q, *r;
```

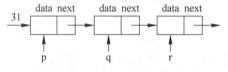

图 5-2　链表结构体示意图

现要将 q 和 r 所指结点的先后位置交换,同时要保持链表的连续,以下程序段中错误的是(　　)。

A. q^.next = r^.next; p^.next = r; r^.next = q;

B. p^.next = r; q^.next = r^.next; r^.next = q;

C. q^.next = r^.next; r^.next = q; p^.next = r;

D. r^.next = q; q^.next = r^.next; p^.next = r;

【分析】　要保证链表连续性,r 所指结点指针是关键,即不能使该指针值丢失。答案:D。

16.【中国科学技术大学 1998】将两个各有 n 个元素的有序表归并成一个有序表,其最少的比较次数是(　　)。

A. n　　　　　　　B. $2n-1$　　　　　C. $2n$　　　　　　D. $n-1$

【分析】　当一个表的最小元素大于另一个表的最大元素时,比较次数为 n 次。

17.【NOIP2014 提高组】(最大子矩阵和)给出 m 行 n 列的整数矩阵,求最大的子矩阵和(子矩阵不能为空)。输入第一行包含两个整数 m 和 n,即矩阵的行数和列数。之后 m 行,每行 n 个整数,描述整个矩阵。程序最终输出最大的子矩阵和。

```c
# include < stdio. h>
const int SIZE = 100;
int matrix[SIZE + 1][SIZE + 1];
int rowsum[SIZE + 1][SIZE + 1];      //rowsum[i][j]记录第 i 行前 j 个数的和
int m,n,i,j,first,last,area,ans;
int main()
{
    scanf("% d % d",&m,&n);
    for(i = 1;i < = m;i++)
    {
```

```
        for(j=1;j<=n;j++)
         {
             scanf("%d",&matrix[i][j]);
         }
        ans = matrix   (1)  ;
    }
        for(i=1;i<=m;i++)
        {
            (2)  ;
        }
        for(i=1;i<=m;i++)
            for(j=1;j<=n;j++)
            {
                rowsum[i][j] =   (3)  ;
            }
for(first=1;first<=n;first++)
{
    for(last=first;last<=n;last++)
    {
        (4)  ;
    for(i=1;i<=m;i++)
    {
        area +=   (5)  ;
        if(area > ans)
        {
            ans = area;
        }
        if(area < 0)
        {
            area = 0;
        }
    }
    }
}
    printf("%d\n",ans);
    return 0;
}
```

【分析】　程序填空题,做题前需审清楚题目的意思,变量和数组的各自作用,理清楚算法的思路,这样准确率就会高。本题定义了两个整型数组 matrix 和 rowsum,matrix 用于存放原始数据,rowsum 则用于存放行和,具体说就是 rowsum[i][j] 记录第 i 行前 j 个数的和,这个很重要,理解清楚了后续算法的求解思路也就清楚了。first、last 用于表示所求矩阵的开始行列位置,area 则是临时用来求矩阵的最大和,ans 当然就是保存最后结果的变量。下面来看看这个程序代码。

(1)程序开始输入了 matrix 矩阵的所有元素,之后就是第一个填空,ans 的初值,当然matrix 矩阵第一个元素就是本题的初始答案。(1)答案:[1][1]。

(2)知道 rowsum 的作用,就应该明白后面的这个循环需要给每行的 rowsum 一个初值,而矩阵的第 0 列正好可用于初始化。(2)答案:rowsum[i][0]=0。

(3)求 rowsum[i][j]。(3)答案:rowsum[i][j−1]+matrix[i][j]。

（4）迭代求解矩阵和，每次迭代前需初始化变量 area。（4）答案：area＝0。

（5）从程序不难看出，此处 area 所要做的工作是一个行和迭代，即先算出第 i 行从 first 到 last 位置的和，再加上第 i＋1 行从 first 到 last 位置的和，以此类推。而当前行的行和自然就求出来了。（5）答案：rowsum[i][last]－rowsum[i][first－1]。

5.3　散　列　表

所谓散列（hash 即"哈希"）就是通过把关键码值映射到表中的一个位置来访问记录的过程。大多数散列方法根据地址计算需要的顺序把记录放到表中，这样就不用根据值或者频率的顺序放置记录了。按散列存储方式构造的存储结构称为散列表（Hash Table），用 HT 表示。散列表中的一个位置称为槽（Slot）。散列技术的核心是散列函数（Hash Function）。

5.3.1　散列函数

对于任意给定的动态查找表 DL，如果选定了某个"理想的"散列函数 h 及相应的散列表 HT，则对 DL 中的每个数据元素 X，函数值 h(X.key)就是 X 在散列表 HT 中的存储位置。插入（或建表）时数据元素 X 将被安置在该位置上，并且检索 X 时也到该位置上去查找。由散列函数决定的存储位置称为散列地址。

因此，散列表的存储空间是一个一维数组 HT[M]，散列地址是数组的下标。设计散列方法的目标就是设计某个散列函数 h，$0 \leqslant h(k) < M$；对于关键码值 K，得到 HT[i]＝K。

散列方法一般只适用于集合，而不适用于多个记录有同样关键码值的应用程序。散列方法一般也不适用于范围检索。就是说，想找到关键码值在一个特定范围的所有记录不可能很容易。也不可能找到最大或者最小关键码值的记录，或者按照关键码值的顺序访问记录。

一般情况下，散列表的空间必须比结点的集合大，此时虽然浪费了一定的空间，但换取的是检索效率。设散列表的空间大小为 M，填入表中的结点数为 N，则称＝N/M 为散列表的负载因子（Load Factor，又称"装填因子"）。建立散列表时，若关键码与散列地址是一对一的关系，则在检索时只需根据散列函数对给定值进行某种运算，即可得到待查结点的存储位置。但是，散列函数可能对于不相等的关键码计算出相同的散列地址，称该现象为冲突（Collision），发生冲突的两个关键码称为该散列函数的同义词。因此，在实际应用中，必须考虑如何去解决产生的冲突。

5.3.2　散列表冲突处理办法

冲突解决方法可以分为两类：开散列方法（Open Hashing）和闭散列方法（Closed Hashing）。开散列方法也称分离链接散列法或拉链法（Separate Chaining），闭散列方法也称开地址法（Open Addressing）或开放地址散列法。两种方法的主要区别在于开散列方法把发生冲突的关键码存储在散列表的主表中，而闭散列方法把发生冲突的关键码存储在表

中的另一个槽内。

开散列方法是将关键字为同义词(即具有相同的函数值的关键字)的记录存储在同一线性链表中。在链表中的插入位置可以在表头或表尾,也可以在中间,以保持同义词在同一线性链表中按关键字有序。分离链接散列法的一般法则是使得表的大小尽量与预料的元素个数接近(即让 $\alpha \approx 1$)。

闭散列方法是一种不用链表解决冲突的方法。在开放地址算法中,如果有冲突发生,那么就要尝试选择另外的单元,直到找出空的单元为止。因为所有的数据都要置入表内,所以开放地址散列法所需要的表要比分离链接散列法的大。一般来说,对开放地址算法来说,装填因子应该低于 0.5。

$H_i = (H(\text{key}) + d_i) \bmod m$, $i = 1, 2, \cdots, k (k \leqslant m - 1)$,其中 $H(\text{Key})$ 为散列函数,m 为散列表长,d_i 为增量序列,一般有以下三种取法。

① $d_i = 1, 2, 3, \cdots, m - 1$,称为线性探测法。

② $d_i = 1^2, -1^2, 2^2, -2^2, 3^2, \cdots, \pm k^2 (k \leqslant m/2)$,二次探测再散列。

③ $d_i =$ 伪随机数序列,伪随机探测再散列。

再散列法 $H_i = \text{RH}_i(\text{key})$, $i = 1, 2, 3, \cdots, k$, RH_i 均是不同的散列函数,即在同义词产生地址冲突时计算另一个散列函数地址,直到冲突不再发生,这种方法不易产生"聚集",但增加了计算时间。

建立公共溢出区也是一种冲突处理的方法。其基本思想是建立两个表:一个基本表,每个单元只能存放一个数据元素;一个溢出表,只要关键码对应的散列地址在基本表上产生冲突,则所有这样的元素一律存入该表中。查找时,对给定值 k 通过散列函数计算出散列地址,先与基本表的单元比较,若相等,查找成功;否则,再到溢出表中进行查找。

【例 5-7】【NOIP2009 提高组】散列表的地址区间为 0～10,散列函数为 $H(K) = K \bmod 11$。采用开地址法的线性探查法处理冲突,并将关键字序列 26、25、72、38、8、18、59 存储到散列表中,这些元素存入散列表的顺序并不确定。假定之前散列表为空,则元素 59 存放在散列表中的可能地址有(　　)。

A. 5　　　　　　B. 7　　　　　　C. 9　　　　　　D. 10

【问题分析】　由于元素存入散列表的顺序不确定,故该例题就存在一些变数,依据数据序列该散列表的状态分析如下:

0	1	2	3	4	5	6	7	8	9	10
			25	26 59	38	72	18	8		

由于可能发生冲突的只有 26 与 59,26 先于 59,且 59 先于 38,则 59 的地址为 5,同理可知 7、9 皆有可能,但 10 不会。答案:ABC。

5.3.3　范例分析

1. 【NOIP2013 普及组】将(2，6，10，17)分别存储到某个地址区间为 0～10 的哈希表中,如果哈希函数 $h(x) = ($　　$)$,将不会产生冲突,其中 $a \bmod b$ 表示 a 除以 b 的余数。

A. $x \bmod 11$　　　　　　　　　　B. $x^2 \bmod 11$

C. $2x \bmod 11$　　　　　　　　　　D. $\lfloor \sqrt{x} \rfloor \bmod 11$，其中$\lfloor \sqrt{x} \rfloor$表示$\sqrt{x}$下取整

【分析】　根据定义直接判定即可,答案：D。

2.【软件所98】假定有 K 个关键字互为同义词,若用线性探测法把这 K 个关键字存入散列表中,至少要进行（　　）次探测。

A. $K-1$　　　　B. K　　　　C. $K+1$　　　　D. $K(K+1)/2$

【分析】　因为 K 个关键字互为同义词,只有第一个关键字存入时不会发生冲突,所以至少要进行 $1+2+\cdots+K= K(K+1)/2$ 次比较。

5.4　栈

5.4.1　栈的定义

　　栈(Stack)是一种操作受限的线性数据结构,其插入和删除等操作只能在表的一端进行。允许插入、删除的这一端称为栈顶(Top),另一端称为栈底(Bottom)。当表中没有元素时称为空栈。图 5-3 给出了一个栈的示意图,进栈的顺序是 $a_1, a_2, a_3, \cdots,$ a_n,当需要出栈时其顺序为 $a_n, \cdots, a_3, a_2, a_1$,所以栈又称为后进先出(Last In First Out)的线性表,简称 LIFO 表。依据存储方式的不同,栈可分为顺序栈和链式栈。利用顺序存储方式实现的栈称为顺序栈。用链式存储结构实现的栈称为链栈。插入数据元素称为入栈,删除数据元素称为出栈。以顺序栈为例,用定长为 n 的数组 S 来表示,栈顶指针为 top,top$=0$ 时栈空,top$=n$

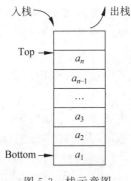

图 5-3　栈示意图

时栈满,入栈时 top 指针加 1,出栈时 top 指针减 1,top<0 时为栈下溢。栈指针在运算中永远指向栈顶,则其出入栈算法如下。

　　入栈算法：

```
if (top > = n)
{
    return 0;                        / * 栈满不能入栈 * /
}
else
{   top++;
    s [top] = x;
    return 1;
}
```

　　出栈算法：

```
if (top < = 0)
{
    return 0;                        / * 栈空不能出栈 * /
```

```
    }
    else
    {   x = s[top];
        top-- ;
        return 1;                    /*栈顶元素存入*x,返回*/
    }
```

进栈、出栈的 C++实现程序如下：

```
#define n 100
Void push(int s[], int * top, int * x)                           //进栈
{
    if( * top == n)
    {
        printf("overflow");
    }
      else
      {
          * top++ ;
          s[ * top] = * x;
      }
}
Void pop(int s[], int * top, int * y)                            //出栈
{
    if( * top == 0)
    {
        printf("underflow");
    }
    else
    {
        * y = s[ * top];
        * top-- ;
    }
}
```

【例 5-8】【中山大学 1997】设输入元素为 1、2、3、P 和 A,输入次序为 123PA,元素经过栈后到达输出序列,当所有元素均到达输出序列后,有哪些序列可以作为高级语言中的变量名?

【问题分析】　高级语言中变量名的定义是:以字母开头的字母数字串。根据变量名的定义,要求第一个输出的字符必须是 P 或者是 A,123 逆序 321 在各个合法输出中的相对次序不会变。为此以 P 开头的合法变量有 PA321、P3A21、P32A1、P321A,以 A 开头的只有 AP321。

5.4.2　栈与递归

栈的一个重要应用是在程序设计语言中实现递归过程。现实中,有许多实际问题是递归定义的,用递归的方法可以使许多问题的结果大大简化。

递归函数都有一个终止递归的条件,如求 N! 的递归函数中,$n=0$ 时,将不再继续递归下去。递归函数的调用类似于多层函数的嵌套调用,只是调用单位和被调用单位是同一个

函数而已。在每次调用时系统将属于各个递归层次的信息组成一个活动记录,这个记录中包含着本层调用的实参、返回地址、局部变量等信息,并将这个活动记录保存在系统的"递归工作栈"中,每当递归调用一次,就要在栈顶为过程建立一个新的活动记录,一旦本次调用结束,则将栈顶活动记录出栈,根据获得的返回地址信息返回到本次的调用处。

递归是分治算法及动态规划算法中的常见形式。递归算法具有两个特性:①递归算法是一种分而治之、把复杂问题分解为简单问题的求解问题方法,对求解某些复杂问题,递归算法的分析方法是有效的;②递归算法的效率较低。

为此,在求解某些问题时,希望用递归算法分析问题,用非递归算法求解具体问题。消除递归有利于提高算法时空性能,因为递归执行时需要系统提供隐式栈实现递归,效率较低;递归算法是一次执行完,中间过程对用户不可见,这在处理有些问题时不合适,因此就存在一个把递归算法转换为非递归算法的需求。

常用的消除递归方法有两类:一类是简单递归问题的转换,可以将递归算法转换为线性操作序列,直接用循环实现,如 $N!$ 的求解;另一类是基于栈的方式,即将递归中隐含的栈机制转换为由用户直接控制的显式栈,利用堆栈保存参数,由于栈的后进先出特性吻合递归算法的执行过程,因而可以用非递归算法替代递归算法。

5.4.3 栈与 DFS

栈是计算机系统工程及算法设计应用中常见的基础数据结构之一,深度优先搜索(DFS)是用于在树/图中遍历/搜索的一种重要算法,也可以在更抽象的场景中使用。树的前序遍历和后序遍历均需要栈的支持,栈是实现搜索算法得以回溯的重要数据结构。

有两种实现 DFS 的方法。第一种方法是进行递归,当递归地实现 DFS 时,表面上似乎不需要使用任何栈,但实际上使用的是由系统提供的隐式栈,也称为调用栈(Call Stack)。递归解决方案的优点是它更容易实现。但是,存在一个很大的缺点,如果递归的深度太高,你将遭受堆栈溢出。第二种方法是用显式栈实现 DFS,即自行设计一个栈,深搜时入栈、回溯时退栈,栈空算法结束,从而达到 DFS 算法的目的。显式栈的最大特点是易懂、高效。

【例 5-9】【NOIP2003 提高组】已知元素(8,25,14,87,51,90,6,19,20),问这些元素以( )顺序进入栈,才能使出栈的顺序满足:8 在 51 前面;90 在 87 的后面;20 在 14 的后面;25 在 6 的前面;19 在 90 的后面。

    A. 20,6,8,51,90,25,14,19,87

    B. 51,6,19,20,14,8,87,90,25

    C. 19,20,90,8,6,25,51,14,87

    D. 6,25,51,8,20,19,90,87,14

    E. 25,6,8,51,87,90,19,14,20

【问题分析】 栈是非常特殊的操作受限数据结构,就本例题而言,对于一个数据元素,其进出栈次序可以任意,对于任意两个数据元素,只要两个元素之间彼此无其他约束,则也可以做到进出栈次序任意,但对于 3 个以上数据元素来说,只要每个数据元素入栈顺序之间只嵌套不交叉,则也不会有问题,但是如果入栈序列交叉而出栈序列又不能保持一致,即有的后进先出,有的又要先进先出,那就很容易出问题。对于 n 个元素依次入栈,可有 $C_n=$

$\dfrac{1}{n+1}\times\dfrac{(2n)!}{(n!)^2}$ 个不同的出栈序列。举个简单的例子：设有 a、b、c 3 个元素顺序入栈，则有 $n=3$ 时共有 5 种不同序列是合法的，唯一不合法的序列是 c a b，入栈是顺序的，出栈先逆后顺。下面来分析一下本例题的一个例子，例如：8 在 51 前面；90 在 87 的后面；这两个不交叉且一顺，没问题；20 在 14 的后面，虽交叉且出栈序列互逆了，但由于 8、51 被整个嵌套在里面，故仍能做到；25 在 6 的前面，又套了一层，还可以做到；19 在 90 的后面，此时的 90、19、87 就形成了一个 c a b，所以寻找非法序列其实就是看操作下来是否会出现类似 c a b 的情况。其余都能有合法的操作以满足题目的条件。

从标准答案看，本题似乎更简单，它考核的是哪个序列元素全部进栈后再全部出栈能否得到同时满足题目中的若干条件。这样只需逐个检查栈中元素序列能否满足出栈序列要求即可，即逐个检查每组条件中的顺序是否逆转。

每组条件的入栈相对次序为：51 8；90 87；20 14；6 25；19 90。显然 D 符合要求。

5.4.4　范例分析

1. 【NOIP2007】地面上有标号为 A、B、C 的三根柱，在 A 柱上放有 10 个直径相同且中间有孔的圆盘，从上到下依次编号为 1,2,3…，将 A 柱上的部分盘子经过 B 柱移入 C 柱，也可以在 B 柱上暂存。如果 B 柱上的操作记录为"进、进、出、进、进、出、出、进、进、出、进、出、出"。那么，在 C 柱上，从下到上的编号为（　　　）。
   A．2 4 3 6 5 7 　　　　　　　　B．2 4 1 2 5 7
   C．2 4 3 1 7 6 　　　　　　　　D．2 4 3 6 7 5

【分析】　根据栈的操作模拟执行就可以得到正确答案。答案：D。

2. 【NOIP2005 提高组】设栈 S 的初始状态为空，元素 a、b、c、d、e、f、g 依次入栈，以下出栈序列不可能出现的有（　　　）。
   A．a、b、c、e、d、f、g 　　　　　B．b、c、a、f、e、g、d
   C．a、e、c、b、d、f、g 　　　　　D．d、c、f、e、b、a、g
   E．g、e、f、d、c、b、a

【分析】　参考例 5-9 中的分析找 c、a、b；E 选项的 g、e、f 就是一组 c、a、b；C 选项的 e、c、d 及 e、b、d 也是一组 c、a、b。答案：CE。

3. 【NOIP2007 提高组】近 20 年来，许多计算机专家都大力推崇递归算法，认为它是解决较复杂问题的强有力的工具。在下列关于递归算法的说法中，正确的是（　　　）。
   A. 在 1977 年前后形成标准的计算机高级语言 FORTRAN77 禁止在程序中使用递归，原因之一是该方法可能会占用更多的内存空间
   B. 和非递归算法相比，解决同一个问题，递归算法一般运行得更快一些
   C. 对于较复杂的问题，用递归方式编程往往比非递归方式更容易一些
   D. 对于已经定义好的标准数学函数 sin(x)，应用程序中的语句"y＝sin(sin(x));"就是一种递归调用

【分析】　本题其实是有一定难度的，年轻人都没用过 FORTRAN77，所以知道的人很少。但普及组的题是单选题相对容易一点，知道的直接选答案，不知道的用排除法即可。提高组则必须知道 FORTRAN77 不支持递归，非递归空间和时间开销应该比递归少，D 是嵌

套而非递归,C 也是正确的。答案:AC。

4. 【NOIP2008 普及组】设栈 S 的初始状态为空,元素 a、b、c、d、e、f 依次入栈 S,出栈的
序列为 b、d、f、e、c、a,则栈 S 的容量至少应该是(   )。

  A. 6   B. 5   C. 4   D. 3

【分析】 栈中保留的元素个数最多为 4 个,所以其容量至少应该是 4。

5. 【NOIP2010 提高组】元素 R1、R2、R3、R4、R5 入栈的顺序为 R1、R2、R3、R4、R5。如
果第一个出栈的是 R3,那么第五个出栈的可能是(   )。

  A. R1   B. R2   C. R4   D. R5

【分析】 因为第一个出栈的是 R3,故 R3 出栈前栈内应该是 R1、R2、R3,R3 出栈后栈
内是 R1、R2,然后不论 R4、R5 如何入栈、出栈,R1 必然会在 R2 之后出栈,所以第 5 个出栈
的不会是 R2,R2 最多只能在第 4 个出栈。答案:ACD。

6. 【NOIP2012 普及组】在程序运行过程中,如果递归调用的层数过多,会因为(   )
引发错误。

  A. 系统分配的栈空间溢出   B. 系统分配的堆空间溢出

  C. 系统分配的队列空间溢出   D. 系统分配的链表空间溢出

【分析】 递归调用要用到的基础数据结构是栈,事实上,许多高级语言对递归的层数或
深度是有约束的,所以递归层数过多引发的错误应该是 A。

7. 【NOIP2013 普及组】下面是根据欧几里得算法编写的函数,它所计算的是 a 和 b
的(   )。

```
int euclid(int a, int b)
{
    if(b == 0)
    {
        return a;
    }
    else
    {
        return euclid(b, a % b);
    }
}
```

  A. 最大公共质因子   B. 最小公共质因子

  C. 最大公约数   D. 最小公倍数

【分析】 辗转相除法求最大公约数。

8. 【NOIP2013 提高组】斐波那契数列的定义如下:$F_1=1$, $F_2=1$, $F_n=F_{n-1}+F_{n-2}(n\geqslant$
3)。如果用下面的函数计算斐波那契数列的第 n 项,则其时间复杂度为(   )。

```
int F(int n)
{
    if(n <= 2)
    {
    return 1;
    }
    else
```

```
        {
            return F(n - 1) + F(n - 2);
        }
    }
```

    A. $O(1)$ B. $O(n)$ C. $O(n^2)$ D. $O(F_n)$

【分析】 此题最简单的方法是排除法,A、B、C 显然都不对。

设算法时间复杂度为 $T(n)$,由递归式可知 $T(n) = T(n-1) + T(n-2)$,故有 $T(n) =$

$O(F_n)$。答案:D。F_n 到底是多大,数学上可以计算,它等于 $O\left(\left(\dfrac{1+\sqrt{5}}{2}\right)^n\right)$。

9.【NOIP2014 提高组】(双栈模拟数组)只使用两个栈结构 stack1 和 stack2,模拟对数组的随机读取。作为栈结构,stack1 和 stack2 只能访问栈顶(最后一个有效元素)。栈顶指针 top1 和 top2 均指向栈顶元素的下一个位置。

```
# include < stdio.h >
const int SIZE = 100;
int stack1[SIZE], stack2[SIZE];
int top1, top2;
int n, m, i, j;
void clearStack()
{
    int i;
    for(i = top1; i < SIZE; i++)
    {
        stack[i] = 0;
    }
    for(i = top2; i < SIZE; i++)
    {
        stack[i] = 0;
    }
}

int main()
{
    scanf("%d, %d", &n, &m);
    for(i = 0; i < n; i++)
    {
        scanf("%d", &stack1[i]);
    }
    top1  =  _____(1)_____;
    top2  =  _____(2)_____;
    for(j = 0; j < m; j++)
    {
        scanf("%d", &i);
        while(i < top1 - 1)
        {
            top1 -- ;
            _____(3)_____;
            top2++;
        }
```

```
        while(i > top1 - 1)
        {
            top2 -- ;
                    (4)         ;
            top1++;
        }
        clearstack();
        printf(" % d\n", stack1[        (5)        ]);
    }
    return(0);
}
```

输入第一行包含两个整数,分别是数组长度 n 和访问次数 m,中间用单个空格隔开。第二行包含 n 个整数,依次给出数组各项(数组下标从 $0\sim n-1$)。第三行包含 m 个整数,为需要访问的数组下标。对于每次访问,输出对应的数组元素。

【分析】 用双栈模拟数组的随机访问,所谓随机访问即给出个下标 i 就要能对数组的第 i 个元素进行访问等。

(1) 数据元素存储在 stack1 数组中,故有"top1=n;""top2=0;"。

(2) 输入下标 i,要访问第 i 个元素,则需要先把 stack1 中 i 之后的数据转入 stack2 中,所以当 i<top1-1 时,(3)填"stack2[top2]=stack1[top1];"。

(3) 同理,当 i>top1-1 时,表示数据还在 stack2 中,需先倒回到 stack1,才能对其进行操作,故(4)填"stack1[top1]=stack2[top2];"。

(4) 因为栈顶指针 top1 和 top2 均指向栈顶元素的下一个位置,所以,清空栈后访问 stack1 时,其下标应该是 top1-1,故(5)填 top1-1。

5.5 队　　列

5.5.1 队列的定义

队列(queue)也是一种操作受限的线性数据结构,与栈后进先出(LIFO)的数据结构截然不同的是队列是一种"先进先出"(First In First Out, FIFO)的数据结构。将这种插入在表一端进行,而删除在表的另一端进行的数据结构称为队列,并称允许插入的一端为队尾(rear),允许删除的一端为队首(front)。如图 5-4 所示是一个队列的示意图。若入队顺序为 $a_1,a_2,a_3,\cdots,a_n$,则出队顺序依然是 $a_1,a_2,a_3,\cdots,a_n$。

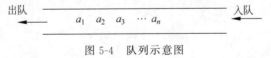

图 5-4　队列示意图

与栈类似,队列也可以根据存储方式的不同分为顺序队列和链式队列,常见的顺序队列就是用数组来存储的,如数组 Q[n+1],数组的上界 n 是队列所允许的最大容量。

在队列的顺序存储结构中,除了用一组地址连续的存储单元依次存放队列中的元素外,还需要附设两个指针 front 和 rear 分别指向队列的头、尾元素。

设队列头指针指向队列头元素前面的一个位置,队尾指针指向队列尾元素(这样的设置是为了某些运算的方便,并不是唯一的方法)。

置空队列则为:

front = rear = - 1;

在不考虑溢出的情况下,入队列操作队尾指针加1,指向新位置后,元素入队列。

rear++;   Q[rear] = x;

在不考虑队列空的情况下,出队列操作队列头指针加1,表明队列头元素出队列。

front++;   x = Q[front];   / * 原队列头元素送入 x 中 * /

队列中元素的个数:$m = rear - front$;队列满时:$m = n + 1$;队列空时:$m = 0$。

5.5.2　循环队列

随着入队列、出队列的进行,会使整个队列整体向后移动,这样就出现了队尾指针已经移到了最后,再有元素入队列就会出现溢出,而事实上此时队列中并未真的"满员",这种现象称为"假溢出",这是由"队尾入、队头出"这种受限制的操作所造成的。解决假溢出的方法之一是将队列的数据区 Q[0 .. MAXSIZE − 1]看成头尾相接的循环结构,头尾指针的关系不变,并称其为"循环队列"(见图 5-5)。

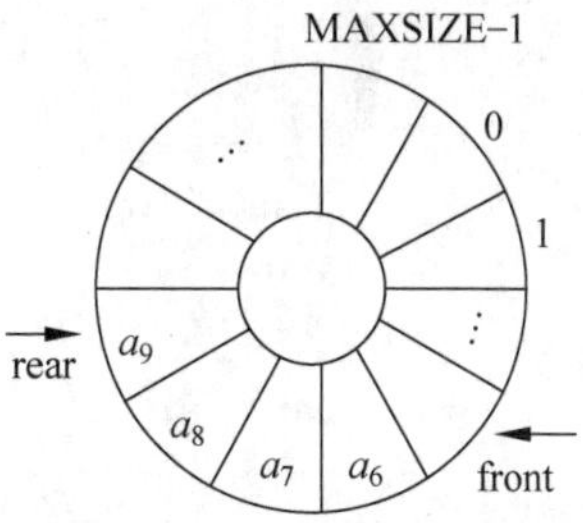

因为是头尾相接的循环结构,入队列时的队尾指针加 1操作修改为

图 5-5　循环队列示意图

rear = (rear + 1) % MAXSIZE;

出队列时的队头指针加 1 操作修改为

front = (front + 1) % MAXSIZE;

可循环队列在队列满情况下有:front == rear;在队空情况下也有:front == rear。就是说"队满"和"队空"的条件相同了。这显然是必须解决的一个问题。

方法之一是附设一个存储队列中元素个数的变量,如 num,当 num == 0 时为队列空,当 num == MAXSIZE 时为队列满。

另一种方法是少用一个元素空间,即插入时 rear 指向实际插入位置,而 front 当前位置是空闲单元,即将队尾指针加 1 赶上队头指针视为满,因此,队列满的条件是:(rear + 1)% MAXSIZE == front;空队列的条件是:front == rear。

5.5.3　队列与 BFS

栈是 DFS 算法的基础数据结构,队列则是 BFS 算法的基础数据结构。树的层次遍历、图的广度优先搜索等均需要借助队列这种数据结构来实现。BFS 算法还常用于查找树和图中的最短路径问题,如找迷宫中的最短路径等。

【例 5-10】【清华 2000】已知 q 是一个非空队列,s 是一个空栈。编写一个算法,仅用队列和栈的 ADT 函数和少量工作变量,将队列 q 中的所有元素逆置。

栈的 ADT 函数有：

```
makeEmpty(s:stack);                          //置空栈
push(s:stack;value:datatype);                //新元素 value 进栈
pop(s:stack):datatype;                       //出栈,返回栈顶值
isEmpty(s:stack):Boolean;                    //判断栈是否为空
```

队列的 ADT 函数有：

```
enqueue(q:queue;value:datatype);             //元素 value 进队
dequeue(q:queue):datatype;                    //出队列,返回队头值
isEmpty(q:queue):Boolean;                     //判断队列是否为空
```

【问题分析】 基本思想是：顺序取出队元素，入栈；所有元素入栈后，再从栈中逐个取出，入队，简单说，就是用栈来逆置队列元素。

【参考程序】

```
reverse_queue(queue q,stack s)
{                                   //用栈 s 逆置队列 q
    while ! isEmpty(q)
    {   //取所有队列元素入栈
        data = dequeue(q);
        push(s,data);
    }//while
    while ! isEmpty(s)
    {   //取所有栈元素入队
        data = pop(s);
        enqueue(q,data);
    } //while
} //rverse_queue
```

【例 5-11】 【NOIP2004 普及组】Joseph 问题。

【题目描述】 原始的 Joseph 问题的描述如下：有 n 个人围坐在一个圆桌周围，把这 n 个人依次编号为 $1,\cdots,n$。从编号是 1 的人开始报数，数到 m 的人出列，然后从出列的下一个人重新开始报数，数到 m 的人又出列，$\cdots$，如此反复直到所有的人全部出列为止。例如，当 $n=6,m=5$ 时，出列的顺序依次是 5、4、6、2、3、1。现在的问题是：假设有 k 个好人和 k 个坏人。好人的编号是 $1\sim k$，坏人的编号是 $k+1\sim 2k$。我们希望求出 m 的最小值，使得最先出列的 k 个人都是坏人。

【输入】
仅有的一个数字——$k(0<k<14)$。

【输出】
使得最先出列的 k 个人都是坏人的 m 的最小值。

【输入样例】
4

【输出样例】
30

【参考程序】

```
# include < stdio.h>
long k, m, begin;
int check(long remain)
{
    long result =  (1)  % remain;          //(1)begin + m - 1
    if  (2)
    {                                       //(2)result > = k(或 k < = result)
        begin = result;
        return 1;
    }
    else
    {
        return 0;
    }
}
int main()
{
    long i, find = 0;
    scanf(" % ld", &k);
    m = k;
    while  (3)
    {                                       //(3)! find(或 find == 0)
        find = 1;
        begin = 0;
        for(i = 0; i < k; i++)
        {   if(! check  (4)  )
            {                               //(4)2 * k - i
                find = 0;
                break;
            }
        }
        m++;
    }
    printf(" % ld\n",  (5) );               //(5)m - 1
    return 0;
}
```

【程序分析】 Joseph 问题是一个经典的问题，有很多种形式，本例题是简单 Joseph 问题的一种延伸。要使最先出列的 k 人都是坏人，就是要寻找这样一个最小的 m 使前 k 次绕圈的位置都在 $k \sim 2k - i$ 区间内，此处 i（$0 \leqslant i \leqslant k - 1$）代表踢出的第 i 人，即踢出一个坏人后，总人数减 1，位置区间也随之递减，但每次计算的位置仍需在 k 之后，中间若有出现位置不在合理范围内，则表示 m 值不对。这样就大致可以猜到 check() 函数中的形参应该是当前剩余人数，result 就是每次模运算后的位置，即 result$\geqslant k$ 才是正确的。

主函数中"m＝k；m＋＋；"中的 m 就是题目要求的值，从 k 开始，圈是从 0 开始。m 从 k 开始穷举，while 中的 for 循环是测试所有坏人是否能够通过数 m 全部踢出去，如果不行，出现好人被踢出去，直接 break，说明 find＝＝0 就是没找到，find＝＝1 就是找到。

当还没找到 m，即 find＝＝0，枚举 m，而（4）应该是依次测试数 m 会不会把好人踢出去，函数中形参 remain 是剩下的人数，实参应该是 $2 * k - i$；check() 函数中的 begin 是个全局变量,用来记录数 m 后光标的位置,result 中的‰就说明是绕圈后的结果位置,begin 初值为 0,下一个位置就是上一位置之后的位置,此处由于当前位置的坏人被踢出,相当于后续元素前移,即 begin=result;而新位置有意义的前提是 result>=k。(1)的位置是 begin+m,由于是从 0 开始的,(1)填 begin+m-1。

5.5.4 范例分析

1. 【NOIP2000 普及组】设循环队列中数组的下标范围是 $1\sim n$,其头尾指针分别为 f 和 r,则其元素个数为(   )。

   A. r-f   B. r-f+1   C. (r-f)‰n+1   D. (r-f+n)‰n

   【分析】 若 r-f≥0,则 r-f 即为队列中的元素个数,但环形队列中存在 r-f<0 的情形,故需采用(r-f+n)‰n 的方式来计算元素个数。

2. 【NOIP2003】已知队列(13,2,11,34,41,77,5,7,18,26,15),第一个进入队列的元素是 13,则第五个出队列的元素是(   )。

   A. 5   B. 41   C. 77   D.13

   E. 18

   【分析】 根据队列定义及操作的约定可知答案为 B。

3. 【NOIP2010 普及组】队列快照是指在某一时刻队列中的元素组成的有序序列。例如,当元素 1、2、3 入队,元素 1 出队后,此刻的队列快照是"2 3"。当元素 2、3 也出队后,队列快照是"",即为空。现有 3 个正整数元素依次入队、出队。已知它们的和为 8,则共有(   )种可能的不同的队列快照(不同队列的相同快照只计一次)。例如,"5 1"、"4 2 2"、""都是可能的队列快照;而"7"不是可能的队列快照,因为剩下的两个正整数的和不可能是 1。

   【分析】 这是比赛中的问题求解题,该题既是队列题也可以说是数学题。由题意知:3 个整数组成的队列,其各元素的数字和要等于 8,根据这一点可知共有 5 种数字组合:(1,2,5),(1,3,4),(1,1,6),(2,2,4),(2,3,3)。(1,2,5),(1,3,4)这两组,因为组成的数字各不相同,故其三位数快照的排列数各有 6 种;其两位数组成的快照是个组合数,也各有 6 种;出现的一位数快照有 5 种。故这两组快照数共有 29 种(不含空)。同理分析另外三组数字,因为均有一个数字是重复的,所以每组有三位数和两位数快照各 3 种,一位数快照只有 6 一种情况,所以这三组的快照数为 19 种(不含空)。外加空的快照,故快照总数为 49。

4. 【NOIP2010 提高组】记 T 为一队列,初始时为空,现有 n 个总和不超过 32 的正整数依次入列。如果无论这些数具体为何值,都能找到一种出队的方式,使得存在某个时刻队列 T 中的数之和恰好为 9,那么 n 的最小值为(   )。

   【分析】 本题本质上应该是数学题,可用抽屉原理求解。设 a_i 为各正整数的值,则 T 的队列顺序为 $a_1,a_2,a_3,\cdots,a_n$,设 b_i 为前 i 项数之和,则 $b_0=0,b_1=a_1,b_2=a_1+a_2,b_3=a_1+a_2+a_3\cdots$。如队列 T 中的数之和恰好为 9,实际上即是找到某个 b_j 和 b_i,使得 $b_j-b_i=9$。由题意可知 b_i 的取值范围为 $1\sim 32$,现将这 32 个数构造为集合 $\{1,10\}$,$\{2,11\}$,$\cdots$,$\{8,17\}$,$\{18,27\}$,$\{19,28\}$,$\cdots$,$\{23,32\}$,$\{24\}$,$\{25\}$,$\{26\}$,这 17 个集合中的任一个集合不能同时取两个数,即每个集合只能取一个数,否则它们的差为 9。例如,设 $n=17$ 时,队列 T

为 11111111 10 111111111,即 $b_1=1$,$b_2=2$,$\cdots$,$b_8=8$,$b_9=18$,$b_{10}=19$,$b_{11}=20$,$\cdots$,$b_{17}=26$,它们中没有任意两个数是在同一集合内的,所以不存在数之和恰好等于 9 的情况。故根据抽屉原理可得,当 $n=18$ 时,至少存在两个在同一个集合内,即它们的差为 9。因此,答案为 $n=18$。

5.6 树及其遍历

在计算机科学中,树是一种广泛使用的非线性数据结构。所谓非线性数据结构是指在该结构中至少存在一个数据元素,有两个或两个以上的直接后继(或直接前趋)元素。计算机系统中的文件系统、目录组织就是一种十分重要的树状非线性结构。

5.6.1 树的定义

树(tree)是包含 $n(n>0)$ 个结点的有穷集合,其中:

(1) 每个元素称为结点(node)。

(2) 有一个特定的结点被称为根结点或树根(root)。

(3) 除根结点之外的其余数据元素被分为 $m(m\geqslant0)$ 个互不相交的集合 $T_1,T_2,\cdots$,T_m-1,其中每一个集合 $T_i(1\leqslant i\leqslant m)$ 本身也是一棵树,被称作原树的子树(subtree)。

很显然,树是递归定义的,所以,递归是树的固有特性。

图 5-6 是一棵具有 9 个结点的树,即 $T=\{A,B,C,\cdots,H,I\}$,结点 A 为树 T 的根结点,除根结点 A 之外的其余结点分为两个不相交的集合:$T_1=\{B,D,E,F,H,I\}$ 和 $T_2=\{C,G\}$,T_1 和 T_2 构成了结点 A 的两棵子树,T_1 和 T_2 本身也分别是一棵树。例如,子树 T_1 的根结点为 B,其余结点又分为三个不相交的集合:$T_{11}=\{D\}$,$T_{12}=\{E,H,I\}$ 和 $T_{13}=\{F\}$。T_{11}、T_{12} 和 T_{13} 构成了子树 T_1 的根结点 B 的三棵子树。如此可继续向下分为更小的子树,直到每棵子树只有一个根结点为止。

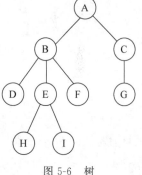

图 5-6 树

从树的定义和图 5-6 的示例可以看出,树具有以下两个特点。

(1) 树的根结点没有前趋结点,除根结点之外的所有结点有且只有一个前趋结点。

(2) 树中所有结点可以有零个或多个后继结点。

5.6.2 树的概念

下面以图 5-6 所示树为例来介绍树的基本术语。

(1) **结点的度**:树中每个结点具有的子树个数称为该结点的度。结点 A 的度是 2,结点 B 的度是 3。

(2) **树的度**:树中所有结点的度的最大值称为树的度。该树的度为 3。

(3) **叶结点**:度为 0 的结点,或者称为终端结点。叶结点是 D、H、I、F、G。

（4）**分支结点**：度大于 0 的结点称为分支结点或非终端结点。一棵树的结点除叶结点外，其余的都是分支结点。

（5）**孩子、双亲结点**：一个结点的后继称为该结点的孩子结点。这个结点称为它孩子结点的双亲。结点 A 的孩子结点是 B 和 C，即 A 是 B 和 C 的双亲结点。

（6）**子孙结点**：一个结点的所有子树中的结点称为该结点的子孙结点。

（7）**祖先结点**：从某个结点到达树根结点的路径上通过的所有结点称为该结点的祖先结点。

（8）**兄弟结点**：具有同一双亲的结点互相称为兄弟结点。结点 H 和 I 是兄弟结点。

（9）**结点层数**：树具有一种层次结构，根结点为第一层，其孩子结点为第二层，如此类推得到每个结点的层数。

（10）**树的深度**：树中所有结点的最大层数称为树的深度。

（11）**有序树和无序树**：如果一棵树中结点的各子树从左到右是有次序的，即若交换了某结点各子树的相对位置，则构成不同的树，称这棵树为有序树；反之，则称为无序树。

（12）**森林**：零棵或有限棵不相交的树的集合称为森林。自然界中树和森林是不同的概念，但在数据结构中，树和森林只有很小的差别。任何一棵树，删去根结点就变成了森林。

5.6.3 树的遍历

树的遍历是树的一种重要的运算。所谓遍历是指对树中所有结点的信息的访问，即依次对树中的每个结点访问一次且仅访问一次。对普通树的遍历只有深度优先、宽度优先两种遍历方法，深度优先又可以分为先序和后序两种，宽度优先又称为层次遍历。

（1）**先根遍历**：首先访问根结点；再按照从左到右的顺序先根遍历根结点的每一棵子树。

图 5-6 所示树的先根遍历结果序列为：A B D E H I F C G。

（2）**后根遍历**：先按照从左到右的顺序后根遍历根结点的每一棵子树；再访问根结点。

图 5-6 所示树的后根遍历结果序列为：D H I E F B G C A。

（3）**层次遍历**：先从树的第一层（根结点）开始，从上至下逐层遍历，在同一层中，则按从左到右的顺序对结点逐个访问。

图 5-6 所示树的层次遍历结果序列为：A B C D E F G H I。

【**例 5-12**】【清华大学 1998】假设先根遍历某棵树的结点次序为 SACEFBDGHIJK，后根遍历该树的结点次序为 CFEABHGIKJDS。要求画出这棵树。

【**问题分析**】 我们知道，给定了一棵二叉树的前序和中序序列，就可以唯一地确定一棵二叉树，对于树来说，给定其前序和后序序列，也可以唯一地确定这棵树。因为如果对一棵树采用孩子兄弟表示来存储，则树的前序序列与二叉树的前序序列相同，而树的后序序列则与二叉树的中序序列相同，因此，给定树的前序序列和后序序列可以唯一地确定这棵树。具体办法是先求出等价的二叉树，再利用树和二叉树的转换将该二叉树转换为一棵一般的树。

已知二叉树及树的遍历序列，有以下几个结论：

• 给定一棵二叉树的前序与中序序列可以唯一确定这棵二叉树；

• 给定一棵二叉树的后序与中序序列可以唯一确定这棵二叉树；

• 给定一棵二叉树的前序与后序序列不能唯一确定这棵二叉树；

- 给定一棵树的前序与后序序列可以唯一确定这棵树。

本例题对应的二叉树及树如图 5-7 所示。

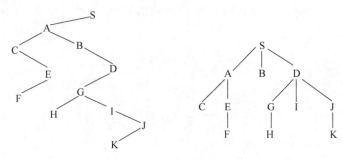

图 5-7 依据序列得到的二叉树及树

5.6.4 范例分析

1.【NOIP2008 提高组】设 T 是一棵有 n 个顶点的树,以下说法正确的是(   )。

    A. T 是联通的,无环的   B. T 是联通的,有 $n-1$ 条边

    C. T 是无环的,有 $n-1$ 条边   D. 以上都不对

【分析】 所有顶点只有一个引入的边,根没有引入边,所以 n 个结点的树应该有 $n-1$ 条边,树当然是连通的,也不能有环。答案:ABC。

2.【NOIP2009 提高组】一个包含 n 个分支结点(非叶结点)的非空满 k 叉树,$k \geqslant 1$,它的叶结点数目为(   )。

    A. $nk+1$ B. $nk-1$ C. $(k+1)n-1$ D. $(k-1)n+1$

【分析】 非空满 k 叉树只有度为 k 的结点和度为 0 的结点,设总结点数为 N,则应该有:$nk=N-1$——(1),$N-1$ 为该树的边的数目,而 $N=n+n_0$——(2),n_0 表示叶子结点的数目,(2) 式代入(1)式即可求得:$nk=n+n_0-1$,所以 $n_0=(k-1)n+1$。

3.【软件所 1998】若一个具有 N 个顶点,K 条边的无向图是一个森林($N>K$),则该森林中必有(   )棵树。

    A. K B. N C. $N-K$ D. 1

【分析】 因为一颗具有 n 个顶点的树有 $n-1$ 条边,因此设此森林中有 m 棵树,每棵树具有的顶点数为 $V_i (1 \leqslant i \leqslant m)$,则 $\sum_{i=1}^{m} v_i = N, \sum_{i=1}^{m} v_i - m = K$,所以 $m=N-K$。

4.【中国科学技术大学 1996】如果只考虑有序树的情形,那么具有 7 个结点的不同形态的树共有(   )。

    A. 132   B. 154

    C. 429   D. 前三者均不正确

【分析】 这是一个树的计数问题。二叉树 T 和 T' 相似是指:两者都为空树或者都不为空树,且它们的左右子树分别相似。二叉树 T 和 T' 相等(或等价)是指:两者不仅相似,而且所有对应结点上的数据元素均相同。二叉树的计数问题就是讨论具有 n 个结点、互不相似的二叉树的数目 b_n。

含有 n 个结点的互不相似的二叉树有 $b_n = \dfrac{1}{n+1}C_{2n}^{n}$ 棵。

含有 n 个结点有不同形态的树的数目 t_n 和具有 $n-1$ 个结点互不相似的二叉树的数目相同。

因此有 $t_6 = \dfrac{1}{6+1}C_{12}^{6} = 132, b_7 = \dfrac{1}{7+1}C_{2\times 7}^{7} = 429$。答案：A。

5.7 二叉树及其遍历

二叉树(Binary Tree) 是个有限元素的集合,该集合或者为空、或者由一个称为根(root)的元素及两个互不相交的、被分别称为左子树和右子树的二叉树组成。当集合为空时,称该二叉树为空二叉树。

二叉树是有序的,即若将其左、右子树颠倒,就成为另一棵不同的二叉树。即使树中结点只有一棵子树,也要区分它是左子树还是右子树。因此二叉树具有五种基本形态,如图 5-8 所示。

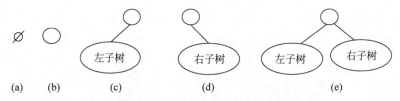

图 5-8 二叉树的五种基本形态

树的基本概念及术语在二叉树中均适用。

5.7.1 二叉树的五个基本性质

性质 1 一棵非空二叉树的第 i 层上最多有 2^{i-1} 个结点($i \geqslant 1$)。
该性质可由数学归纳法证明。

性质 2 一棵深度为 k 的二叉树中,最多具有 $2^k - 1$ 个结点。
证明：设第 i 层的结点数为 $x_i (1 \leqslant i \leqslant k)$,深度为 k 的二叉树的结点数为 M,x_i 最多为 2^{i-1},则有：

$$M = \sum_{i=1}^{k} x_i = \sum_{i=1}^{k} 2^{i-1} = 2^k - 1$$

性质 3 对于一棵非空的二叉树,如果叶结点数为 n_0,度数为 2 的结点数为 n_2,则有 $n_0 = n_2 + 1$。
证明：设 n 为二叉树的结点总数,n_1 为二叉树中度为 1 的结点数,则有：

$$n = n_0 + n_1 + n_2 \tag{5-1}$$

在二叉树中,除根结点外,其余结点都有唯一的一个进入分支。设 B 为二叉树中的分支数,那么有：

$$B = n - 1 \tag{5-2}$$

这些分支是由度为 1 和度为 2 的结点发出的,一个度为 1 的结点发出一个分支,一个度为 2 的结点发出两个分支,所以有:

$$B = n_1 + 2n_2 \tag{5-3}$$

综合式(5-1)、式(5-2)和式(5-3)可以得到:

$$n_0 = n_2 + 1$$

完全二叉树和满二叉树是两种特殊形态的二叉树。

一棵深度为 k 且有 $2^k - 1$ 个结点的二叉树称为**满二叉树**。如图 5-9(a)所示是一棵深度为 4 的满二叉树,这种二叉树的特点是所有分支结点都存在左子树和右子树,并且所有叶结点都在同一层上。因此,图 5-9(b)不是满二叉树。

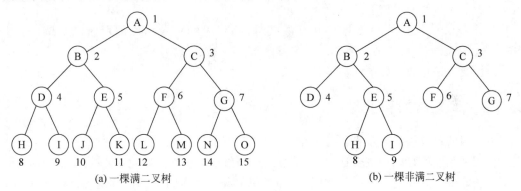

(a) 一棵满二叉树　　　　　　　　　　　　　(b) 一棵非满二叉树

图 5-9　满二叉树和非满二叉树示意图

可以对满二叉树的结点进行连续编号,约定编号从根结点起,自上而下,自左而右。由此可引出完全二叉树的定义。深度为 k 的,有 n 个结点的二叉树,当且仅当其每一个结点都与深度为 k 的满二叉树中编号为 $1 \sim n$ 的结点一一对应时,称为**完全二叉树**。

完全二叉树的特点是:叶结点只能出现在最下层和次下层,且最下层的叶结点集中在树的左部。显然,一棵满二叉树必定是一棵完全二叉树,而完全二叉树未必是满二叉树。图 5-9(a)和图 5-10(a)为一棵完全二叉树,图 5-9(b)和图 5-10(b)都不是完全二叉树。

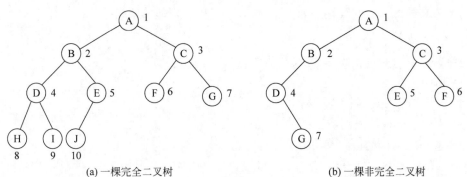

(a) 一棵完全二叉树　　　　　　　　　　　　(b) 一棵非完全二叉树

图 5-10　完全二叉树和非完全二叉树示意图

完全二叉树可以运用在很多场合,下面介绍完全二叉树的两个重要性质。

性质 4　具有 n 个结点的完全二叉树的深度 k 为 $\lfloor \log_2^n \rfloor + 1$。

证明:根据完全二叉树的定义和性质 2 可知,当一棵完全二叉树的深度为 k、结点个数

为 n 时,有 $2^{k-1}-1<n\leqslant 2^{k}-1$,即 $2^{k-1}\leqslant n<2^{k}$,对不等式取对数有 $k-1\leqslant\log_2^n<k$,由于 k 是整数,所以有 $k=\lfloor\log_2^n\rfloor+1$。

性质5 对于具有 n 个结点的完全二叉树,如果按照从上至下和从左到右的顺序对二叉树中的所有结点从 1 开始顺序编号,则对于任意的序号为 i 的结点,有:

(1) 如果 $i>1$,则序号为 i 的结点的双亲结点的序号为 $i/2$("/"表示整除);如果 $i=1$,则序号为 i 的结点是根结点,无双亲结点。

(2) 如果 $2i\leqslant n$,则序号为 i 的结点的左孩子结点的序号为 $2i$;如果 $2i>n$,则序号为 i 的结点无左孩子结点。

(3) 如果 $2i+1\leqslant n$,则序号为 i 的结点的右孩子结点的序号为 $2i+1$;如果 $2i+1>n$,则序号为 i 的结点无右孩子结点。

此外,若对二叉树的根结点从 0 开始编号,则相应的 i 号结点的双亲结点的编号为 $(i-1)/2$,左孩子结点的编号为 $2i+1$,右孩子结点的编号为 $2i+2$。

此性质可采用数学归纳法证明。

5.7.2 二叉树的存储结构

二叉树的存储结构还是可以分为顺序和链式两种。依据二叉树的性质,完全二叉树和满二叉树采用顺序存储比较合适,树中结点的序号可以唯一地反映出结点之间的逻辑关系,这样既能够最大限度地节省存储空间,又可以利用数组元素的下标值确定结点在二叉树中的位置,以及结点之间的关系。一般二叉树可以通过增加一些空结点的形式,使其符合完全二叉树的结构后再采用一维数组存储。二叉树的链式存储可以有二叉链表和三叉链表两种存储形式。

5.7.3 二叉树遍历

二叉树的遍历是指按照某种顺序访问二叉树中的每个结点,且仅被访问一次。遍历是二叉树中经常要用到的一种操作。通过一次完整的遍历,可使二叉树中的结点信息由非线性排列变为某种意义上的线性序列。也就是说,遍历操作使非线性结构线性化。

1. 先序遍历

先序遍历的递归过程为,若二叉树为空,遍历结束;否则:

(1) 访问根结点。

(2) 先序遍历根结点的左子树。

(3) 先序遍历根结点的右子树。

先序遍历二叉树的递归算法如下:

```
void PreOrder(BiTree bt)
{    / * 先序遍历二叉树 bt * /
     if(bt == NULL) return;              / * 递归调用的结束条件 * /
     visite(bt -> data);                 / * 访问结点的数据域 * /
     PreOrder(bt -> lchild);             / * 先序递归遍历 bt 的左子树 * /
     PreOrder(bt -> rchild);             / * 先序递归遍历 bt 的右子树 * /
}
```

对于图 5-10(b)所示的二叉树,先序遍历的结点序列为 A B D G C E F。

2. 中序遍历

中序遍历的递归过程为,若二叉树为空,遍历结束;否则:

(1)中序遍历根结点的左子树。

(2)访问根结点。

(3)中序遍历根结点的右子树。

中序遍历二叉树的递归算法如下:

```
void InOrder(BiTree bt)
{   / * 中序遍历二叉树 bt * /
    if(bt == NULL) return;              / * 递归调用的结束条件 * /
    InOrder(bt -> lchild);             / * 中序递归遍历 bt 的左子树 * /
    visite(bt -> data);                / * 访问结点的数据域 * /
    InOrder(bt -> rchild);             / * 中序递归遍历 bt 的右子树 * /
}
```

对于图 5-10(b)所示的二叉树,中序遍历的结点序列为 D G B A E C F。

3. 后序遍历

后序遍历的递归过程为,若二叉树为空,遍历结束;否则:

(1)后序遍历根结点的左子树。

(2)后序遍历根结点的右子树。

(3)访问根结点。

后序遍历二叉树的递归算法如下:

```
void PostOrder(BiTree bt)
{   / * 后序遍历二叉树 bt * /
    if(bt == NULL) return;              / * 递归调用的结束条件 * /
    PostOrder(bt -> lchild);           / * 后序递归遍历 bt 的左子树 * /
    PostOrder(bt -> rchild);           / * 后序递归遍历 bt 的右子树 * /
    visite(bt -> data);                / * 访问结点的数据域 * /
}
```

对于图 5-10(b)所示的二叉树,后序遍历的结点序列为 G D B E F C A。

4. 广度优先遍历二叉树

所谓广度优先遍历即二叉树的层次遍历,是指从二叉树的第一层(根结点)开始,从上至下逐层遍历,在同一层中,则按从左到右的顺序对结点逐个访问。对于图 5-10(b)所示的二叉树,层次遍历的结果序列为 A B C D E F G。

下面讨论层次遍历的算法。

在进行层次遍历时,对一层结点访问完后,再按照它们的访问次序对各个结点的左孩子结点和右孩子结点顺序访问,这样一层一层进行,先遇到的结点先访问,这与队列的操作原则相吻合。因此,在进行层次遍历时,可设置一个队列结构,遍历从二叉树的根结点开始,首先将根结点指针入队列,然后从队头取出一个元素,每取一个元素,执行下面两个操作:

(1)访问该元素所指结点。

(2) 若该元素所指结点的左、右孩子结点为非空,则将该元素所指结点的左孩子指针和右孩子指针顺序入队。

重复(1)(2),当队列为空时,二叉树的层次遍历结束。

根据深度优先遍历的特征可以得出一个结论,每次中序遍历的结果都能将一颗二叉树(或二叉树子树)的遍历序列划分为三部分:根、左子树序列、右子树序列,借助先序或后序序列来确定当前二叉树(或子树)的根就可以确定该二叉树的树根、左子树结点序列和右子树结点序列。递归地执行上述方法就可以唯一确定一颗二叉树。

【例 5-13】 已知某二叉树的先序序列为 A B C D E F G H I,中序序列为 B C A E D G H F I,请问能否唯一确定该二叉树?

【分析】 由先序序列的第一个结点 A 可知,二叉树的根结点是 A,再根据中序序列可知其左子树结点有 B、C,右子树结点有 E、D、G、H、F、I;同理可得 A 的左子树的根为 B,B 的左子树为空,右子树为 C,A 的右子树的根为 D,D 的左子树为 E,右子树为 G、H、F、I,等等。

所以,已知中序、先序可唯一确定该二叉树。请读者自行画出该二叉树,并分析为何已知先序和后序却不能唯一确定该二叉树。

【例 5-14】 【中国科学技术大学 1995】一棵有 124 个叶结点的完全二叉树,最多有( )个结点。

A. 247　　　　　B. 248　　　　　C. 249　　　　　D. 250

E. 251

【分析】 一棵完全二叉树中,度为 1 的结点要么有 0 个,要么有 1 个,因此由二叉树的度和结点的关系可得 $\begin{cases} n=n_0+n_1+n_2 \\ n=n_1+2n_2+1 \end{cases}$,消去 n_2 得到 $n=n_1+2n_0-1$,n_0 就是叶结点的数目,所以当 n_1 为 1 时 n 取最大值。答案:B。

【例 5-15】 【NOIP2012 提高组】对于一棵二叉树,独立集是指由两两互不相邻的结点构成的集合。例如,图 5-11(a)中有 5 个不同的独立集(1 个双点集合、3 个单点集合、1 个空集),图 5-11(b)中有 14 个不同的独立集。那么图 5-11(c)中有( )个不同的独立集。

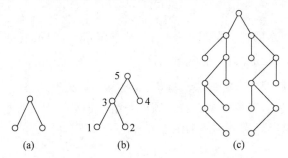

图 5-11　求二叉树不同个数独立集图例

【分析】 本例题是问题求解题,有难度。题目类型是一个树状动态规划(DP),肯定需要借助树状结构递归求解,显然,本例题适合后根序遍历,不过在此处需要手动 DP。

设 $f[i]$ 表示以 i 为根的子树的独立集数,$g[i,0]$ 表示不选择 i 结点,以 i 为根的子树的独立集数,$g[i,1]$ 表示选择 i 结点,以 i 为根的子树的独立集数,对 i 结点而言,无非选与不选两种情况。独立集中要求结点两两不相邻，所以，$g[i,1]$扩展时不能选左、右儿子结点，$g[i,0]$扩展时直接左、右儿子答案相乘（计数原理）即可。

再设 $lc[i]$、$rc[i]$ 分别为 i 结点的左儿子及右儿子，则：

$f[i] = g[i,0] + g[i,1]$

$g[i,0] = f[lc[i]] * f[rc[i]]$

$g[i,1] = g[lc[i],0] * g[rc[i],0]$

下面先对图 5-11(b)的情况验证一下：

$f[5] = g[5,0] + g[5,1] = 10 + 4 = 14$

$g[5,0] = f[3] * f[1] = 5 * 2 = 10$

$g[5,1] = g[3,0] * g[1,0] = 4 * 1 = 4$

$f[3] = g[3,0] + g[3,1] = 4 + 1 = 5$

$g[3,0] = f[1] * f[1] = 4$

$g[3,1] = g[1,0] * g[1,1] = 1 * 1 = 1$

$f[1] = g[1,0] + g[1,1] = 1 + 1 = 2$

由其求解过程可知图 5-11(b)的独立集个数为：1 空 + 5 单 + 6 双 + 2 三 = 14（逆序求解）。

同理可求得图 5-11(c)的独立集个数为：$f[17] = g[17,0] + g[17,1] = 1936 + 3600 = 5536$。

5.7.4 范例分析

1. 【NOIP2004 提高组】满二叉树的叶结点个数为 N，则它的结点总数为（ ）。

   A. N B. $2N$ C. $2N-1$ D. $2N+1$

   E. $2^N - 1$

【分析】 由 $n_0 = n_2 + 1$ 可知，$n_2 = n_0 - 1$，而总结点数 $= n_0 + n_2 = 2n_0 - 1 = 2N - 1$。

2. 【NOIP2005 普及组】完全二叉树的结点个数为 11，则它的叶结点个数为（ ）。

   A. 4   B. 3   C. 5   D. 2

   E. 6

【分析】 $2n_0 - 1 = 11$，故 $n_0 = 6$。

3. 【NOIP2005 提高组】完全二叉树的结点个数为 $4N+3$，则它的叶结点个数为（ ）。

   A. $2N$ B. $2N-1$ C. $2N+1$ D. $2N-2$

   E. $2N+2$

【分析】 $2n_0 - 1 = 4N + 3$，$n_0 = 2N + 2$。

4. 【NOIP2009 普及组】一个包含 n 个分支结点（非叶结点）的非空二叉树，它的叶结点数目最多为（ ）。

   A. $2n+1$ B. $2n-1$ C. $n-1$ D. $n+1$

【分析】 二叉树叶结点最多即单分支结点要最少(0)，$n_0 = n + 1$。

5. 【NOIP2013 提高组】已知一棵二叉树有 2013 个结点，则其中至多有（ ）个结点有 2 个子结点。

   A. 1006   B. 1007   C. 1023   D. 1024

【分析】 $2n_2+1=2013$，$n_2=1006$。

6.【NOIP2014 普及组】一棵具有 5 层的满二叉树中结点数为（   ）。

    A. 31   B. 32   C. 33   D. 16

【分析】 直接套公式计算，$2^k-1=2^5-1=31$。

7.【NOIP2010 提高组】完全二叉树的顺序存储方案是指将完全二叉树的结点从上至下、从左至右依次存放到一个顺序结构的数组中。假定根结点存放在数组的 1 号位置，则第 K 号结点的父结点如果存在的话，应当存放在数组的（   ）号位置。

    A. $2k$ B. $2k+1$ C. $k/2$ 下取整   D. $(k+1)/2$ 下取整

【分析】 将性质 5 直接套用即可求得解为 C。

8.【NOIP2012 提高组】一棵二叉树共有 19 个结点，其叶结点可能有（   ）个。

    A. 1   B. 9   C. 10   D. 11

【分析】 最少有一个，最多为 $19-(19/2)=10$ 个，此外，给定 N 个结点，能构成 $h(N)$ 种不同的二叉树。$h(N)$ 为卡特兰数的第 N 项。$h(n)=C(n,2*n)/(n+1)$。设有 i 个枝点，I 为所有枝点的道路长度总和，J 为叶子的道路长度总和 $J=I+2i$。答案：ABC。

9.【NOIP2005 提高组】二叉树 T 的宽度优先遍历序列为 A B C D E F G H I，已知 A 是 C 的父结点，D 是 G 的父结点，F 是 I 的父结点，树中所有结点的最大深度为 3（根结点深度设为 0），可知 E 的父结点可能是（   ）。

    A. A   B. B   C. C

    D. D   E. F

【分析】 宽度优先遍历具有鲜明的层次特性，A 是 C 的根，则 A 的左、右分别为 B、C，由 D 是 G 的父结点，F 是 I 的父结点可知，D 只能是第 2 层，G、I 在底层，且 D、E、F 在同一层。又因 E、F 在 D 之后，故 D 是 B 的子女，综上，E 可能是 B 的右子女或 C 的左子女。

10.【NOIP2004 提高组】二叉树 T，已知其前序遍历序列为 1 2 4 3 5 7 6，中序遍历序列为 4 2 1 5 7 3 6，其后序遍历序列为（   ）

    A. 4 2 5 7 6 3 1   B. 4 2 7 5 6 3 1

    C. 4 2 7 5 3 6 1   D. 4 7 2 3 5 6 1

    E. 4 5 2 6 3 7 1

【分析】 常考题型，关键要学会利用中序做划分。前序知根为 1，则 4 2 为 1 的左子树，其余为右子树；同理左子树根为 3，5 7 为 3 的左分支，6 为右分支；以此类推，可唯一确认该二叉树及其后序序列。当然，由于结点不多，只要思路清晰，利用划分也能直接确认其后序序列。如根据上述分析可知，1 是最后被遍历的结点，3 是左子树中的最后一个。答案：B。

11.【NOIP2006 提高组】高度为 n 的均衡的二叉树是指：如果去掉叶结点及相应的树枝，它应该是高度为 $n-1$ 的满二叉树。在这里，树高等于叶结点的最大深度，根结点的深度为 0，如果某个均衡的二叉树共有 2381 个结点，则该树的树高为（   ）。

    A. 10   B. 11   C. 12   D. 13

    E. $2^{10}-1$

【分析】 $2^{11}=2048<2381<2^{12}$，所以树高为 11。

12.【NOIP2006 提高组】已知 6 个结点的二叉树的先根遍历是 1 2 3 4 5 6（数字为结点的编号，以下同），后根遍历是 3 2 5 6 4 1，则该二叉树的可能的中根遍历是（   ）。

A. 3 2 1 4 6 5 　　B. 3 2 1 5 4 6 　　C. 2 3 1 5 4 6 　　D. 2 3 1 4 6 5

【分析】 该题无法唯一划分,但可以做一些初步的预判。1 为树根,先序中 4 在 5 6 之前,且后序中 5 6 在 4 之前,故有 5、6 分别为 4 的左、右分支,因为先序中 4 之前还有结点,所以 4 只能是 1 的右子女,2 是左子树的根,3 为 2 的左、右子女皆可,无法确认。答案:BC。

13.【NOIP2011 提高组】如果根结点的深度记为 1,则一棵恰有 2011 个叶结点的二叉树的深度可能是( )。

　　A. 10　　　　　　B. 11　　　　　　C. 12　　　　　　D. 2011

【分析】 此题考查二叉树性质方面的有关知识。深度为 n 的叶结点最多的二叉树是满二叉树,所能有的叶结点数为 2^{n-1},$2^{10}=1024$,$2^{11}=2048$,所以深度为 12 以上的一棵树可以有 2011 个叶结点。答案:CD。

5.8　树　状　排　序

5.8.1　二叉排序树

1. 定义

二叉排序树(Binary Sort Tree),又称二叉查找树(Binary Search Tree),亦称二叉搜索树。

二叉排序树或者是一棵空树,或者是具有下列性质的二叉树。

(1) 若左子树不空,则左子树上所有结点的值均小于它的根结点的值。

(2) 若右子树不空,则右子树上所有结点的值均大于它的根结点的值。

(3) 左、右子树也分别为二叉排序树。

二叉排序树是一种动态树表。其特点是:树的结构通常不是一次生成的,而是在查找过程中,当树中不存在关键字等于给定值的结点时再进行插入。新插入的结点一定是一个新添加的叶结点,并且是查找不成功时查找路径上访问的最后一个结点的左孩子或右孩子结点。

对二叉排序树进行中序遍历的结果就是一个升序序列。图 5-12 的排序结果是:

　　　10 42 45 55 58 63 67 70 83 90

2. 操作

下面介绍三种常用操作。

1) 查找

依据定义可得二叉搜索树的查找过程如下。

(1) 若搜索树为空,查找失败。

(2) 搜索树非空,将待查关键码 X 与查找树的根结点关键码比较,若相等,查找成功,结束查找过程,否则:

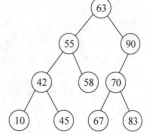

图 5-12　二叉排序树

① 当 X 小于根结点关键码时,查找将在以左子女为根的子树上继续进行,转(1)。

② 当 X 大于根结点关键码时,查找将在以右子女为根的子树上继续进行,转(1)。

2) 插入

首先执行查找算法,找出被插结点的父结点。

判断被插结点是其父结点的左、右儿子。将被插结点作为叶结点插入。

若二叉树为空。则首先单独生成根结点。

注意:新插入的结点总是叶结点。

3) 删除

先查找要删结点,查找失败,直接返回;若查找到要删结点,则有以下几种可能。

① 叶子:立即删除。

② 有一个儿子:在其父结点调整指针绕过该结点后删除。

③ 两个儿子:用其右子树的最小(或左子树的最大)的数据元素结点值代替该结点的数据,并递归地删除那个替代结点,即递归地用有一个儿子的方法删除。

思考:右子树中的最小元素与左子树中的最大元素不一定是在叶结点上,为什么? 二叉排序树中的最大、最小元素又该在什么位置上?

5.8.2 堆

堆(heap)亦被称为优先队列(Priority Queue),是计算机科学中一类特殊的数据结构的统称。堆通常是一个可以被看作一棵完全二叉树的数组对象。

1. 最大/最小值堆的定义

n 个元素序列 $\{k_1, k_2, \cdots, k_i, \cdots, k_n\}$,当且仅当满足下列关系时称为堆(见图 5-13)。

(1) $k_i <= k_{2i} \&\& k_i <= k_{2i+1}$,($i = 1, 2, \cdots, n/2$)(最小值堆)

(2) $k_i >= k_{2i} \&\& k_i >= k_{2i+1}$,($i = 1, 2, \cdots, n/2$)(最大值堆)

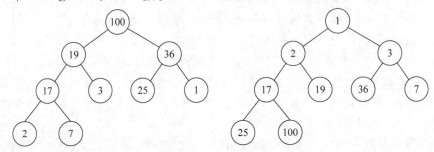

图 5-13 最大/最小值堆示例

显然,最小值堆和最大值堆的结构完全一致,知道了最小值堆的性质和算法也就等于知道了最大值堆的性质和算法,反之亦然。

2. 堆的性质

由堆的逻辑定义可知,堆一般通过构造二叉堆(Binary Heap)实现,且具有以下性质。

(1) 堆序(Heap Order)性,即任意结点的值小于(大于)它的所有后裔的值,最小(最大)值在堆的根上。

(2) 堆总是一棵完全二叉树。

3. 堆排序

实现堆排序需解决以下两个问题。

（1）如何将 n 个元素的无序序列建成一个堆（初建堆）。

（2）输出堆顶元素后，怎样调整剩余 $n-1$ 个元素，使其重新成为一个新的堆（重建堆）。

1）基本的堆操作

无论从概念上还是从实际考虑，执行堆的 Insert（插入）和 DeleteMin（删除最小元）操作都还是比较容易的，只需要始终保持堆的堆序性即可。

（1）Insert。

在堆中插入元素时，总是先把待插入的元素放在完全二叉树的后一个可用位置上（找空位），然后从该插入点的根开始沿着其到根结点的路径逆序检查其堆序性，直到树根结点为止，不符合堆序性要求的则通过与父结点交换位置的方式来调整。

（2）DeleteMin。

堆中最小元总是在树根位置，为此，删除最小元后也会破坏其堆序性，调整的方法是用最后一个元素与根换位，并从树根开始向下检查堆序性，直至到叶结点为止。

从插入和删除操作中不难发现，初建堆和重建堆是堆排序中的两个主要问题，下面以最小值堆为例来讨论上述两个问题，对于最大值堆以此类推即可。

2）重建堆方法

设有 m 个元素的堆，输出堆顶元素后，剩下 $m-1$ 个元素。将堆底元素送入堆顶，堆被破坏，其原因仅是根结点不满足堆的性质。将根结点与左、右子女中较小的元素进行交换。若与左子女交换，则左子树堆被破坏，且仅左子树的根结点不满足堆的性质；若与右子女交换，则右子树堆被破坏，且仅右子树的根结点不满足堆的性质。继续对不满足堆性质的子树进行上述交换操作，直到叶结点为止。重复过程结束，则堆被重建。称这个自根结点到叶结点的调整过程为**筛选**或**下筛**（**Percolate Down**）。

3）初建堆方法

对一个初始无序序列建堆的过程就是一个反复进行筛选的过程。对于一棵具有 n 个结点的完全二叉树，其最后一个非终端结点是第 $\lfloor n/2 \rfloor$ 元素，所以筛选只需从第 $\lfloor n/2 \rfloor$ 个元素开始，先检查第 $\lfloor n/2 \rfloor$ 元素为根的子树是否符合堆序性。如果不符合，则该子树的根与其子女交换，使该子树成为堆；如果已符合堆序则检查第 $\lfloor n/2 \rfloor -1$ 个元素是否为根的子树；重复上述过程，直至树根也符合堆序要求为止。检查子树是否为堆的过程与重建堆的检查过程是一样的，由于这个过程是由底向上检查的，所以也称该筛选过程为**上筛**（**Percolate Up**）。

4）堆排序过程

对有 n 个元素的序列进行堆排序，其过程如下。

（1）先将其建成堆，即初建堆，$k=n$。

（2）根结点与第 k 个结点交换；再调整前 $k-1$ 个结点成为堆。

（3）$k=k-1$。

（4）重复步骤（2）、（3），直到 $k=1$ 为止。

（5）逆序输出堆排序的最终结果。

堆排序算法对记录数 n 较小的情况下并不值得提倡，但对 n 较大时还是很有效的。因为堆排序的运行时间主要耗费在初建堆和重建堆的反复筛选上。在堆排序最坏的情况下，时间复杂度也为 $O(n\log n)$。这是堆排序相比快速排序最大的优点，此外，堆排序所需的辅助空间仅为一个记录大小。

5.8.3　树状选择排序

树状选择排序(Tree Select Sort)是基于树状结构的另一种排序方法,也称选择树,选择树又可分为赢者树和败者树。是外部排序中多路归并排序的重要方法,本节只通过锦标赛的例子来介绍赢者树。

将 n 个参赛的选手看成完全二叉树的叶结点,则该完全二叉树有 $2n-2$ 或 $2n-1$ 个结点。首先,两两进行比赛(在树中是兄弟的进行,否则轮空,直接进入下一轮),胜出的兄弟间再两两进行比较,直到产生第一名;接下来,将作为第一名的结点看成最差的,并从该结点开始,沿该结点到根路径上,依次进行各分支结点子女间的比较,胜出的就是第二名。因为与其比赛的均是刚刚输给第一名的选手。如此,继续进行下去,直到所有选手的名次排定。

图 5-14 给出了 16 个选手的锦标赛问题的赢者树($n=2^4$)。

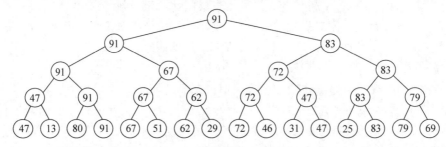

图 5-14　锦标赛问题的赢者树

图 5-15 中,从叶结点开始的兄弟间两两比赛,胜者上升到父结点;胜者兄弟间再两两比较,直到根结点,产生第一名 91。比较次数为 $2^3+2^2+2^1+2^0=2^4-1=n-1$。

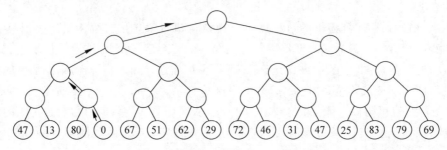

图 5-15　树状选择排序——赢者树

图 5-15 中,将第一名的结点置为最差的,与其兄弟比赛,胜者上升到父结点,胜者兄弟间再比赛,直到根结点,产生第二名 83。比较次数为 4,即 $\log_2^n$ 次。其后各结点的名次均是这样产生的,所以,对于 n 个参赛选手来说,即对 n 个记录进行树状选择排序,总的关键码比较次数至多为 $(n-1)\log_2^n+n-1$,故时间复杂度为 $O(n\log_2^n)$。该方法占用空间较多,除需输出排序结果的 n 个单元外,尚需 $n-1$ 个辅助单元。

【例 5-16】【中国科学技术大学 1998】设二叉排序树中关键字由 $1\sim1000$ 的整数构成,现要检索关键字 363 的结点,下述关键字序列中(ABD)可能是二叉排序树上搜索到的序列。

A. 2,252,401,398,330,344,397,363

B. 924,220,911,244,898,258,362,363

C. 925,202,911,240,912,245,363

D. 2,399,387,219,266,382,381,278,363

【问题分析】　由于二叉排序树中搜索的序列是从根结点向下搜索而得到的,因此若由根结点转左子树,那么后面所搜索的关键字序列均小于根结点的关键字;若由根结点转右子树,那么后面所搜索到的关键字序列均大于根结点的关键字。于是,在搜索过程中可逐渐缩小搜索的范围。C 中 912 出现在 911 的左子树中不合理,故 C 不可能,其他均有可能。

5.8.4　范例分析

1. 【NOIP2013 提高组】二叉查找树具有如下性质：每个结点的值都大于其左子树上所有结点的值、小于其右子树上所有结点的值。那么,二叉查找树的(　　　)是一个有序序列。

   A. 先序遍历　　　　B. 中序遍历　　　　C. 后序遍历　　　　D. 宽度优先遍历

   【分析】　中序遍历的结果正好是二叉排序树排序的结果。

2. 【NOIP2013 普及组】(二叉查找树)试判断一棵树是否为二叉查找树。输入的第一行包含一个整数 n,表示这棵树有 n 个顶点,编号分别为 $1, 2, \cdots, n$,其中编号为 1 的为根结点。之后的第 i 行有三个数 value、left_child、right_child,分别表示该结点关键字的值、左子结点的编号、右子结点的编号;如果不存在左子结点或右子结点,则用 0 代替。输出 1 表示这棵树是二叉查找树,输出 0 则表示不是。

```cpp
# include < iostream >
using namespace std;
const int SIZE = 100;
const int INFINITE = 1000000;
struct node
{
    int left_child, right_child, value;
}; node a[SIZE];
int is_bst(int root, int lower_bound, int upper_bound)
{
    int cur;
    if(root == 0)
    {
        return 1;
    }
    cur = a[root].value;
    if(cur > lower_bound)&&(   (1)   ) &&
    (is_bst(a[root].left_child, lower_bound, cur) == 1)&&
(is_bst(   (2)   ,   (3)   ,   (4)   ) == 1)
    {
        return 1;
    }
    return 0;
}

int main()
{
    int i, n; cin >> n;
```

```
for(i = 1; i <= n; i++)
{
    cin >> a[i].value >> a[i].left_child >> a[i].right_child;
}
cout << is_bst(  (5)  , - INFINITE, INFINITE) << endl;
return 0;
}
```

【分析】 本题是竞赛中的完善程序题型。二叉排序树也是一个递归定义的树,其基本思想是:如果其根结点的值大于左子树根的值且小于右子树根的值,则分别看其左右子树是否是二叉排序树。递归执行即可得判定结果。为此:

① (1)填 cur＜upper_bound。

② 递归调用右子树,检查其是否为二叉排序树,故(2)、(3)、(4)分别填 a[root].right_child、cur、upper_bound。

③ 由树根 1 开始,检查该树是否为二叉排序树,故(5)填 1。

3. **【2010 提高组】**(烽火传递)烽火台又称烽燧,是重要的军事防御设施,一般建在险要处或交通要道上。一旦有敌情发生,白天燃烧柴草,通过浓烟表达信息;夜晚燃烧干柴,以火光传递军情。在某两座城市之间有 n 个烽火台,每个烽火台发出信号都要付出一定的代价。为了使情报准确地传递,在连续的 m 个烽火台中至少要有一个发出信号。现输入 n、m 和每个烽火台发出信号的代价,请计算共最少需花费多少代价才能使敌军来袭之时,情报能在这两座城市之间准确传递。例如,有 5 个烽火台,他们发出信号的代价依次为 1、2、5、6、2,且 m 为 3,则最少花费代价为 4,即由第 2 个和第 5 个烽火台发出信号。

```
#include <iostream>
#include <cstring>
using namespace std;
const int SIZE = 100;
int n,m,r,value[SIZE],heap[SIZE],
    pos[SIZE],home[SIZE],opt[SIZE];
    //hep[i]表示用顺序数组存储的堆 heap 中第 i 个元素的值
    //pos[i]表示 opt[i]在堆 heap 中的位置,即 heap[pos[i]] = opt[i]
    //home[i]表示 heap[i]在序列 opt 中的位置,即 opt[home[i]] = heap[i]

void swap(int i,int j)                        //交换堆中的第 i 个和第 j 个元素
{
    int tmp;
    pos[home[i]] = j;
    pos[home[j]] = i;
    tmp = heap[i];
    head[i] = head[j];
    heap[j] = tmp;
    tmp = home[i];
    home[i] = home[j];
    home[j] = tmp;
}
void add(int k)                               //在堆中插入 opt[k]
{
```

```
    int i;
    r++;
    heap[r] =   (1)   ;
    pos[k] = r;
      (2)   ;
    i = r;
    while((i > 1)&&(heap[i]< heap[i/2]))
    {
        swap(i,i/2);
        i/ = 2;
    }
}
void remove(int k)                      //在堆中删除 opt[k]
{
    int i,j;
    i = pos[k];
    swap(i,r);;
    r -- ;
    if(i == r + 1)
        return;
    while((i > 1)&&(heap[i]< heap[i/2]))
    {
        swap(i,i/2);
        i/ = 2;
    }
    while(i + i <= r)
    {
        if((i + i + 1 <= r)&&(heap[i + i + 1]< heap[i + i]))
        {
            j = i + i + 1;
        }
        else
          (3)   ;
        if(hea[i]> heap[j])
        {
          (4)   ;
            i = j;
        }
        else
        {
            break;
        }
    }
}

int main()
{
    int i;
    cin >> n >> m;
    for(i = 1;i <= n;i++ + )
    {
        cin >> value[i];
    }
```

```
r = 0;
for(i = 1;i <= m;i++)
{
    opt[i] = value[i];
    add(i);
}
for(i = m + 1;i <= n;i++)
{
    opt[i] =   (5)  ;
    remove(  (6)  );
    add(i);
}
cout << heap[1] << endl;
return 0;
}
```

【分析】 这道题也可以算是一道经典题目了,用单调队列也可以解决本题,不过题目用了堆的实现方式,也没有问题(就是复杂度上面的区别)。首先要理解题目的解决方法:定义 Opt[i]为在 i 处建立烽火台的传递烽火的最小代价,可以注意到一个 Opt[i]仅和 Opt[i−m−1]~Opt[i−1]有关,那么动态规划方程是 Opt[i]=MIN(Opt[k]+value[i]; k∈[i−M+1,i−1]。由于小根堆对 Opt[k]中的值进行排序,并将最小的值赋给 heap[1],因此,状态转移方程即化简为 Opt[i]=heap[1]+valu[i]。所以这道题实际上是一道动态规划＋小根堆排序的题。

在写出 DP 方程后,就可以理解为什么题目要用最小值堆了,因为 min(Opt[k])是可以用一个 m 大小的堆维护从而使复杂度降至 $n\log n$ 的。理解了这点后,如果能熟练掌握堆排序并理解状态转移方程,解答本题就很容易了。当然一些关于 home 与 pos 数组的小细节仍然需要注意一下。

(1) opt[k]。堆的插入操作。

(2) home[r]=k。两个数组互相记录下标。

(3) j=i+i(或 j=2∗i 或 j=i∗2)。左结点与父结点交换。

(4) swap(i, j)(或 swap(j, i))。

(5) value[i]+heap[1](或 heap[1]+value[i])。需要记录总费用。

(6) i−m。将前面过时的信息删除。

5.9　二叉树应用

5.9.1　表达式树

图 5-16 表示一个表达式树(Expression Tree)的例子。表达式树的树叶是操作数(Operand),如常数或变量,而其他的结点为操作符(Operator)。由于所有的操作都是二元的,因此这棵特定的树正好是二叉树,可以将通过递归计算左子树和右子树所得到的值应用在根处的算符操作中而算出表达式树 T 的值。图 5-16 中,左子树的值是"a+(b∗c)",右子

树的值是"((d＊e)＋f)＊g",因此整棵树表示为"(a＋(b＊c))＋(((d＊e)＋f)＊g)"。

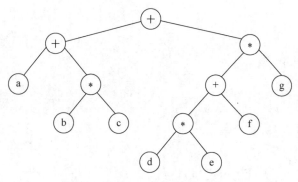

图 5-16　表达式树

通过对图 5-16 采用不同的遍历可得如下序列。

先序:＋＋a＊b c＊＋ d e f g(前缀表示,波兰式)。

中序:a＋b＊c＋d＊e＋f＊g(中缀表示)。

后序:a b c＊＋d e＊f＋g＊＋(后缀表示,逆波兰式)。

利用栈可以将中缀表达式转换成后缀表达式,现在给出一种算法把后缀表达式转换成表达式树。具体方法如下。

(1) 一次一个符号地读入表达式。

(2) 如果符号是操作数,则建立一个单结点树并将一个指向它的指针推入栈中。

(3) 如果符号是操作符,那么就从栈中弹出指向两棵树 T_1 和 T_2 的那两个指针(T_1 的先弹出)并形成一棵新的树,该树的根就是操作符,它的左右儿子分别指向 T_2 和 T_1,然后将指向这棵新树的指针压入栈中。

(4) 重复上述过程,直至表达式树完成。

5.9.2　哈夫曼树的基本概念

最优二叉树,也称哈夫曼(Haffman)树,是指对于一组带有确定权值的叶结点,构造具有带权路径长度最小的二叉树。

二叉树的路径长度是指由根结点到所有叶结点的路径长度之和。如果二叉树中的叶结点都具有一定的权值,不妨设二叉树具有 n 个带权值的叶结点,那么从根结点到各个叶结点的路径长度与相应结点权值的乘积之和叫作二叉树的带权路径长度,记为

$$WPL = \sum_{k=1}^{n} W_k \times L_k$$

其中,W_k 为第 k 个叶结点的权值;L_k 为第 k 个叶结点的路径长度。

给定一组具有确定权值的叶结点,可以构造出不同的带权二叉树。例如,给出 4 个叶结点,设其权值分别为 1、3、5、7,可以构造出形状不同的多棵二叉树。这些形状不同的二叉树的带权路径长度将各不相同。图 5-17 给出了其中 5 棵不同形状的二叉树。这 5 棵树的带权路径长度分别如下。

(a) WPL＝1×2＋3×2＋5×2＋7×2＝32。

(b) WPL＝1×3＋3×3＋5×2＋7×1＝29。

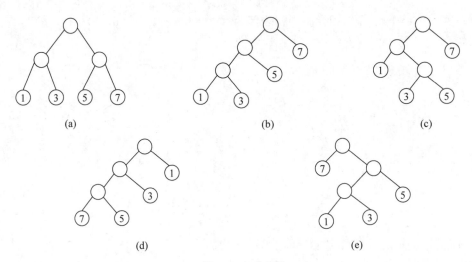

图 5-17 二叉树

(c) WPL=1×2+3×3+5×3+7×1=33。

(d) WPL=7×3+5×3+3×2+1×1=43。

(e) WPL=7×1+5×2+3×3+1×3=29。

由此可见,具有相同权值的一组叶结点所构成的二叉树有不同的形态和不同的带权路径长度,Haffman 提出了一种生成带权路径长度最小,即最优二叉树(哈夫曼树)的生成方法,其基本思想如下。

(1) 由给定的 n 个权值{$W_1,W_2,\cdots,W_n$}构造 n 棵只有一个叶结点的二叉树,从而得到一个二叉树的集合 $F=\{T_1,T_2,\cdots,T_n\}$。

(2) 在 F 中选取根结点的权值最小和次小的两棵二叉树作为左、右子树构造一棵新的二叉树,这棵新的二叉树根结点的权值为其左、右子树根结点权值之和。

(3) 在集合 F 中删除作为左、右子树的两棵二叉树,并将新建立的二叉树加入集合 F 中。

(4) 重复步骤(2)、(3),当 F 中只剩下一棵二叉树时,这棵二叉树便是所要建立的哈夫曼树。

图 5-18 给出了前面提到的叶结点权值集合为 $W=\{1,3,5,7\}$ 的哈夫曼树的构造过程,其带权路径长度为 29。由哈夫曼的构造过程不难发现,对于同一组给定叶结点所构造的哈夫曼树,树的形状可以不同,但其带权路径长度相同且一定是最小的。

5.9.3 哈夫曼树的构造算法

在构造哈夫曼树时,可以设置一个结构数组 HuffNode 保存哈夫曼树中各结点的信息,根据二叉树的性质可知,具有 n 个叶子结点的哈夫曼树共有 $2n-1$ 个结点,所以数组 HuffNode 的大小设置为 $2n-1$,数组元素的结构包括:weight 域保存结点的权值;lchild 和 rchild 域分别保存该结点的左、右孩子结点在数组 HuffNode 中的序号,从而建立起结点之间的关系。为了判定一个结点是否已加入要建立的哈夫曼树中,可通过 parent 域的值来确定。初始时 parent 的值为−1,当结点加入树中时,该结点 parent 的值为其双亲结点在数

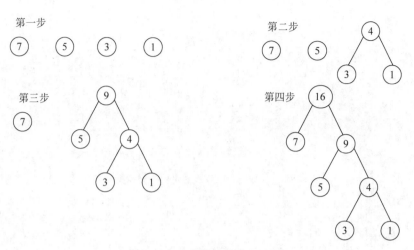

图 5-18　哈夫曼树的建立过程

组 HuffNode 中的序号,就不会是-1 了。

在构造哈夫曼树时,首先将由 n 个字符形成的 n 个叶结点存放到数组 HuffNode 的前 n 个分量中,然后根据前面介绍的哈夫曼方法的基本思想,不断将两个较小的子树合并为一个较大的子树,每次构成的新子树的根结点顺序放到 HuffNode 数组中的前 n 个分量的后面。

下面给出哈夫曼树的构造算法。

```
#define MAXVALUE 10000                          /* 定义最大权值 */
#define MAXLEAF 30                              /* 定义哈夫曼树中叶结点个数 */
#define MAXNODE   MAXLEAF * 2 - 1
typedef struct {
    int weight;
    int parent;
    int lchild;
    int rchild;
  }HNodeType;
void  HaffmanTree(HNodeType HuffNode[ ])
{   /* 哈夫曼树的构造算法 */
    int i,j,m1,m2,x1,x2,n;
    scanf("%d",&n);                             /* 输入叶结点个数 */
    for(i = 0;i < 2 * n - 1;i++)                /* 数组 HuffNode[ ]初始化 */
    {   HuffNode[i].weight = 0;
        HuffNode[i].parent = -1;
        HuffNode[i].lchild = -1;
        HuffNode[i].rchild = -1;
    }
    for(i = 0;i < n;i++)
    {
        scanf("%d",&HuffNode[i].weight);        /* 输入 n 个叶结点的权值 */
    }
    for(i = 0;i < n - 1;i++)                    /* 构造哈夫曼树 */
    {
        m1 = m2 = MAXVALUE;
        x1 = x2 = 0;
```

```
        for(j = 0;j < n + i;j++)
        {
            if(HuffNode[j].weight < m1&&HuffNode[j].parent == - 1)
            {
                m2 = m1; x2 = x1;
                m1 = HuffNode[j].weight;
                x1 = j;
            }
            else
            {
                if(HuffNode[j].weight < m2&&HuffNode[j].parent == - 1)
                {
                    m2 = HuffNode[j].weight;
                    x2 = j;
                }
            }
        }
        /* 将找出的两棵子树合并为一棵子树 */
        HuffNode[x1].parent = n + i;
        HuffNode[x2].parent = n + i;
        HuffNode[n + i].weight = HuffNode[x1].weight + HuffNode[x2].weight;
        HuffNode[n + i].lchild = x1;
        HuffNode[n + i].rchild = x2;
    }
}       //哈夫曼树的构造算法
```

5.9.4　哈夫曼编码

哈夫曼编码的具体做法如下：设需要编码的字符集合为 $\{d_1,d_2,\cdots,d_n\}$，它们在电文中出现的次数或频率集合为 $\{w_1,w_2,\cdots,w_n\}$，以 $d_1,d_2,\cdots,d_n$ 作为叶结点，$w_1,w_2,\cdots,w_n$ 作为它们的权值，构造一棵哈夫曼树，规定哈夫曼树中的左分支代表 0，右分支代表 1，则从根结点到每个叶结点所经过的路径分支组成的 0 和 1 的序列便为该结点对应字符的编码，称为哈夫曼编码。如图 5-19 所示为一棵哈夫曼编码树，其哈夫曼编码为 A：0，B：110，C：10，D：111。

在哈夫曼编码树中，树的带权路径长度的含义是各个字符的码长与其出现次数的乘积之和，也就是电文的代码总长，所以采用哈夫曼树构造的编码是一种能使电文代码总长最短的不等长编码。

在建立不等长编码时，必须使任何一个字符的编码都不是另一个字符编码的前缀，这样才能保证译码的唯一性。正如前面所说，由于哈夫曼树不唯一，自然会导致哈夫曼编码的不唯一，解决这个问题，只需增加一个选择左右子树的约定，如权值大的在左，权值小的在右。

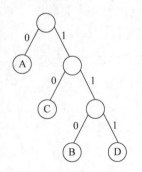

图 5-19　哈夫曼树

【例 5-17】【清华大学 1999】表 5-1 给出了在一篇有 19710 个词的英文行中出现最普遍的 15 个词的出现次数。

(1) 假设一个英文字符等价于 $\log_2^{26} = 4.7010\text{bit}$，那么这些词按 bit 计的平均长度是多少?

（2）假定一篇正文仅由表5-1中的词组成,那么它们的最佳编码是什么? 平均长度是多少?

表5-1　例题5-17的表

词	The	of	a	to	and	in	that	he	is	at	on	for	His	are	be
出现次数	1192	677	541	518	462	450	242	195	190	181	174	157	138	124	123

【问题分析】　一个词中各字符出现的频率与该词出现的频率是一致的,所以按 bit 计的平均长度与词的长度相关,设 f_i 表示频率,l_i 表示词的长度,则有:

（1）平均长度 $L = \log_2^{26} \times \sum_{i=1}^{15}(f_i \times l_i)/\sum_{i=1}^{15}f_i = 2.376 \times \log_2^{26} = 11.168$。

（2）对应的哈夫曼树如图5-20所示。

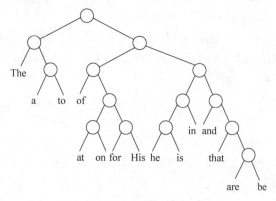

图 5-20　例题 5-13 的哈夫曼树

最佳编码见表5-2。

表5-2　最佳编码

The: 00	of: 100	a: 010	to: 011	and: 1110	in: 1101
that: 11110	he: 11000	is: 11001	at: 10100	on: 10101	for: 10110
His: 10111	are: 111110	be: 111111			

平均长度: $\sum w_i l_i = 3.562$。

5.9.5　范例分析

1.【NOIP2003 提高组】表达式(1+34)*5−56/7 的后缀表达式为(　　)。

  A. 1+34*5−56/7　　　　　　　B. − *+1 34 5/56 7

  C. 1 34 +5*56 7/−　　　　　　D. 1 34 5 * +56 7/−

  E. 1 34+5 56 7− * /

【分析】　答案:C。

2.【NOIP2009 普及组】表达式 a*(b+c)−d 的后缀表达式是(　　)。

  A. abcd*+−　　B. abc+*d−　　C. abc*+d−　　D. −+*abcd

【分析】　答案:B。

3. 【NOIP2010 提高组】前缀表达式"＋3 * 2＋5 12"的值是(　　)。

　　A. 23　　　　　　B. 25　　　　　　C. 37　　　　　　D. 65

【分析】　前缀表达式就是不含括号的算术表达式,而且它是将运算符写在前面,操作数写在后面的表达式,为纪念其发明者波兰数学家 Jan Lukasiewicz 也称为"波兰式"。

对于一个前缀表达式的求值而言,首先要从右至左扫描表达式,从右边第一个字符开始判断,如果当前字符是数字则一直到数字串的末尾再记录下来,如果是运算符,则将右边离得最近的两个"数字串"作相应的运算,以此作为一个新的"数字串"并记录下来。一直扫描到表达式的最左端时,最后运算的值也就是表达式的值。例如,"＋3 * 2＋5 12"前缀表达式求值,扫描到 12 时,记录下这个数字串,扫描到 5 时,记录下这个数字串,当扫描到＋时,将＋右移做相邻两数字串的运算符,记为 12＋5,结果为 17,记录下这个新数字串,并继续向左扫描,扫描到 2 时,记录下这个数字串,扫描到 * 时,将 * 右移做相邻两数字串的运算符,记为 2 * 17,结果为 34,记录下这个新数字串,然后继续扫描,扫描到 3 记录下来,再继续扫描到"＋",把运算符右移,记为 3＋34＝37。

4. 【NOIP2009 提高组】最优前缀编码,也称 Huffman 编码。这种编码组合的特点是对于较频繁使用的元素给予较短的唯一编码,以提高通信的效率。下列编码组合不是合法的前缀编码的一组是(　　)

　　A. (00,01,10,11)　　　　　　　　　　B. (0,1,00,11)

　　C. (0,10,110,111)　　　　　　　　　　D. (1,01,000,001)

【分析】　哈夫曼树的所有权重结点都在叶结点上,B 中的 0、1 都不是叶结点。

5. 【NOIP2011 提高组】现有一段文言文,要通过二进制哈夫曼编码进行压缩。为简单起见,假设这段文言文只由 4 个汉字"之""乎""者""也"组成,它们出现的次数分别为 700、600、300、400。那么,"也"字的编码长度可能是(　　)。

　　A. 1　　　　　　B. 2　　　　　　C. 3　　　　　　D. 4

【分析】　哈夫曼编码是初赛常考的。哈夫曼编码是一种很犀利的编码,能把使用频率高的编码变为短一点的编码,使用频率低的编码变为长一点的编码。先构造 300 和 400 的两个结点变成一个根为 700 的树。然后现在就有 600、700、700,选 600 和其中一个 700 再构造一棵树,这样构造出来的哈夫曼树就不唯一了,但其 WPL 之和仍然是最优的,这样"也"可能是 2 位也可能是 3 位编码长,所以选 BC。

5.10　图及其存储表示

图状结构是一种比树状结构更复杂的非线性数据结构。在树状结构中,结点间具有分支层次关系,每一层上的结点只能和上一层中的至多一个结点相关,但可能和下一层的多个结点相关。而在图状结构中,任意两个结点之间都可能相关,即结点之间的邻接关系可以是任意的。因此,图状结构被用于描述各种复杂的数据对象,在自然科学、社会科学和人文科学等许多领域有着非常广泛的应用,相关的实现算法会影响到许多实际应用问题的算法效率。

5.10.1　图的定义

图(Graph)是由非空的顶点集合和一个描述顶点之间关系——边(或者弧)的集合组成,其形式化定义如下。

$$G = (V, E)$$
$$V = \{v_i \mid v_i \in \text{dataobject}\}$$
$$E = \{(v_i, v_j) \mid v_i, v_j \in V \wedge P(v_i, v_j)\}$$

其中,G 表示一个图,V 是图 G 中顶点的集合,E 是图 G 中边的集合,集合 E 中 $P(v_i, v_j)$ 表示顶点 v_i 和顶点 v_j 之间有一条直接连线,即偶对 (v_i, v_j) 表示一条边。
图 5-21 给出了一个图的示例,在该图中:

$$G1 = (V1, E1)$$
$$V1 = \{v_1, v_2, v_3, v_4, v_5\}$$
$$E1 = \{(v_1, v_2), (v_1, v_4), (v_2, v_3), (v_3, v_4), (v_3, v_5), (v_2, v_5)\}$$

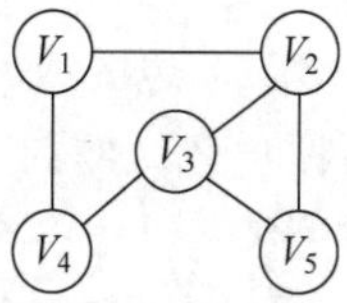

图 5-21　无向图 $G1$

5.10.2　图的相关术语

(1) **无向图**:在一个图中,如果任意两个顶点构成的偶对 $(v_i, v_j) \in E$ 是无序的,即顶点之间的连线是没有方向的,则称该图为无向图。如图 5-21 所示是一个无向图 $G1$。

(2) **有向图**:在一个图中,如果任意两个顶点构成的偶对 $\langle v_i, v_j \rangle \in E$ 是有序的,即顶点之间的连线是有方向的,则称该图为有向图。如图 5-22 所示是一个有向图 $G2$。

$$G2 = (V2, E2)$$
$$V2 = \{v_1, v_2, v_3, v_4\}$$
$$E2 = \{\langle v_1, v_2 \rangle, \langle v_1, v_3 \rangle, \langle v_3, v_4 \rangle, \langle v_4, v_1 \rangle\}$$

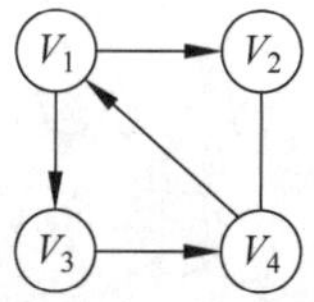

图 5-22　有向图 $G2$

(3) **顶点、边、弧、弧头、弧尾**:图 5-22 中,数据元素 v_i 称为顶点(vertex);$P(v_i, v_j)$ 表示在顶点 v_i 和顶点 v_j 之间有一条直接连线。如果是在无向图中,则称这条连线为边;如果是在有向图中,一般称这条连线为弧。边用顶点的无序偶对 (v_i, v_j) 来表示,称顶点 v_i 和顶点 v_j 互为邻接点,边 (v_i, v_j) 依附于顶点 v_i 与顶点 v_j;弧用顶点的有序偶对 $\langle v_i, v_j \rangle$ 来表示,有序偶对的第一个结点 v_i 被称为始点(或弧尾),在图 5-22 中就是不带箭头的一端;有序偶对的第二个结点 v_j 被称为终点(或弧头),在图 5-22 中就是带箭头的一端。

(4) **无向完全图**:在一个无向图中,如果任意两个顶点之间都有一条直接边相连接,则称该图为无向完全图。可以证明,在一个含有 n 个顶点的无向完全图中,有 $n(n-1)/2$ 条边。

(5) **有向完全图**:在一个有向图中,如果任意两个顶点之间都有方向互为相反的两条弧相连接,则称该图为有向完全图。在一个含有 n 个顶点的有向完全图中,有 $n(n-1)$ 条边。

(6) **稠密图、稀疏图**:若一个图接近完全图,称为稠密图;称边数很少的图为稀疏图。

(7) **顶点的度、入度、出度**：顶点的度(degree)是指依附于某顶点 v 的边数,通常记为 $TD(v)$。在有向图中,要区别顶点的入度与出度的概念。顶点 v 的入度是指以顶点为终点的弧的数目,记为 $ID(v)$；顶点 v 的出度是指以顶点 v 为始点的弧的数目,记为 $OD(v)$。有 $TD(v)=ID(v)+OD(v)$。

例如,在图 5-21 无向图 $G1$ 中有：$TD(v_1)=TD(v_4)=TD(v_5)=2,TD(v_2)=TD(v_3)=3$。

可以证明,对于具有 n 个顶点、e 条边的图,顶点 v_i 的度 $TD(v_i)$ 与顶点的个数以及边的数目满足关系：$2e=\sum_{i=1}^{n}TD(v_i)$。

(8) **边的权、网图**：与边有关的数据信息称为权(weight)。在实际应用中,权值可以有某种含义。例如,在一个反映城市交通线路的图中,边上的权值可以表示该条线路的长度或者等级；对于一个电子线路图,边上的权值可以表示两个端点之间的电阻、电流或电压值等。边上带权的图称为网图或网络(network)。图 5-23 所示就是一个无向网图。如果边是有方向的带权图,则就是一个有向网图。

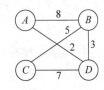

图 5-23　无向网图

(9) **路径、路径长度**：顶点 v_p 到顶点 v_q 之间的路径(path)是指顶点序列 $v_p,v_{i1},v_{i2},\cdots,v_{im},v_q$。其中,$(v_p,v_{i1}),(v_{i1},v_{i2}),\cdots,(v_{im},v_q)$ 分别为图中的边。路径上边的数目称为路径长度。图 5-21 所示的无向图 $G1$ 中,$v_1\rightarrow v_4\rightarrow v_3\rightarrow v_5$ 与 $v_1\rightarrow v_2\rightarrow v_5$ 是从顶点 v_1 到顶点 v_5 的两条路径,路径长度分别为 3 和 2。

(10) **回路、简单路径、简单回路**：第一个顶点和最后一个顶点相同的路径称为回路或者环(cycle)。序列中顶点不重复出现的路径称为简单路径。在图 5-21 中,前面提到的 v_1 到 v_5 的两条路径都为简单路径。除第一个顶点与最后一个顶点之外,其他顶点不重复出现的回路称为简单回路,或者简单环,如图 5-22 中所示的 $v_1\rightarrow v_3\rightarrow v_4\rightarrow v_1$。

(11) **子图**：对于图 $G=(V,E),G'=(V',E')$,若存在 V' 是 V 的子集,E' 是 E 的子集,则称图 G' 是 G 的一个子图。图 5-24 分别给出了 $G2$ 和 $G1$ 的两个子图 G' 和 G''。

(12) **连通的、连通图、连通分量**：在无向图中,如果从一个顶点 v_i 到另一个顶点 $v_j(i\neq j)$ 有路径,则称顶点 v_i 和 v_j 是连通的。如果图中任意两个顶点都是连通的,则称该图是连通图。无向图的极大连通子图称为连通分量。图 5-25(a)中有两个连通分量,如图 5-25(b)所示。

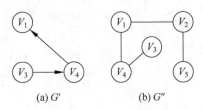

(a) G'　　(b) G''

图 5-24　图 $G2$ 和 $G1$ 的两个子图

(13) **强连通图、强连通分量**：对于有向图来说,若图中**任意一对顶点 v_i 和 $v_j(i\neq j)$ 均有从一个顶点 v_i 到另一个顶点 v_j 的路径**,也有从 v_j 到 v_i 的路径,则称该有向图是强连通图。有向图的极大强连通子图称为强连通分量。图 5-26 中有两个强连通分量,分别是 $\{v_1,v_3,v_4\}$ 和 $\{v_2\}$。

(14) **生成树**：连通图 G 的生成树是指包含 G 的全部 n 个顶点的一个极小连通子图。它必定包含且仅包含 G 的 $n-1$ 条边。图 5-24(b)G''示出了图 5-21 中 $G1$ 的一棵生成树。

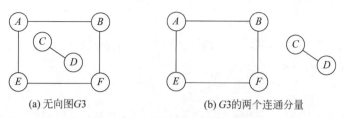

(a) 无向图G3　　　　　　　　(b) G3的两个连通分量

图 5-25　无向图及连通分量示意图

在生成树中添加任意一条属于原图中的边必定会产生回路，因为新添加的边使其所依附的两个顶点之间有了第二条路径。若生成树中减少任意一条边，则必然成为非连通的。

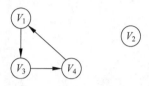

（15）**生成森林**：在非连通图中，由于每个连通分量都可以得到一个极大连通子图，即一棵生成树，这些连通分量的生成树就组成了一个非连通图的生成森林。

图 5-26　G2 的两个强连通分量

5.10.3　图的存储表示

常见的图的存储方式仍然有顺序和链式两种。从图的定义可知，一个图的信息包括两部分，即图中顶点的信息以及描述顶点之间的关系（边或者弧的信息）。因此无论采用什么方法建立图的存储结构，都要完整、准确地反映这两方面的信息。

1．邻接矩阵

邻接矩阵（Adjacency Matrix）的存储结构，就是用一维数组存储图中顶点的信息，用矩阵表示图中各顶点之间的邻接关系。假设图 $G=(V,E)$ 有 n 个确定的顶点，即 $V=\{v_0, v_1, \cdots, v_{n-1}\}$，则表示 G 中各顶点相邻关系为一个 $n \times n$ 的矩阵，矩阵的元素为

$$A[i][j] = \begin{cases} 1, & \text{若}(v_i,v_j)\text{或}\langle v_i,v_j \rangle \text{是} E(G) \text{中的边} \\ 0, & \text{若}(v_i,v_j)\text{或}\langle v_i,v_j \rangle \text{不是} E(G) \text{中的边} \end{cases}$$

若 G 是网图，则邻接矩阵可定义为

$$A[i][j] = \begin{cases} w_{ij}, & \text{若}(v_i,v_j)\text{或}\langle v_i,v_j \rangle \text{是} E(G) \text{中的边} \\ 0 \text{ 或 } \infty & \text{若}(v_i,v_j)\text{或}\langle v_i,v_j \rangle \text{不是} E(G) \text{中的边} \end{cases}$$

w_{ij} 表示边(v_i,v_j)或$\langle v_i,v_j \rangle$上的权值；∞表示一个计算机允许的、大于所有边上权值的数。详见图 5-27 和图 5-28。

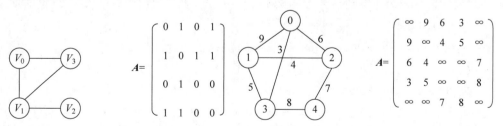

图 5-27　一个无向图的邻接矩阵表示　　　　　图 5-28　一个网图的邻接矩阵表示

2. 邻接表

图 5-29 给出了图 5-27 所示无向图对应的邻接表(Adjacency List)表示。

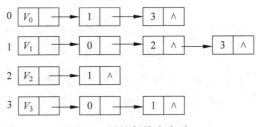

图 5-29　图的邻接表表示

邻接表是图的一种顺序存储与链式存储相结合的存储方法。邻接表表示法类似于树的孩子链表表示法。就是对于图 G 中的每个顶点 v_i，将所有邻接于 v_i 的顶点 v_j 连成一个单链表，这个单链表就称为顶点 v_i 的邻接表，再将所有顶点的邻接表表头放到数组中，就构成了图的邻接表。

【例 5-18】 【软件所 1999】从邻接矩阵 $A = \begin{bmatrix} 0 & 1 & 0 \\ 1 & 0 & 1 \\ 0 & 1 & 0 \end{bmatrix}$ 可以看出，该图共有 ___(1)___ 个顶点。如果是有向图，该图共有 ___(2)___ 条弧；如果是无向图，则共有 ___(3)___ 条边。

(1) A. 9　　　　B. 3　　　　C. 6　　　　D. 1　　　　E. 以上答案均不正确

(2) A. 5　　　　B. 4　　　　C. 3　　　　D. 2　　　　E. 以上答案均不正确

(3) A. 5　　　　B. 4　　　　C. 3　　　　D. 2　　　　E. 以上答案均不正确

【问题分析】 概念题。答案：(1)B；(2)B；(3)D。

【例 5-19】 【中国科学技术大学 1995】G 是一个非连通无向图，共有 28 条边，则该图至少有 ___D___ 个顶点。

A. 6　　　B. 7　　　C. 8　　　D. 9　　　E. 10　　　F. 11

【问题分析】 n 个顶点的无向完全图边的数目是 $n(n-1)/2$，由于 G 为非连通，则根据题意有 $n(n-1)/2 > 28$，即 $n(n-1) - 56 > 0$，所以有 $n > 8$。

5.10.4　范例分析

1. 【NOIP2003 提高组】假设用 $d = (a_1, a_2, \cdots, a_5)$ 表示无向图 G 的 5 个顶点的度数，下面给出的(　　)组的 d 值合理。

   A. $\{5, 4, 4, 3, 1\}$　　　　　　　　　　B. $\{4, 2, 2, 1, 1\}$

   C. $\{3, 3, 3, 2, 2\}$　　　　　　　　　　D. $\{5, 4, 3, 2, 1\}$

   E. $\{2, 2, 2, 2, 2\}$

【分析】 一条边与两个顶点相邻，所以其所有顶点的度之和必为偶数。答案：BE。

2. 【NOIP2009 普及组】已知有 n 个顶点的有向图，若该图是强连通的(从所有顶点都存在路径到达其他顶点)，则该图中最少有(　　)条有向边。

   A. n　　　　　B. $n+1$　　　　　C. $n-1$　　　　　D. $n(n-1)$

【分析】 n 个顶点的有向图强连通且其边数最少,则需形成回路。答案:A。

3.【NOIP2009 提高组】若 3 个顶点的无权图 G 的邻接矩阵用数组存储为{{0,1,1},{1,0,1},{0,1,0}},假定在具体存储中的顶点依次为 v_1、v_2、v_3。关于该图,以下说法中正确的是( )。

    A. 该图是有向图

    B. 该图是强连通的

    C. 该图所有顶点的入度之和减所有顶点的出度之和等于 1

    D. 从 v_1 开始的深度优先遍历所经过的顶点序列与广度优先的顶点序列是相同的

【分析】 用邻接矩阵还原一下图就全清楚了。答案:ABD。

4.【NOIP2011 普及组】无向完全图是图中每对顶点之间都恰有一条边的简单图。已知无向完全图 G 有 7 个顶点,则它共有( )条边。

    A. 7   B. 21   C. 42   D. 49

【分析】 无向完全图的边数为 $n(n-1)/2$。答案:B。

5.【NOIP2011 普及组】对一个有向图而言,如果每个结点都存在到达其他任何结点的路径,那么就称它是强连通的。例如,图 5-30 就是一个强连通图。事实上,在删掉边( )后,它依然是强连通的。

    A. a   B. b   C. c   D. d

【分析】 根据强连通的定义检验即可。答案:A。

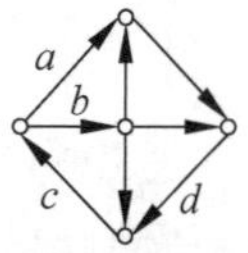

6.【NOIP2003 提高组】无向图 G 有 16 条边,有 3 个 4 度顶点、4 个 3 度顶点,其余顶点的度均小于 3,则 G 至少有( )个顶点。

图 5-30 强连通图

【分析】 16 条边的结点度总数为 32,去除 3 个 4 度、4 个 3 度,还剩 8。因为题上说其余结点的度数都小于 3,所以度数最大为 2,所以最少还有 4 个结点,每个结点度数都为 2,4+3+4=11。

7.【NOIP2010 提高组】无向图 G 有 7 个顶点,若不存在奇数条边构成的简单回路,则它至多有( )条边。

【分析】 本题可根据多种方法来求解。

方法 1:Turan 定理。空间内的 n 个点,若它们之间的连线条数大于或等于 $\lfloor (n^2)/4 \rfloor + 1 = 13$,则必存在一个以这些点为顶点的三角形,即奇数条边构成的三角形,所以至多是 12。

方法 2:根据二分图的充要条件判断:$3 \times 4 > 2 \times 5 > 1 \times 6$。

方法 3:画图,如图 5-31 所示。

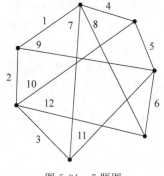

图 5-31 7 题图

8.【NOIP2011 提高组】平面图是可以画在平面上,且它的边仅在顶点上才能相交的简单无向图。4 个顶点的平面图至多有 6 条边,如图 5-32 所示。那么,5 个顶点的平面图至多有( )条边。

【分析】 欧拉公式:$n - m + r = 2$。既可应用于立体图,又适用于平面图(简单极大平面图)。

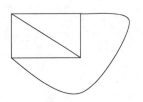

图 5-32　4 个顶点的平面图至多有 6 条边

方法一。证明：设 G 为 (n,m) 的简单极大平面图，则 $m=3n-6$。

【证】　由欧拉公式：$n-m+r=2$，n 个顶点，m 条边，r 个面，对于简单极大平面图，$3r=2m$（每个面由 3 条边组成，一条边被两个面共享），代入得 $m=3n-6$。当 $n=5$ 时，m 的最大值为 9。

方法二：画图。

5.11　图的遍历和连通性

图的遍历是指从图中的任一顶点出发，对图中的所有顶点访问一次且只访问一次。图的遍历操作和树的遍历操作功能相似。图的遍历是图的一种基本操作，图的其他算法，如求解图的连通性问题、拓扑排序、求关键路径等都建立在遍历算法的基础之上。图的遍历通常有深度优先搜索和广度优先搜索两种方式。

5.11.1　深度优先搜索

1. 算法思想

假设初始状态是图中所有顶点未曾被访问，则深度优先搜索可从图中某个顶点 v 出发，访问此顶点，然后依次从 v 的未被访问的邻接点出发深度优先遍历图，直至图中所有和 v 有路径相通的顶点都被访问到；若此时图中尚有顶点未被访问，则另选图中一个未曾被访问的顶点作起始点，重复上述过程，直至图中所有顶点都被访问到为止。

2. 算法特点

深度优先搜索是一个递归的过程。首先，选定一个出发点后进行遍历，如果有邻接的未被访问过的结点则继续前进。若不能继续前进，则回退一步再前进，若回退一步仍然不能前进，则连续回退至可以前进的位置为止。重复此过程，直到所有与选定点相通的所有顶点都被遍历。其次，深度优先搜索是递归过程，带有回退操作，因此需要使用栈存储访问的路径信息。另外，为了便于在遍历过程中区分顶点是否已被访问，需附设访问标志数组 visited[0：n−1]，其初值为 FALSE，一旦某个顶点被访问，则其相应的分量置为 TRUE。

3. 图解过程

以图 5-33 所示的无向图为例进行图的深度优先搜索。假设从顶点 V_1 出发进行搜索，在访问了顶点 V_1 之后，选择邻接点 V_2。因为 V_2 未曾访问，则从 V_2 出发进行搜索。以此类推，接着从 V_4、V_5 出发进行搜索。在访问了 V_5 之后，由于 V_5 的邻接点都已被访问，则搜索回到 V_4，此时 V_4 尚有邻接点 V_8 未被访问。V_8 访问后搜索回到 V_4、V_2 直至 V_1，由于 V_1 的另一个邻接点未被访问，则搜索又从 V_1 到 V_3 再继续进行下去，

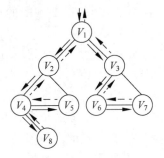

图 5-33　DFS 示意图

由此得到的顶点访问序列为 $V_1V_2V_4V_5V_8V_3V_6V_7$。

遍历图的过程实质上是对每个顶点查找其邻接点的过程,其耗费的时间则取决于所采用的存储结构。当用二维数组表示图的邻接矩阵存储结构时,时间复杂度为 $O(n^2)$,其中 n 为图中的顶点数。而当以邻接表作为图的存储结构时,找邻接点所需时间为 $O(e)$,其中 e 为无向图中的边数或有向图中的弧数,时间复杂度为 $O(n+e)$。

5.11.2　广度优先搜索

广度优先搜索(Breadth-First Search)遍历类似于树的按层次遍历的过程。

假设从图中某顶点 v 出发,在访问了 v 之后依次访问 v 的各个未曾访问过的邻接点,然后分别从这些邻接点出发依次访问它们的邻接点,并使"先被访问的顶点的邻接点"先于"后被访问的顶点的邻接点"被访问,直至图中所有已被访问的顶点的邻接点都被访问到。若此时图中尚有顶点未被访问,则另选图中一个未曾被访问的顶点作起始点,重复上述过程,直至图中所有顶点都被访问到为止。

5.11.3　欧拉路径与欧拉回路

1. 欧拉路径

欧拉路径是指从图中任意一个点开始到图中任意一个点结束的路径,并且图中每条边通过且只通过一次。

2. 欧拉回路

欧拉回路是指起点和终点相同的欧拉路径。

3. 存在欧拉路径的条件

(1) 无向连通图存在欧拉路径的条件。

所有点度都是偶数,或者恰好有两个点度是奇数,则有欧拉路径。若有奇数点度,则奇数度点一定是欧拉路的起点和终点,否则可取任意一点作为起点。

(2) 有向连通图存在欧拉路径的条件。

① 每个点的入度等于出度,则存在欧拉回路(任意一点都可以作为起点)。

② 除两点外,所有点的入度等于出度。这两点中一点的出度比入度大1,另一点的出度比入度小1,则存在欧拉路径。取出度大者为起点,入度大者为终点。

欧拉图即存在欧拉回路的图,半欧拉图即存在欧拉路径的图。如果一个图是欧拉图或半欧拉图,则该图存在一笔画。

5.11.4　二分图

二分图又称作二部图(Bipartite Graph),是图论中的一种特殊模型。设 $G=(V,E)$ 是一个无向图,如果顶点 V 可分割为两个互不相交的子集 (A,B),并且图中的每条边 (i,j) 所关联的两个顶点 i 和 j 分别属于这两个不同的顶点集(i in A,j in B),则称图 G 为一个二分图。

定义:简而言之,就是顶点集 V 可分割为两个互不相交的子集,并且图中每条边依附的两个顶点都分属于这两个互不相交的子集,两个子集内的顶点不相邻。

充要条件:无向图 G 为二分图的充分必要条件是 G 至少有两个顶点,且其所有回路的长度均为偶数,即这个图不含奇环。

充分性是指如果一个图不含奇环,那么这个图是二分图;必要性是指如果一个图是二分图,那么这个图,一定不含奇环。证明显然。

另一个显然的事实是,如果二分图的某一类点有 X 个,另一类点有 Y 个,那么这个二分图中最多有 XY 条边。

一个图是否为二分图,一般用"染色法"进行判断。用两种颜色对所有顶点进行染色,要求一条边所连接的两个相邻顶点的颜色不相同。染色结束后,如果所有相邻顶点的颜色都不相同,它是二分图。

最大匹配:求二分图最大匹配可以用最大流或者匈牙利算法。给定一个二分图 G,在 G 的一个子图 M 中,M 的边集中的任意两条边都不依附于同一个顶点,则称 M 是一个匹配。选择这样的边数最大的子集称为图的最大匹配问题(Maximal Matching Problem)。如果一个匹配中,图中的每个顶点都和图中某条边相关联,则称此匹配为完全匹配,也称作完备匹配。

二分图相关性质:二分图中,点覆盖数是匹配数。

(1) 二分图的最大匹配数等于最小覆盖数,即求最少的点使得每条边都至少和其中的一个点相关联,很显然直接取最大匹配的一端结点即可。

(2) 二分图的独立集数等于顶点数减去最大匹配数,很显然地把最大匹配两端的点都从顶点集中去掉,这时剩余的点是独立集,这是 $|V|-2|M|$,同时必然可以从每条匹配边的两端取一个点加入独立集并且保持其独立集性质。

(3) DAG(Directed Acyclic Graph)的最小路径覆盖,将每个点拆点后作最大匹配,结果为 n−m,求具体路径时沿着匹配边走就可以,匹配边 i→j',j→k',k→l',…构成一条有向路径。

(4) 最大匹配数＝左边匹配点＋右边未匹配点。因为在最大匹配集中的任意一条边,如果它的左边没被标记,右边被标记了,那么就可找到一条新的增广路,所以每一条边都至少被一个点覆盖。

(5) 最小边覆盖＝图中点的个数−最大匹配数＝最大独立集。

5.11.5　图的连通性

利用图的遍历算法可以判定一个图的连通性。

1．无向图的连通性

在对无向图进行遍历时,对于连通图,仅需从图中任一顶点出发,进行深度优先搜索或广度优先搜索,便可访问到图中的所有顶点。对于非连通图,则需从多个顶点出发进行搜索,而每一次从一个新的起始点出发进行搜索的过程中得到的顶点访问序列恰为其各个连通分量中的顶点集。因此,要想判定一个无向图是否为连通图,或有几个连通分量,就可以设一个计数变量 count,每调用一次 DFS,就给 count 增 1。这样,当整个算法结束时,依据 count 的值就可确定图的连通性及连通分量的个数了。

2. 有向图的连通性

在一个有向图 G 中,若两顶点间至少存在一条路径(即 a 能到 b, b 也能到 a),则称两个顶点强连通;如果该有向图 G 中任意两顶点都强连通,则称 G 为强连通图;在一个非强连通图中,若子图是强连通图,则称该子图为强连通分量。一个有向图是连通的,即只有一个强连通分量,则该图中的所有顶点必存在于某个回路中。有向图的连通分量的求解可以通过对 DFS 算法的改进来实现。

【例 5-20】【清华大学 1998】对于如图 5-34 所示的连通图,请画出:

(1) 以顶点 1 为根的深度优先生成树;

(2) 如果有关结点,请找出所有关结点。

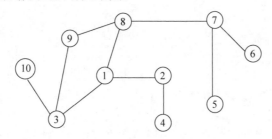

图 5-34 例 5-20 图

【问题分析】 在一个连通图中删除某个顶点及其附属的边,使原图变为非连通图,该顶点就称为关结点。从任一点出发深度优先遍历得到生成树,对于树中的任一顶点 v 而言,其孩子结点为邻接点。由深度优先生成树可得出以下两类关结点的特性。

(1) 若生成树的根有两棵或两棵以上的子树,则此根结点必为关结点。因为图中不存在连接不同子树顶点的边,若删除此结点,树便成为森林。

(2) 若生成树中某个非叶结点 v,其某棵子树与 v 的祖先结点无连接,则 v 为关结点。因为删去 v,则其子树和图的其他部分被分割开来。

知道了关结点的概念及判别方法,本例题也就变得简单了。

图 5-34 中去掉顶点 1 和 8 相连的边就是以 1 为根的深度优先生成树。图中的关结点是 1、2、3、7、8。

【例 5-21】【浙江大学 1998】二部图 $G=(V,E)$ 是一个能将其结点集 V 分为两个不相交子集 V_1 和 $V_2=V-V_1$ 的无向图,使得:V_1 中的任何两个结点在图 G 中均不相邻,V_2 中的任何两个结点在图 G 中也均不相邻。

(1) 请各举一个结点个数为 5 的二部图和非二部图的例子。

(2) 请用 C 语言编写一个函数 BIPARTITE 判断一个连通无向图 G 是否是二部图,并分析程序的时间复杂性。设 G 用二维数组 A 来表示,大小为 $n \times n$, n 为结点个数,请在程序中加必要的注释。如有必要可直接利用堆栈或队列操作。

【问题分析】 二部图是信息学奥赛复试时常考的知识点。

(1) 5 结点的二部图与非二部图如图 5-35 所示。

(2) 下面给出一个判断图是否为二部图的算法思想,具体函数请读者自行完成。

设置两个顶点的集合 A 和 B
while 图中还有尚未访问的边 e,e 的两个端点分别是 a 和 b

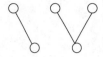 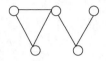

(a) 5结点的二部图　　　　(b) 5结点的非二部图

图 5-35　5 结点二部图与非二部图

```
{
    if a 和 b 同时在集合 A 或集合 B 中
        该图不是二部图
    else
        将 a 添入集合 A,将 b 添入集合 B
}
该图肯定是二部图
```

5.11.6　范例分析

1.【NOIP2011】广度优先搜索时,需要用到的数据结构是(　　)。

A. 链表　　　　B. 队列　　　　C. 栈　　　　D. 散列表

【分析】　广度优先搜索需要保存每一层结点之间的边的连接关系,继续向下一层搜时需要用到,所以要用存取方便的队列。链表取数不便,栈是深搜用的,散列表就是 hash 表,和广搜没有必然联系。答案:B。

2.【NOIP2011 普及组】(　　)是一种选优搜索法,按选优条件向前搜索,以达到目标。当探索到某一步时,发现原先的选择并不优或达不到目标,就退回一步重新选择。

A. 回溯法　　　　B. 枚举法　　　　C. 动态规划　　　　D. 贪心法

【分析】　尽管回溯法也是一种枚举思想,但它是枚举同时选优的策略。动态规划和贪心法也是选优策略,它们是基于一定条件下的选优搜索,是不回退的。答案:A。

3.【NOIP2012 提高组】从顶点 A_0 出发(见图 5-36),对有向图(　　)进行广度优先搜索时,一种可能的遍历顺序是 A_0,A_1,A_2,A_3,A_4。

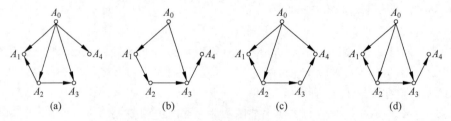

(a)　　　　　　(b)　　　　　　(c)　　　　　　(d)

图 5-36　几种有向图

【分析】　图 5-36(d)中的 A_4 虽然与 A_1、A_2、A_3 不在同一层上,但因为其后继不是一遍历就剩 A_4 了,故也能得到题目中的序列。答案:AD。

4.【NOIP2013 普及组】在一个无向图中,如果任意两点之间都存在路径相连,则称其为连通图。图 5-37 是一个有 4 个顶点、6 条边的连通图。若要使它不再是连通图,至少要删去其中的(　　)条边。

A. 1　　　　B. 2　　　　C. 3　　　　D. 4

图 5-37　4 题图

【分析】　n 个顶点的无向图,只需要 $n-1$ 条边即可使该图连通,而该图又是完全图,每

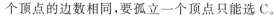

个顶点的边数相同,要孤立一个顶点只能选 C。

5. 【NOIP2013 普及组】以 A_0 作为起点,对图 5-38 所示的无向图进行深度优先遍历时,遍历顺序不可能是(　　)。

　　A. A_0, A_1, A_2, A_3　　　　　　　　B. A_0, A_1, A_3, A_2

　　C. A_0, A_2, A_1, A_3　　　　　　　　D. A_0, A_3, A_1, A_2

【分析】　根据定义检查。答案:A。

6. 【NOIP2013 提高组】在一个无向图中,如果任意两点之间都存在路径相连,则称其为连通图。图 5-39 是一个有 5 个顶点、8 条边的连通图。若要使它不再是连通图,至少要删去其中的(　　)条边。

　　A. 2　　　　　　B. 3　　　　　　C. 4　　　　　　D. 5

【分析】　这是非完全图,只需选边数少的顶点删除即可。答案:B。

图 5-38　5 题图

图 5-39　6 题图

7. 【NOIP2013 提高组】二分图是指能将顶点划分成两部分,每一部分内的顶点间没有边相连的简单无向图。那么,12 个顶点的二分图至多有(　　)条边。

　　A. 18　　　　　　B. 24　　　　　　C. 36　　　　　　D. 66

【分析】　$a+b=12$,所以 $a=b=6$ 时 ab 取最大值 36。

8. 【NOIP2013 提高组】以 A_0 作为起点,对图 5-40 所示无向图进行深度优先遍历时(遍历的顺序与顶点字母的下标无关),最后一个遍历到的顶点可能是(　　)。

　　A. A_1　　　　　　B. A_2　　　　　　C. A_3　　　　　　D. A_4

【分析】　三种可能的序列:A_0, A_1, A_2, A_3, A_4;A_0, A_1, A_4, A_2, A_3;$A_0, A_3 A_2 A_1 A_4$。答案:CD。

9. 【NOIP2004 普及组】在图 5-41,从端点(　　)出发存在一条路径可以遍历图中的每一条边一次,而且仅遍历一次。

图 5-40　8 题图

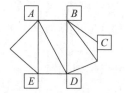

图 5-41　9 题图

【分析】　这是一个欧拉路径问题,从图中不难发现只有两个顶点的度是奇数的,其他顶点的度均为偶数,所以欧拉路径是存在的。两个奇数度顶点一个是 E,一个图中未标识,故答案为 E。

10. 【NOIP2007 提高组】欧拉图 G 指可以构成一个闭回路的图,且图 G 的每一条边恰好在这个闭回路上出现一次(即一笔画成)。在以下各个描述中,不一定是欧拉图的是(　　)。

A. 图 G 中没有度为奇数的顶点

B. 包含欧拉环游的图(欧拉环游指通过图中每边恰好一次的闭路径)

C. 包含欧拉闭迹的图(欧拉闭迹指通过图中每边恰好一次的路径)

D. 存在一条回路,通过每个顶点恰好一次

E. 本身为闭迹的图

【分析】 概念题。答案:D。

5.12 图 论 算 法

5.12.1 单源最短路径问题

最短路径问题是图的又一个比较典型的应用问题。例如,某一地区的一个公路网,给定了该网内的 n 个城市以及这些城市之间的相通公路的距离,能否找到城市 A 到城市 B 之间一条距离最近的通路呢? 如果将城市用点表示,城市间的公路用边表示,公路的长度作为边的权值,那么,这个问题就可归结为在网图中,求点 A 到点 B 的所有路径中,边的权值之和最短的那一条路径。这条路径就是两点之间的最短路径,并称路径上的第一个顶点为源点(Sourse),最后一个顶点为终点(Destination)。在非网图中,最短路径是指两点之间经历的边数最少的路径。

输入一个赋权图:与每条边 (v_i, v_j) 相联系的是穿越该弧的代价(或称为值)$c_{i,j}$,一条路径 $v_1, v_2, \cdots, v_N$ 的值是 $\sum_{i=1}^{N-1} c_{i,i+1}$,叫作赋权路径长度(Weighted Path Length)。而无权路径长度(Unweighted Path Length)只是路径上的边数,即 $N-1$。

单源最短路径问题:给定一个带权图 $G=(V, E)$ 和一个特定顶点 s 作为输入,找到 s 到 G 中每一个其他顶点的最短带权路径。

例如图 5-42 中,从 $v_1 \rightarrow v_6$ 的最短带权路径长度为 6,它是从 $v_1 \rightarrow v_4 \rightarrow v_7 \rightarrow v_6$ 的路径。

显然无权图可以视为权值都为 1 的带权图的特殊情形,忽略图 5-42 中各边的权值。使用某个顶点 s 作为输入参数,要找出从 s 到所有其他顶点的最短路径。假设选择 s 为 v_3,则 s 到 v_3 的最短路径为 0,下一步可以通过 v_3 找到路径长度为 1 的顶点 v_1 和 v_6,再通过 v_1 和 v_6 找出路径长度为 2 的顶点 v_2 和 v_4,最后通过 v_2、v_4 找出其余顶点的路径长度均为

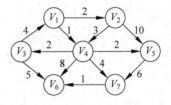

图 5-42 带权有向图

3。显然,这个方法就是 BFS,处理过程类似于树的层次遍历,其时间复杂度为 $O(|E|+|V|)$。

5.12.2 Dijkstra算法

Dijkstra 算法是由迪杰斯特拉(Dijkstra)提出的一个按路径长度递增的次序产生最短路径的算法。

1. Dijkstra 算法思想

设 $G=(V,E)$ 是一个带权有向图(无向可以转换为双向有向),设置两个顶点的集合 S 和 $T=V-S$,集合 S 中存放已找到最短路径的顶点,集合 T 存放当前还未找到最短路径的顶点。初始状态时,集合 S 中只包含源点 v_0,然后不断从集合 T 中选取到顶点 v_0 路径长度最短的顶点 u 加入到集合 S 中,集合 S 每加入一个新的顶点 u,都要修改顶点 v_0 到集合 T 中剩余顶点的最短路径长度值,集合 T 中各顶点新的最短路径长度值为原来的最短路径长度值与顶点 u 的最短路径长度值加上 u 到该顶点的路径长度值中的较小值。不断重复此过程,直到集合 T 的顶点全部加入 S 中为止。

2. Dijkstra 算法的具体步骤

(1) 初始时,S 只包含源点,即 $S=\{v\}$,v 的距离 $\text{dist}[v]$ 为 0。T 包含除 v 外的其他顶点,T 中顶点 u 的距离 $\text{dist}[u]$ 为边上的权值(有边 $\langle v,u\rangle$),或为 ∞(没有边 $\langle v,u\rangle$)。

(2) 从 T 中选取一个距离 v($\text{dist}[k]$)最小的顶点 k,把 k 加入 S 中(该选定的距离就是 $v\sim k$ 的最短路径长度)。

(3) 以 k 为新考虑的中间点,修改 T 中各顶点的距离;若从源点 v 到顶点 $u(u\in T)$ 的距离(经过顶点 k)比原来的距离(不经过顶点 k)短,则修改顶点 u 的距离值,修改后的距离值为顶点 k 的距离加上边上的权(即如果 $\text{dist}[k]+w[k,u]<\text{dist}[u]$,那么把 $\text{dist}[u]$ 更新成更短的距离 $\text{dist}[k]+w[k,u]$)。

(4) 重复步骤(2)和(3)直到所有顶点都包含在 S 中(要循环 $n-1$ 次)。

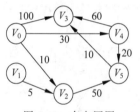

由此求得从 v 到图上其余各顶点的最短路径是依路径长度递增的序列。

图 5-43 有向网图

3. Dijkstra 算法的过程演示

例如,如图 5-43 所示为一个有向网图,其带权邻接矩阵为

$$\begin{bmatrix} \infty & \infty & 10 & \infty & 30 & 100 \\ \infty & \infty & 5 & \infty & \infty & \infty \\ \infty & \infty & \infty & 50 & \infty & \infty \\ \infty & \infty & \infty & \infty & \infty & 10 \\ \infty & \infty & \infty & 20 & \infty & 60 \\ \infty & \infty & \infty & \infty & \infty & \infty \end{bmatrix}$$

则从 V_0 到其余各顶点的最短路径如表 5-3 所示。

表 5-3 用 Dijkstra 算法构造单源点最短路径过程中各参数的变化示意

终点	从 V_0 到各终点的最短路径的求解过程				
	$i=1$	$i=2$	$i=3$	$i=4$	$i=5$
V_1	∞	∞	∞	∞	∞
V_2	$10(V_0,V_2)$				
V_3	∞	$60(V_0,V_2,V_3)$	$50(V_0,V_4,V_3)$		
V_4	$30(V_0,V_4)$	$30(V_0,V_4)$			
V_5	$100(V_0,V_5)$	$100(V_0,V_5)$	$90(V_0,V_4,V_5)$	$60(V_0,V_4,V_3,V_5)$	
V_j	V_2	V_4	V_3	V_5	
S	$\{V_0,V_2\}$	$\{V_0,V_2,V_4\}$	$\{V_0,V_2,V_3,V_4\}$	$\{V_0,V_2,V_3,V_4,V_5\}$	

如果只希望找到从源点到某一个特定的终点的最短路径,从求最短路径的原理来看,这个问题和求源点到其他所有顶点的最短路径一样复杂,其时间复杂度也是 $O(n^2)$。

5.12.3 生成树问题

由生成树的定义可知,无向连通图的生成树不是唯一的。连通图的一次遍历所经过的边的集合及图中所有顶点的集合就构成了该图的一棵生成树,对连通图的不同遍历,就可能得到不同的生成树,即深度优先生成树、广度优先生成树等。

可以证明,对于有 n 个顶点的无向连通图,无论其生成树的形态如何,所有生成树中都有且仅有 $n-1$ 条边。如果无向连通图是一个网,那么它的所有生成树中必有边的权值总和最小的生成树,这样的生成树称为最小生成树。下面介绍两种常用的构造最小生成树的方法。

1. Prim 算法

假设 $G=(V,E)$ 为一网图,其中 V 为网图中所有顶点的集合,E 为网图中所有带权边的集合。设置两个新的集合 U 和 T,其中集合 U 用于存放 G 的最小生成树中的顶点,集合 T 存放 G 的最小生成树中的边。令集合 U 的初值为 $U=\{u\}$(假设构造最小生成树时,从顶点 u 出发),集合 T 的初值为 $T=\{\}$。Prim 算法的思想是,从所有 $u\in U,v\in V-U$ 的边中,选取具有最小权值的边 (u,v),将顶点 v 加入集合 U 中,将边 (u,v) 加入集合 T 中,如此不断重复,直到 $U=V$ 时,最小生成树构造完毕,这时集合 T 中包含了最小生成树的所有边。

Prim 算法可用下述过程描述,其中用 w_{uv} 表示顶点 u 与顶点 v 边上的权值。

(1) $U=\{u\},T=\{\}$;

(2) while$(U\neq V)$do

$\qquad (u,v)=\min\{w_{uv}\, ;\, u\in U,v\in V-U\,\}$

$\qquad T=T+\{(u,v)\}$

$\qquad U=U+\{v\}$

(3) 结束。

图 5-44(a)所示的一个网图,按照 Prim 算法,从顶点 v_1 出发,该网的最小生成树的产生过程如图 5-44(b)~(h)所示。

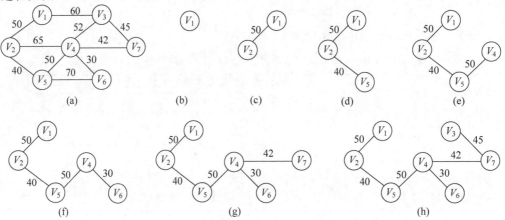

图 5-44　Prim 算法构造最小生成树的过程示意

2. Kruskal 算法

Kruskal 算法是一种按照网中边的权值递增的顺序构造最小生成树的方法。其基本思想是：设无向连通网为 $G=(V,E)$，令 G 的最小生成树为 T，其初态为 $T=(V,\{\})$，即开始时，最小生成树 T 由图 G 中的 n 个顶点构成，顶点之间没有一条边，这样 T 中各顶点各自构成一个连通分量。然后，按照边的权值由小到大的顺序，考察 G 的边集 E 中的各条边。若被考察的边的两个顶点属于 T 的两个不同的连通分量，则将此边作为最小生成树的边加入 T 中，同时把两个连通分量连接为一个连通分量；若被考察边的两个顶点属于同一个连通分量，则舍去此边，以免造成回路，如此下去，当 T 中的连通分量个数为 1 时，此连通分量便为 G 的一棵最小生成树。

Kruskal 算法的流程如下。

```
T = (V,{})                    //将图 G 看作一个森林,每个顶点为一棵独立的树
while(num < n-1)do
 (u,v) = min{w_uv;在边集中选取权值最小边且 u,v 不在同一个集合中 }
 T = T + {(u,v)}
 连接 u,v 合并这两棵树
 Num++;                       //T 中边计数器加 1
```

对于图 5-45(a)所示的网，按照 Kruskal 算法构造最小生成树的过程如图 5-45(b)～(f)所示。在构造过程中，按照网中边的权值由小到大的顺序，不断选取当前未被选取的边集中权值最小的边。依据生成树的概念，n 个结点的生成树有 $n-1$ 条边，故重复上述过程，直到选取了 $n-1$ 条边为止，这就构成了一棵最小生成树。

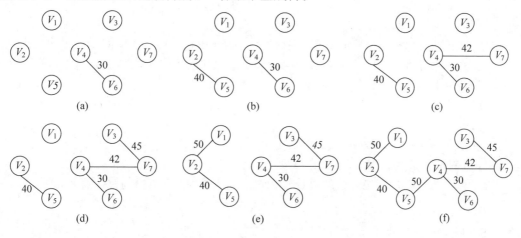

图 5-45　Kruskal 算法构造最小生成树的过程示意

【例 5-22】【NOIP2007 普及组】(最短路线)某城市的街道是一个很规整的矩形网格(见图 5-46)，有 7 条南北向的纵街，5 条东西向的横街。现要从西南角的 A 走到东北角的 B，最短的走法共有(　　)种。

【问题分析】　无权最短路径即边的权重相同，求共有多少种走法。

方法一：利用递推公式。设 m 条纵街与 n 条横街的最短走法为 $A(m,n)$，当 $m>1$ 且 $n>1$ 时，由于第 1 步有向上、向右两种走法，因此有 $A(i,j)=A(i-1,j)+A(i,j-1)$，$(1\leqslant i\leqslant m,1\leqslant j\leqslant n)$，设 A 点的位置为 $(1,1)$，B 点的位置为 $(5,7)$，易知 $A(i,1)=A(1,j)=1$，$(1\leqslant i\leqslant m,1\leqslant j\leqslant n)$，因此可利用图 5-46 计算 $A(5,7)$，具体结果图 5-46 中的数据，$A(5,$

					B
5	15	35	70	126	210
4	10	20	35	56	84
3	6	10	15	21	28
2	3	4	5	6	7

A

图 5-46 某城市街道矩形网格

$7)=210$。

方法二:利用组合公式。画出题目所描述的网格,可以发现从西南到东北角最短要走 10 条短线,而且其中必有 4 条为竖线,从 10 条短线中选出 4 条作为路线中的竖线,也就确定了整条线路,所以共有 210 种路线(从 10 条线中选出 6 条横线也一样)。

【例 5-23】【中国科学技术大学 1995】在一个有 n 个顶点的无向网中,有 $O(\sqrt{n} \times \log_2^n)$ 条边,则应该选用( )算法来求这个网的最小生成树,从而使计算时间较少。

  A. Prim   B. Kruskal

【问题分析】 Prim 与 Kruskal 算法是构造最小代价生成树的两种算法,除了需要注意分辨两种算法在选择下一个加入点上的不同外,还需要注意两种算法各自的适用场合。一般而言,Prim 算法适合稠密图,而 Kruskal 算法适合稀疏图。答案:B。

5.12.4 范例分析

1. 【NOIP2005 普及组】平面上有五个点 $A(5,3)$、$B(3,5)$、$C(2,1)$、$D(3,3)$、$E(5,1)$。以这五点作为完全图 G 的顶点,每两点之间的直线距离是图 G 中对应边的权值。以下不是图 G 的最小生成树中边的是( )。

  A. AD   B. BD   C. CD   D. DE

  E. EA

【分析】 n 个顶点的最小生成树由权值最小且不会形成回路的 $n-1$ 条边构成。画出坐标图即可确定 4 条边。答案:D。

2. 【NOIP2005 提高组】第 1 题的图 G 中的最小生成树中的所有边的权值综合为( )。

  A. 8   B. $7+\sqrt{5}$ C. 9   D. $6+\sqrt{5}$

  E. $4+2\sqrt{2}+\sqrt{5}$

【分析】 将第 1 题确定的 4 条边的权值相加,结果是 D。

3. 【NOIP2009 提高组】图 5-47 给出了一个加权无向图,从顶点 v_0 开始用 prim 算法求最小生成树,则依次加入最小生成树的顶点集合的顶点序列为( )。

  A. v_0,v_1,v_2,v_3,v_5,v_4

  B. v_0,v_1,v_5,v_4,v_3,v_3

  C. v_1,v_2,v_3,v_0,v_5,v_4

  D. v_1,v_2,v_3,v_0,v_4,v_5

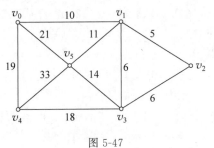

图 5-47

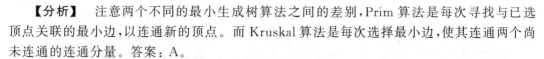

【分析】 注意两个不同的最小生成树算法之间的差别,Prim 算法是每次寻找与已选顶点关联的最小边,以连通新的顶点。而 Kruskal 算法是每次选择最小边,使其连通两个尚未连通的连通分量。答案:A。

4.【NOIP2011 提高组】对图 5-48 使用 Dijkstra 算法计算点 S 到其余各点的最短路径长度时,到 B 点的距离 $d[B]$ 初始时赋值为 8,在算法的执行过程中还会出现的值有( )。

A. 3   B. 7   C. 6   D. 5

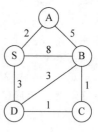

图 5-48 4 题图

【分析】 此题考查 Dijkstra 算法。Dijkstra 算法的思想是建立一维数组记录起点到其他各点的距离(没路为无穷大),然后找一个距起点最近的点作为中间结点,更新起点到各个点的距离,然后把中间结点加个用过的标记,继续找下一个距离起点最近的点为中间结点,直到所有的点都当过中间结点就结束。本题中,第一个找到的中间结点是 A,这时把 SB 更新为 7,然后找到的中间结点为 D,这时把 SB 更新为 6,把 SC 更新为 4;下一个找到的中间结点为 C,这时把 SB 更新为 5。所以选 BCD。

5.【NOIP2012 提高组】已知带权有向图 G 上的所有权值均为正整数,记顶点 u 到顶点 v 的最短路径的权值为 $d(u,v)$。若 v_1,v_2,v_3,v_4,v_5 是图 G 上的顶点,且它们之间两两都存在路径可达,则以下说法正确的有( )。

A. v_1 到 v_2 的最短路径可能包含一个环

B. $d(v_1,v_2)=d(v_2,v_1)$

C. $d(v_1,v_3)\leqslant d(v_1,v_2)+d(v_2,v_3)$

D. 如果 $v_1\rightarrow v_2\rightarrow v_3\rightarrow v_4\rightarrow v_5$ 是 v_1 到 v_5 的一条最短路径,那么 $v_2\rightarrow v_3\rightarrow v_4$ 是 v_2 到 v_4 的一条最短路径

【分析】 还是最短路径问题,A 的说法没道理;题目未告知是无向图,等式也不一定成立,故 B 不对;$d(u,v)$ 是最短距离,所以应该满足 C;依据最短路径求解方法 D 自然正确。

6.【NOIP2008 普及组】有 6 座城市,任何两座城市之间都有一条连接道路,6 座城市两两之间的距离如表 5-4 所示,则城市 1 到城市 6 的最短距离为( )。

表 5-4 城市间的距离

距离	城市 1	城市 2	城市 3	城市 4	城市 5	城市 6
城市 1	0	2	3	1	12	15
城市 2	2	0	2	5	3	12
城市 3	3	2	0	3	6	5
城市 4	1	5	3	0	7	9
城市 5	12	3	6	7	0	2
城市 6	15	12	5	9	2	0

【分析】 本题为求无向图的单源最短路径,可以用 Dijkstra 方法求解,过程如下:

	城市 1	城市 2	城市 3	城市 4	城市 5	城市 6
城市 1	0	2	3	1	12	15
城市 1		2	3		8	10
城市 1			3		5	10
城市 1					5	8
城市 1						7

选择过城市 4、2、3、5 得城市 1 到城市 6 的最短距离为 10、10、8、7。

5.13　拓扑排序与关键路径

一个无环的有向图称作有向无环图(Directed Acycline Graph，DAG)。有向无环图是描述一项工程或系统进行过程的有效工具。除最简单的情况之外，几乎所有的工程都可分为若干称作活动(Activity)的子工程，而这些子工程之间通常受到一定条件的约束，如其中某些子工程的开始必须在另一些子工程完成之后。对于整个工程和系统，人们关心的是两方面的问题：一是工程能否顺利进行；二是估算整个工程完成所必须的最短时间。

5.13.1　AOV 网与拓扑排序

1．AOV 网

一个工程或某种流程可以分解为若干小工程或阶段，这些小工程或阶段就称为活动。若以图中的顶点来表示活动，有向边表示活动之间的优先关系，则由这样的活动和边组成的有向图称为 AOV 网(Activity On Vertex Network)。在 AOV 网中，若从顶点 i 到顶点 j 之间存在一条有向路径，称顶点 i 是顶点 j 的前趋，或者称顶点 j 是顶点 i 的后继。若 $\langle i,j \rangle$ 是图中的弧，则称顶点 i 是顶点 j 的直接前趋，顶点 j 是顶点 i 的直接后继。AOV 网中的弧表示了活动之间存在的制约关系。

例如，计算机专业的学生必须完成一系列规定的基础课和专业课才能毕业。这些课程的名称与相应代号如表 5-5 所示。

表 5-5　计算机专业的课程设置及其关系

课程代号	课程名	先行课程代号	课程代号	课程名	先行课程代号
C1	程序设计导论	无	C8	算法分析	C3
C2	数值分析	C1、C13	C9	高级语言	C3、C4
C3	数据结构	C1、C13	C10	编译系统	C9
C4	汇编语言	C1、C12	C11	操作系统	C10
C5	自动机理论	C13	C12	解析几何	无
C6	人工智能	C3	C13	微积分	C12
C7	机器原理	C13			

图 5-49 给出了满足表 5-5 所示制约关系的 AOV 网。

2．拓扑排序

对 AOV 网进行拓扑排序的方法和步骤如下。

(1) 从 AOV 网中选择一个没有前趋的顶点(该顶点的入度为 0)并且输出它。

(2) 从网中删去该顶点，并且删去从该顶点发出的全部有向边。

(3) 重复上述两步，直到剩余的网中不再存在没有前趋的顶点为止。

这样操作的结果有两种：一种是 AOV 网中的全部顶点都被输出，这说明网中不存在有向回路；另一种是网中顶点未被全部输出，剩余的顶点均有前趋顶点，这说明网中存在有

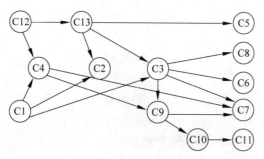

图 5-49　一个 AOV 网实例

向回路。

　　拓扑排序得到的拓扑序列不唯一。拓扑排序算法的实现可以采用栈或队列为辅助,处理好各顶点的入度,输出入度为 0 的顶点,由此所得的序列即为拓扑序列。

5.13.2　AOE 网与关键路径

1. AOE 网

　　若在带权的有向图中,以顶点表示事件,以有向边表示活动,边上的权值表示活动的开销(如该活动持续的时间等),则此带权的有向图称为 AOE 网(Activity On Edge Network)。

　　如果用 AOE 网来表示一项工程,那么,仅仅考虑各个子工程之间的优先关系还不够,更多的应关心整个工程完成的最短时间是多少,哪些活动的延期将会影响整个工程的进度,以及加速这些活动是否会提高整个工程的效率。因此,通常在 AOE 网中列出完成预定工程计划所需要进行的活动,每个活动计划完成的时间,要发生哪些事件以及这些事件与活动之间的关系,从而可以确定该项工程是否可行,估算工程完成的时间以及确定哪些活动是影响工程进度的关键。

　　AOE 网具有以下两个性质。

　　(1) 只有在某顶点所代表事件发生后,从该顶点出发的各有向边所代表的活动才能开始。

　　(2) 只有在进入某顶点的各有向边所代表的活动都已经结束,该顶点所代表的事件才能发生。

　　图 5-50 给出了一个具有 15 个活动、11 个事件的假想工程的 AOE 网。$v_1, v_2, \cdots, v_{11}$ 分别表示一个事件;$\langle v_1, v_2 \rangle, \langle v_1, v_3 \rangle, \cdots, \langle v_{10}, v_{11} \rangle$ 分别表示一个活动;用 $a_1, a_2, \cdots, a_{15}$ 代表这些活动。其中,v_1 称为源点,是整个工程的开始点,其入度为 0;v_{11} 为终点,是整个工程的结束点,其出度为 0。

2. 关键路径

　　由于 AOE 网中的某些活动能够同时进行,故完成整个工程所必须花费的时间应该为源点到终点的最大路径长度(这里的路径长度是指该路径上的各个活动所需时间之和)。具有最大路径长度的路径称为关键路径。关键路径上的活动称为关键活动。关键路径长度是整个工程所需的最短工期。这就是说,要缩短整个工期,必须加快关键活动的进度。

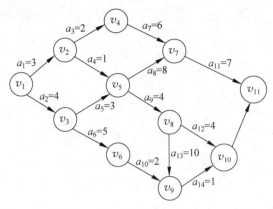

图 5-50　一个 AOE 网实例

利用 AOE 网进行工程管理时需要解决的主要问题如下。

- 计算完成整个工程的最短路径。
- 确定关键路径,以找出哪些活动是影响工程进度的关键。

3. 关键路径的确定

为了在 AOE 网中找出关键路径,需要定义几个参量,并且说明其计算方法。

1) 事件的最早发生时间 $\mathrm{ve}[k]$

$\mathrm{ve}[k]$ 指从源点到某顶点的最大路径长度代表的时间,计算方法如下:

$$\begin{cases} \mathrm{ve}[1] = 0 \\ \mathrm{ve}[k] = \mathrm{Max}\{\mathrm{ve}[j] + \mathrm{dut}(\langle v_j, v_k \rangle)\} \langle v_j, v_k \rangle \in p[k] \end{cases} \quad (5\text{-}4)$$

其中,$p[k]$ 表示所有到达 v_k 的有向边的集合;$\mathrm{dut}(\langle v_j, v_k \rangle)$ 为有向边 $\langle v_j, v_k \rangle$ 上的权值。

2) 事件的最迟发生时间 $\mathrm{vl}[k]$

$\mathrm{vl}[k]$ 是指在不推迟整个工期的前提下,事件 v_k 允许的最晚发生时间,计算方法如下:

$$\begin{cases} \mathrm{vl}[n] = \mathrm{ve}[n] \\ \mathrm{vl}[k] = \mathrm{Min}\{\mathrm{vl}[j] - \mathrm{dut}(\langle v_k, v_j \rangle)\} \langle v_j, v_k \rangle \in s[k] \end{cases} \quad (5\text{-}5)$$

其中,$s[k]$ 为所有从 v_k 发出的有向边的集合。

3) 活动 a_i 的最早开始时间 $e[i]$

若活动 a_i 由弧 $\langle v_k, v_j \rangle$ 表示,根据 AOE 网的性质,只有事件 v_k 发生了,活动 a_i 才能开始。也就是说,活动 a_i 的最早开始时间应等于事件 v_k 的最早发生时间。因此,有:

$$e[i] = \mathrm{ve}[k] \quad (5\text{-}6)$$

4) 活动 a_i 的最晚开始时间 $l[i]$

活动 a_i 的最晚开始时间指在不推迟整个工程完成日期的前提下,必须开始的最晚时间。若由弧 $\langle v_k, v_j \rangle$ 表示,则 a_i 的最晚开始时间要保证事件 v_j 的最迟发生时间不拖后。因此,应该有:

$$l[i] = \mathrm{vl}[j] - \mathrm{dut}(\langle v_k, v_j \rangle) \quad (5\text{-}7)$$

根据每个活动的最早开始时间 $e[i]$ 和最晚开始时间 $l[i]$ 就可以判定该活动是否为关键活动,也就是那些 $l[i] = e[i]$ 的活动就是关键活动,而那些 $l[i] > e[i]$ 的活动则不是关键活动,$l[i] - e[i]$ 的值为活动的时间余量。关键活动确定之后,关键活动所在的路径就是关键路径。

以图 5-50 所示的 AOE 网为例,求出上述参量,来确定该网的关键活动和关键路径。

首先,按照式(5-4)求事件的最早发生时间 $ve[k]$。

$ve(1)=0$

$ve(5)=\max\{ve(2)+1,ve(3)+3\}=7$

$ve(2)=3$

$ve(6)=ve(3)+5=9$

$ve(3)=4$

$ve(7)=\max\{ve(4)+6,ve(5)+8\}=15$

$ve(4)=ve(2)+2=5$

$ve(8)=ve(5)+4=11$

$ve(9)=\max\{ve(8)+10,ve(6)+2\}=21$

$ve(11)=\max\{ve(7)+7,ve(10)+6\}=28$

$ve(10)=\max\{ve(8)+4,ve(9)+1\}=22$

其次,按照式(5-5)求事件的最迟发生时间 $vl[k]$。

$vl(11)=ve(11)=28$

$vl(5)=\min\{vl(7)-8,vl(8)-4\}=7$

$vl(10)=vl(11)-6=22$

$vl(4)=vl(7)-6=15$

$vl(9)=vl(10)-1=21$

$vl(3)=\min\{vl(5)-3,vl(6)-5\}=4$

$vl(8)=\min\{vl(10)-4,vl(9)-10\}=11$

$vl(2)=\min\{vl(4)-2,vl(5)-1\}=6$

$vl(7)=vl(11)-7=21$

$vl(1)=\min\{vl(2)-3,vl(3)-4\}=0$

$vl(6)=vl(9)-2=19$

再按照式(5-6)和式(5-7)求活动 a_i 的最早开始时间 $e[i]$ 和最晚开始时间 $l[i]$。

a_1	$e(1)=ve(1)=0$	$l(1)=vl(2)-3=3$
a_2	$e(2)=ve(1)=0$	$l(2)=vl(3)-4=0$
a_3	$e(3)=ve(2)=3$	$l(3)=vl(4)-2=13$
a_4	$e(4)=ve(2)=3$	$l(4)=vl(5)-1=6$
a_5	$e(5)=ve(3)=4$	$l(5)=vl(5)-3=4$
a_6	$e(6)=ve(3)=4$	$l(6)=vl(6)-5=14$
a_7	$e(7)=ve(4)=5$	$l(7)=vl(7)-6=15$
a_8	$e(8)=ve(5)=7$	$l(8)=vl(7)-8=13$
a_9	$e(9)=ve(5)=7$	$l(9)=vl(8)-4=7$
a_{10}	$e(10)=ve(6)=9$	$l(10)=vl(9)-2=19$
a_{11}	$e(11)=ve(7)=15$	$l(11)=vl(11)-7=21$
a_{12}	$e(12)=ve(8)=11$	$l(12)=vl(10)-4=18$
a_{13}	$e(13)=ve(8)=11$	$l(13)=vl(9)-10=11$
a_{14}	$e(14)=ve(9)=21$	$l(14)=vl(10)-1=21$
a_{15}	$e(15)=ve(10)=22$	$l(15)=vl(11)-6=22$

最后,比较 $e[i]$ 和 $l[i]$ 的值可判断出 a_2、a_5、a_9、a_{13}、a_{14}、a_{15} 是关键活动,关键路径如图 5-51 所示。

由上述方法得到求关键路径的算法步骤如下。

(1) 输入 e 条弧 $<j,k>$,建立 AOE 网的存储结构。

(2) 从源点 v_0 出发,令 $ve[0]=0$,按拓扑有序求其余各顶点的最早发生时间 $ve[i]$($1\leqslant i\leqslant n-1$)。如果得到的拓扑有序序列中顶点的个数小于网中的顶点数 n,则说明网中存在环,不能求关键路径,算法终止;否则执行步骤(3)。

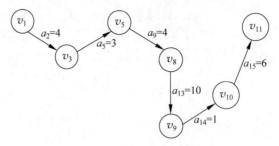

图 5-51　一个关键路径实例

(3) 从汇点 v_n 出发,令 vl[$n-1$]=ve[$n-1$],按逆拓扑有序求其余各顶点的最迟发生时间 vl[i]($n-2 \geqslant i \geqslant 2$)。

(4) 根据各顶点的 ve 和 vl 值,求每条弧 s 的最早开始时间 $e(s)$ 和最迟开始时间 $l(s)$。若某条弧满足条件 $e(s)=l(s)$,则为关键活动。

【例 5-24】【北京大学 1996】试列出图 5-52 中全部可能的拓扑排序序列。

【问题分析】　按以下算法可以得到所有拓扑排序序列。

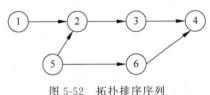

图 5-52　拓扑排序序列

(1) 在有向图中选一个没有前趋的顶点,并输出。

(2) 在图中删除该顶点相关的边。

(3) 重复(1)(2)。

答案如下:

| 1 5 2 3 6 4 | 1 5 2 6 3 4 | 1 5 6 2 3 4 | 5 6 1 2 3 4 |
| 5 1 6 2 3 4 | 5 1 2 6 3 4 | 5 1 2 3 6 4 | |

【例 5-25】【清华大学 2000】请回答下列有关图的一些问题:

(1) 有 n 个顶点的有向强连通图最多有多少条边?最少有多少条边?

(2) 表示一个有 1000 个顶点、1000 条边的有向图的邻接矩阵有多少个矩阵元素?是否为稀疏矩阵?

(3) 对于一个有向图,不用拓扑排序,如何判断图中是否存在环?

【问题分析】　有 n 个顶点的有向强连通图最多有 $n(n-1)$ 条边;最少有 n 条边,如 n 个顶点依次首尾相接构成一个环。

稀疏矩阵:假若值相同的元素或者零元素在矩阵中的分布有一定的规律,则称此类矩阵为特殊矩阵;反之,称为稀疏矩阵。因此,在本例题中,虽然一个有 1000 个顶点及 1000 条边的有向图在邻接矩阵中的非零元素非常少,但如果这些非零元素的分布有一定规律,则这一矩阵并不一定是稀疏矩阵;邻接矩阵中有 1000^2 个矩阵元素。

除了拓扑排序算法,还可以用 DFS 遍历方法判断一个有向图是否存在环。简单地适用于无向图的 DFS 遍历方法并不能断定有向图中一定存在环,因为对有向图来说,DFS 遍历中遇到的回边有可能是指向深度优先森林中另一棵生成树上顶点的弧。如果从有向图上某个顶点 v 出发遍历,在 dfs(v)结束之前出现一条从顶点 u 到顶点 v 的回边,由于 u 在生成树上是 v 的子孙,则有向图中必定存在包含顶点 v 和顶点 u 的环。

5.13.3 范例分析

1.【NOIP2010 提高组】关于拓扑排序,下面说法正确的是( )。
   A. 所有连通的有向图都可以实现拓扑排序
   B. 对同一个图而言,拓扑排序的结果是唯一的
   C. 拓扑排序中入度为 0 的结点总会排在入度大于 0 的结点的前面
   D. 拓扑排序结果序列中的第一个结点一定是入度为 0 的结点

【问题分析】 拓扑排序是针对有向无环图进行的,其排序结果不唯一,排序进行过程中初始入度不为 0 的顶点随时有可能被修正为入度为 0,所以若初始入度为 0 的顶点有多个,则完全有可能使初始入度非 0 的顶点先于初始入度为 0 的顶点出现。排序总是从入度为 0 的顶点开始的,故 D 正确。

2.【NOIP2004 提高组】某大学计算机专业的必修课及其先修课程如表 5-6 所示。

表 5-6 计算机专业的必修课及其先修课程关系

课程代号	C0	C1	C2	C3	C4	C5	C6	C7
课程名称	高等数学	程序设计语言	离散数学	数据结构	编译技术	操作系统	普通物理	计算机原理
先修课程			C0、C1	C1、C2	C3	C3、C7	C0	C6

请判断下列课程安排方案合理的是( )。
   A. C0,C1,C2,C3,C4,C5,C6,C7 B. C0,C1,C2,C3,C4,C6,C7,C5
   C. C0,C1,C6,C7,C2,C3,C4,C5   D. C0,C1,C6,C7,C5,C2,C3,C4
   E. C0,C1,C2,C3,C6,C7,C5,C4

【问题分析】 拓扑排序题,为直观一点,可先画课程制约关系图,然后检查生成的拓扑序列是否合理即可。答案:BCE。

3.【NOIP2009 提高组】拓扑排序是指将有向无环图 G 中的所有顶点排成一个线性序列,使得图中任意一对顶点 u 和 v,若 $<u,v>\in E(G)$,则 u 在线性序列中出现在 v 之前,这样的线性序列称为拓扑序列。如图 5-53 所示的有向无环图,对其顶点进行拓扑排序,则所有可能的拓扑序列的个数为_____。

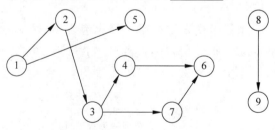

图 5-53 有向无环图 G

【问题分析】 本题用两种方法来讨论。

方法一:先考虑前 7 个点,显然 1 在最前面,6 必然在最后面,然后考虑另外 5 个点,5 位置任意,3 在 2 之后,4 和 7 在 3 之后,那么就有 2347 和 2374 两种情况,对于每种情况,5 有 6 个位置,故共有 12 种情况;然后考虑 8 和 9,9 要在 8 后面,则对于每一种情况有

$C_9^2=36$ 种情况,根据乘法原理有 ans$=12\times36=432$。

方法二:①整个图可以分两部分看,8→9,1→7,8,9 次序是唯一,即相对次序固定,8 在 9 前,但 8,9 可以出现在另一部分所得序列的任意位置上。8 和 9 的具体位置可以是相邻的,也可以是分开的,所以有 $C_8^1+C_8^2=8+28=36$ 种可能;②模拟拓扑排序的过程,把 1 删掉后,5 有 6 个插入位置,即 C_6^1;3 删掉后,4 和 7 为二选一,即 C_2^1;③根据乘法原理有 ans$=(C_8^1+C_8^2)\times C_6^1\times C_2^1=432$。

5.14 排　　序

排序(Sorting)是计算机程序设计中的一种重要操作,其功能是对一个数据元素集合或序列重新排列成一个按数据元素某个项值有序的序列。作为排序依据的数据项称为"排序码",也即数据元素的关键码。如对任意的数据元素序列使用某个排序方法,对它按关键码进行排序,若相同关键码元素间的相对位置关系在排序前与排序后保持一致,则称此排序方法是稳定的;而不能保持一致的排序方法则称为不稳定的。

5.14.1　基于顺序比较的简单排序

1. 插入排序

设有 n 条记录,存放在数组 r 中,重新安排记录在数组中的存放顺序,使得按关键码有序。插入排序过程简单地说就是逐一地将待排序数据元素插入一个已经有序的序列中。

```
① r[0] = r[j];                    //r[j]送 r[0]中,使 r[j]为待插入记录空位
   i = j - 1;                     //从第 i 条记录向前测试插入位置,用 r[0]为辅助单元,可免去测试 i<1
② 若 r[0].key≥r[i].key,转④。      //插入位置确定
③ 若 r[0].key<r[i].key 时,
   r[i+1] = r[i];i = i-1;转②。    //调整待插入位置
④ r[i+1] = r[0];结束。            //存放待插入记录
```

为改进定位速度,可用折半插入排序,若要避免移动数据则可采用表插入排序。

2. 冒泡排序

冒泡排序方法:对 n 条记录的表进行第一趟冒泡排序,得到一个关键码最大的记录 $r[n]$,对 $n-1$ 条记录的表进行第二趟排序,再得到一个关键码最大的记录 $r[n-1]$,如此重复,直到得到 n 条记录按关键码有序的表。

```
① j = n;                        //从有 n 条记录的表开始
② 若 j<2,排序结束
③ i = 1;                        //第一趟冒泡,设置从第一条记录开始进行两两比较
④ 若 i≥j,第一趟冒泡结束,j = j-1;冒泡表的记录数 -1,转②
⑤ 比较 r[i].key 与 r[i+1].key,若 r[i].key≤r[i+1].key,不交换,转⑦
⑥ 当 r[i].key>r[i+1].key 时, r[i]↔r[i+1];    //将 r[i]与 r[i+1]交换
⑦ i = i+1; 调整对下两条记录进行两两比较,转④
```

3. 选择排序

选择排序简单地说就是每次从待排序序列中选取一个最小元素添加到有序序列的最

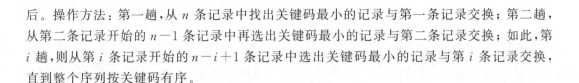

后。操作方法：第一趟，从 n 条记录中找出关键码最小的记录与第一条记录交换；第二趟，从第二条记录开始的 $n-1$ 条记录中再选出关键码最小的记录与第二条记录交换；如此，第 i 趟，则从第 i 条记录开始的 $n-i+1$ 条记录中选出关键码最小的记录与第 i 条记录交换，直到整个序列按关键码有序。

5.14.2　基于分治策略的排序

1. 快速排序

快速排序是通过比较关键码、交换记录，以某条记录为界（该记录称为支点），将待排序列分成两部分。其中，一部分所有记录的关键码大于或等于支点记录的关键码，另一部分所有记录的关键码小于支点记录的关键码。将待排序列按关键码以支点记录分成两部分的过程，称为一次划分。对各部分不断划分，直到整个序列按关键码有序。

一次划分方法：

设 $1 \leqslant p < q \leqslant n, r[p], r[p+1], \cdots, r[q]$ 为待排序列。

① low = p;high = q;　　　　　//设置两个搜索指针,low 是向后搜索指针,high 是向前搜索指针
　 r[0] = r[low];　　　　　　　//取第一条记录为支点记录,low 位置暂设为支点空位
② 若 low = high,支点空位确定,即为 low
　 r[low] = r[0];　　　　　　　//填入支点记录,一次划分结束
　 否则,low < high,搜索需要交换的记录,并交换之
③ 若 low < high 且 r[high].key ≥ r[0].key　　//从 high 所指位置向前搜索,至多到 low + 1 位置
　 high = high – 1;转③　　　//寻找 r[high].key < r[0].key
　 r[low] = r[high];　　　　　//找到 r[high].key < r[0].key,设置 high 为新支点位置
　　　　　　　　　　　　　　　//小于支点记录关键码的记录前移
④ 若 low < high 且 r[low].key < r[0].key　　//从 low 所指位置向后搜索,至多到 high – 1 位置
　 low = low + 1;转④　　　　//寻找 r[low].key ≥ r[0].key
　 r[high] = r[low];　　　　　//找到 r[low].key ≥ r[0].key,设置 low 为新支点位置
　　　　　　　　　　　　　　　//大于或等于支点记录关键码的记录后移
　 转②　　　　　　　　　　　//继续寻找支点空位

一次划分结束后,支点记录关键码将原记录划分为左边键值小于该点键值,右边键值大于或等于该点键值。然后递归地对左右两部分重新进行划分,最后可得排序的结果。

最坏情况为每次划分只得到一个子序列,时效为 $O(n^2)$。

快速排序通常被认为是在同数量级的排序方法中平均性能最好的（$O(n\log_2^n)$）。但若初始序列按关键码有序或基本有序时,快速排序反而会蜕化为冒泡排序。为此,通常以"三者取中法"来选取支点记录,即将排序区间的两个端点与中点三条记录关键码居中的调整为支点记录。快速排序是一个不稳定的排序方法。

考虑到快速排序是一个递归的过程,而递归的时空开销往往比较大,为此,在实际应用中,快速排序经常与简单的插入排序结合起来使用,即当问题规模比较大时,采用递归求解;而当划分子规模较小（$n_i \leqslant 20$）时,采用插入排序。实践证明,这样的综合是非常有效的。

2. 归并排序

归并排序是一种借助"归并"来进行排序的方法,所谓归并,是指两个或两个以上的有序序列合并成一个有序序列的过程。二路归并排序是最简单的一种归并排序方法。

二路归并排序的基本操作是将两个有序表合并为一个有序表。

设 $r[u\cdots t]$ 由两个有序子表 $r[u\cdots v-1]$ 和 $r[v\cdots t]$ 组成,两个子表的长度分别为 $v-u$、$t-v+1$。合并方法如下。

① i=u;j=v;k=u;　　　　　　　　　　　//置两个子表的起始下标及辅助数组的起始下标
② 若 i>v 或 j>t,转④　　　　　　　　//其中一个子表已合并完,比较选取结束
③ //选取 r[i]和 r[j]关键码较小的存入辅助数组 rf
　　a) 如果 r[i].key<r[j].key,rf[k]=r[i]; i++; k++; 转②
　　b) 否则,rf[k]=r[j];j++;k++;转②
④ //将尚未处理完的子表中元素存入 rf
　　a) 如果 i<v,将 r[i…v-1]存入 rf[k…t]　　//前一子表非空
　　b) 如果 j<=t,将 r[i…v]存入 rf[k…t]　　//后一子表非空
⑤ 合并结束。

1 个元素的表总是有序的。所以对 n 个元素的待排序列,每个元素可看成 1 个有序子表。对子表两两合并生成 $\lceil n/2 \rceil$ 个子表,所得子表除最后一个子表的长度可能为 1 外,其余子表的长度均为 2。再进行两两合并,直到生成 n 个元素按关键码有序的表。

归并排序需要一个与表等长的辅助元质数组空间,所以空间复杂度为 $O(n)$。对 n 个元素的表,将这 n 个元素看作叶结点,若将两两归并生成的子表看作它们的父结点,则归并过程对应由叶向根生成一棵二叉树的过程。所以归并趟数约等于二叉树的高度-1,即 $\log_2^n$,每趟归并需移动记录 n 次,故时间复杂度为 $O(n\log_2^n)$。

5.14.3　希尔排序

希尔排序又称缩小增量排序,是 1959 年由 D. L. Shell 提出来的,较前述几种插入排序方法有较大的改进。

希尔排序方法的步骤如下。

(1) 选择一个步长序列 $t_1,t_2,\cdots,t_k$,其中 $t_i>t_i+1,t_k=1$。

(2) 按步长序列个数 k,对序列进行 k 趟排序。

(3) 每趟排序根据对应的步长 t_i,将待排序列分割成若干长度为 m 的子序列,分别对各子表进行直接插入排序。仅步长因子为 1 时,整个序列作为一个表来处理,表长度即为整个序列的长度。

5.14.4　线性排序

前面讨论的排序方法均是基于比较的排序方法,有些还是基于相邻元素比较的排序方法,在排序方法中还有一类是基于数字本身的排序方法:计数排序、桶排序、基数排序。

1. 计数排序

计数排序的基本思想是对于序列中的每一元素 X,确定序列中小于 X 的元素个数(此处并非比较各元素的大小,而是通过对元素值的计数和计数值的累加来确定),从而直接确定 X 所在位置的方法。例如,如果输入序列中只有 17 个元素的值小于 X 的值,则 X 可以直接存放在输出序列的第 18 个位置上。当然,如果有多个元素具有相同的值时,不能将这些元素放在输出序列的同一个位置上,因此,上述方案还要作适当的修改。

2. 桶排序

输入数据 $A_1,A_2,\cdots,A_n$ 必须由小于 M 的正整数组成。这时的算法很简单:使用一个

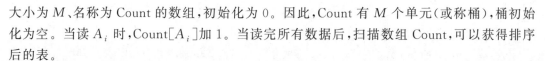

大小为 M、名称为 Count 的数组,初始化为 0。因此,Count 有 M 个单元(或称桶),桶初始化为空。当读 A_i 时,Count$[A_i]$ 加 1。当读完所有数据后,扫描数组 Count,可以获得排序后的表。

桶排序的思想就是把区间 $[0,1]$ 划分成 n 个相同大小的子区间,或称桶,然后将 n 个输入数分布到各个桶中去。因为输入数据均匀分布在 $[0,1]$ 上,所以一般不会有很多数落在一个桶中的情况。先对各个桶中的数进行排序,然后按次序把各桶中的元素列出来,即可得到结果。

3. 基数排序

基数排序是一种借助于多关键码排序的思想,将单关键码按基数分成"多关键码"进行排序的方法。

设 n 个元素的待排序列包含 d 个关键码 $\{k^1, k^2, \cdots, k^d\}$,则称序列对关键码 $\{k^1, k^2, \cdots, k^d\}$ 有序是指对于序列中任意两个记录 $r[i]$ 和 $r[j]$ $(1 \leqslant i \leqslant j \leqslant n)$ 都满足下列有序关系:

$$(k_i^1, k_i^2, \cdots, k_i^d)(k_j^1, k_j^2, \cdots, k_j^d)$$

其中,k^1 称为最主位关键码,k^d 称为最次位关键码。

多关键码排序通常有以下两种方法。

(1) **最高位优先**(Most Significant Digit first)法,简称 MSD 法:先按 k^1 排序分组,同一组中记录,关键码 k^1 相等,再对各组按 k^2 排序分组,之后,对后面的关键码继续这样的排序分组,直到按最次位关键码 k^d 排序分组后,再将各组连接起来,便得到一个有序序列。

(2) **最低位优先**(Least Significant Digit first)法,简称 LSD 法:先从 k^d 开始排序,再对 k^{d-1} 进行排序,依次重复,直到对 k^1 排序后便得到一个有序序列。

基数排序的核心思想就是对多关键码采用桶式排序。

5.14.5　各种排序算法的比较

前面几节已经对几种常用的排序算法进行了简单的介绍,但这些方法各有利弊,难以确定哪个好哪个坏。表 5-7 从各算法的时间复杂度、辅助存储空间方面对各个排序算法进行了总结。

表 5-7　常用排序算法的比较

排序算法	平均时间复杂度	最坏情况下的时间复杂度	辅助存储空间
简单排序	$O(n^2)$	$O(n^2)$	$O(1)$
希尔排序	$O(n^{3/2})$	$O(n^{3/2})$	$O(1)$
快速排序	$O(n\log n)$	$O(n^2)$	$O(\log n)$
堆排序	$O(n\log n)$	$O(n\log n)$	$O(1)$
归并排序	$O(n\log n)$	$O(n\log n)$	$O(n)$
基数排序	$O(d(n+rd))$	$O(d(n+rd))$	$O(rd)$

虽然不能绝对地说哪个算法好,但经过简单比较和综合分析,还是可以得出以下结论。

(1) 就平均时间复杂度而言,快速排序、堆排序和归并排序从理论上来说,是所有排序算法中最好的,但在最坏情况下,快速排序的时间复杂度为 $O(n^2)$,不如堆排序和归并排序

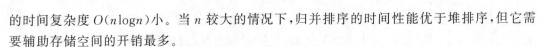
的时间复杂度 $O(nlogn)$ 小。当 n 较大的情况下,归并排序的时间性能优于堆排序,但它需要辅助存储空间的开销最多。

(2) 表 5-7 中的"简单排序"包括插入排序、冒泡排序和选择排序,其中以直接的插入排序最为简单,当记录中的序列基本有序或问题规模较小时,它是最佳的排序方法,因此,常将它和其他的排序算法,如快速排序、归并排序等结合起来使用。

(3) 从排序算法的稳定性来说,一般而言,基于相邻关键字比较的排序算法是稳定的,否则就不能保证稳定性。稳定排序算法有归并排序、基数排序、插入排序、选择排序等;不稳定排序算法有快速排序、堆排序、希尔排序等。在此,有不同看法的是选择排序,因为找到最小元素后实现的是直接与待排序列中的首元素交换,若是移位就不一样了,所以这是算法实现手段的问题,非算法本身的问题。

其实,每种算法都有各自的特点,没有绝对的最优。在解决具体问题时,应根据实际情况来选择排序算法,也可以将不同的几个算法结合起来运用。

【例 5-26】【NOIP2005 提高组】将数组 $\{32,74,25,53,28,43,86,47\}$ 中的元素按从小到大的顺序排列,每次可以交换任意两个元素,最少需要交换_____次。

方法一:用直接选择排序算法

0. $\{32,74,25,53,28,43,86,47\}$
1. $\{25,74,32,53,28,43,86,47\}$
2. $\{25,28,32,53,74,43,86,47\}$
3. $\{25,28,32,43,74,53,86,47\}$
4. $\{25,28,32,43,47,53,86,74\}$
5. $\{25,28,32,43,47,53,74,86\}$

最少 5 次,其中 74 交换两次。

方法二:首先进行位置排序,并给每个数字标上序号。

$\{32,74,25,53,28,43,86,47\}$

$\{3,7,1,6,2,4,8,5\}$ 与标准序列 $\{1,2,3,4,5,6,7,8\}$ 比较,找出其中所有的"环",这里的环就指它们互相交换之后能成为标准序列的最小集合。例如,这里的 $\{1,3\}$ 是一个环,$\{7,2,5,8\}$ 是一个环。

具体找法也很简单,首先确定一个不在已找出环中的数字,例如,第一次从 3 开始,3 对应标准序列的 1,再找 1 对应标准序列 3,3 回到了开始的数字,那么,第一个环就是 $\{1,3\}$。第二次从 7 开始,7→2,2→5,5→8,8→7,所以,第二个环是 $\{7,2,5,8\}$,第三个环是 $\{6,4\}$。交换的次数=(排序元素个数-环数)=8-3=5。

【例 5-27】【NOIP2006 提高组】将 5 个数的序列进行排序,不论原先的顺序如何,最少都可以通过( )次比较,完成从小到大的排序。

  A. 6   B. 7   C. 8   D. 9   E. 10

【问题分析】 本例题确实有难度,先简单分析一下,按常规思路,内部排序的时间复杂度应该是 $nlog_2^n$,以 $n=5$ 来分析也是至少需要进行 10 次比较,可是简单的排序算法也就进行 10 次比较,这与最少的愿望无法一致,因此,有人联想到二叉排序树,是的,正常情况下二叉排序树是可以满足进行 7 次比较就完成对 5 个结点的排序,前提是其结构要平衡(或称均衡),但如果是特殊情况,序列已有序(或称基本有序),那还是要比较 10 次的。有个概念必

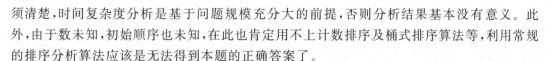

须清楚,时间复杂度分析是基于问题规模充分大的前提,否则分析结果基本没有意义。此外,由于数未知,初始顺序也未知,在此也肯定用不上计数排序及桶式排序算法等,利用常规的排序分析算法应该是无法得到本题的正确答案了。

方法一：利用序列求解法,即求解排序结果。

由于 $n=5$,规模比较小,因此,可以用判定树的思路来求解对5个数的排序问题。设5个数分别用 a、b、c、d、e 来表示。

第一次比较 a、b,两种结果,不妨设 a>b；

第二次比较 c、d,两种结果,不妨设 c>d。

第三次比较 a、c,两种结果,我们分别进行讨论。

若 a>c,则有：a>c>d (a>b&c>d)；

若 a<c,则有：c>a>b (a>b&c>d)。

由于结构是对称的,我们再选定一个分支往下分析,考虑 a>b 且 a>c>d 的情况。

第四次比较 c、e(取中间数 c 与 e 进行比较,可以减少比较次数),还是两种情况。

若 e>c,第五次比较 e、a,若 e>a,则有：e>a>c>d (e>c&e>a)；

若 e<a,则有：a>e>c>d(e>c&e<a)。

若 e<c,第五次比较 e、d,若 e>d,则有：a>c>e>d；

若 e<d,则有：a>c>d>e。

情况1：e>a>c>d。

第五次比较 b、c,若 b>c 则：e>a>b>c>d。

若 b<c,第七次比较 b、d,若 b>d,则有：e>a>c>b>d；

若 b<d,则有：e>a>c>d>b。

情况2：a>e>c>d。

第六次,b 与 c 比较,若 b>c,第七次比较 b、e,若 b>e,则：a>b>e>c>d；

若 b<e,则：a>e>b>c>d。

若 b<c,第七次比较 b、d,若 b>d,则有：a>e>c>b>d；

若 b<d,则有：a>e>c>d>b。

同理可得情况3、情况4也只需7次比较。

情况3：a>c>e>d(方法同情况2继续第六、第七次)。

情况4：a>c>d>e(方法同情况2继续第六、第七次)。

对于其他不等式组合情况,如(a>b)&(c<d)、(a<b)&(c>d)、(a<b)&(c<d)等也雷同。

方法二：判定树深度法。

本例题毕竟是个选择题,没要求求出具体序列,所以只需求出几次比较便能确定5个数的序列即可。熟悉判定树的读者对此不会觉得有困难。

由方法一可知,三次比较后就可得到若干组参与比较的数中其中三个元素大小的相对顺序,后续从中间开始往两边走,增加两次比较后就可确定四个元素大小的相对顺序,同理再增加两次就可得本题的解。

判定树不是二叉树,若本题考虑相等的情况也一样判定,但它就是一棵三叉树。

方法三：数学法。

考虑 5 个数的全排列有 120(种)，而每次比较能得到大于或小于两种情况，所以 n 次比较即可得到 2^n 种情况，所以要区分 120 种情况至少需要满足 $2^n > 120$，$2^7 = 128 > 120$，所以需要比较 7 次。数学方法很重要，而且往往是最简单的。

5.14.6　范例分析

1.【NOIP2006 普及组】在下列各种排序算法中，不是以"比较"作为主要操作的算法是(　　)。

    A. 选择排序　　　　B. 冒泡排序　　　　C. 插入排序　　　　D. 基数排序

【问题分析】　基数排序是一种多关键码排序方法，是以关键码中每位的键值为依据的桶式排序方法，其他几个都是以比较为主要操作，而且是基于相邻元素比较的排序方法。答案：D。

2.【NOIP2011 提高组】应用快速排序的分治思想，可以实现一个求第 K 大数的程序。假定不考虑极端的最坏情况，理论上可以实现的最低的算法时间复杂度为(　　)。

    A. $O(n^2)$　　　　B. $O(n\log n)$　　　　C. $O(n)$　　　　D. $O(1)$

【问题分析】　快排的时间复杂度是 $O(n\log n)$，利用快速排序的思想，从数组 S 中随机找出一个元素 X，把数组分为两部分：S_a 和 S_b。S_a 中的元素大于或等于 X，S_b 中元素小于 X。这时有两种情况：

(1) S_a 中元素的个数小于 k，则 S_b 中的第 $k - |S_a|$ 个元素即为第 k 大数。

(2) S_a 中元素的个数大于或等于 k，则返回 S_a 中的第 k 大数。时间复杂度近似为 $O(n)$。

答案：C。

3.【NOIP2011 提高组】体育课的铃声响了，同学们都陆续地奔向操场，按老师的要求从高到矮站成一排。每名同学按顺序来到操场时，都从排尾走到排头，找到第一个比自己高的同学，并站在他的后面。这种站队的方法类似于(　　)算法。

    A. 快速排序　　　　B. 插入排序　　　　C. 冒泡排序　　　　D. 归并排序

【问题分析】　此题考查读者对各种排序思想的掌握。

快速排序是对冒泡排序的一种改进。它的基本思想是：通过一趟排序将要排序的数据划分成独立的两部分，且其中一部分的所有数据都比另外一部分的所有数据都要小，递归地重复该过程直至整个数据变成有序序列。

插入排序的基本思想：每次将一个待排序的记录按其关键字的大小插入前面已经排好序的子文件的适当位置，直到全部的记录插入完成为止。

冒泡排序的基本思想：根据轻气泡不能在重气泡之下的原则，不断使小数(轻者)向上"飘浮"。如此反复进行，直到全部有序为止。

归并排序(Merge Sort)是利用"归并"技术进行排序的。归并是指将若干已排序的子文件合并成一个有序的文件。两路归并算法的基本思路：将两个有序的子文件进行合并，直至全部有序。

答案：B。

4.【NOIP2012 普及组】使用冒泡排序对序列进行升序排列，每执行一次交换操作系统将会减少一个逆序对，因此序列 5、4、3、2、1 需要执行(　　)次操作，才能完成冒泡排序。

A. 0　　　　　　　B. 5　　　　　　　C. 10　　　　　　　D. 15

【分析】　(5 4)(5 3)(5 2)(5 1)需要执行 4 次操作,同理 4 需要执行 3 次操作,3 需要执行 2 次操作,2 需要执行 1 次操作,所以总的次数为 1+2+3+4=10 次。答案:C。

5.【NOIP2012 提高组】如果不在快速排序中引入随机化,有可能导致的后果是( )。

　　A. 数组访问越界　　　　　　　　B. 陷入死循环
　　C. 排序结果错误　　　　　　　　D. 排序时间退化为平方级

【分析】　在快速排序的每次划分中引入随机化是期望能将待排序的数据元素划分为两个元素个数基本均衡的两部分,这样划分的效果才好,如果不是这样,每次划分都是一部分有很多元素而另一部分有很少元素,则划分的意义就失去了,从而会使时间代价退化为简单排序的状况。但即便是划分不均衡,通常也不至于出现 A、B、C 选项的情况。答案:D。

6.【NOIP2014 普及组】设有 100 个数据元素,采用折半搜索时,最大比较次数为( )。

　　A. 6　　　　　　　B. 7　　　　　　　C. 8　　　　　　　D. 10

【分析】　二分查找,每次能将搜索区间的范围缩小为原来的一半。故有:$100 \rightarrow 50 \rightarrow 25 \rightarrow 13 \rightarrow 7 \rightarrow 4 \rightarrow 2 \rightarrow 1$,所以最大比较次数为 7 次。答案:B。

7.【NOIP2014 提高组】同时查找 $2n$ 个数中的最大值和最小值,最少比较次数为( )。

　　A. $3(n-2)/2$　　　B. $4n-2$　　　C. $3n-2$　　　D. $2n-2$

【分析】　①首先取前两个数进行比较,大的为 max,小的为 min,比较次数为 1 次;②每次取两个数,先比较这两个数的大小,然后大的和 max 比,小的和 min 比,每次需比较 3 次;③重复步骤②$n-1$ 次,所以总的比较次数为 $3(n-1)+1=3n-2$ 次。答案:C。

8.【NOIP2013 普及组】完善程序:(序列重排)全局数组变量 a 的定义如下:

```
const int SIZE = 100;
int a[SIZE], n;
```

它记录着一个长度为 n 的序列 $a[1], a[2], \cdots, a[n]$。

现在需要一个函数,以整数 $p(1 \leqslant p \leqslant n)$ 为参数,实现如下功能:将序列 a 的前 p 个数与后 $n-p$ 个数对调,且不改变这 p 个数(或 $n-p$ 个数)之间的相对位置。例如,长度为 5 的序列 1、2、3、4、5,当 $p=2$ 时重排结果为 3、4、5、1、2。

有一种朴素的算法可以实现这一需求,其时间复杂度为 $O(n)$、空间复杂度为 $O(n)$:

```
void swap1(int p)
{
    int i, j, b[SIZE];
    for(i = 1; i <= p; i++)
    {
        b[(1)] = a[i];
    }
    for(i = p+1; i <= n; i++)
    {
        b[i-p] = (2);
    }
```

```
    for(i = 1; i < = (3);i++)
    {
        a[i] = b[i];
    }
}
```

也可以用时间换空间,使用时间复杂度为 $O(n^2)$、空间复杂度为 $O(1)$ 的算法:

```
void swap2(int p)
{
    int i, j, temp;
    for(i = p + 1; i < = n; i++)
    {
        temp = a[i];
        for(j = i; j > = (4);j--)
        {
            a[j] = a[j - 1];
        }
        (5) = temp;
    }
}
```

【分析】 增加辅助数组 b,用以存放需要交换的数据。分析样例可知,本题算法的本质就是将前 p 个数据元素整体搬到数组的最后,明白这一点,就容易理解 swap1、swap2 了。

swap1 的基本思想是先把数组 a 的前 p 个数存入数组 b 的最后 p 个单元中;再将数组 a 的其他元素存入数组 b 的 $1\sim n-p$ 号单元中;最后将 b 的内容复制到 a。因此有:(1)n$-$p$+$i;(2)a[i];(3)n。

swap2 用时间换空间,采用的是将前 a[1]$\sim$a[p]共 p 个数整体逐位地往后移动,第一次移动以后的结果是 a[p+1]a[1]a[2]$\cdots$a[p]a[p+2]$\cdots$a[n],所以移动前需保存要被覆盖位置的数据,如第一次的 a[p+1],明白这一点,swap2 也就明白了。所以有:(4)i $-$p$+$1;(5)a[i$-$p]。

9.【NOIP2008 提高组】完善程序:(找第 k 大的数)给定一个长度为 1000000 的无序正整数序列,以及另一个数 $n(1\leqslant n\leqslant 1000000)$,接下来以类似快速排序的方法找到序列中第 n 大的数(关于第 n 大的数:例如序列$\{1,2,3,4,5,6\}$中第 3 大的数是 4)。

```
# include < iostream >
using namespace std;

int a[1000001],n,ans = - 1;
void swap(int &a,int &b)
{
    int c;
    c = a; a = b;   b = c;
}

int FindKth(int left, int right, int n)
{
    int tmp,value,i,j;
    if(left == right) return left;
```

```
        tmp = rand() % (right - left) + left;
        swap(a[tmp],a[left]);
        value =   (1)  ;
        i = left;
        j = right;
        while(i < j)
        {
            while(i < j&&  (2)  ) j -- ;
            if(i < j)
            {
                a[i] = a[j];
                i ++;
            }
            else
            {
                break;
            }
            while(i < j&&  (3)  )
            {
                i ++;
            }
            if(i < j)
            {
                a[j] = a[i];
                j -- ;
            }
            else
            {
                break;
            }
        }
         (4)
        if(i < n)
        {
            return  FindKth(  (5)  );
        }
        if(i > n)
        {
            return  (6)
        }
        return i;
}
int main()
{
    int i;
    int m = 1000000;
    for(i = 1; i <= m; i ++)
    {
        cin >> a[i];
    }
    cin >> n;
    ans = FindKth(1,m,n);
    cout << a[ans];
    return 0;
}
```

【分析】 快速排序是信息学奥赛中常考的内容,其主要特点就是每次都能围绕一个轴值(pivot)将数据元素分成三部分,左边为小于轴值部分的数据元素,中间是轴值,右边是大于轴值部分的数据元素,由此并可以知道轴值左、右两边分别由多少个元素组成,即左边为小于轴值的元素个数,右边则为大于轴值的元素个数。通常,如下特别强调,在介绍快速排序时默认数据元素都是按从小到大排序的,顺着这个思路下来,递归程序求出的位置 i,其实是第 k 小元素的位置。本题要求的是第 k 大数,且给出的代码中返回的仍是 i 的位置,为此,需要将本题的排序思路调整为按照从大到小排序才行。

轴值元素的位置本题采用的是随机数法。此外,正常的快速排序是左右分别递归,而本题只需要选择在符合要求的一边单向递归即可。

搞清楚以上问题,本题就没什么困难了,其参考答案如下:

(1) a[left];(2)a[j]<value(或 a[j]<= value);(3)a[i]>value (或 a[i]>= value);
(4)a[i]=value;(5)i+1,right,n;(6)FindKth(left,i−1,n);

练 习 题

1. 【NOIP2009 普及组】排序算法是稳定的意思是关键码相同的记录,其排序的前后相对位置不发生改变,下列排序算法不稳定的是(　　)。
   A. 冒泡排序　　　B. 插入排序　　　C. 归并排序　　　D. 快速排序

2. 【NOIP2009 提高组】快速排序平均情况和最坏情况下的算法时间复杂度分别为(　　)。
   A. 平均情况:$O(n\log_2^n)$。最坏情况:$O(n^2)$
   B. 平均情况:$O(n)$。最坏情况:$O(n^2)$
   C. 平均情况:$O(n)$。最坏情况:$O(n\log_2^n)$
   D. 平均情况:$O(\log_2^n)$。最坏情况:$O(n^2)$

3. 【NOIP2001】若已知一个栈的入栈顺序是 $1,2,3,\cdots,n$,其输出序列为 $p_1,p_2,p_3,\cdots,p_n$,若 p_1 是 n,则 p_i 是 (　　)。
   A. i　　　　　B. $n-1$　　　　　C. $n-i+1$　　　　　D. 不确定

4. 【NOIP2001 提高组】以下不是栈的基本运算的是(　　)。
   A. 删除栈顶元素　　　　　　　B. 删除栈底元素
   C. 判断栈是否为空　　　　　　D. 将栈置为空栈

5. 【NOIP2002 提高组】设栈 S 和队列 Q 的初始状态为空,元素 e1、e2、e3、e4、e5、e6 依次通过栈 S,一个元素出栈后即进入队列 Q,若出队的顺序为 e2、e4、e3、e6、e5、e1,则栈 S 的容量至少应该为(　　)。
   A. 2　　　　　B. 3　　　　　C. 4　　　　　D. 5

6. 【NOIP2009 提高组】排序算法是稳定的意思是关键码相同的记录排序前后相对位置不发生改变,下列排序算法是稳定的是(　　)。
   A. 插入排序　　　B. 基数排序　　　C. 归并排序　　　D. 冒泡排序

7. 【NOIP2010 普及组】基于比较的排序时间复杂度的下限是(　　),其中 n 表示待排序的元素个数。

    A. $\Theta(n)$ B. $\Theta(n\log n)$ C. $\Theta(\log n)$ D. $\Theta(n^2)$

8. 【NOIP2010 提高组】原地排序是指在排序过程中(除了存储待排序元素以外的)辅助空间的大小与数据规模无关的排序算法。以下属于原地排序的有(　　)。

    A. 冒泡排序   B. 插入排序   C. 基数排序   D. 选择排序

9. 【NOIP2013 普及组】(　　)的平均时间复杂度为 $O(n\log n)$,其中 n 是待排序的元素个数。

    A. 快速排序   B. 插入排序   C. 冒泡排序   D. 基数排序

10. 【NOIP2013 提高组】(　　)的平均时间复杂度为 $O(n\log n)$,其中 n 是待排序的元素个数。

    A. 快速排序   B. 插入排序   C. 冒泡排序   D. 归并排序

11. 【NOIP2014 提高组】以下时间复杂度不是 $O(n^2)$ 的排序方法是(　　)。

    A. 插入排序   B. 归并排序   C. 冒泡排序   D. 选择排序

12. 【NOIP2010 普及组】如果树根算第1层,那么一棵 n 层的二叉树最多有(　　)个结点。

    A. 2^n-1 B. 2^n C. 2^n+1 D. 2^{n+1}

13. 【NOIP2010】一棵二叉树的前序遍历序列是 ABCDEFG,后序遍历序列是 CBFEGDA,则根结点的左子树的结点个数可能是(　　)。

    A. 0   B. 2   C. 4   D. 6

14. 【NOIP2008 普及组】完全二叉树共有 $2N-1$ 个结点,则它的叶结点数是(　　)。

    A. $N-1$ B. N C. $2N$ D. 2^N-1

15. 【NOIP2005 普及组】二叉树 T 的宽度优先遍历序列为 A B C D E F G H I,已知 A 是 C 的父结点,D 是 G 的父结点,F 是 I 的父结点,树中所有结点的最大深度为 3(根结点深度设为 0),可知 F 的父结点是(　　)。

    A. 无法确定   B. B   C. C   D. D

    E. E

16. 【NOIP2007 普及组】已知 7 个结点的二叉树的先根遍历是 1 2 4 5 6 3 7(数字为结点的编号,以下同),中根遍历是 4 2 6 5 1 7 3,则该二叉树的后根遍历是(　　)。

    A. 4 6 5 2 7 3 1   B. 4 6 5 2 1 3 7   C. 4 2 3 1 5 4 7   D. 4 6 5 3 1 7 2

17. 【NOIP2007 提高组】已知 7 个结点的二叉树的先根遍历是 1 2 4 5 6 3 7(数字为结点的编号,以下同),后根遍历是 4 6 5 2 7 3 1,则该二叉树的可能的中根遍历是(　　)。

    A. 4 2 6 5 1 7 3   B. 4 2 5 6 1 3 7   C. 4 2 3 1 5 4 7   D. 4 2 5 6 1 7 3

18. 【NOIP2008 普及组】二叉树 T,已知其先根遍历是 1 2 4 3 5 7 6(数字为结点的编号,以下同),中根遍历是 2 4 1 5 7 3 6,则该二叉树的后根遍历是(　　)。

    A. 4 2 5 7 6 3 1   B. 4 2 7 5 6 3 1   C. 7 4 2 5 6 3 1   D. 4 2 7 6 5 3 1

19. 【NOIP2008 提高组】二叉树 T,已知其先序遍历是 1 2 4 3 5 7 6(数字为结点编号,以下同),后序遍历是 4 2 7 5 6 3 1,则该二叉树的中根遍历是(　　)。

    A. 4 2 1 7 5 3 6   B. 2 4 1 7 5 3 6   C. 4 2 1 7 5 6 4   D. 2 4 1 5 7 3 6

20. 【NOIP2012 普及组】如果一棵二叉树的中序遍历是 BAC,那么它的先序遍历不可能是(　　)。

    A. ABC   B. CBA   C. ACB   D. BAC

21. 【NOIP2001 提高组】一棵二叉树的高度为 h,所有结点的度为 0,或为 2,则此树最少有(　　)个结点。

    A. 2^h-1 B. $2h-1$ C. $2h+1$ D. $h+1$

22. 【NOIP2002 提高组】按照二叉树的定义,具有三个结点的二叉树有(　　)种。

    A. 3   B. 4   C. 5   D. 6

23. 【NOIP2003 普及组】一棵高度为 h 的二叉树的最小元质数目是(　　)。

    A. $2h+1$ B. h C. $2h-1$ D. $2h$

    E. 2^h-1

24. 【NOIP2011 普及组】如果根结点的深度记为 1,则一棵恰有 2011 个叶结点的二叉树的深度最少是(　　)。

    A. 10   B. 11   C. 12   D. 13

25. 【中国科学技术大学 1996】设高为 h 的二叉树只有度为 0 和 2 的结点,则此类二叉树的结点数至少为(　　),至多为(　　)。

    A. $2h$ B. $2h-1$ C. $2h+1$ D. $h+1$

    E. 2^{h-1} F. 2^h-1 G. $2^{h+1}-1$ H. 2^h+1

26. 【NOIP2011 普及组】现有一段文言文,要通过二进制哈夫曼编码进行压缩。简单起见,假设这段文言文只由 4 个汉字"之""乎""者""也"组成,它们出现的次数分别为 700、600、300、200。那么,"也"字的编码长度是(　　)。

    A. 1   B. 2   C. 3   D. 4

27. 【NOIP2001 提高组】无向图 $G=(V,E)$,其中 $V=\{a,b,c,d,e,f\}$,$E=\{(a,b),(a,e),(a,c),(b,e),(c,f),(f,d),(e,d)\}$,对该图进行深度优先遍历,得到的顶点序列正确的是(　　)。

    A. a,b,e,c,d,f   B. a,c,f,e,b,d

    C. a,e,b,c,f,d   D. a,b,e,d,f,c

28. 【NOIP2002 提高组】在一个有向图中,所有顶点的入度之和等于所有顶点的出度之和的(　　)倍。

    A. 1/2   B. 1   C. 2   D. 4

29. 【NOIP2014 提高组】在无向图中,所有顶点的度数之和是边数的(　　)倍。

    A. 0.5   B. 1   C. 2   D. 4

30. 【NOIP2014 普及组】有向图中每个顶点的度等于该顶点的(　　)。

    A. 入度   B. 出度

    C. 入度与出度之和   D. 入度与出度之差

31. 【NOIP2014 普及组】以下可以用来存储图的结构是(　　)。

    A. 邻接矩阵   B. 栈   C. 邻接表   D. 二叉树

32. 【NOIP2014 提高组】设 G 是有 6 个结点的完全图,要得到一棵生成树,需要从 G 中删去(　　)条边。

    A. 6   B. 9   C. 10   D. 15

33. 【NOIP2014 普及组】如图 5-54 所示,图中每条边上的数字表示该边的长度,则从 A 到 E 的最短距离是(　　)。

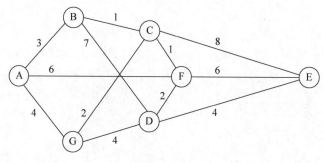

图　5-54

34. 【NOIP2014 提高组】如图 5-55 所示,图中每条边上的数字表示该边的长度,则从 A 到 E 的最短距离是(　　)。

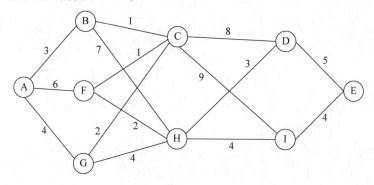

图　5-55

35. 【2013 提高组】(序列重排)全局数组变量 a 定义如下:

＃define SIZE 100
int a[SIZE], n;

它记录着一个长度为 n 的序列 a[1],a[2],…,a[n]。现在需要一个函数,以整数 p ($1 \leqslant p \leqslant n$)为参数,实现如下功能:将序列 a 的前 p 个数与后 $n-p$ 个数对调,且不改变这 p 个数(或 $n-p$ 个数)之间的相对位置。例如,长度为 5 的序列 1,2,3,4,5,当 $p=2$ 时重排结果为 3,4,5,1,2。有一种朴素的算法可以实现这一需求,其时间复杂度为 $O(n)$、空间复杂度为 $O(n)$:

```
void swap1(int p)
{
    int i, j, b[SIZE];
    for(i = 1; i <= p; i++)
    {
        b[   (1)   ] = a[i];
    }
    for(i = p + 1; i <= n; i++)
    {
        b[i - p] = a[i];
    }
    for(i = 1; i <= n; i++)
```

```
    {
        a[i] = b[i];
    }
}
```

也可以用时间换空间,使用时间复杂度为 $O(n^2)$、空间复杂度为 $O(1)$ 的算法:

```
void swap2(int p)
{
    int i, j, temp;
    for(i = p + 1; i <= n; i++)
    {
        temp = a[i];
        for(j = i; j >=  (2) ;  j-- )
        {
            a[j] = a[j - 1];
             (3)  = temp;
        }
    }
}
```

事实上,还有一种更好的算法,时间复杂度为 $O(n)$、空间复杂度为 $O(1)$:

```
void swap3(int p)
{
    int start1, end1, start2, end2, i, j, temp;
    start1 = 1;
    end1 = p;
    start2 = p + 1;
    end2 = n;
    while(true)
    {
        i = start1;
        j = start2;
        while((i <= end1)&&(j <= end2))
        {
            temp = a[i];
            a[i] = a[j];
            a[j] = temp;
            i++;
            j++;
        }
        if(i <= end1)
        {
            start1 = i;
        }
        else if(  (4)  )
        {
            start1 =  (5) ;
            end1 =  (6) ;
            start2 = j;
        }
        else
```

```
            {
                break;
            }
        }
}
```

36.【软件所 1993】编写一个算法,将一单链表逆转。要求逆转在原链表上进行,不允许重新构造一个链表。

37.【清华大学 1992】已知 la 是带头结点的单链表的头指针,试编写逆序输出表中各元素的递归算法。

38.【软件所 2002】有一整数数组 $T[n]$,要求"不用循环"按下标顺序输出数组元素。

第6章 算法设计基础

6.1 递 推 算 法

6.1.1 递推策略思想

递推指从已知的初始条件出发,依据某种递推关系,逐次推出所要求的各中间结果及最后结果。其中初始条件或是问题本身已经给定,或是通过对问题的分析与化简后确定。

利用递推算法求问题规模为 n 的解的基本思想是:当 $n=1$ 时,解或为已知,或能非常方便地求得;通过采用递推法构造算法的递推性质,能从已求得的规模为 $1,2,\cdots,i-1$ 的一系列解,构造出问题规模为 i 的解。这样,程序可从 $i=0$ 或 $i=1$ 出发,重复地由已知至 $i-1$ 规模的解,通过递推,获得规模为 i 的解,直至获得规模为 n 的解。

可用递推算法求解的问题一般有以下两个特点。

(1) 问题可以划分成多个状态。

(2) 除初始状态外,其他各个状态都可以用固定的递推关系式来表示。

当然,在实际问题中,大多数时候不会直接给出递推关系式,而是需要通过分析各种状态,枚举问题的所有可能性,找出其中可行的递推关系式。

利用递推算法解决问题,需要做好以下四方面的工作。

(1) 确定递推变量。

应用递推算法解决问题,要根据问题的具体实际设置递推变量。递推变量可以是简单变量,也可以是一维或多维数组。从直观角度出发,通常采用一维数组。

(2) 建立递推关系。

递推关系是指如何从变量的前一些值推出其下一个值,或从变量的后一些值推出其上一个值的公式(或关系)。递推关系是递推的依据,是解决递推问题的关键。有些问题,其递推关系是明确的,大多数实际问题并没有现成的明确的递推关系,需根据问题的具体实际,通过分析和推理,才能确定问题的递推关系。

(3) 确定初始(边界)条件。

对所确定的递推变量要根据问题最简单情形的数据确定递推变量的初始(边界)值,这是递推的基础。

(4) 对递推过程进行控制。

递推过程不能无休止地重复执行下去。递推过程在什么时候结束,满足什么条件时结束,这是编写递推算法必须考虑的问题。

递推过程的控制通常可分为两种情形:一种是所需的递推次数是确定的值,可以计算

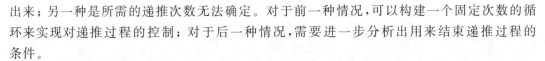

出来;另一种是所需的递推次数无法确定。对于前一种情况,可以构建一个固定次数的循环来实现对递推过程的控制;对于后一种情况,需要进一步分析出用来结束递推过程的条件。

递推通常由循环来实现,一般在循环外确定初始(边界)条件,在循环中实施递推。6.5节将介绍动态规划,大部分就采用递推的形式来实现。

递推法从递推方向可分为顺推与倒推。

所谓顺推法是从已知条件出发,通过递推关系逐步推算出要解决的问题的结果的方法。

顺推法是从前往后推,从已求得的规模为 $1,2,\cdots,i-1$ 的一系列解,推出问题规模为 i 的解,直至得到规模为 n 的解。顺推算法可描述为:

```
for(k = 1; k <= i-1; k++)
    f[k] = <初始值>;              // 按初始条件确定初始值
for(k = i; k <= n; k++)
    f[k] = <递推关系式>;          // 根据递推关系实施递推
cout << f[n];                    // 输出 n 规模的解 f(n)
```

倒推法就是在不知初始值的情况下,经某种递推关系而获知了问题的解或目标,从这个解或目标出发,采用倒推手段,一步步地倒推到这个问题的初始情况。

倒推法是从后往前推,从已求得的规模为 $n,n-1,\cdots,i+1$ 的一系列解推出问题规模为 i 的解,直至得到规模为 1 的解(即初始情况)。倒推算法可描述为:

```
for(k = n; k >= i+1; k--)
    f[k] = <初始值>;              // 按初始条件确定初始值
for(k = i; k >= 1; k--)
    f[k] = <递推关系式>;          // 根据递推关系实施递推
cout << f[1];                    // 输出问题的初始情况 f(1)
```

一句话概括:顺推是从条件推出结果,倒推是从结果推出条件。

递推问题一般通过定义一维数组来保存各项推算结果,较复杂的递推问题还需定义二维数组。例如,当规模为 i 的解为规模为 $1,2,\cdots,i-1$ 的解通过计算处理决定时,可利用二重循环处理这一较为复杂的递推。

6.1.2　范例分析

【例 6-1】【2009 提高组】阅读程序。

```cpp
# include <iostream>
using namespace std;

const int maxn = 50;
const int y = 2009;
int main()
{
    int n,c[maxn][maxn],i,j,s = 0;
    cin >> n;
    c[0][0] = 1;
    for(i = 1;i <= n;i++)
    {
        c[i][0] = 1;
```

```
        for(j = 1;j < i;j++)
        {
            c[i][j] = c[i-1][j-1] + c[i-1][j];
        }
        c[i][i] = 1;
    }
    for(i = 0;i <= n;i++)
    {
        s = (s + c[n][i]) % y;
    }
    cout << s << endl;
    return 0;
}
输入:17
输出:
```

【问题分析】 初步分析程序,是一个在二维数组上递推的问题,可以画出一张二维表,尝试填写几层试试,如表 6-1 所示。

表 6-1 例题 6-1 表

1				
1	1			
1	2	1		
1	3	3	1	
1	4	6	4	1

尝试填写几层,或者直接观察递推式就可以发现,这是一个杨辉三角,问题就是求解杨辉三角第 n 层的元素之和后对 y 取模。而杨辉三角第 i 行第 j 列的组合含义就是 C_i^j,也可以理解为组合的递推式: $C_i^j = C_{i-1}^{j-1} + C_{i-1}^j$。而问题就是求解 $\sum_{i=0}^{n} C_n^i = 2^n$。

该问题就是直接计算 $2^{17} \% 2009 = 487$。

【例 6-2】 【2012 提高组问题求解 2】对于一棵二叉树(见图 6-1),独立集是指两两互不相邻的结点构成的集合。例如,图 6-1(a)有 5 个不同的独立集(1个双点集合、3 个单点集合、1 个空集),图 6-1(b)有 14 个不同的独立集。那么,图 6-1(c)有( )个不同的独立集。

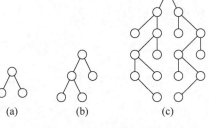

图 6-1 例 6-2 独立集图

【问题分析】 观察到,对于 6-1(a)来说,共有 5 种不同的独立集选取方式。分类讨论后发现,可以分成两类,即包含根结点和不包含根结点两种情况。图 6-2 黑色圈所示位置表示选取该点在独立集中。

对于某一个点 u,令 $f[u][0]$ 表示以 u 为根的子树,不取 u 点时的独立集方案数,$f[u]$

图 6-2 图 6-1(a)分析示意图

[1]表示以 u 为根的子树,u 取时的独立集方案数。枚举 u 的所有子结点 v,u 取的时候,v 不能取;u 不取的时候,v 取或者不取都可以,根据乘法原理,左右儿

子的方案数相乘,可以得到递推式:

$$\begin{cases} f[u][0]=\prod (f[v][1]+f[v][0]) \\ f[u][1]=\prod f[v][0] \end{cases}$$

从叶结点 u,$f[u][0]=1$,$f[u][1]=1$。从叶结点开始递推,直到求解出根结点。利用图的对称性可以少算一些结点的数值,递推的结果如图 6-3 所示(由于点没有标号,用箭头表示,$f[0]$ 表示以该点为根的子树,不取该点时的独立集方案数;$f[1]$ 表示以该点为根的子树,该点取时的独立集方案数)。

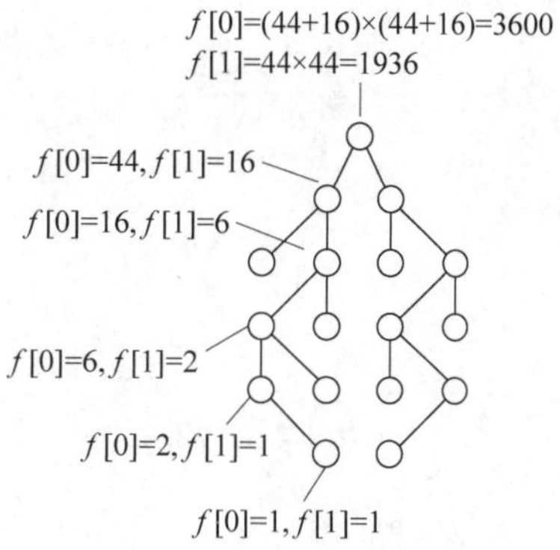

可以计算得到,根结点经过递推后,取和不取的情况总和 $f[0]+f[1]$ 是:5536。

【例 6-3】 【2013 提高组问题求解 2】现有一只青蛙,初始时在 n 号荷叶上。当它某一时刻在 k 号荷叶上时,下一时刻将等概率地随机跳到 $1,2,\cdots,k$ 号荷叶之一上,直至跳到 1 号荷叶为止(见图 6-4)。当 $n=2$ 时,平均共跳 2 次;当 $n=3$ 时,平均共跳 2.5 次。则当 $n=5$ 时,平均共跳( )次。

图 6-4　荷叶示意图

图 6-3 部分标注:
$f[0]=(44+16)\times(44+16)=3600$
$f[1]=44\times44=1936$
$f[0]=44,f[1]=16$
$f[0]=16,f[1]=6$
$f[0]=6,f[1]=2$
$f[0]=2,f[1]=1$
$f[0]=1,f[1]=1$

图 6-3　图 6-1(c)的求解示意图

【问题分析】 这样的概率问题,利用直接枚举求解非常困难。可以采用递推的方式,利用前面几步的期望来计算当前点的期望。由于每个时刻都是等概率,在 2 号荷叶上有两种可能性,分别是到 1 号和 2 号荷叶,概率都为 $\frac{1}{2}$,设 $f[n]$ 表示 n 号荷叶跳的次数期望,$f[2]=\frac{1}{2}(f[1]+1+f[2]+1)$,可以解出 $f[2]=2$。而 $f[3]=\frac{1}{3}(f[1]+1+f[2]+1+f[3]+1)$,由于已知 $f[1]$ 和 $f[2]$,同样可以解出 $f[3]$。可以得到如下递推式:

$$f[n]=\frac{1}{n}\sum_{i=1}^{n}(f[i]+1)\;(n>1);\;f[1]=0$$

依次可以递推,解方程,解得:$f[3]=\frac{5}{2}$,$f[4]=\frac{17}{6}$,$f[5]=\frac{37}{12}$。

【例 6-4】 【2007 提高组问题求解 1】

给定 n 个有标号的球,标号依次为 $1,2,\cdots,n$。将这 n 个球放入 r 个相同的盒子里,不允许有空盒,其不同放置方法的总数记为 $S(n,r)$。例如,$S(4,2)=7$,这 7 种不同的放置方法依次为 $\{(1),(234)\},\{(2),(134)\},\{(3),(124)\},\{(4),(123)\},\{(12),(34)\},\{(13),(24)\},\{(14),(23)\}$。当 $n=7,r=4$ 时,$S(7,4)=$ _____。

【问题分析】 先尝试两个最基本的递推式边界:将 n 个球放入一个盒子,当然只有 1 种情况,即 $S(n,1)=1$;将 n 个球放入 n 个盒子,由于需允许有空盒,也只有 1 种方法,即 $S(n,n)=1$。

对于 $S(n+1,k)$,可以讨论最后一个球的放法。对于标号为 $n+1$ 的球,它可以单独放

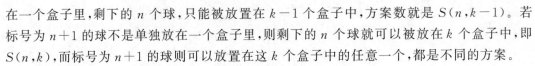

在一个盒子里,剩下的 n 个球,只能被放置在 $k-1$ 个盒子中,方案数就是 $S(n,k-1)$。若标号为 $n+1$ 的球不是单独放在一个盒子里,则剩下的 n 个球就可以被放在 k 个盒子中,即 $S(n,k)$,而标号为 $n+1$ 的球则可以放置在这 k 个盒子中的任意一个,都是不同的方案。

综上所述,$S(n+1,k)$ 可以递推得到,即 $S(n+1,k)=S(n,k-1)+k\times S(n,k)$;$S(n,1)=S(n,n)=1$。这个递推式也被称为第二类 Stirling 数。

可以解出:$S(7,4)=310$。

6.2 递归算法

6.2.1 递归的概念

递归是算法设计中的一种基本而重要的算法。递归方法通过函数调用自身将问题转换为形式相同但规模更小的子问题,是分治策略的具体体现。

递归算法的定义:如果一个对象的描述中包含它本身,就称这个对象是递归的,这种用递归来描述的算法称为递归算法。

先来看看大家熟知的一个故事:从前有座山,山上有座庙,庙里有个老和尚在给小和尚讲故事,老和尚讲:从前有座山,山上有座庙,庙里有个老和尚在给小和尚讲故事,老和尚讲……上面的故事本身是递归的,用递归算法描述如下:

```
void  bonze-tell-story()
{
    if(讲话被打断)
    {  故事结束; return; }
    从前有座山,山上有座庙,庙里有个老和尚在给小和尚讲故事;
    bonze-tell-story();
}
```

从上面的递归事例不难看出,递归算法存在的两个必要条件:①必须有递归的终止条件,如老和尚的故事一定要在某个时候应该被打断,可以是小和尚听烦了叫老和尚停止,或老和尚本身就只想重复讲 10 遍等;②过程的描述中包含它本身。

递归是一种非常有用的程序设计技术。当一个问题蕴含递归关系且结构比较复杂时,采用递归算法往往比较自然、简洁,且容易理解。

递归的基本思想是把一个大型复杂的问题层层转换为一个与原问题相似的规模较小的问题来求解。递归策略只需少量的程序就可描述出解题过程所需要的多次重复计算,大大地减少了程序的代码量。用递归思想写出的程序往往十分简洁易懂。一般来说,递归需要有边界条件、递归前进段和递归返回段。当边界条件不满足时,递归前进;当边界条件满足时,递归返回。

使用递归要注意以下几点:

(1)递归就是在过程或函数里调用自身。

(2)在使用递归策略时,必须有一个明确的递归结束条件,称为递归出口。

(3)在结束条件下能够直接计算返回值的表达式。

6.2.2　递归算法设计

在解决实际问题中,递归算法一般用于解决三类问题:

(1) 问题的定义是按递归定义的(斐波那契函数、阶乘等)。

(2) 问题的解法是递归的(主要指分治策略设计的算法用递归实现,例如,汉诺塔问题等)。

(3) 数据结构是递归的(如树的操作,包括树的遍历、树上统计等)。

在了解了递归的基本思想及原理之后,如何才能写出一个递归程序呢? 主要是把握好如下三方面。

(1) 明确递归终止条件。

递归就是有去有回,既然这样,那么必然应该有一个明确的临界点,程序一旦到达了这个临界点,就不用继续往下递去而是开始实实在在地归来。换句话说,该临界点就是一种简单情境,可以防止无限递归。

(2) 给出递归终止时的处理办法。

在递归的临界点存在一种简单情境,在这种简单情境下,应该直接给出问题的解决方案。一般地,在这种情境下,问题的解决方案是直观的、容易的。

(3) 提取重复的逻辑,缩小问题规模。

在阐述递归思想时谈到,递归问题必须可以分解为若干规模较小、与原问题形式相同的子问题,这些子问题可以用相同的解题思路来解决。从程序实现的角度而言,需要抽象出一个明确的重复的逻辑,以便使用相同的方式解决子问题。

递归本质上是一种解决问题的形式,而其思想更多地在分治策略中体现。因此,递归算法设计和利用分治策略解决问题十分相似。

递归除了可以实现分治策略设计的算法,还可以实现深度优先搜索。

在明确递归算法设计三要素后,接下来就需开始编写具体的算法了。在编写算法时,我们给出了两种典型的递归算法设计模型,如下所示。

模型一:在递去的过程中解决问题。

```
function recursion(大规模){
    if(end_condition){      // 明确的递归终止条件
        end;                // 简单情景
    }else{
                            // 在将问题转换为子问题的每一步,解决该步中剩余部分的问题
        solve;              // 递去
        recursion(小规模);   // 递到最深处后,不断地归来
    }
}
```

模型二:在归来的过程中解决问题。

```
function recursion(大规模){
    if(end_condition){      // 明确的递归终止条件
        end;                // 简单情景
    }else{
        // 先将问题全部描述展开,再由尽头"返回"依次解决每步中剩余部分的问题
        recursion(小规模);   // 递去
```

```
        solve;                    // 归来
    }
}
```

模型一的典型应用就是用分治策略设计的快速排序算法,先解决,后递归。模型二的典型应用就是用分治策略设计的归并排序算法,先递归,后解决。

6.2.3　范例分析

【例 6-5】【2009 提高组】阅读程序。

```cpp
# include < iostream >
using namespace std;
int a,b;
int work(int a,int b)
{
    if(a % b)
    {
        return work(b,a % b);
    }
    return b;
}
int main()
{
    cin >> a >> b;
    cout << work(a,b) << endl;
    return 0;
}
输入:123 321
输出:_____
```

【问题分析】　将 a＝123,b＝321 代入递归程序中,模拟一下数据。

work(123,321)＝work(321,123)＝work(123,75)＝work(75,48)＝work(48,27)＝work(27,21)＝work(21,6)＝work(6,3)＝3

以上就是递归计算的整个过程,不难发现,这就是辗转相除法求最大公约数的递归版本。下面写出问题的分治算法原理。

辗转相除法求最大公约数,原问题:求 a 和 b 的最大公约数。将原问题转换为一个形式相同、规模更小的子问题:求 b 和 a%b 的最大公约数。递归求解子问题,直到 b 是 a 的约数,问题就可以直接求解,返回 b。

【例 6-6】【2013 提高组】斐波那契数列的定义如下:$F_1＝1,F_2＝1,F_n＝F_{n-1}＋F_{n-2}$ ($n≥3$)。如果用下面的函数计算斐波那契数列的第 n 项,则其时间复杂度为(　　)。

```cpp
int F(int n)
{
    if(n < = 2)
    {
        return 1;
    }
    else
```

```
    {
        return F(n - 1) + F(n - 2);
    }
}
```

A. $O(1)$ B. $O(n)$ C. $O(n^2)$ D. $O(F_n)$

【问题分析】 可以画出递归搜索树来进行分析（见图 6-5）。F_n 有两个儿子：F_{n-1} 和 F_{n-2}。

递归树中的结点个数就是时间复杂度。$F(n)$ 的结点个数 $d[n]$ 的递推式为：

$$d[n] = d[n-1] + d[n-2] + 1, d[2] = d[1] = 1$$

因此，$d[n]$ 的规模就是斐波那契数列。选 D。

【例 6-7】 【2013 提高组】$T(n)$ 表示某个算法输入规模为 n 时的运算次数。如果 $T(1)$ 为常数，且有递归式 $T(n) = 2T(n/2) + 2n$，那么 $T(n) = ($ $)$。

A. $\Theta(n)$ B. $\Theta(n\log n)$

C. $\Theta(n^2)$ D. $\Theta(n^2 \log n)$

【问题分析】

【方法一】

可以用递归树法求解递归式（见图 6-6）。

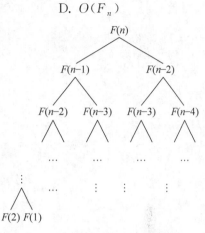

图 6-5 斐波那契数列递归搜索树

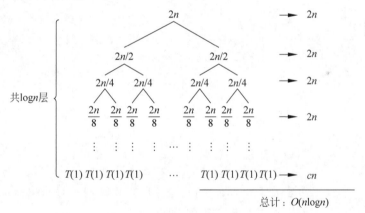

图 6-6 例 6-6 递归树示意图

在递归树中，每个结点表示一个单一子问题的代价，子问题对应某次递归函数调用。将树中每层的代价求和，得到每层代价，然后将所有层的代价求和，得到所有层次的递归调用总代价。

每层加起来的时间都是 $2n$，共 $\log n$ 层，整体时间复杂度为 $\Theta(n\log n)$，选 B。

【方法二】

Θ 的含义和"等于"类似，而大 O 的含义和"小于或等于"类似，本例可忽视该问题。

$$T(n) = 2T\left(\frac{n}{2}\right) + 2n = 2 \times \left(2T\left(\frac{n}{4}\right) + 2\left(\frac{n}{2}\right)\right) + 2n$$

$$= 2^2 \times \left(T\left(\frac{n}{4}\right)\right) + 2 \times 2n = 2^2 \times \left(2T\left(\frac{n}{8}\right) + 2\left(\frac{n}{4}\right)\right) + 2 \times 2n$$

$$= 2^3\left(T\left(\frac{n}{8}\right)\right) + 3 \times 2n = \cdots\cdots$$

$$= 2^{\log_2 n} \times T(1) + \log_2 n \times 2n = n + (2n) \times \log_2 n$$

$$= \Theta(n \times \log_2 n)$$

【例 6-8】 【2010 提高组】阅读程序。

```cpp
# include < iostream >
using namespace std;
const int NUM = 5;
int r(int n)
{
    int i;
    if(n <= NUM)
    {
        return n;
    }
    for(i = 1; i <= NUM; i++)
    {
        if(r(n - i) < 0)
        {
            return i;
        }
    }

    return - 1;
}
int main()
{
    int n;
    cin >> n;
    cout << r(n) << endl;
    return 0;
}
输入:16
输出_____
```

【问题分析】 本例题要求解 $r(16)$，分析代码可知，其解由 $r(15), r(14), r(13), r(12)$，$r(11)$ 决定，只要有一个小于 0，就返回 i，否则返回 -1。

可以尝试画出几层递归搜索树(见图 6-7)。

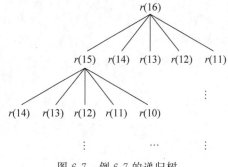

图 6-7 例 6-7 的递归树

可以观察到,递归过程中存在大量的重复调用,可以采用递推方式,从基本情况入手。从小到大填入表 6-2。

表 6-2 例 6-7 的递推表

n	1	2	3	4	5	6	7	8	9	10	11	12	13	14	15	16
$r(n)$	1	2	3	4	5	-1	1	2	3	4	5	-1	1	2	3	4

先填完 $r(1)$ 到 $r(5)$,可以得到 $r(6)=-1$。$r(7)$ 在计算过程中,当 $i=1$ 时,发现 $r(6)<0$,因此 $r(7)=1$,后面依次可以填写。解得 $r(16)=4$。

【解题心得】 当递归过程发现大量重复子问题时,可以用填表法,用数组记录,转成递推。

【例 6-9】 【2011 提高组】阅读程序。

```cpp
#include <iostream>
using namespace std;
int n;
void f2(int x, int y);
void f1(int x, int y)
{
    if(x < n)
    {
        f2(y, x + y);
    }
}
void f2(int x, int y)
{
    cout << x <<' ';
    f1(y, x + y);
}
int main()
{
    cin >> n;
    f1(0, 1);
    return 0;
}
输入:30
输出:_____
```

【问题分析】 输入 $n=30$,主程序的调用过程如下:

$f1(0,1) \rightarrow f2(1,1) \rightarrow f1(1,2) \rightarrow f2(2,3) \rightarrow f1(3,5) \rightarrow f2(5,8) \rightarrow f1(8,13) \rightarrow f2(13,21) \rightarrow f1(21,34) \rightarrow f2(34,55) f1(55,89)$。

程序在执行 $f2(x,y)$ 时会输出 x 和一个空格。因此输出结果就是 1 2 5 13 34。本质上就是斐波那契数列的奇数项。

【例 6-10】 【2013 提高组】阅读程序。

```cpp
#include <iostream>
#include <cstring>
using namespace std;
const int SIZE = 100;
```

```
int n, m, p, a[SIZE][SIZE], count;
void colour(int x, int y)
{
    count++;
    a[x][y] = 1;
    if((x > 1)&&(a[x - 1][y] == 0))
    {
        colour(x - 1, y);
    }
    if((y > 1)&&(a[x][y - 1] == 0))
    {
        colour(x, y - 1);
    }
    if((x < n)&&(a[x + 1][y] == 0))
    {
        colour(x + 1, y);
    }
    if((y < m)&&(a[x][y + 1] == 0))
    {
        colour(x, y + 1);
    }
}
int main()
{
    int i, j, x, y, ans;
    memset(a, 0, sizeof(a));
    cin >> n >> m >> p;
    for(i = 1; i <= p; i++)
    {
        cin >> x >> y;
        a[x][y] = 1;
    }
    ans = 0;
    for(i = 1; i <= n; i++)
        for(j = 1; j <= m; j++)
        {   if(a[i][j] == 0)
            {
                count = 0;
                colour(i, j);
                if(ans < count)
                {
                    ans = count;
                }
            }
        }
    cout << ans << endl;
return 0;
}
```

输入:
6 5 9
1 4
2 3
2 4

```
3 2
4 1
4 3
4 5
5 4
6 4
```
输出:_____

【问题分析】　通过观察输入,发现这是一个二维数组上的深度优先遍历。采用的是标记搜索,并没有回溯,count 变量每次清空后计数。尝试做第一次搜索 colour(1,1),观察数组 a 搜索前后的状态,如图 6-8 所示。

a	1	2	3	4	5	a	1	2	3	4	5
1				1		1	1	1	1	1	
2			1	1		2	1	1	1	1	
3		1				3	1	1			
4	1					4	1				1
5				1		5				1	
6				1		6				1	

图 6-8　例 6-9 搜索前后状态表

第一次,从 a[1][1] 开始沿着上、下、左、右四个方向进行标记搜索,同时用 count 记录连通块内的格子数目。这是一个典型的深度优先搜索版本的 Flood Fill(洪水填充)算法,用于统计连通块内的元素。

而主程序中的 ans,就是在统计二维表格里最大的连通块中格子的数目。看懂了程序意图,只要在图 6-8 中查看左侧的原始二维表格,共有 4 个连通块,块内网格数量分别是 6、6、7、2。因此输出的 ans 值就是 7,也就是左下角所在的连通块,共 7 个格子。

【例 6-11】　【2014 提高组】阅读程序。

```
# include < iostream >
using namespace std;
int fun( int n, int minNum, int maxNum)
{
    int tot, i;
    if(n == 0)
    {
        return 1;
    }
    tot = 0;
    for(i = minNum; i <= maxNum; i++)
    {
        tot += fun(n - 1, i + 1, maxNum);
    }
    return tot;
}
int main()
```

```
{
    int n, m;
    cin >> n >> m;
    cout << fun(m, 1, n) << endl;
    return 0;
}
输入:6 3
输出:_____
```

【问题分析】 通过观察发现 fun 递归函数的层次非常少,只有 4 层,因此可以尝试将递归调用的搜索树(见图 6-9)画出一部分来观察猜测程序要实现的功能。如果个数比较少的话,还可以直接求解出来。

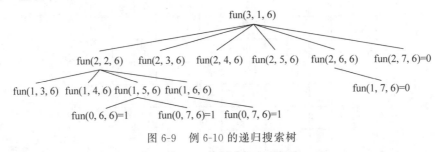

图 6-9　例 6-10 的递归搜索树

图 6-8 就是搜索树的一部分,可以发现,当递归到最后一层 $n=0$ 时,直接返回 1。可以总结得到:在 $n=1$ 时,fun$(1,\text{minNum},\text{maxNum})=\text{maxNum}-\text{minNum}+1$,也就是 minNum 到 maxNum 的数值个数。而 fun$(2,2,6)=1+2+3+4=10$,fun$(2,3,6)=1+2+3=6$,fun$(2,4,6)=2+1=3$,fun$(2,5,6)=1$。通过对递归的模拟,已经可以计算出: fun$(3,1,6)=10+6+3+1=20$。

如果数值很大,模拟肯定不是办法,有没有更简单点的办法呢?有! 可以尝试列出表达式。

$$\text{fun}(n,\text{minNum},\text{maxNum})=\sum_{i=\text{minNum}}^{\text{maxNum}}\text{fun}(n-1,i+1,\text{maxNum})$$

而

$$\text{fun}(n,\text{minNum}+1,\text{maxNum})=\sum_{i=\text{minNum}+1}^{\text{maxNum}}\text{fun}(n-1,i+1,\text{maxNum})$$

由此可以得到递推式:

$$\text{fun}(n,\text{minNum},\text{maxNum})$$
$$=\text{fun}(n-1,\text{minNum}+1,\text{maxNum})+\text{fun}(n,\text{minNum}+1,\text{maxNum})$$

可以注意到,这里已经有大量子问题重复了,而 maxNum 没有发生改变,根据前面问题的经验,可以将其填入表 6-3。

表 6-3　例 6-10 的搜索记录表

minNum	1	2	3	4	5	6	7
$n=0$	1	1	1	1	1	1	1
$n=1$	1	2	3	4	5	6	0
$n=2$	15	10	6	3	1	0	0
$n=3$	20	10	4	1	0	0	0

同样可以得到结果：20。而速度和效率大大提升，这也是程序设计中不断优化的思想，不同的算法在保证正确性的前提下有不同的时间复杂度，人们在不断追求更高效的解决问题的算法。

【例 6-12】【2008 提高组】程序填空。（找第 k 大的数）给定一个长度为 1000000 的无序正整数序列，以及另一个数 $n(1 \leqslant n \leqslant 1000000)$，接下来以类似快速排序的方法找到序列中第 n 大的数（关于第 n 大的数，例如序列 $\{1,2,3,4,5,6\}$ 中第三大的数是 4）。

```c
# include < stdlib. h >
# include < stdio. h >
int a[1000001],n,ans = - 1;
void swap(int * a,int * b)
{
    int c;
    c = * a; * a = * b; * b = c;
}
int FindKth(int left,int right,int n)
{
    int tmp,value,i,j;
    if(left == right)
    {
        return left;
    }
    tmp = rand() % (right - left) + left;
    swap(&a[tmp],&a[left]);
    value =    ①    ;
    i = left;
    j = right;
    while(i < j)
    {
        while(i < j&&    ②    )
        {
            j-- ;
        }
        if(i < j)
        {
            a[i] = a[j];
            j++ ;
        }
        else
        {
            break;
        }
        while(i < j&&    ③    )
        {
        i++ ;
        }
        if(i < j)
        {
            a[j] = a[i];
            j-- ;
        }
```

```
        else
        {
            break;
        }
    }
    _____④_____ ;
    if(i < n)
    {
        return FindKth(___⑤___);
    }
    if(i > n)
    {
        return ___⑥___ ;
    }
    return i;
}
int main()
{
    int i;
    int m = 1000000;
    for(i = 1;i <= m;i++)
    {
        scanf("% d",n);
    }
    ans = FindKth(1,m,n);
    printf("% d\n",a[ans]);
    return 0;
}
```

【问题分析】 递归是分治算法的实现方法。下面先分析算法的分治策略。

原问题：在序列 $a[]$ 中,从 left 到 right 区间内找第 n 大的数。在区间内选取一个数 value,利用该值的大小将原问题分解成两个形式相同、规模更小的子问题。只要将大于或等于 value 的值换到前面,小于或等于 value 的值移到后面,就可以实现对序列按数值 value 进行划分。value 左侧的数都大于或等于 value,反之右边的数都小于或等于 value

如果第 n 大的数在划分的左区间,那么求解子问题 1:对于序列 $a[]$,在 left 到 $i-1$ 区间内找第 n 大的数。

如果第 n 大的数在划分的右区间,那么求解子问题 2:对于序列 $a[]$,在 $i+1$ 到 right 区间内找第 n 大数。

如果 value 就是第 n 大的数,那就直接返回。

回到程序填空,函数 FindKth$(1,m,n)$ 表示求解 $a[1]\sim a[m]$ 中,第 n 大数所在的下标,也就可以输出第 n 大数。

在 FindKth(left,right,n) 函数中,首先随机选取一个 left~right 的随机位置,将该位置上的值与 $a[$left$]$ 做交换,此时,$a[$left$]$ 就是 value,成为了划分的依据,要通过交换,让 value 左侧的值都大于或等于 value,右侧的值都小于或等于 value。所以①空就是 $a[$left$]$。

在交换位置前,先跳过 j 右侧小于 value 的值,以及跳过 i 左侧大于 value 的值。就可以将大于或等于 value 的值换到左侧 i 位置,将小于或等于 value 的值换到右侧 j 位置。②空填 $a[j]<$value,③空填 $a[i]>$value。

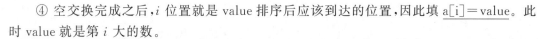

④ 空交换完成之后，i 位置就是 value 排序后应该到达的位置，因此填 a[i]＝value。此时 value 就是第 i 大的数。

如果 i 小于 n，说明第 n 大的数在右侧，调用子问题 2，第⑤空填写 FindKth(i＋1,right,n)。如果 i 大于 n，说明第 n 大的数在左侧，调用子问题 1，第⑥空填写 FindKth(left,i－1,n)。

6.3　枚 举 算 法

6.3.1　枚举算法的概念

枚举算法的基本思想是根据提出的问题枚举所有可能状态，并用问题给定的条件检验哪些是需要的，哪些是不需要的。能使命题成立，即为其解。逐一列举问题的所有可能解，并一一检验，找到所有的可行解或最优解。

虽然枚举算法本质上属于搜索策略，但是它与后面讲的回溯法有所不同。因为适用枚举算法求解的问题必须满足以下两个条件。

（1）可预先确定每个状态的元素个数 n。

（2）状态元素 $a_1,a_2,\cdots,a_n$ 的可能值为一个连续的值域。

用循环枚举每一个元素的可能解，在所有元素的值都确定之后，用选择语句判断搜索状态是否可行。

枚举算法的框架结构如下。

设 a_{ix} 为状态元素 a_i 的最小值；a_{iy} 为状态元素 a_i 的最大值（$1\leqslant i\leqslant n$），即 $a_{1x}\leqslant a_1\leqslant a_{1y},a_{2x}\leqslant a_2\leqslant a_{2y},a_{ix}\leqslant a_i\leqslant a_{iy},\cdots,a_{nx}\leqslant a_n\leqslant a_{ny}$。

```
for a₁←a₁ₓ to a₁ᵧ do
    for a₂←a₂ₓ to a₂ᵧ do
        …
            for aᵢ←aᵢₓ to aᵢᵧ do
                …
                    for aₙ←aₙₓ to aₙᵧ do
                        if 状态(a₁,…,aᵢ,…,aₙ)满足检验条件
                                then 输出问题的解
```

枚举算法的优点如下。

（1）由于枚举算法一般是现实生活中问题的"直译"，因此比较直观，易于理解。

（2）由于枚举算法建立在考察大量状态，甚至是穷举所有状态的基础上，所以算法的正确性比较容易证明。

枚举算法的缺点如下。

（1）枚举算法的效率取决于枚举状态的数量以及单个状态枚举的代价，因此效率比较低。

（2）"直译"枚举：直接根据题意设定枚举对象、范围和约束条件。经常会产生枚举对象或者范围的疏漏。

6.3.2　范例分析

【例 6-13】 【2011 提高组】对于序列"7、5、1、9、3、6、8、4"，在不改变顺序的情况下，去掉

（　　）会使逆序对的个数减少 3。

  A. 7   B. 5   C. 3   D. 6

  【问题分析】 序列中共有 8 个数,我们采用枚举法,枚举每一个数去掉后,前后会减少多少个与它相关的逆序对数。可以枚举序列中的值,也可以枚举选择题答案中的选项,由于选项只有 4 个,直接枚举选项中的数字更方便。若去掉"7",将减少<7,5>、<7,1>、<7,3>、<7,6>、<7,4>这 5 个逆序对;若去掉"5",将减少<5,1>、<5,3>、<5,4>、<7,5>,共 4 个逆序对;若去掉"3",将减少<7,3>、<5,3>、<9,3>,共 3 个逆序对;若去掉"6",将减少<7,6>、<9,6>、<6,4>,共 3 个逆序对。因此答案选 CD。

  【例 6-14】 【2013 提高组】以 A_0 作为起点,对无向图(见图 6-10)进行深度优先遍历时(遍历的顺序与顶点字母的下标无关),最后一个遍历到的顶点可能是(　　)。

  A. A_1 B. A_2 C. A_3 D. A_4

  【问题分析】 根据深度优先遍历的方式,在 A_0 向下搜索中,有两个选 图 6-10 无向图 择,分别是 A_1、A_3。采用枚举法,$A_0 \to A_1 \to A_2 \to A_3$,$A_3$ 搜索完成后,回溯到 A_1,因此,A_4 可能是最后搜到的点。如果在 A_1 处先走 A_4 方向,枚举的顺序就是 $A_0 \to A_1 \to A_4$,回溯到 A_1 后,继续到 $A_1 \to A_2 \to A_3$,因此 A_3 可能是最后搜到的点。如果一开始枚举 A_3 方向,那么搜索序就是 $A_0 \to A_3 \to A_2 \to A_1 \to A_4$,这一种可能性,因此,$A_3 A_4$ 可能是最后遍历到的点,我们已经枚举了所有可能性,因答案就选 CD。

  【例 6-15】 【2010 提高组不定项选择题 1】元素 R_1、R_2、R_3、R_4、R_5 入栈的顺序为 R_1、R_2、R_3、R_4、R_5。如果第一个出栈的是 R_3,那么第五个出栈的可能是(　　)。

  A. R_1 B. R_2 C. R_4 D. R_5

  【问题分析】 第一个出栈的是 R_3,由于选项只有 4 个,可以枚举构造选项中的解。根据后进先出原则。①看 R_1 是否能最后一个出栈:R_1 入栈,R_2 入栈,R_3 出栈,R_4 入栈,R_5 入栈,R_5、R_4、R_2 依次出栈,就可以让 R_1 最后一个出栈了;②看 R_2 是否能最后一个出栈。根据后进先出原则,当 R_3 第一个出栈时,栈内还剩下 R_1、R_2 两个元素,R_2 必须先于 R_1 出栈,因此 R_2 不可能最后一个出栈;③看 R_4 是否可能最后一个出栈,R_4 要最后一个出栈,先把 R_2 和 R_1 依次出栈,R_4 入栈,R_5 入栈后马上出栈,此时 R_4 就可以最后一个出栈;④R_5 由于是最后一个入栈,只要前面所有元素都出栈,R_5 入栈后马上出栈,就可以做到最后一个出栈。综上所述,枚举所有选项的构造,就可以选出答案:ACD。

  【例 6-16】 【2010 提高组】一棵二叉树的前序遍历序列是 ABCDEFG,后序遍历序列是 CBFEGDA,则根结点的左子树的结点个数可能是(　　)。

  A. 0   B. 2   C. 4   D. 6

  【问题分析】 已知前序遍历和后续遍历,能确定根结点,可能无法确定树形,我们采用枚举左子树中的结点,再验证的方式。确定"A"结点为根结点,左子树的根结点根据先序遍历就是"B",根据后续遍历中"B"的位置,就可以确定,根结点的左子树只有"B"和"C"两个点。而"C"可能是"B"的左子树也可能是"B"的右子树,但是答案已经可以产生,左子树的结点个数只能是 2,因此选 B。

  【例 6-17】 【2013 提高组】二分图是指能将顶点划分成两部分,每一部分内的顶点间没有边相连的简单无向图。那么,12 个顶点的二分图至多有(　　)条边。

A. 18　　　　　　B. 24　　　　　　C. 36　　　　　　D. 66

【问题分析】　枚举两个集合内的点,左部点共有 12 种可能性,分别是 1~12。当左部点有 6 个,右部点有 6 个时,每个左部点都向右部点连边,就是最多的边数:36。

本题也可以用均值不等式证明。设两数 $x>0,y>0$,且 $x+y=m$。由 $(x-y)^2 \geqslant 0$,不等式两边同加上 $4xy$,整理可以得到 $(x+y)^2 \geqslant 4xy$,因此 $xy \leqslant \dfrac{m^2}{4}$,即 $xy \leqslant 36$。

答案:C。

【例 6-18】　**【2010 提高组】**无向图 G 有 7 个顶点,若不存在由奇数条边构成的简单回路,则它至多有(　　)条边。

【问题分析】　由于点只有 7 个,可以尝试枚举画出不含奇数条边简单回路的图。需要画得细致一些。

再进一步分析,条件中不存在由奇数条边构成的简单回路,也就是图中只存在偶数条边的简单回路,我们对图进行黑白染色,就可以构成一个二分图。这样,就可以用上题中的方法枚举二分图左部的结点数,构造一个完全的二分图。也可以用均值不等式,当两边的点数最接近时,完全图边最多。因此,这个无向图至多有 $3 \times 4 = 12$ 条边。

【例 6-19】　**【2014 提高组】**由数字 1、1、2、4、8、8 所组成的不同的四位数的个数是(　　)。

【问题分析】　观察数字,有 2 个"1"和 2 个"8",会产生重复。可以枚举四位数中不重复的数字个数。①若不重复的数有 4 个,那就是选"1""2""4""8",四位数可能就直接用全排列 $A_4^4 = 24$ 个。②若不重复的数有 3 个,就有两个数是重复的,在"1"和"8"之间选择,然后在剩下 3 个不重复的数中选 2 个。总的考虑就是先选重复的数 C_2^1,在剩下 3 个不重复的数中选 2 个 C_3^2,4 个数的全排列 A_4^4 要去掉两个数重复的部分 C_2^1,结果就是 $C_2^1 C_3^2 \dfrac{A_4^4}{C_2^1} = 72$ 个。

③若两组重复,只能选"1"和"8",全排列产生 4 个排列之后排除两组重复的,结果就是 $\dfrac{A_4^4}{C_2^1 C_2^1} = 6$,共有 $24+72+6=102$ 种。

6.4　贪心算法

6.4.1　贪心算法的定义

贪心算法的基本思想是总是做出在当前看来是最优的选择,即找出整体当中每个小的局部的最优解,并且将所有的这些局部最优解合起来形成整体上的一个最优解。也就是说贪心算法并不从整体最优考虑,它所做出的选择只是在某种意义上的局部最优选择。能够使用贪心算法的问题必须满足以下两个性质。

(1) 整体的最优解可以通过局部的最优解来求出。

(2) 一个整体能够被分为多个局部,并且这些局部都能够求出最优解。

使用贪心算法的两个典型问题是活动安排问题和部分背包问题。在对问题求解时,不从整体上加以考虑,它所做出的仅仅是在某种意义上的局部最优解(是否是全局最优,需要

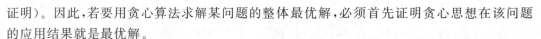

证明)。因此,若要用贪心算法求解某问题的整体最优解,必须首先证明贪心思想在该问题的应用结果就是最优解。

对于一个具体问题,怎么知道能否用贪心算法来解决这个问题呢?一般这类问题有两个比较重要的性质:贪心选择性质和最优子结构性质。所谓贪心选择性质是指所求问题的整体最优解可以通过一系列局部最优的选择,即贪心选择来达到。做出贪心选择后,原问题就化为规模更小的类似子问题,然后用数学归纳证明,最终可得到问题的整体最优解。另外一个重要性质是最优子结构,即当一个问题的最优解包含其子问题的最优解时,称此问题具有最优子结构性质。找硬币问题本身具有最优子结构性质,它可以用动态规划算法来解,但用贪心算法更简单、更直接且解题效率更高。

6.4.2　贪心算法的特点

贪心算法设计的一般步骤如下。

(1) 将最优化问题转换为做出一次选择后,每次只剩下一个子问题需要求解,而不像动态规划要枚举所有子问题。

(2) 证明每次做出的选择都是正确的,即保证贪心选择后都能使原问题还是存在最优解。

(3) 将所有部分解综合起来,得到问题的最终解。

虽然贪心算法不能对所有问题得到整体最优解,但是对许多问题它能产生整体最优解,例如,图的单源最短路径问题、最小生成树问题等。在一些情况下,即使贪心算法不能得到整体最优解,其最终结果却是最优解的很好近似,也即近似最优解在许多情况下已经能满足某些问题的求解要求了。

适用于贪心算法解决的问题应具有以下两个特点。

(1) 贪心选择性质。

贪心选择性质指应用同一规则,将原问题变为一个形式相同的但规模更小的子问题,而后的每一步都是当前看似最佳的选择。这种选择依赖于已做出的选择,但不依赖于未做出的选择。

贪心算法与动态规划的不同之处在于动态规划方法中,每个步骤都要进行一次选择,选择通常依赖于子问题的解。因此,通常以一种自底向上的方式求解动态规划问题,先求解较小的子问题,然后是较大的子问题(也可以自顶向下求解,但需要记忆化。当然,即使算法是自顶向下地进行计算,仍然需要先求解子问题再进行选择),在贪心算法中,我们总是做出当时看来最佳的选择,然后求解剩下的唯一的子问题。贪心算法进行选择时可能依赖之前做出的选择,但不依赖任何将来的选择或是子问题的解。因此,与动态规划需先求解子问题才能进行第一次选择不同,贪心算法在进行第一次选择之前不求解任何子问题。一个动态规划算法是自底向上进行计算的,而一个贪心算法通常是自顶向下进行计算的,进行一次又一次选择,将给定问题实例变得更小。当然,我们必须证明每个步骤做出贪心选择能生成全局最优解。

如果进行贪心选择时不得不考虑众多选择,通常意味着可以改进贪心选择,使其更为高效。例如,在哈夫曼编码问题中,已经有优先队列处理出当前最小频度字母,则只需要处理一次。通过对输入进行预处理或者使用适合的数据结构(通常是优先队列),通常可以使贪心选择更快速,从而得到更高效的算法。

（2）局部最优解。

如果一个问题的最优解包含其子问题的最优解,则称此问题具有最优子结构性质。此性质是能否应用动态规划和贪心方法的关键要素。

如前所述,可以假定通过对原问题应用贪心选择即可得到子问题最优解。我们真正要做的全部工作就是论证:将子问题的最优解与贪心选择组合在一起就能生成原问题的最优解。这种方法隐含地对子问题使用了数学归纳法,证明了在每个步骤进行贪心选择会生成原问题的最优解。

6.4.3　范例分析

【例6-20】　典型例子——合并果子。

【问题描述】

在一个果园里,多多已经将所有的果子打了下来,而且按果子的不同种类分成了不同的堆。多多决定把所有的果子合成一堆。

每一次合并,多多可以把两堆果子合并到一起,消耗的体力等于两堆果子的重量之和。可以看出,所有的果子经过 $n-1$ 次合并之后,就只剩下一堆了。多多在合并果子时总共消耗的体力等于每次合并所耗体力之和。

因为还要花大力气把这些果子搬回家,所以多多在合并果子时要尽可能地节省体力。假定每个果子的重量都为1,并且已知果子的种类数和每种果子的数目,你的任务是设计出合并的次序方案,使多多耗费的体力最少,并输出这个最小的体力耗费值。

例如,有3堆果子,数目依次为1、2、9。可以先将1、2堆合并,新堆数目为3,耗费体力为3。接着,将新堆与原先的第三堆合并,又得到新的堆,数目为12,耗费体力为12。所以多多总共耗费体力为3+12=15。可以证明15为最小的体力耗费值。

【问题分析】

算法一:根据题目描述的合并过程可以很快发现,最后一次合并消耗的体力是确定的,也就是所有果子的重量。前 $n-2$ 次合并的选择将影响最终的最小的体力耗费值。因为要求最小的体力耗费值,所以每次选择最小的两堆果子进行合并,合并成一堆。

注意到这个过程的本质就是第5章介绍过的哈夫曼树求解哈夫曼编码的过程。用堆来维护果子的最小值。不断合并两堆最少的果子,合并后再将它们的和压入堆,同时更新答案。

时间复杂度: $O(n\log n)$

【算法一的C++参考程序】

```cpp
priority_queue< int,vector< int >,greater< int >> h;        //创建优先队列,也就是小根堆
int main()
{
    int i,x,y,ans = 0;
    cin >> n;
    for(i = 1;i <= n;i++)
    {
        cin >> x;
```

```
        h.push(x);                    //输入每个数加入堆
    }
    for(i = 1;i < n;i++)
    {                                 //枚举 n-1 次合并
        x = h.top();h.pop();          //弹出当前堆中的最小值
        y = h.top();h.pop();          //弹出当前堆中的次小值
        ans += x + y;                 //合并后更新答案
        h.push(x + y);                //重新加入堆
    }
    cout << ans << endl;              //输出最终结果
    return 0;
}
```

算法二：由于每次都是合并最小的两个值,关键操作就看能否快速取出当前的最小值和次小值,又将合并后的值快速插入。堆固然是一个很好的求最值的数据结构。

有没有更简洁的操作呢? 当然有。采用单调队列,可以很方便地快速从队首取出最小值。对原来 n 个数进行一次排序就可以做到。但是在单调队列中插入新的元素,保持单调性,就需要消耗线性的时间。我们发现,$n-1$ 次合并,每次合并后的总和本身也是单调的,也就是越到后面合并后的和越大,因此,对合并后的结果再开出一个单调队列,从队尾加入元素,即可保证队列单调性。取最值操作即比较两个单调队列的队首元素。合并时间复杂度总体上是 $O(n)$。

由于要先对 n 个数排序,若采用快速排序法,总的时间复杂度就是 $O(n\log n)$。

【算法二的 C++ 参考程序】

```
int A[100006],B[100006],headA,tailA,headB,tailB;        //采用 A[]、B[]两个单调队列
int n,x,y,ans;
int getmin()                          //比较两个单调队列的队首元素,取出当前的最小值
{
    if (headA > tailA)
    {
        return B[headB++];
    }
    if (headB > tailB)
    {
        return A[headA++];
    }
    if (A[headA]< B[headB])
    {
        return A[headA++];
    }
    else
    {
        return B[headB++];
    }
}
int main()
{
    scanf("%d",&n);
    for(int i = 1;i <= n;i++)
```

```
{
    scanf("%d",&A[i]);                   //将原始的n个数加入A[]排序构成单调队列
}
sort(A+1,A+n+1);
headA = headB = 1;
tailA = n;
tailB = 0;
for(int i = 1;i <= n-1;i++)
{
    x = getmin();
    y = getmin();                        //取出最小值和次小值
    B[++tailB] = x + y;
    ans += x + y;                        //加入B[]队列,更新答案
    printf("%d\n",ans);
    return 0;
}
```

【例 6-21】 【2011 提高组】现有一段文言文,要通过二进制哈夫曼编码进行压缩。简单起见,假设这段文言文只由 4 个汉字"之""乎""者""也"组成,它们出现的次数分别为 700、600、300、400。那么,"也"字的编码长度可能是(   )。

A. 1   B. 2   C. 3   D. 4

【问题分析】 典型的哈夫曼编码,先画出一棵哈夫曼树:将 300 和 400 的结点,合并成 700 的结点,再选出两个最小的,600 和 700 组成一个 1300 次的结点,和最后一个 700 合并成一个 2000 次的结点。有图 6-11 所示的两种画树方法。

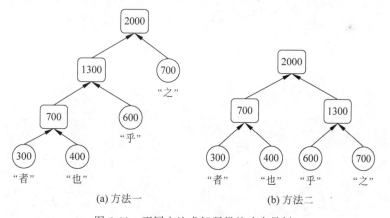

(a) 方法一   (b) 方法二

图 6-11　不同方法求解所得的哈夫曼树

方法一:"者""也"的编码长度为 3,"乎"的编码长度为 2,"之"的编码长度为 1;方法二:"之""乎""者""也"的编码长度都为 2。答案选 BC。

【例 6-22】 【2009 提高组】某个国家的钱币面值有 1 元、7 元、7^2 元、7^3 元共计四种,如果要用现金付清 10015 元的货物,假设买卖双方各种钱币的数量无限且允许找零,那么交易过程中至少需要流通(   )张钱币。

【问题分析】 要让交易过程中钱币的数量尽可能少,因存在 1 元的纸币,所以本题就是一个部分背包问题,我们大胆贪心,让 7^3 元大面额的钱币优先多选,可以选出 29 张。还剩

下 68 元,再贪心选择一张 7^2 元面额的钱币。还剩下 19 元,贪心选择两张 7 元面额的钱币,最后用 5 张 1 元面额的钱币。在不考虑找零的情况下贪心从大到小优先选择,共 37 张钱币。若可以找零,多给 1 张 7 元面额的钱币,找回 2 张 1 元面额的钱币,可以使得流通的钱币更少。贪心选择为 29+1+3+2=35 张。

【例 6-23】【2009 提高组】(最大连续子段和)给出一个数列(元素个数不多于 100),数列元素均为负整数、正整数、0。请找出数列中的一个连续子数列,使得这个子数列中包含的所有元素之和最大,在和最大的前提下还要求该子数列包含的元素个数最多,并输出这个最大和以及该连续子数列中元素的个数。例如数列为 4 −5 3 2 4 时,输出 9 和 3;数列为 1 2 3 −5 0 7 8 时,输出 16 和 7。

```cpp
# include < iostream >
using namespace std;
int a[101];
int n,i,ans,len,tmp,beg,end;
int main()
{
    cin >> n;
    for(i = 1;i <= n;i++)
    {
        cin >> a[i];
    }
    tmp = 0;
    ans = 0;
    len = 0;
    beg =   ①   ;
    for(i = 1;i <= n;i++)
    {
        if(tmp + a[i] > ans)
        {
            ans = tmp + a[i];
            len = i − beg;
        }
        else
        {
            if(   ②   && i − beg > len)
            {
                len = i − beg;
            }
        }
        if(tmp + a[i]   ③   )
        {
            beg =   ④   ;
            tmp = 0;
        }
        else
        {
            ⑤   ;
        }
    }
    cout << ans <<" " << len << endl;
    return 0;
}
```

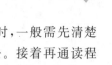

【问题分析】　本例题是一个经典的最大子段和问题。做程序填空题时，一般需先清楚地了解题意，且自己能想到一个枚举每一段的起点和终点的 $O(n^2)$ 的算法。接着再通读程序，把能确定的、较容易的空先填写好。例如，程序中，ans 记录最大子段和的数值；len 记录最大子段和中元素的个数；tmp 记录当前的连续和。根据语句"len＝i－beg;"就知道，beg 是起点位置的前一个元素，那么①空就可以确定，起点从 1 开始，填 0。

而②空所在判断只更新了长度，根据题意和前面 if 语句的条件可以基本确定，②要表达的意思就是在和最大的前提下还要求该子数列包含的元素个数最多，联系题意和上下文就可以确定②空为 tmp＋a[i]＝＝ans。

第⑤空也比较简单，观察整个 if 语句，除了一处 tmp＝0，再也没有其他语句更新 tmp 了，可以推断出第⑤空肯定要改变 tmp，而根据推断 tmp 的含义，不难填出：tmp＝tmp＋a[i]。

此时，只剩下③、④两空，注意到④空后，tmp 清空了，就表示要重新统计区间，那么④空肯定要确定新的起点就是 i 的下一个点，那么就可以推断出④空就填 i。

什么时候可以证明从 beg＋1 开始到当前的 i 都不可能是起点呢？设某个终点 $x, x >$ i，若存在 $\text{tmp}＋a[i]＋\sum_{t=i+1}^{x} a[t] < \sum_{t=i+1}^{x} a[t]$，即 tmp＜0，可以证明，若 beg＋1 开头，当 tmp＜0 时，i 以及 i 以后的终点都不可能存在最大子段和，因为同样的终点，从 $i+1$ 开始更优。这里用贪心算法填出第③空已经不难，就是＜0，还可以用贪心算法证明，beg＋1 到 i 都不可能成为最大子段和的起点。

因为④空处才更新 beg 起点，那么将 beg＋1 作为起点，可以判断出 $\sum_{t=\text{beg}+1}^{i-1} a[t]$ 的所有子段和都大于或等于 0，令 $\text{beg} < j < i \leqslant k \leqslant n$，$\sum_{t=\text{beg}+1}^{j} a[t] \geqslant 0$，从而有 $\sum_{t=\text{beg}+1}^{j} a[t] ＋$ $\sum_{t=j+1}^{k} a[t] \geqslant \sum_{t=j+1}^{k} a[t]$，说明 beg＜$j$＜$i$，范围内的 j 不可能成为最大子段和的起点。综上两步贪心策略，代码中 i 相当于在枚举最大子段和的终点，当 tmp≥0 时可以用贪心算法排除一个起点，当 tmp＜0 时，可以排除以 beg＋1 为起点，i 到 n 的所有终点。这是一个典型的双指针(Two Pointers)操作。时间复杂度：$O(n)$。

明白了贪心算法的设计和证明过程，填空就很简单了。答案为①：<u>0</u>；②：<u>tmp＋a[i]</u> <u>＝＝ans</u>；③：<u>＜0</u>；④：<u>i</u>；⑤：<u>tmp＝tmp＋a[i]</u>。

【例 6-24】　【2014 提高组】(最大子矩阵和)给出 m 行 n 列的整数矩阵，求最大的子矩阵和(子矩阵不能为空)。输入的第一行包含两个整数 m 和 n，即矩阵的行数和列数。之后的 m 行，每行 n 个整数，描述整个矩阵。程序最终输出最大的子矩阵和。

```cpp
# include < iostream >
using namespace std;
const int SIZE = 100;
int matrix[SIZE + 1][SIZE + 1];
int rowsum[SIZE + 1][SIZE + 1];          //rowsum[i][j]记录第 i 行前 j 个数的和
int m, n, i, j, first, last, area, ans;
int main()
{
```

```
cin >> m >> n;
for(i = 1; i <= m; i++)
    for(j = 1; j <= n; j++)
        {
            cin >> matrix[i][j];
        }
ans = matrix   (1)   ;
for(i = 1; i <= m; i++)
     (2)   ;
for(i = 1; i <= m; i++)
    for(j = 1; j <= n; j++)
        {
            rowsum[i][j] =    (3)   ;
        }
for(first = 1; first <= n; first++)
    for(last = first; last <= n; last++)
        {
            (4)   ;
            for(i = 1; i <= m; i++)
                {
                    area +=    (5)   ;
                    if(area > ans)
                    {
                        ans = area;
                    }
                    if(area < 0)
                    {
                        area = 0;
                    }
                }
        }
cout << ans << endl;
return 0;
}
```

【问题分析】 本例题为最大子矩阵和问题,相当于一个二维的最大子段和问题,算法处理的思路就是一维枚举,第二维最大子段和。第(1)空非常简单,也很多样,初始值可以是矩阵内任意位置的值,这里一般填: [1][1]。

根据注释上的提示,rowsum[i][j]记录第 i 行前 j 个数的和,(3)空就可以用前缀和思想,在 $O(nm)$ 时间内完成前缀和数组 rowsum 的求解,(3)空为 rowsum[i][j] = rowsum[i][j−1] + matrix[i][j]。

第(5)空后面的两个 if 语句就是最大子段和最关键的两步贪心,area 就是在求最大子段和。那么对谁求最大子段和呢? 根据前面的枚举+贪心的思想,枚举了从 first 列到 last 列,说明是在列上枚举,在行上做最大子段和。而 area 要加的就是第 i 行,从 first 列到 last 列的和,截取片段和,(5)空为: rowsum[i][last]−rowsum[i][first−1]。由于要求解多次最大子段和,第(4)空也非常明显,就是在求最大子段和之前将 area 清空,于是填写: area=0。

第(2)空在填写时发现,整体功能已经实现了,就是一个 rowsum 数组初始化的问题,可以观察到,其定义在全局变量,初始化为 0。但是这里存在这个空,初始化是个好习惯,填上

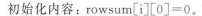

初始化内容：rowsum[i][0]＝0。

有了最大子段和贪心的经验，再加上行上的枚举和前缀和优化，就可以在 $O(n^3)$ 时间内快速求解最大子段和。整理答案为：(1)[1][1]；(2)rowsum[i][0]＝0；(3)rowsum[i][j－1]＋matrix[i][j]；(4)area＝0；(5)rowsum[i][last]－rowsum[i][first－1]。

【例 6-25】 **【2010 提高组】**记 T 为一队列，初始时为空，现有 n 个总和不超过 32 的正整数依次入队。如果无论这些数具体为何值，都能找到一种出队的方式，使得存在某个时刻队列 T 中的数之和恰好为 9，那么 n 的最小值是(　　)。

【问题分析】 题目要求无论这些数具体为何值，都能找到一种出队的方式，这要求我们用贪心算法构造一种最大的 n，使得 n 个总和不超过 32 的正整数依次入队，都不能找到存在某个时刻队列 T 中的数之和恰好为 9。

注意到"某个时刻队列 T 中的数之和"本质上就是序列中的一个片段和。设 $a_1, a_2, \cdots, a_n$ 为 n 个序列中的值，且 $a_i > 0$，$\sum_{i=1}^{n} a_i \leqslant 32$，$b_i$ 记为前 i 个数的和，那么片段和的本质就是对于某对 $1 \leqslant i < j \leqslant n$，不存在 $b_j - b_{i-1} = 9$。能组成 9 的减法组合并不多，我们采用枚举＋贪心的方式，组合有：<9,0>、<1,10>、<2,11>、<3,12>、<4,13>、<5,14>、<6,15>、<7,16>、<8,17>、<9,18>、<10,19>、<11,20>、<12,21>、<13,22>、<14,23>、<15,24>、<16,25>、<17,26>、<18,27>、<19,28>、<20,29>、<21,30>、<22,31>、<23,32>。

我们需要贪心地在这些对中选数值，又不能让两个相差为 9 的值进入队列，从小到大依次进行贪心选择。$b_0 = 0$，可以贪心选择 $b_1 = 1, b_2 = 2, b_3 = 3, b_4 = 4, b_5 = 5, b_6 = 6, b_7 = 7, b_8 = 8, b_9 = 18, b_{10} = 19, b_{11} = 20, b_{12} = 21, b_{13} = 22, b_{14} = 23, b_{15} = 24, b_{16} = 25, b_{17} = 26$。共 17 个值，原序列<1,1,1,1,1,1,1,1,10,1,1,1,1,1,1,1,1>就是其中的一种选择。还剩下和为 6 的值可以选，加入任意一个值都会产生一对差值为 9 的前缀和。

所以，答案 n 的最小值就是 17＋1＝18。这也是数学中的抽屉原理，和贪心算法在有些方面有着类似的思想。

6.5　动 态 规 划

运筹学(Operations Research)是系统工程中最重要的理论基础之一。运筹学所研究的问题可简单地归结为"依据给定条件和目标在多个方案中选择最佳方案"。动态规划是运筹学的重要分支之一，是解决多阶段决策过程最优化问题的有效方法，其应用范围非常广泛。在近几年的联赛中，出现的频率相当高，因此，掌握动态规划是非常必要的。

动态规划的基本思想是：采用分治策略，将求最优解问题分解成求若干子问题的最优解，子问题再递归地分解为子问题的组合，通过递归、递推等方法，把原问题的最优解与局部子问题的最优解关联起来，以求得最终解。局部子问题之间可能有重叠，即某个子问题可能需要求解多次，因此需要将子问题及其解记录下来，避免重复计算以提高效率。动态规划程序设计是解最优化问题的一种途径、一种方法，而不是一种特殊算法。因此读者在学习时除了要对基本概念和方法正确理解外，必须具体问题具体分析处理，以丰富的想象力去建立模型，用创造性的技巧去求解。

6.5.1 动态规划的简介

1. 多阶段决策过程的最优化问题

有一类问题,其求解过程可分成若干互相联系的阶段,每一阶段都需要做出决策,各个阶段的决策依赖于当前面临的状态,也影响以后的发展。各个阶段决策可组成一个决策序列,从而确定了整个过程的一条活动路线,这种把一个问题看作一个前后关联的决策序列组成的多阶段过程就称为多阶段决策过程,这种问题就称为多阶段决策问题,如图 6-12 所示。

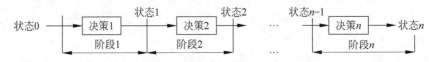

图 6-12 多阶段决策过程

【例 6-26】 最小费用问题。图 6-13 表示城市之间的交通路网,线段上的数字表示费用,单向通行 $A \to E$,求 $A \to E$ 的最省费用。

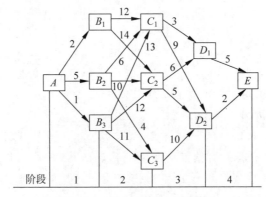

图 6-13 城市之间的交通路网

【算法分析】

把 A 到 E 的全过程分成四个阶段,第一阶段有一个初始状态 A,有三条可供选择的支路 $A \to B_1$、$A \to B_2$、$A \to B_3$;第二阶段有三个初始状态 B_1、B_2、B_3,B_1 有两条可供选择的支路,B_2 有三条可供选择的支路,B_3 有三条可供选择的支路,……除 A、E 外,每个点既是上一阶段的终点,也是下一阶段的起点。用 K 表示阶段变量、DK 表示路径费用,FK 表示到终点 E 的最小距离,利用倒推的方法,求解 A 到 E 的最少费用。

具体计算过程如下。

S_1:$K = 4$ 时有

$$F_4(D_1) = 5$$
$$F_4(D_2) = 2$$

S_2:$K = 3$ 时有

$$F_3(C_1) = \text{MIN}\{D_3(C_1, D_1) + F_4(D_1), D_3(C_1, D_2) + F_4(D_2)\}$$
$$= \text{MIN}\{3 + 5, 9 + 2\} = 8$$

$$F_3(C_2) = \text{MIN}\{D_3(C_2, D_1) + F_4(D_1), D_3(C_2, D_2) + F_4(D_2)\}$$
$$= \text{MIN}\{6+5, 5+2\} = 7$$
$$F_3(C_3) = D_3(C_3, D_2) + F_4(D_2) = 10 + 2 = 12$$

S_3：$K = 2$ 有

$$F_2(B_1) = \text{MIN}\{D_2(B_1, C_1) + F_3(C_1), D_2(B_2, C_2) + F_3(C_2)\}$$
$$= \text{MIN}\{12+8, 14+7\} = 20$$
$$F_2(B_2) = \text{MIN}\{D_2(B_2, C_1) + F_3(C_1), D_2(B_2, C_2) + F_3(C_2) +$$
$$D_2(B_2, C_3) + F_3(C_3)\}$$
$$= \text{MIN}\{6+8, 10+7, 4+12\} = 14$$
$$F_2(B_3) = \text{MIN}\{D_2(B_3, C_2) + F_3(C_2), D_2(B_3, C_3) + F_3(C_3)\}$$
$$= \text{MIN}\{12+7, 11+12\} = 19$$

S_4：$K = 1$ 时有

$$F_1(A) = \text{MIN}\{D_1(A, B_1) + F_2(B_1), D_1(A, B_2) + F_2(B_2) +$$
$$D_1(A, B_3) + F_2(B_3)\}$$
$$= \text{MIN}\{2+20, 5+14, 1+19\} = 19$$

因此由 A 点到 E 点的全过程的最省费用为 19，其路径为 $A \rightarrow B_2 \rightarrow C_1 \rightarrow D_1 \rightarrow E$。

在多阶段决策问题中，各个阶段采取的决策一般来说是与时间或空间有关的，决策依赖于当前状态，又随即引起状态的转移，一个决策序列就是在变化的状态中产生出来的，故有"动态"的含义，我们称这种解决多阶段决策的最优化方法为动态规划方法。

2. 动态规划的基本概念

阶段和阶段变量：动态规划求解问题时需将其求解过程恰当地分成若干相互联系的阶段，以便有序地去求解。阶段的划分一般是根据时间和空间的自然特征来划分的，同时阶段的划分要便于把问题转换成多阶段决策过程。描述阶段的变量称为阶段变量。

状态和状态变量：某一阶段的出发点和终结点都称为状态，除了初始和终结状态外，各阶段中的点可以包含一个或多个状态。用于描述状态的变量称为状态变量。

决策、决策变量和决策允许集合：问题求解过程中做出的每个选择性行动就是决策，是从该阶段的某一个状态出发，通过一次选择性的行动转移至下一阶段的相应状态。一个实际问题可能有多次决策和多个决策点，用以描述决策过程的变量称为决策变量。在实际问题中，决策变量的取值往往限制在某一个范围之内，此范围称为决策允许集合。

策略和最优策略：各阶段决策变量所组成决策的有序总体称为策略，从决策允许集合中找出最优效果的策略称为最优策略。

状态转移方程：对前一阶段的状态做出某种决策，产生后一阶段的状态，这种关系描述了由 k 阶段到 $k+1$ 阶段状态的演变规律，称为状态转移方程。

3. 动态规划的适用范围

一般来说，动态规划不是万能的，它只适于解决一定条件下最优化策略问题，许多看似不是这个范围中的问题都可以转换成这类问题。其中，"一定条件"是指状态必须满足最优化原理和无后效性原则。

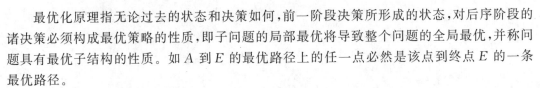

最优化原理指无论过去的状态和决策如何,前一阶段决策所形成的状态,对后序阶段的诸决策必须构成最优策略的性质,即子问题的局部最优将导致整个问题的全局最优,并称问题具有最优子结构的性质。如 A 到 E 的最优路径上的任一点必然是该点到终点 E 的一条最优路径。

无后效性原则指某阶段的状态一旦确定,则此后过程的演变不再受此前各状态及决策的影响。也就是说,"未来与过去无关"。具体地说,如果一个问题被划分为各个阶段之后,当前阶段中的状态只能由上一阶段中的状态通过状态转移方程得来,与其他状态没有关系,特别是与未发生的状态没有关系,这就是无后效性。

由此可见,不能划分阶段的问题不能运用动态规划来解;能划分阶段但不符合最优化原理的,也不能用动态规划来解;既能划分阶段,又符合最优化原理的,但不具备无后效性原则,还是不能用动态规划来解。

4. 动态规划解题的一般思路

动态规划所处理的问题是一个多阶段决策问题,一般由初始状态开始,通过对中间阶段决策的选择,达到结束状态;或倒过来,从结束状态开始,通过对中间阶段决策的选择来达到初始状态。这些决策形成一个决策序列,同时确定了完成整个过程的一条活动路线,通常是求最优活动路线。

动态规划的设计都有着一定的模式,一般要经历以下几个步骤。

(1)判定问题是否具有最优子结构性质,若不具备,则不能用动态规划。

(2)按照问题的时间或空间特征,把问题划分为若干阶段。在划分阶段时,注意划分后的阶段一定是有序的或者是可排序的,否则问题就无法求解。

(3)将问题发展到各个阶段时所处于的各种客观情况用不同的状态表示出来,且状态表示要满足无后效性。

(4)分析相邻状态间的关系,建立状态转移方程,即写出递推或递归方程。

(5)寻找边界条件,即给出递推的终止条件或边界条件。

(6)设定完整的初始条件,不可有遗漏或缺失。

6.5.2 动态规划算法的具体实现

1. 记忆化搜索

动态规划算法大多具有递归结构,所以用递归的方法来实现动态规划算法往往更直接,然而为避免子问题的重复计算,就需要在递归求解过程中记录下相关子问题的值。记忆化搜索就是直接按照递归函数的思路完成程序编写,只是在求解过程中增加一些内存单元来保存子问题的解,在递归求解的开始判断该子问题是否已经被求解过,若是,则直接返回之前记录下来的解,否则才是递归求解,并在最后保存这个解,使得相同的子问题最多只计算一次。

2. 递推

按解题的目标来分,信息学奥赛的试题主要分为四类:判定性问题、构造性问题、计数问题和最优化问题。我们在竞赛中碰到的大多是最优化问题,而动态规划正是解决最优化问题的有力武器,因此动态规划在竞赛中的地位日益提高。而递推法在处理判定性问题和

计数问题方面也是一把利器。如大家已经熟悉的最短路径递推式：

$$dist[i] = min(dist[k] + path[k,i], dist[j] + path[j,i])$$

根据递推公式来判断循环递推的方向。如果递推公式涉及的元素是不断增大的，那么就从小开始递推，不断增大，反之则从大开始不断减小。例如：

$$dp[r][j] = max(dp[r+1][j], dp[r+1][j+1]) + num[r][j]$$

这个递推公式涉及的元素 r、j 都不断增大，那么就应该从小到大递推。

在递推中，判断递推的方向和边界条件非常重要。递推通过程序的循环来实现，从边界值开始逐步填充数组，前一个阶段的解为后一阶段的求解提供有用的信息。动态规划算法空间的优化与递推过程密切相关，具体细节及一些技巧需要大家在实践中慢慢体会。

【例 6-27】 一个楼梯有 20 级，每次走 1 级或 2 级，从底走到顶共有多少种走法？

【问题分析】 假设从底走到第 n 级的走法有 $f(n)$ 种，从其前一阶段到第 n 级有两个方法，一个是从第 $(n-1)$ 级走一步，另一个是从第 $(n-2)$ 级走 2 步，前者有 $f(n-1)$ 种方法，后者有 $f(n-2)$ 种方法，故 $f(n)=f(n-1)+f(n-2)$，另外有 $f(0)=1,f(1)=1$。

方法一：暴力递归

```cpp
#include <iostream>
using namespace std;
int f(int n)
{
    if(n == 0 || n == 1)
    {
        return 1;
    }
    else
    {
        return f(n-1) + f(n-2);
    }
}
int main()
{
    cout << f(20) << endl;
}
```

显然，想要计算原问题 $f(20)$，就得先计算出子问题 $f(19)$ 和 $f(18)$；然后要计算 $f(19)$，就要先算出子问题 $f(18)$ 和 $f(17)$，以此类推。最后遇到 $f(0)$ 或者 $f(1)$ 时，结果已知，就能直接返回结果。此算法低效的原因：存在大量重复计算，即重叠子问题。

方法二：记忆化搜索

```cpp
#include <iostream>
using namespace std;
int fib[20];
int f(int n)
{
    if(fib[n])
    {
        return fib[n];
    }
```

```
    if(n == 0||n == 1)
    {
        return 1;
    }
    else
    {
        fib[n] = f(n - 1) + f(n - 2);
    }
    return fib[n];
}
int main()
{
    cout << f(20)<< endl;
}
```

此处一般使用一个数组记录子问题的结果,如例 6-27 的 fib 数组,当然也可以使用哈希表(字典),思想都是一样的。

记录数组相当于将图 6-14 递归树中椭圆线内的所有子问题进行剪枝操作。

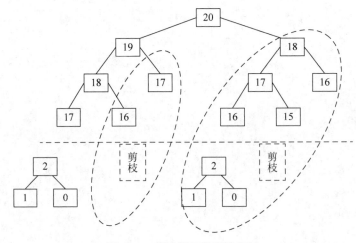

图 6-14　斐波那契数列递归树

方法三：递推(动态规划)

显然,本例直接从问题规模最小的 $f(1)$ 和 $f(2)$ 开始往上推,直到推到想要的答案 $f(20)$,这就是动态规划的思路。虽然动态规划有递归的特性,但改用递推方程求解后一般都脱离了递归,而是由循环迭代完成计算。

```
# include < iostream >
using namespace std;
int fib[20];
int f(int n)
{
    fib[0] = 1;
    fib[1] = 1;
    for(int i = 2;i < = 20;i++)
    {
        fib[i] = fib[i - 1] + fib[i - 2];
```

```
    }
    return fib[n];
    }
int main()
{
    cout << f(20)<< endl;
}
```

这里的动态转移方程实际上就是描述问题结构的数学形式：

$$f(n) = \begin{cases} 1 & n=0 \text{ 或 } n=1 \\ f(n-1)+f(n-2) & n \geqslant 2 \end{cases}$$

状态 n 由状态 $n-1$ 和状态 $n-2$ 相加转移而来，这就叫状态转移。

斐波那契数列的状态转移方程的当前状态只和之前的两个状态有关，其实并不需要那么长的一个数组来存储所有的状态，只要想办法存储之前的两个状态即可。所以，可以进一步优化，把空间复杂度降为 $O(1)$（代码留给读者自己练习）。

此外，斐波那契数列的例子严格来说不算动态规划，因为它不具备最优子结构特性，或者说它不是解决最优化问题的，其转移方程中缺少一个求最优解所需的 max、min 等决策函数，仅此而已，但该例子有助于初学动态规划者入门。

【例 6-28】 给你 k 种面值的硬币，面值分别为 $c_1,c_2,\cdots,c_k$，再给一个总金额 n，问你最少需要几枚硬币可以凑出这个金额，如果不可能凑出，则回答 -1。

例如，$k=3$，面值分别为 1、2、5，总金额 $n=11$，那么最少需要 3 枚硬币，即 $11=5+5+1$。

【问题分析】 先来看看样例的递归树（见图 6-15）。

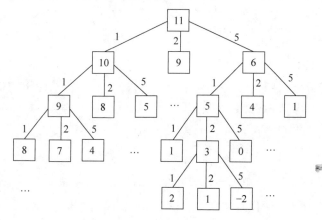

图 6-15 凑硬币问题递归树

假设 $f(n)$ 为总金额为 n 时所需的最少银币数，则有：
$f(11)=\min\{f(10),f(9),f(6)\}+1$，所以有状态转移方程为：

$$f(n) = \begin{cases} 0, & \text{当 } n \leqslant 0 \text{ 时} \\ -1, & \text{当 } n > 0 \text{ 且问题无解时} \\ \min\{f(n-c_i) \mid i \in [1,k]\}+1, & \text{当 } n > 0 \text{ 时} \end{cases}$$

其中，n 代表目标金额；c_i 为硬币面值。

其实，这个方程就用到了最优子结构性质：原问题的解由子问题的最优解构成。即

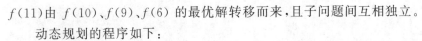

$f(11)$ 由 $f(10)$、$f(9)$、$f(6)$ 的最优解转移而来,且子问题间互相独立。

动态规划的程序如下:

```cpp
# include < iostream >
# include < vector >
using namespace std;
int coinChange(vector < int > & coins, int amount)
{
    vector < int > dp(amount + 1, amount + 1);   // 数组大小为 amount + 1,初始值也为 amount + 1
    dp[0] = 0;                                    // 初始状态
    for(int i = 0; i < dp.size(); i++)
    {   // 内层 for 在求所有子问题 + 1 的最小值
        for(int coin = 0;coin < coins.size();coin++)
        {   //枚举选优
            if(i - coins[coin] < 0) continue;   // 子问题无解,跳过
            dp[i] = min(dp[i], 1 + dp[i - coins[coin]]);
        }
    }
    return(dp[amount] == amount + 1)? - 1:dp[amount];                       //问题无解,输出 - 1
}


int main()
{
    int n,k,c = 0;
    cin >> k;
    vector < int > coins(k);
    cin >> n;
    if(n < = 0 ||k < = 0)
    {
        return 0;
    }
    else
    {   for(int i = 0;i < k;i++)                    //输入可供选择的硬币情况
        {
            cin >> c;
            coins.push_back(c);
        }
    }
    cout << coinChange(coins,n) << endl;
    return 0;
}
```

通过本例不难发现,动态规划的难点在于状态转移方程,而递归过程的分析、画图等方法有助于该方程的推导。从代码实现的角度看,动态规划还是有基本步骤("套路")的。首先考虑状态数据表示,即数据结构设计,在此一般都是考虑设计一个数组等;其次,找出状态间的关系即数据元素之间的关系;最后确定边界及初值。

本例的暴力递归、记忆化搜索及不采用 vector 的动态规划代码,请读者自己实现。

6.5.3　动态规划解题的常用技巧

从前面的动态规划具体实现可以看出,动态规划的常用设计技巧主要是递推和记忆化搜索(递归)。

1. 递推实现

【例 6-29】 一个机器人位于一个 $m \times n$ 网格的左上角（起始点在图 6-16 中标记为 Start）。机器人每次只能向下或者向右移动一步。机器人试图达到网格的右下角（在图 6-16 中标记为 Finish）。问总共有多少条不同的路径（m 和 n 的值均不超过 100）？

图 6-16 例 6-28 的机器人行走路径图

当然，该例题最简单的方法是利用组合数学的方法求解，在此我们还是用动态规划来介绍一下。

1. 定义数组

定义 $f[i][j]$ 的含义为：当机器人从左上角走到 (i,j) 这个位置时，共有 $f[i][j]$ 条路径。那么，$f[m-1][n-1]$ 就是我们要的答案了。

2. 求递推式

机器人可以向下走或者向右走，所以有以下两种方式到达 (i,j) 这个位置。

(1) 从 $(i-1,j)$ 这个位置走一步到达（向右）。

(2) 从 $(i,j-1)$ 这个位置走一步到达（向下）。

运用加法原理，递推式为 $f[i][j]=f[i-1][j]+f[i][j-1]$。

3. 初始化

下面来看看这个问题的初值该如何设置。显然，由于 $f[i][j]$ 是一个逆向求解的过程，所以当 i 或者 j 有一个为 0 时，就该终止递推，所以图 6-16 中的最上面一行和最左边一列的初始值为 1，即 $f[0][0\cdots n-1]=f[0\cdots m-1][0]=1$。

有了上述递推式，相信读者已可以很容易地写出其动态规划代码了。下面来看看这类用二维数组实现的递推方程，在空间优化上有什么特点。

4. 空间优化

上述问题的空间复杂度为 $O(nm)$，那能否将空间复杂度优化成 $O(n)$，即直接实现降维的效果呢？答案是肯定的。

由递推式 $f[i][j]=f[i-1][j]+f[i][j-1]$ 可以轻松地画出一个由二维数组表示的问题求解矩阵，如表 6-4 所示。

表 6-4 例 6-28 的机器人行走问题求解数组表

$(0,0)$	$\cdots$	$(0,j-1)$	$(0,j)$	$(0,j+1)$	$\cdots$	$(0,n)$
			$\cdots$			

$(i-1,0)$	$\cdots$	$(i-1,j-1)$	$(i-1,j)$	$(i-1,j+1)$	$\cdots$	$(i-1,n)$
$(i,0)$	$\cdots$	$(i,j-1)$	(i,j)	$(i,j+1)$	$\cdots$	(i,n)
$(i+1,0)$	$\cdots$	$(i+1,j-1)$	$(i+1,j)$	$(i+1,j+1)$	$\cdots$	$(i+1,n)$
			$\cdots$			
$(m-1,0)$	$\cdots$	$(m-1,j-1)$	$(m-1,j)$	$(m-1,j+1)$	$\cdots$	$(m-1,n-1)$

在计算 $f[i][j]$ 时,其值只跟 $f[i-1][j]$ 和 $f[i][j-1]$,而表中画线数据表示该位置部分的数据已不再需要,且在计算 $f[i][j]$ 时,其同一行左边的数据应该也已经求得,其右边及之后位置的数据是待求解的,所以,问题求解时只需要保留后续求解要用到的数据即可。

优化以后的递推式为 $f[i]=f[i-1]+f[i]$,其中等式两边的式子与原递推式中的相关元素有着对应的等价关系,即 $f[i]_左=f[i][j]$,$f[i-1]=f[i-1][j]$,$f[i]_右=f[i][j-1]$。

优化后的代码如下:

```cpp
#include <iostream>
using namespace std;

int f[101];
int main()
{
    int m,n;
    cin >> m >> n;
    if(m <= 0 || n <= 0)
    {
        return 0;
    }
    for(int i = 0; i < n; i++)
    {
        f[i] = 1;                    // 初始化第一行
    }
    // 用递推法求解各子问题
    for(int i = 1; i < m; i++)
    {
        f[0] = 1;                    // 第 i 行第 0 列的初始值
        for(int j = 1; j < n; j++)
        {
            f[j] = f[j-1] + f[j];
        }
    }
    cout << f[n-1] << endl;
    return 0;
}
```

【思考】 如果每次能往右或往下走一步或两步,有多少种方法?

细心的读者会发现,这个例子本质上仍然不是求最优化问题,确实,把"总共"理解为"最多"有些牵强。下面把例 6-30 改一下,加大些难度。

【例 6-30】 【求最短路径】还是用例 6-30 的 $m\times n$ 网格和机器人移动规则,但每个网格

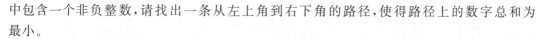

中包含一个非负整数,请找出一条从左上角到右下角的路径,使得路径上的数字总和为最小。

【输入】 $\mathbf{arr}=\begin{bmatrix}1 & 3 & 1\\ 1 & 5 & 1\\ 4 & 2 & 1\end{bmatrix}$,$\mathbf{arr}[i][j]$表示网格中的权值。

【输出】 7。

【解释】 因为路径 $1\to3\to1\to1\to1$ 的总和最小。

【分析】 本例题的分析过程基本与例 6-30 相似,先来看一下这两个例题的共同点和差异。共同点:机器人要到达 (i,j) 这个位置,还是只能从 $(i-1,j)$ 和 $(i,j-1)$ 这两个位置来;不同点:例 6-30 可以用加法原理,而此处既不能用加法原理,也不能用乘法原理,而是在两条路径中二选一。为此,状态转移方程为 $f[i][j]=\min(f[i-1][j],f[i][j-1])+\mathbf{arr}[i][j]$。

显然,涉及要初值设置的元素仍然是最上面一行和最左边一列,但其值不能是 1 了,而是相应的行和与列和。即

$$f[0][j]=\mathbf{arr}[0][j]+f[0][j-1],\quad f[i][0]=\mathbf{arr}[i][0]+f[i][0]$$

很显然,空间优化以后的递推方程为 $f[i]=\min(f[i-1],f[i])+\mathbf{arr}[i][j]$。

【参考程序】

```cpp
#include <iostream>
using namespace std;

int f[101];
int arr[101][101];
int main()
{
    int m,n;
    cin >> m >> n;
    if(m <= 0 || n <= 0)
    {
        return 0;
    }
    for(int i = 0; i < m; i++)
        for(int j = 0; j < n; j++)
        {
            cin >> arr[i][j];
        }
    for(int i = 0; i < n; i++)
    {
        f[i] = f[i-1] + arr[0][i];              // 初始化第一行
    }
    // 用递推法求解各子问题
    for(int i = 1; i < m; i++)
    {
        f[0] = f[0] + arr[i][0];                // 第 i 行第 0 列的初始值
        for(int j = 1; j < n; j++)
        {
            if(f[j] > f[j-1])
```

```
        {
            f[j] = f[j - 1] + arr[i][j];              //上一行 + 当前值
        }
        else
        {
            f[j] = f[j] + arr[i][j];                  //前一列 + 当前值
        }
    }
}
cout << f[n - 1] << endl;
return 0;
}
```

【例 6-31】 编辑距离。编辑距离(Minimum Edit Distance,MED)由俄罗斯科学家 Vladimir Levenshtein 于 1965 年提出,也因此而得名 Levenshtein Distance(莱文斯距离)。在信息论、语言学和计算机科学领域,Levenshtein Distance 是用来度量两个序列相似程度的指标。通俗地讲,编辑距离指的是在两个单词之间,由其中一个单词转换为另一个单词所需要的最少单字符编辑操作次数。

【问题描述】

设 A 和 B 是两个字符串,现要用最少的单字符操作次数,将字符串 A 转换为字符串 B。这里所说的字符操作共有以下三种。

(1) 插入一个字符。

(2) 删除一个字符。

(3) 替换一个字符。

【输入格式】 第一行为字符串 A,第二行为字符串 B,A、B 的长度均小于 200。

【输出格式】 只有一个正整数,为最少字符操作次数。

【输入样例】

Horse

Ros

【输出样例】

3

【问题分析】 先来分析一下三个操作,由于目的是将 A 转换成 B,且要使用最少操作次数。设 i、j 为 A、B 的当前指针,则插入就应该是将 B[j] 插入 A[i] 之后,删除自然是指删除 A[i],替换就是用 B[j] 替换 A[i],也就是说对任意的 i、j,当 A[i]!=B[j] 时,A[i] 位置的元素有可能会进行上述三种操作。考虑一下,这个问题的递归树是怎样的?按前面的套路又该如何往下分析求解?

定义数组:搞清楚了操作,就可以定义状态了。设 $f[i][j]$ 表示 A[i] 与 B[j] 的最优编辑距离,即所使用的最少操作次数,那么,$f[m][n]$ 就是问题要求的结果,其中 m、n 分别为 A、B 的串长。

求递推式:接下来要找 $f[i][j]$ 的递推关系了,要操作的次数最少,就是要寻找最佳操作。那么有如下关系式。

(1) A[i]=B[j],这时不需要进行任何操作,显然有 $f[i][j]=f[i-1][j-1]$。

（2）A[i]！＝B［j］，这时就必须进行调整，而调整的操作有三种，要选择一种。三种操作对应的关系式如下（注意字符串与字符的区别）。

① 如果把字符 A[i] 替换成 B[j]，则有 $f[i][j]=f[i-1][j-1]+1$。

② 如果在字符串 A 末尾插入 B[j]，则有 $f[i][j]=f[i][j-1]+1$。

③ 如果把字符 A[i] 删除，则有 $f[i][j]=f[i-1][j]+1$。

故有递推方程：$f[i][j]=\min(f[i-1][j-1],f[i][j-1],f[i-1][j])+1$。

初始化：显然，如果 i 或者 j 有一个为 0 时，转换为另外一个字符串，那就只能一直进行插入或者删除操作了，即 $i=0$，插入 j 次；$j=0$，删除 i 次。

综上分析可知其计算模型如下：

$$f_{a,b}[i][j]=\begin{cases} \max(i,j) & \min(i,j)=0 \\ f_{a,b}[i-1][j-1] & A[i]=B[i] \\ \min\begin{cases} f_{a,b}[i-1][j]+1 \\ f_{a,b}[i][j-1]+1 \\ f_{a,b}[i-1][j-1]+1(a_i \neq b_j) \end{cases} & 其他 \end{cases}$$

例如，对于该题输入样例的计算求解矩阵如表 6-5 所示。

表 6-5　编辑距离求解矩阵

矩阵	**0**	**r**	**o**	**s**
0	0	1	2	3
h	1	1	2	3
o	2	2	1	2
r	3	2	2	3
s	4	3	3	2
e	5	4	4	3

代码如下：

```cpp
# include < iostream >
using namespace std;

int f[201][201];
char s1[201],s2[201];
int i,j,m,n;
int main()
{
    cin >> s1 >> s2;
    m = strlen(s1);                    //A 的长度
    n = strlen(s2);                    //B 的长度
    for(i = 1;i <= m;i++)
    {
        f[i][0] = i;                   //B 为空,删除 A 的全部内容,初始化首行
    }
    for(i = 1;i <= n;i++)
    {
        f[0][i] = i;                   //A 为空,插入 B 的全部内容,初始化首列
    }
```

```
        for(i = 1;i < = m;i++)
            for(j = 1;j < = n;j++)
            {
                if(s1[i-1] == s2[j-1])
                {
                    f[i][j] = f[i-1][j-1];
                }
                else
                {
                    f[i][j] = min(min(f[i-1][j],f[i][j-1]),f[i-1][j-1]) + 1;
                }
            }
        cout << f[m][n]<< endl;
        return 0;
    }
```

空间优化：对比一下例 6-31 的递推式和本例的递推式。

$$f[i][j] = \min(f[i-1][j], f[i][j-1]) + \mathrm{arr}[i][j] \qquad ①$$

$$f[i][j] = \min(f[i-1][j-1], f[i][j-1], f[i-1][j]) + 1 \qquad ②$$

②式比①式多了一个 $f[i-1][j-1]$，而该元素正好是 $f[i-1][j]$ 的前一个元素，即②式比①式多一个数据元素。如果用一个变量 pre 来保存 $f[i-1][j-1]$ 的值，那问题也就简单了，对应的一维递推式为：

$$f[i] = \min(\mathrm{pre}, f[i-1], f[i]) + 1$$

代码如下：

```
    # include < iostream >
    using namespace std;

    int f[201];
    char s1[201],s2[201];
    int i,j,m,n;
    int main()
    {
        cin >> s1 >> s2;
        m = strlen(s1);               //A 的长度
        n = strlen(s2);               //B 的长度
        for(i = 0;i < = m;i++)
        {
            f[i] = i;                 //首行初始化
        }
        for(i = 1;i < = m;i++)
        {   //计算子问题的解
            int temp = f[0];          //临时保存前值
            f[0] = i;                 //首列初始化
            for(j = 1;j < = n;j++)
            {
                int pre = temp;
                temp = f[j];
                if(s1[i-1] == s2[j-1])
                {
```

```
                f[j] = pre;
            }
            else
            {
                f[j] = min(min(pre,f[j]),f[j-1]) + 1;
            }
        }
    }
    cout << f[n]<< endl;
    return 0;
}
```

【思考】　如何测试 A 或 B 为空串？

【例 6-32】　小明去旅游时需要带上一些物品，有 5 种物品供选择，每种物品的体积、重量、数量、价值分别见表 6-6。

表 6-6　例 6-32 的物品参数表

物品编号	体积/cm³	重量/kg	数量/个	价值/元
1	30	3	10	4
2	50	8	10	5
3	10	2	10	2
4	23	5	8	3
5	130	20	5	11

现在限制总的体积最多为 $500cm^3$，总的重量最多为 $100kg$，请问小明能带上的物品的最大总价值是多少？

【问题分析】　本例题是著名的背包问题。首先定义一些变量，记 $v[i]$ 为第 i 个物品的体积，$w[i]$ 为第 i 个物品的重量，$c[i]$ 为第 i 个物品的数量，$t[i]$ 为第 i 个物品的价值，$i=1,2,3,4,5$。

可以假设物品就是按编号顺序来选择的，某个物品不被选上可看作被选用了 0 个。这样的话，问题就是在 5 种物品里选择，以满足重量体积限制，并使总价值最大。按顺序在 5 种物品里选可以分解为先在前 4 种物品里选，最后确定最后一种物品怎么选。一般地，要在前 n 种物品里选，可以先看作在前 $n-1$ 种物品里选，最后选第 n 种，但要用一个状态(也就是子问题)来记录前 $n-1$ 种物品选择的状态，目的是使目标问题能递归地分解成子问题，但要注意状态数目不能太多，否则内存可能不够。

定义数组：在前 n 种物品里选择，满足总体积为 x 和总重量为 y 的条件下，总价值最多是多少？记这个最大总价值为 $f(n,x,y)$，根据这个定义，原问题就是求 $f(5,500,100)$。

求递推式：要求 $f(n,x,y)$，可以先考虑第 n 个物品的选择，假设它被选用 i 个，那么它的总体积为 $i \cdot v[n]$，总重量为 $i \cdot w[n]$，于是前 $(n-1)$ 个物品的总体积为 $x-i \cdot v[n]$，总重量为 $y-i \cdot w[n]$，于是 $f(n,x,y)$ 归约为 $f(n-1,x-i \cdot v[n],y-i \cdot w[n])$，而这个 i 的取值范围为 $i \geqslant 0, i \leqslant c[n], x-i \cdot v[n] \geqslant 0, y-i \cdot w[n] \geqslant 0$，即

$$f(n,x,y) = \text{MAX}_i \{f(n-1,x-i \cdot v[n],y-i \cdot w[n]) + i \cdot t[n]\}$$

计算模型为：

$$f(n,x,y)=\begin{cases} f(n-1,x,y) & i=0 \\ \mathrm{MAX}_i\{f(n-1,x-i\cdot v[n],y-i\cdot w[n])+i\cdot t[n]\} & i>0 \end{cases}$$

代码如下：

```cpp
#include <iostream>
#include <string.h>
#define maxn 6
using namespace std;
int v[maxn],w[maxn],c[maxn],t[maxn];
int f[6][501][101];

int main()
{
    int i,num,maxx,maxy;
    cin >> num;                              //输入参数
    for(i=1;i<=num;i++)
    {
        cin >> v[i] >> w[i] >> c[i] >> t[i];
    }
    cin >> maxx >> maxy;
    memset(f,0,sizeof(f));                   //先初始解
    int n,x,y;
    for(n=1;n<=num;n++)
        for(x=1;x<=maxx;x++)
            for(y=1;y<=maxy;y++)
            {
                int maxi = c[n];             //计算 i 的最大值
                if(x/v[n]<maxi)
                {
                    maxi = x/v[n];
                }
                if(y/w[n]<maxi)
                {
                    maxi = y/w[n];
                }
                for(i=0;i<=maxi;i++)
                {
                    f[n][x][y] = max(f[n][x][y],f[n-1][x-i*v[n]][y-i*w[n]] + i*t[n]);
                }
            }
        int ans = 0;
        for(x=0;x<=maxx;x++)
            for(y=0;y<=maxy;y++)
            {
                if(f[num][x][y]>ans)
                {
                    ans = f[num][x][y];
                }
            }
        cout << ans << endl;
    return 0;
}
```

如果不但要知道目标函数的值,并且希望知道各个决策步骤,一个简单的方法是增加一

个数组,用来记录各个子问题的决策。代码如下:

```cpp
# include < iostream >
# include < string.h >
# define maxn 6
using namespace std;
int v[maxn],w[maxn],c[maxn],t[maxn];
int f[6][501][101];                          // 用于保存 f(n,x,y)
int s[6][501][101];                          // 用于保存 f(n,x,y)的决策
int main()
{
    int i,num,maxx,maxy;
    cin >> num;                              //输入参数
    for(i = 1;i < = num;i++)
    {
        cin >> v[i] >> w[i] >> c[i] >> t[i];
    }
    cin >> maxx >> maxy;
    memset(f,0,sizeof(f));                   //先初始解
    int n,x,y;
    for(n = 1;n < = num;n++)
        for(x = 1;x < = maxx;x++)
            for(y = 1;y < = maxy;y++)
            {
                int maxi = c[n];             //计算 i 的最大值
                if(x/v[n] < maxi)
                {
                    maxi = x/v[n];
                }
                if(y/w[n] < maxi)
                {
                    maxi = y/w[n];
                }
                for(i = 0;i < = maxi;i++)
                {
                    if(f[n-1][x-i*v[n]][y-i*w[n]] + i*t[n] > f[n][x][y])
                    {
                        f[n][x][y] = f[n-1][x-i*v[n]][y-i*w[n]] + i*t[n];
                        s[n][x][y] = i;       //记录 f[n][x][y]的决策
                    }
                }
            }
    int ans = 0,xx,yy;
    for(x = 0;x < = maxx;x++)
        for(y = 0;y < = maxy;y++)
        {
            if(f[num][x][y] > ans)
            {
                ans = f[num][x][y];
                xx = x;
                yy = y;
            }
```

```
        }
        cout << "max value is " << ans << endl;
        for(n = num;n >= 1;n -- )
        {   //按物品编号逆序输出决策
            int temp = s[n][xx][yy];
            cout << temp << endl;
            xx -= temp * v[n];
            yy -= temp * w[n];
        }
    return 0;
}
```

空间优化：显然,本例题的算法是一个三维的问题,要优化存储开销还是要在降维上做文章,对于本例,知道物品编号及数量就可以分别求出体积、重量及价值的总和,所以要把三维问题降为二维问题也是可以的,但有时降维后代码的可读性会变差。作为练习,读者可以自己写写本例降维后的代码。

递推当然是动态规划的主要实现技巧,接下来一起简单讨论一下其他实现技巧。

2. 递归实现

1) 记忆化搜索法

递归实现动态规划算法往往更直接。简单说就是增加一些单元来保存子问题的解,以避免相同问题多次求解,即**记忆化搜索实现**。

例 6-27(机器人问题)的递推(递归)方程是 $f[i][j] = f[i-1][j] + f[i][j-1]$。

下面直接给出该例的递归代码:

```
# include < iostream >
using namespace std;

int f[101][101];
int getf(int x,int y)
{   //判断是否已求解,若是则直接返回之前记录的解
    if(f[x][y] != -1)
    {
        return f[x][y];
    }
    int result;                         //否则递归求解
    if(x == 0 || y == 0)
    {
        result = 1;
    }
    else
    {
        result = getf(x - 1,y) + getf(x,y - 1);
    }
    f[x][y] = result;                   //记录并返回结果
    return result;
}
int main()
{
    int m,n;
```

```
    cin >> m >> n;
    for(int i = 0; i < m; i++)              // 初始化记录数组
        for(int j = 0; j < n; j++)
        {
            f[i][j] = -1;
        }
    cout << getf(m - 1, n - 1) << endl;
    return 0;
}
```

采用递归方法来实现动态规划算法求解例 6-29 的代码如下：

```
#include < iostream >
#include < string. h >
#define maxn 6
using namespace std;
int v[maxn], w[maxn], c[maxn], t[maxn];
int f[6][501][101];                         // 用于保存 f(n,x,y)

int getf(int n, int x, int y)
{    //判断是否已求解,若是则直接返回之前记录的解
    if(f[n][x][y] >= 0)
    {
        return f[n][x][y];
    }
    if(n == 0 || x == 0 || y == 0)
    {
        f[n][x][y] = 0;                     //否则递归求解
    }
    else
    {
        int maxi = c[n];                    //计算 i 的最大值
        if(x/v[n] < maxi)
        {
            maxi = x/v[n];
        }
        if(y/w[n] < maxi)
        {
            maxi = y/w[n];
        }
        for(int i = 0; i <= maxi; i++)
        {
            if(getf(n - 1, x - i * v[n], y - i * w[n]) + i * t[n] > f[n][x][y])
            {
                f[n][x][y] = f[n - 1][x - i * v[n]][y - i * w[n]] + i * t[n];
                                                        //记录 f[n][x][y]
            }
        }
    }
    return f[n][x][y];
}
```

```
int main()
{
    int i,num,maxx,maxy;
    cin >> num;                     //输入参数
    for(i = 1;i <= num;i++)
    {
        cin >> v[i]>> w[i]>> c[i]>> t[i];
    }
    cin >> maxx >> maxy;
    memset(f,0xff,sizeof(f));       //先初始解
    int ans = 0,x,y;
    for(x = 0;x <= maxx;x++)
        for(y = 0;y <= maxy;y++)
        {
            if(getf(num,x,y)> ans)
            {
                ans = getf(num,x,y);
            }
        }
    cout <<"max value is " << ans << endl;
    return 0;
}
```

2) 子问题编码

有时子问题比较复杂,不容易直接记录其解,可以先考虑把子问题编号,然后把结果保存到一个数组里,即把第 i 个子问题的解记录在数组的第 i 个成员里。该方法的关键就是设计出一个函数把所有状态一对一地映射到前面的子问题编号中。

【例 6-33】 最大公共子串(最长公共子序列)。

【问题描述】

从一个给定的串中删去(不一定连续地删去)0 个或 0 个以上的字符,剩下的字符按原来顺序组成的串。例如:" "、"a"、"xb"、"aaa"、"bbb"、"xabb"、"xaaabbb"都是串"xaaabbb"的子序列(例子中的串不包含引号)。

编程求 N 个非空串的最长公共子串的长度,$2 \leqslant N \leqslant 100$,$N$ 个串中的字符只会是数字 $0,1,\cdots,9$ 或小写英文字母 $a,b,\cdots,z$;每个串非空且最多含 100 个字符;N 个串的长度的乘积不会超过 30000。

【输入格式】

输入的第一行是一个整数 T,表示测试数据的个数($1 \leqslant T \leqslant 10$)。接下来有 T 组测试数据。各组测试数据的第一行是一个整数 N_i,表示第 i 组数据中串的个数。各组测试数据的第 $2 \sim N+1$ 行中,每行一个串,串中不会有空格,但行首和行末可能有空格,这些空格当然不算作串的一部分。输入文件为 maxsub.in。

【输出格式】

输出 T 行,每行一个数,第 i 行的数表示第 i 组测试数据中 N_i 个非空串的最长公共子串的长度。输出文件为 maxsub.out。

【输入样例】

1

2
ab
bc
cd

【输出样例】

0

【问题分析】　设有两个串 $X=\{x_1,x_2,\cdots,x_m\}$ 和 $Y=\{y_1,y_2,\cdots,y_n\}$，m、n 分别为两个串的长度，那么该如何找出 X 和 Y 的最长公共子序列呢？定义 $f(i,j)$ 表示串 X 和 Y 的最长公共子序列，则：

$$f(i,j)=\begin{cases}0 & i=0\ \text{或}\ j=0\\ f(i-1,j-1)+1 & i\text{、}j>0\ \text{并且}\ x_i=y_j\\ \max\{f(i-1,j),f(i,j-1)\} & i\text{、}j>0\ \text{并且}\ x_i\neq y_j\end{cases}$$

同理，可得三个串 X、Y、Z 的最长公共子序列计算状态转移递推模型：

$$f(i,j,k)=\begin{cases}0 & i=0\ \text{或}\ j=0\ \text{或}\ k=0\\ f(i-1,j-1,k-1)+1 & i,j,k>0\ \text{并且}\ x_i=y_j=z_k\\ \max\{f(i-1,j,k),f(i,j-1,k),f(i,j,k-1)\} & i,j,k>0\ \text{并且}\ !(x_i=y_j=z_k)\end{cases}$$

所以求 N 个串的最长公共子串 $F(X_1,X_2,\cdots,X_N)$ 的状态可以用 $F(x_1,x_2,\cdots,x_n)$ 来表示，即第 i 个串的前 x_i 个字符所组成的子串（$i=1,2,\cdots,N$）的子串集合最长公共子串的长度。

其状态转移方程可表示如下：

$$F(x_1,x_2,\cdots,x_n)=\begin{cases}0 & \text{如果}\ \exists x_i=0\\ F(x_1-1,x_2-1,\cdots,x_n-1)+1 & \text{每个串的第}\ x_i\ \text{个字符都相等}\\ \max\{F(x_1-1,x_2,\cdots,x_n),F(x_1,x_2-1,\cdots,x_n),\cdots,F(x_1,x_2,\cdots,x_n-1)\}\end{cases}$$

由于 $2\leqslant N\leqslant100$，即问题的维数是不确定的，所以不能直接用多维数组记录各个状态的值，可以把各个状态映射到一维数组的前面若干项。具体地说，可以把状态 $F(x_1,x_2,\cdots,x_n)$（其中 $x_i\neq0$，$i=1,2,\cdots,n$）记录到一维数组 ARRAY[0..30000] 的元素。

$$\text{ARRAY}[(x_1-1)+(x_2-1)\cdot\text{len}_1+(x_3-1)\cdot\text{len}_1\cdot\text{len}_2+\cdots+$$
$$(x_n-1)\cdot\text{len}_1\cdot\text{len}_2\cdot\cdots\cdot\text{len}_{n-1}]$$

其中，len_i 表示第 i 个串的长度，$i=1,2,\cdots,n$。代码如下：

```cpp
# include < iostream >
# include < fstream >
# include < string >
using namespace std;

char ans[30000];                    //用来记录子问题
char cs[101][101];                  //输入字符串
int len[101];                       //输入字符串的长度
//动态规划,n表示字符串的数目,各个字符串的当前长度保存在 x[1],x[2],…
int get(int n,int * x)
{
```

```
int i,ret,index;
for(i = 1;i < = n;i++)
{
    if(x[i] == 0)
    {
        return 0;
    }
}
//计算编码
for(i = n - 1,index = x[n] - 1;i > = 1;i -- )
{
    index = index * len[i] + x[i] - 1;
}
//若已经被求解过,则直接返回结果
if(ans[index]> = 0)
{
    return ans[index];
}
//递归的求解结果,判断当前状态的所有字符串的最后一个字符是否相同
for(i = 2;i < = n;i++)
{
    if(cs[1][x[1] - 1]! = cs[i][x[i] - 1])
    {
        break;
    }
}
//若全相同,则可把最后的那个字符作为公共子串的一个字符
if(i > n)
{
    for(int j = 1;j < = n;j++)
    {
        x[j] -- ;
    }
    ret = get(n,x) + 1;
    for(int j = 1;j < = n;j++)
    {
        x[j]++;
    }
}
else {                    //否则,对每个字符串,舍弃其最后一个字符再用递归法求出最大公共子串
{
    ret = 0;
}
for(i = 1;i < = n;i++)
{
    x[i] -- ;
    int rem = get(n,x);
    if(rem > ret)
    {
        ret = rem;
    }
    x[i]++;
}
```

```
        }                                    //保存结果并返回
        ans[index] = ret;
        return ret;
}
int main()
{
    int i,j,t,n,temp[101];
    ifstream filein("maxsub.in.txt");
    ofstream fileout("maxsub.out");
    if(! filein)
    {
        cerr <<"file open error." << endl;
    }
    filein >> t;
    for(i = 1;i <= t;i++)
    {   //置为负数表示没有被求解过
        memset(ans,0xff,sizeof(ans));
        filein >> n;                          //输入字符串及其长度
        for(j = 1;j <= n;j++)
        {
            filein >> cs[j];
            temp[j] = len[j] = (int)strlen(cs[j]);
        }                                     //用动态规划的方法求解并输出结果
        fileout << get(n,temp) << endl;
    }
    filein.close();
    fileout.close();
}
```

【思考】 如果本例题是直接对两个或三个字符串求最大公共子串,其非递归即递推的代码该如何写? N 个串的求解问题又能用递推式求解吗? 其代码该如何写?

3) 利用散列表记录子问题

有时子问题比较复杂,既不容易直接记录其解,也不容易编码,那么可以考虑把子问题一对一地映射到一个字符串,利用散列表记录子问题的结果,关键字就是子问题的映射字符串,值是子问题的解。例 6-33 的散列表方法求解代码如下:

```
# include < iostream >
# include < fstream >
# include < string >
# include < map >
using namespace std;
typedef std::map < std::string,int > type_map;
//用来记录子问题结果的散列表,由于该散列表对任意字符串的默认值为 0,用这个
//0 来表示子问题还没有被求解过,而用 -1 来表示子问题的解为 0
type_map mapping;
char cs[101][101];                            //字符串数据

//动态规划,n 表示字符串的数目,各个字符串的当前长度保存在 x[1],x[2],…
int get(int n,int * x)
{
    int i;
```

```
for(i = 1;i < = n;i++)                      //若其中一个为 0,直接返回结果 0
{
    if(x[i] == 0)
    {
        return 0;
    }
}

int ret,loop,temp;
char s[100];
//计算字符串编码,注意该编码和子问题必须一一对应,采用的对应方法是:
//如果子问题为(12,34,456),则其对应的字符串为"21,43,654"
for(loop = 0,i = 1;i < = n;i++)
{
    for(temp = x[i];;)
    {
        s[loop++] = temp % 10 + '0';
        temp/ = 10;
        if(temp == 0)
        {
            break;
        }
    }
    s[loop++] = ',';
}

//若已经被求解过,则直接返回结果
temp = mapping[s];
if(temp! = 0)
{
    if(temp == - 1)
    {
        return 0;
    }
    else
    {
        return temp;
    }
}
//递归的求解结果,判断当前状态的所有字符串的最后一个字符是否相同
for(i = 2;i < = n;i++)
{
    if(cs[1][x[1] - 1]! = cs[i][x[i] - 1]) break;
}
//若全相同,则可把最后的那个字符作为公共子串的一个字符
if(i > n)
{
    for(int j = 1;j < = n;j++)
    {
        x[j] -- ;
    }
    ret = get(n,x) + 1;
    for(int j = 1;j < = n;j++)
```

```
            {
                x[j]++;
            }
        }
        else
        {   //否则,对每个字符串,舍弃其最后一个字符再用递归法求出最大公共子串
            ret = 0;
            for(i = 1;i <= n;i++)
            {
                x[i]--;
                int rem = get(n,x);
                if(rem > ret)
                {
                    ret = rem;
                }
                x[i]++;
            }
        }   //保存结果并返回
        if(ret == 0)
        {
            mapping[s] = -1;
        }
        else
        {
            mapping[s] = ret;
        }
        return ret;
}

int main()
{
    int i,j,t,n,temp[101];
    ifstream filein("maxsub.in.txt");
    ofstream fileout("maxsub.out");
    if(! filein)
    {
        cerr <<"file open error."<< endl;
    }
    filein >> t;
    for(i = 1;i <= t;i++)
    {   //清空散列表
        mapping.clear();
        filein >> n;   //输入字符串及其长度
        for(j = 1;j <= n;j++)
        {
            filein >> cs[j];
            temp[j] = (int)strlen(cs[j]);
        }   //用动态规划的方法求解并输出结果
        fileout << get(n,temp)<< endl;
    }
    filein.close();
    fileout.close();
}
```

练 习 题

1. 【NOIP2008 提高组】完全二叉树有 $2N-1$ 的结点,则它的叶结点数目是(C)。
   A. $N-1$ B. $2N$ C. N D. 2^N-1
   E. $N/2$

2. 【NOIP2008 提高组】将数组 $\{8,23,4,16,77,-5,53,100\}$ 中的元素从大到小按顺序排序,每次可以交换任意两个元素,最少要交换(B)次。
   A. 4   B. 5   C. 6   D. 7
   E. 8

3. 【NOIP2008 提高组】设栈 S 的初始状态为空,元素 a、b、c、d、e、f 依次入栈,出栈顺序为 b、d、c、f、e、a,那么栈容量至少应该是(D)。
   A. 6   B. 5   C. 4   D. 3
   E. 2

4. 【NOIP2008 提高组】对有序数组 $\{5,13,19,21,37,56,64,75,88,92,100\}$ 进行二分查找,等概率情况下,查找成功的平均查找长度(平均比较次数)是(C)。
   A. $35/11$ B. $34/11$ C. $33/11$ D. $32/11$
   E. $34/10$

5. 【NOIP2008 提高组】书架上有 21 本书,从编号 1～21 中选 4 本,其中每两本的编号都不相邻的选法共有(　　　)种。(参考答案:3060)

6. 【NOIP2010 提高组】LZW 编码是一种自适应词典编码。在编码的过程中,开始时只有一部基础构造元素的编码词典,如果在编码的过程中遇到一个新的词条,则该词条及一个新的编码会被追加到词典中,并用于后继信息的编码。

   举例说明,考虑一个待编码的信息串:"xyx yy yy xyx"。初始词典只有 3 个条目,第一个为 x,编码为 1;第二个为 y,编码为 2;第三个为空格,编码为 3;于是串 "xyx" 的编码为 1-2-1(其中-为编码分隔符),加上后面的一个空格就是 1-2-1-3。但由于有了一个空格,我们就知道前面的"xyx"是一个单词,而由于该单词没有在词典中,我们就可以自适应地把这个词条添加到词典里,编码为 4,然后按照新的词典对后继信息进行编码,以此类推。于是,最后得到编码:1-2-1-3-2-2-3-5-3-4。

   可以看到信息被压缩了。压缩好的信息传递到接收方,接收方也只要根据基础词典就可以完成对该序列的完全恢复。解码过程是编码过程的逆操作。现在已知初始词典的 3 个条目如上所述,接收端收到的编码信息为 2-2-1-2-3-1-1-3-4-3-1-2-1-3-5-3-6,则解码后的信息串是"　　　　　"。(参考答案:yyxy xx yyxy xyx xx xyx)

7. 【NOIP2007 提高组】N 个人在操场里围成一圈,将这 N 个人按顺时针方向从 1～ N 编号,然后,从第一个人起,每隔一个人让下一个人离开操场,显然,第一轮过后,具有偶数编号的人都离开了操场。依次做下去,直到操场只剩下一个人,记这个人的编号为 $J(N)$,例如,$J(5)=3$,$J(10)=5$ 等。则 $J(400)=$ 　　　　。(提示:对 $N=2m+r$ 进行分析,其中 $0 \leqslant r < 2m$)。(参考答案:289)

8.【NOIP2010 提高组】

```c
#include <stdio.h>
#include <string.h>
#define SIZE 100
int n, m, map[SIZE][SIZE], r[SIZE], find;
int successful()
{
    int i;
    for(i = 1; i <= n; i++)
    {
        if(map[r[i]][r[i % n + 1]] == 0)
        {
            return 0;
        }

    }
    return 1;
}
void swap(int *a, int *b)
{
    int t;
    t = *a;
    *a = *b;
    *b = t;
}
void perm(int left, int right)
{
    int i;
    if(find == 1)
    {
        return;
    }
    if(left > right)
    {
        if(successful() == 1)
        {
            for(i = 1; i <= n; i++)
            {
                printf("%d ", r[i]);
            }
            find = 1;
        }
        return;
    }
    for(i = left; i <= right; i++)
    {
        swap(r + left, r + i);
        perm(left + 1, right);
        swap(r + left, r + i);
    }
}
```

```
int main()
{
    int x, y, i;
    scanf("%d %d", &n, &m);
    memset(map, 0, sizeof(map));
    for(i = 1; i <= m; i++)
    {
        scanf("%d %d", &x, &y);
        map[x][y] = 1;
        map[y][x] = 1;
    }

    for(i = 1; i <= n; i++)
    {
        r[i] = i;
    }
    find = 0;
    perm(1, n);
    if(find == 0)
    {
        printf("No solution! \n");
    }
    return 0;
}
```

输入:
9 12
1 2
2 3
3 4
4 5
5 6
6 1
1 7
2 7
3 8
4 8
5 9
6 9
输出:_____

参考答案：1 6 9 5 4 8 3 2 7。

9.【NOIP2009 提高组】寻找等差数列。有一些长度相等的等差数列(数列中每个数都为 0~59 的整数)，设长度均为 L，将等差数列中的所有数打乱顺序放在一起。现在给你这些打乱后的数，问原先 L 最大可能为多大？先读入一个数 $n(1 \leqslant n \leqslant 60)$，再读入 n 个数，代表打乱后的数。输出等差数列的最大可能长度 L。

```
#include <iostream>
using namespace std;
int hash[60];
int n, x, ans, maxnum;
```

```
int work(int now)
{
    int first, second, delta, i;
    int ok;
    while(   ①   &&! hash[now])
    {
        ++now;
    }
    if(now > maxnum)
    {
        return 1;
    }
    first = now;
    for(second = first; second <= maxnum; second++)
    {
        if(hash[second])
        {
            delta =   ②   ;
            if(first + delta *   ③   > maxnum)
            {
                break;
            }
            if(delta == 0)
            {
                ok = (   ④   );
            }
            else
            {
                ok = 1;
                for(i = 0; i < ans; i++)
                {
                    ok =   ⑤   &&(hash[first + delta * i]);
                }
            }
            if(ok){
                for(i = 0; i < ans; i++)
                {
                    hash[first + delta * i] -- ;
                }
                if(work(first))
                {
                    return 1;
                }
                for(i = 0; i < ans; i++)
                {
                    hash[first + delta * i]++;
                }
            }
        }
    }
    return 0;
}
```

```
int main()
{
    int i;
    memset(hash, 0, sizeof(hash));
    cin >> n;
    maxnum = 0;
    for(i = 0; i < n; i++)
    {
        cin >> x;
        hash[x]++;
        if(x > maxnum)
        {
            maxnum = x;
        }
    }
    for(ans = n; ans >= 1; ans--)
    {
        if(n % ans == 0&&   ⑥   )
        {
            cout << ans << endl;
            break;
        }
    }
    return 0;
}
```

参考答案:① now<=maxnum 或者 !(now>maxnum)。

② second-first。

③ (ans-1)。

④ hash[first]>=ans 或者 hash[second]>=ans 或者 hash[first+delta]>=ans。

⑤ ok。

⑥ work(0)或者 work(0)==1 或者 work(0)>0 等。

10. 【NOIP2010 提高组】过河问题。在一个月黑风高的夜晚,有一群人在河的右岸,想通过唯一的一根独木桥走到河的左岸。在这伸手不见五指的黑夜里,过桥时必须借助灯光来照明,不幸的是,他们只有一盏灯。另外,独木桥上最多可承受两个人同时经过,否则将会坍塌。每个人单独过桥都需要一定的时间,不同的人需要的时间可能不同。两个人一起过桥时,由于只有一盏灯,所以需要的时间是较慢的那个人单独过桥时所花的时间。现输入 $n(2 \leqslant n < 100)$ 和这 n 个人单独过桥时需要的时间,请计算总共最少需要多少时间他们才能全部到达河的左岸。

例如,有 3 个人,分别甲、乙、丙,他们单独过桥的时间分别为 1、2、4,则总共最少需要的时间为 7。具体方法是:甲、乙一起过桥到河的左岸,甲单独回到河的右岸将灯带回,然后甲、丙再一起过桥到河的左岸,总时间为 $2+1+4=7$。

```
# include < stdio. h >
# define SIZE 100
# define INFINITY 10000
```

```
#define LEFT 1
#define RIGHT 0
#define LEFT_TO_RIGHT 1
#define RIGHT_TO_LEFT 0

int n, time[SIZE], pos[SIZE];

int max(int a, int b)
{
    if(a > b)
    {
        return a;
    }
    else
    {
        return b;
    }
}

int go(int stage)
{
    int i, j, num, tmp, ans;
    if(stage == RIGHT_TO_LEFT)
    {
        num = 0;
        ans = 0;
        for(i = 1; i <= n; i++)
        {   if(pos[i] == RIGHT)
            {
                num++;
                if(time[i] > ans)
                    ans = time[i];
            }
        }
        if(   ①   )
            return ans;
        ans = INFINITY;
        for(i = 1; i <= n - 1; i++)
        {
            if(pos[i] == RIGHT)
            {
                for(j = i + 1; j <= n; j++)
                {
                    if(pos[j] == RIGHT)
                    {
                        pos[i] = LEFT;
                        pos[j] = LEFT;
                        tmp = max(time[i], time[j]) +   ②   ;
                        if(tmp < ans)
                        {
                            ans = tmp;
```

```
                                }
                                pos[i] = RIGHT;
                                pos[j] = RIGHT;
                            }

                        }

                    }
                }
            return ans;
        }
        if(stage == LEFT_TO_RIGHT)
        {
            ans = INFINITY;
            for(i = 1; i <= n; i++)
            {
                if(    ③    )
                {
                    pos[i] = RIGHT;
                    tmp =    ④    ;
                    if(tmp < ans)
                    {
                        ans = tmp;
                    }
                        ⑤    ;
                }
            }
            return ans;
        }
        return 0;
}

int main()
{
    int i;
    scanf("%d", &n);
    for(i = 1; i <= n; i++)
    {
        scanf("%d", &time[i]);
        pos[i] = RIGHT;
    }
    printf("%d\n", go(RIGHT_TO_LEFT));
    return 0;
}
```

参考答案:

① num<=2(或 num<3 或 num=2)。

② go(LEFT_TO_RIGHT)。

③ pos[i]=LEFT(或 LEFT=pos[i])。

④ time[i]+go(RIGHT_TO_LEFT)(或 go(RIGHT_TO_LEFT)+time[i])。

⑤ pos[i]:=LEFT。本小题中,LEFT 可用 true 代替,LEFT_TO_RIGHT 可用
  true 代替,RIGHT_TO_LEFT 可用 false 代替。

参考文献

[1] 全国青少年信息学奥林匹克系列竞赛大纲[EB/OL].(2023.03.15)[2023.3.27]. https://www.noi. cn/upload/resources/file/2023/03/15/1fa58eac9c412e01ce3c89c761058a43.pdf.

[2] 邱桂香,陈颖.C语言程序设计[M],杭州:浙江大学出版社,2010.

[3] 陈颖,邱桂香,朱全民.CCF中学生计算机程序设计:入门篇[M].北京:科学出版社,2016.

[4] 江涛,宋新波,朱全民.CCF中学生计算机程序设计:基础篇[M].北京:科学出版社,2016.

[5] 徐先友,朱全民.CCF中学生计算机程序设计:提高篇[M].北京:科学出版社,2019.

[6] 郭嵩山,关沛勇,蔡文志,等.国际大学生程序设计竞赛例题解(三)[M].北京:电子工业出版社,2007.

[7] 瞿有甜,数据结构与算法[M].北京:清华大学出版社,2015.

[8] P类、NP类、NPC类、NPH类的定义与基本关系[EB/OL].(2020.04.26)[2023.1.27]. https:// blog.csdn.net/QvQWangXiaoBao/java/article/details/105767078.

[9] 斐波那契数列[EB/OL].(2023.02.18)[2023.2.27]. https://oi-wiki.org/math/fibonacci/.

[10] 条件概率与独立性[EB/OL].(2023.03.22)[2023.2.27]. https://oi-wiki.org/math/probability/ conditional-probability/.

[11] 线性同余方程[EB/OL].(2023.02.18)[2023.2.27]. https://oi-wiki.org/math/number-theory/ linear-equation/.

[12] 数论基础[EB/OL].(2023.03.01)[2023.2.27]. https://oi-wiki.org/math/number-theory/basic/.

[13] 卢卡斯定理[EB/OL].(2023.02.18)[2023.2.27]. https://oi-wiki.org/math/number-theory/ lucas/.

[14] 卡特兰数[EB/OL].(2023.02.18[2023.2.27]. https://oi-wiki.org/math/combinatorics/catalan/.

[15] 斯特林数[EB/OL].(2023.03.22)[2023.2.27]. https://oi-wiki.org/math/combinatorics/stirling/.

[16] 样本空间、随机事件[EB/OL].(2023.03.22)[2023.2.27]. https://oi-wiki.org/math/expectation/.

[17] 【BZOJ2257】[JSOI2009]瓶子和燃料(数论)[EB/OL].(2018.10.15)[2023.2.27]. https://www. cnblogs.com/cjyyb/p/9792100.html.

[18] 【BZOJ2299】[HAOI2011]向量(数论)[EB/OL].(2018.11.05)[2023.2.27]. https://www. cnblogs.com/cjyyb/p/9911381.html.

[19] 【UOJ♯275】组合数问题(卢卡斯定理,动态规划)[EB/OL].(2018.09.26)[2023.2.27]. https:// www.cnblogs.com/cjyyb/p/9705123.html.

[20] 【BZOJ1951】[SDOI2010]古代猪文[EB/OL].(2014.09.14)[2023.2.27]. http://hzwer.com/4407. html.

[21] 【BZOJ1005】[HNOI2008]明明的烦恼[EB/OL].(2014.05.30)[2023.2.27]. http://hzwer.com/ 3272.html.

[22] 【cogs1489】玩纸牌[EB/OL].(2014.03.22)[2023.2.27]. http://hzwer.com/2133.html.

[23] 【BZOJ3036】绿豆蛙的归宿[EB/OL].(2015.02.27)[2023.2.27]. http://hzwer.com/6386.html.

[24] 【AHOI2012】树屋阶梯 题解(卡特兰数)[EB/OL].(2018.02.27)[2023.2.27]. https://www. cnblogs.com/COLIN-LIGHTNING/p/8481432.html.

[25] 【HNOI2009】有趣的数列 题解(卡特兰数)[EB/OL].(2018.02.27)[2023.2.27]. https://www. cnblogs.com/COLIN-LIGHTNING/p/8481448.html.

[26] 【ZJOI2011】看电影[EB/OL].(2018.02.27)[2023.2.27]. https://www.luogu.com.cn/problem/

solution/P3330.

[27] 【NOIP2016 提高组】换教室［EB/OL］.（2018.02.27）［2023.2.27］. https://www.luogu.com.cn/problem/solution/P1850.

[28] 浅谈卡特兰数(Catalan number)的原理和相关应用［EB/OL］.（2018.02.27）［2023.2.27］. https://www.cnblogs.com/COLIN-LIGHTNING/p/8450053.html.

[29] 欧拉函数(详解)-数论［EB/OL］.（2018.02.27）［2023.2.27］. https://blog.csdn.net/qq_39838607/article/details/119272506.

[30] 曹文,董永建,吴涛.信息学奥赛一本通:初赛篇［M］.2 版.南京:南京大学出版社,2018.

[31] 林厚从.信息学奥赛之数学一本通［M］.南京:东南大学出版社,2016.

[32] 前沿考试研究室.计算机专业研究生入学考试全真题解:数据结构与程序设计分册［M］.北京:人民邮电出版社,2002.

[33] 算法-a.1 动态［EB/OL］.（2022.01.26）［2023.2.27］. https://www.cnblogs.com/HumanResoundWorm/p/15845226.html.

[34] 告别动态规划,连刷 40 道题,我总结了这些套路［EB/OL］.（2019.11.14）［2023.2.27］. https://www.cnblogs.com/kubidemanong/p/11854724.html.